普通高等教育机械工程专业规划教材

Diesel Engine and Chassis Structure of Modern Construction Machinery

现代工程机械发动机与底盘构造

（第二版）

主编　陈新轩　张志峰　展朝勇
主审　李自光

人民交通出版社

内 容 提 要

本教材主要介绍现代国内外工程机械发动机与底盘的构造和工作原理,重点介绍具有代表性机型的现代发动机与底盘总成、部件、零件及控制系统的结构特点与工作原理。

本教材分两篇,共十八章。第一篇是发动机部分,主要介绍工程机械上广泛采用的、具有代表性的柴油机,尤其是现代电喷柴油机的先进系统和结构。第二篇是底盘部分,以使用最为广泛的铲土运输机械为主,以轮胎式装载机、履带式推土机和工程运输车辆为典型机械,集中讲述自行式工程机械底盘各系统部件的构造和原理。

本教材可作为高等工业院校工程机械专业教材,亦可作为矿山机械与起重运输机械专业的教学参考书,同时也可供工程机械行业的科研与生产单位的工程技术人员参考。

欲了解最新路桥专业教材信息及课件,欢迎各位教师致电:010 – 85285865。

图书在版编目(CIP)数据

现代工程机械发动机与底盘构造/陈新轩,张志峰,
展朝勇主编. —2 版. —北京:人民交通出版社,
2014.2(2025.7重印)
ISBN 978-7-114-11181-5

Ⅰ.①现⋯ Ⅱ.①陈⋯ ②张⋯ ③展⋯ Ⅲ.①工程机械 – 发动机 – 构造 – 高等学校 – 教材 ②工程机械 – 底盘 – 构造 – 高等学校 – 教材 Ⅳ.①TU603

中国版本图书馆 CIP 数据核字(2014)第 030348 号

普通高等教育机械工程专业规划教材

书　　名:现代工程机械发动机与底盘构造（第二版）
著 作 者:陈新轩　张志峰　展朝勇
责任编辑:孙　玺　周　宇
出版发行:人民交通出版社
地　　址:(100011)北京市朝阳区安定门外外馆斜街 3 号
网　　址:http://www.ccpcl.com.cn
销售电话:(010) 85285911
总 经 销:人民交通出版社发行部
经　　销:各地新华书店
印　　刷:北京虎彩文化传播有限公司
开　　本:787×1092　1/16
印　　张:22.5
字　　数:547 千
版　　次:2002 年 9 月　第 1 版
　　　　　2014 年 2 月　第 2 版
印　　次:2025 年 7 月　第 2 版　第 7 次印刷　总第 16 次印刷
书　　号:ISBN 978-7-114-11181-5
定　　价:45.00 元

(有印刷、装订质量问题的图书,由本社负责调换)

第二版前言

进入 21 世纪以来，工程机械产品的种类、数量和质量均有了很大的发展和提高。现代电子技术、液压技术以及计算机技术等在工程机械上的广泛应用，使工程机械的各项性能指标和自动化程度有了明显的提高，适用于特殊自然环境和特殊地质条件下的新型工程机械也在不断开发与应用。无论是哪一种工程机械，其主要组成都包括动力源、底盘、工作装置以及控制系统几大部分。为了适应我国现代工程机械的发展，提高工程机械技术教育质量，组织编写了本教材。

本教材是在原《现代工程机械发动机与底盘构造》的基础上，借鉴了《工程机械发动机与底盘构造》、《汽车构造》等同类教材和参考书相关内容，以介绍现代国内外工程机械发动机与底盘的构造和工作原理为基础，重点介绍具有代表性的机型现代发动机与底盘的构造特点及控制系统的结构特点和工作原理。

本教材分两篇，共十八章。第一篇是发动机部分，主要介绍工程机械上广泛采用的具有代表性的柴油机，尤其是现代电喷柴油机的先进系统和结构。以便读者对发动机有更完整的了解。第二篇是底盘部分，考虑到工程机械品种繁多，本教材将以使用最为广泛的铲土运输机械为主，本着突出共性、照顾特殊的思路，以轮胎式装载机、履带式推土机和工程运输车辆为典型机械，集中讲述自行式工程机械底盘各系统部件的构造和原理。为保证内容的先进性和代表性，本教材以国内外先进机型(如日本小松公司生产的 WA380 - 3 型装载机、中国黄河工程机械厂生产的 TY - 220 型履带式推土机及美国 Caterpillar 公司生产的 966D 型装载机等)为重点进行讲述。另外，还重点介绍了工程运输车辆上具有代表性的先进系统和结构。

本教材可作为高等工业院校工程机械专业教材，亦可作为矿山机械与起重运输机械专业的教学参考书，同时也可供工程机械行业的科研与生产单位的工程技术人员参考。

本教材由陈新轩教授、张志峰副教授、展朝勇副教授主编。编写组成员分工如下：长安大学陈新轩教授编写绪论、第五章；长安大学展朝勇副教授编写第二章；长安大学张志峰副教授编写第一章、第三章、第四章、第六章、第七章、第八章、第九章、第十章、第十一章、第十二章、第十五章；长安大学马登成讲师编写第十三章、第十四章；长安大学陈疆讲师编写第十七章、第十八章；长安大学张旭讲师编写第十六章。本教材由长安大学陈新轩教授统稿，长沙理工大学李自光教授主审。

本教材在编写过程中，得到长安大学许安副教授、任征副教授等老师以及多家工程机械生产厂家的大力支持。在此一并表示衷心感谢！

由于编者水平有限，书中难免有不足之处，恳请广大读者指正。

编者
2013 年 8 月

第一版前言

随着现代科学技术在工程机械上的广泛应用,工程机械的结构和控制有了很大的改进。新结构、新材料和先进的电、液控制系统使工程机械的性能有了明显地提高。为了适应我国现代工程机械的发展形势以及提高工程机械技术教育,长安大学工程机械学院组织编写了该教科书。

本书在借鉴《工程机械发动机与底盘构造》、《汽车构造》等同类教材和参考书的基础上,体现"新、特、齐、详"的特点,以介绍现代国内、外的工程机械发动机与底盘的构造和工作原理为基础,重点介绍现代国内、外具有代表性的先进机型发动机与底盘的构造特点及控制系统的结构和原理。全书分两篇,共十八章。在第一篇发动机部分主要介绍工程机械上广泛采用的具有代表性的柴油机,以及典型汽油机的先进系统和结构,以便读者对发动机有更完整的了解。

第二篇底盘部分,考虑到工程机械品种繁多,本书将以使用最为广泛的铲土运输机械为主,本着突出共性,照顾特殊的思路,以轮式装载机、履带推土机和工程运输车辆为典型机械,分系统集中讲述自行式工程机械底盘各系统部件的构造和原理。为保证内容的先进性和具有代表性,书中将以国内、外先进机型(如:日本小松 WA380 – 3 型装载机、黄河 TY – 220 型履带式推土机及美国 Caterpillar966D 装载机等)为重点进行讲述,另外还着重介绍了工程运输车辆上具有代表性的先进系统和结构。

本书作为高等工业院校工程机械专业教材,也可作为矿山机械与起重运输机械专业的教学参考书,同时也可供工程机械行业的科研与生产单位的工程技术人员参考。

本书由长安大学陈新轩副教授、展朝勇副教授、郑忠敏副教授担任主编。编写组成员(分工)是:陈新轩副教授(绪论、第三章、第四章、第九章、第十二章、第十三章);郑忠敏副教授(第一章、第十四章、第十七章、第十八章);展朝勇副教授(第二章、第六章、第十一章、第十五章);车胜创副教授(第五章);任征讲师(第七章、第八章、第十六章);贾长海高级工程师(第十章),全书由陈新轩副教授统稿。并由长沙交通学院吴义虎教授进行了审稿。

在本书编写过程中曾得到小松培训中心、黄河工程机械集团有限公司及《建筑机械》编辑部雒泽华、《筑路机械与施工机械化》编辑部刘桦等多家单位和个人的大力支持,在此一并表示衷心感谢!

由于编者水平有限,书中定有不足之处,恳望广大读者指正。

编者
2001.12

目　　录

第二篇　工程机械底盘构造

绪　　论

工程机械是指广泛应用于建筑、水利、矿山、公路、港口和军事工程等建设施工中的各种机械。工程机械产品的种类和数量的多少,技术水平与产品质量的高低,都将直接影响国民经济生产建设的发展。因此,工程机械和其他各种机械一样,在整个国民经济建设中占有很重要的地位。

随着现代科学技术在工程机械上的应用,工程机械的结构和控制发生了很大变化,各项性能指标有了明显提高,尤其是电、液及计算机等技术提高了工程机械的自动化程度,使现代工程机械向着机电液一体化、低耗能、高效率和环保型发展。另外,为了满足各项工程的不同要求,现代工程机械还向着大型化和小型化这两极以及一机多功能特种化方向发展。

一、工程机械的分类

工程机械通常分为铲土运输机械、挖掘机械、起重机械、压实机械、桩工机械、路面机械、钢筋混凝土机械、凿岩机械、风动工具、工程车辆10大类。每一大类工程机械又包括许多不同类型的品种。例如:铲土运输机械可分为推土机、装载机、铲运机、平地机等;挖掘机械则分为单斗挖掘机与各种多斗挖掘机等;凿岩机械除包括一般的凿岩机,还包括石质隧道的掘进机、土质隧道的盾构机等。

考虑到工程机械的类型和品种繁多,本教材将重点介绍在各种建筑施工中应用最广泛的自行式工程机械,如推土机、装载机、平地机、单斗挖掘机、工程起重机械及压路机等几种机型的发动机与底盘的构造和工作原理。

(一)推土机

推土机广泛应用于各种建筑施工中,完成推运、开挖、回填土石方以及其他散粒物料的作业。推土机按其底盘形式分为轮胎式推土机与履带式推土机两种。

轮胎式推土机具有行走速度高、灵活机动、耗用金属量少、不破坏路面等优点,近年来得到了迅速的发展。目前,美国的轮胎式推土机已占其国内推土机生产总量的1/3。

履带式推土机具有良好的越野性与较大的牵引力,应用较广泛。履带式推土机按其接地比压和用途可分为高比压、中比压及低比压3种。高比压为$1.3 \times 10^5 \text{N/m}^2$以上,主要用于土石方工程作业;中比压适合于一般性推土作业;低比压一般在$0.18 \times 10^5 \text{N/m}^2$以下,适用于湿地、沼泽地带作业。

推土机的等级划分,一般是以机重或发动机功率来区分,我国目前生产的推土机有44.1kW、(55.1kW)、73.5kW、88.2kW、117.6kW、132.3kW、170.4kW、235.2kW、441kW等几个不同功率等级。目前,世界上最大的推土机是美国 CaterPillar 公司生产的 D10 型推土机,其功率为522kW;日本小松公司已研制成功了功率为735kW 的推土机;最小的推土机是日本洋马公司生产的功率为5.2kW 的推土机。

图 0-1 履带式推土机外观图

图 0-1 所示为履带式推土机外观图。

（二）装载机

装载机广泛应用于各种建筑施工中，进行各种土方与散粒物料的装卸作业，还可进行推土、平地、运输与吊装等作业，用途很广泛。

装载机按其行驶机构可分为履带式装载机和轮胎式装载机两大类。由于轮胎式装载机灵活机动、速度快，因而较履带式装载机应用更广泛。

履带式装载机与轮胎式装载机相比，具有越野性好、牵引力大的优点，在某些条件下，特别是对低比压的湿地与沼泽地带作业更是不可缺少的，因此，履带式装载机的应用也比较广泛。

轮胎式装载机按其转向方式或车架类型可分为偏转车轮转向（整体式车架）装载机和铰接式转向（铰接式车架）装载机两类。由于铰接式转向装载机转向半径小，机动灵活性好，可以在狭小的场地作业，因此，这种装载机的用途最大。

装载机通常按铲斗载质量或斗容量来划分等级。我国生产的装载机已按载质量吨位形成 0.5t、1t、1.5t、2t、3（3.5）t、4t、5t、7t、9t 等几种不同吨位系列。

图 0-2 所示为轮胎式装载机外观图。

（三）平地机

平地机是一种能从事多种作业的工程机械，在各种建筑工程中，平地机主要进行大面积平地修整作业。此外，还可进行推土、挖沟、刮坡等作业。

平地机分为牵引式平地机和自行式平地机两种，目前，各国生产的平地机大多为自行式平地机。我国生产的 PY160 型自行式平地机，是全轮驱动，液压操纵，液力机械传动，柴油机功率为 119.3kW，刮刀长度为 3 970mm。

图 0-3 所示为自行式平地机外观图。

图 0-2 轮胎式装载机外观图

图 0-3 自行式平地机外观图

（四）单斗挖掘机

单斗挖掘机是挖掘土方作业的主要工程机械，广泛用于建筑、水利、矿山和军事工程上。

单斗挖掘机分为机械式单斗挖掘机和液压式单斗挖掘机两种。由于液压操纵的优点，从 20 世纪 70 年代以来，国际市场上液压式挖掘机产量不断上升，已占单斗挖掘机总产量 90% 以上。

单斗挖掘机以自重区分等级,如引进技术生产的 PC200、PC220、PC300 型等。

图 0-4 所示为单斗液压式挖掘机外观图。

(五)工程起重机械

工程起重机械是在各种建筑施工中进行起重作业的工程机械。工程起重机械包括汽车式起重机、轮胎式起重机、履带式起重机、塔式起重机和缆索式起重机等。

轮胎式起重机是装在轮胎底盘上的起重设备。按操纵方式分为杠杆操纵式轮胎起重机和液压操纵式轮胎起重机。液压操纵式轮胎起重机的起重动作(即变幅、伸缩起重臂、驱动卷扬机、驱动转台等)均由液压操纵。此外,还有液压收放支腿和液压操纵稳定器。由于轮胎式起重机的机动灵活性好,因而在各种建筑施工中广泛使用。

图 0-4 单斗液压式挖掘机外观图

国产轮胎式起重机起重量为 2~100t。目前,世界上最大的轮胎式起重机其起重量已达 300t。

图 0-5 所示为液压操纵式轮胎起重机外观图。

(六)压路机

压路机是用于压实公路路基和路面、铁路路基、建筑物基础,土石堤、河堤,广场和机场跑道等各类工程的基础,以提高基础的强度、不透水性及稳定性,使之达到足够的承载力和平整的表面。

压路机的类型很多,如按对介质的作用可分为静力压路机和振动压路机。其中振动压路机单位线压力大、振动力影响深,因此压实深度可增加、压实遍数可相应减少,生产效率高。

图 0-6 所示为振动压路机外观图。

图 0-5 液压操纵式轮胎起重机外观图

图 0-6 振动压路机外观图

二、自行式工程机械的总体构造

自行式工程机械虽然因机种和类型不同,其总体构造也各有特点,但是基本上都可划分为动力装置(发动机)、底盘和工作装置 3 大部分。

图 0-7 所示为轮胎式装载机的总体构造。其动力装置(一般采用柴油机)装在底盘的后车架上;工作装置则装在前车架上。现将其各部分的功用简述如下。

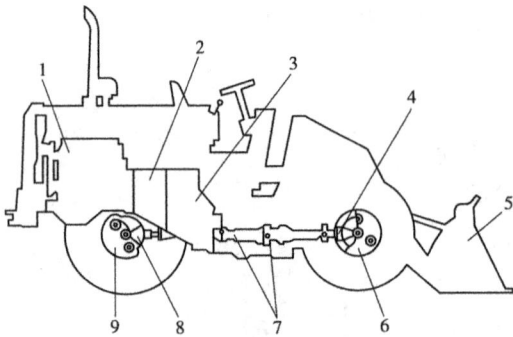

图 0-7　轮胎式装载机总体构造简图

1-柴油机；2-离合器或变矩器；3-变速器；4-前驱动桥；5-工作装置；6、9-最终传动；7-万向传动装置；8-后驱动桥

（一）柴油机

柴油机是内燃机的一种，由于其经济性与动力性较汽油机好，故被工程机械广泛采用。其功用是将供给的燃油燃烧转变为机械能，并通过传动系与行驶系驱动装载机行驶，通过液压系统操纵工作装置进行作业。

（二）底盘

底盘的功用是将发动机的动力进行适当转化和传递，使之适合机械行驶和作业的需要。底盘又是整机的基础，所有机件都安装在底盘上。底盘一般由传动系、行驶系、转向系和制动系等组成。

1. 传动系

传动系的功用是将发动机的动力进行适当改变后传给驱动轮，轮胎式装载机的传动系由离合器或变矩器 2，变速器 3，万向传动装置 7，前、后驱动桥 4、8，最终传动 6、9 等部件组成。

离合器用来接合或切断动力，一般设在机械式传动系中。在液力机械传动系中一般不设离合器，而装有液力变矩器 2，以便改善传动系的牵引性能。变速器 3 是供改变行驶速度和进退用的。前、后驱动桥 4、8 则用来增大转矩，降低转速，并将动力传递方向改变 90°后传给驱动或最终传动 6、9。

2. 行驶系

行驶系由车架和车轮组成，起支撑底盘各部件和保证机械行驶的作用。

3. 转向系

转向系是保证机械行驶时转向用的。转向系类型较多，在近代装载机上广泛采用液压操纵的铰接式车架转向。

4. 制动系

制动系的功用是控制机械的行驶速度，使之按需要减速或停车，以确保安全。

制动系由制动器和传动装置组成。

（三）工作装置

工作装置是工程机械进行各种作业的装置。装载机的工作装置由铲斗、动臂、摇臂、连杆、油缸及液压系统等构件组成，由液压系统操纵。

各种机械的工作装置因作业特点不同，其构造是不相同的。各种自行式工程机械的动力装置一般采用内燃机，特别是柴油机；各种自行式工程机械由于用途的不同，从总体构造来看，工作装置都有各自的特点，但从它们的底盘总布置与各部件的构造和工作原理来看，则是大同小异，基本上可以概括为轮式底盘与履带底盘两大类。

根据工程机械的特点，本书将按照"以点带面"的原则，突现"新、特、齐、详"的特点，在动力装置部分以柴油机为主（并适当介绍汽油机的关键系统）介绍发动机的构造与工作原理，特别介绍现代柴油机的电喷供油系统；在底盘部分以轮胎式装载机和履带式推土机为典型机种，并适当兼顾其他机种，以部件为体系，集中讲述底盘各系统部件的构造与工作原理。

第一篇

现代工程机械发动机构造与原理

第一章　发动机工作原理和组成

第一节　概　　述

将自然界的能源转化为人们所需要的机械运动的装置,称为动力机械,也叫做发动机。地球上能源的种类很多,如煤、石油、天然气、水力、风力、原子能、太阳能、潮汐能和地热等,人类还将继续探索新能源,不断创制出新的动力装置。

燃料与空气混合,经过燃烧,将其中包含的化学能转化为热能,再经气体膨胀过程,把热能转化为机械能的动力装置,称为热力发动机。通过使燃料在机器内部燃烧,并将其放出的热能直接转换为动力的热力发动机,称为内燃机;反之,则属于外燃机。广义上的内燃机,不仅包括往复活塞式内燃机、旋转活塞式发动机和自由活塞式发动机,还包括旋转叶轮式燃气轮机、喷气式发动机等。通常所说的内燃机是指活塞式内燃机。

活塞式内燃机以往复活塞式内燃机最为普遍。活塞式内燃机的工作原理是,将燃料和空气混合,在其汽缸内燃烧,释放出的热能使汽缸内产生高温高压的燃气,燃气膨胀推动活塞做功,再通过曲柄连杆机构或其他机构将机械功输出,驱动从动机械工作。常见的活塞式内燃机有柴油机和汽油机。

内燃机的种类很多,通常从不同角度按如下方式进行分类:

(1)按所用燃料分为柴油机、汽油机、煤气机、天然气机等。

(2)按活塞运动方式分为往复式、旋转式。

(3)按工作循环过程分为四冲程、二冲程。

(4)按汽缸数目分为单缸机、多缸机(二缸及以上)。

(5)按汽缸排列方式分为直列立式、对置卧式、V 形。

(6)按点火方式分为压燃式、点燃式。

(7)按进气方式分为自然吸气(非增压)式、强制进气(增压)式。

(8)按汽缸冷却方式分为水冷式、风冷式。

(9)按额定转速分为高速(1 000r/min 以上)、中速(600 ~ 1 000r/min)、低速(600r/min 以下)。

(10)按用途方式分为固定式、移动式。

(11)按功率级数分为单功率、多功率。

现代工程机械上广泛采用往复式四冲程高速多缸柴油机作为动力。也有少量采用汽油机、燃气轮机、电动机等其他动力装置的,但以柴油机应用最普遍。预计在今后相当时期内,柴油机仍将作为工程机械的主要动力装置。

柴油机之所以被广泛采用是因为其有下述优点:

(1)热效率较高,现代柴油机的热效率为 30% ~ 40%,最高可达 46%,高于汽油机,显著高于外燃机。另外,柴油机耗油率低,经济性好。

(2)体积小,质量轻,机动性好。

(3)动力性能好,单机功率小至几千瓦,大至几百千瓦,可以满足各种用途的需要,适应性好,与同功率的其他内燃机相比,柴油机飞轮转矩很大,从而使工程机械传动系的设计简化。

(4)操作简便,使用可靠,且不受地域限制。

(5)有较好的燃料安全性,汽油机的燃料是汽油,煤气机的燃料为各种可燃气体。柴油与这些燃料相比较,火灾隐患较小。

工程机械上使用的柴油机必须满足下列要求:

(1)作业时冲击和振动大,要求壳体有较高的刚度和强度。

(2)工作负荷大,且经常出现短暂超负荷工况,因此,要求转矩储备系数为1.15~1.45,转速适应性系数为1.7~2.0。

(3)作业时速度和负荷剧变,要求有性能良好的全制式调速器。

(4)作业现场空气含尘量高,要求有高效的各种类型滤清器。

(5)常在倾斜地面作业,应能保证在各个方向倾斜30°~35°的坡地上可靠地工作。

(6)常在野外偏僻地区工作,要求工作可靠,维护方便,使用寿命长。目前先进产品的大修间隔已达到10 000小时以上。

(7)针对一些特殊环境下的作业应分别满足特殊的使用要求。如严寒地区和热带地区作业,地下坑道和水下作业,高海拔地区和沙漠缺水地区作业,以及军用工程机械作业等。

目前,现代柴油机技术基本上都可满足上述这些要求,当然,科学技术的进步永无止境,柴油机在结构、材质和性能等各个方面,将会得到不断完善和改进。

第二节 发动机的工作原理

柴油机和汽油机,无论采用四冲程发动机还是二冲程发动机,尽管从基本工作原理上讲,它们都是将燃料在汽缸内燃烧,将化学能转变成热能,进而将热能转化为机械能。但是,由于燃料不同和工作过程等方面存在一些重要差别,从而导致结构上的许多差异。本章重点阐述单缸四冲程柴油机的工作过程和工作原理。为了便于比较,对二冲程柴油机和四冲程汽油机、二冲程汽油机的工作过程也略加介绍。

一、四冲程柴油机的工作原理和工作过程

为了实现"化学能—热能—机械能"这种能量形式的转化过程,并使之连续进行,构成循环运动,人们设计了如图1-1所示的装置。在圆筒形的汽缸5中有一个活塞6,连杆8的上端通过活塞销7与活塞6铰接,其下端与曲轴9的连杆轴颈铰接,从而把只能做直线往复运动的活塞与只能做旋转运动的曲轴连接起来,使这两种机械运动可以相互转换。汽缸的上端由汽缸盖1封闭,汽缸盖上装有进气门2和排气门3,由专门机构分别控制以实现对进、排气孔道的开闭,由专门机构控制的喷油器4,负责定时向燃烧室喷射柴油。曲轴的一端装有飞轮10,以使曲轴匀速旋转。

为便于说明发动机的工作原理及其基本组成之间的运动关系,我们给出以下术语。

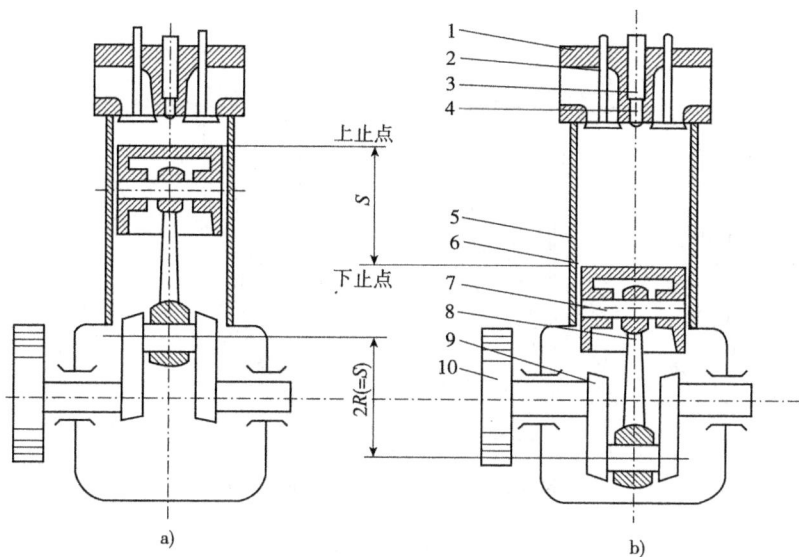

图1-1　单缸四冲程柴油机结构简图

1-汽缸盖;2-进气门;3-排气门;4-喷油器;5-汽缸;6-活塞;7-活塞销;8-连杆;9-曲轴;10-飞轮

　　活塞离曲轴回转中心最远处,通常为活塞的最高位置,称为上止点;活塞离曲轴回转中心最近处,通常为活塞的最低位置,称为下止点。上、下止点间的距离 S 称为活塞行程。曲轴与连杆下端的连接中心至曲轴中心的距离 R 称为曲柄半径,显然 $S = 2R$,同时曲轴每转一周,活塞移动两个行程。活塞从上止点到下止点所形成的容积称为汽缸工作容积或汽缸排量,用 V_h 表示,单位为 L。其计算公式为

$$V_h = \frac{\pi D^2}{4 \times 10^6} \times S \tag{1-1}$$

式中:D——汽缸直径,mm;

　　　S——活塞行程,mm。

　　多缸发动机各缸工作容积的总和称为发动机工作容积或发动机排量,用 V_L 表示,单位为 L。若发动机的汽缸数为 i,则

$$V_L = V_h i \tag{1-2}$$

　　活塞在上止点时,活塞上方的封闭容积(由活塞顶、汽缸盖底面和汽缸套表面之间所包围的空间)为燃烧室容积,用 V_c 表示。汽缸总容积等于汽缸工作容积与燃烧室容积之和,即

$$V_a = V_h + V_c \tag{1-3}$$

　　汽缸总容积与燃烧室容积之比称为压缩比,用 ε 表示,即

$$\varepsilon = \frac{V_a}{V_c} = \frac{V_h + V_c}{V_c} = 1 + \frac{V_h}{V_c} \tag{1-4}$$

　　压缩比表示活塞由下止点运动到上止点时,汽缸内混合气体被压缩的程度。压缩比越大,则压缩完成时汽缸内气体的压力和温度就越高。通常汽油机的压缩比为 6 ~ 11;柴油机的压缩比较高,一般为 16 ~ 22。

　　四冲程柴油机工作的每一循环经历以下 4 个过程,每过程由一个活塞行程完成,如图1-2所示。

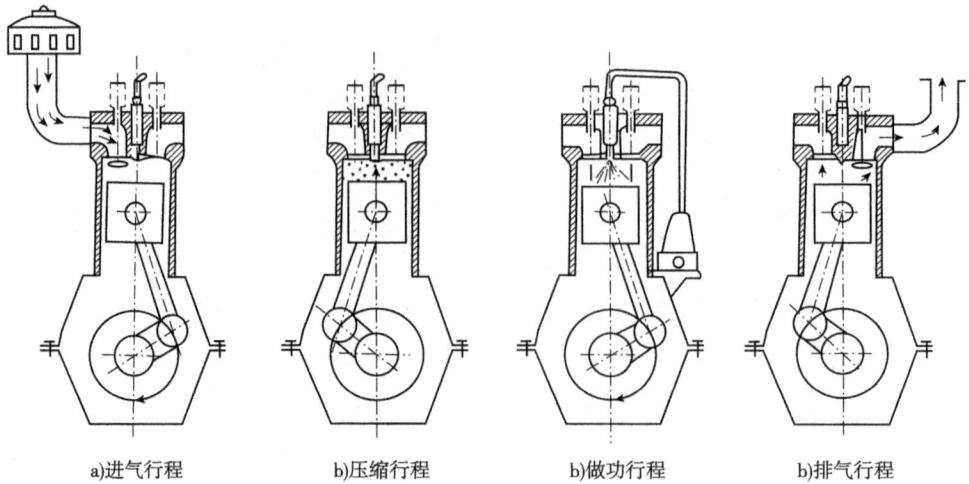

图 1-2 四冲程柴油机的工作过程

进气行程[图1-2a)]，由曲轴旋转通过连杆推动活塞自上止点移向下止点，在此期间，进气门开启、排气门关闭。由于活塞上方空间不断扩大，汽缸内压力降至大气压力以下，新鲜空气经进气门不断被吸入汽缸。

压缩行程[图1-2b)]，由曲轴继续旋转推动活塞自下止点移向上止点，在此期间，进、排气门都关闭。由于汽缸内容积不断减小，空气受压缩后温度、压力随着升高，为下一步柴油的燃烧提供了有利条件。

做功行程[图1-2c)]，当压缩行程接近完成时（即活塞接近上止点时），喷油器以高压将油雾迅速喷入汽缸，油雾进入高温气体后，边混合边蒸发，迅速形成可燃混合气，并自行着火燃烧，燃烧产生的大量热能使汽缸内的温度和压力急剧升高，此时由于进、排气门仍都关闭，高压气体将活塞从上止点推向下止点，并通过连杆推动曲轴旋转。随着活塞下移，汽缸容积不断增大，气体的压力和温度也逐渐降低，这一行程实现了由化学能变热能、热能变机械能的两次能量转换。

排气行程[图1-2d)]，曲轴继续旋转，又将活塞自下止点推向上止点，在此期间，排气门开启、进气门关闭，燃烧后的废气经排气门排出汽缸外。

至此，柴油机经历了进气、压缩、做功、排气4个行程，完成了一个工作循环。由于曲轴一端装有飞轮，依靠飞轮旋转的惯性将使曲轴继续旋转，则下一个工作循环又开始，如此周而复始，使柴油机得以连续不断地运转。

由于在每一个工作循环中，活塞需运行4个行程（往复运行两次，即曲轴转两圈），因而得名四冲程柴油机。

显然，上述4个行程中只有做功行程发出能量，其余3个行程都要消耗能量。最初（启动时），这些能量需依靠外力提供，当柴油机一旦着火工作以后，则由做功行程向其余3个行程提供能量，而这3个行程又为做功行程创造必要的条件。

柴油机实际工作循环的各个过程，可以用试验方法测得的示功图来加以表示，示功图是表示某一工作循环中，随着活塞的位移，汽缸中气体压力 p 和汽缸容积 V 之间的变化关系。

图 1-3 是四冲程柴油机示功图。其横坐标表示汽缸容积(与一定的活塞位置相对应),纵坐标表示汽缸中的气体压力,p_0 表示大气压力(即 $10\text{N}/\text{cm}^2$),V_c 表示燃烧室容积(活塞在上止点时活塞上方的空间),V_h 表示工作容积(活塞上下止点之间所包含的空间),V_a 表示汽缸总容积(活塞在下止点时活塞上方的空间)。

图中的 ab、bc、cd、da 分别为进气、压缩、做功、排气 4 个行程的气体压力变化曲线。

a 点标志进气行程开始。此时活塞开始下移,由于上一循环刚排气完,残存废气的压力略高于大气压力,因而 a 点的压力略高于 p_0。随着活塞下移,汽缸内压力很快降至 p_0 以下,开始吸进新鲜空气。因空气流动时沿途有阻力,故进气压力略低于 p_0。

b 点标志进气行程结束,压缩行程开始。此时活塞开始上移,由于空气被不断压缩,压力和温度也不断升高。压缩完成时,气压可达 $300 \sim 500\text{N}/\text{cm}^2$,温度升至 $500 \sim 750\text{℃}$。应当指出,压缩完成时,气体的压力和温度与气体的压缩程度有关,现代柴油机的压缩比一般为 $16 \sim 22$,甚至更高。

c 点标志压缩行程结束,做功行程开始。此后活塞开始再次下移,由于柴油喷入汽缸后需经一段准备时间

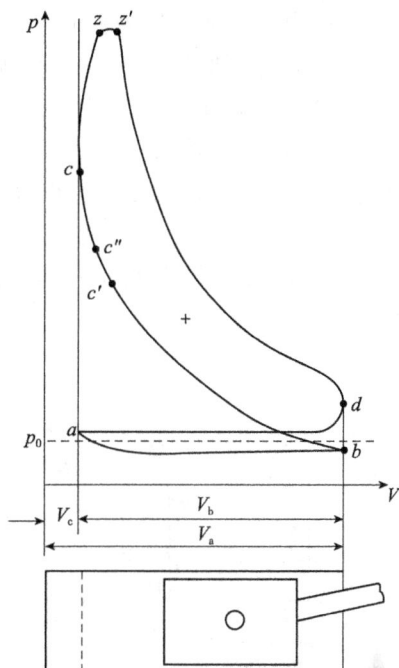

图 1-3　四冲程柴油机示功图

才能着火,而且喷油和燃烧都要延续一段时间,所以实际情况是,喷油开始和燃烧开始的时刻都不在 c 点,而分别提前到上止点前的 c' 和 c''。提前的结果,使燃烧恰好在 c 点前后形成高潮,从而出现压力几乎直线上升的 cz 段。z 点的压力高达 $600 \sim 900\text{N}/\text{cm}^2$,称为最大爆发压力,温度高达 $1\,800 \sim 2\,000\text{℃}$。当燃烧基本结束($z'$ 点)后,随着活塞被推动继续下移,容积增大,气体压力和温度也很快下降。

d 点标志做功行程结束,排气行程开始。此时活塞再次开始上移,由于废气排出时也有阻力,所以此时汽缸内废气压力仍略高于大气压力。

及至 a 点,排气行程结束。完成一个工作循环,紧接着下一个工作循环又开始。应当指出,示功图中标有"$+$"号的面积(严格说应该是标有"$+$"号的面积减去标有"$-$"号的面积,即二者之差值)代表了这一工作循环内燃烧气体对活塞所做功的大小。当柴油机大负荷工作时,此面积大;当柴油机小负荷工作时,此面积小。此外,示功图还可以用来比较不同的柴油机在相同的供油条件下燃烧和热损失的情况。面积大者,表示该柴油机燃烧情况较好,热量损失较少,热效率较高。

二、四冲程汽油机的工作过程

汽油机与柴油机由于所用燃料的性质差异,其工作原理、工作过程及结构有某些重要差别。图 1-4 和图 1-5 分别为装有简单化油器的汽油机工作示意图和四冲程汽油机示功图。

四冲程汽油机与四冲程柴油机工作过程的主要区别在于以下几个方面:

(1)汽油机进气行程中吸入汽缸的不是纯空气,而是在汽缸外部已初步形成的可燃混合气。方法是在进气通道上装一化油器(图 1-4),当高速气通过化油器喉管 12 时,由于汽油黏

度小,挥发性好,汽油从量孔 13 被吸出并被吹散,吹散的汽油滴在气流中一边汽化一边与空气混合,成为可燃混合气进入汽缸。

(2)由于汽油机压缩行程所压缩的是可燃混合气而不是纯空气,且汽油的燃点较柴油高,所以压缩比要小得多,一般压缩比为 6~11,否则容易自燃,使着火时刻失去控制。

(3)由于同样的理由,汽油机必须采用电火花点火,由专门机构准确控制点火时刻。

(4)由于汽油机的可燃混合气经过进气和压缩两个行程的准备,汽油充分汽化,油气混合均匀,比柴油机的准备过程充分得多,一旦着火,燃烧速度极快,从汽油机的示功图(图1-5)上可以看到,在 c' 点开始点火燃烧,c 点前后形成燃烧高潮,由于燃烧速度快,cz 段的气体压力直线上升,因而一般汽油机的转速比柴油机高。

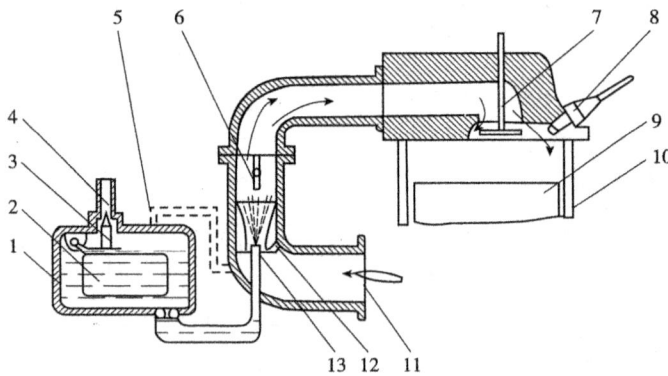

图1-4 装有简单化油器的汽油机工作示意图(曲柄连杆机构省略)
1-浮子室;2-浮子;3-针阀;4-进油管;5-空气孔;6-节气门;7-进气门;8-火花塞;9-活塞;10-汽缸;11-进气口;12-喉管;13-量孔

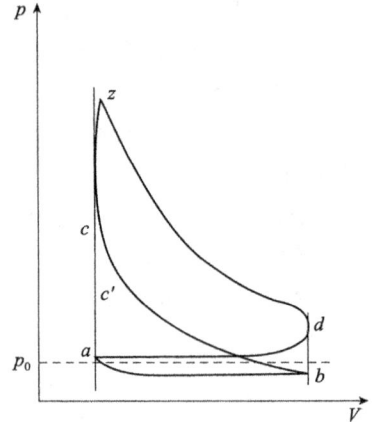

图1-5 四冲程汽油机示功图

表 1-1 是四冲程内燃机满负荷工作时,示功图上几个特殊点的压力和温度范围。

四冲程内燃机示功图上几个特殊点的压力和温度   表 1-1

活塞位置		柴油机		汽油机	
		压力(N/cm²)	温度(℃)	压力(N/cm²)	温度(℃)
进气结束		8~9.3	50~70	7.5~9	90~120
压缩结束		300~500	500~750	80~140	250~300
做功	开始	600~900	1 800~2 000	300~450	2 000~2 500
	结束	30~40	800~900	30~60	900~1 200
排气结束		10.5~12.5	300~500	10.5~12.5	500~800

三、二冲程汽油机的工作过程

二冲程汽油机的工作循环也包括进气、压缩、做功和排气 4 个行程,但它是在活塞往复运动两个行程内完成的(即曲轴旋转一周),图1-6 所示为二冲程汽油机工作示意图。

1. 第一行程

在曲轴旋转的带动下,活塞由下止点向上止点运动,当活塞上行至关闭换气孔和排气孔时(图1-5 中 V_a),已进入汽缸的新鲜混合气开始被压缩,直到活塞到达上止点,压缩结束。

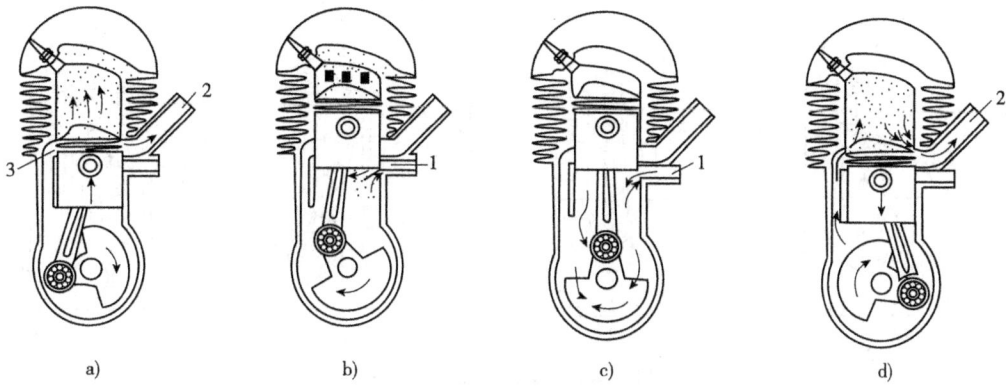

图 1-6   二冲程汽油机工作示意图
1-进气孔;2-排气孔;3-换气孔

2. 第二行程

当活塞接近上止点时(图 1-5 中 V_c),火花塞产生电火花,点燃混合气,燃烧后形成的高温、高压气体推动活塞从上止点向下止点运动做功,当活塞下行到关闭进气孔后,活塞下方曲轴箱内的可燃混合气被预压。

当活塞下行到排气孔开启时(图 1-5 中 V_d),部分燃烧后的废气靠自身压力经排气孔排出,紧接着换气孔开启,曲轴箱内经过预压的可燃混合气经换气孔进入汽缸,并扫除汽缸内的废气,这一过程称为换气过程,它一直延续到下一行程中活塞再次关闭换气孔和排气孔时为止。

由上述可知:第一行程中,活塞上方进行换气、压缩,活塞下方进行进气;第二行程中,活塞上方进行做功、换气,活塞下方进行预压缩。换气过程纵跨两个行程。

排气孔的位置应保证使做功行程约为活塞全行程的 2/3,它稍高于换气孔,以便做功行程结束时靠汽缸内气体的剩余压力排气,这既有利于排气干净,也可使汽缸内压力降低,便于从换气孔进入新鲜混合气。

活塞顶做成特殊形状,以便将新鲜混合气引向上部,这样既可以防止新鲜混合气中大量混入废气,并随废气一起排出汽缸造成浪费,又可驱除废气,使排气更为彻底,但是尽管如此,要完全避免可燃混合气的损失,是不可能的。

通过上述分析可知,二冲程汽油机在换气时,由于有混合气损失,所以经济性差,在大中型机械车辆上的运用受到了限制,但由于其结构简单、质量轻、制造费用低等优点,作为工程机械柴油机的起动机和摩托车、微型汽车等小排量发动机而被采用。

四、二冲程柴油机的工作过程

二冲程柴油机的工作循环与二冲程汽油机的工作循环也有很多相似之处,所不同的主要是,进入汽缸的不是可燃混合气,而是纯空气。图 1-7 所示为带有换气泵的二冲程柴油机工作示意图。新鲜空气由换气泵提高压力(为 0.12 ~ 0.14MPa)后经汽缸外部的空气室和汽缸壁上的进气孔进入汽缸内,而废气则由专设的排气门排出。

1. 第一行程

活塞自下止点向上止点移动。行程开始前,进气孔和排气门均已开启,由换气泵提高压力的空气进入汽缸进行换气[图 1-7d]。当活塞继续上移,进气孔关闭,排气门也关闭时,开始压缩[图 1-7a]。当活塞接近上止点时,喷油器向汽缸内喷入雾状柴油并自行着火[图 1-7b]。

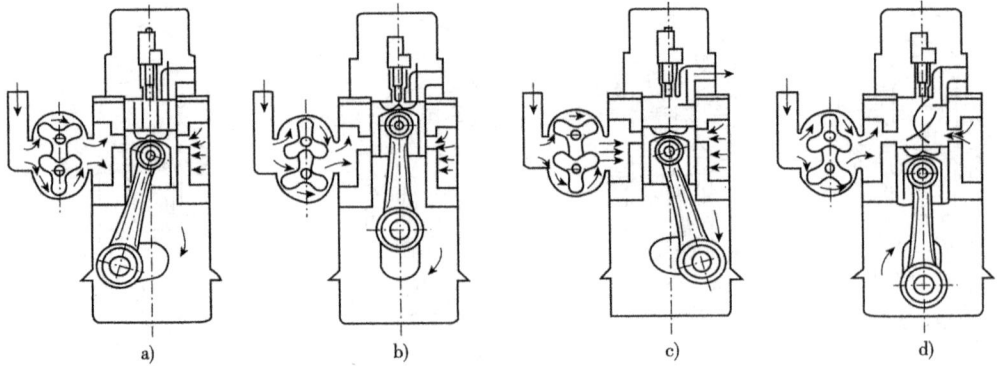

图 1-7　二冲程柴油机工作示意图

2. 第二行程

活塞到达上止点后，着火燃烧的高温高压气体推动活塞下行做功。活塞下行至 2/3 行程时，排气门开启，废气靠自身压力自由排出汽缸［图 1-7c)］，此后进气孔开启，进行与二冲程汽油机类似的换气过程。

二冲程柴油机由于换气时进入汽缸的是纯空气，没有燃料损失，因此，在某些大型工程机械和重型载货汽车上被采用。

第三节　发动机的总体构造

为实现"燃料化学能转换成热能并进而转换为机械能"这一能量转换过程，并能连续、长期、稳定地工作，发动机是一部由许多机构和系统组成的复杂机器，是一个复杂的整体。现代发动机的结构形式很多，即使是同一类型的发动机，其具体结构也是千差万别，但是，为了完成发动机工作循环所需的基本构造则是大同小异。下面叙述广泛应用的柴油机的总体构造，并简要介绍汽油机的结构特点。

柴油机一般由 2 大机构、4 大系统组成。

2 大机构包括曲柄连杆机构和机件组件、配气机构。

1. 曲柄连杆机构和机件组件

曲柄连杆机构是柴油机借以产生并传递动力的机构，通过它把活塞在汽缸中的直线往复运动（推力）和曲轴的旋转运动（转矩）有机地联系起来，并通过曲轴的飞轮端向外输出动力。曲柄连杆机构包括活塞组、连杆组、曲轴飞轮组等。

机体组件是整个柴油机的基础和骨架，所有的运动机构和系统都由它支撑和定位，借以形成完整的柴油机，机体组件包括机体（汽缸体 - 曲轴箱）、汽缸套、汽缸盖和油底壳等。

2. 配气机构

配气机构主要由进气门、排气门、摇臂、推杆、挺杆、凸轮轴、正时齿轮等组成，其作用是使新鲜气体适时充入汽缸并及时从汽缸排出废气。配气系统还包括设置在汽缸盖内的进、排气道，与进、排气道连接的进排歧管，进、排气管，空气滤清器，排气消音器。增压式柴油机上还装置有废气涡轮增压器。

4 大系统包括燃料供给系、润滑系、冷却系、启动装置。

1. 燃料供给系

燃料供给系包括燃油箱、柴油粗滤清器、柴油精滤清器、喷油泵、调速器总成、喷油器、低

14

压油管、高压油管。燃料供给系的功用如下:根据柴油机工作循环需要和柴油机负荷的变化,定时、适量地将清洁的高压柴油供给喷油器,由喷油器将柴油以雾状(极细微颗粒)喷入燃烧室,使之与汽缸内的压缩空气混合燃烧。

2. 润滑系

润滑系的任务是用机油来保证各运动零件摩擦表面的润滑,以减少摩擦阻力和零件的磨损,并带走摩擦产生的热量和磨屑,这是柴油机长期可靠工作的必要条件之一。润滑系主要包括机油泵、机油滤清器、机油冷却器和润滑油道等。

3. 冷却系

冷却系的任务是保持柴油机工作的正常温度,将受热零件的多余热量散发到大气中去。柴油机的温度过高或过低,都将影响正常工作,因而这也是柴油机长期可靠工作的必要条件之一。冷却系主要包括水泵、风扇、散热器和节温装置等。

4. 启动装置

静止的柴油机需借助外力启动才能转入自行运转。启动装置为柴油机的启动提供外力,创造必要条件。启动装置包括起动机(电动机或二冲程汽油机)及便于启动的辅助装置。

综上所述,曲柄连杆机构与供给系互相配合,得以实现能量的转化,发出动力,它们是柴油机的核心机构。它们工作情况的好坏,对柴油机的性能具有决定性的影响。而其他各机构和系统则都是起保证作用的。它们之间互相配合、协同动作,为柴油机的长期工作创造必要的条件,缺一不可。

汽油机使用的燃料性质及向发动机汽缸供给的方式与柴油机有一定差异。另外,汽油机的点火方式也与柴油机不同。因此,汽油机在总体构造上也有所不同,其不同之处在于以下几个方面:

(1)燃料供给系中,在进气管路中串联一个制备汽油混合气的装置——化油器,或者现代被广泛采用的电控汽油喷射系统。化油器的任务是:把汽油与即将进入汽缸的空气,根据发动机不同工况的要求,制备成各种浓淡相宜的混合气,供给汽缸。电控汽油喷射系统由汽油泵和电控喷油器组成,喷油器可以装在总进气管上或装在各缸进气歧管上,根据发动机不同工况的要求,把汽油喷入进气管与空气混合后供给汽缸。

(2)汽油机中有点火系统。因为汽油机在进气行程中,进入汽缸的是汽油混合气,所以发动机的压缩行程中,汽缸内压缩的也只能是这些混合气,因此汽油机的压缩比不可能像柴油机那么大(柴油机压缩比一般为 16 ~ 22,而汽油机的压缩比一般只有 6 ~ 11);否则活塞还未到上止点,缸内混合气就可能被压燃,发动机将无法运转。汽油机设置有电点火系统,其任务是,在活塞上行进到压缩行程临近止点时,让一个电火花在缸内生成,以点燃汽缸内的汽油混合气。汽油机的点火系包括蓄电池和发电机(电源部分)、点火线圈、断电-配电器、火花塞、低压导线和高压导线等。

第四节　发动机主要性能指标和结构特征

一、主要性能指标

为了表征各种类型发动机的性能特点,比较发动机性能的优劣,有必要建立发动机的评价指标。其主要性能指标有动力性指标、经济性指标、环境指标、可靠性指标和耐久性指标。动力性指标包括有效转矩、有效功率、转速及升功率等；经济性指标，也叫燃料经济性指标，指的是发动机的有效燃油消耗率（也称比油耗）和有效热效率。

1. 有效转矩

发动机的曲轴飞轮组驱动工作机械的力矩称为有效转矩，用 T_e 表示，单位是 N·m。它是燃料在汽缸内燃烧放热，气体膨胀加在活塞上的气体压力所做的功，减去因机械摩擦和驱动各辅助装置所消耗的功，最后从飞轮端传出可供实际使用的转矩（即输出转矩）。有效转矩值可用测功器通过试验测定。

2. 有效功率

发动机在单位时间内对外实际做功的大小称为有效功率，用 P_e 表示，单位是 kW。大家知道：对于直线运动的物体，功率就是力与速度的乘积；对于旋转运动的物体，功率就是转矩与角速度的乘积。所以有效功率计算式如下：

$$P_e = T_e \times \frac{2\pi n}{60} \times 10^{-3} = \frac{T_e n}{9\ 550} \tag{1-5}$$

式中：T_e——有效转矩，N·m；

n——曲轴转速，r/min。

有效转矩 T_e 和每分钟转数 n 都可以通过试验测定，相应的，有效功率 P_e 可以用式(1-5)算出。有效转矩和有效功率是评定柴油机动力性能的主要指标。

根据国家标准，内燃机标定功率分为净功率、总功率、1 小时净功率和 12 小时净功率四种。其中净功率、总功率分别指内燃机带全部附件和不带附件(含风扇、水箱、空气滤清器、消声器、发电机、空压机等)的最大输出有效功率；1 小时净功率和 12 小时净功率分别指允许连续运转 1 小时和 12 小时的净功率，其平均负荷率不超过连续功率。通常按内燃机的用途和使用特点，在其铭牌上标出上述 4 种功率中的 1～2 种及其相应的转速。工程机械柴油机通常以 12 小时功率作为标定功率。若需短期超负荷工作，大致可按 110% 的 12 小时功率作为 1 小时功率，运转时间不得超过 1 小时；若需连续超过 12 小时，大致可按 90% 的 12 小时功率作为持续功率进行使用。

3. 转矩储备系数(或转矩储备率)

转矩储备系数为发动机外特性曲线上最大转矩相对于额定转速下对应转矩的百分比。其计算公式为

$$\mu_m = \frac{T_{emax} - T_{eb}}{T_e} \times 100\% \tag{1-6}$$

式中：T_{emax}——实测最大转矩，N·m；

T_{eb}——额定转速时的实测转矩，N·m。

转矩储备系数越大，随着转速降低，转矩增大越快，发动机克服短期超负荷的能力越强，能适应阻力波动较大的工况。工程机械用柴油发动机的转矩储备系数一般介于 1.2～1.5，尤其是具有恒速作业要求的筑路机械，其转矩储备系数应选较大值。

4. 转速

转速是指发动机曲轴每分钟的转数，单位为 r/min。发动机转速的高低，关系到单位时间内做功次数的多少或发动机有效功率的大小，即发动机的有效功率随转速的不同而改变。

因此,在说明发动机有效功率的大小时,必须同时指明其相应的转速。柴油机铭牌上标明的额定功率及相应转速称为额定功率及额定转速。额定功率不是发动机所能输出的最大功率,它是根据发动机用途制定的有效功率最大使用限度。同一型号的发动机,当其用途不同时,其额定功率值并不相同。目前,工程机械用发动机额定转速一般为 2200r/min 左右。

转速的稳定性一般以"调速率"来衡量,是在将加速踏板控制在最大位置时,实测最高空转转速和额定转速之差相对于额定转速的百分比。其计算公式为

$$\delta_2 = \frac{n_{\text{omax}} - n_{\text{b}}}{n_{\text{b}}} \times 100\% \tag{1-7}$$

式中:n_{omax}——实测最高空载转速,r/min;

n_{b}——额定转速,r/min。

5. 升功率

标定工况下,发动机每升汽缸工作容积所发出的有效功率称为升功率,用 P_L 表示,单位是 kW/L。

$$P_L = \frac{P_e}{iV_h} = \frac{P_e}{V_L} \tag{1-8}$$

式中:P_e——发动机有效功率,kW;

i——汽缸数;

V_h——单个汽缸工作容积,L;

V_L——发动机排量,L。

升功率是从发动机有效功率出发,对其工作容积的利用率进行评价,是评价发动机整机动力性能和强化程度的指标。

6. 耗油率和有效热效率

发动机每工作 1 小时所消耗的燃料质量称为耗油量,用 G_T 表示,单位是 kg/h。耗油量仅仅表明柴油机在 1 小时内消耗的绝对油量,而并未表明这 1 小时内做功的多少,因此,不能说明燃油经济性的好坏。

能够表征燃油经济性的指标是柴油机平均每发出 1kW·h 的功所消耗的燃料量,称为耗油率,用 g_e 表示,单位是 g/kW·h。耗油率越低,表示燃油经济性越好。

$$g_e = \frac{G_T}{P_e} \times 10^3 \tag{1-9}$$

式中:G_T——发动机每小时耗油量,kg/h;

P_e——发动机有效功率,kW。

由于有燃料不能完全燃烧的损失,废气所带走的热损失,冷却系散走的热损失,以及机械摩擦阻力和驱动各辅助装置消耗功所相当的热损失,有效热效率 η_e 的值是比较低的。有效热效率和耗油率之间成反比关系。

一般柴油机的 η_e 为 30%~40%,汽油机的 η_e 为 20%~30%。

发动机动力性(T_e、P_e)和燃油经济性(η_e 和 g_e)的指标是随着许多因素而变化的,其变化规律称为柴油机特性。在上述各项指标中,耗油量 G_T、有效转矩 T_e 和转速 n 3 项,可在试验台上直接测出,其他 3 项(即有效功率 P_e、耗油率 g_e 和有效热效率 η_e)则由计算得出。

二、结构特征

发动机可以按照各种不同的方法进行分类(如本章第一节所述)。一台具体的发动机应

该怎样归类？其结构和工作特征如何？能否用一简明方式表达呢？一般认为，发动机的型号可以较为准确地表述以上概念。下面介绍国产发动机型号编制规则。

我国于 2008 年对发动机名称和型号编制方法重新审定并颁布了国家标准《内燃机产品名称和型号编制规则》(GB/T 725—2008)。该标准主要内容如下：

(1)发动机产品名称均按所采用的燃料命名，如柴油机、汽油机、煤气机、双(多)燃料发动机等。

(2)发动机型号由阿拉伯数字和汉语拼音字母组成。

(3)型号由下面四部分组成：

①第一部分。产品系列符号或换代标志符号，由制造商代号或系列符号组成，但需主管部门或由部主管标准化机构核准。本部分代号由制造商根据需要选择相应 1~3 位字母表示。

②第二部分。由汽缸数、汽缸布置形式符号、冲程类型符号、缸径符号组成。

a. 汽缸数用 1~2 位数字表示。

b. 汽缸布置形式符号按照表 1-2 规定。

汽缸布置形式符号 　　　　　　　　　　表 1-2

符号	含 义	符号	含 义
无	直列及单缸卧式	H	H 形
V	V 形	X	X 形
P	平卧式		

c. 冲程类型为四冲程时符号省略，二冲程时用 E 表示。

d. 缸径符号一般用缸径或者缸径/行程数字表示，亦可用发动机排量或功率数表示，其单位由制造商自定。

③第三部分。由结构特征符号、用途特征符号组成。其符号分布按照表 1-3、表 1-4 规定。

结 构 特 征 符 号 　　　　　　　　　　表 1-3

符号	结 构 特 征	符号	结 构 特 征
无	冷却液冷却	Z	增压
F	风冷	ZL	增压中冷
N	凝汽冷却	DZ	可倒转(直接换向)
S	十字头式		

用 途 特 征 符 号 　　　　　　　　　　表 1-4

符号	用 途	符号	用 途
无	通用型	D	发电机组用
T	拖拉机用	C	船用主机，右机基本型
M	摩托车用	CZ	船用主机，左机基本型
Q	车用	Y	农用三轮车
G	工程机械用	L	林业机械
J	铁路机车用		

④第四部分。区分符号，同一系列产品因改进等原因需要区分时，由制造商选用适当符号表示。第三部分和第四部分可用" - "分隔。

发动机型号的排列顺序及符号所代表的意义规定如图1-8所示。

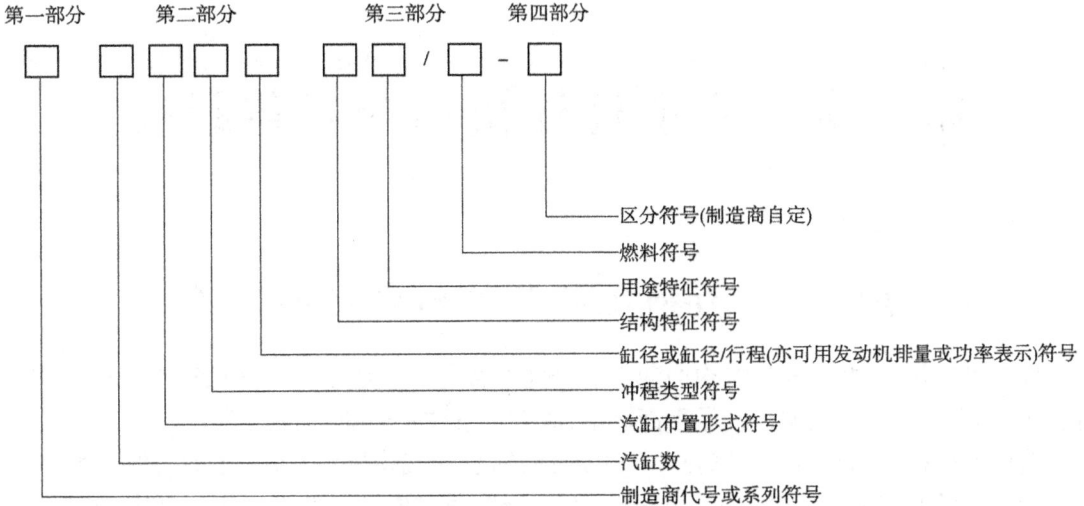

图1-8 发动机型号的排列顺序及符号所代表的意义

汽油机发动机型号编制示例：

（1）495Q——四缸，四冲程，缸径95mm，水冷，车用。

（2）EQ6100－1——6缸，二冲程，缸径100mm，水冷，第一种变型产品。

（3）IE65F/P——单缸，二冲程，缸径65mm，风冷，通用型。

柴油机发动机型号编制示例：

（1）6120Q——6缸，四冲程，缸径12mm，水冷，车用。

（2）12V135Z——12缸，V形，四冲程，缸径135mm，水冷，增压。

我国为加速工程机械和汽车工业的发展，在"吸收外资，引进技术"的方针指引下，引进外国厂商的先进技术和专利，如康明斯发动机、道依茨发动机。这类发动机目前并未按《内燃机产品名称和型号编制规则》（GB/T 725—2008）标准编制型号。康明斯发动机在我国使用范围基本上包括3个系列，即V系列、N系列和K系列。这类发动机一般都采用废气涡增压或带中冷器，如N系列增压（NT）、V系列增压（VT）、V系列增压中冷（VTA）、K系列增压（KT）、K系列增压中冷（KTA）等。康明斯柴油机型号的说明举例如图1-9所示。

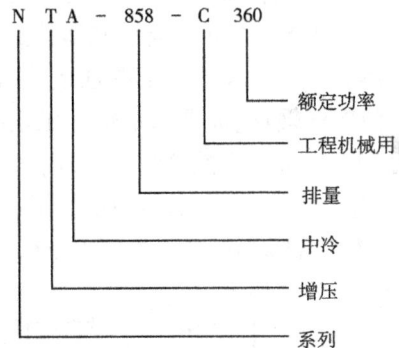

注：其中用途代号中，C表示工程机械用；G表示发电用；P表示动力装置用；M表示船用；L表示机车用；R表示轨道车用。

图1-9 康明斯柴油机型号的说明举例

第二章 曲柄连杆机构与机体组件

第一节 曲柄连杆机构的运动和受力

发动机工作时,曲柄连杆机构的活塞在汽缸中做直线往复运动,曲轴绕主轴颈的中心做旋转运动,介于二者之间的连杆做平面运动,既有上下往复运动,又左右摆动。

曲柄连杆机构的受力主要来自4个方面:活塞顶的气体压力、机件运动的惯性力、各相对运动表面的摩擦力、发动机对外做功时,外力反作用在曲轴上的阻力矩。其中:摩擦力取决于发动机的结构,相对运动表面的粗糙度、配合紧度及润滑条件;工作阻力矩取决于外界负荷的大小和性质。下面主要分析气体压力和惯性力的作用对发动机工作的影响。

一、气体压力的作用

在整个工作循环中,气体始终存在,进、排气两行程中的气体压力虽然都阻碍曲轴的旋转,但由于作用力很小,故可忽略。这里主要研究做功、压缩两行程中的气体压力的作用。

1. 做功行程

燃烧产生的高压气体直接作用在活塞顶上,推动活塞向下运动。设活塞顶上气体的总压力为 F[图 2-1a)],经活塞销传给连杆时,由于连杆是偏斜的,因此可分解为 F_N 和 F_S 两个力[图 2-1b)]:F_N 垂直于汽缸壁,使活塞与汽缸壁之间产生侧压力;F_S 的分力 F_{S1} 沿连杆方向,使连杆轴承、轴颈和主轴承压紧[图 2-1c)];F_S 的分力 F_{S2} 与曲柄臂垂直,它与力偶(F_{S2}, F_1)和力 F_2 的作用等效[图 2-1d)],力偶(F_{S2},F_1)产生推动曲轴旋转的力矩 $T = F_{S2}r$(r 为曲柄半径);力 F_2 使主轴颈和主轴承压紧。由此可将压紧主轴颈与主轴承的两力 F_{S1} 和 F_2 合成为力 F_1'[图 2-1e)],显然 F_1' 与 F_S 力的大小相等、方向相同,只是力的作用点不同而已。

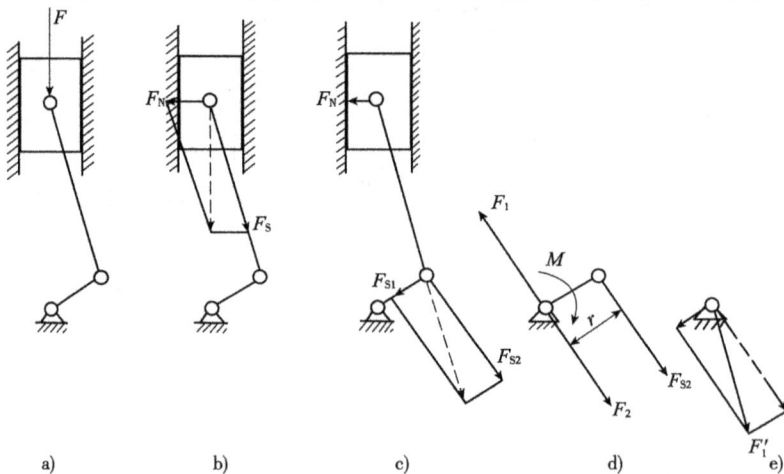

图 2-1 做功行程气体压力的作用

综上所述,燃气的总压力 F 最终表现为侧压力 F_N、连杆轴颈与轴承的压紧力 F_S、主轴颈与轴承的压紧力 F_1' 和驱动力矩 M 的作用。随 F 大小及连杆与曲轴运动位置的变化,上述力和力矩的大小也在不断变化。

2. 压缩行程

压缩行程中,气体的压力阻碍活塞自下向上运动。与做功行程作同样的分析和处理,则气体作用在活塞上的总压力 F' 最终表现为侧压力 F_N'、连杆轴颈与轴承的压紧力 F_S'、主轴颈与轴承的压紧力 F_1'' 及阻力矩 M'(图 2-2)。它们的大小也在不断变化。

通过对上述气体压力的作用分析可以看出:由于曲轴运转两圈中,只有半圈做功行程中有驱动力矩 M,且大小又在变化,而其他一圈半都存在阻力矩,因此使曲轴运转不平稳;由于侧压力的作用使活塞和汽缸壁左右两侧磨损大,且各轴颈和轴承的压紧力的大小、方向和作用点都在变化,因此使曲轴主轴颈、连杆轴颈及其轴承磨损不均匀。

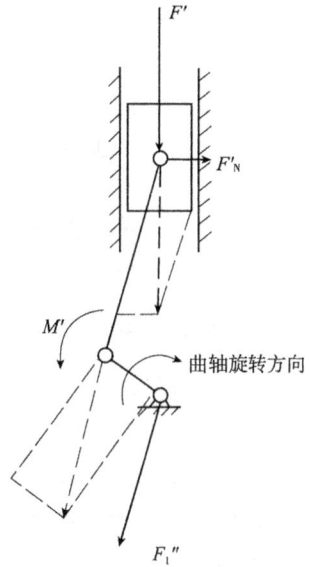

图 2-2　压缩行程气体压力的作用

二、惯性力的作用

当物体运动速度的大小和方向发生变化时,必然产生惯性力。直线运动物体的惯性力,其方向在减速运动时和运动方向一致,在加速运动时和运动方向相反;其大小与物体的质量及加速度的大小成正比。圆周运动物体的惯性力(即离心力),其方向始终背离圆心向外,其大小与物体的质量、旋转半径及角速度的平方成正比。在曲柄连杆机构的运动中,这两种惯性力都是存在的。

1. 往复惯性力

活塞及连杆小头在汽缸内做往复直线运动时,速度变化急剧,到达上下止点的速度为零,邻近行程中间时速度最大。因此,当活塞向下运动时,前半行程是加速运动,惯性力 F_G 向上[图 2-3a)];后半行程是减速运动,惯性力 F_G 向下[图 2-3b)]。同理,当活塞向上运动时,前半行程惯性力向下;后半行程惯性力向上。可见,不管活塞是向上还是向下运动,只要活塞处于汽缸上半部时,惯性力总是向上的,而处于汽缸下半部时,惯性力总是向下的。

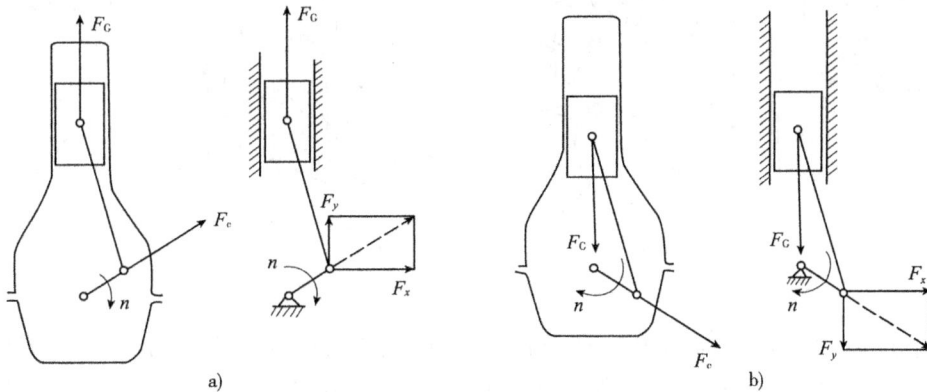

图 2-3　曲柄连杆机构的惯性力

活塞、活塞销及连杆小头的质量越大,曲轴转速越高,则往复惯性力也越大。它使曲柄连杆机构零件受到周期性的附加荷载,并引起发动机的上下振动。

2.旋转惯性力

曲轴的连杆轴颈、曲柄臂和连杆大头都是绕曲轴中心线做旋转运动的,因此必然产生旋转惯性力 F_c(图2-3)。若把 F_c 分解为水平方向和垂直方向的两个分力,则垂直方向的分力 F_y 总是和往复惯性力的方向一致,将加剧发动机的上下振动,而水平方向的分力 F_x 则使发动机产生水平方向的振动。另外,F_c 也使各零件受到周期性附加荷载。

第二节 旋转平稳性和惯性力的平衡

一、旋转平稳性

解决曲轴旋转平稳性的方法有两个:

(1)安装飞轮。由于飞轮质量较大,装于曲轴一端,利用它的惯性作用,在做功行程中储存部分动能,使曲轴转速不致太快;而在其他3个行程中释放动能,又使曲轴转速不致太慢,从而使曲轴旋转较为平稳。

(2)把多缸发动机各缸的做功行程均匀错开。即在发动机完成一个工作循环的曲轴转角内,各缸做功行程的间隔(以曲轴转角表示)应力求均匀。若多缸发动机的汽缸数为 i,则四冲程发动机各缸的着火间隔应为 $720°/i$,二冲程发动机各缸的着火间隔应为 $360°/i$。

二、惯性力平衡

单缸发动机的惯性力作用[图2-4a)]在上节中已经作了分析,这里简单研究一下多缸发动机的惯性力作用情况。

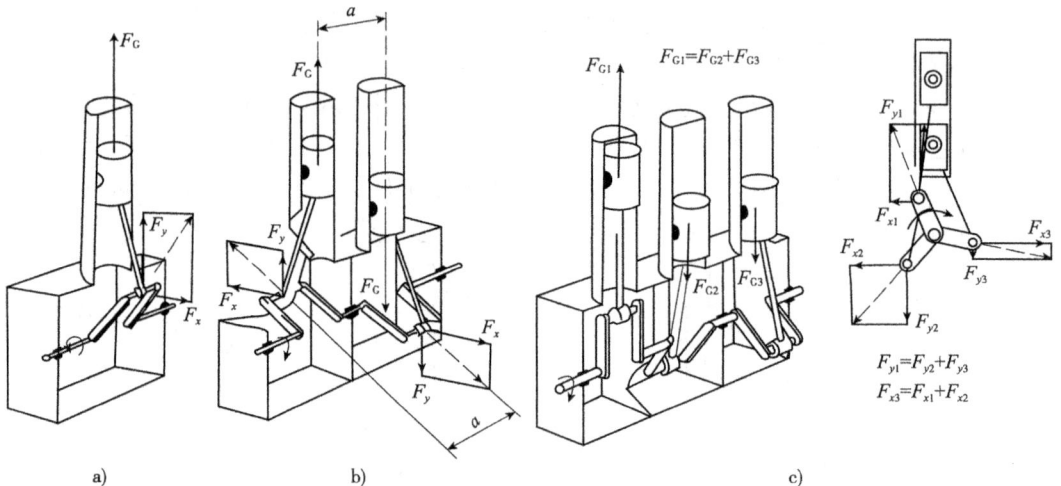

图2-4 单缸及两、三缸机的惯性力示意图

两缸机[图2-4b)],曲拐相间180°布置,因此两个缸的往复惯性力和旋转惯性力总是大小相等、方向相反,互相平衡。但由于它们不是作用在同一直线上,故在两缸之间引起惯性力矩。垂直方向的惯性力 F_c 和 F_y 引起的惯性力矩,使机体交替产生一头向上、一头

向下的振动;水平方向的惯性力 F_x 引起的惯性力矩,使机体交替产生一头向左、一头向右的振动。

三缸机[图2-4c)],由于3个曲拐相间120°布置,因此3个缸的往复惯性力和旋转惯性力在水平与垂直两个方向上也是互为平衡的。但是,同两缸机类似,由于也存在惯性力矩,所以也使机体产生水平和垂直两个方向上的振动。

四缸机和六缸机,由于它们分别相当于两个两缸机和两个三缸机的串联,从整体看,惯性力及惯性力矩均能达到自身互相平衡;但是,从局部看,惯性力矩引起的附加力矩,导致轴颈与轴承的偏磨,甚至引起曲轴弯曲变形。图2-5a)所示为四缸机曲轴上的惯性力及惯性力矩作用情况。

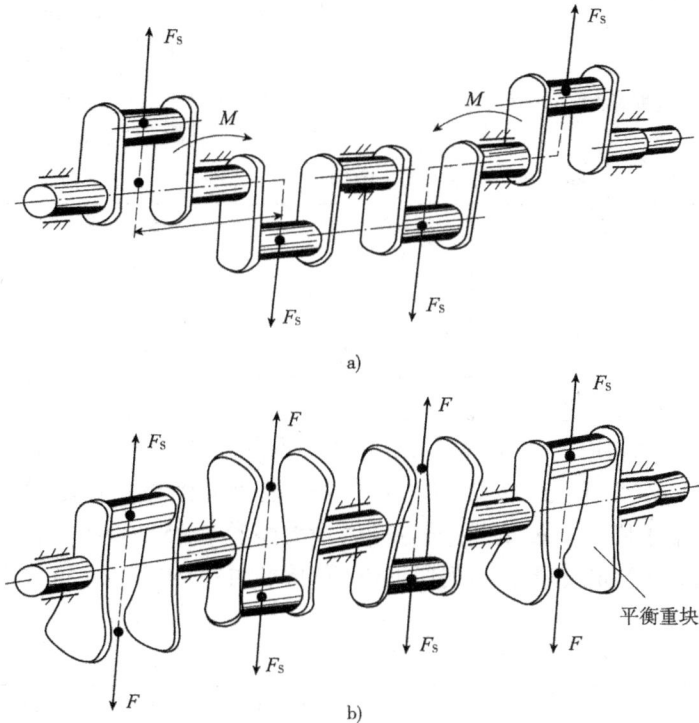

图2-5 四缸机曲轴上的惯性力作用和加平衡重块的示意图

由于惯性力作用,产生附加荷载,引起机体振动,影响发动机的可靠性及使用寿命,因此要考虑平衡措施。

单缸机由于自身平衡性最差,所以通常采用较为复杂的平衡轴机构进行平衡;两缸机和三缸机虽然平衡性稍好,但是,也必须采取平衡措施,以达到平衡惯性力矩,常用的一种平衡措施是在曲轴上设置平衡重块;四缸机和六缸机的自身平衡性最好,可以不采取平衡措施。但是为了消减曲轴局部上的附加力矩的作用,有些发动机的曲轴上也设置平衡重块。图2-5b)所示的力 F 是四缸机加装平衡重块的示意图。

三、多缸发动机曲轴的曲拐布置和各缸做功顺序

多缸发动机曲轴的曲拐布置不仅取决于汽缸数、汽缸的排列方式,还要保证各缸的发火次序,并满足惯性力平衡。

安排多缸机各缸发火次序时,主要考虑各缸着火间隔角应相等,保证运转平稳性;同时,

23

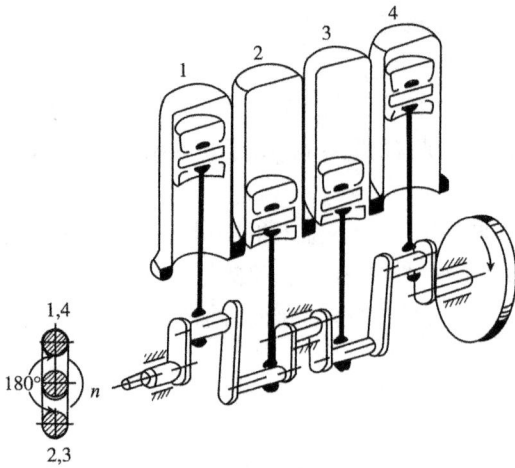

图 2-6　四缸机的曲拐布置图

曲轴的形状和曲拐的布置,取决于汽缸数、汽缸排列方式和着火次序。在布置多缸发动机(直列式或 V 形)的着火次序时,为减轻主轴承荷载和避免进气重叠现象发生,应使连续做功的两缸相距尽可能远些。

1. 四、六缸机曲轴的曲拐布置和各缸工作顺序

四缸机做功行程间隔角应为 $720°/4 = 180°$。其曲轴形状毫无例外地都将 4 个曲拐布置在同一平面内,且前后对称,即 1、4 缸曲拐在曲轴轴线的同一侧,2、3 缸曲拐在曲轴轴线的另一侧(图 2-6)。发动机的各缸工作次序有 1 - 3 - 4 - 2 或 1 - 2 - 4 - 3 两种。我国的四缸机都按 1 - 3 - 4 - 2 次序做功,其工作循环如表 2-1 所示。

四缸机工作循环表(做功次序:1 - 3 - 4 - 2)　　　　表 2-1

曲轴转角	第一缸	第二缸	第三缸	第四缸
0° ~180°	做功	排气	压缩	进气
180° ~360°	排气	进气	做功	压缩
360° ~540°	进气	压缩	排气	做功
540° ~720°	压缩	做功	进气	排气

六缸机的做功间隔角应为 $720°/6 = 120°$。其曲轴的 6 个曲拐分别布置在夹角为 120°的 3 个平面内,前后对称,其中 1、6 缸,2、5 缸和 3、4 缸曲拐分别在曲轴轴线的同一侧共平面。图 2-7 所示为我国常采用的一种布置,其各缸做功次序为 1 - 5 - 3 - 6 - 2 - 4,其工作循环如表 2-2 所示。若把 2、5 缸和 3、4 缸曲拐所处平面对调,可得到第二种布置形式,做功次序为 1 - 4 - 2 - 6 - 3 - 5。

六缸机工作循环表(做功次序:1 - 5 - 3 - 6 - 2 - 4)　　　　表 2-2

曲轴转角		第一缸	第二缸	第三缸	第四缸	第五缸	第六缸
0° ~180°	60°	做功	排气	进气	做功	压缩	进气
	120°						
	180°			压缩	排气		
180° ~360°	240°	排气	进气			做功	压缩
	300°						
	360°			做功	进气		
360° ~540°	420°	进气	压缩			排气	做功
	480°						
	540°			排气	压缩		
540° ~720°	600°	压缩	做功			进气	排气
	660°			进气	做功		
	720°	排气				压缩	

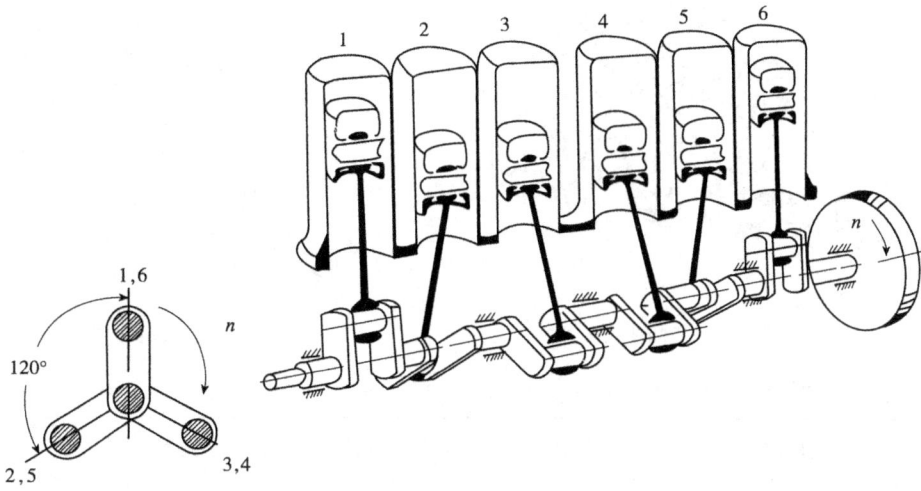

图 2-7 六缸机的曲拐布置图

2. V 形八缸、十二缸机曲轴的曲拐布置和各缸工作顺序

V 形八缸四冲程发动机曲轴有 4 个曲拐,结构形式有正交两平面内布置的空间曲拐(图 2-8)和平面曲拐(与直列四缸发动机曲拐布置相同)两种。因空间曲拐平衡性较好,故应用较多。

两种曲拐的发动机都有数种工作顺序,从发动机前端看过去,汽缸序号的排列为左列 1、2、3、4、n,右列 n + 1、n + 2、n + 3、2n。故图 2-8 所示的空间曲拐,其发动机工作顺序有 1 − 5 − 4 − 8 − 6 − 3 − 7 − 2 和 1 − 5 − 4 − 2 − 6 − 3 − 7 − 8 等数种,空间曲拐发动机汽缸中线夹角均为 90°,各缸做功间隔角为 720°/8 = 90°。表 2-3 示出了一种工作循环,在循环表中,无法显示做功过程重叠,缸号是按工作顺序排列的。

V 形八缸四冲程发动机工作循环表(工作顺序:1 − 5 − 4 − 8 − 6 − 3 − 7 − 2)   表 2-3

曲 轴 转 角		第一缸	第二缸	第三缸	第四缸	第五缸	第六缸	第七缸	第八缸
0 ~ 180°	90°	做功	做功	排气	压缩	压缩	进气	排气	进气
	180°		排气	进气		做功			压缩
180° ~ 360°	270°	排气			做功	压缩	压缩	进气	
	360°		进气	压缩		排气			做功
360° ~ 540°	450°	进气			排气		做功	压缩	
	540°		压缩	做功		进气			排气
540° ~ 720°	630°	压缩			进气	排气	排气	做功	
	720°		做功	排气		压缩			进气

图 2-9 是康明斯 KTA − 2300C 型柴油机的曲拐布置。汽缸中线夹角为 60°,发火间隔角为 720°/12 = 60°;发火顺序为 1 − 12 − 5 − 8 − 3 − 10 − 6 − 7 − 2 − 11 − 4 − 9。其工作循环列于表 2-4 中。

25

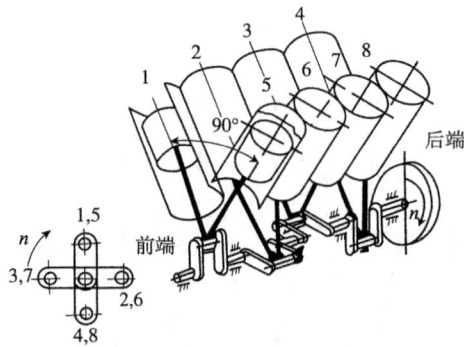

图2-8　V形八缸机的曲拐布置图

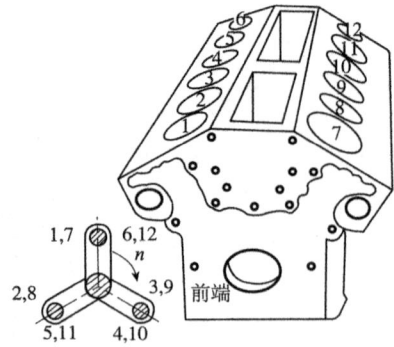

图2-9　V形十二缸机曲拐布置图

V形十二缸四冲程发动机工作循环表(发火顺序:1-12-5-8-3-10-6-7-2-11-4-9)　　表2-4

曲轴转角		第一缸	第二缸	第三缸	第四缸	第五缸	第六缸	第七缸	第八缸	第九缸	第十缸	第十一缸	第十二缸
0~180°	60°			进气	做功			排气					压缩
	120°	做功	排气			压缩	进气		压缩	做功	进气	排气	
	180°			压缩	排气			进气					做功
180°~360°	240°		进气			做功				排气	压缩		
	300°	排气					压缩		做功			进气	
	360°			做功	进气			压缩					排气
360°~540°	420°		压缩			排气				进气	做功		
	480°	进气					做功		排气			压缩	
	540°			排气	压缩			做功					进气
540°~720°	600°		做功			进气				压缩	排气		
	660°	压缩		进气	做功		排气	排气	进气			做功	压缩
	720°		排气			压缩				做功	进气		

第三节　活塞连杆组

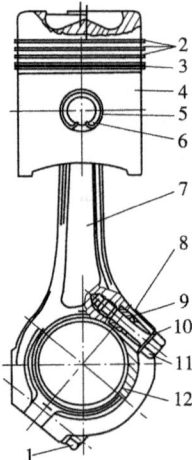

图2-10　活塞连杆组组件

1、11-连杆螺栓;2-气环;3-油环;4-活塞;5-卡环;6-活塞销;7-连杆;8-连杆盖;9-套筒;10-锁垫;12-轴瓦

活塞连杆组主要由活塞4、气环2、油环3、活塞销6、连杆7和轴瓦12等组成(图2-10)。

活塞连杆组的功用:活塞与汽缸套、汽缸盖一起组成燃烧室;承受燃气压力,并把它传递给连杆,由活塞环密封汽缸,防止缸内气体泄漏入曲轴箱和曲轴箱内机油窜入燃烧室;传递热量,将活塞顶部接收的热量通过汽缸壁传给介质,连杆用来连接活塞和曲轴;传递动力,把活塞的直线往复运动转变为曲轴的旋转运动。

一、活塞

(一)活塞材料

目前,工程机械用中高速柴油机的活塞材料都使用铝合金,这是因为铝合金活塞有下列主要优点:

(1)可减小惯性力;

(2)可减轻热负荷。

铝合金的缺点:随温度升高,其强度和硬度下降较快,尤其是当温度超过200℃时,膨胀系数大,热变形大,要求较大的缸壁间隙,制造成本高等。

目前国内外采用的几种活塞材料的性能如表2-5所示,下面仅作扼要说明。

典型活塞铝合金的物理力学性能 表2-5

合金种类	制造方法	抗拉极限 kPa	线膨胀系数 ($\times 10^{-6}$/℃)	热传导率 [W/(cm·K)]	布氏硬度(HB)			密度
					20℃	200℃	300℃	
铝-铜系合金 (Y合金)	I	2452	23.5	142.35	110	100	32	2.8
	II	3628	23.5	150.72	125	100	30	
铝-硅系合金 (L_{ow}-E_x合金)	I	2256	21	133.98	105	95	35	2.7
	II	3530		142.35	110	95	32	
亚共晶铝硅合金	I	>2059	18.6~19.8	108.86	90			2.74
过共晶铝硅(Si含量为18%)合金	I	1961	18.5	113.04	105	95	37	
	II	2746		125.6	115	95	30	
过共晶铝硅(Si含量为24%)合金	I	1765	17.5	104.67	105	95	40	
灰铸铁	III	2157	12	54.43	200	200	170	7.3

注:1. 制造方法中,I表示金属型铸造;II表示锻造;III表示砂型铸造。

2. 布氏硬度单位为 kg/mm²。

1. 铝-铜系合金

铝-铜系合金中最著名的是Y合金,其特点是导热性和高温强度好,既可铸造也可锻造,加工容易,但密度稍大。最大的缺点是热膨胀系数大且比较贵,故现在已很少采用。

2. 铝-硅系合金

铝-硅系合金中,以含硅2%左右的共晶铝硅合金最著名,称为L_{ow}-E_x合金。这种合金虽然强度和导热性稍差,但耐磨性和耐热性好。由于密度和热膨胀系数都比较小,因此是目前国内外应用最广泛的一种活塞材料。含硅9%左右的亚共晶铝硅合金,虽然热膨胀系数稍大一些,但其铸造性能得到改善,适用于大量生产的工艺要求,应用也很广泛。过共晶铝硅合金是一种含硅16%~26%的铝-硅系合金,它是在共晶铝硅合金的基础上发展起来的。由于这种合金具有高的耐热性和较小的热膨胀系数,所以可以满足强化后柴油机对活塞材质提出的要求。这种合金的缺点是延伸率比较小,不适于锻造,且铸造时易产生偏折和加工困难等。

(二)活塞结构

如图2-11所示,一般柴油机活塞的结构由活塞顶部、活塞头部和活塞裙部3部分组成。现分述如下。

1. 活塞顶部

活塞顶部是燃烧室的组成部分,其结构形状和燃烧室的要求密切相关,分为平顶、凸顶和凹顶3种,柴油机多用凹顶活塞,即顶面有各种形状凹坑,如135系列柴油机有ω形凹坑,130系列柴油机有圆柱深盆形凹坑,120系列柴油机有球形凹坑,NH-220-CL型柴油机有浅ω形凹坑等。有些活塞顶部还设有气门避碰坑11,以防止活塞到达上止点时与气门相碰,活塞顶面加工力求光洁,有的柴油机活塞顶部还进行阳极氧化处理或镀铬,以提高耐热、耐腐蚀性能,并减少吸热。

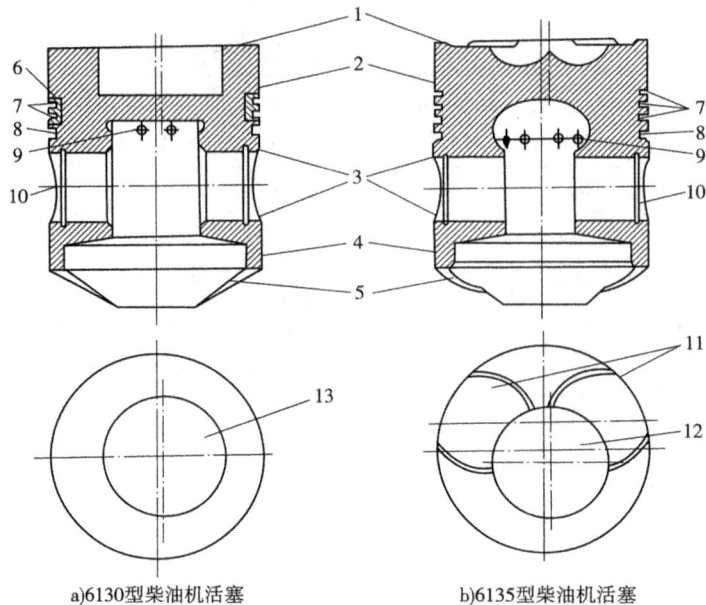

a)6130型柴油机活塞   b)6135型柴油机活塞

图 2-11 活塞构造图

1-活塞顶部;2-活塞头部;3-活塞销座孔;4-活塞裙部;5-裙部铣块;6-环槽护圈;7-气环环槽;8-油环环槽;
9-回油孔;10-卡环环槽;11-气门避碰坑;12-ω 形凹坑;13-圆柱深盆形凹坑

2．活塞头部

活塞头部(又称防漏部)切有环槽,安装有活塞环,通过活塞环实现密封和传热。环槽分为气环环槽 7 和油环环槽 8,气环环槽一般有 2～3 道,在上面;油环环槽有 1～2 道,在下面,且在槽底面钻有许多回油孔 9,使油环从缸壁上刮下的多余机油流回曲轴箱。

从活塞顶部到头部的内表面有较大的过渡圆弧,有利于顶部热量迅速分散于侧面传出,消除应力集中,提高承载能力。

3．活塞裙部

活塞裙部(又称导向部)起导向作用并承受侧压力。活塞销座孔 3 位于裙部,在活塞销座孔两端加工有卡环环槽 10,用于安装卡环,防止活塞销轴向窜动。为保证活塞销座孔处的足够强度和刚度,不仅加厚金属层,而且在活塞内腔中设有加强筋。裙部表面多进行镀锡、喷涂或电泳二硫化钼及涂石墨等处理,以提高减摩性和磨合性。

为保证活塞与缸壁间均匀而合理的配合间隙,常温下通常将活塞裙部加工成椭圆形,长轴垂直于活塞销轴线方向[图 2-12d];活塞侧表面加工成上小下大的截锥形或阶梯形(图 2-13)。这样活塞在工作中变形后,裙部可近似恢复成正圆形,侧表面可近似恢复成正圆柱形,保证了合理的配合间隙。

否则,如果常温下裙部加工成圆形,则工作中由于裙部在侧压力作用下,使直径沿活塞销轴线方向上变长[图 2-12a]。在顶部气体压力作用下,同样使裙部沿销轴线方向变长[图 2-12b]。活塞销座孔处金属堆积及销与座孔摩擦而引起的温升,又进一步使裙部沿销轴线方向的膨胀变形量增大[图 2-12c]。这三方面原因作用的结果,将导致裙部变成椭圆

28

形,会破坏合理的配合间隙。又如果常温下活塞侧表面加工成圆柱形,则工作中由于活塞顶部温度高,裙部温度低,再加上顶部和头部金属厚,因此导致活塞上部变形量大于下部,产生锥度,这同样会破坏合理的配合间隙。

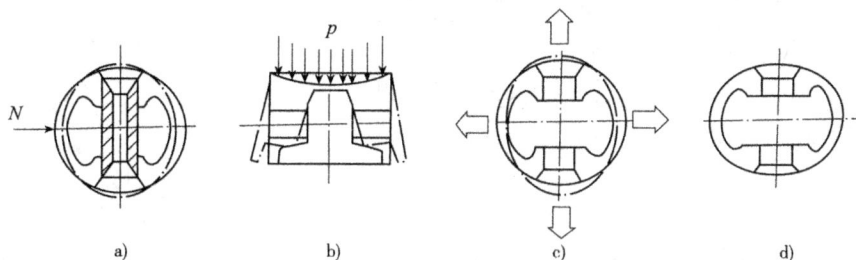

图 2-12 活塞裙部工作时的变形

(三)铝合金活塞在结构上的其他措施

(1)在平行于活塞销轴线方向的裙部下端对称铣掉两块。这样不仅减轻了活塞质量,同时增大了活塞裙部的弹性,从而可减小裙部与汽缸的配合间隙。

(2)还有,在活塞销座孔处的裙部外表面上铸出 0.5 ~ 1mm 的凹陷面,从而防止该方向上因变形过大而出现拉毛。

(3)有的活塞顶部连接有用耐热材料制成的耐热塞,以防止顶部的烧蚀,活塞环槽部是另外镶入的铸铁,以提高环槽的耐磨性,如图 2-14 所示。

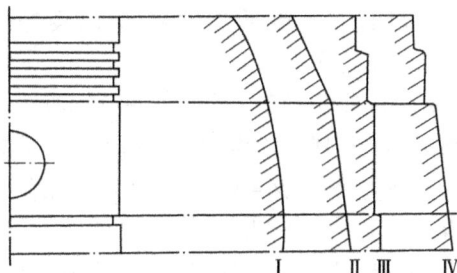

图 2-13 活塞侧表面的锥形放大示意图

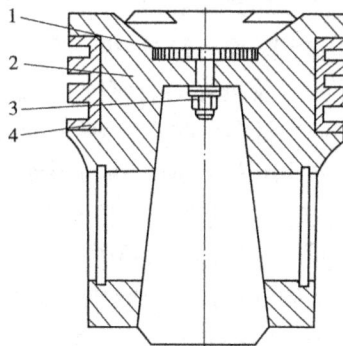

图 2-14   3306 型柴油机活塞
1-耐热塞;2-活塞;3-螺母;4-铸铁环槽

(4)少数发动机活塞在销座孔处镶平钢片或在裙部镶筒形钢片。因钢片热膨胀量小,可有效地控制销座孔处或整个裙部的膨胀变形量,如图 2-15 所示。

(5)有的汽油机活塞,在做功行程时,不承受侧压力的一侧裙部切制 T 形或 Π 形槽。其中:横向槽切在最下一道油环环槽底,起隔热作用;纵向槽使裙部具有一定弹性,补偿热膨胀变形量,减小配合间隙。但是这种结构降低了活塞强度,故不适合柴油机及强化汽油机。

(6)某些发动机的活塞,为减轻第一道环及环槽的热负荷,在此道环槽上面车铣一条狭而深的隔热槽,使部分热量分散到其他环上传出,避免第一道环因热积炭而卡死在环槽中,如图 2-16 所示。

(7)有的活塞在第一环槽上部车制很多浅而细的沟槽,由于沟槽积炭而吸附润滑油,改善了磨合性能,防止活塞与汽缸发生咬合而产生拉缸,因此可减小活塞头部与汽缸的配合间隙。

a)活塞   b)筒形钢片

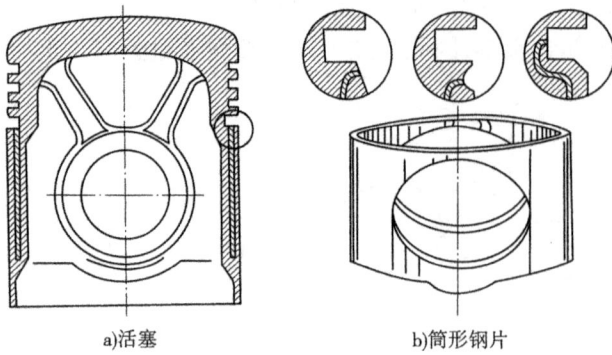

图 2-15　镶筒形钢片的活塞

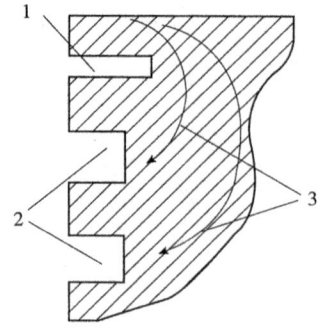

图 2-16　开有隔热槽的活塞局部图
1-隔热槽;2-气环环槽;3-热流

二、活塞环

活塞环是具有一定弹性的金属开口圆环,在自由状态下,它的外径大于汽缸直径,装入汽缸后,其外圆面紧贴汽缸壁。活塞环按功用分为气环和油环两种。

气环的功用是密封和传热。即防止汽缸内气体泄漏于曲轴箱,并将活塞顶部接收的多余热量传给汽缸壁,由冷却介质带走。油环的功用是刮油和布油。即将汽缸壁上多余的机油刮掉,防止上窜至燃烧室,并使机油均匀分布,形成油膜,改善活塞与缸壁的润滑条件。

由于活塞环是在高温下做高速运动,润滑条件差,尤其是第一道环的工作条件更为恶劣,故磨损严重,而且摩擦功率损失大。因此要求活塞环具有足够的强度和弹性,良好的耐热、耐磨性,以及较好的耐腐蚀性、储油性、磨合性和抗胶结性能。

活塞环的材料目前广泛采用的是合金铸铁,也有使用优质灰铸铁、球墨铸铁及钢等。为提高耐磨性和使用寿命,通常进行表面处理,主要采用镀铬处理,其次是喷钼;为改善磨合性,采用镀锡和磷化处理。其中第一道环多采用多孔性镀铬,既提高耐磨性,又可储油、改善润滑条件。

为防止活塞环在工作中因受膨胀而卡死在环槽和汽缸中,装配后,在环的切口处、环与环槽端面之间,以及环的内侧与环槽底面之间,都留有适当间隙,分别称为开口间隙、侧隙及背隙。其中:开口间隙值为 0.3 ~ 0.8mm,侧隙值为 0.04 ~ 0.05mm,背隙值为 0.5 ~ 1mm。

(一)气环

1. 气环的封气原理和漏气

气环的气密作用:气环在自由状态时不是整圆,且大于缸径,所以装入缸孔后,环以一定的弹力 p_0 与缸壁压紧,形成所谓的第一密封面(图 2-17)。在此条件下,被密封的气体不能通过环周与缸壁之间,而窜入环与环槽之间的空间。一方面把环向下压紧于环槽侧面上,形成第二密封面;另一方面,又将环向外压紧于缸壁上,加强了第一密封面。这里值得提出两个问题是:其一,背压加强密封面的前提是必须建立一定的 p_0 值,更重要的是,环周面与汽缸内表面必须密合,不得漏光,否则背压不易加强第一密封面。其二,在环向下运动时,缸壁与环周面间有一定厚度的润滑油。从液体润滑理论可知,这种油膜会产生压力,使二者隔开,内外径合力相等,但油膜压力峰值大于环的气体压力。因此,在此情况下,气体不会从该处间缝中漏出。当发动机在正常状态下工作时,气体只可能由环切口处漏出,其漏气通路如图 2-18所示。气体从顶部与缸壁间进入侧隙和背隙,再从切口处漏出。

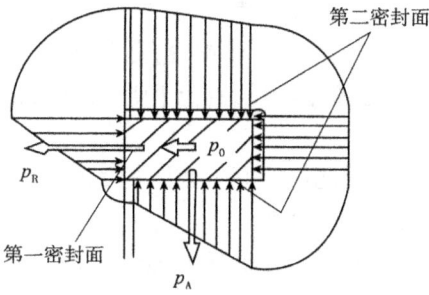

图 2-17 活塞环工作时所承受的力
p_R-径向不平衡力;p_A-轴向不平衡力

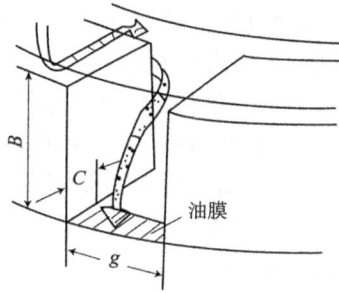

图 2-18 直切口部分的漏气通路

2. 气环的泵油作用及害处

气环及环槽由于侧隙和背隙的存在将引起气环的泵油,气环的泵油作用如图 2-19 所示。

当活塞下行时,由于环与缸壁之间的摩擦阻力以及环本身的惯性,环将紧压在环槽的上端面,缸壁上的润滑油就被刮入下侧隙与背隙内;当活塞上行时,环又紧压在环槽的下端面,于是原在下侧隙与背隙内的润滑油就被向上挤压。如此往复进行,就像油泵的泵油作用,将缸壁上的润滑油最后压入燃烧室,这种现象称为气环的泵油作用。润滑油窜入燃烧室后形成积炭,会引起可燃混合气早燃,使活塞环卡死在环槽内,失去弹性,破坏了对汽缸的密封性,加速发动机的磨损。对于汽油机,窜入燃烧室的机油可能使火花塞不跳火。

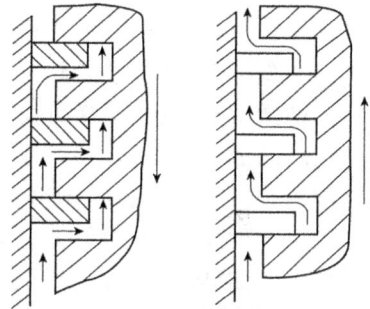

图 2-19 矩形环的泵油作用

为了避免有害的泵油作用,除在气环下面装有油环外,还广泛采用非矩形断面的扭曲环。

3. 气环的断面形状

近年来,随着柴油机性能的不断提高,简单矩形断面环已不能满足要求。为了改善气环的密封性、磨合性、刮油性、抗熔性,以及减少活塞环与缸套间的摩擦损失等,对矩形断面环作了许多改进,并采取了其他形式的环,如桶形环和梯形环等。在活塞环中,凡断面是对称的,可认为是无扭曲环,而非对称断面环,装入汽缸后都有不断程度的扭曲现象存在。气环的各种断面形状见图 2-20。

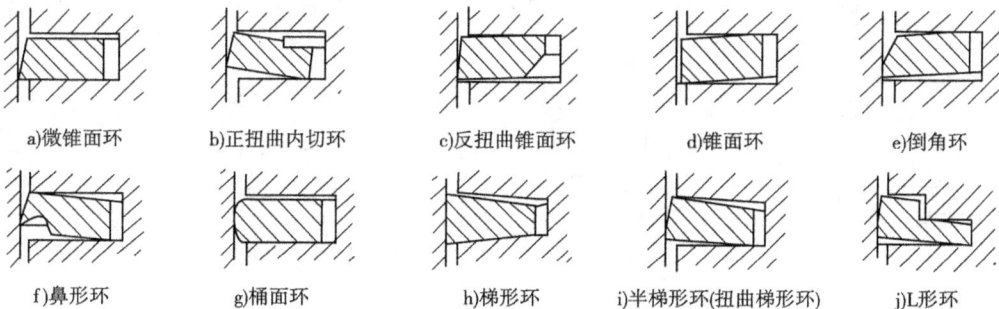

a)微锥面环　　b)正扭曲内切环　　c)反扭曲锥面环　　d)锥面环　　e)倒角环

f)鼻形环　　g)桶面环　　h)梯形环　　i)半梯形环(扭曲梯形环)　　j)L形环

图 2-20 气环的各种断面形状

(1)锥面环。锥面环包括微锥面环、锥面环和倒角环,如图 2-20a)、d)、e)所示。

微锥面环可改善环的磨合性。将其装入汽缸后,与缸壁接触是一条线,从而提高了比压,加速磨合。这种环只在下行时刮油,而上行时,在油楔作用下环被浮起,因此虽然比压大,一般也不会产生拉缸。锥面斜角一般为 $30' \sim 60'$。为避免装反,在这种环的上侧面标有记号;若装反,会使得环向上刮油而增加机油消耗。

锥面环和倒角环的斜角角度比微锥面环的大,因而可保留锥面到相当一段正常运转期。这种环,由于是非对称断面,所以也有扭曲性,并有较好的密封性。

(2)鼻形环。鼻形环[图 2-20f)]装入汽缸后也产生扭曲,刮油能力强。柴油机将其作为气环的很少,多作为油环。

(3)梯形。梯形环[图 2-20h)]用于热负荷较大的柴油机上,多作第一道环,也可做第二、三道环。当活塞受侧压力作用而改变位置时,这种环由于进出环槽侧隙而发生变化。可将环槽中的胶状沉积物挤出,更新侧隙中机油,防止环在环槽中因结焦而黏着卡死。

(4)桶面环。桶面环[图 2-20g)]是近年来才出现的。其结构特点是外圆表面制成凸圆弧形,圆弧曲率半径为缸径的一半。这种环已被广泛地用在高速高负荷的柴油机上。桶形断面形状的出现,是由于人们对矩形环磨合、运行中自然出现凸圆弧形的观察所得到的启示。实践证明,这种环具有下列优点:桶面环与缸壁是线接触,易于磨合;环面能很好地适应活塞的摆动,可避免棱缘负荷;环面与汽缸表面的接触面积小且适应性好,所以密封性好;无论活塞向上还是向下运动,环面都能构成油楔,润滑油可将环浮起,保证良好的润滑,从而使磨损减少。如改进后的 6135 型柴油机的第一道环采用的是桶面环。

(5)扭曲环。扭曲环是在矩形环的内圆上边沿[图 2-20c)]或外圆下边沿切去一部分,破坏了环的断面对称性,当压缩状态下装入汽缸后,由于环外侧拉应力的合力与内侧压应力的合力不共线,形成扭曲力矩,使环产生扭曲变形(图 2-21)。因变形后的环与环槽上下端面接触,所以防止了环在环槽内的上下窜动,避免了泵油作用,并减小了环与环槽的磨损。另外,扭曲环易于磨合,向下刮油性能好,气密性也比较好。安装时内切扭曲环的切口朝上,外切扭曲环的切口朝下。外切扭曲环因切口处漏气量多,不宜做第一道环。

(二)油环

1.油环的作用原理

油环的刮油作用如图 2-22 所示,无论活塞上行还是下行,油环刮下的机油都能通过凹槽底的小孔或铣缝,并经过活塞环槽上的径向回油孔流回曲轴箱,油环的工作表面都加工有倒角,形成刮片状,刀口面起刮油作用,倒角起布油作用。

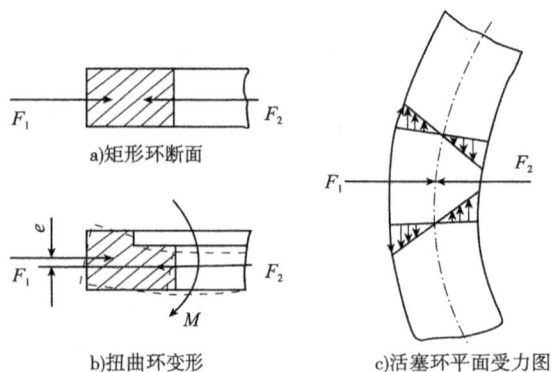

a)矩形环断面

b)扭曲环变形

c)活塞环平面受力图

图 2-21 扭曲环的作用原理

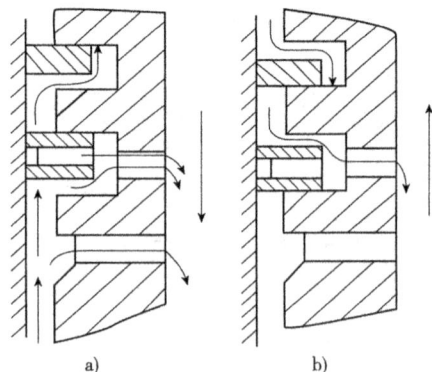

a)

b)

图 2-22 油环的刮油作用

2. 油环的结构形式

油环的结构形式有普通油环、背衬胀簧油环和组合油环等几种（图2-23）。

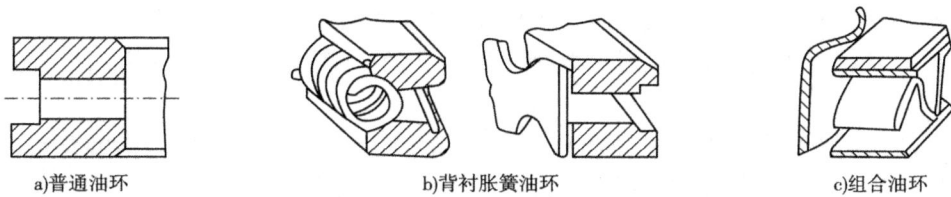

a)普通油环　　　　b)背衬胀簧油环　　　　c)组合油环

图2-23　油环的结构形式

普通油环也叫开槽油环，即在环的外圆面上开有凹槽，槽底部加工有通孔或铣缝，使刮下的机油通过此处流回曲轴箱，这种环制造成本低，使用较普遍。

背衬胀簧油环是在普通油环内加装螺旋胀簧或钢片胀簧，提高了环的径向压力，使环与汽缸壁能均匀稳定贴合，并能补偿环磨损后的弹性降低，因此封油性能好，使用寿命长。

组合油环由上下3个刮油钢片（上边2片、下边1片）、径向与轴向2个弹性衬环组成。这种环刮油能力强，回油通道大，不易积炭，对汽缸的不均匀磨损适应性强，对环槽冲击小，工作平稳，在小型高速机上应用较多。

三、活塞销

1. 功用与工作条件

活塞销用来连接活塞和连杆，并把活塞所受的力传给连杆。

活塞销是在承受大小和方向都不断变化的冲击性荷载下工作的。同时，由于是做低速摆转运动，油膜不易建立，使润滑条件较差。

2. 结构与材料

活塞销的基本结构为一厚壁管状体[图2-24a）]。也有按等强度要求做成变截面结构[图2-24b）、c）]。

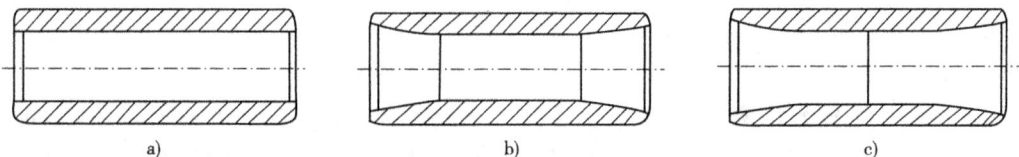

a)　　　　　　　　b)　　　　　　　　c)

图2-24　活塞销

活塞销的材料一般为低碳钢或低碳合金钢，如20Cr、20MnV等，再经表面渗碳或氰化处理。这样既有较高的表面硬度，耐磨性好，刚度、强度高，又有软的芯部，耐冲击性好。

3. 连接方式

（1）全浮式连接。全浮式连接是指发动机在正常工作温度下，活塞销在连杆小头及活塞销座内都有合适的配合间隙而能自转。这是目前绝大多数发动机采用的连接方式。

全浮式连接使活塞销工作时可以缓慢的、无规则转动，故磨损较均匀，寿命较长。

33

由于铝的膨胀系数大于钢,且销座温度高于活塞销,为了在工作温度下保持正常间隙,销与销座孔在冷态时配合间隙极小,甚至有微量过盈(为过渡配合),这样高的配合精度除活塞销本身需有很高的加工精度和低的表面粗糙度外,还应采用分组选配法与销座孔相配合。活塞销的尺寸分组通常用色漆标记于销的内孔端部。由于尺寸的分组差很小,一般维修单位的量具难以测出,选配时只要销与销座孔的标记漆颜色相同即为同组,便符合配合要求。

由于销与销座孔在冷态下配合较紧,为了防止操作销座孔,活塞销与活塞装配时,应将铝活塞放在热水或热油中加热,使销座孔胀大,然后迅速将销装入。

全浮式活塞销会发生轴窜,因此应有轴向限位装置。在介绍活塞的结构时,曾提到在销座孔内装有卡簧,它就是全浮式活塞销用以防止其发生轴窜的一般结构。

(2)半浮式连接。半浮式连接是指销与销座孔和连杆小头两处,一处固定、一处浮动。其中大多数采用活塞销与连杆小头固定的方式。这种连接方式省去了连杆小头衬套的修理作业,维修方便。但为了保证发动机的冷启动运转,销与销座间必须有一定的装配间隙。

四、连杆

连杆是曲柄连杆机构中传递动力的重要组件。通过它将活塞的往复运动转化为曲轴的旋转运动。在连杆高速左右摆动中,它承受着很大的燃气压力和复杂的惯性力。对其要求是,既要有足够的刚度和强度,结构又要轻巧。因此必须选用高强度的材料,设计合理的结构形状和尺寸,以保证其刚度与强度。连杆一旦断裂,将造成严重事故。连杆的变形,将给曲柄连杆机构的工作带来严重影响。例如,连杆杆身的弯曲和扭曲使活塞偏缸,使活塞与汽缸以及连杆轴承与轴颈产生偏磨。

(一)连杆材料

为了保证柴油机连杆在结构轻巧的条件下,有足够的强度和刚度,一般采用合金钢(如40Cr、40CrNi$_2$MoA、18CrNiWA),也有采用球墨铸铁铸造。

连杆一般是用模锻制成的,在机械加工前,应经调质处理(淬火后高温回火),可得到良好的既强又韧的力学性能。为了提高连杆的疲劳强度,不经机械加工的表面应经过喷丸处理。

(二)连杆的结构

连杆结构分为大头、小头和杆身3个部分(图2-25)。

1. 小头

连杆小头用来安装活塞销,以连接活塞。活塞销为全浮式的连杆小头孔内,压有青铜衬套或铁基粉末冶金衬套。后者不仅价廉,且内含石墨和润滑油,自润滑性好。为了衬套的润滑,小头上部一般铣有积存飞溅润滑油的油槽(或油孔),并通过衬套上的槽或孔,或两段衬套之间的空隙,与衬套内表面相通。全浮式活塞销与衬套之间是间隙配合,配合精度较高,是在装配前通过对衬套内孔的加工来达到的。

2. 杆身

杆身通常采用工字形断面[图2-26a)],以提高结构刚度。某些发动机,在杆身还钻有油道[图2-26b)、c)],使连杆轴承的润滑油流向小头进行润滑,或从小头喷向活塞顶,以冷却活塞(图2-27)。

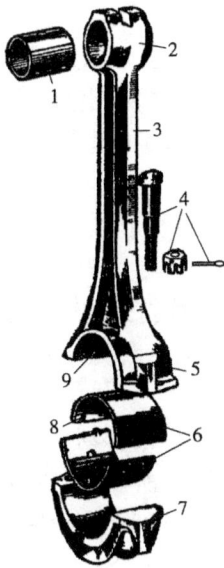

图 2-25　连杆及配合件结构图
1-小头衬套;2-连杆小头;3-连杆杆身;4-连杆螺
栓、螺母及开口销;5-连杆大头;6-连杆轴瓦;7-连
杆盖;8-轴瓦上的凸肩;9-凹槽

a)工字杆身　　b)中间钻有油孔的工字杆身　　c)偏置油孔杆身

图 2-26　连杆杆身断面形状

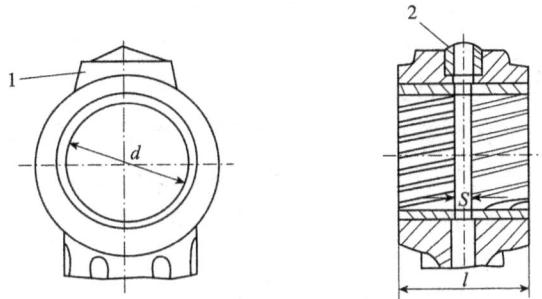

图 2-27　连杆小头上的喷嘴
1-工艺性凸缘;2-喷嘴

3. 大头

连杆大头用于连接曲轴。为便于安装,大头做成分开式,一半为连杆体大头,另一半为连杆盖,二者一般用 2 只或 4 只螺栓装合。大头内孔粗糙度较低,以保证连杆轴承装入后能很好地贴合传热。

(1)切口形式。连杆大头的切口形式有两种:

①平切口。如图 2-26 所示,多用于汽油机。

②斜切口。如图 2-28 所示,因为某些发动机连杆大头尺寸较大,为了拆装时能从汽缸内通过,采用了这种形式。其接合面与杆身中心线一般成 30°~60°(常用 45°)夹角。另外,斜切口再配以较好的切口定位,还减轻了连杆螺栓的受力。斜切口多用于柴油机。

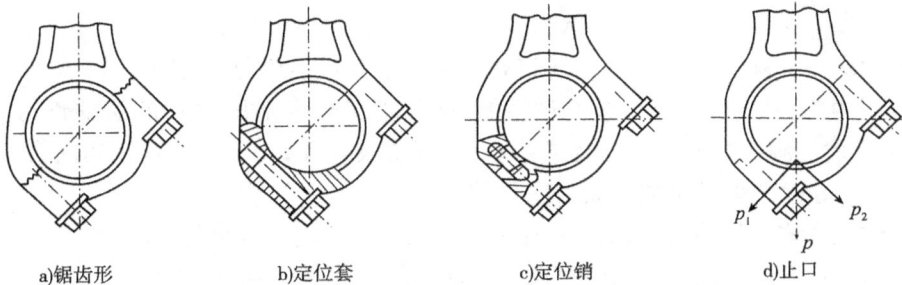

a)锯齿形　　b)定位套　　c)定位销　　d)止口

图 2-28　斜切口连杆大头及其定位方式

(2)定位方式。连杆大头的装合,必须严格定位,以保证内孔的正确形状,常见的定位方式如下:

①连杆螺栓定位。依靠连杆螺栓杆精加工部分定位。因精度较差,一般用于不受横向

分力的平切口连杆。

②锯齿形定位。如图 2-28a)所示,依靠接合面的锯齿形定位。定位可靠,结构紧凑,应用较多,如国产品 105 系列柴油机。这种方式在维修时,不能用加垫片的方法调整轴承间隙。

③套、销定位。如图 2-28b)、c)所示,依靠套或销与连杆体(或盖)的孔紧配合定位。这种形式能多向定位,且定位可靠。如国产 135 系列柴油机用定位套。

④止口定位。如图 2-28d)所示。这种形式工艺简单,但止口易变形,定位不可靠,且结构不紧凑,应用较少。如国产 95 系列柴油机用此种形式。

连接连杆大头及大头盖的连杆螺栓结构形式有两种:一种是螺钉式,即螺钉穿过盖上孔,直接旋入杆身的螺孔里,一般用在斜切口连杆大头的结构上。另一种是用螺栓穿过连杆杆身大头和轴瓦盖的螺栓孔,用螺母紧固。

连杆螺栓承受很大的负荷,经常承受着交变和冲击负荷的作用,很容易引起疲劳断裂。连杆螺栓断裂,将给柴油机带来极其严重的后果,甚至使整机报废。所以,连杆螺栓无论在结构材质加工还是热处理等方面都是很考究的。柴油机连杆螺栓一般都用韧性较高的优质合金钢制造。

螺钉的螺纹部分,一般要求一级精度,多采用细牙。螺纹部分中心线与螺柱支承面必须保持垂直,以防因支承面贴合不良,装配时产生附加应力,引起螺纹断裂。连杆螺栓在装配时应按一定的扭紧力矩分 2 ~ 3 次拧紧。虽从理论上认为,这种螺栓或螺钉不需防松装置,也不会松脱,但有的柴油机还是采用了防松装置(如开口销、自锁螺母和螺纹表面镀铜等),以防螺栓松脱,发生严重事故。

五、轴瓦(包括曲轴主支承轴瓦)

1. 轴瓦的结构

连杆大头与盖中装有分开式滑动轴承(一般称轴瓦),轴瓦用 1 ~ 3mm 钢带作瓦背,其上浇有厚 0.3 ~ 0.7mm 的减摩合金,如图 2-29 所示。

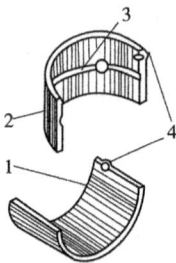

图 2-29 连杆轴瓦

1-减摩合金层;2-钢背;3-凸肩;4-定位台

2. 对减摩合金的要求

(1)抗疲劳性。抗疲劳性是指在交变荷载下,抵抗疲劳损坏性能。要求轴承材料必须具有足够的抗疲劳强度,以抵抗由油膜压力引起的脉冲荷载。轴承的疲劳强度是轴承的机械强度中最主要的方面。

(2)抗咬合性。抗咬合性是指轴颈与轴承难以发生热咬合的性能,并与轴承合金对润滑油的亲油性有关,亲油性好则易于形成油膜。当发动机启动或停车时,如抗咬合性好,一方面在金属间直接接触时不易咬合,另一方面油膜暂时被切断后恢复较快。

(3)嵌藏性。嵌藏性是指润滑油中机械杂质或金属碎粒嵌入合金,使轴承合金表面产生微量塑性变形,而不划伤轴颈表面的性质。一般较软金属的嵌藏性比较好。

(4)顺应性。顺应性是指轴承对于安装不准确,轴孔不同心,轴变形或孔变形等因素的适应能力。比较软的金属具有较好的顺应性。

(5)耐腐蚀性。耐腐蚀性是指抵抗润滑中各种杂质腐蚀合金的能力。锡、铝、银系合金的耐腐蚀性较好。

(6)耐磨性。耐磨性是指轴承合金在负荷下,不易磨损的能力。耐磨性与轴颈的材质、表面粗糙度及润滑是否合理有关。

（7）结合性。结合性是指轴承合金与钢背间结合的牢固程度。结合性不好会导致轴承过早疲劳破坏。

3. 减摩合金的材料

为解决轴承合金的强度与减摩这一基本矛盾，可以采用下列金相组织的材料：硬基体加软质点，如铜铅合金和高锡铝合金等，用于柴油机。软基体加硬质点，如白合金和铝锑镁合金，用于汽油机。

（1）铜铅合金与铅青铜。铜铅合金的基本成分是铅占 25% ~ 35%，其余为铜。铅青铜的基本成分是铅占 5% ~ 25%，锡占 3% ~ 10%，其余为铜。为了改善合金性能，在上述材料中，根据需要还可加入少量其他金属元素，其含量一般小于 2%。

这些轴承合金的突出优点是承载能力大，耐疲劳性能好。此外，力学性能受温度的影响不显著，即使在 250℃温度时，仍能继续工作，所以适用高速大功率柴油机。

这些轴承合金的缺点如下：顺应性差，对边缘负荷很敏感；嵌藏性差，润滑油要加强滤清；容易受腐蚀，要求加润滑添加剂；铜铅互溶度差，制造时易出现偏折等。

（2）锡铝轴承合金及铝硅合金。铝锡合金中，含锡量在 20% 以上的称为高锡铝合金，含锡量在 6% 左右的称为低锡铝合金。高锡铝合金较铜铅合金有更好的耐疲劳性，高的负荷能力和耐腐蚀性，很好的减摩性能，并有很好的抗咬合性和嵌藏性，所以可用作高速强化柴油曲轴的轴承合金。

配用铝锡合金曲轴轴颈的平均磨损要比配用铜铅合金的大些，所以在负荷极高和边界润滑的条件下，仍应选用铜铅合金作为轴承材料。

目前，增压柴油机不断增多，且增压比在不断地提高，使轴承工作条件更加恶劣。为此，已研制出一种可作为高功率柴油机的高强度轴承合金——铝硅合金。这种材料有可能取代铅青铜。

（3）表面镀层材料。表面镀层就是在轴承合金上面再镀一层金属薄膜构成第三合金层，以获得良好的表面性能，亦即提高其耐疲劳性、顺应性、耐腐蚀性，改善轴承承受边缘负荷的性能。这对铜铅合金来说是非常重要的。电镀层的合金多采用铅（10%）锡（或加 6% 以上铟，以防止腐蚀）、铅（10%）锡（3%）铜、铅（10%）锡（7%）锑等。电镀层厚度一般为 0.02mm 左右。随着电镀层厚度的增加，将使轴承合金的疲劳强度降低，所以，电镀层不宜过厚。

凡镀有电镀层的轴瓦，在选配时应不进行镗削或刮削，否则将镀层搪掉，就完全失去原来加覆镀层的意义了。因此在修配轴承时要特别注意。

六、V 形缸柴油机连杆的结构

目前，工程机械用柴油机采用 V 形排列日趋广泛，尤其是八缸以上的发动机都是 V 形排列，现有 V6、V8、V10、V12 和 V16 等多种。V 形柴油机两排汽缸相对应两个汽缸的连杆，连接在曲轴的同一连杆轴颈上，按不同的连接方式，可分为 3 种结构形式，即并列式连杆 [图 2-30a）]、主副式连杆 [图 2-30b）] 和叉式连杆 [（图 2-30c）]。

在这 3 种形式中，我国目前工程机械用柴油机除个别柴油机（图 2-31）为主副连杆式外，均为并列式连杆。并列式连杆的优点：由于对应两个连杆并列装在一个连杆轴颈上，每个单一连杆的结构与直列式柴油机连杆结构形式完全相同，因此左右排可制成一样，能够通用，两列活塞连杆组的运动规律和受力情况也完全一致。所以这种连杆结构简单,便于生产,维修方便,因此当前在国内外得到广泛采用。

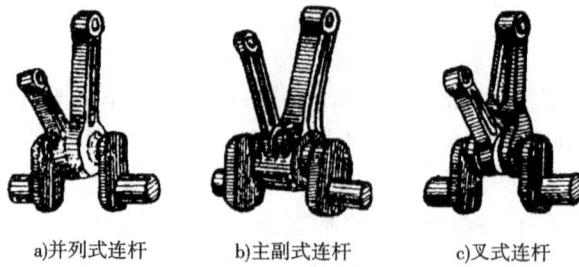

a)并列式连杆　　　　b)主副式连杆　　　　c)叉式连杆

图 2-30　Ｖ形柴油机连杆的结构形式

并列式连杆存在的主要问题是,一个轴颈上的两连杆的运动不在一个平面内,两排汽缸中心线必须错开一定距离,这样使得缸体和曲轴的长度相对增长,影响两者的刚度。

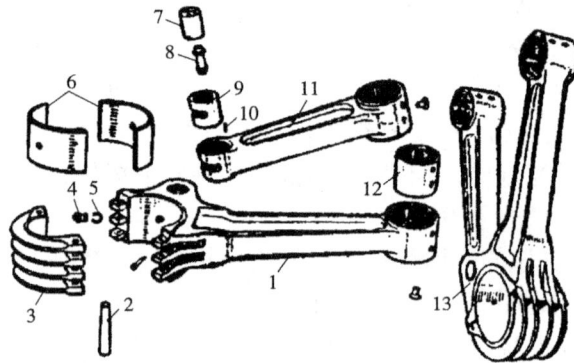

图 2-31　Ｖ形柴油机的主副式连杆

1-主连杆;2-锥形锁钉;3-主连杆轴承盖;4-销钉;5-销环;6-轴承衬瓦;7-副连杆连接销;8-小管;9-副连杆下端衬套;10-止动螺钉;11-副连杆;12-连杆上端衬套;13-主连杆和副连杆总成

第四节　曲轴飞轮组

曲轴飞轮组主要由曲轴、飞轮和扭振减振器等构件组成(图 2-32)。

一、曲轴

曲轴的功用是将连杆传来的气体压力转变为转矩,作为动力而输出做功,并驱动配气机构等各辅助装置。

由于曲轴工作中受到变化的气体压力惯性力作用,并传递转矩,受力情况复杂,使内部产生拉、压、弯、扭交变应力,并有扭转振动,因此要求曲轴具有较好的强度和刚度,轴颈表面应耐磨,且润滑可靠,质量轻、平衡良好,运转平稳,避免在工作转速范围内出现扭转共振。曲轴材料多用优质中碳钢或合金钢锻造,也有用球墨铸铁铸造(如 6130 型或 6135 型柴油机曲轴),然后进行机械加工和热处理。

(一)曲轴的形式

曲轴可分为整体式曲轴和组合式曲轴两类。整体式曲轴(图 2-33)采用整体制造,强度和刚度好,结构紧凑,质量轻,工作可靠,使用广泛;组合式曲轴分为圆盘组合式、套合式和分段式 3 种。如 6135 型柴油机采用圆盘组合式曲轴(图 2-34),它的每个曲拐单独制造,然后用螺栓(每段上各有 3 个定位螺栓)连成完整曲轴,它的主轴颈兼作曲柄臂。这种曲轴系列产品制造简单,使用中当某段损坏后可进行单独更换,不致报废整轴,但结构复杂,加工精度要求高。

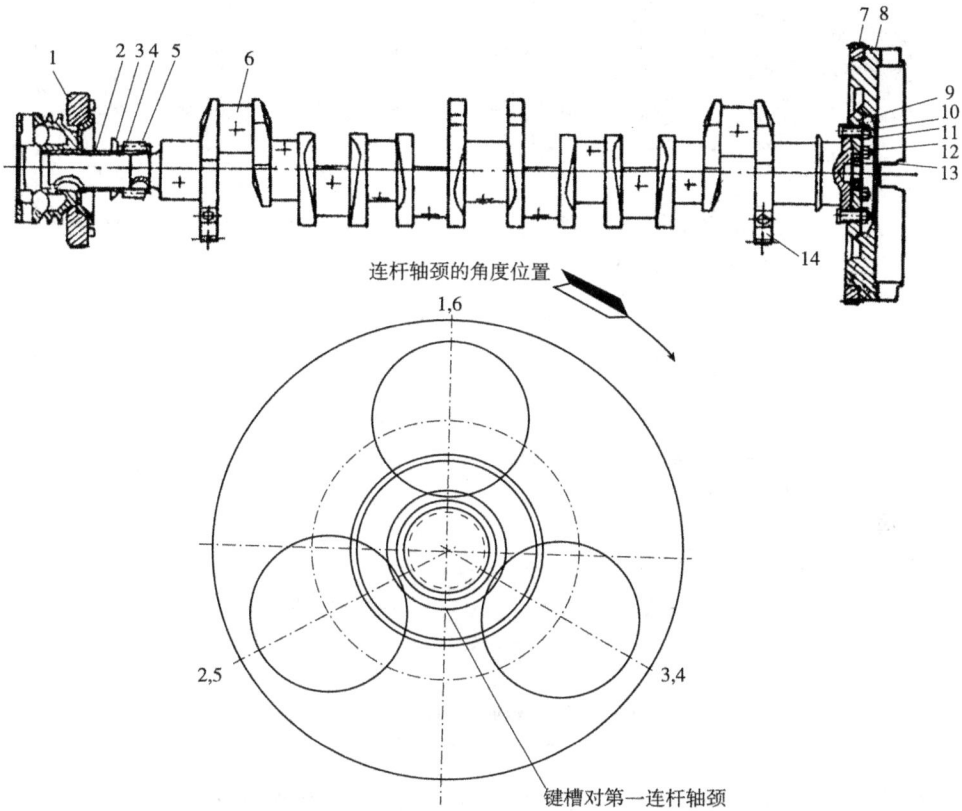

图 2-32　曲轴飞轮组

1-扭振减振器;2-隔套;3-挡油盘;4-定位环;5-正时齿轮;6-曲轴;7-齿圈;8-飞轮;9-飞轮垫片;10-螺栓;11-螺母;12-轴承盖板;13-轴承;14-平衡重块

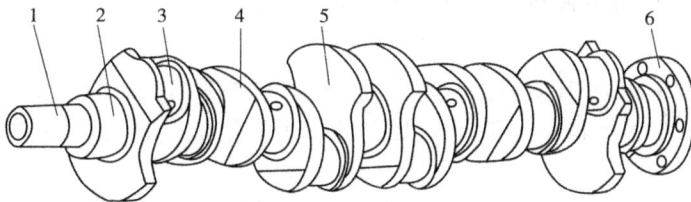

图 2-33　整体式曲轴

1-前端轴;2-主轴颈;3-连杆轴颈;4-曲柄;5-平衡重;6-后凸缘盘

(二)曲轴的结构

曲轴的构造通常分为主轴颈、连杆轴颈、曲柄臂前端和曲轴后端几部分。

1.主轴颈

主轴颈(图 2-33)可使曲轴支承在曲轴箱上,按支承情况,曲轴可分为全支承和非全支承两种(图 2-35)。工程机械用柴油机均为全支承的,亦即主轴颈数比连杆轴颈数多一个。全支承可使曲轴抗弯曲刚度高,使主轴承荷载减轻。

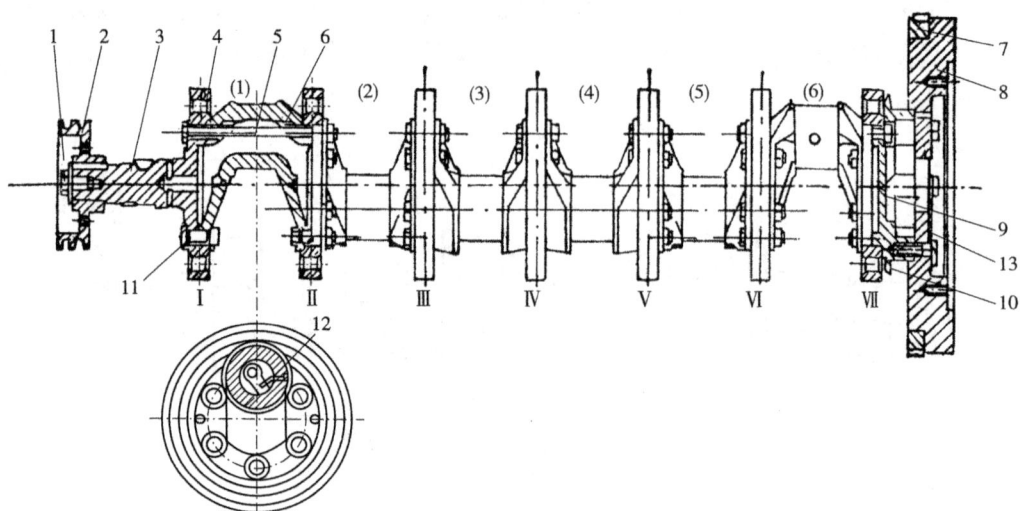

图 2-34　组合式曲轴

1-启动爪;2-皮带盘;3-前端轴;4-滚动轴承;5-连接螺钉;6-曲柄;7-飞轮齿圈;8-飞轮;9-后端凸缘;10-挡油圈;11-定位螺钉;12-油管;13-锁片

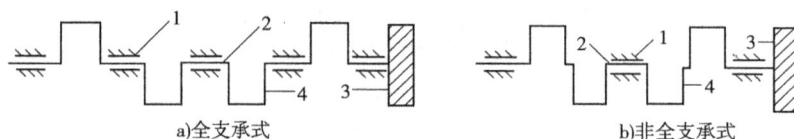

图 2-35　四缸发动机曲轴的支承形式示意图

1-主支承;2-主轴颈;3-飞轮;4-曲柄

主轴颈的支承多采用滑动轴承,称为主轴瓦,主轴瓦的结构形状、材料及装配工艺均与连杆轴瓦类似。6135 型柴油机上的组合曲轴采用滚动轴承支承(图 2-35 图示 4),滚动轴承的内圈与轴颈是紧配合,轴承外圈与缸体上的轴承座孔是过渡配合,两侧用锁簧限制其轴向移动。滚动轴承支承的优点是工作阻力小,效率高,启动容易;缺点是制造成本高,工作时噪声大,且因轴承寿命的缘故限制了发动机的高速强化。

2. 连杆轴颈

连杆轴颈也叫曲柄销,在直列式发动机上,连杆轴颈数与汽缸数相同,在 V 形发动机上,因为绝大多数是一个连杆轴颈上装左右两列各一个汽缸的连杆,所以连杆轴颈数为汽缸数的一半。

连杆轴颈是和连杆大头相连的部分,为减小旋转惯性力,高速机的连杆轴颈一般做成中空的。连杆轴颈及采用轴瓦支承的主轴颈均采用压力润滑,压力油自主油道首先引进各主轴颈润滑,再经主轴颈与连杆轴颈间钻通的斜向油道进入各连杆轴颈润滑,中空的连杆轴颈一般用螺塞封堵成封闭腔,作为机油沉淀室(图 2-36),由主轴颈来的润滑油首先进入此室,经过离心沉淀,杂质被甩到腔壁上,清洁机油由腔中心处经短管输到连杆轴颈上。6135 型柴油机的组合曲轴在沿整体轴线方向上有贯通油道,机油经曲轴前端的径向孔引入,再经各道连杆轴颈的沉淀室后进入轴颈表面润滑;支承主轴颈的滚动轴承是靠飞溅润滑的。

主轴颈和连杆轴颈一般要经过高频淬火或火焰淬火,以提高表面硬度和耐磨性。轴颈经过光磨加工,要求有较高的精度和较好的表面粗糙度。轴颈上的油孔要经倒角和抛光,以避免应力集中。主轴颈和连杆轴颈间要有较大的重叠度,以提高疲劳强度。

3. 曲柄

曲柄(图 2-33 图示 4)用来连接主轴颈和连杆轴颈。为提高弯扭刚度,一般做成椭圆形断面。曲柄与各轴颈的连接处有较大的过渡圆角,有的还对圆角进行冷滚压强化处理,以防止应力集中,避免发生断轴事故。

4. 平衡重

平衡重(图 2-33 中图示 5)的作用是平衡连杆

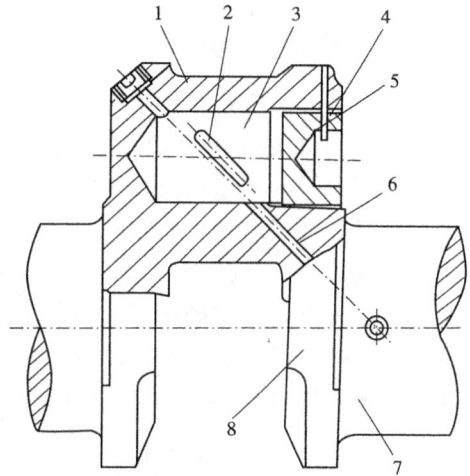

图 2-36 空心连杆轴颈的滤清装置
1-连杆轴颈;2-油管;3-沉淀室;4-螺塞;5-锁销;
6-油道;7-曲柄臂;8-主轴颈

大头、连杆轴颈和曲柄等产生的离心惯性力及其力矩,有时也平衡活塞连杆组的往复惯性力及其力矩,使发动机运转平稳,并可减小曲轴轴承的负荷。一般平衡重和曲轴锻造或铸造为一体。也可单独制造,并和曲轴连接成一体。

5. 曲轴前、后端

曲轴前端用来安装曲轴正时齿轮、甩油盘、皮带轮、扭振减振器和启动爪等零件。

曲轴后端用来安装飞轮,通常加工有回油螺纹,回油螺纹的旋向和曲轴转向相反,从而起到封油作用。

加工后的曲轴均经过动平衡试验,以补偿制造误差,提高运转平稳性,减小振动和噪声。

(三)曲轴的轴向定位

为了保证曲轴与活塞连杆组的正确装配位置,又允许曲轴受热膨胀时能自由伸长,对曲轴必须进行轴向定位,这种定位通常只需一处即可,如前述 6135 型柴油机在前端,NT855 型柴油机在后面一道主轴颈的前后两侧,也有的柴油机在中间一道主轴颈的前后两侧。轴向间隙一般为 0.15～0.34mm。

二、飞轮

飞轮是一个轮缘较厚的圆盘零件,由铸铁或铸钢制造,安装在曲轴后端的接盘上。飞轮的功用是储存做功行程的部分能量,带动曲柄连杆机构越过止点,克服非做功行程的阻力和短暂的超负荷。另外,飞轮又是发动机向外传递动力的主要机件。

飞轮外缘上一般刻有上止点、供油始点等记号,便于检查调整供油或点火时间及气门间隙时参考。修理中安装飞轮时,不允许改变它与接盘的相对位置,安装面要保持干净、无损伤。另外,在飞轮外缘上一般还镶有启动齿圈,供启动时与起动机主动齿轮啮合。

飞轮与曲轴装配后也应进行动平衡试验,以防止由于质量不平衡而引起发动机振动和加速主轴承磨损,一经动平衡试验,飞轮与曲轴的相对位置不可再变,一般都装配有定位记号。

三、扭振减振器

曲轴是一个扭转弹性系统,本身具有一定的自振频率。当加于曲轴的简谐干扰力的频率与曲轴的自振频率相等或为曲轴自振频率的整倍数时,就会出现很大振幅的扭转共振。共振时发动机的转速称为临界转速。

现以直列式发动机的曲轴为例,曲轴系统有一定的质量(包括活塞、连杆组件)和一定的扭转刚度,因而在气体力和惯性力形成的简谐干扰力的作用下,会产生扭转振动。曲轴的自振频率随着汽缸数的增加和曲轴的增长而降低。另外,汽缸数的增加,着火间隔角度变小,将使发动机在使用的转速范围内,扭振的频率和着火的频率接近一致,从而易引起共振。这种共振现象的出现,会使曲轴扭振振幅迅速增大,将导致下列后果:

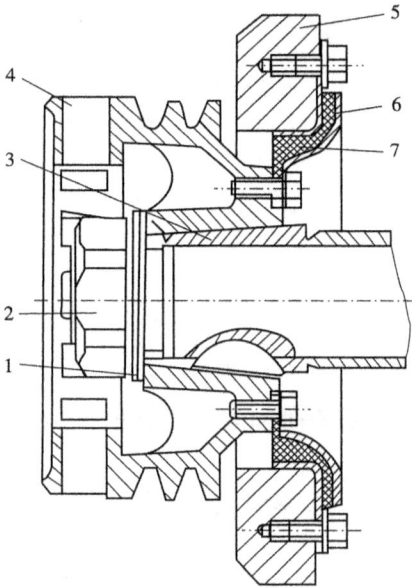

图2-37 橡胶扭振减振器

1-碟形弹簧垫圈;2-螺母;3-定位锥套;4-皮带轮;5-惯性盘;6-轮毂;7-橡胶层

（1）曲轴的扭转变形导致多承受一种附加应力,会使曲轴产生扭转疲劳而断裂。

（2）当扭振的附加转矩超过装置中的离合器、齿轮传动等的平均转矩时,就会使离合器、齿轮等件间产生来回敲击现象,出现异响,并加剧齿轮磨损。

（3）使曲轴回转均匀度变差,破坏了配气正时和喷油正时,使功率下降。

（4）消耗有效动力,使输出功率降低。

（5）破坏了发动机原有的平衡条件,会导致发动机产生剧烈的振动。

为避免曲轴产生强烈的扭转共振,常在振幅最大的曲轴前端装有扭振减振器。

目前,发动机曲轴的扭振减振器有橡胶扭振减振器、硅油扭振减振器和硅油－橡胶扭振减振器等3种形式。

1. 橡胶扭振减振器

如图2-37所示,轮毂6固定在曲轴皮带轮上,随曲轴一起转动,在其上与托板间硫化橡胶层7使轮毂与托板黏固在一起,用螺钉将惯性盘5紧固在托板上,使后者也随曲轴一起转动。当曲轴发生扭振时,由于惯性盘的转动惯量大,相当于一个小飞轮,其转动时角速度也就比轮毂均匀得多。由于橡胶层刚性小,弹性好,使二者间产生相对角振动,从而在橡胶层中产生很大的交变剪切变形。因橡胶是内摩擦很大的材料,所以交变变形中消耗了曲轴扭转振动很大一部分能量,使整个曲轴的扭振振幅减小,衰减了曲轴的扭转振动。

橡胶扭振减振器中的橡胶的温升是有一定限度的,因此其工作能力受到橡胶因为内摩擦而发热的限制,因此要求有良好的空气冷却条件。这种减振器有时与皮带轮组合在一起,有时与三角皮带轮做成一体,目的是得到较紧凑的结构。

2. 硅油扭振减振器

硅油扭振减振器的基本结构如图2-38所示,减振器壳体7与曲轴皮带轮连在一起,将装有胶木衬套10的惯性盘8装在壳体7里,然后将侧盖9装在壳体1上的止口里,并内外滚压壳体边缘,使其将侧盖9固定并密封,再将合乎规格的硅油通过注油孔注入硅油腔 11 中,最后用堵塞将油孔堵死。

硅油是一种黏度很大、洁白的透明物质,受热后其黏度性能较稳定,不易变质,在使用过程中不要拆开,也不需要进行维护。硅油渗透性很强,很容易产生渗漏现象,以致造成减振失败。

硅油扭振减振器的工作原理与橡胶扭振减振器是一样的,只不过用硅油代替了橡胶,当发动机在临界转速下工作时,曲轴产生扭转振动,装在壳内的惯性盘 8 具有较大的转动惯量,壳体 7 相对于惯性盘 8 产生交变摆动,充满二者的硅油产生内摩擦阻力,消耗振动能量,减小振幅,使曲轴扭转振动得到衰减。

3.硅油－橡胶扭振减振器

上述两种减振器,存在着质量大、性能差、硅油扭振减振器易渗漏和不易密封等缺点。为克服上述缺点,可采用接近于理想、减少振动性能的硅油－橡胶扭振减振器,如图 2-39 所示。

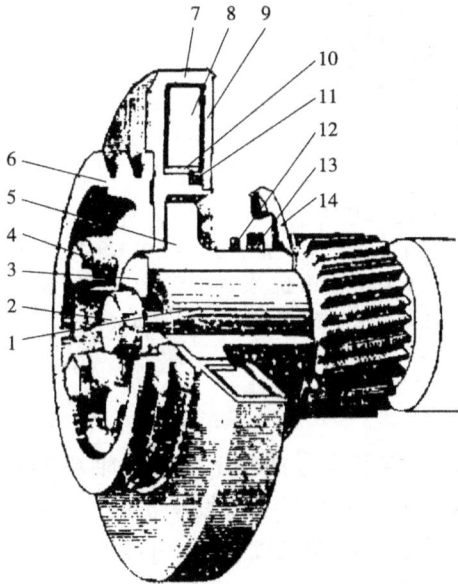

图 2-38　硅油扭振减振器

1-曲轴;2-固定螺栓;3-平垫圈;4-连接螺栓;5-毂;6-曲轴皮带轮;
7-壳;8-惯性盘;9-盖;10-衬套;11-硅油腔;12-油封;13-凹槽;14-挡油圈

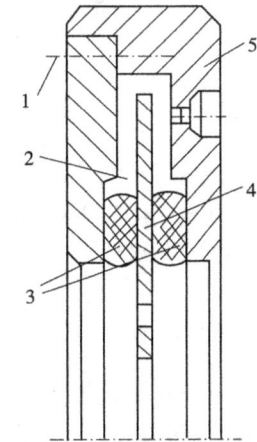

图 2-39　硅油－橡胶扭振减振器示意图

1-连接螺栓;2-硅油;3-橡胶圈;4-连接盘;
5-惯性盘

该减振器安装时用螺栓 1 将分为两半的惯性盘 5 连为一体,两只橡胶圈 3 的变形使惯性盘及连接盘 4 接合在一起,通过注油口在连接盘与惯性盘所形成的空腔内充满硅油 2,连接盘用螺栓装在曲轴皮带轮上。当扭转振动发生时,在连接盘与惯性盘间产生相对运动,利用橡胶和硅油共同产生内摩擦,使振动减弱。

第五节　机体组件

机体组件包括汽缸体、曲轴箱、汽缸套、汽缸盖和汽缸垫等构件(图 2-40)。下面将分别介绍各构件的构造。

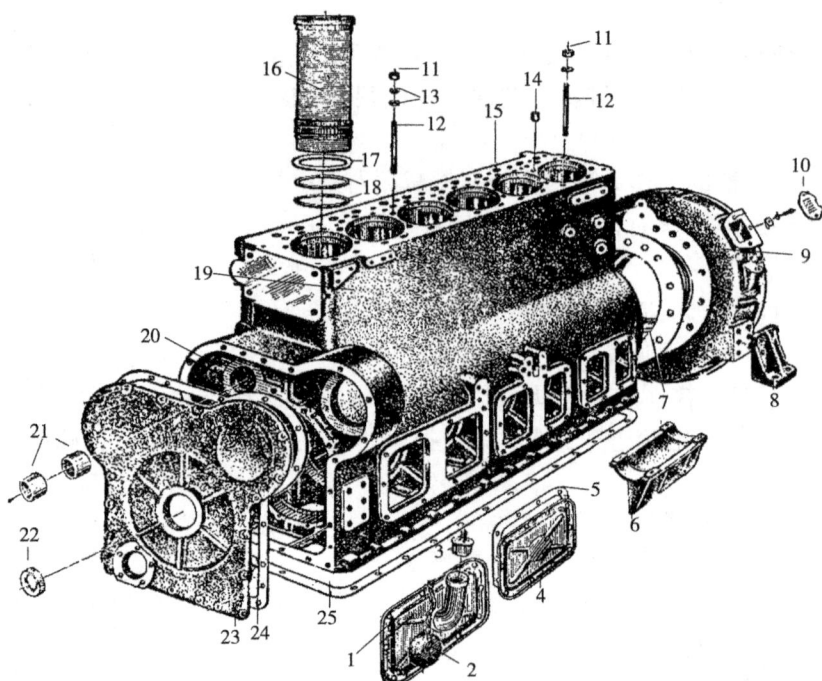

图 2-40　6135 型柴油机汽缸体总成

1、4-侧板盖;2-通气管盖;3-滤芯;5-下侧板盖垫片;6-喷油泵支座;7-飞轮壳垫片;8-支座;9-飞轮壳;10-指针盖板;11-缸盖螺母;12-缸盖螺栓;13-垫圈;14-定位套筒;15-推杆孔;16-缸套;17-缸套垫片;18-封水圈;19-缸体;20-正时齿轮室;21-凸轮轴衬套;22-曲轴油封;23-正时齿轮室盖;24-前盖板垫片;25-油底壳垫片

一、汽缸体

汽缸体用来安装汽缸套,水冷发动机的汽缸体通常和支承曲轴上的上曲轴箱铸成一体,总称汽缸体(或机体)。它是发动机的基础和骨架,其上几乎安装着发动机的所有零部件和辅件,承受各种荷载的作用,因此要求缸体具有足够的强度和刚度,又尽可能使尺寸小、质量轻、造价低、机体接近性好。通常用铸铁铸造,也有用铝合金铸造或钢板焊接。

汽缸体有有机座和无机座之分,行驶式的工程机械及汽车用的发动机缸体一般采用无机座形式。具体构造随各种发动机的汽缸数、汽缸布置形式及冷却的方式不同而有差异,常见汽缸布置形式有单列卧式、单列直立式、V 形及对置卧式等。汽缸数在六缸以下的发动机常采用单列直立式(图 2-41);八缸以上的发动机多采用 V 形(图 2-42),这种结构缩短了发动机的长度和高度,缸体的刚度及曲轴的扭转强度和刚度都相应提高,但结构复杂。

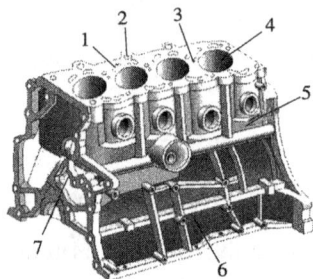

图 2-41　单列直立式四缸发动机汽缸体

1、7-冷却水通路;2-油、气通路;3-机油道;4-汽缸安装孔;5-汽缸体;6-上曲轴箱

风冷发动机采用与曲轴箱分开制造的单体汽缸结构,汽缸体通过上、下止口与汽缸盖和曲轴箱连接,由螺栓固定。汽缸体周围直接铸出或安装着散热片(图 2-43)。散热时可通过风扇和导流罩实现空气的对流而散热。

图 2-42　V 形缸发动机汽缸体

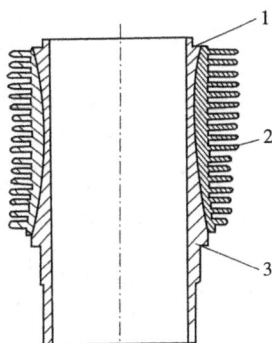

图 2-43　风冷式发动机的汽缸体
1-上止口;2-散热片;3-下止口

水冷式发动机的汽缸体横断面结构形式通常有无裙式、拱桥式和隧道式 3 种(图 2-44)。

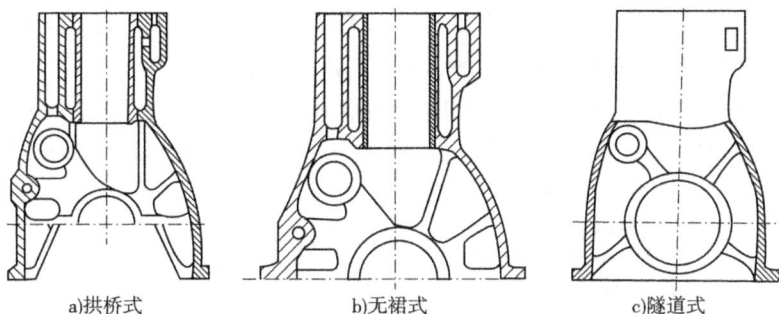

a)拱桥式　　　　　　　b)无裙式　　　　　　　c)隧道式

图 2-44　汽缸体的断面形式

无裙式汽缸体[图 2-44b)]的曲轴轴线与油底壳安装平面在同一平面内,其加工简便,但整体刚度差,一般多用于汽油机。

曲轴箱的下平面位于曲轴中心线以下,如图 2-44a)所示,称为拱桥式。多数柴油机的曲轴箱采用这种结构形式,由于其上有一定的龙门高度,所以可锻铸铁的主轴承盖就可以以一定的过盈度压装于箱上,取得较理想的效果。

图 2-44c)所示为一种隧道式曲轴箱,这种结构多用在曲轴的主轴承为滚动轴承的柴油机上,其强度和刚度好,但曲轴需从缸体的后端装入,拆装不方便。为了提高汽缸和曲轴箱的刚度,在汽缸体和曲轴箱内铸有隔板和加强肋。

另一种隧道式结构如图 2-45 所示,是一种车用柴油机曲轴箱,沿主轴承孔中心线分为机体和机座两部分,这种结构刚性特别好,有利于降低噪声,但是成本较高,其每个轴承墙板用两

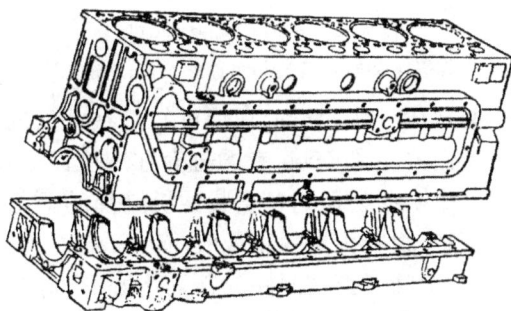

图 2-45　斯太尔 WD615 型车用柴油机曲轴箱

只螺栓与机体固紧,机座与机体结合面上涂有密封胶,并用螺栓固紧,保证良好的刚性和密封性。

二、汽缸套

镶入汽缸的缸筒称为汽缸套。汽缸套与活塞、汽缸盖共同组成燃烧室和工作容积,并引

导活塞做直线运动，又是散热通道。汽缸套工作条件恶劣，它直接承受高温高压气体及活塞的侧压力作用，有较大的机械应力和热应力，活塞的高速运动及废气中酸性物质的腐蚀，使汽缸套磨损严重。另外，冷却水对湿式缸套的化学作用、电化学作用及其空穴作用，使其外表面产生严重锈蚀和穴蚀。因此要求汽缸套有足够的强度和刚度，良好的耐磨性及抗腐蚀、抗穴蚀性能，内表面要有较高的精度，以保证与活塞及活塞环的严密配合，还要求内表面有一定的珩磨纹路和存油孔隙，从而建立良好的润滑条件，避免拉缸和咬缸。

汽缸套多采用合金铸铁离心浇注，也有采用球墨铸铁、含硼铸铁等材料。目前国内使用较多的高磷合金铸铁，内孔一般进行高频淬火、多孔镀铬或氮化等表面处理工艺，以提高耐磨性。

汽缸套有干式与湿式两种形式。

1. 干式缸套

干式缸套[图2-46a)]是一个以过盈或过渡配合镶在缸体相应承孔中的薄壁圆筒。其壁厚为3~5mm。干式缸套一般可采用高级材料制造，以获得高的耐磨性，且汽缸体的刚度高，但由于这种缸套不与冷却水直接接触，再加上由于缸体变形与加工误差的存在，很难保证缸套外表面与缸孔表面完全接触，结果使传热给冷却介质的性能恶化，引起活塞组零件温度升高。另外，这种形式的缸套还有加工要求高(这是由于壁薄所造成)和维修困难等缺点，目前，中等及大功率四冲程柴油机多采用湿式缸套。

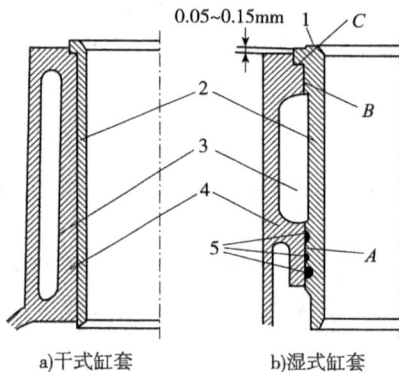

图2-46 汽缸套与缸体的配合
1-挡焰环；2-缸套；3-冷却水套；4-缸体；5-封水圈

2. 湿式缸套

湿式缸套外表面直接与冷却水接触，所以传热情况较好。一般缸套外表面的上下为两部分凸起的圆柱表面[图2-46b)]A、B，以保证缸套的径向定位。缸套壁厚为5~9mm。缸套上部凸缘C使其轴向定位，下部圆柱表面处加工出2~3道密封圈槽，以便安装密封圈，这种O形密封圈多用耐热耐油橡胶制成。

湿式缸套装配后，上定位带B与安装座孔配合较严密，只考虑留出一定量热膨胀间隙；密封带A与座孔配合较松，且缸套上端面要高出缸体上平面0.05~0.15mm，以保证缸垫在此处的压紧度，使密封可靠，为调整缸套的高出量并保证定位面C处的密封，有的缸套在定位面上安装有铜垫圈。

康明斯公司的各型柴油机缸套的下部密封由3道密封圈组成：最上一道密封圈的断面是矩形，材料为聚氯丁橡胶(Neoprene)，它有高的抗冲蚀性，而且各种冷却混合液对它不起作用；中间一道密封圈的断面为圆形，材料为丁钠(Buna)或聚氯丁橡胶；最下一道密封圈的断面是圆形，材料为硅烷胶(Silicone)，呈红色，在高温下具有良好的封油性能。

湿式缸套冷却效果好，加工容易，修理拆装方便，使用普遍，但易产生漏水，故必须正确安装。

三、汽缸盖

汽缸盖用来封闭汽缸顶面，与汽缸和活塞共同组成燃烧室和工作腔。汽缸盖直接接触高温燃气，承受螺栓顶紧力、燃气压力和交变热力，要求汽缸盖有一定强度和刚度，冷却可靠，接合面要平整，以保证可靠密封。材料多采用铸铁，也有采用铝合金。

汽缸盖整体结构分为单体式(一缸一盖)、块式(二缸或三缸一盖)和整体式(多缸共用一盖)3种。它的构造主要取决于发动机类型、燃烧室形式和配气机构的布置等。其中以采用顶置式配气机构及分隔式燃烧室的柴油机汽缸盖较为复杂,其内部有连通的冷却水套,底面有接缸体冷却水套的通孔,侧面有回水孔,对应每缸有进排气通道、气门座口、气门导管安装孔、气门推杆孔以及喷油器安装孔(汽油机有火花塞安装孔)和辅助燃烧室。另外,还有缸盖固定螺栓的安装孔以及通往摇臂的润滑油道等。

图2-47所示为6135型柴油机汽缸盖,属块式结构,与缸体安装时通过两个定位套筒定位。

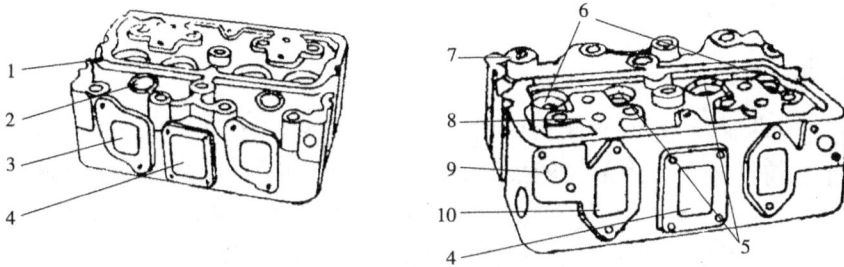

图2-47　6135型柴油机汽缸盖

1-半螺栓孔;2-喷油器孔座;3-进气孔;4-铸造工艺孔;5-进气门导管座孔;6-排气门导管座孔;
7-缸盖螺栓孔;8-摇臂座安装面;9-回水孔;10-排气孔

汽缸盖用螺栓固紧在汽缸体上,为了保证在汽缸体端面各处都能均匀压紧,在拧紧螺栓时,必须按由中央对称地向四周扩展的顺序分几次进行,最后一次的拧紧力应符合工厂的规定值。

四、汽缸垫

汽缸垫用来保证汽缸体与汽缸盖结构面间的密封,防止漏气、漏水。

汽缸垫接触高温、高压气体及冷却水,在使用中很容易被烧蚀,特别是缸口卷边周围。因此,汽缸垫要耐热、耐蚀,具有足够的强度、一定的弹性和导热性,从而保持可靠的密封。另外,还应能重复使用,寿命长。

汽缸垫的结构如图2-48所示,目前汽缸垫的形式有下面几种。

(1)金属–石棉垫。广泛使用的金属–石棉垫,内填石棉(常掺入铜屑或铜丝,以加强导热性,平衡缸体与缸盖的温度),外包铜皮或钢皮,且在缸口、水孔、油道口周围卷边加固。金属包皮主要获得强度、耐烧蚀和传热能力,石棉芯有高的耐热性和一定的弹性,这种垫片可多次使用。

另一种是金属骨架–石棉垫,用编织钢丝、钢片或冲孔钢片为骨架,外覆石棉及橡胶黏结剂压成垫片,表面涂以石墨粉等润滑剂,只在缸口、油道口及水孔处用金属片包边,这种缸垫弹性更好,但易黏结,一般只能使用一次。还有的汽缸垫既有金属内架,石棉外又有金属包皮。

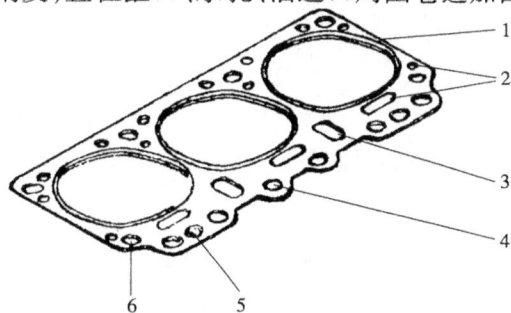

图2-48　汽缸垫

1-汽缸口;2-水孔;3-油道口;4-推杆孔;5-定位孔;6-螺栓孔

47

为了提高汽缸口处的防烧能力,有的镶以抗高温氧化能力较强的镍边,有的则缸口部分没有石棉、只有几层薄钢片。

(2)纯金属垫。某些强化程度较高的发动机采用纯金属汽缸垫,该垫是由单层或多层金属片(铜、铝或低碳钢)制成的。如奔驰 OM403 型柴油机汽缸垫由 3 层具有不同厚度的钢片组成。中间一层在燃烧室、油孔和水孔部位附近压有波纹,以达到较高的局部压力,保证密封,所有的 3 层钢片在孔口处均有 U 形卷边,在燃烧室的周边包有钢片卷边,这样即使有油、水或燃气渗漏出来也总是流到机外,还可杜绝油、水或燃气互相混合。

在使用纯金属汽缸垫时,除应采用密封胶密封外,对汽缸盖和汽缸体接合面应有较高的加工精度。

五、油底壳

油底壳(即下曲轴箱)用来封闭机体下部,收集和储存润滑油。油底壳多用钢板压制,有的采用铝合金或铸铁铸造。内部一般加装稳油板,防止润滑油激烈振荡;壳侧面装有油尺,以检查机油量;壳底部一般加工有油池,机油泵由此吸油供给润滑系,以防止机械斜坡作业时,由于发动机倾斜而造成吸油中断;在壳底最低位置处装有放油螺塞,上面一般嵌有磁铁,用来吸附润滑油中的金属屑。

图 2-49 所示为 6135 型柴油机油底壳。

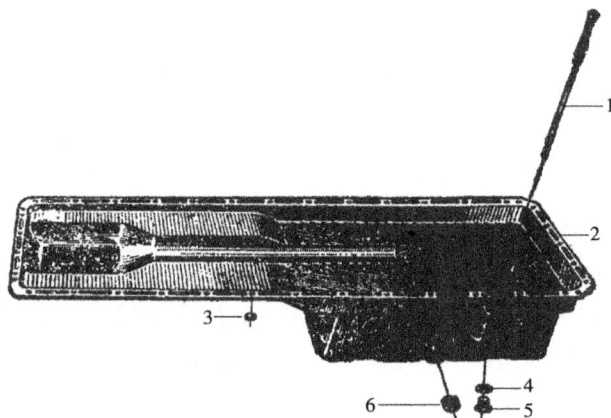

图 2-49 6135 型柴油机油底壳
1-油尺;2-油底壳;3-垫圈;4-铜垫圈;5-放油螺塞;6-方头螺塞

第三章　配气机构与进、排气系统

配气机构的功用是按照发动机每一汽缸内所进行的工作循环和着火次序的要求,定时开启和关闭各汽缸的进、排气门,使新鲜可燃混合气(汽油机)或空气(柴油机)得以及时进入汽缸,废气得以及时从汽缸排出。对配气机构的最基本要求是汽缸换气良好,这就要求气门凸轮轴的通过能力大,即气门开口面积大且快开、快关,以增大气门开启的时面值。

第一节　气门式配气机构的布置及传动

气门式配气机构由气门组和气门传动组组成。配气机构可以从不同角度分类。按气门的布置形式,可分为气门顶置式和气门侧置式;按凸轮轴的布置位置,可分为凸轮轴下置式、凸轮轴中置式和凸轮轴上置式;按曲轴和凸轮轴的传动方式,可分为齿轮传动式、链传动式和齿形带传动式;按每汽缸气门数目,可分为二气门式和四气门式等。

一、气门的布置形式

1. 气门顶置式配气机构

图 3-1 所示为气门顶置式配气机构,其进、排气门都倒挂在汽缸上。气门组包括气门 3、气门导管 2、气门弹簧 4 和 5、气门弹簧座 6、锁片 7 等。气门传动组则由摇臂轴 9、摇臂 10、推杆 13、挺柱 14、凸轮轴 15 和正时齿轮组成。发动机工作时,曲轴通过正时齿轮驱动凸轮轴旋转。当凸轮轴转到凸轮凸起部分后顶起挺柱时,通过推杆和调整螺钉 12 使摇臂绕摇臂轴摆动,压缩气门弹簧,使气门离座,即气门开启。当凸轮凸起部分离开挺柱后,气门便在气门弹簧力的作用下上升而落座,即气门关闭。对于四冲程发动机,每完成一个循环,曲轴旋转两周,各缸的进、排气门各开启一次,此时凸轮轴只旋转一周,因此曲轴与凸轮轴转速之比(即传动比)应为 2:1。对于二冲程发动机,曲轴与凸轴的转速比则为 1:1。

2. 气门侧置式配气机构

气门侧置式配气机构,由于气门布置在汽缸的一侧,使燃烧室的结构不紧凑,限制了压缩比的提高。此外,还由于进气道拐弯多,进气流动阻力大,因而发动机的动力性和高速性均较差。目前这种形式的配气机构已逐渐被淘汰。

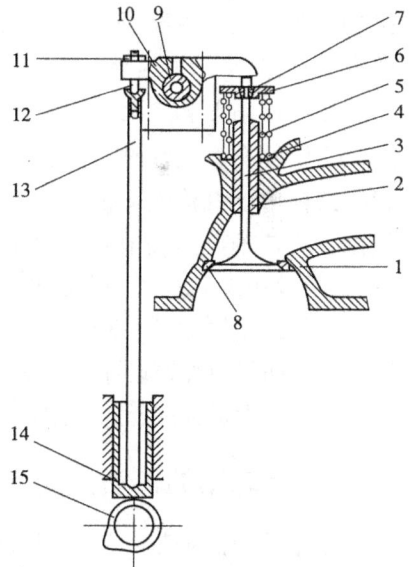

图 3-1　气门顶置式配气机构

1-汽缸盖;2-气门导管;3-气门;4-气门主弹簧;5-气门副弹簧;6-气门弹簧座;7-锁片;8-气门座;9-摇臂轴;10-摇臂;11-锁紧螺母;12-调整螺钉;13-推杆;14-挺柱;15-凸轮轴

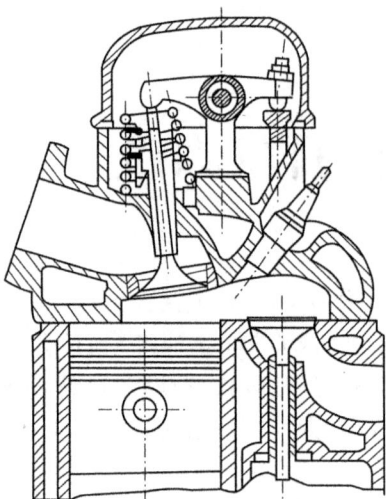

图3-2 进气门顶置、排气门侧置的配气机构

相比之下,顶置气门的发动机由于具有较高的动力性,而在汽油机和柴油机上都得到广泛应用。气门顶置式配气机构的缺点主要是气门和凸轮轴相距较远,因而气门的传动零件多,结构比较复杂。这样也使得发动机的高度有所增加。

也有采用进气门顶置而排气门侧置的配气机构,如图3-2所示。这种布置形式,进气门尺寸不受限制,可做得较大,进气管可以做得较粗且具有较理想的形状,以减小进气阻力,因而充气效率较高。侧置排气门可以得到良好的冷却,这种配气机构结构复杂,目前仅在某些高速发动机上采用。

二、凸轮轴的布置形式

凸轮轴的布置形式可分为下置、中置和上置3种。三者都可用于气门顶置式配气机构;气门侧置式配气机构的凸轮轴只能下置。

1. 凸轮轴下置和中置式配气机构

凸轮轴位于曲轴箱中部。当发动机转速较高时,为了减小气门传动机构的往复运动质量,可将凸轮轴位置移到汽缸体的上部,由凸轮轴经过挺柱直接驱动摇臂,而省去推杆,这种结构称为凸轮轴中置式配气机构,如图3-3所示。当凸轮轴的中心线距曲轴中心线较远时,若仍用一对齿轮来传动,齿轮的直径就必然会过大,这不但会影响发动机的外形尺寸(主要是宽度),而且也会使齿轮的圆周速度过大。在这种情况下,一般要在中间加入一个齿轮(惰轮)。

2. 凸轮轴上置式配气机构

凸轮轴布置在汽缸盖上,如图3-4所示。这种结构中,凸轮轴直接通过摇臂来驱动气门。这种传动机构没有挺柱和推杆,使往复运动质量大大减小,因此它适用于高速发动机,但由于凸轮轴离曲轴中心线更远,因此正时传动机构更为复杂,而且拆装汽缸盖也比较困难,缸径较小的柴油机的凸轮轴上置时给安装喷油器也带来困难。

上置凸轮轴的另一种形式是凸轮轴直接驱动气门。这种配气机构的往复运动质量最小,对凸轮轴和气门弹簧设计的要求也最低,因此特别适用于高速强化发动机。这在国外的高速汽车发动机中得到广泛的应用。

三、凸轮轴的传动方式

凸轮轴由曲轴带动旋转,且凸轮轴相对曲轴应保持一定的相位关系,以保证气门实时启闭,因此成为定时传动机构。由曲轴到凸轮轴的传动方式有齿轮传动、链传动和齿形带传动。

(一)配气机构正时传动技术

凸轮轴下置、中置式配气机构大多采用圆柱形正时齿轮传动,布置于曲轴前端。一般从曲轴到凸轮轴的传动只需一对正时齿轮,必要时可加装中间齿轮,为了啮合平稳,减小噪声,正时齿轮多用斜齿。在中、小功率发动机上,曲轴正时齿轮用钢制造,而凸轮轴正时齿轮则用铸铁或夹布胶木制造,以减小噪声。链条与链轮的传动特别适用于凸轮轴上置式配气机构上,如图3-5所示,为使在工作时链条具有一定的张力而不致脱链,装有导链板14,张紧轮装置2、11等。为了使链条调整方便,有的发动机使用一根链条传动。

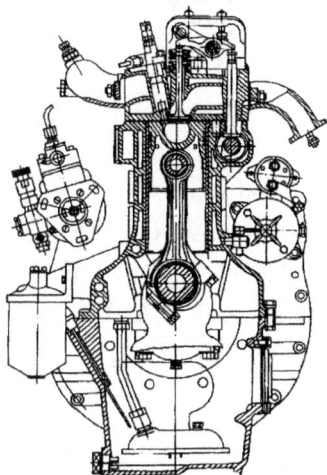

图3-3 凸轮轴中置式配气机构

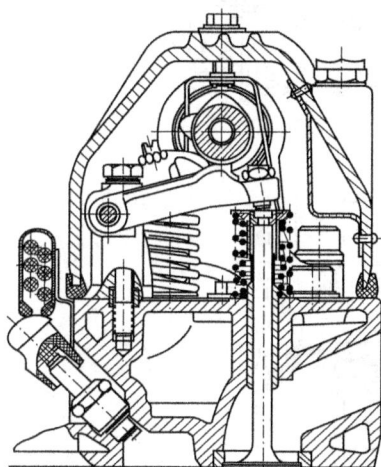

图3-4 680Q型汽油机凸轮轴上置式配气机构

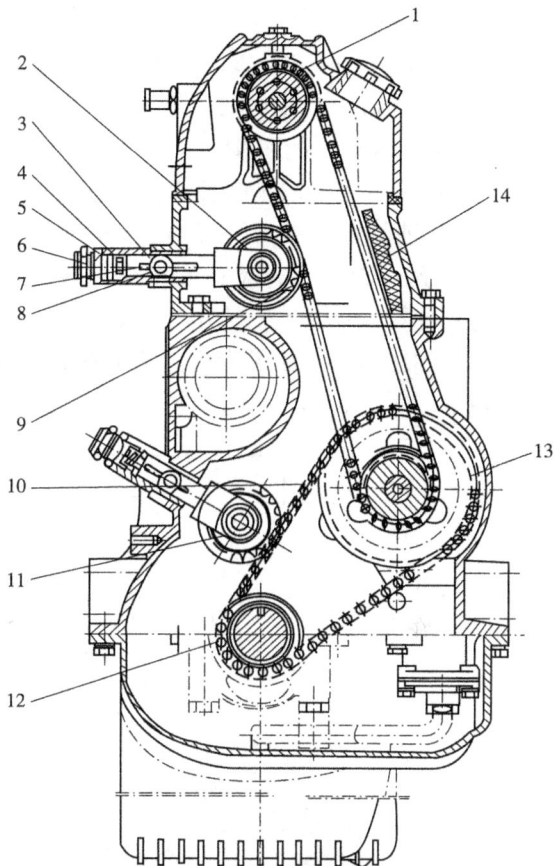

图3-5 汽油机凸轮轴的链传动装置

1-凸轮轴链轮;2-上链条张紧轮;3-张紧轮导向套筒;4-压紧弹簧;5-锁紧螺母;6-张紧力调整螺钉;7-张紧轮导向销;8-导向锁紧螺母;9-上链条;10-下链条;11-下链条张紧轮;12-曲轴链轮;13-中间链轮;14-导链板

链传动的主要问题是其工作可靠性和耐久性不如齿轮传动。其传动性能在很大程度上取决于链条的制造质量。近年来,在高速汽车发动机上还广泛采用皮带来代替传动链。图3-6为一汽奥迪100轿车用的齿形带传动,这种齿形带用氯丁橡胶制成,中间夹有玻璃纤维和尼龙织物,以增加强度。采用齿形带传动,对于减小噪声、减少结构质量与降低成本都有很大的好处。

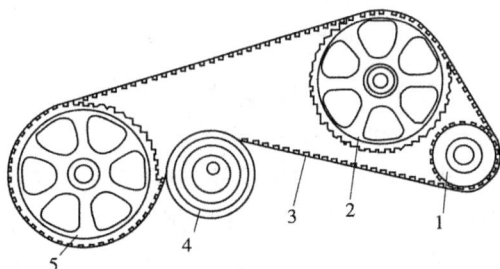

图3-6 齿形带传动

1-曲轴正时皮带轮;2-中间轴正时皮带轮;3-正时齿形皮带;4-张紧轮;5-凸轮轴正时皮带轮

(二)可变配气正时传动技术

随着人们对车辆动力和燃油经济性需求的

提高,出现了可变气门正时和气门升程技术,即根据车辆的运行情况,通过改变气门升程和气门开启的持续时间及时改变配气相位,使发动机在更宽的转速范围内保持较为有利的配气定时。发动机上的气门可变驱动机构可通过两种形式实现:一种是通过凸轮轴或者凸轮的变换来改变配气相位和气门升程;另一种是工作时凸轮轴和凸轮不变动,而气门挺杆(摇臂或拉杆)依靠机械力或者液压力的作用而改变,从而改变配气相位和气门升程。

1. 可变气门正时传动技术

(1)可变气门正时机构。

图3-7为可变气门正时技术。可变气门正时机构由可变气门正时执行器6、油压控制阀(OCV)、曲轴位置传感器(CKP)、凸轮轴位置传感器(CMP)及发动机电脑1(PCM)构成。PCM接收到CKP传感器发送的发动机转速信号和CMP传感器发送的汽缸识别信号后,经过分析和计算,发出指令,输出电流(占空比)控制油压控制阀,改变其高压油的通道。油压控制阀的油压用来控制可变气门正时执行器,使其根据发动机不同的转速,不断调节进气凸轮轴相位,使气门正时达到最佳。

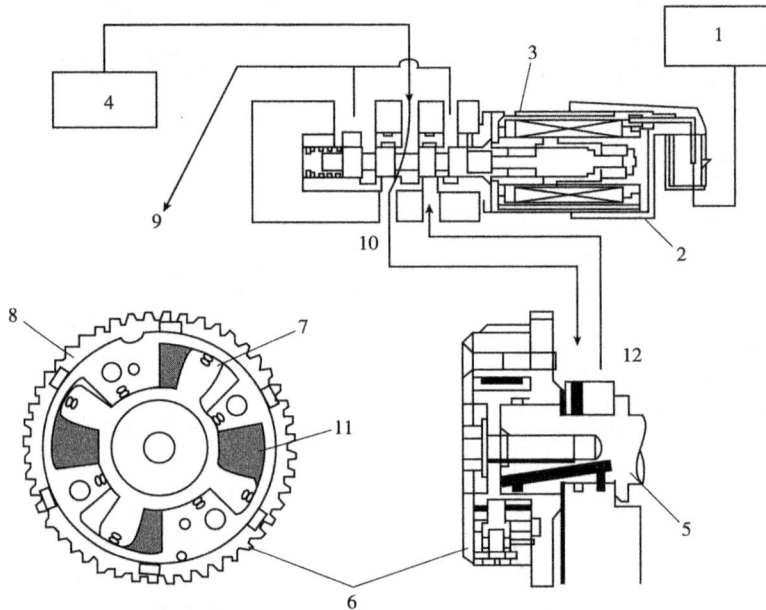

图3-7 可变气门正时技术

1-PCM;2-油压控制阀(OCV);3-滑阀;4-油泵;5-凸轮轴;6-可变气门正时执行器;7-转子;
8-壳;9-油底壳;10-通向气门正时提前室;11-气门正时提前室;12-来自气门正时延迟室

可变气门正时执行器的结构如图3-8所示,由固定在进气凸轮轴上的叶片、与从动正时链轮一体的壳体以及锁销组成。叶片与壳组成的空腔分为气门正时提前室和气门正时滞后室,由凸轮轴正时机油控制阀将压力油传送给提前或滞后室,促使调节器叶片带动凸轴旋转,达到调整进气门正时,获得最佳配气相位的目的。

凸轮轴正时机油压控制阀的结构如图3-9所示。主要由滑阀、线圈、柱塞及复位弹簧等组成,工作时,发动机管理系统(PCM)接收各传感器传来的信号,经分析、计算后传给凸轮轴正时压力油压控制阀控制指令,接通凸轮轴正时压力油控制阀电源,控制滑阀移动,将压力油输送给凸轮轴正时调节器,提前、滞后或保持位置。当发动机停机时,凸轮轴正时机油压控制阀多处在滞后状态,以确保启动性能。

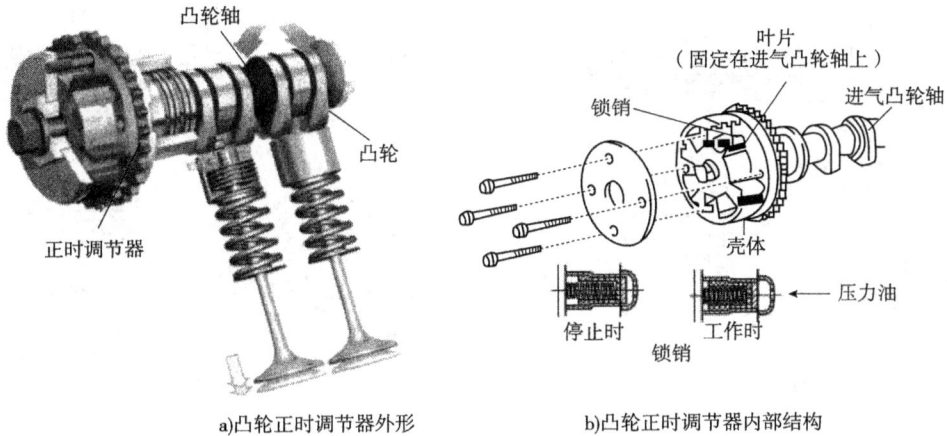

a)凸轮正时调节器外形   b)凸轮正时调节器内部结构

图 3-8 可变气门正时执行器

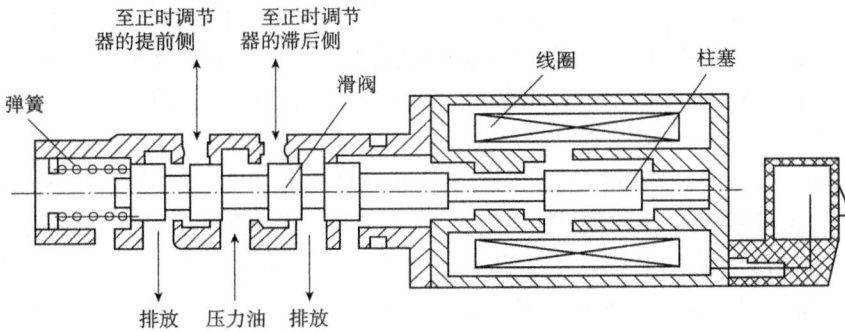

图 3-9 凸轮轴正时机油压控制阀

（2）可变气门正时机构的工作原理。

①发动机启动时。当可变气门正时执行器的止动销与转子啮合时（转子由于弹簧力处于最大配气延迟位置），凸轮轴链轮与凸轮轴作为一个整体旋转。当油泵压力升高并且止动销脱离时，可对凸轮轴链轮与凸轮轴的相应角度进行调节。

②气门正时提前。当油压控制阀（OCV）的滑阀按照 PCM 信号移动到左侧时，油泵液压注入气门正时提前通道，并最终到达可变气门正时执行器的气门正时提前室。然后，转子与凸轮轴一起向气门正时提前方向旋转，与曲轴驱动的壳旋转方向相同，此时气门正时被提前，如图 3-10a）所示。

③气门正时延迟。当油压控制阀（OCV）的滑阀按照 PCM 信号移动到右侧时，油泵液压注入气门正时延迟通道，并最终到达可变气门正时执行器的气门正时延迟室。然后，转子与凸轮轴一起向气门正时延迟方向旋转，与曲轴驱动的壳旋转方向相反，此时气门正时被延迟，如图 3-10b）所示。

④保持气门正时中间位置。油压控制阀（OCV）的滑阀位于气门正时提前与延迟的中间位置。由此，液压同时被保持在可变气门正时传动装置的提前室与延迟室内。同时，转子与壳的相应角度被固定并保持，由此产生固定的气门正时。

53

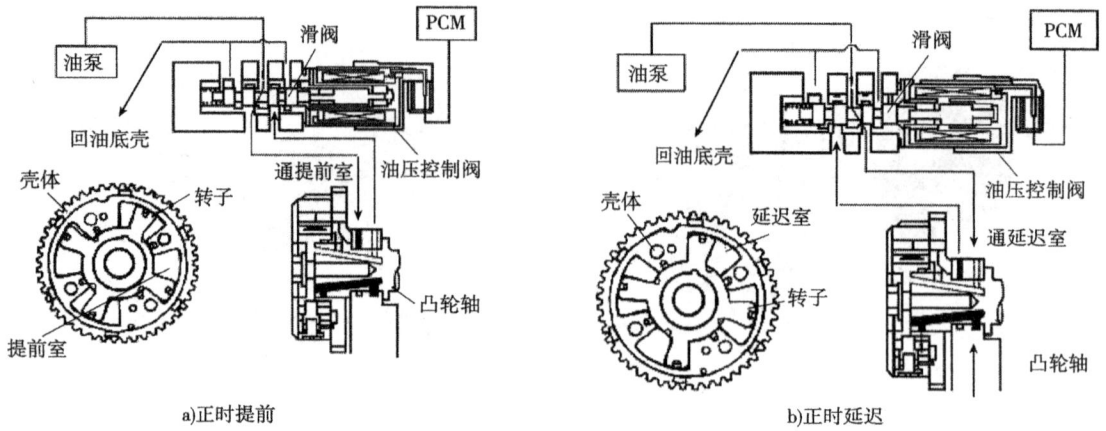

a)正时提前

b)正时延迟

图 3-10　可变气门正时机构工作原理

2. 可变气门升程传动技术

图 3-11 所示为一种可变气门升程机构示意图,其工作原理如下:当发动机在高转速或者大负荷时,发动机 ECU 控制信号驱动直流电机转动,直流电机带动螺杆转动,套在螺杆上的螺套向电机这边横向移动,与螺套联动的机构使得控制轴逆时针或顺时针旋转一定角度。由于摇臂套在控制轴的偏心轮上,因此摇臂的旋转中心也会随之上升或下降,从而达到改变气门升程的目的。

图 3-12 所示为另外一种可变气门升程机构示意图。整个系统只使用一根凸轮轴,进气门由一个活塞、液压腔和电磁阀组成,气门上方设计有一个液压腔,液压腔一端与电磁阀相连,电磁阀则通过发动机 ECU 信号,根据工况的不同适时调节流向液压腔内的油量。由凸轮轴驱动的活塞通过推动液压腔内的油液控制气门的开启。系统只需要控制液压腔内的油量的多少即可以完成对气门升程的无级可调。

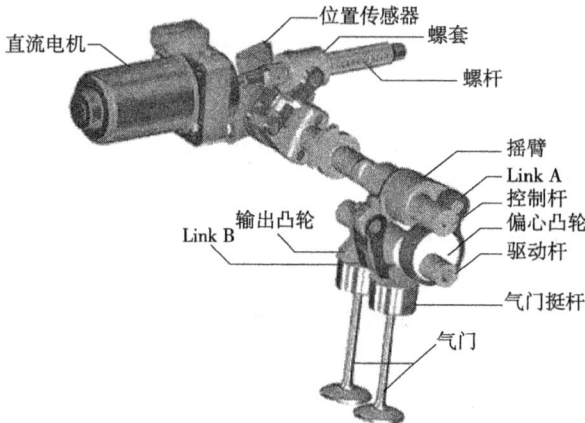

图 3-11　可变气门升程机构示意图(一)

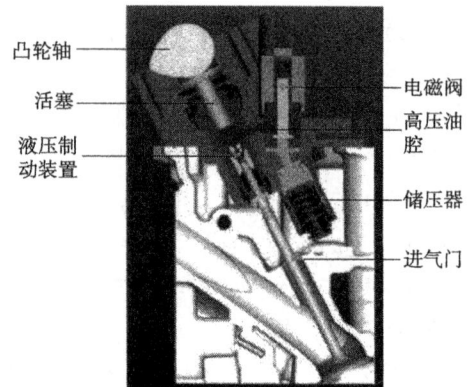

图 3-12　可变气门升程机构示意图(二)

四、每缸气门数及其排列方式

一般发动机都采用每缸两个气门(即一个进气门和一个排气门)的结构。为了进一步改善汽缸的换气,在可能的条件下,应尽量加大气门的直径,特别是进气门的直径。但是,由于燃烧室尺寸的限制,气门直径最大一般不能超过汽缸直径的一半。当汽缸直径较大,

54

活塞平均速度较高时,每缸一进一排的气门结构就不能保证良好的换气质量。因此,在很多新型发动机上多采用每缸四气门的结构,即两个进气门和两个排气门。如 12V150Z型、SA6D140-1 型、NT855 型柴油机就是这种形式。图 3-13 所示为 SA6D140-1 型柴油机配气机构。

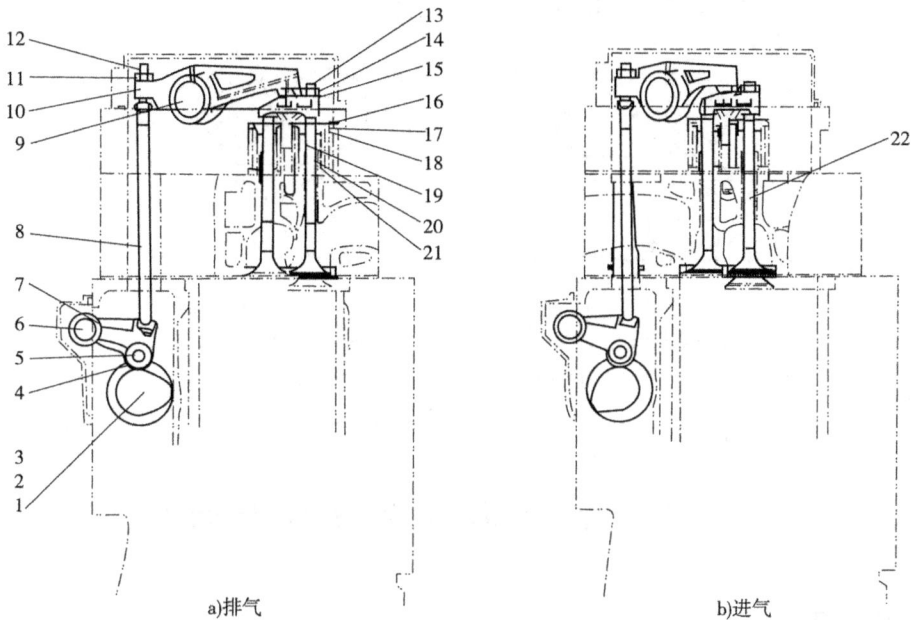

a)排气   b)进气

图 3-13   SA6D140-1 型柴油机配气机构

1-止推板;2-凸轮轴齿轮;3-凸轮轴;4-凸轮滚子;5-凸轮滚子销;6-凸轮随动轴;7-凸轮随动件;8-推杆;9-摇臂轴;10-摇臂;11-紧固螺母;12-摇臂调整螺钉;13-十字头调整螺钉;14-紧固螺母;15-十字头;16-气门定位器;17-气门弹簧(外);18-气门弹簧(内);19-排气门;20-气门导管;21-弹簧座;22-进气门

采用这种形式后,进气门总的通过断面较大,充气效率较高,排气门的直径可适当减小,使其工作温度相应降低,提高了工作可靠性。对于大功率高速柴油机而言,如果采用直喷式燃烧室或预燃室式燃烧室,则采用每缸四气门的结构特别有利,这时喷油器或预热室可布置在汽缸的中央位置,不仅混合气形成和燃烧较好,而且使汽缸盖的结构布局也较合理。此外,采用四气门后,还可适当减小气门升程,改善配气机构的动力性,四气门的汽油机还有利于改善 HC 和 CO 的排放性能。

当每缸采用两气门时,为使结构简化,大多数采用所有气门沿机体纵向轴线排成一列的方式,这样,相邻两缸的同名气门就有可能合用一个气道,以使气道简化,并得到较大的气道通过截面;另一种是将进、排气门交替布置,每缸单独用一个气道,这样有助于汽缸盖冷却均匀。柴油机的进、排气门一般分置于机体的两侧,以免排气对进气加热。汽油机的进、排气门通常置于机体的同一侧,以便进气受到排气的预热。

当每缸采用四气门时,气门排列的方案有两种:

①同名气门排成两列[图 3-14a)],由一个凸轮通过 T 形驱动杆同时驱动,并且所有气门都可以由一根凸轮轴驱动,两同名气门在气道中的位置不同,可能会使二者的工作条件和工作效果不一致。

②同名气门排成一列[图 3-14b)]则没有上述缺点,但一般要用两根凸轮轴。

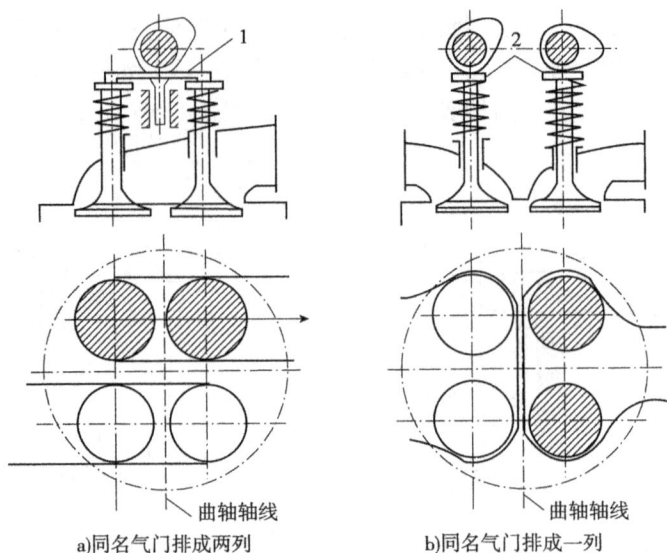

a)同名气门排成两列   b)同名气门排成一列

图 3-14　每缸四气门的布置及其驱动

1-T 形杆；2-气门尾端的从动盘

第二节　配气机构的零件和组件

一、气门组

发动机气门组包括的零件如图 3-15 所示。

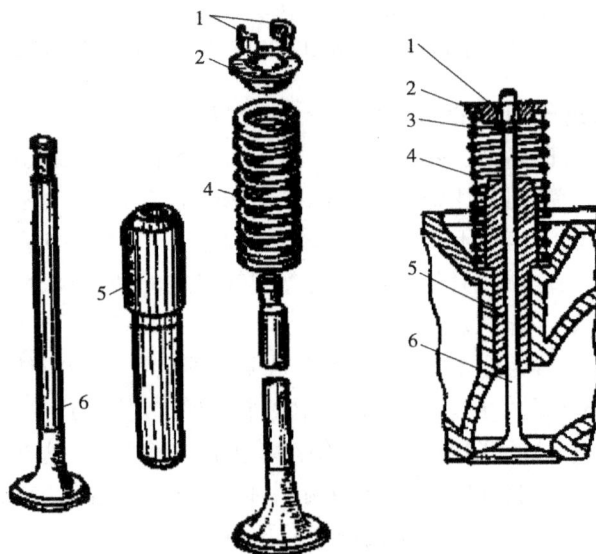

图 3-15　发动机气门组零件

1-锁片；2-弹簧座；3-卡簧；4-气门弹簧；5-导管；6-气门

对气门组最基本的要求是,气门与气门座能紧密配合,在高温条件下工作可靠。为此,气门组必须满足以下几项：

(1)气门与气门座配合锥面精密;

(2)气门导管对气门的导向正确,不使气门倾斜;

(3)气门弹簧要有足够的刚度和预紧力,且其两端面应与气门中心线垂直。保证气门关闭迅速、严密。

1. 气门

气门由菌状的头部和圆柱形的杆部组成。头部多为平顶的,制造方便,吸热面积小,头部与气门座的配合锥角如图 3-16 所示。锥角多为 45°或 30°。气门与气门座须经配对研磨,其密封环带宽度以 1 ~ 2mm 为宜。头部与杆部用过渡圆弧连接,以保证气流的流通断面大和流动阻力小。气门杆与气门导管应很好地配合,以保证其导向作用。杆的尾部,要有装弹簧锁片的锥形环槽。

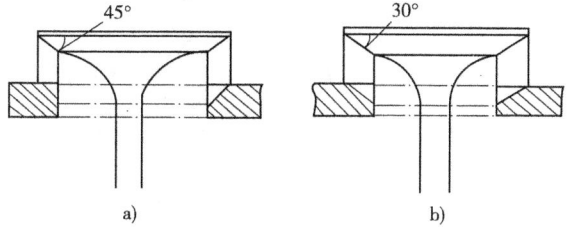

图 3-16　气门锥角

气门的工作条件很差,头部与燃烧室气体接触,受热严重,排气门的温度可高达 800 ~ 900℃,进气门的温度亦可达 300 ~ 400℃,同时,杆部在气门导管中做高速往复运动,且润滑困难。因此,气门的材料要耐高温、耐腐蚀,有较高的耐疲劳强度和蠕变强度等。进气门通常采用普通合金钢,如铬钢或镍铬钢等。排气门通常采用耐热合金钢,如硅锰钢或硅铬钢等。有的发动机,为了节约耐热合金钢,排气门的头部用耐热合金钢,而杆部用铬钢,将两者焊接一起。

为了改善充气,多数发动机的进气门头部的直径比排气门的大。

2. 气门弹簧

气门弹簧的功用是利用其弹力来关闭气门。当驱动气门开启的推力撤除后,气门便在弹簧弹力的作用下与气门座紧密配合。

气门弹簧是用弹簧钢丝制成的圆柱形螺旋弹簧,为了工作可靠,弹簧必须有足够的刚度和强度,弹簧安装后必须有一定的预紧力,以防止气门跳动。此外,多数发动机采用双弹簧,内外弹簧的旋向相反,双弹簧不仅能防止共振,而且当一根弹簧断掉时,另一根弹簧仍能继续工作。也有的发动机采用一根气门弹簧,为防止其共振,采用不等螺距。

为了改善气门和气门密封面的工作条件,可设法使气门在工作中能相对气门座缓慢旋转,这样可使气门头部沿圆周温度均匀,减小气门头部热变形。气门缓慢旋转时,在密封锥面上产生轻微的摩擦力,有阻止沉积物形成的自洁作用。

气门旋转机构的实例见图 3-17。在图 3-17a)所示的自由旋转机构中,气门锁片并不直接与弹簧座接触,而是装在一个锥形套筒中,后者的下端支承在弹簧座平面上,套筒端部与弹簧座接触面上的摩擦力不大,而且在发动机运转振动力作用下,在某一短时间内可能为零,这就使气门有可能自由地做不规则的转动。

有的发动机采用图 3-17b)所示的强制旋转机构,使气门每开一次便转过一定角度。在壳体 4 中,有 6 个变深度的槽,槽中装有带复位弹簧 5 的钢球 6。当气门关闭时,气门弹簧的力通过支承板 2 与碟形弹簧 3 直接传到壳体 4 上。当气门升起时,不断增大的气门弹簧力将碟形弹簧压平而迫使钢球沿着凹槽的斜面滚动,带着碟形弹簧、支承板、气门弹簧和气门一起转过 Δα 角。在气门关闭过程中,碟形弹簧的荷载减小而恢复原来的碟形,钢球即在复位弹簧 5 的作用下回到原来位置。135 系列增压柴油机的进气门即采用这种气门旋转机构。

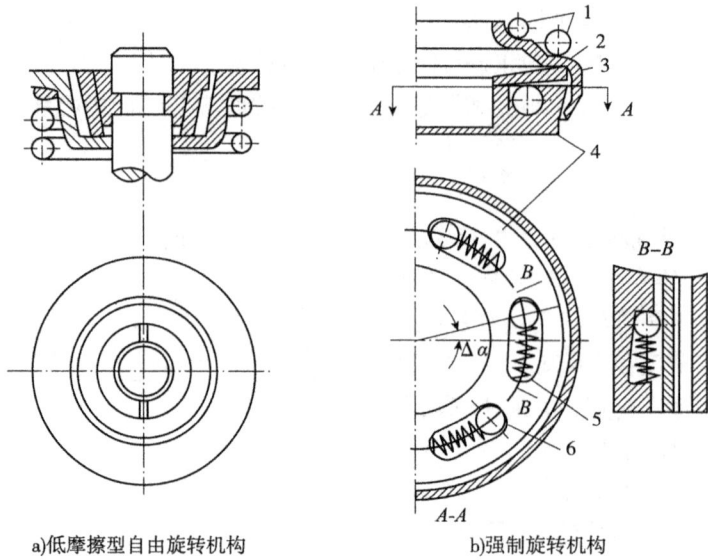

a)低摩擦型自由旋转机构　　　　b)强制旋转机构

图 3-17　气门旋转机构

1-气门弹簧;2-支承板;3-碟形弹簧;4-壳体;5-复位弹簧;6-钢球

3. 气门座

气门座可以在汽缸盖(顶置气门)或汽缸体(侧置气门)上镗出,但考虑它在高温下工作,磨损严重。故一般用耐热合金钢或合金铸铁单独制成,然后压入缸盖或缸体中。

4. 气门导管

气门导管的主要功用是保证气门能沿本身轴线做上下往复直线运动,使气门与气门座能正确配合,气门杆与气门导管间的配合间隙一般为 0.05 ~ 0.12mm,气门导管通常用铸铁制成,压入缸盖或缸体中。

二、气门传动组

气门传动组的主要功用是使气门根据配气定时的要求按时开启和关闭,并有足够的开度,气门传动组的组成如图 3-1 所示。

1. 凸轮轴

凸轮轴是控制各缸进、排气门开启和关闭的主要零件。图 3-18 所示为四缸四冲程发动机凸轮轴简图。其旋转方向与曲轴相同,转速为曲轴转速的一半,各缸工作次序为 1 - 3 - 4 - 2,相继做功两缸的进(或排)气门凸轮夹角均为 360°/4 = 90°(不考虑气门早开迟关)。

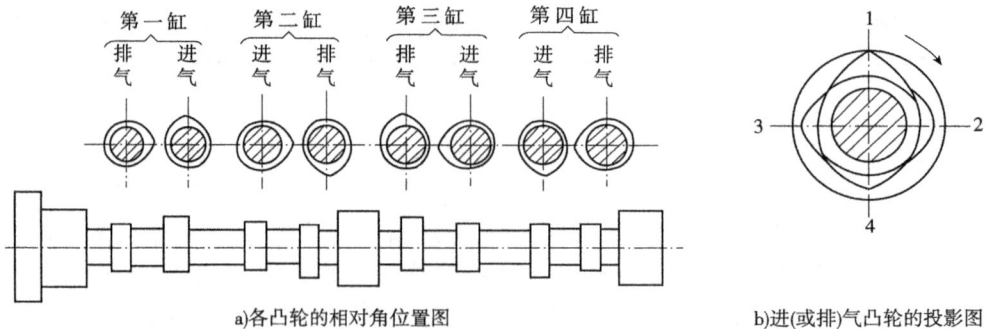

a)各凸轮的相对角位置图　　　　　　b)进(或排)气凸轮的投影图

图 3-18　四缸四冲程发动机凸轮轴简图

图 3-19a)所示为 6135G 型柴油机凸轮轴总成图。其各缸的工作次序为 1 – 5 – 3 – 6 – 2 – 4,相继做功两缸的进(或排)气门凸轮夹角为 360°/6 = 60°,凸轮按箭头所示方向旋转 [图 3-19 b)],AB 为消除气门间隙,BCD 为气门开启,DE 为恢复气门间隙。为了减小变形,凸轮轴采用全支撑。考虑安装的需要,凸轮轴的轴颈大于凸轮的最高点。第一道轴颈处装有推力轴承 2 及粉末冶金隔圈 3,用来承受轴向力,防止凸轮轴轴向窜动。

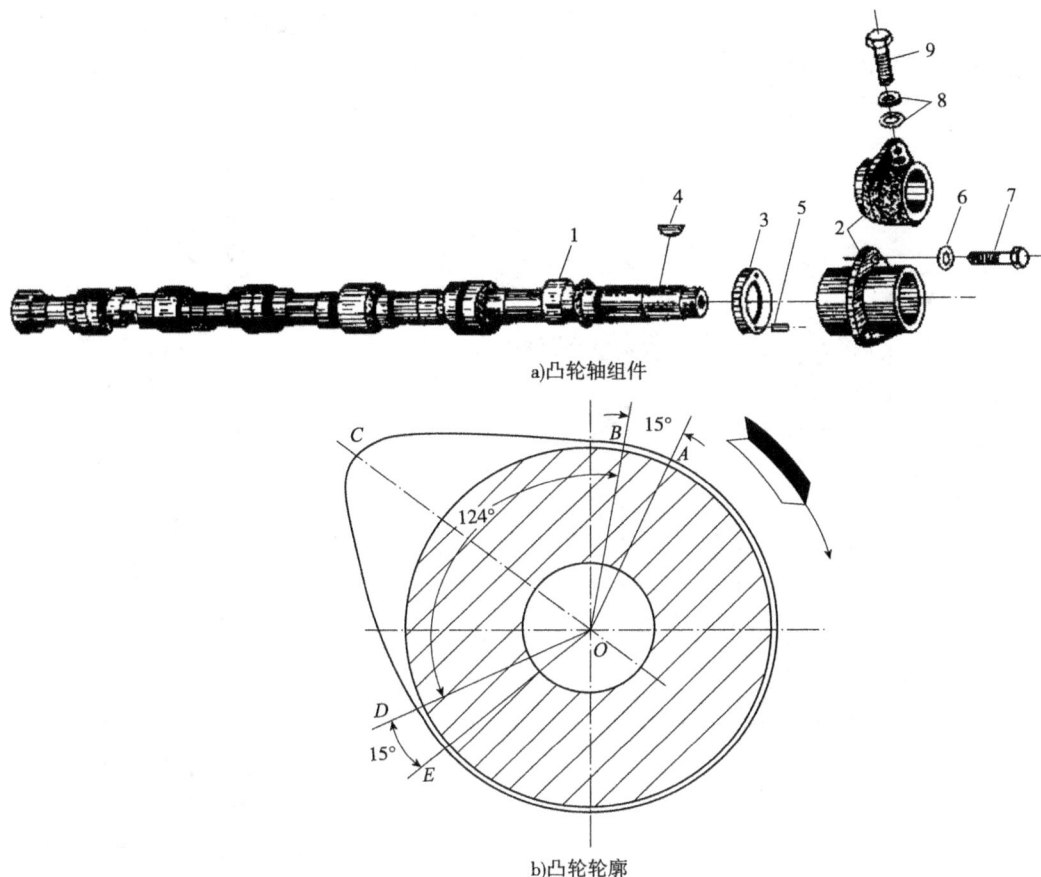

a)凸轮轴组件

b)凸轮轮廓

图 3-19 6135G 型柴油机凸轮轴总成

1-凸轮轴;2-推力轴承;3-隔圈;4-半圆键;5-圆柱销;6-弹簧垫圈;7-大角头螺栓;8-纸板垫圈;9-接头螺钉

图 3-20 所示为 6120 型柴油机凸轮轴轴向定位示意图。在凸轮轴正时齿轮 4 和凸轮轴第一支撑轴颈间有定位圈 2、止推片 3(用螺钉固定在缸体上),用来限制凸轮轴的轴向窜动,允许凸轮轴的轴向窜动量是由定位圈和止推片的厚度来保证的。

凸轮轴一般采用碳钢模锻,轴颈和凸轮表面经渗碳淬火或高频淬火,近年来广泛采用合金铸铁或球墨铸铁铸造的凸轮轴,使制造成本大为降低。

2. 挺柱

挺柱的主要功用,对气门顶置式配气机构而言,它将凸轮的推力传给推杆、摇臂,开启气门;对于气门侧置式配气机构,它将凸轮的推力直接用来开启气门。挺柱在工作中,是在凸轮推力沿其轴线方向的分力与其本身质量、推杆质量、气门弹簧弹力等交替作用下,上下往复运动。此外,挺柱还受凸轮推力沿其横向方向分力的作用,使其压向缸体。由于凸轮推力的作用,造成挺柱与凸轮、挺柱与缸体局部的严重磨损,不仅会影响正常的气门间隙,而且会导致噪声变大、使用寿命变低等。

因此，为减小磨损，使磨损均匀，一般采用如下措施：

（1）将挺柱制成空心的筒形，以便减轻质量和增加承压面积；

（2）圆筒内底面做成球形凹坑与推杆的球头相配合，磨损较均匀；

（3）挺柱的底面采用图3-21所示结构，图3-21a)中挺杆为平底的，挺杆的中心线与凸轮的对称线有一个偏心距 e。图3-21b)中挺柱底面为球面，凸轮外缘稍带有锥度，使球面与锥面的接触点偏离挺柱中心线，偏心距为 e。上述两种结构，工作中挺柱既沿着轴线方向做往复运动，又绕轴线做小量转动，使挺柱与凸轮、缸体间的磨损较均匀。

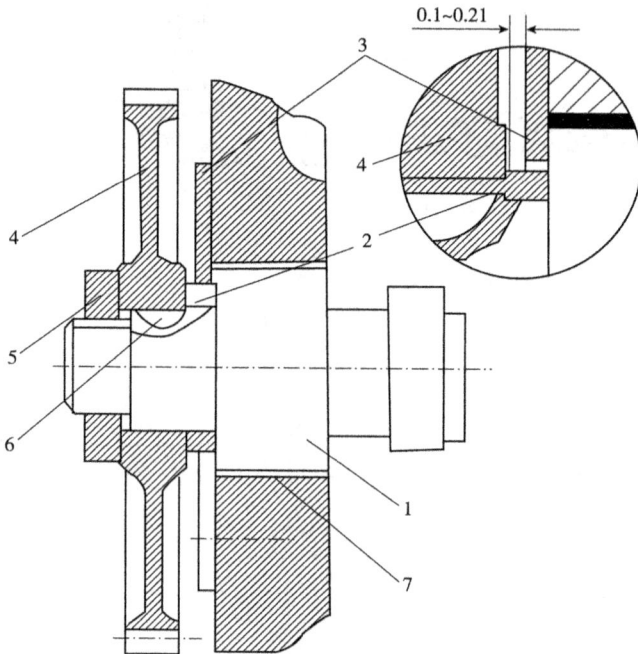

图3-20 6120型柴油机凸轮轴轴向定位示意图

1-凸轮轴；2-定位圈；3-止推片；4-凸轮轴正时齿轮；5-螺母；6-半月
键；7-凸轮轴轴承

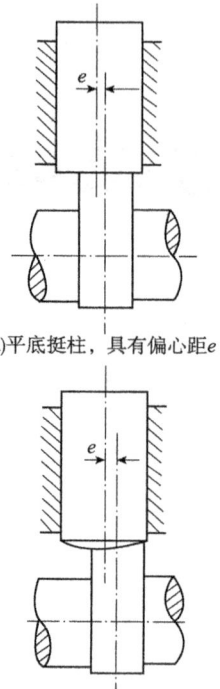

a)平底挺柱，具有偏心距 e

b)球面挺柱，凸轮外缘带锥度，具有偏心距 e

图3-21 挺柱底面结构示意图

挺柱一般用钢或铸铁制成，表面经热处理以提高其硬度。

为了解决由于留有气门间隙，发动机工作时，配气机构中将产生冲击而发出响声这一问题，有的发动机上采用液压挺柱，图3-22所示为红旗轿车8V100型发动机所用的液压挺柱。

在挺柱体1中装有柱塞3，在柱塞上端压入支承座5。柱塞经常被弹簧8压向上方，其最上位置由卡环4来限制。柱塞下端的阀架2内装有碟形弹簧6和止回阀7，发动机润滑系中的机油从主油道经挺柱体侧面的油孔流入，并经常充满柱塞内腔及其下面的空腔。

当气门关闭时，弹簧8使柱塞3连同压合在柱塞中的支承座5紧靠着推杆，整个配气机构中不存在间隙。

当挺柱被凸轮推举向上时，推杆作用于支承座和柱塞3上的反力力图使柱塞克服弹簧8的力而相对于挺柱体1向下移动，于是柱塞下部空腔内油压迅速增高，使止回阀7关阀，由

60

于液体的不可压缩性，整个挺柱如同一个刚体一样上升，这样便保证了必要的气门升程。当油压很高时，会有少许油液经柱塞与挺柱体之间的配合间隙漏出去，但这不致影响正常的工作。同样，在气门受热膨胀时，柱塞也因受压而与挺柱体做轴向相对运动，并将油液自下腔经上述间隙挤出，故使用液压挺柱时，可以不留气门间隙，而保证气门受膨胀时仍能与气门座密合。

当气门开始关闭或冷却收缩时，柱塞所受压力减小，由于弹簧8的作用，柱塞向上运动，始终与推杆保持接触。同时柱塞下部的空腔中产生真空度，止回阀7被吸开，油液便流入而再度充满整个挺柱内腔。

3. 推杆

推杆13（图3-1）的功用是将挺柱传来的推力传给摇臂。为了减轻质量，推杆一般用空心的钢管制成，其上端焊一个圆形凹坑的端头，调整螺钉的球头坐落其中，其下端焊一个球头，坐落在挺柱的圆形凹坑中。二端头用钢制成，并经淬火和磨光，以保证其耐磨性。

4. 摇臂

摇臂的功用是将推杆传来的力改变方向和大小作用在气门上，用以开启气门。

从图3-1可见，摇臂的两臂是不等长的。长臂用以开启气门，短臂拧入调整螺钉，这样的结构，可在一定的气门升程条件下，使挺柱、推杆上下移动的距离减小，从而减轻惯性力。短臂端有螺纹孔，用来调节气门间隙。长臂端有圆弧形的工作表面压在气门的尾端上，须经淬火磨光。

摇臂一般用钢材模锻制成，通过其中心孔的青铜衬套松套在摇臂轴上，两端用弹簧固定。

国外还有一种无噪声摇臂，其组成零件如图3-23所示。其中凸环1的作用是消除气门和摇臂之间的间隙，从而消除由此产生的冲击噪声。无噪声摇臂的工作过程如图3-24所示，凸环8以摇臂5的一端为支点，并靠在气门9杆部的端面上，当气门处在关闭位置时，在弹簧6的作用下，柱塞7推动凸环向外摆动，消除了气门间隙。气门开启时，推杆3便向上运动推动摇臂，由于摇臂已经通过凸环和气门杆部处在接触状态，因而不会发生冲击噪声。

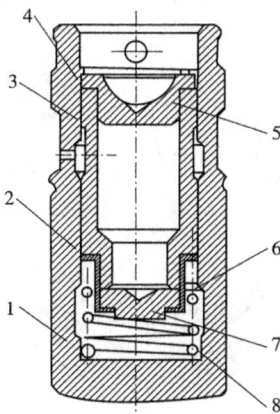

图3-22　8V100型发动机液压挺柱
1-挺柱体；2-止回阀架；3-柱塞；4-卡环；
5-支承座；6-止回阀碟形弹簧；7-止回阀；
8-柱塞弹簧

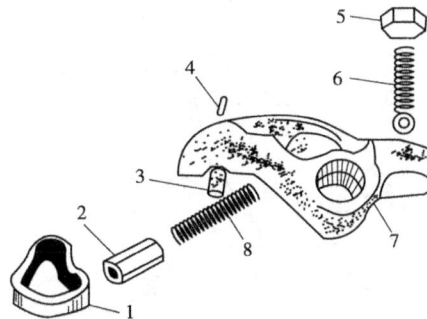

图3-23　无噪声摇臂
1-凸环；2-柱塞；3-凸环支承弹簧；4-销；5-锁
止螺母；6-调整螺钉；7-摇臂；8-弹簧

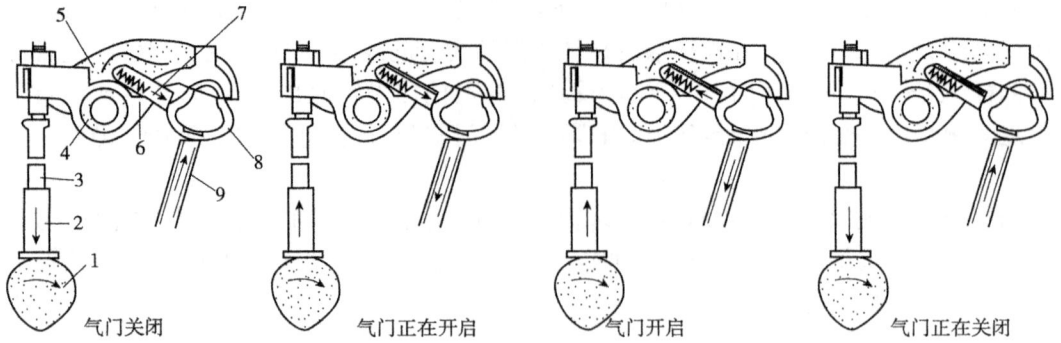

图 3-24 无噪声摇臂的工作过程

1-凸轮轴;2-挺柱;3-推杆;4-摇臂轴;5-摇臂;6-弹簧;7-柱塞;8-凸环;9-气门

第三节 配气相位和气门间隙

一、配气相位

发动机每个汽缸的进、排气门开始开启和关闭结束的时刻,用曲拐相对于上、下止点位置的曲轴转角来表示,称配气相位。用环形图来表示的配气相位,称配气相位图,如图 3-25 所示。由图 3-25 可见,进、排气门的开启和关闭均不在上、下止点,而有提前角及延迟角。进、排气门早开和迟关的目的,是为了在每一工作循环中尽可能干净地将废气排出汽缸,尽可能多地把新鲜空气吸进汽缸,以获得最大功率。气门早开,不仅能保证进、排气行程一开始就能有较大的气门开度,而且能消除因气体惯性导致约 15° 曲轴转角,即气体不流动这一"无效角"。气门迟关,可利用高速流动着的气体惯性,实现过后排气和充气。

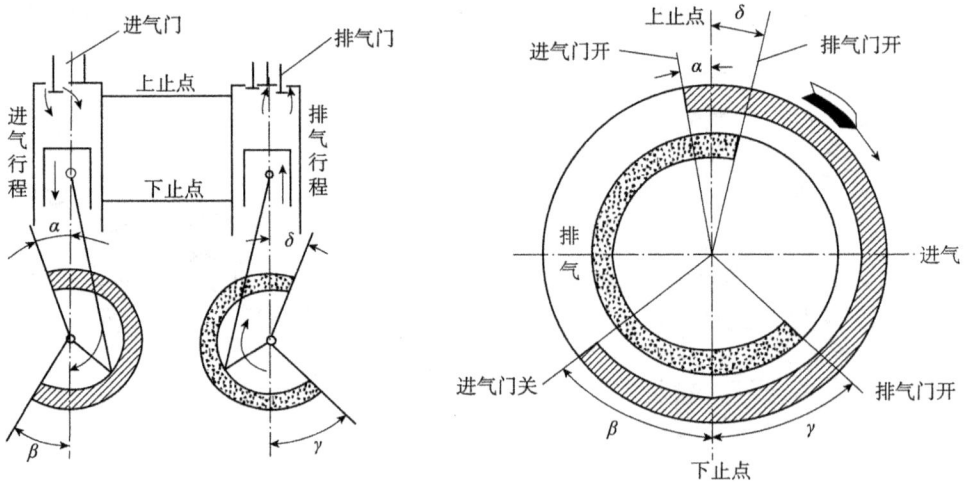

图 3-25 配气相位

具体对排气而言,在做功行程接近结束时,虽然汽缸内尚有 $30 \sim 40 MPa$ 的压力,但对活塞的做功效果已不大。如提前打开排气门,利用这个压力进行"自由"排气,则废气便以声速排出汽缸,提前排废气量约占总废气量的65%。当然,提前排气角的选择应适当,图3-26为四冲程发动机的排气量损失示意图。①点表示排气提前角过大,使做功损失增加(如点画线所示);②点表示排气提前角过小,使排气行程对活塞的压力增加(如虚线所示);③点表示排气提前角适当,使做功损失较少(如阴影面积 a),排气的挤压损失也较少(如阴影面积 d),泵气损失 b+c 的阴影线面积也最小,故总的能量损失少,示意图丰满。活塞从下止点移到上止点,把废气驱赶出汽缸,为"强制"排气过程。活塞越过上止点开始下行时,利用排气门迟

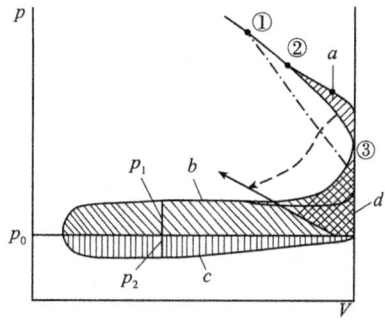

图3-26 四冲程发动机的排气量损失示意图
p_0-大气压力;p_1-排气行程汽缸内的压力;p_2-进气行程汽缸内的压力

关进行"过后"排气。"过后"排气不仅是利用汽缸尚存的约1.05Pa残余废气的压力进行排气,更主要的是利用排气流的惯性进行排气。此外,废气在排气管中以声速流动而产生的负压也有利于"过后"排气的进行。当排气管内的负压值与汽缸内产生的负压值相等时,是关闭排气门最理想的时刻。

对进气来说,在排气接近结束时进气门提前开启,使活塞下行汽缸内产生负压时,以利新鲜空气(或混合气)及时充入汽缸。活塞到达下止点后,汽缸内的压力仍然低于大气压力,故进气门迟关可利用进气流的惯性充入更多的新鲜气体。

从图3-25可见,进气门早开与排气门迟关,在上止点附近出现了进、排气门同时开启的现象,称气门重叠,把气门重叠的曲轴转角 $\alpha + \delta$ 称为气门重叠角。只要气门重叠角选择适当,不仅不会出现进、排气的紊流或倒流现象,而且有利于充气和排气。因为充入汽缸的新鲜气体和排出汽缸的废气,均以各自的流向和很高的速度流动,并且进、排气门的开度较小,重叠时间又短,故废气不会倒流入进气管中,新鲜气体也不会随废气排出。相反,进气对排气会起扫气作用,更有利于换气。

表3-1所示为工程机械上常用柴油机的配气相位。

几种柴油机的配气相位(°)   表3-1

配 气 相 位	机 型					
	6135G	6130	6120Q	SA6D140 - 1	4125A	4115T
进气提前角 α	20°	13°	14.5°	20°	8°	10°
进气延迟角 β	48°	47°	41.5°	30°	22°	46°
排气提前角 γ	48°	47°	43.5°	55°	46°	56°
排气延迟角 δ	20°	13°	14.5°	20°	14°	10°
进气门开启角	248°	240°	236°	230°	210°	236°
排气门开启角	248°	240°	238°	255°	240°	246°
气门重叠角 $\alpha + \delta$	40°	26°	29°	40°	22°	20°

二、气门间隙

气门间隙是指气门杆尾端摇臂(或调整螺钉)间留有的间隙(图3-1、图3-2)。气门的关闭是靠气门弹簧将其压在气门座上,如不留有气门间隙,或间隙太小,发动机工作时将因气

门组和气门传动组受热膨胀而使气门关闭不严。气门漏气不仅会造成发动机功率的下降，甚至会使气门密封表面积炭而烧坏气门。气门间隙也不宜太大，否则会破坏配气规律，使气门迟开早关，影响排气和充气，同样会使发动机的功率下降。此外，气门间隙太大，还会造成配气机构的撞击，产生噪声、加快零件的磨损。表 3-2 所示为工程机械上常用的几种柴油机的气门间隙。

几种柴油机的气门间隙 表 3-2

气门间隙（mm）		机　型					
		6135G	6130	6120Q	NT855	4125A	SA6D125 – 2
冷间隙	进气门	0.30	0.30	0.20	0.28	0.30	0.33
	排气门	0.35	0.35	0.25	0.28	0.35	0.71
热间隙	进气门					0.25	
	排气门					0.30	

柴油机的气门间隙，虽然在柴油机出厂时已预先调整好，但工作一段时间以后，由于配气机构各零件的磨损或气门调整螺钉的松动，都会破坏正常的气门间隙。因此，对气门间隙必须进行经常检查和调整。调整气门间隙时，必须在气门完全关闭的状态下进行，并从第一缸处于压缩结束的上止点位置（飞轮上标记）开始调整。通常是按发动机的工作次序逐缸进行，虽较烦琐，但可靠。现以 4125A 型和 6135G 型柴油机为例，介绍气门间隙的简便调整方法，见表 3-3。当第一缸处于压缩结束、曲轴转角为 0° 时，4125A 型柴油机一次可调 4 个气门，6135G 型柴油机可调 6 个气门。将曲轴旋转 360°，其余气门也一次调完。采用这种调整方法时，必须熟悉各缸进、排气门的排列次序才不会调错。

4125A 型和 6135G 型柴油机气门间隙简便调整方法 表 3-3

机　型	4125A				6135G					
工作次序	1 – 3 – 4 – 2				1 – 5 – 3 – 6 – 2 – 4					
缸　序	1	2	3	4	1	2	3	4	5	6
0° 时各缸工作状态	压缩结束	做功结束	进气结束	排气结束	压缩结束	排气开始	进气接近结束	做功接近结束	压缩结束	排气结束
一次可调气门	进、排	进	排		进、排	进	排	进	排	
360° 时各缸工作状态	排气结束	进气结束	做功结束	压缩结束	排气结束	压缩开始	做功接近结束	进气接近结束	排气开始	压缩结束
二次可调气门		排	进	进、排		排	进	排	进	进、排

第四节　进、排气管系统

一、进、排气管

确定进、排气管的形状，大小和位置的主要出发点之一，是尽可能减小管道的气流阻力。为避免进气管受热减少充气量，柴油机通常将进、排气管分装在机体的两侧，汽油机则往往利用废气对混合气进行预热,促进燃油颗粒的蒸发,防止燃油在进气管壁上凝结,故有的汽油机把进、排气管铸为一体。

图 3-27 所示为 6135G 型柴油机的进、排气管及空气滤清器。进、排气管均为整体结构,装有两个空气滤清器(图中只示出一个)。为保证进、排气管的密封,各接合面均有石棉垫片。进、排气管均由铸铁铸成。

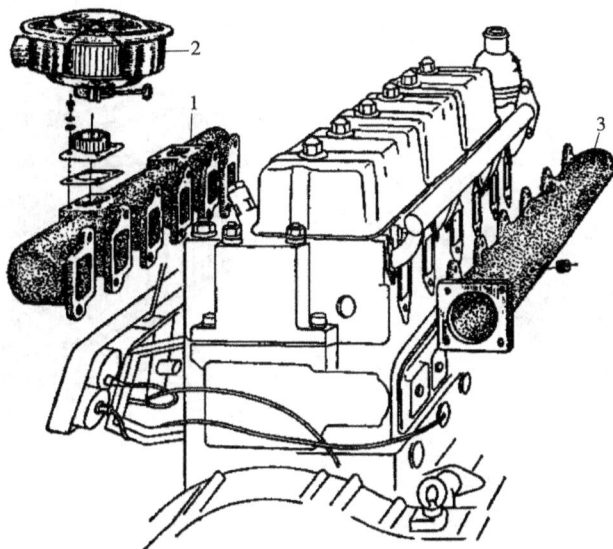

图 3-27　6135G 型柴油机的进、排气管及空气滤清器
1-进气管;2-空气滤清器;3-排气管

二、排气消声器

由于高温废气在排气管中以高速脉动形式流动,具有一定的动能,如让其直接排到大气中,会产生强烈的排气噪声,引起公害。为了减小噪声和消除废气中的火焰及火星,在排气总管的出口处装有排气消声器。排气消声器按照消声原理可分为抗性消声器、阻性消声器和阻抗复合型消声器 3 种类型,见图 3-28。

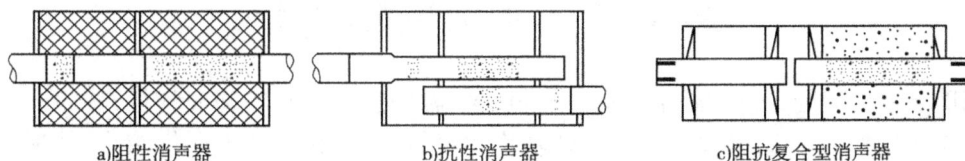

a)阻性消声器　　　　　　b)抗性消声器　　　　　　c)阻抗复合型消声器

图 3-28　排气消声器类型

工程机械上多采用抗性消声器,可分为干涉型、共振型和扩张型等。在工程实际中,为了改善单个消声器的消声性能,通常将多个单节抗性消声器串联起来。

图 3-29 为抗性排气消声器结构,主要由外壳、内消声腔及隔板等组成。隔板将消声器分成 3 个消声室。当废气流入内管后,借助管道截面的突然扩展和收缩,或旁接共振腔使沿管道传播的噪声在突变处向声源反射回去,声波在叠加时发生干涉而相互抵消,使流速及波动幅度减小,噪声随之减弱。

三、空气滤清器

工程机械经常在尘土很大的场地工作,空气滤清器对保证供给发动机清洁的空气显得尤为重要。因为空气中含有大量尘土和微小砂粒,将加速汽缸、活塞、活塞环以及气门等零件的磨损,从而降低发动机的使用寿命。

图3-30所示为综合式空气滤清器,主要由滤清器盖、滤芯及带有机油盘的滤清器壳等主要件组成。滤芯可用金属丝、纤维或毛毡等材料制成。

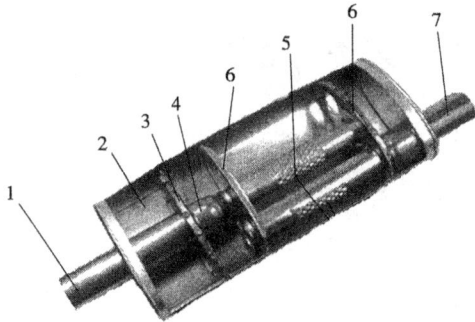

图3-29 抗性排气消声器结构
1-集气管;2-共振腔;3-隔板;4-内管;5-多孔管;6-多孔隔板;7-排气总管

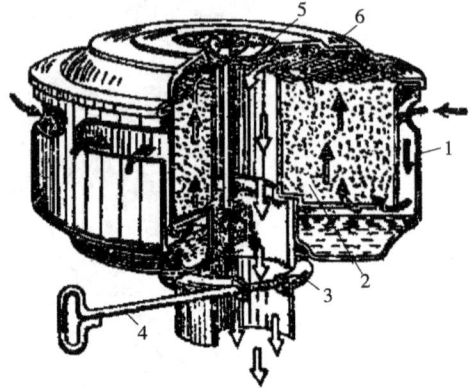

图3-30 综合式空气滤清器
1-滤清器壳;2-滤芯;3-紧箍;4-紧箍收紧螺柱;5-拉紧螺柱;6-滤清器盖

发动机工作时,由于汽缸内的真空吸力,空气以很高的速度从盖与壳的缝隙中流入并下行,较大颗粒的杂质以较大的惯性冲向机油表面后被黏附。微小颗粒的杂质随空气转向流向滤芯,被滤芯黏附,并不断被气流溅起的油雾清洗落入机油盘内,故这种滤清器又称作油浴式滤清器。经过两级过滤后,空气中杂质的95%~97%将被滤去。已滤清的空气转入中心管道后流向进气管(或化油器)。

近年来,纸质滤清器获得了较大的发展。纸质滤芯具有阻力小、质量轻、经济、维护保养方便等优点。

第五节　废气涡轮增压

利用柴油机的废气通过涡轮驱动压气机,来提高进气压力,增加充气量,称为废气涡轮增压。柴油机采用废气涡轮增压后,能使功率明显提高,单位功率的质量减小,外形尺寸缩小,节约原材料,燃油耗率降低。例如6135G型柴油机采用10ZJ-2型径流式涡轮增压器后,功率从88kW提高到137kW,耗油率下降了6%左右,单位功率质量下降32%,尤其在高原地区,一般海拔每升高1000m,功率下降8%~10%,耗油率增加3.8%~5.5%,装用废气涡轮增压器,可以恢复功率,减少油耗。

1. 废气涡轮增压器

图3-31所示为废气涡轮增压器工作原理示意图,将柴油机的排气管连接在增压器的涡轮壳4的入口处,具有500~650℃高温和一定压力的废气,经涡轮壳入口进入喷嘴环2。由于喷嘴环的通道面积是由大逐渐变小,而使废气的压力和温度下降的同时,流速迅速提高。

66

高速的废气流,按着一定的方向冲击着涡轮3,使涡轮高速旋转,并带动压气机叶轮8同步旋转,把经空气滤清器滤清的空气吸入压气机内。高速旋转的叶轮将空气甩向叶轮的外缘,使其速度和压力增加后进入扩压器7。扩压器的形状是进口小而出口大,这使气流的速度下降而压力升高。然后气流又经过断面由小到大的环形压气机壳9,使气流压力继续升高。最后,经过增压的空气经进气管10流入汽缸。

由图3-32可见,涡轮增压器主要由涡轮和压气机两个主要部分以及支承装置、密封装置、冷却系统、润滑系统等组成。涡轮部分包括涡轮叶轮13、喷嘴环14、涡轮壳10等。压气机部分包括单级离心式压气机叶轮21、无叶扩压器22、压气机壳23等。涡轮叶轮和压气机叶轮通过键固装在同一轴上,并用螺母压紧,组成涡轮增压器的转动部分,称为转子。涡轮壳、压气机壳和中间壳等组成涡轮增压器的固定部分,分别与柴油机的进、排气管连接。中间壳内有冷却水腔和润滑转子及轴承的油路,分别与柴油机的冷却系统和润滑系统的管路相连接。转子的支承装置采用浮动轴承结构,布置在中间壳的两端。在涡轮叶轮和压气机叶轮内侧设有弹力气封、油封装置,防止漏油漏气。此外,从压气机中引出少量空气,经中间壳上的气道至涡轮端气封板,以便对废气进一步气封。

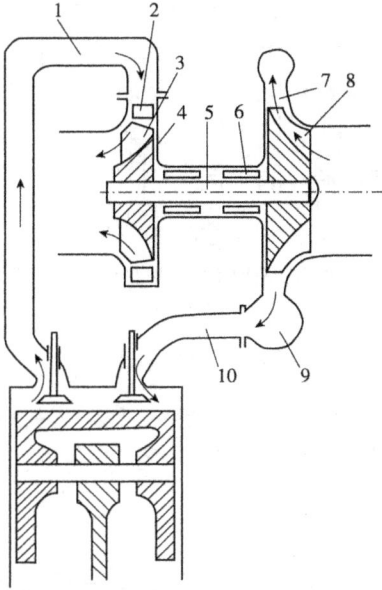

图3-31 废气涡轮增压器工作原理示意图
1-排气管;2-喷嘴环;3-涡轮;4-涡轮壳;5-转子轴;6-轴承;7-扩压器;8-压气机叶轮;9-压气机壳;10-进气管

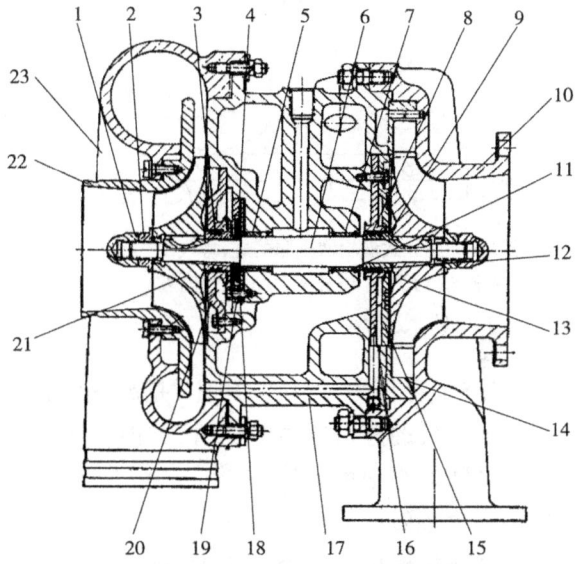

图3-32 10ZJ-2型涡轮增压器纵剖面图
1-螺母;2-平肩螺母;3-压气机端油封;4-推力盘;5-压气机端浮环;6-主轴;7-涡轮端浮环;8-油封环;9-涡轮端轴封;10-涡轮壳;11-游动片;12-卡环;13-涡轮叶轮;14-喷嘴环;15-涡轮端气封;16-涡轮端气封环;17-中间壳;18-止推片;19-推力轴承;20-压气机端气封环;21-压气机叶轮;22-扩压器;23-压气机壳

向心径流脉冲式涡轮,是指废气进入涡轮方向是径向向心的,径流式与轴流式相比较,具有结构简单、体积小、效率高等优点。故应用较广泛;所谓脉冲,是指涡轮利用的是柴油机排气管内的脉冲能量,这种增压器也称动压式。如果把各缸排气歧管接到一根排气总管内,废气以某一平均压力沿着单一进气管通向整个喷嘴环,这种增压器称为恒压式或静压式,它常用在大型高增压柴油机上。

图 3-33 所示为脉冲式涡轮增压器的进、排气图($p-V$ 图的低压部分)。在点 7 排气门开启,废气经喷嘴环流进涡轮,压力逐渐降低,直至点 12,涡轮废气出口的大气压力为 p_1。图 3-33 中阴影面积 $7-12-k-e-a-7$ 为柴油机每工作循环中涡轮工作所必需的能量。从图 3-33 中还可以看出,排气压力 p_b 几乎下降到大气压,而进气过程则为增压供气,泵功 $e-p_2-1$ 为正,故柴油机功率增加。

对于多缸柴油机,为防止各缸排气脉冲相互干涉,使各缸的排气时间间隔错开,应将排气管制成能使各缸的排气间隔相应错开的结构。图 3-34 所示为六缸柴油机脉冲式涡轮增压器的排气系统示意图。柴油机的工作次序为 $1-5-3-6-2-4$,将 1、2、3 缸的排气道连接到一根排气歧管上,沿着涡轮壳上一条进气道通向半圈喷嘴环;将 4、5、6 缸的排气道连接到另一根排气歧管上,沿着涡轮壳上另一条进气管通向另半圈喷嘴环。这样,各缸排气互不干涉,可以充分利用废气的脉冲能量,并能利用压力高峰后的瞬时真空以利扫气,也可防止某缸排气压力波倒流到正在吸气的另一缸中去,因此,连在同一根排气歧管上的各缸着火间隔,要求大于 180° 曲轴转角。

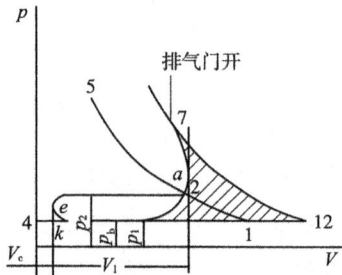

图 3-33　脉冲式涡轮增压器的进、排气图
p_1-涡轮出口大气压力;p_2-柴油机进气压力;
p_b-柴油机排气压力

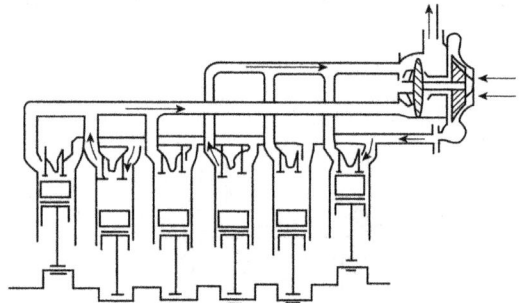

图 3-34　脉冲式涡轮增压器的排气系统示意图

增压比(又称压力升高比、压比)是废气涡轮增压器的一个主要性能指标,是压气机的出口压力与压气机的进口压力的比值,比值小于 1.4 的为低增压式,大于 2.0 的为高增压式,介于二者之间的为中增压式。

2. 排气旁通阀结构

在废气涡轮增压系统中设置进、排气旁通阀,是调节增压压力最简单、成本最低而又十分有效的方法。排气旁通阀在废气涡轮增压系统中的布置位置如图 3-35 所示,图 3-36 所示为排气旁通阀工作原理图。排气旁通阀由控制膜盒中的膜片将膜盒分为上、下两个室,上室为膜片弹簧室,膜片弹簧作用在膜片上,膜片通过连动杆与排气旁通阀连接;下室为空气室,经连通管与压气机出口相通。当压气机出口压力,也就是增压压力低于限定值时,膜片在膜片弹簧的作用下下移,并带动连动杆将排气旁通阀关闭;当增压压力超过限定值时,增压压力克服膜片弹簧力,推动膜片上移,并带动连动杆将排气旁通阀打开,使部分排气不经过涡轮机直接排放到大气中,从而达到控制增压压力及涡轮机转速的目的。

此外,排气旁通阀的开闭也可由电控单元控制的电磁阀操纵,如图 3-37 所示。电控单元根据发动机的工况,由预存的增压压力脉谱图确定目标增压压力,并与增压压力传感器检测到的实际增压压力进行比较,然后根据其差值来改变控制电磁阀开闭的脉冲信号占空比,以此改变电磁阀的开启时间,进而改变排气旁通阀的开度,控制排气旁通量,借以精确地调节增压压力。虽然排气旁通阀在涡轮增压发动机上得到了广泛的应用,但是排气旁通之后,排气能量的利用率下降,致使在高速大负荷时发动机的燃油经济性变差。

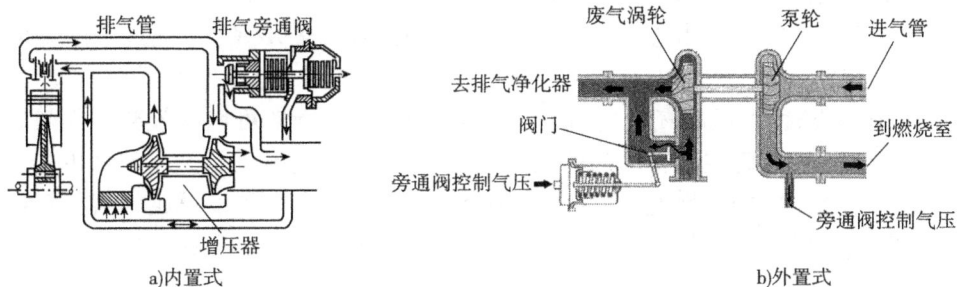

a)内置式   b)外置式

图 3-35　带有排气旁通阀的涡轮增压系统

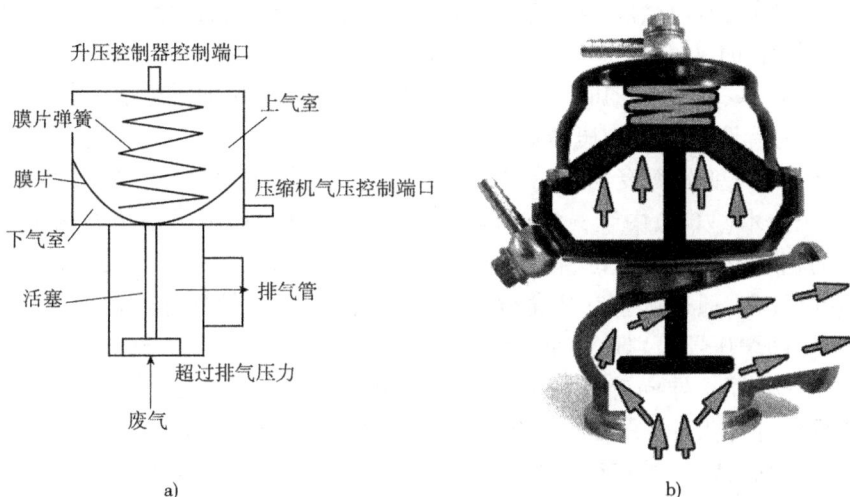

a)   b)

图 3-36　排气旁通阀工作原理图

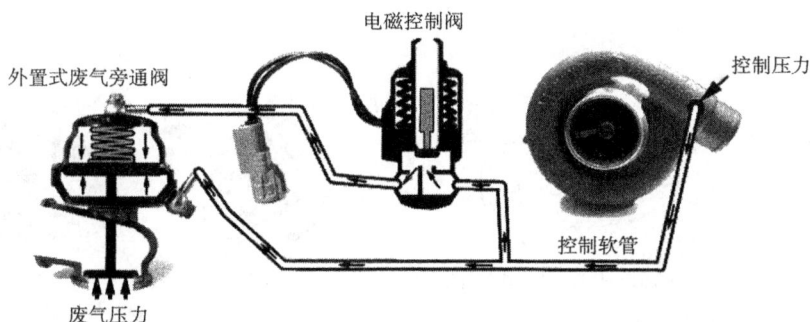

图 3-37　排气旁通阀电控原理图

3. 可变截面废气涡轮增压器

废气涡轮增压器主要由排气能量驱动,当发动机转速较低时,排气能量很小,使得涡轮增压器大涡轮由于驱动力不足而无法到达工作转速,而且还形成了进气阻力,使得涡轮增压发动机的动力表现甚至小于一台同排量的自然吸气发动机,即涡轮迟滞现象。为了解决涡轮增压器这一固有缺陷,传统方法是使用小尺寸的轻质涡轮,小涡轮拥有较小的转动惯量,能够有效改善发动机低转速下的涡轮迟滞现象,然而,在发动机高转速时,由于小涡轮排气截面较小,增加了排气阻力,在一定程度上影响了发动机的最大功率和最大转矩。

A/R 值是涡轮增压器的一项重要指标,用以表达涡轮的特性,其中 A 指的是涡轮排气端入口处最窄的横切面积(也就是可变截面涡轮技术中的"截面"),R 指的是入口处最窄的横切面积的中心点到涡轮本体中心点的距离,而两者的比例就是 A/R 值。相对而言,压气端叶轮受 A/R 值的影响并不大,不过 A/R 值却对排气端涡轮有着十分重要的意义。

当 A/R 值越小时,表示废气通过涡轮的流速较高,这种特性可以有效减轻涡轮迟滞,涡轮也就能在较低的转速区域取得较高的增压,而发动机高转速时则会产生较大的排气背压,使高转速时功率受到限制。反之,当 A/R 值越大时,涡轮的响应速度就越慢,低转速时涡轮迟滞明显,不过在高转速时,拥有较小的排气背压,且能够更好地利用排气能量,从而获得更强的动力表现。

VGT 技术所实现的截面可变就是指改变 A 值。当叶片角度较小时,排气入口的横截面积便会相应减小,因此 A 值会随之变化,从而拥有小涡轮响应快的特点。而当叶片角度增大时,A 值随之增大,这时 A/R 值增大,从而在高转速下获得更强的动力输出。总而言之,通过变更叶片的角度,VTG 系统可随时改变排气涡轮的 A/R 值,从而兼顾大、小涡轮的优势特性,图 3-38 所示为舌形变截面增压器蜗壳示例。

图 3-39 所示为可变截面废气涡轮增压器示意图。与传统的涡轮增压技术相比,可变截面废气涡轮增压技术(VGT)中废气涡轮的外侧增加了一环可由电子系统控制角度的导流叶片,导流叶片的相对位置是固定的,但是叶片角度可以调整,在系统工作时,废气会顺着导流叶片送至涡轮叶片上,通过调整叶片角度,控制流过涡轮叶片的气体的流量和流速,从而控制涡轮的转速。即增压器可以改变涡轮扇叶截面积,相当于改变了增压涡轮的大小。在转速较低时,增压涡轮缩小导向叶片角度,采用较小的截面积,提高涡轮转速;在高转速状态下,增压涡轮导向叶片张开,采用较大的截面积,加大与空气的接触面,减缓涡轮转速。从而确保发动机在任何转速下,维持稳定的增压值,消除了传统涡轮增压器低转速时的涡轮迟滞现象,提升了行驶的顺畅性。此外,由于改变叶片角度能够对涡轮的转速进行有效控制,这也就实现对涡轮的过载保护。因此,使用了 VGT 技术的涡轮增压器都不需要设置排气泄压阀。

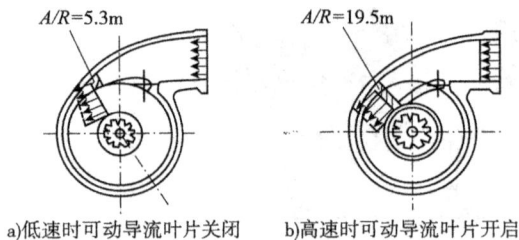

a)低速时可动导流叶片关闭   b)高速时可动导流叶片开启

图 3-38   舌形变截面增压器蜗壳
A-截面面积;R-截面中心与叶轮之间的距离

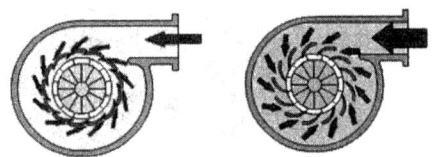

图 3-39   可变截面废气涡轮增压器示意图

第四章　燃油供给系

柴油机燃油供给系的任务,就是按照柴油机各缸工作次序及不同工况的要求,在每一工作循环中,把干净的柴油按一定规律和要求供给汽缸,使其与空气形成可燃混合气并自行着火燃烧,把燃油中含有的化学能释放出来,通过曲柄连杆机构转变为机械能。

为了保证柴油机在动力学、经济性、排放和噪声等方面达到优良的性能,对燃油供给与调节系统提出以下要求:

(1)产生足够高的喷射压力,以保证燃油良好的雾化混合与燃烧,且燃油油束需与燃烧室和气流运动相匹配,保证油气混合均匀。

(2)能够精确控制每个循环喷入汽缸的燃油量,且喷油量能随工况变化而自动变化。在工况不变时,各缸的喷油量应当相等。

(3)在运转工况范围内,能够保持最佳的起始喷油时刻、喷油持续时间与喷油规律,以保证良好的燃烧,并取得优良的综合性能。

第一节　燃油供给系的组成及柴油

一、燃油供给系的组成

柴油机燃油供给系主要由燃油箱、滤清器、输油泵、喷油泵、喷油器、油管等组成,如图4-1所示。

燃料供给系可分为低压与高压两个油路。所谓低压,是指从燃油箱到喷油泵入口的这段油路中的油压,因它是由输油泵建立的,而输油泵的出油压力一般为 $0.15 \sim 0.3MPa$,故这段油路称为低压油路。高压油路是指从喷油泵到喷油器的这段油路,该油路中的油压是由喷油泵建立的,一般在 10MPa 以上。

在低压油路中,输油泵 2 从燃油箱 1 内将柴油吸出,经柴油细滤清器 3 滤去细微杂质后进入喷油泵 4。喷油泵将低压柴油增压后,经高压油管、喷油器 7 以一定的压力和一定的雾化质量喷入燃烧室,形成可燃混合气。输油泵输送给喷油泵的多余柴油和喷油器泄漏的柴油经回油管 8 流回油箱。

为了在启动时排除油路中的空气,并使柴油充满回路,在输油泵上装有手油泵。

二、柴油

柴油是在 $533 \sim 623K$ 的温度范围内由石油中提炼出的碳氢化合物,含碳 87% 、氢 12.6% 和氧 0.4% 。柴油的物理性能和化学性能,对发动机的启动性能和动力性能以及供给系的工作和寿命都有影响。

柴油的使用性能指标主要是着火性、蒸发性、黏度和凝点。

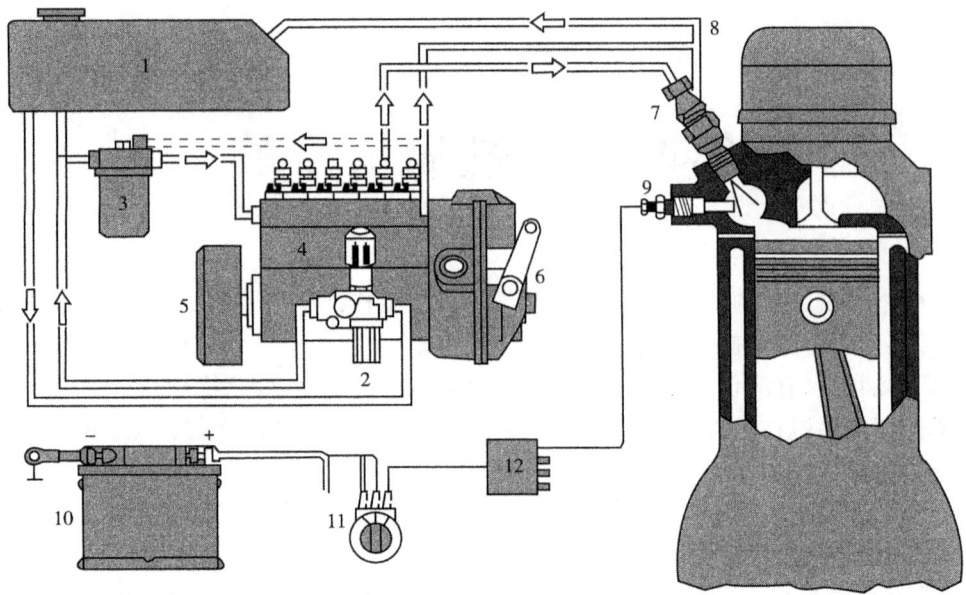

图 4-1　柴油机燃油供给系

1-燃油箱;2-输油泵;3-柴油细滤清器;4-直列式燃油喷射泵;5-定时装置;6-调节器;7-喷油器;
8-回油管;9-电热塞;10-蓄电池;11-预热塞和启动开关;12-预热塞控制单元

1. 着火性

柴油的着火性是指其自燃能力,柴油比汽油的着火性好,自燃温度较低。在通常大气压
(101kPa)下,柴油的自燃温度为 330~350℃,而汽油自燃温度则为 480~550℃。随着空气
压力的提高,柴油的自燃温度将相应降低。柴油的着火性好坏通常用十六烷值表示。十六
烷值高的柴油,因燃烧需要的准备时间短,故着火性好,柴油机工作柔和;反之,柴油的十六
烷值越低,柴油机的工作则越粗暴。工程机械所用的高速柴油机,其柴油的十六烷值一般不
低于 40~45。

2. 蒸发性

柴油的蒸发性是由蒸馏试验确定的,即将柴油加热,分别测定其蒸发量为 50%、90%、
95% 的馏出温度。馏出温度越低,表明柴油的蒸发性越好,越有利于可燃混合气的形成和
燃烧。

3. 黏度

柴油的黏度决定柴油的流动性。黏度越小,流动性越好,并有利于雾化。但是,黏度若
过小,将使喷油泵、喷油器精密偶件间不易形成油膜而加剧磨损。黏度大的柴油不仅流动阻
力大、滤清和沉淀困难,而且严重影响从喷油器喷出时雾化。

4. 凝点

柴油的凝点是指其冷却到开始失去流动性的温度。好的柴油应具有较低的凝点。凝点
高的柴油不利于燃油供给系的工作,特别是在低温条件下工作可能造成供给系的堵塞。国
产轻柴油的牌号就是根据凝点划分的,如 -10 号、0 号、10 号、20 号、35 号、50 号轻柴油,它
们的凝点分别为 10℃、0℃、-10℃、-20℃、-35℃、-50℃。工程机械多采用的高速柴油
机,一般都使用这种轻柴油。

第二节 混合气的形成及燃烧过程

一、混合气的形成特点

由于柴油机是利用柴油的着火性好而采用自燃的着火方式,故其混合气形成时间极短,混合气极不均匀,混合和燃烧重叠进行。一般是在压缩行程在上止点前 $10° \sim 15°$ 曲轴转角时将柴油喷入汽缸,在上止点附近着火燃烧。若柴油机的转速为 2000r/min,15° 曲轴转角仅相当于 1/800s。正因为形成混合气的时间极短,致使混合气极不均匀且不断变化。混合气在高温高压下多点自燃着火燃烧,且混合过程、着火过程和燃烧过程共存。另外,由于结构方面的原因,汽缸内有的地方柴油过多而空气较少,甚至没有空气;相反,有的地方空气多而柴油少,甚至完全没有柴油;但也有某些地方柴油与空气的混合适中,成为首先着火燃烧的火源。

柴油机混合气形成的上述特点,显然不利于燃烧。为使喷入汽缸中的柴油尽可能燃烧完全,以便提高柴油机的经济性,实际充入汽缸中的空气量要比完全燃烧理论上需要的空气量多,即要有过量的空气。通常将两者的比值称为过量空气系数 α,一般 $\alpha = 1.2 \sim 1.5$。柴油机在各种工况下工作时,实际充入汽缸中的空气量基本不变,而是依据不同负荷相应改变喷油量,从而改变混合气的浓度,即改变 α 值。α 值越大,则混合气越稀,能提高柴油机的经济性而使动力性变差;反之,α 值越小,则混合气越浓,能提高动力性而使经济性变差。

(一)柴油的雾化

柴油的雾化是指将柴油分散成细粒的过程,其目的是增加柴油的蒸发表面积,加速均匀混合和快速燃烧。柴油的雾化质量不仅取决于喷油泵和喷油嘴的结构和尺寸,同样还与燃烧室的形状有关。在静止的压缩空气中,从喷油嘴中喷入汽缸的油束形状如图 4-2 所示。其中衡量柴油油束雾化质量的 3 个基本参数是油束射程、油束锥角和雾化质量(包括细度和均匀度)。

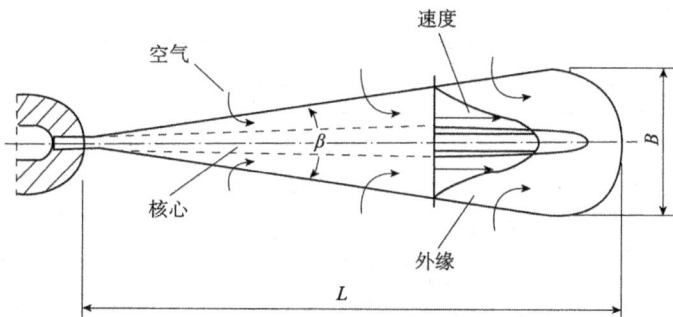

图 4-2 柴油喷射油束形状

(二)柴油混合气形成方式

1. 空间雾化混合

空间雾化混合是指燃料被喷到燃烧室空间,形成雾状,雾状油滴从高温空气中吸热蒸发并扩散,与空气形成混合气。为了使柴油混合均匀,要求喷出的燃油与燃烧室形状配合,并利用燃烧室中空气的运动与其混合。油束与空气的相对运动速度是影响混合气均匀与否的决定性因素,相对运动速度越高,混合气也越均匀。空间雾化混合对进气涡流要求较低,混合气形成速度快,燃烧过程比较稳定,冷启动性能好。但当燃油在着火以前形成的混合气较多时,有可能引起燃烧过程粗暴,噪声加大,生成较多的 NO_x;如果油滴气化速度跟不上燃烧速度,则有可能出现不完全燃烧。

2. 油膜蒸发混合

油膜蒸发混合是指燃料顺着气流的方向被喷涂到燃烧室壁面,形成油膜,油膜接受压缩空气的热量气化蒸发,并与空气混合形成均匀混合气。燃烧室壁温、油膜厚度、空气与油膜的相对速度是混合气形成的决定性因素。其优点是完全气相混合,通过油膜的蒸发和气流的旋转运动可以实现分层燃烧,通过对轴针式喷油器截面的控制可改善噪声和减少 NO_x。同时对喷油系统要求降低。但对供油、进气和燃烧室匹配要求较高时,燃烧不及空间雾化稳定,冷启动性能差,怠速及低负荷时 HC 排放较高。

两种柴油气混合方式的特点对比见表 4-1。

两种混合方式的特点对比

表 4-1

空间雾化混合	油膜蒸发混合
1. 大部分燃料喷散雾化,并分布到空气中	1. 利用强烈的空气旋流将大部分燃料涂布到燃烧室壁面上
2. 燃料在空气中是细小油滴	2. 燃料在燃烧室壁面上形成油膜
3. 细小油滴与热空气混合,形成不均匀的混合气(液相混合),然后小油滴在高温下蒸发	3. 油膜受壁温影响在较低温度下蒸发,然后燃料蒸发与空气混合,形成均质混合气
4. 在着火延迟期形成的可燃混合气数量较多,多处着火	4. 散布在空气中的少量雾化燃油局部着火
5. 燃烧开始时的放热速度很高,以后逐渐减慢	5. 初期放热速率不高,而随着燃烧的进行,火焰辐射使蒸发增强,加上热力混合作用,中后期的燃烧速度很快

二、燃烧过程

柴油机的燃烧过程如图 4-3 所示,将其分为 4 个阶段加以研究,即着火延迟期、迅速燃烧期、缓燃期和补燃期。

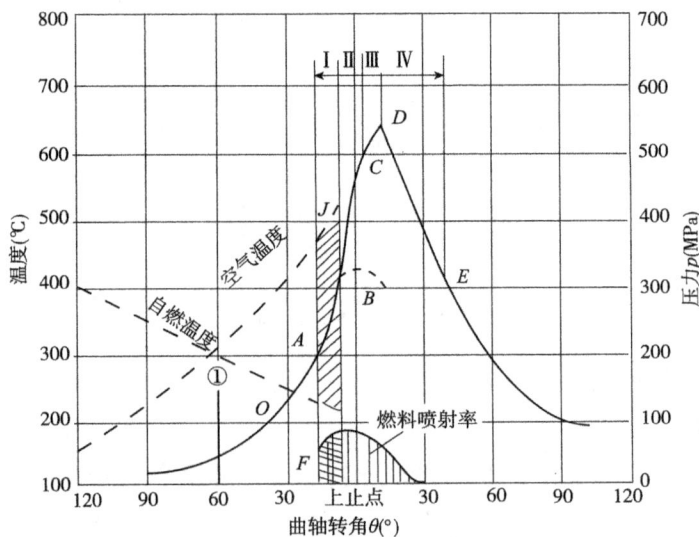

图 4-3 柴油机的燃烧过程

1. 着火延迟期

在压缩行程中,随着汽缸内空气的压力和温度不断升高,柴油的自燃温度逐渐降低,至①点便达到自燃着火温度。O点喷油泵开始泵油,因高压油管有弹性变形和压力波有传播过程,到 A 点喷油器开始向燃烧室内喷射柴油。此时汽缸内空气的温度(J 点)虽然远远高于柴油的自燃温度,但喷入汽缸内的柴油并不能立即着火燃烧,细小油粒须经吸热蒸发、汽化、与空气混合等物理、化学准备过程。直至 B 点,燃烧室中一处或几处首先完成了这一准备过程,开始着火燃烧形成火焰中心,压力线偏离压缩线迅速升高。把 AB 过程(I)称为着火落后期。

2. 迅速燃烧期

火焰中心形成以后,迅速向四周传播,燃烧室中便多点着火,压力和温度迅速升高至 C 点,称 BC 过程(II)为迅速燃烧期。BC 过程的压力升高主要取决于 AB 过程喷入燃烧室中柴油量的多少。着火落后期越长,对应双影线面积 F 越大,说明喷入燃烧室中的柴油量越多。一经火焰中心被点燃,便多点同时着火,使燃烧速度与压力升高率 $\Delta p / \Delta \theta$ 过快。若 $\Delta p / \Delta \theta > (0.4 \sim 0.6) MPa /(°)$,就会产生冲击波,作用于受力机件,发出尖锐的敲击声,这种现象称为爆震。爆震使柴油机工作粗暴,影响机件的使用寿命。相反,面积 F 越小,柴油机工作越柔和、平稳。

在迅速燃烧期里喷入燃烧室中的柴油,几乎边喷边燃烧。此期间的放热量约达整个循环放热量的 50%,放热率 $\Delta Q / \Delta \theta$ 可达最大值。

3. 缓燃期

迅速燃烧期结束后,喷油器仍在喷油。由于燃烧室里的温度、压力很高,其着火落后期几乎等于零。但因燃烧室中氧气减少、废气增多,使燃烧越来越缓慢。同时,活塞已开始向下止点运动,汽缸的体积逐渐增大。这些因素综合影响的结果是:汽缸内的压力升高较缓慢,如 CD 段,称 CD 过程(III)为缓慢燃烧期。

缓燃期的燃气压力和温度均达最大值,到 D 点的放热量一般可达每个循环总放热量的 70% ~80%。缓燃期是在高温缺氧的条件下进行,燃烧不完全,容易产生碳烟随废气排出,影响经济性和废气净化。

4. 补燃期

缓燃期以后,仍有少量柴油继续在燃烧,往往燃烧要延续到排气开始。一般认为,放热量达到循环总放热量的 95% ~97% 时,过后燃烧期结束,如 DE 过程(IV)称为过后燃烧期。由于过后燃烧是在汽缸内的温度和压力较低、混合气运动速度减弱、废气量增多等情况下进行的,故燃烧速度与放热率大大降低。有的柴油或因高温缺氧被裂化成游离的碳,或因空气过分稀释温度低,致使燃烧不完全而冒烟。

过后燃烧期放热量转变为有效功的很少,反使柴油机的热负荷增加,经济性和动力性下降。因此,应尽可能使燃烧在上止点附近基本完成,缩短过后燃烧期,以减少补燃放热和排气冒烟。

第三节　燃　烧　室

由于柴油机混合气的形成和燃烧均在燃烧室中进行,故燃烧室的结构形式直接影响形成混合气的品质和燃烧质量。对燃烧室的要求是:尽可能形成品质好的混合气,使燃烧完全、工作柔和、动力性和经济性好,并易启动。

按结构形式,柴油机燃烧室可分为统一式燃烧室和分隔式燃烧室两大类。

一、统一式燃烧室

统一式燃烧室是由凹形活塞顶、汽缸壁与汽缸盖底面所包围的单一内腔。采用这种燃烧室时,燃油直接喷射到燃烧室中,故又称直喷式燃烧室。

常见的直喷式燃烧室结构如图4-4所示,主要形状有ω形,球形和U形。

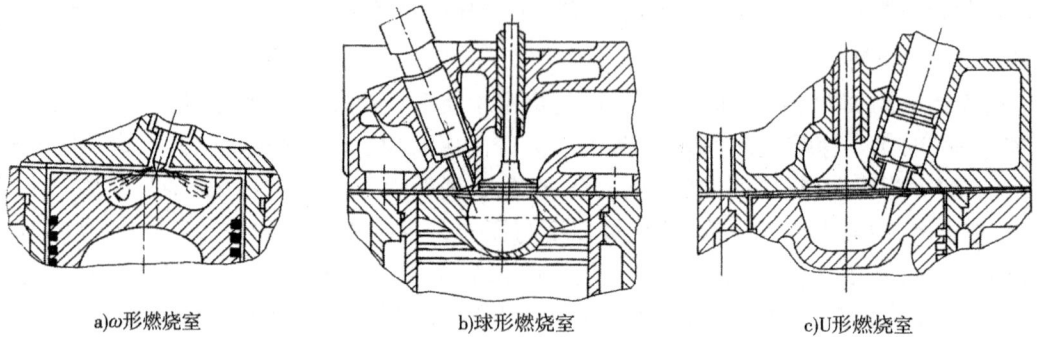

a)ω形燃烧室　　　　　b)球形燃烧室　　　　　c)U形燃烧室

图4-4　统一式燃烧室

1.ω形燃烧室

图4-4a)所示为ω形燃烧室,主要结构特点是在活塞顶部有较深的ω形凹坑。凹坑口径比汽缸直径小得多,活塞顶平面与汽缸盖底平面间的间隙较小。

当活塞进行压缩时,活塞顶周围的空气不断被挤压流入凹坑而产生涡流。待活塞上行到上止点前8°～10°曲轴转角时,涡流速度最大,此时多孔喷油器以19.6MPa左右的压力将燃油喷入燃烧室空间。大部分燃油分布在燃烧室空间与空气形成可燃混合气,少部分燃油黏附在燃烧室壁上形成油膜。空间混合气首先完成物理、化学准备,开始着火燃烧,使凹坑中的温度和压力迅速升高,油膜也迅速蒸发参加燃烧。当活塞开始下行时,燃气从凹坑中冲出,再一次产生涡流,使未被利用的空气进一步与燃油混合燃烧。

活塞挤气作用产生涡流的大小,一般是转速越高,燃烧室喉口直径越小,活塞与汽缸盖间的间隙越小,挤气产生的涡流速度就越大。如这种燃烧室再配以螺旋进气道,就能进一步改善混合气的形成和燃烧。采用螺旋进气道能产生较大的涡流比,故可适当降低对喷油装置的要求,使柴油机工作良好。135系列柴油机就是ω形燃烧室,采用4孔喷油器,喷孔直径为0.35mm,喷油压力为17.1MPa。

ω形燃烧室具有结构紧凑、散热面积小、热效率高、雾化良好、易启动等优点,但由于大部分燃油在着火落后期内形成混合气,导致柴油机工作粗暴。

2.球形燃烧室

图4-4b)为球形燃烧室,主要结构特点是在活塞顶部有3/4的球形凹坑。

球形燃烧室配以螺旋进气道,会产生强烈的进气涡流和挤压气流,将燃油顺着气流方向喷向燃烧室壁面,形成比较均匀的油膜。飞溅到空气中的少量燃油,首先与空气混合燃烧,起引燃作用。随着燃烧的进展,燃烧室内的温度和气流的速度越来越高,使油膜顺次迅速蒸发与空气均匀混合燃烧。

球形燃烧室的主要特点:

(1)混合气开始形成很慢,在着火落后期内形成的混合气量少,故柴油机工作柔和。

（2）高速的空气涡流不仅能加速油膜的蒸发，而且还能促使空气与废气分离。因为在旋转的气流中，高温废气因相对密度小趋向涡流中，而相对密度较大的空气在离心力的作用下甩向涡流的四周，与壁面上蒸发的燃油及时混合燃烧，使燃烧进行得比较完全，故动力性与经济性都较好。

（3）对燃油供给装置的要求不高，不要求喷注雾化良好，反倒要求喷注具有一定的能量，故可用单孔、双孔喷油器。

（4）因工作不粗暴，对燃油要求不高，可使用不同牌号的燃油。

120系列柴油机采用球形燃烧室配用双孔喷油器，喷孔直径为0.42mm，喷油压力为17.1MPa。这种燃烧室的主要缺点是：燃烧室成为一个高温的热球，活塞容易过热，启动性能差。

3. U形燃烧室

图4-4c）所示为U形燃烧室，亦称复合式燃烧室，主要结构特点是在活塞顶部有U形凹坑。

U形燃烧室混合气形成和燃烧过程与球形燃烧室相比，主要特点在于以下几点：喷射燃油的方向基本与空气流动的方向垂直，只有很小的顺流趋势；燃油的一部分是靠旋转的气流甩洒在燃烧室壁面上形成均匀的油膜，然后蒸发形成混合气燃烧；燃油的另一部分分散在高温空气中，首先形成混合气燃烧。形成油膜的燃油量的多少，与气流的旋转速度有关。当柴油机在高速时，以油膜蒸发燃烧为主，类似于球形燃烧室；工作柔和平稳，而且高速旋转的气流亦有分离废气与新鲜空气的作用。当柴油机在低速或启动时，由于空间形成混合气的燃油量增多，类似于ω形燃烧室，雾化良好、易启动。这种燃烧室对燃油喷射装置要求较低，可使用单孔轴针式喷油器，喷射压力为11.76MPa左右。如105系列柴油机采用U形燃烧室。

二、分隔式燃烧室

分隔式燃烧室把燃烧室的容积分隔成两个部分，两者中间由通道连接。根据通道结构的不同及形成涡流的差别，分隔式燃烧室可分为涡流室式燃烧室和预燃室式燃烧室两种，如图4-5所示。

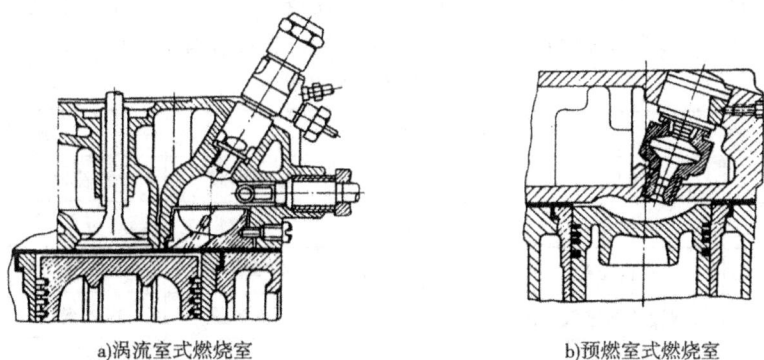

a)涡流室式燃烧室　　　　　　　　　　b)预燃室式燃烧室

图4-5　分隔式燃烧室

1. 涡流室式燃烧室

涡流室式燃烧室由两部分组成，即在汽缸盖或汽缸体上的球形或钟形的涡流室及在活塞顶与汽缸盖之间的主燃烧室，如图4-5a）所示。

涡流室的容积为燃烧室总容积的50%～80%，由一个或几个通道面积较大的与其相切的通道连通主燃烧室。轴针式喷油嘴安装在涡流室内,燃油顺涡流方向喷射。

在压缩行程中,活塞向上止点运动,汽缸内被压缩的空气沿着主燃烧室与涡流室连接通道的切线方向进入涡流室,形成强烈的、有规则的压缩涡流运动。喷入涡流室的燃油靠这种强烈的涡流与空气迅速地基本完成混合,部分燃油即在涡流室内燃烧,未燃部分在做功行程初期与高压燃气通过切向孔道喷入主燃烧室,进一步与空气混合而燃烧。在这种燃烧室内,压缩涡流强度与柴油机的转速成正比,转速越高,混合气形成越快,两者相互适应。这就是涡流式柴油机能适应高速运转(转速高达 5 000r/min)的原因。4125 型柴油机即为涡流室式燃烧室。

2. 预燃室式燃烧室

这种燃烧室亦由两部分组成,即汽缸盖内的预燃室与活塞顶部的主燃烧室,两者之间由一个或几个小孔通道(或称喷孔)相连,喷油嘴安装在预燃室中心线附近。预燃室的容积为总燃烧室的 30% ~40%。如图 4-5b)所示。在压缩过程中,汽缸内一部分被压缩的空气从主燃烧室挤入预燃室,这时由于通道的节流作用而产生压差,预燃室内的压力要比主燃烧室内低 0.3 ~0.5MPa。由于连接通道不与预燃室相切,所以压缩行程期间,并不产生有序的涡流,只是空气流过通道时会产生强烈的湍流。接近压缩结束时,喷油器将燃油喷入预燃室内与高温空气相遇,很快着火燃烧。着火后预燃室中的压力和温度迅速升高,巨大的预燃能量形成的压力差将未燃烧的大部分燃油连同燃气高速喷入主燃烧室,在主燃烧室内形成强烈的燃烧涡流,促使大部分燃料在主燃烧室与大部分空气混合而燃烧。由于预燃室柴油机经济性差,现在基本上不被采用。

分隔式燃烧室的特点是:由于主燃烧室内燃烧是在副燃烧室以后,因此主燃烧室内压力升高要延迟很多,处于活塞下行及汽缸容积不断加大的条件下进行,而燃烧又主要以扩散燃烧形式进行,所以主燃室内压力升高率明显比直喷式要低,工作平稳,噪声小,缸内温度也相对低些,因此 NO_x 排放量也比直喷式少;分隔式燃烧室分别有强烈的压缩涡流或燃烧紊流,促进了油和气的良好混合,因此,燃烧过程的好坏并不主要依靠喷射能量,所以对喷油系统要求不高;由于散热面积大,流动损失大,故燃油消耗率较高,启动性较差。为了解决启动困难,需把压缩比适当加大。另外,预燃室一般用耐热钢单独制造,再嵌入汽缸盖内。

上面各节已详细介绍了各种燃烧室的混合气形成特点和性能,为便于比较,现将各燃烧室的特点列于表中,表 4-2 所列数据一般是指小功率的非增压柴油机。

各种燃烧室性能对比   表 4-2

项目	直 喷 式			分 隔 式	
燃烧室形状	浅盆形	深坑形	球形油膜	涡流室	预燃室
结构形式	简单	一般	一般	复杂	复杂
混合气形成方式	空间雾化	空间雾化为主	油膜蒸发	空间雾化为主	空间雾化
空气运动	无涡流或弱进气涡流	进气涡流较强	进气涡流最强	压缩涡流	燃烧涡流
燃料雾化	要求高	要求较高	一般	要求较低	要求低
喷油嘴	多孔 6 ~12	多孔 4 ~6	单孔或双孔	轴针式	轴针式
针阀开启压力(MPa)	20 ~40	18 ~25	17.5 ~19	10 ~15	8 ~13
热损失和流动损失	小	较小	较小	大	最大
启动	容易	较易	难	难	最难

项目	直 喷 式			分 隔 式	
压缩比	12～15	16～18	17～19	16～20	18～22
ϕ_s（全负荷）	1.6～2.2	1.4～1.7	1.3～1.5	1.3～1.6	1.2～1.6
p_{me}（MPa）	1～2	0.6～0.8	0.7～0.9	0.6～0.8	0.6～0.8
b_e[g(kW·h)$^{-1}$]	190～230	218～245	218～245	231～272	245～292
燃烧噪声	高	高	较低	低	低、怠速高
适应转速(r·min^{-1})	＜1 500	＜4 000	＜2 500	＜5 000	＜3 500
适应缸径(mm)	＞200	＜150	90～130	＜100	(160～200)

第四节 燃油的喷射装置

一、燃油喷射装置的基本要求

燃油的喷射装置,对混合气的形成与燃烧,对柴油机的动力性和经济性都有着决定性的影响,故燃油的喷射装置有柴油机心脏之称。燃油的喷射装置主要包括喷油泵和喷油器。根据柴油不易气化的特点,对喷射装置的基本要求如下:

1. 雾化或微粒化

当燃油以 10MPa 以上的高压从喷油器的细孔中喷出时,能产生速度为 100m/s 以上的高速流,同压缩空气的分子相碰撞而被粉碎,形成 1～100μm 不同大小的微粒而分散在燃烧室内。同量的燃油,其分散的粒子越细,同空气的接触面积就越大,其雾化则越好。

2. 贯穿性

为使燃油能在燃烧室中同各处的空气都很好地混合燃烧,不仅要求燃油的雾化要好,而且要求燃油的贯穿性也要好。所谓贯穿性,是指燃油飞散粒子所能到达的距离。雾化时贯穿性有很大的影响,雾化越好,则粒子的运动能量和速度越小,其贯穿性就越差。

3. 分布性

由于柴油机压缩比高,燃烧室狭小,扁平而复杂,故燃油在燃烧室中均匀分布是困难的。结果势必在燃烧室中某些地方由于油多而空气少,使燃油不能完全燃烧而冒烟;另外一些地方又由于燃油过少,一些空气未被利用就排出汽缸。因此,应尽可能使燃油在汽缸中均匀地分布。

应该指出,上述这些要求单靠喷射装置本身是难以实现的,实际上是由不同结构形式的燃烧室与相应的喷射装置共同来实现。

二、喷油泵

喷油泵是柴油机燃料供给系的关键部件,它的工作好坏直接影响柴油机的动力性、经济性和排放性能。它的功用是根据柴油机不同的工况,将一定量的燃油提高到一定的压力后,按规定的时间和供油规律供给喷油器而喷入汽缸。四冲程柴油机的供油凸轮轴转速为曲轴转速的1/2,二冲程柴油机的供油凸轮转速与曲轴转速相同。供油凸轮轴每转一周,各缸供油一次。

为了完成定压、定时、定量的任务,多缸柴油机的喷油泵应满足如下要求:

(1)按柴油机工作顺序供油。

(2)各缸供油量应均匀,不均匀度不大于3%~4%。

(3)各缸供油提前角、延续角应一致,相差不应大于0.5°曲轴转角。

(4)停止供油迅速,防止喷油器滴油现象。

喷油泵的结构形式很多。柴油机的喷油泵按作用原理不同大体可分为柱塞式喷油泵、喷油泵—喷油器和转子分配式喷油泵3类。柱塞式喷油泵发展和应用的历史较长,因性能良好、使用可靠,为目前大多柴油机所采用。喷油泵-喷油器的特点是将喷油泵和喷油器合成一体,省掉了高压油管。它多用在柱塞运动速度较高的二冲程柴油机上。转子分配式喷油泵是20世纪50年代后期出现的一种新型喷油泵,它只用一对柱塞副产生高压,依靠转子或柱塞的旋转,实现燃油的分配。它多用于小、轻型高速柴油机上。

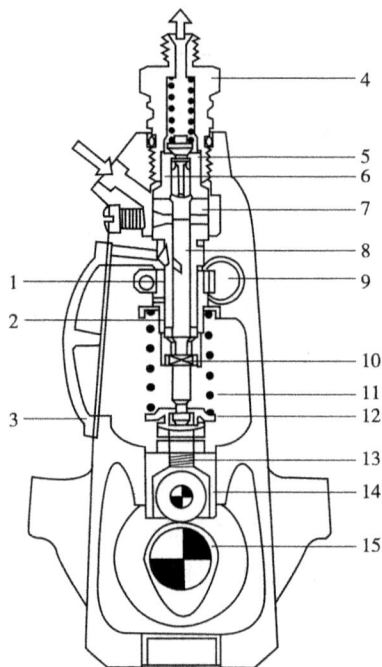

图4-6 直列泵结构图

1-柱塞套油量调节齿轮;2-油量调节套;3-复位弹簧室盖;4-出油口压紧螺塞;5-出油阀座;6-出油阀;7-柱塞套;8-柱塞;9-操纵杆;10-柱塞控制臂;11-复位弹簧;12-复位弹簧座;13-调节螺纹;14-滚轮支架;15-凸轮

（一）柱塞式喷油泵的工作原理

在多缸柴油机上,每一个汽缸需要一套泵油机构进行供油,这套泵油机构称为分泵。将各分泵组装在同一壳体中,共用一根凸轮轴驱动,并对其供油量进行统一调节,这就是喷油泵总成,如图4-6所示。

柱塞式喷油泵的泵油机构主要由柱塞偶件和挺柱体等组成。柱塞由凸轮轴驱动,通过挺柱体,按喷油次序,依次在各自的柱塞套内做往复运动。喷油泵的工作原理如图4-7所示。泵油作用主要由柱塞1和柱塞套8这对精密偶件的相对运动来实现的。柱塞1圆柱表面上铣有直线形（或螺旋形）的斜槽2,斜槽内腔和柱塞上面的泵腔用柱塞中心油道3相连通,柱塞套筒上的进油孔4和回油孔7与泵体上的低压油腔相通。当柱塞下移到图4-7a)所示位置时,燃油经低压油腔经进油孔4被吸入,充满柱塞上面的空间。图4-7b)表示柱塞向上运动时,起初一部分燃料被挤回低压油腔,这个过程一直延续到柱塞顶面遮住油孔的上边缘为止。如柱塞继续上升,柱塞上部的燃料压力就增加,于是便推开柱塞套上面的出油阀向高压油管供油。柱塞上升到图4-7c)所示位置时,斜槽的边缘与回油孔的下边缘接通,柱塞上面的燃料,便通过中心油道、斜槽和回油孔回到低压油腔,供油即停止。

由上述可知,柱塞上、下运动的行程 h 如图4-7d)所示,虽是由驱动凸轮的最大矢径决定的,但喷油泵的实际喷油行程只有在柱塞上行完全封闭两个油孔之后才开始,而上行到柱塞斜槽和回油孔接通便立即停止,即在柱塞行程 h_g 内是泵油过程,h_g 称为柱塞有效行程。显然,喷油泵每次泵出的油量取决于有效行程的长短。因此要改变供油量,只需改变柱塞的有效行程。通常采用改变柱塞斜槽和柱塞套回油孔7的相对角位置的方法来实现。

80

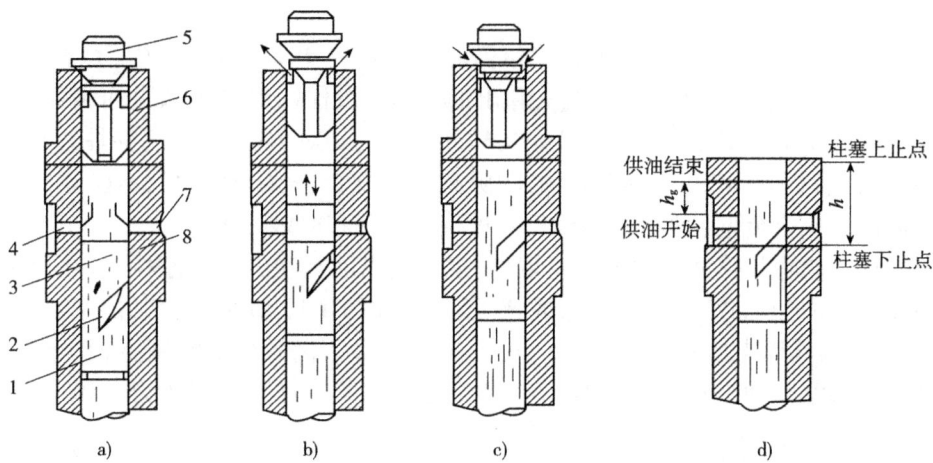

图 4-7 柱塞式喷油泵的工作原理

1-柱塞;2-斜槽;3-中心油道;4-进油孔;5-出油阀;6-出油阀座;7-回油孔;8-柱塞套

根据柱塞斜槽布置形式的不同,调节供油量的方式采用 3 种方法,如图 4-8 所示。图 4-8a)所示为供油终点随柱塞有效行程改变,而供油始点几乎保持不变的柱塞。柱塞顶面是一平面,斜槽开在下部,这样随着柴油机负荷的增大,供油量加大,供油终点就推迟。由于这种方法可使喷油定时接近最佳,因而在柴油机上得到了广泛应用。图 4-8b)所示为改变供油始点而终点几乎不变的柱塞。在部分负荷情况下,由于喷射过程推迟,可在汽缸内压力温度都比较高时开始。与几乎不改变供油始点的方法相比,这种方式缩短了发火延迟期,柴油机工作的粗暴程度有所降低。图 4-8c)表示供油量的减少是通过供油推迟和提早停止供油得到的。这种调节方式对于负荷与转速经常变化的柴油机比较有利。但这种柱塞设有上下两个螺旋斜槽,其供油始点和终点均随柱塞有效行程而变,加工比较复杂。

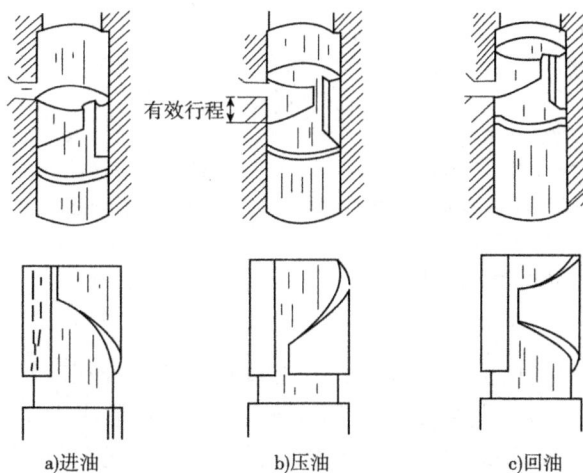

图 4-8 柱塞式喷油泵调节供油量的方式

(二)柱塞式喷油泵的组成和构造

柱塞式喷油泵由分泵、油量调节机构、传动机构、泵体 4 大部分组成。

1. 分泵

分泵是泵油机构,其数量和柴油机汽缸数相等。如图4-9所示,它主要由柱塞偶件(柱塞5和柱塞套6)、出油阀偶件(出油阀9和出油阀座8)、柱塞弹簧4和出油阀弹簧10等组成。柱塞固定有调节臂17,用以调节柱塞与柱塞套筒的相对角位置,柱塞和柱塞套筒是一对精密的偶件,两者以0.001～0.003mm的间隙高精度配合,经研磨选配,不能互换。柱塞副用耐磨性高的优质合金钢(轴承钢)制成,并进行热处理和时效处理。

定容式出油阀也是喷油泵内的精密偶件,主要由出油阀和出油阀座构成,在密封座面下有一圈减压带,并与座面密封带共同组成减压容积,如图4-10所示。它对控制喷油时刻、喷油规律、速度特性等都起着关键的作用。出油阀偶件采用优质合金钢制造,其导孔、上下端面及座孔经过精密的加工和选配研磨,配对以后不能互换。配合间隙约为0.01mm。

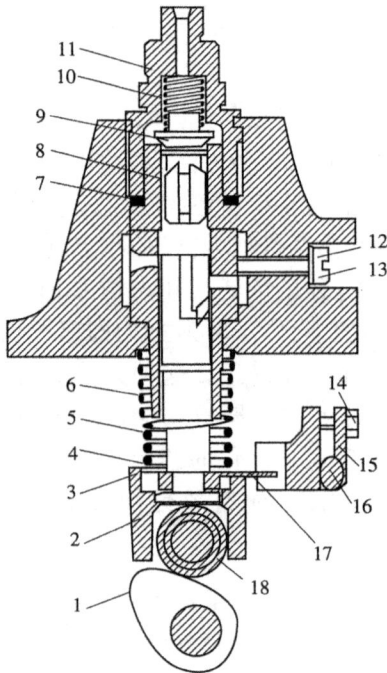

图4-9 柱塞式燃油泵结构

1-凸轮;2-挺杆;3-弹簧下座;4-柱塞弹簧;5-柱塞;6-柱塞套;7-铜质密封垫圈;8-出油阀座;9-出油阀;10-出油阀弹簧;11-出油阀压紧座;12-定位螺钉;13-密封垫圈;14-螺钉;15-调节叉;16-供油拉杆;17-调节臂;18-滚轮

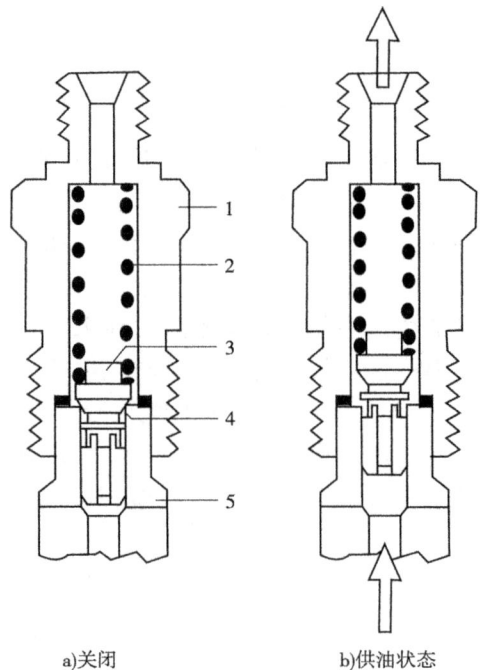

图4-10 出油阀结构总成

1-出油阀座固定架;2-出油阀弹簧;3-出油阀;4-出油阀密封锥面;5-出油阀座

a)关闭　　　　b)供油状态

定容式出油阀的结构如图4-11所示。出油阀的圆锥部是阀的轴向密封锥面,阀的尾部在导孔中滑动配合起导向作用,尾部加工有出油阀油道5,形成十字形断面,以便使燃油通过。出油阀中部的圆柱面叫减压环带,它是阀孔的径向滑动密封面,与密封锥面间形成了一个减压容积。

在正常工作情况下,出油阀在高压油管的油压和弹簧压力的作用下,压紧在阀座上。柱塞上升至燃料压力超过出油阀上的油压与弹簧压力后,就把出油阀向上压,但在出油阀刚开始升起时,还不能立即出油,一直要等到圆柱减压带离开导向孔后,才有燃油由泵腔进入高压油管。同样,在出油阀下落时,减压环带一经进入座孔,就立即使燃油停止进入高压油管,等到出油阀再继续下降一段距离 h,出油阀才落座。这样,在高压油管中给高压系统让出一个相当于减压容积的空间,使油管中油压迅速下降,喷油就可以立即停止,以防止压力波反射造成的二次喷射。如果没有减压环带,则在出油阀锥面落座时,高压油管中因油管的收缩和燃油的膨胀,存在着瞬间的高压,将使喷油器发生滴漏。

减容体的作用除限制出油阀的最大升程外,还用来减小高压油腔的容积,减小油的波动,而且有利于喷油过程的改善。

定压式出油阀(图 4-12)主要用于高压燃油喷射泵(喷射压力可达 80MPa),在出油阀内装有一个由等压阀和弹簧等组成的止回阀部件。燃油喷射过程中,压力阀能够确保燃油高压油路的压力在任何情况保持恒定,其优势在于避免油路产生气穴现象,提高了燃油的稳定性。泵油结束后,出油阀关闭,如高压系统内压力高于止回阀开启压力,等压阀打开,系统压力降低;反之,则等压阀关闭。即在各工况下,供油结束后系统参与压力可自行调节,以保持正值。它具有随转速的降低,循环供油量显著增大的速度特性。

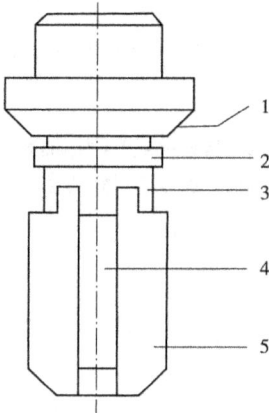

图 4-11 定容式出油阀的结构

1-出油阀密封锥面;2-减压环带;3-环形槽;4-出油阀导向面;5-出油阀油道

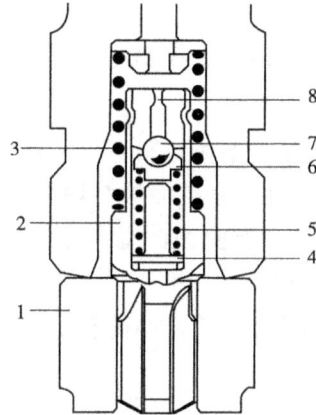

图 4-12 定压式出油阀的结构

1-出油阀座;2-出油阀;3-弹簧;4-等压阀弹簧座;5-等压阀弹簧;6-等压阀座;7-钢珠;8-等压油道

2. 油量调节机构

油量调节机构的功用是:根据柴油机负荷和转速变化,相应转动各缸柱塞以改变喷油泵的循环供油量,并保证各缸供油量一致。常见的油量调节机构有拨叉式和齿条式两种,如图 4-13 所示。

(1)拨叉式油量调节机构。如图 4-13a)所示,柱塞 2 下端压配的调节臂 1 的球头插入调节叉 7 的凹槽中,各调节叉用螺钉固定在同一拉杆 4 上。随着工况的变化,只要左右移动拉杆,就可同时转动各分泵的柱塞,使各缸供油量同时改变。为防止拉杆相对调节叉和壳体转动,在其上铣有定位平面。此外,拉杆上还装有停油销 6。扳动停车手柄,通过停油销拨动拉杆停止供油,使柴油机熄火。放开手柄,拉杆便在弹簧作用下复位。

各缸供油均匀性的调整,可通过改变调节叉在拉杆上的位置来实现。如某一缸供油量不合适,可松开该缸的调节叉,将其在拉杆上移动一个适当的位置,使该缸柱塞相应转动一个适当的位置,使该柱塞相应转动一个适当的角度,从而改变这个缸的循环供油量。

(2)齿条式油量调节机构。如图 4-13b)所示,柱塞 2 下端带有凸块,将其嵌入传动套 12 的切槽中。传动套是松套在柱塞套 3 上的,在其上部固定有与齿条 11 相啮合的齿环 8。对于多缸柴油机,各缸齿环均与同一齿条相啮合。当移动齿条时,各缸柱塞同时转动,以改变供油量。若某一缸供油量不均匀,可将其齿环松开转一适当角度,亦即使柱塞转一适当角度加以调整。

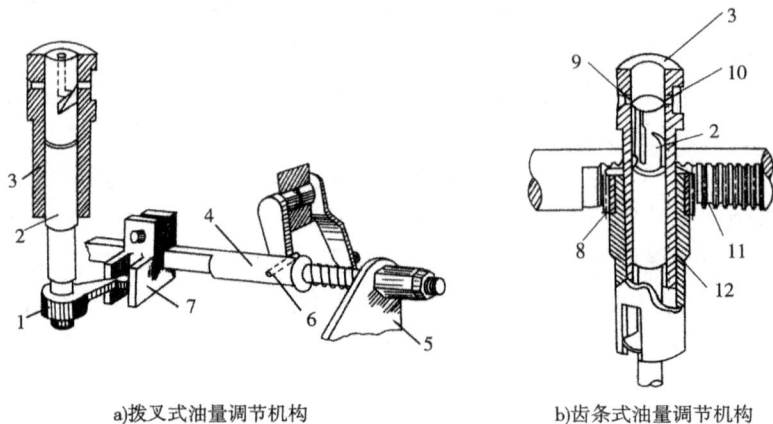

a)拨叉式油量调节机构　　　　　b)齿条式油量调节机构

图 4-13　油量调节机构

1-调节臂;2-柱塞;3-柱塞套;4-拉杆;5-供油拉杆传动板;6-停油销;7-调节叉;8-齿环;9、10-油口;
11-齿条;12-传动套

拨叉式油量调节机构与齿条式油量调节机构相比较,具有结构简单、制造容易、调整方便等优点,国产Ⅱ号系列喷油泵均采用这种结构。齿条式油量调节机构结构较复杂、制造成本较高、调整不太方便,但传动平稳、工作可靠。

3.传动机构

喷油泵的传动机构由凸轮轴及滚轮体传动部件组成。其功用是保证喷油泵按一定次序和规律供油。

(1)凸轮轴

凸轮轴是传递动力并使柱塞按一定规律供油的主要零件,凸轮轴上的凸轮数目与缸数相同,排列顺序与柴油机的工作顺序相同。

四冲程柴油机喷油泵的凸轮轴转速和配气机构的凸轮轴转速一样,都等于曲轴转速的1/2,也就是曲轴转两周、凸轮轴转一周,各分泵都供油一次。凸轮轴的两端是支撑在圆锥滚柱轴承上的,其前端装有联轴器,后端与调速器的传动轴套连接。

(2)滚轮体传动部件

滚轮体的功用是将凸轮的旋转运动变为自身的直线往复运动,推动柱塞上行供油。

图 4-14 所示为滚轮体传动部件的结构。图 4-14a)所示为调整垫块式滚轮体总成。滚轮 3、滚轮套 5、滚轮轴 4 之间可相对转动,滚轮轴还可在滚轮体 1 内自由转动,以便使这些零件磨损均匀,提高使用寿命。在滚轮体的圆柱面上还开有纵向槽,通过泵体上螺钉定位,使其只能上下移动而不能转动。图 4-14b)表示通过改变滚轮体部件的高度来调整供油提前角。如调整垫块增加Δ,滚轮体部件的高度由 h 变为 h',柱塞相对柱塞套上升了Δ距离,即柱塞关闭柱塞套上的油孔的行程缩短了Δ距离,因而使供油提前,增大了供油提前角。但是,柱塞总行程 l 和供油行程 a 是不变的。相反,调整垫块厚度减少时,则供油滞后,供油提前角减少。图 4-14c)表示调整螺钉式滚轮体传动部件。它是通过将调整螺钉 5 拧进或拧出来改变供油提前角,调整方法简单,但螺钉头部表面易磨损。

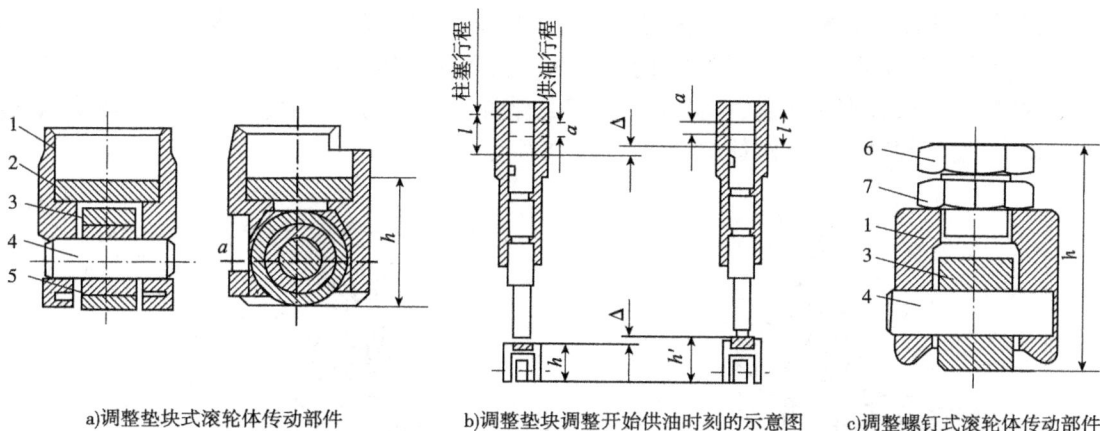

a)调整垫块式滚轮体传动部件　　　　b)调整垫块调整开始供油时刻的示意图　　　c)调整螺钉式滚轮体传动部件

图 4-14　喷油泵滚轮体传动部件

1-滚轮体;2-调整垫块;3-滚轮;4-滚轮轴;5-滚轮套;6-调整螺钉;7-锁紧螺母

应当指出,上述方法只用来对个别分泵的供油提前角进行调整,且能改变凸轮的供油区段,影响供油特性。根据柴油机工况的要求,对各缸的供油提前角同时进行调整时,是通过改变喷油泵的凸轮轴与柴油机曲轴的相对位置来实现的。

4. 泵体

泵体是喷油泵的基础件,供油机构、油量调节机构及传动机构都装在泵体内。泵体分组合式和整体式两种,多用铝合金或铸铁铸成。

组合式泵体分上泵体和下泵体两部分,用螺栓连接在一起。上泵体有纵向油道与柱塞套周围的低压油腔相通,低压油腔压力为 0.04 ~ 0.07MPa。当油压超过规定值时,装在油道的回油口处的溢流阀便打开,多余柴油又返回输油泵。下泵体被一水平隔壁分为上下两室,隔壁的垂直孔用来安装滚轮体总成。下室中装有润滑油,用来润滑传动机构,并与调速器壳体内的润滑油相通。

整体式泵体可使刚度加大,在较高的喷油压力下工作而不致变形。但分泵和传动件等零件的拆装较麻烦。

三、喷油器

喷油器是柴油机燃油供给系统的重要部件之一,其主要作用是把喷油泵输送来的高压油以雾状的形式喷入燃烧室中,并合理分布,以便与空气混合形成最有利燃烧的可燃混合气。目前,广泛应用闭式喷油器,其不喷油时,喷孔被针阀关闭。闭式喷油器通常可分为孔式和轴针式两种,分别如图 4-15、图 4-16 所示。喷油嘴安装在汽缸盖上,喷油嘴主要由喷油嘴体和针阀组成。

1. 孔式喷油器

图 4-15 所示孔式喷油器主要用于直喷式燃烧室的柴油机。喷孔数一般为 1 ~ 8 个,孔径为 0.2 ~ 0.8mm,主要用于直喷式柴油机。具体选用喷孔数目的多少、孔径的大小及喷孔的布置,主要取决于燃烧室的形式对喷雾质量的要求和喷油器在燃烧室内的布置。

孔式喷油器主要由针阀 15、针阀体 16、顶杆 11、调压弹簧 10、调压螺钉 5 及喷油器体 12 等零件组成。其中针阀和针阀体是用优质合金钢制造的、经精磨后再配对研磨的精密偶件,配合间隙一般为 0.001 ~ 0.002 5mm。若间隙过大则会增加油的泄漏使油压下降,影响喷雾质量;若间隙过小则将影响针阀自由滑动。针阀中部的锥面暴露在针阀体环形油腔中,其作用是承受油压造成的轴向推力使针阀上升,称该锥面为承压锥面。针阀下端锥面与针阀体相应内锥面配合,起密封作用,称此锥面为密封锥面。装在喷油器体上部的调压弹簧 10 通过顶杆 11 使针阀紧压在针阀体的密封面上,将喷孔关闭。

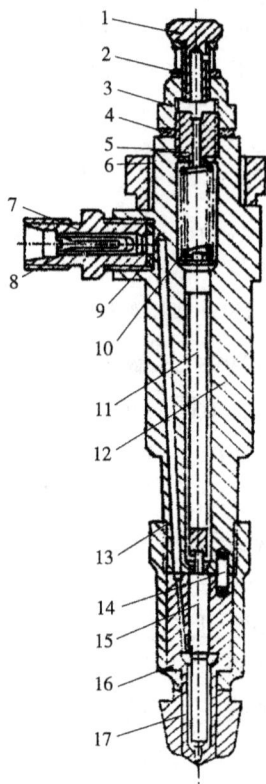

图 4-15　孔式喷油器

1-回油管螺栓;2-回油管衬垫;3-调压螺钉护帽;4-调压螺钉垫圈;5-调压螺钉;6-调压弹簧垫圈;7-进油管接头;8-滤芯;9-进油管接头衬垫;10-调压弹簧;11-顶杆;12-喷油器体;13-紧固套;14-定位销;15-针阀;16-针阀体;17-喷油器锥体喷嘴

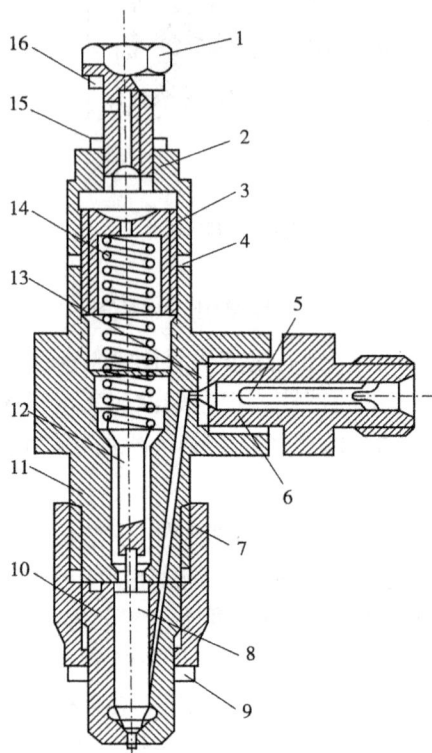

图 4-16　轴针式喷油器

1-回油管接头螺栓;2-调压螺钉护帽;3-调压螺钉;4、9、13、15、16-垫圈;5-滤芯;6-进油管接头;7-紧固螺套;8-针阀;10-针阀体;11-喷油器体;12-顶杆;14-调压弹簧

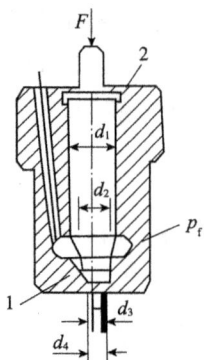

图 4-17　喷油器的喷油原理
1-针阀;2-针阀体;F-弹簧预紧力;p_f-燃油压力

喷油泵压缩后的燃油从油管接头进入,经过滤芯 8 及喷油器体内的油道,送入喷油嘴的盛油槽内。油压作用于针阀的斜面上,产生如图 4-17 所示向上的轴向力 $\frac{\pi}{4}(d_1^2 - d_2^2)p_f$。当该力小于弹簧力 F 时,针阀不能开启,喷油器不能喷油。当该力大于弹簧力 F 时,针阀升起,燃油即开始从喷孔喷出。针阀的升程受喷油器体下端面的限制,一般最大的针阀升程为 0.2~0.4mm。针阀升程的大小,决定了喷油量的多少。喷油器的喷油压力主要取决于调压弹簧的预紧力。弹簧预紧力的大小通过调节螺钉进行调节,旋出,预紧力减小,喷油压力随之减小;旋进,预紧力增加,喷油压力亦随之增加。

当喷油泵停止供油时,由于油压下降,针阀在调压弹簧作用下

86

及时复位,将喷孔关闭。喷油器工作时,有少量燃油从针阀体的配合表面渗漏出,能对针阀偶件起润滑作用。渗漏的油经回油管流回油箱。

2. 轴针式喷油器

图 4-16 所示轴针式喷油器主要用于对雾化要求不高的分隔式燃烧室,它的基本结构与工作原理同孔式喷油器相同,所不同的是针阀下端伸出喷孔形成一轴针。轴针的种类如图 4-18 所示。

由于轴针伸出喷孔外面,两者间形成圆环状的狭缝,故喷注呈现为空心的圆锥形或圆柱形。图 4-19 所示为倒锥形轴针的喷注形状。喷孔的通过断面与喷注锥角的大小,主要取决于轴针的升程和形状,轴针升程一般不超过 $0.3 \sim 0.4$mm。

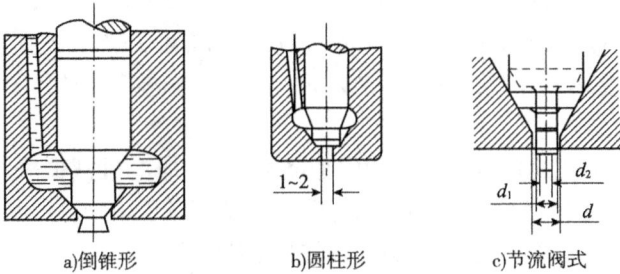

a)倒锥形　　　　b)圆柱形　　　　c)节流阀式

图 4-18　轴针的种类

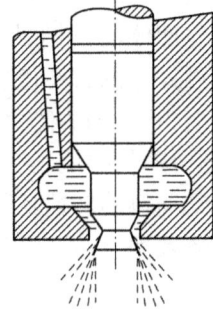

图 4-19　倒锥形轴针的喷注形状

当轴针较长,在针阀全升程内有较长的节流升程的称为节流式轴针式喷油器,这种喷油器能够降低初期喷油速率,可用来控制着火落后期的燃油喷射量,从而降低压力升高率和最高燃烧压力,以防止柴油机工作粗暴。

常见的轴针式喷油器只有一个喷孔,孔径为 $1 \sim 3$mm。由于喷孔直径较大,且轴针在孔内上下运动,与孔式喷油器相比,喷孔不易堵塞或积炭,同时还有自动排除灰尘和积炭的作用;喷孔直径大,使喷注接触空气的面积大,有利于雾化;喷孔直径大,喷油压力较低($9.8 \sim 11.76$MPa),使加工比较容易。

第五节　调　速　器

一、柴油机不装调速器的速度特性

当柴油机不装调速器时,将喷油泵的供油拉杆固定在某一位置,通过改变柴油机负荷的方法,使柴油机转速作相应的变化,并测定在各试验转速下的有关数据,经过整理后,便可得到有效功率 P_e、有效转矩 T_e、耗油率 G_e 等随转速 n 的变化规律,称为速度特性。现重点研究 T_e 随 n 的变化关系。

图 4-20 为供油拉杆在不同位置时测得的 $T_e - n$ 曲线。

曲线 I 表示供油拉杆在额定位置时的特性曲线,

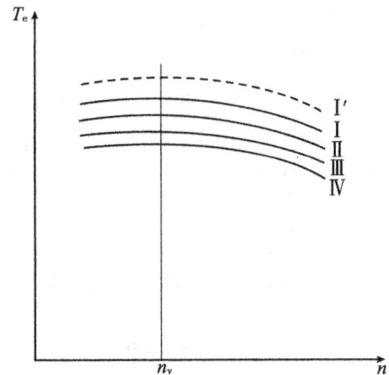

图 4-20　柴油机供油拉杆在不同位置时的
速度特性曲线

是柴油机允许发出的最大转矩(全负荷),通常称为外特性曲线;曲线Ⅰ′表示供油拉杆在超额定供油位置时的特性曲线(超负荷),虽然转矩也有所增加,但由于供油过多、经济性差、燃烧不完善、排气冒黑烟,只允许柴油机短期超负荷工况工作;曲线Ⅱ、Ⅲ、Ⅳ表示供油拉杆在部分供油位置上,循环供油量依次减少,有效转矩也依次降低(部分负荷)。由于供油拉杆有无穷个部分供油位置,故部分负荷速度特性曲线有无穷条。

由图4-20可见,转矩T_e随转速n的变化是两头低、中间略高、变化平缓的曲线,n_0是对应各条曲线最大转矩点的转速。

在n_0的左侧,转矩曲线之所以随转速的升高略有增加,一方面是由于柴油机转速升高、喷油泵柱塞运动速度增大,使柱塞油孔的节流作用和油流的惯性均变大,因而实际供油时刻略有提前(柱塞未完全封闭油孔就开始供油),停止供油时刻稍有延后(柱塞上斜槽与油孔相通未立即停油),结果,尽管供油杆位置未变,但每个循环供油量ΔG_T却随转速增加而略有增加;另一方面,在低速区时随柴油机转速提高,有利于混合气的形成和燃烧,燃烧进行得比较完全,且热损失随之减少,故有效热效率η_e提高。ΔG_T和η_e综合影响的结果,是在低速区,随转速的提高,转矩逐渐增大。

当柴油机的转速达到n_0以后,由于燃烧时间越来越短,燃烧不完全,加上机械损失增加,故有效热效率η_e不断降低;尽管循环供油ΔG_T仍是增加趋势,但二者综合影响的结果,是随着转速的增加,转矩却缓慢减小。

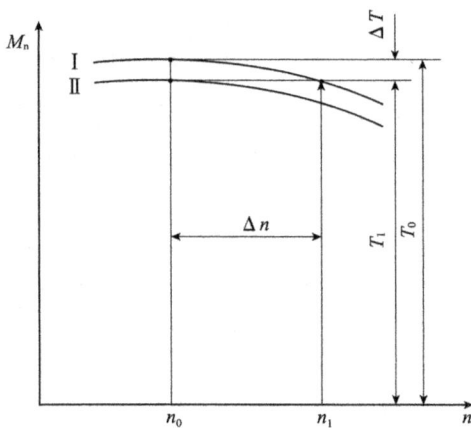

图4-21　柴油机的速度特性曲线

这种平缓的转矩曲线,表明柴油机任何微小的负荷变化,都将引起柴油机的很大转速波动,无法满足工程机械的工作需要,如图4-21所示。当供油拉杆固定在Ⅰ位置时,若外界负荷由T_0降到T_1,则柴油机的转速便由n_0上升到n_1。可见,转矩较小变化量ΔT,引起了转速较大的变化量Δn,这对工程机械复杂的变负荷工作条件是极不适宜的。它不仅会造成较大的冲击荷载,影响工程机械工作的平顺性和使用寿命,甚至会因外负荷的降低导致柴油机转速急剧增加而造成飞车事故;或因外负荷的增加使转速降低而造成柴油机熄火。

为了保持柴油机转速的相对稳定(或波动很小),必须随着负荷的变化相应改变供油拉杆的位置。如图4-21所示,当负荷由T_0降至T_1时,若同时减少供油量,把供油拉杆由位置Ⅰ变为位置Ⅱ,即可保持转速n_0不变。相反,当负荷增加时,可以相应增加循环供油量来保持转速的稳定。但是,工程机械的负荷变化量是十分复杂的,完全依靠驾驶员改变供油拉杆的位置来稳定柴油机的转速,这是无法实现的。因此,必须在柴油机上安装一种专门装置——调速器,其作用就是根据外界负荷的变化,能自动调节循环供油量,使柴油机的转速保持稳定。

二、调速器的主要构造和工作原理

按调速器的作用原理,调速器可分为机械式、气力式和液压式,现在还有电子式、数字式。按控制调速范围的不同,调速器可分为单制式、双制式和全制(程)式3种。随着电控柴油机的应用,电子式和数字式调速器也得到了越来越广泛的应用。

（一）机械式调速器

调速器要完成它的功能,必须有两个基本组成部分,即转速感应元件和调节供油拉杆位置的执行机构。而机械式调速器常采用具有一定质量的、与调速弹簧相平衡的钢球(或飞锤、飞块等)作为感应元件。当转速发生变化时,利用感应元件旋转时离心力的变化来驱动执行机构,以改变供油拉杆的位置,所以也称为机械离心式调速器。

1. 单制式调速器

图4-22所示为单制式调速器工作原理。它仅用来控制柴油机的最高转速。传动盘2由喷油泵凸轮轴带动旋转,在传动盘斜面上开有凹槽,钢球4就装在其中。支承轴6上装有推力盘5,通过它可带动供油拉杆1左右移动。推力盘5与弹簧座7(固定在支承轴上)之间装有调速弹簧8,它在安装时有一定的预紧力。供油拉杆1的最大供油位置由支承轴6的凸肩限制。

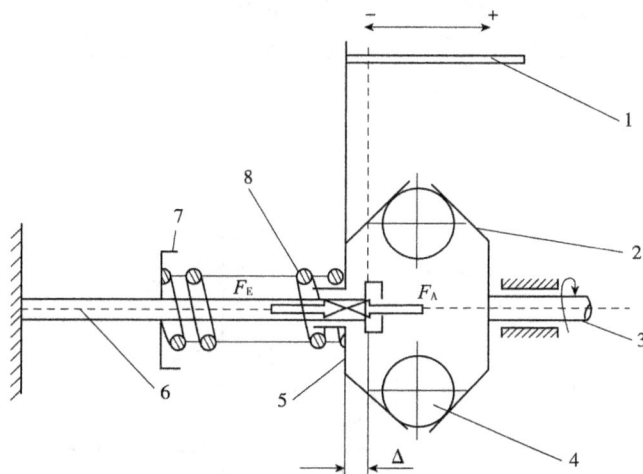

图4-22　单制式调速器工作原理

1-供油拉杆;2-传动盘;3-喷油泵凸轮轴;4-钢球;5-推力盘;6-支承轴;7-弹簧座;8-调速弹簧

当喷油泵凸轮轴旋转时,传动盘2、钢球4也一起旋转。这时,在推力盘轴向两侧便受到钢球旋转时产生的离心力的轴向分力F_A和调速弹簧的作用力F_E两个方向相反的作用力。在F_A的作用下,有使推力盘向左移动和带动供油拉杆减少供油的趋势;弹簧力F_E总是作用在推力盘上,有使推力盘向右移动和带动供油拉杆增加供油的趋势。

发动机不工作时,供油拉杆在弹簧力F_E的作用下处于最大供油位置。发动机开始工作后,曲轴转速逐渐升高,钢球离心力F_A也逐渐增大,但由于小于弹簧力F_E,因而推力盘并不运动。当发动机转速增加到额定转速n_H并在此工况下稳定运转时,说明供油量与负荷相适应,离心力与弹簧力便得到暂时的平衡。这时,在推力盘5与支承轴6的凸肩之间,既没有力的作用,又没有间隙存在,供油拉杆仍保持在原来位置。

如果这时发动机负荷减小,供油量便超过了负荷的需要,发动机转速就会升高而大于n_H,钢球离心力因而增大,"破坏"了调速器的平衡状态。当钢球离心力大于调速弹簧的预紧力后,便迫使推力盘移动并带动供油拉杆减少供油,直到供油量重新与负荷相适应时,转速便停止继续升高,推力盘也停止运动,调速器便在新的条件下重新获得平衡。此时,在推力盘与支承凸肩之间产生间隙Δ,发动机的转速与负荷减小前相比则稍高一些。

当发动机负荷重新增加时,转速会降低,其作用正好与上述过程相反,调速弹簧则推动供油拉杆增加供油,直到二者重新适应为止。

从以上分析可以看出：

（1）当发动机转速低于 n_{H} 时，钢球离心力小于调速弹簧预紧力，故调速器不工作。

（2）只有当发动机转速高于 n_{H} 时，调速器才开始起作用，n_{H} 的大小由调速弹簧的预紧力决定。

由于这种调速器调速弹簧的预紧力是固定不变的，只能有一个固定的调速范围，所以称它为单制式调速器。

2. 双制式调速器

图 4-23 所示为双制式调速器工作原理。这种调速器的凸轮轴 4 上装有滑套 6，可在凸轮轴 4 上移动。两个大飞块 3 装在凸轮轴上的十字轴上。在大飞块内装有两根弹簧，外弹簧 2 刚性较小，在低速时起作用，称为怠速弹簧；内弹簧 1 刚性较大，用来限制最高转速。两个弹簧的外端由顶板通过调整螺母 10 压紧，内弹簧里端支承在弹簧座上，外弹簧里端则支承在大飞块底部。内弹簧的弹簧座可在十字轴上移动，并为轴上的凸肩所限位。

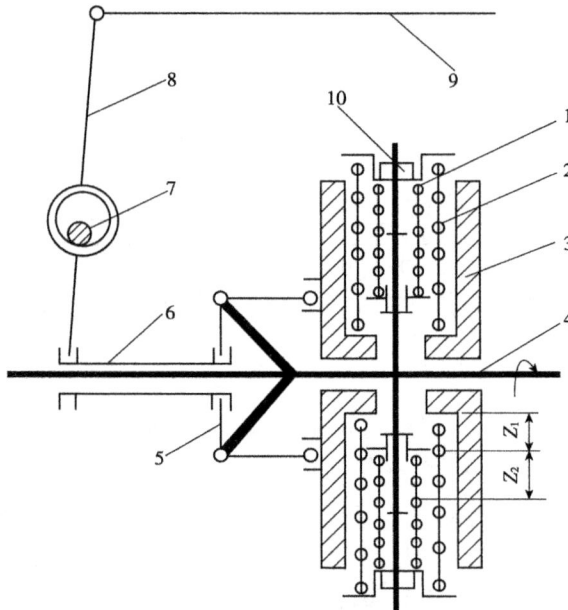

图 4-23　双制式调速器工作原理

1-高速弹簧；2-怠速弹簧；3-大飞块；4-喷油泵凸轮轴；5-角形杠杆；6-滑套；7-偏心轴；8-浮动杠杆；
9-供油拉杆；10-调整螺母

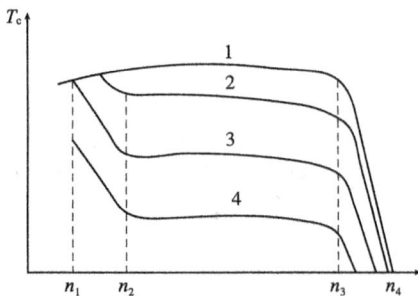

图 4-24　双制式调速器的调速特性

柴油机工作时，大飞块随着凸轮轴一起旋转，它沿着十字轴产生的位移，通过角形杠杆 5、滑套 6 和浮动杠杆 8 而传到供油拉杆 9。当大飞块位移改变时，便可相应的调节供油拉杆的位置。供油拉杆还可以由驾驶员通过转动偏心轴 7 直接控制。

图 4-24 所示为采用双制式调速器的柴油机调速特性。当柴油机在低速工况工作时，只有外弹簧 2（图 4-23）工作，相当于一个在 $n_1 \sim n_2$ 转速范围内起作用的单制式调速器。只要负荷变化使转速低于 n_2 时，调速器便起作用，使大飞块产生位移，并带动供油拉杆增加供油量，以维持柴油机低速工作的稳

定性。

当柴油机转速增高到大于 n_2 时,内、外弹簧均参加工作,但在转速达到 n_3 之前,大飞块离心力并不能克服两个弹簧的作用力,因此在 $n_2 \sim n_3$ 转速范围内,调速器不起作用。这时,柴油机供油量的大小由驾驶员直接控制,柴油机按速度特性工作。

当柴油机在高速工况工作时,若转速高于 n_3 ,由于大飞块离心力大于两弹簧的作用力而向外移动,带动供油拉杆减小供油量,防止了柴油机超速。由此可见,双制式调速器除能控制柴油机的最高转速外,还能控制最低稳定转速,而中间转速范围调速器不起作用。

3. 全制式调速器

全制式调速器是指柴油机在最低至最高转速范围内均起作用的调速器。这种调速器在工程机械柴油机上采用较多,其瞬时调速率小于12%、稳定调速率小于8%,在这里重点加以介绍。图4-25所示为Ⅱ号喷油泵调速器的结构。

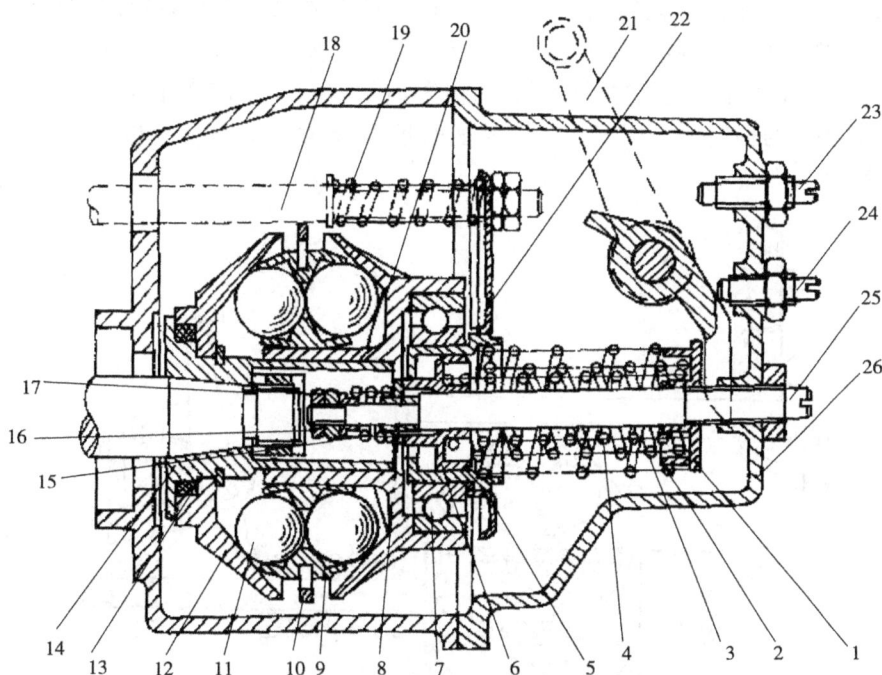

图 4-25　Ⅱ号喷油泵调速器

1-弹簧后座;2-启动弹簧;3-高速调速弹簧;4-低速调速弹簧;5-轴承内座圈与启动弹簧前座;6-调速弹簧前座;7-滚动轴承;8-校正弹簧后座;9-球座;10-飞球支架;11-飞球;12-传动盘;13-橡胶圈;14-传动轴套;15-校正弹簧;16-校正弹簧前座;17-校正弹簧调整螺母;18-供油拉杆;19-拉杆弹簧;20-推力盘;21-操纵手柄;22-供油拉杆传动板;23-高速限制螺钉;24-低速限制螺钉;25-调节螺柱;26-后壳

传动轴套14装在喷油泵凸轮轴后端,其上固定有传动盘12、松套有推力盘20。在两盘中间的飞球支架10径向均布的6个切口中,套装有6个飞球座部件。每个球座9上并排装两个飞球11,其中传动盘一侧的6个飞球嵌入盘上6个均布的锥形凹坑中,另一侧6个飞球顶靠在推力盘光滑的内锥面上。传动盘旋转时,通过嵌入其凹坑中的6个飞球带动6个飞球座部件和飞球支架一起转动,并在离心力作用下飞球座部件沿着飞球支架的切口做径向移动,飞球沿着两斜盘向外滚动,致使推力盘做轴向移动。

作用在推力盘上的轴向推力,通过滚动轴承7和供油拉杆传动板22带动供油拉杆18

91

向右移动,使循环供油量减少。可见,飞球的离心力总是力图减少循环供油量。

调节螺柱 25 旋装在调速器后壳 26 上,它上面套装有启动弹簧 2、高速调速弹簧 3、低速调速弹簧 4 和校正弹簧 15。启动弹簧和二调速弹簧的后端都支承在可滑动的弹簧后座 1 上,它们的前端分别支承在可滑动的、单向分离的启动弹簧前座 5 和调速弹簧前座 6 上。启动弹簧与低速调速弹簧较软,安装时有预紧力;高速调速弹簧较硬,安装时呈自由状态。校正弹簧后座 8 可滑动,校正弹簧前座 16 是由校正弹簧调整螺母 17 固定,并可通过调整螺母调整校正弹簧的预紧力。

驾驶员可通过操纵手柄 21 改变调速弹簧的预紧力,该力通过弹簧前座作用在供油拉杆传动板上,使供油拉杆向左移动增加循环供油量。用高速限制螺钉 23 来限制弹簧的最大预紧力,用低速限制螺钉 24 来限制弹簧的最小预紧力。

(1)调速原理。为了讨论问题方便,将图 4-25 加以简化:省略启动弹簧、校正弹簧,调速弹簧用一根表示,弹簧前座是刚性凸肩。图 4-26 所示为操纵手柄与高速限制螺钉相碰位置的调速原理简图。此时,调速弹簧被压缩到最大限度。弹簧的预紧力用 F_E 表示,它通过弹簧前座、供油拉杆传动板使供油拉杆左移增加循环供油量。飞球产生的离心力(其大小与转速的平方成正比)的轴向分力用 F_A 表示,它通过推力盘、供油拉杆传动板使供油拉杆右移减少循环油量。

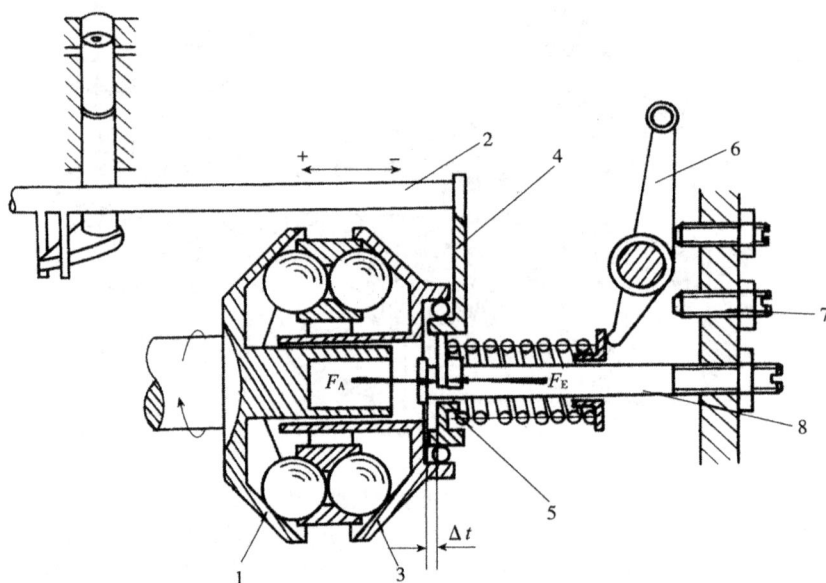

图 4-26　调速器的调速原理图

1-传动盘;2-供油拉杆;3-推力盘;4-高速限制螺钉;5-调速弹簧前座;6-操纵手柄;7-低速限制螺钉;8-调节螺柱

当柴油机的负荷一定时,总会在某一转速 n 时 F_E 和 F_A 相平衡,使柴油机稳定运转。此时,弹簧前座与调节螺柱前端凸肩之间保持有 Δ_1 间隙。假如 $F_E > F_A$ 供油拉杆将左移增加供油量,使柴油机转速增加,F_A 也随之增加,而 F_E 由于弹簧前座左移而降低,故二者逐渐趋于平衡;反之,若 $F_A > F_E$,供油拉杆右移减少供油量使转速降低,F_A 也随之降低,而 F_E 则由于弹簧进一步压缩而增加,二者又很快平衡。

当柴油机的负荷减小时,柴油机发出的转矩大于外界的阻力矩,柴油机的转速升高,飞球的轴向推力 F_A 随之增大,破坏了原来的平衡($F_A > F_E$)。于是,供油拉杆右移

92

减少供油量,直至某一新的转速时达到新的平衡。此时,柴油机的转速 n、F_A、F_E、Δ_1 均有所增加。

相反,当柴油机的负荷增大时,柴油机发出的转矩小于外界阻力矩,轴向推力随着转速的降低而减小,使 $F_A < F_E$。这样,供油拉杆便向左移动增加供油量,直到出现新的平衡为止。此时 n、F_A、F_E、Δ_1 均有所减小。

由上述可见,当操纵手柄位置固定在图示位置不变时,随着外界阻力矩不断变化(在一定范围内),调速器能及时自动调节供油量与其相适应,使柴油机转矩在较大范围变化时,转速的波动却很小。图 4-27 中 ab 线段即为调速器起作用时转矩随转速的变化规律。随着柴油机负荷沿 ab 线段不断增加,转速不断降低,间隙 Δ_1 随之逐渐减小,直至 b 点消除间隙($\Delta_1 = 0$)。此点供油拉杆处于最大供油位置,其供油量称为额定供油量,对应的转矩 T_H 称为额定转矩,对应的转速 n_H 称为额定转速,对应的功率 P_H(图中未画出)称为额定功率,这几个指标是柴油机的重要指标。若柴油机负荷进一步增大,由于调节螺柱凸肩的限制,供油拉杆不能再移动,调速器不起作用。于是,柴油机转矩沿外特性曲线 bc 段变化,转速急剧下降,直至熄火。拧转高速限制螺钉(图 4-26)可以改变调速弹簧的预紧力,从而改变额定转速 n_H 值。旋入高速限制螺钉,则调速弹簧预紧力减小,n_H 降低;旋出则 n_H 提高。拧转调节螺柱,可以改变额定供油量,旋入则增加,旋出减少。高速限制螺钉和调节螺柱对柴油机性能影响很大,出厂前调好后加铅封,使用中不得随便更动。

当然,随着柴油机负荷沿 ab 线段不断降低,转速将逐渐增加,间隙 Δ_1 随之增大。直至 a 点,负荷为零,转速与 Δ_1 达最大值,循环供油量减到最少值,柴油机便以最高空转转速 n_X 稳定运转而不飞车。

同理,将操纵手柄逆时针转动到与低速限制螺钉相碰位置,可获得一条最低稳定转速范围的调速特性曲线。在高速限制螺钉和低速限制螺钉之间,操纵手柄可有无穷个位置,每个位置对应一条调速特性曲线,故调速特性曲线亦有无穷条,保证柴油机在最高稳定转速与最低稳定转速之间,有无穷个转速范围工作,如图 4-28 所示。

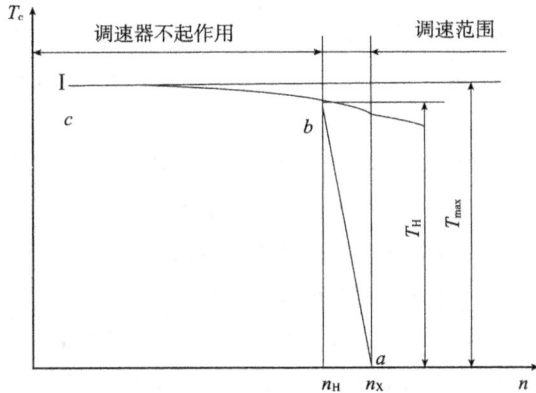

图 4-27　柴油机的调速特性曲线

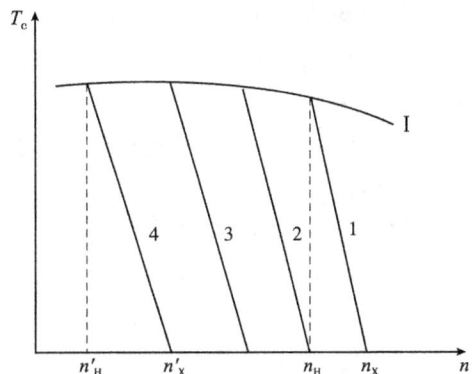

图 4-28　装全制式调速器的柴油机调速特性曲线

评价调速器的工作性能的好坏,常以调速率 δ 作为评价指标。

$$\delta = \frac{n_X - n_H}{\left(\dfrac{n_X + n_H}{2}\right)} \times 100\% \tag{4-1}$$

δ 值越低,表明柴油机在负荷变化时引起的转速波动越小,则转速比较稳定。工程机械柴油机的调速器,要求额定工况下调速率 δ 值应在 $8\% \sim 10\%$。为了满足各种转速范围的调速率要求,采用一根调速弹簧是难以实现的。如采用一根较硬的弹簧,在高转速时 δ 值若合适,那么在低转速时 δ 值就偏高。如选用一条较软的弹簧,在低转速时 δ 值若合适,那么在高转速时则工作不稳定。因此,II号喷油泵调速器采用两根调速弹簧。低速时,低速调速弹簧单独工作;高速时,高、低速调速弹簧共同工作。

(2)校正加浓。工程机械在额定工况下工作时,常会遇到临时性的超负荷情况,使转速迅速降低以致熄火。为了提高柴油机短时间克服超负荷的能力,调速器内设置了超负荷时额外供油的加浓装置,称为校正器。

图 4-29 所示为校正加浓的作用原理简图。

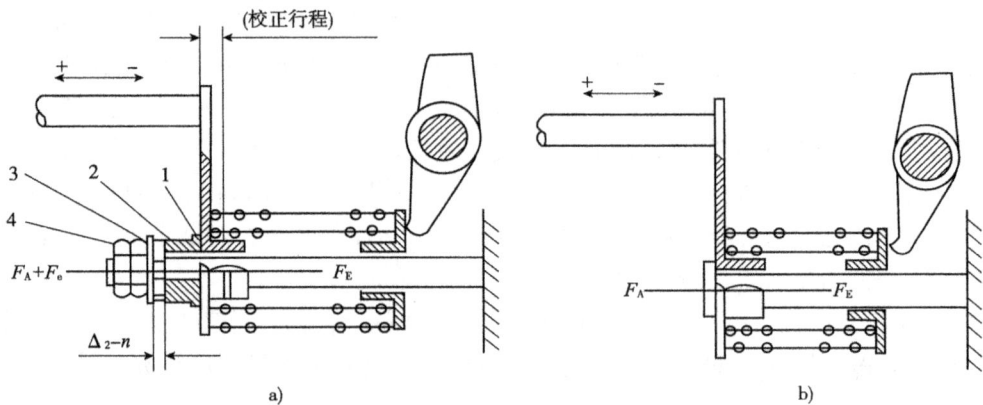

图 4-29　校正加浓的作用原理简图
1-校正弹簧后座;2-校正弹簧;3-校正弹簧前座;4-校正弹簧调整螺母

图 4-29b)表示调节螺柱前端凸肩是刚性的,在额定工况时 $\Delta_1 = 0$。在额定点如负荷再增加,则转速将低于额定转速 n_H,虽然 $F_E > F_A$,但供油拉杆却不能再移动,供油量不但不能增加,而且受喷油泵速度特性的影响还略有减少。

如把调节螺柱前端的刚性凸肩改为弹性凸肩,就变成了校正器,如图 4-29a)所示。它由校正弹簧 2、弹簧前后座 1、3 和调整螺母组成。两个弹簧座安装时的轴向间隙 Δ_2 应保持在 5.5mm 左右。

当外界阻力矩超过额定转矩 T_H 时,柴油机在额定转速 n_H 以下工作,致使调速弹簧的轴向力 F_E 大于飞球的轴向力 F_A。它们的差值 $F_E - F_A$ 将校正弹簧压缩,使供油拉杆超过额定供油位置再向左移动一段距离,故供油量比额定供油量有所增加,柴油机发出的转矩比额定转矩 T_H 有所增大。校正弹簧的压缩量(即供油拉杆相应移动的距离 a)称为校正行程,校正行程 a 的大小,意味着校正加浓的供油量的多少,其最大值约为 2.5mm。

图 4-30 所示为装有校正器的柴油机的调速特性曲线。图示曲线表明,校正弹簧是有预紧力

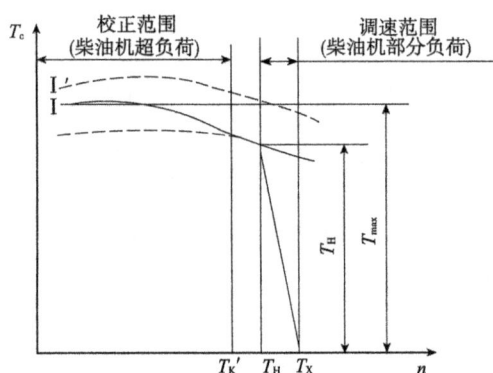

图 4-30　装有校正器的柴油机的调速特性曲线

的。当柴油机的负荷超过额定工况点,随着转速的下降,轴向力 F_A 也减小。在 $F_E - F_A$ 小于或等于校正弹簧预紧力($F_E - F_A \leqslant F$)之前,供油拉杆位置不动。把 $F_E - F_A = F$ 这点的转速 n_K 称为临界转速。从 n_K 点开始转速继续下降,则 $F_E - F_A > F_A$。使校正弹簧进一步被压缩,供油拉杆开始移动增加供油量,故柴油机发出的转矩有所增加。

由图 4-30 可见,整个特性曲线是由 3 段组成的:$n_H - n_x$ 转速范围是调速弹簧起作用的调速范围;低于 n_K 的转速范围是校正弹簧起作用的校正范围;$n_K - n_H$ 转速范围是调速弹簧和校正弹簧均不起作用的区间,转矩按外特性曲线变化。很显然,非调速区间 $n_K - n_H$ 的大小与校正弹簧的预紧力大小有关。预紧力越大,此区间越大;预紧力越小,此区间也越小,当预紧力为零时,临界转速 n_K 点和额定转速 n_H 点重合。通过校正弹簧的调整螺母,可以调节校正弹簧的预紧力,使临界转速 n_K 和间隙 Δ_2 同时得到改变,从而改变了校正加浓供油量。

校正范围不是柴油机的正常工作范围,只适用于短时间的超负荷工作。

(3)启动加浓。柴油机冷启动比较困难,为使混合气浓些以有利于启动,调速器上装有启动加浓装置。一般启动供油量要比额定供油量多 50% 左右。

图 4-31 所示为启动加浓的作用原理简图。

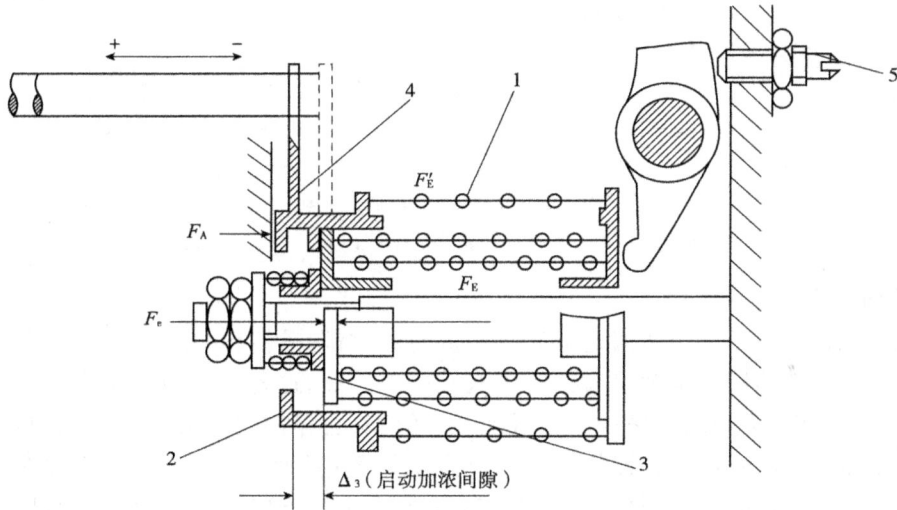

图 4-31 启动加浓的作用原理简图
1-启动弹簧;2-轴承内座圈与启动弹簧前座;3-调速弹簧前座;4-供油拉杆传动板;5-高速限制螺钉

启动加浓装置的主要构造是一根弹力很弱的启动弹簧。

启动时,将操纵手柄转动到与高速限制螺钉相碰的位置。由于启动时柴油机转速 $n = 0$,轴向推力 $F_A = 0$,所以调速弹簧的作用力 F_E 全部作用到校正弹簧上,并与校正弹簧的作用力 F_E 相平衡。此时的校正行程 a 达最大值,校正加浓供油量亦达最大值。此外,供油拉杆传动板在启动弹簧作用力 F_E' 的推动下,又向左移动一个距离 Δ_3(直至二斜盘将飞球顶靠),使供油量继续增加。启动加浓间隙 Δ_3 的大小,决定启动加浓供油量的多少,一般 Δ_3 约为 3.5mm。

柴油机启动后,轴向推力 F_A 随转速增加而不断增加。F_A 首先平衡启动弹簧作用力 F_E',当 $F_A = F_E'$ 时,$\Delta_3 = 0$,启动加浓作用停止。F_A 继续增加,柴油机进入校正范围工作。校正加浓行程 a 随 F_A 增加不断减小,直至 $a = 0$,即为恢复 Δ_2 间隙的额定点。从该点开始,随着转速的增加,柴油机便在正常调速范围工作。

如果启动加浓供油量不合适,可按图4-32进行调整,使 $a + \Delta_3 \approx 6\text{mm}$。若调速弹簧前座6(图4-25)与轴承内座圈5(图4-25)之间的端面间隙小于该值(图4-32中实线位置),则说明校正弹簧被压缩到变形量为 a 时,余下的间隙比要求的 Δ_3 值小,使启动加浓供油量不足。调整方法:将调节螺柱连同其上的校正器和调速弹簧向右移动一个距离 A(图4-32中虚线位置),同时将供油拉杆上的调节叉向左移动同一距离,以保证额定供油量不变。

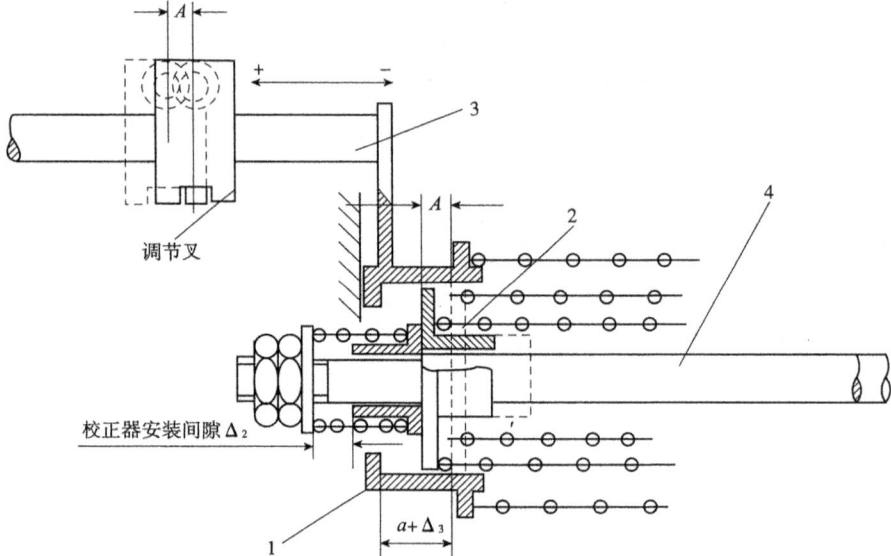

图4-32　启动加浓调整原理简图
1-轴承内座圈与启动弹簧前座;2-调速弹簧前座;3-供油拉杆;4-调节螺柱

(二)模拟式电子调速器

机械式调速器由于其转速偏差信号的测量与放大都是通过机械元件来实现的,这就不可避免地存在惯性滞后及摩擦阻力大等固有缺陷。因此,这种调速器很难实现较复杂的调节规律和控制功能,无法满足进一步减低油耗、减少有害排放、提高调节精度和自动化程度的要求。于是,研究人员开始研制电子式调速器,电子式调速器的特点是可分别独立地决定调速特性,在装有全部附件的情况下,能够确定最佳的转矩特性、怠速特性和过渡特性等。用电子式调速器能适应各种不同机型的要求。

1. 电子式调速器的组成

电子式调速器由转速传感器、控制器、转速调整电位器、执行器和保险电路等组成。

(1)转速传感器。采集尽可能高的信号频率。设计采用的最高信号频率为12 000Hz,发动机转速与频率关系的计算公式如下:

$$f = nZ/60 \tag{4-2}$$

式中:f——频率,Hz;

　　n——发动机的转速,r/min;

　　Z——测速齿轮齿数(或飞轮外圈齿数)。

传感器最好从飞轮处测量转速,安装时传感器与飞轮齿圈齿顶的间隙为 $0.4 \sim 0.8\text{mm}$。

(2)控制器。控制器的作用是根据传感器测出的转速实际值与其中设定值进行比较,并驱动执行器执行。

（3）转速调整电位器。转速调整电位器用来根据发动机使用的最高允许转速来调定频率。在订购时,若写明发动机的运行频率,则工厂根据要求调定好频率。若订单上未注明机组运行频率,则出厂时频率调定为 2 000Hz。如果此调定的频率在发动机的空转和最高转之间,则可启动发动机并调节"Speedmax"(最高转速)电位器,使发动机获得最高运转频率。

（4）执行器。执行器主要由直流电机、传动齿轮、输出轴及反馈部件组成。执行器由直流电机驱动,其转矩通过一个中间齿轮传至输出轴。反馈部件将执行器的工作状态传入控制器以形成闭环控制系统。执行器的输出轴摇臂通过调节连杆与喷油泵齿杆相连。

（5）保险电路。在电子调速系统中设有保险电路,当传感信号中断,如因电缆断裂导致发动机停止运行时,它可以使执行器停止工作,并使输出轴摇臂恢复至"0"位置。

2. 电子式调速器的工作原理

放大器在工作时,根据转速变化不断地输出"加油"或"减油"信号,在放大器中专门设置了增益控制单元和复位单元,使电子式调速器能稳定地工作。增益控制单元在这里起着液压调速器中的补偿机构的作用。复位单元用来给定放大器的复位时间常数,用以改变放大器的响应时间,如果增大复位的给定值,复位时间常数将增大。只要通过合理的调节就能提高控制回路的稳定性,满足柴油机稳定运行的要求。复位单元在这里起着液压调速器中的针阀作用。

（三）数字式电子调速器

模拟式电子调速器各项功能均由硬件电路实现,能实现更为复杂的控制规律或扩展更多的功能,必然造成其结构复杂、成本提高、可靠性降低、通用性差,影响电子调速器潜力的发挥。自 20 世纪 80 年代以来,出现了以微处理器为核心的数字式电子调速器。该类产品由专用的控制用微处理器和一些输入输出接口电路组成,除处理输入输出信号转换之外,系统的各部分具有软件编程实现、对信号的依赖性降低、极强的适应性和功能扩展能力。

第六节 喷油提前角调节装置

喷油提前角的大小对柴油机工作过程影响很大。喷油提前角较大时,不仅汽缸内温度和压力较低,混合气形成条件较差,着火落后期长,导致柴油机工作粗暴;甚至会造成活塞在止点前即形成燃烧高潮,使功率下降。喷油提前角过小时,活塞在上止点前不能开始燃烧,在上止点附近不能形成燃烧高潮,同样使功率下降,且排气冒白烟。因此,为获得较好的动力性和经济性,柴油机应选定最佳的喷油提前角。所谓最佳喷油提前角,是指在转速和供油量一定的条件下,能获得最大的功率及最小的耗油率的喷油提前角。最佳喷油提前角通常由试验确定,一般直喷式燃烧室 $\theta = 28° \sim 35°$,分隔式燃烧室 $\theta = 15° \sim 20°$。

应当指出,对于任何一台柴油机,其最佳喷油提前角都不是常数,而是随柴油机的负荷和转速的变化而变化。负荷越大,转速越高,最佳喷油提前角应相应加大。因为负荷大喷入燃烧室里的燃料量增多,转速提高燃烧时间所占曲轴转角变大,为使上止点附近形成燃烧高潮,故喷油提前角应加大。

喷油提前角的调节,实际上是通过调节喷油泵的供油提前角来实现的。按作用原理,喷油提前角的调节方法有两种:一是改变滚轮体传动部件的高度,即改变柱塞相对柱塞套的高度;二是改变喷油泵凸轮轴与曲轴的相对角位置。下面介绍几种常用的喷油提前角调节装置。

一、联轴器调节装置

图4-33所示为联轴器调节装置。它主要由固定在驱动轴6上的主动凸缘盘4、中间凸缘盘3、夹布胶木垫盘7及固定在凸轮轴2上的从动凸缘盘所组成。

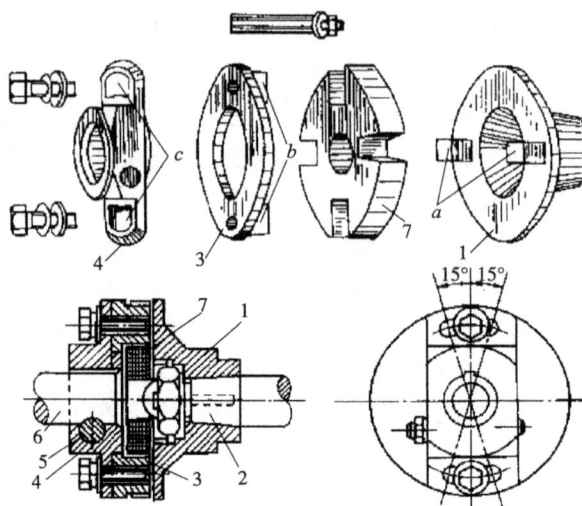

图4-33　联轴器调节装置

1-从动凸缘盘;2-凸轮轴;3-中间凸缘盘;4-主动凸缘盘;5-销钉;6-驱动轴;7-夹布胶木垫盘

主动凸缘盘4上的两个弧形孔 c 与中间凸缘盘3的两螺钉孔之间用螺钉连接。中间凸缘盘的两个凸块 b 与从动凸缘盘1上两个凸块 a 分别插入夹布胶木垫盘7上的4个切口中。当松开两个螺钉时,中间凸缘盘可相对主动凸缘盘转动某一个角度,亦即使喷油泵凸轮轴相对曲轴转一个角度,使各缸喷油提前角改变。在主动凸缘盘和中间凸缘盘的圆柱面上有刻度,可调节的角度约30°。

二、转动花盘的调节装置

图4-34所示为4125A型柴油机采用的转动花盘的调节喷油提前角装置,主要由驱动齿轮1和花键盘2组成。

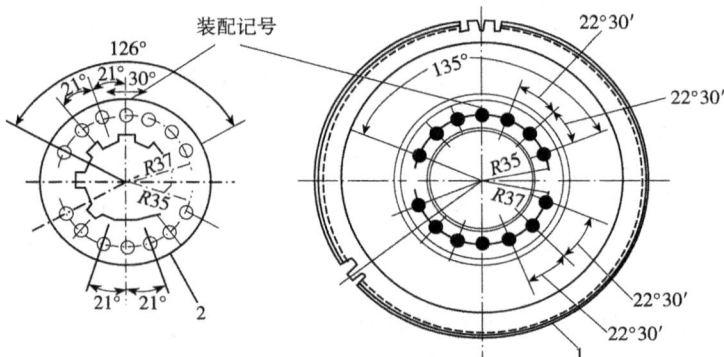

图4-34　转动花盘调节装置

1-驱动齿轮;2-花键盘

驱动齿轮松套在喷油泵凸轮轴前端，由曲轴正时齿轮通过中间定时惰齿轮驱动。花键盘以花键装在花键轴套上，通过一个盲键保证二者的相对角位置。花键轴套用半圆键固定在凸轮轴前端的锥面上。驱动齿轮与花键盘用两个螺钉连成一体。

在驱动齿轮轮毂端面上有两组半径不同的孔（每组7个），相邻两孔间夹角为22°30′；花键盘上与其对应也有两组孔，相邻两孔间夹角为21°。安装时，花键盘与驱动齿轮上的装配记号对正，上下两个对称螺钉孔中用螺钉固定。调节喷油提前角时，松开两个螺钉，拨动花键盘。若朝"＋"方向拨转相邻孔固定时，则凸轮轴相对驱动齿轮转过1°30′，各缸喷油提前角增大3°曲轴转角；反之，向"－"方向拨转，喷油提前角减小。

三、供油提前角自动调节器

图4-35所示为6135Q型柴油机与Ⅱ号喷油泵配用的离心式供油提前角自动调节器。

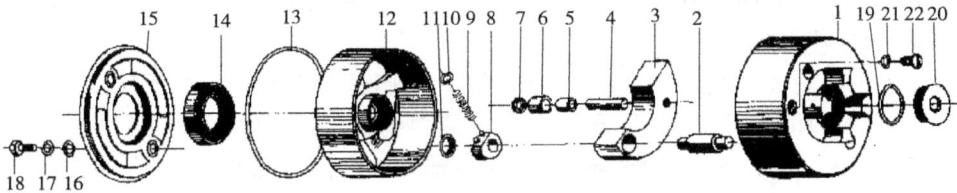

图4-35　供油提前角自动调节器
1-连接盘；2-飞块销；3-飞块；4-滚轮销；5-滚轮衬套；6-滚轮；7、11-垫圈；8-弹簧座；9-弹簧；10-调整垫片；12-从动盘装配部件；13-橡胶圈；14-骨架式橡胶油封；15-盖子焊接部件；16、21-铜垫圈；17-弹簧垫圈；18-六角头螺钉；19-垫片；20-螺塞；22-放油螺钉

自动调节器装在联轴器和喷油泵之间。连接盘1的前端面上有两个凸块，与联轴器夹布胶木垫盘连接，故实际上连接盘为联轴器的从动盘。连接盘的腹板上压装有两个飞块销2，两个飞块3套装在销子上。飞块的另一端压装有滚轮销4，其上松套有滚轮衬套5和滚轮6。从动盘装配部件12固装在喷油泵的凸轮轴上，其构造及工作原理如图4-36所示。

从动盘的两个平侧面上各压装两个弹簧9，弹簧的另一端支承在飞块销端的弹簧座8上，而从动盘两个弧形侧面则压靠在滚轮上。柴油机工作时，连接盘同飞块在曲轴驱动下沿箭头所示方向旋转。两个飞块在离心力作用下，活动端绕飞块销向外甩，套装在滚轮销上的滚轮迫使从动盘沿箭头方向转动一个角度，使弹簧受到压缩，直到弹簧的弹力和飞块的离心力相平衡为止。当柴油机的转速升高时，飞块的活动端便进一步向外甩开，从动盘的转角进一步增大，弹簧则进一步被压缩，直到在新的位置达到新的平衡为止。可见，柴油机转速越高，从动盘的转角就越大，供油提前角随之增加。相反，柴油机转速降低时，由于飞块离心力减小，从动盘将在弹簧的作用下退回一个角度，使供油提前

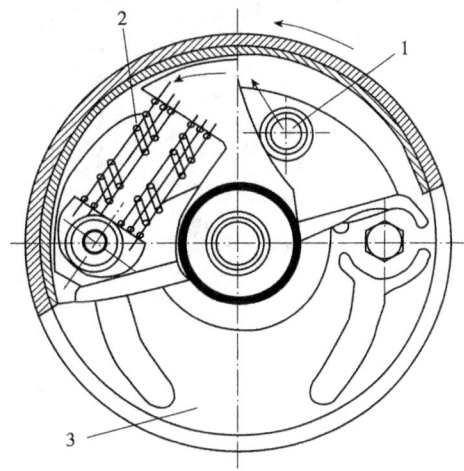

图4-36　自动调节器工作原理示意图
1-滚轮销；2-弹簧；3-盖子焊接部件

角相应减小。

这种供油提前角自动调节器常与联轴器调节装置配合使用。如 6135 型柴油机,静止时的初始供油提前角是由联轴器调节装置调为 28°~31°,在此基础上,供油提前角自动调节器再随曲轴转速变化而自动进行补偿调节。

第七节　柴油机供给系的辅助装置

一、柴油滤清器

燃料的清洁度及其雾化性质对喷油系统的工作可靠性与寿命有很大的影响。燃料中含有的杂质主要是灰尘粒子、金属表面的锈蚀物和贴在零件表面上的其他杂质。若储存较久,氧化胶质也会增多。柴油滤清器的作用就是滤去柴油中的杂质、水分和石蜡,以减少各精密偶件的磨损,保证喷雾质量。

滤清器多用过滤式,滤芯的材料有绸布、毛毡、金属丝及纸质等。由于纸质滤芯是用树脂浸泡制成,具有滤清效果好、成本低等特点,因而得到广泛的应用。

柴油滤清器有粗细之分。粗滤器一般安装在输油泵之前,细滤器安装在输油泵之后,或两者都装在输油泵之前。粗滤器用来清除柴油中较大的杂质,细滤器用来最后清除柴油中的微小杂质,保证柴油在进入喷油泵之前获得可靠的滤清。

滤清器一般有单级式和双联式两种。如图 4-37 所示,双联式滤清器是由两个结构基本相同的滤清器串联而成,两个滤清器盖合制成一体,第一级粗滤是低质滤芯,第二级细滤是航空毛毡及纺绸滤芯。

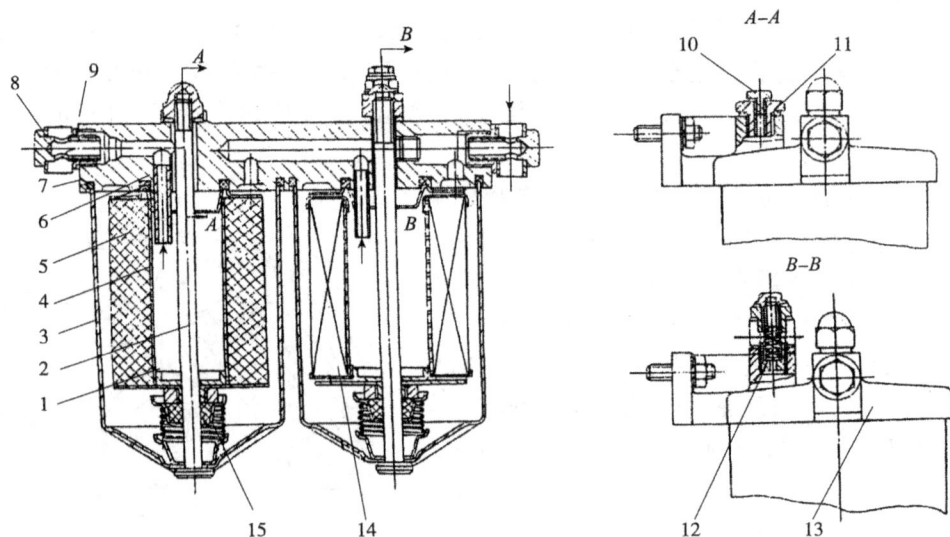

图 4-37　双联式柴油滤清器

1-绸滤布;2-紧固螺杆;3-外壳;4-滤筒;5-毛毡;6-密封圈;7-橡胶密封圈;8-油管接头;9-衬垫;10-放气螺钉;11-螺塞;12-限压阀;13-盖;14-纸滤芯;15-滤芯垫

柴油滤清器与汽油滤清器相比,虽原理相同,但也有其特点:

(1)滤清器盖上有放气螺钉。拧开螺钉,抽动手动输油泵,可以排除滤清器和低压油路内的空气。

（2）有的滤清器盖上装有限压阀,当低压油路的油压达到 0.15MPa 时即开启,使柴油流回油箱,以保持滤芯的过滤能力和保证喷油泵正常工作。

（3）滤清器外壳底部多设有放污螺塞,以便定期排除杂质和水分。

二、输油泵

输油泵的主要作用是克服管路与滤清器的阻力,保证燃料在低压油路内循环,并在一定压力下提供足够数量的燃料给喷油泵。泵的供油能力应为发动机全负荷最大喷油量的 3 ~ 4 倍。

输油泵有活塞式、膜片式、齿轮式和叶片式等几种。活塞式输油泵由于工作可靠,目前在车用柴油机上被普遍使用,其结构如图 4-38 所示。它由手泵,滚轮传动输油机构,止回阀,壳体及进、出油管接头等组成。它安装在喷油泵的一侧,由喷油泵凸轮轴上的偏心轮驱动。

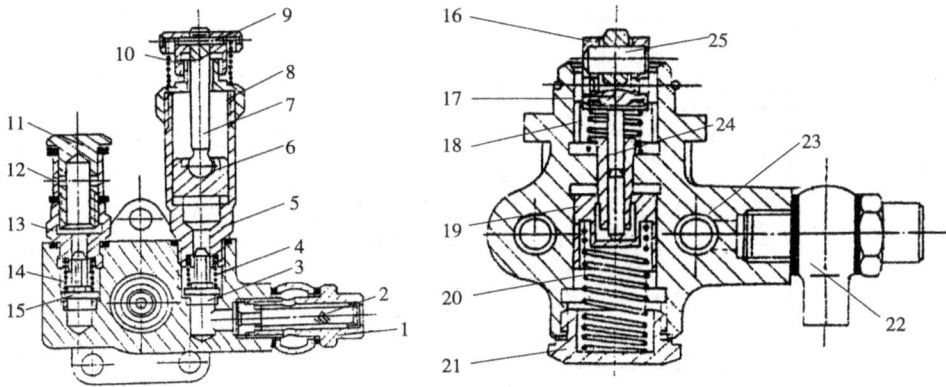

图 4-38　活塞式输油泵

1-进油管接头;2-滤网;3-进油阀;4-弹簧;5-手泵体;6-手泵活塞;7-手泵杆;8-手泵盖;9-手泵销;10-手泵柄;11-出油管接头;12-套;13-油管接头;14-弹簧;15-出油阀;16-滚轮;17-滚轮架;18-滚轮弹簧;19-活塞;20-活塞弹簧;21-螺塞;22-进油管接头;23-泵体;24-推杆;25-滚轮销

活塞式输油泵的工作原理如图 4-39 所示。当凸轮的凸起部分下转时,活塞因复位弹簧的作用向下运动,其上泵腔容积增大,产生真空度,使进油阀 6 打开,燃油从进油孔 7 吸入上泵腔。与此同时,活塞下泵腔容积减小,油压增高,出油阀关闭,燃油受压进入通道而输出。

当凸轮的凸起部分向上,将活塞推动向上运动时,上泵腔的油压升高,关闭了进油阀、顶开了出油阀。同时下泵腔中产生了真空度,于是柴油自上泵腔通过止回阀(即出油阀)经通道流入下泵腔。如此周而复始,使燃油不断地被吸进、输出。在输油泵的供油量大于喷油泵的需要时,油路中的压力上升,此压力作用在活塞的后背面,如压力大于活塞弹簧压力,输油泵便不工作。因此,这种泵能在低压油路中维持一

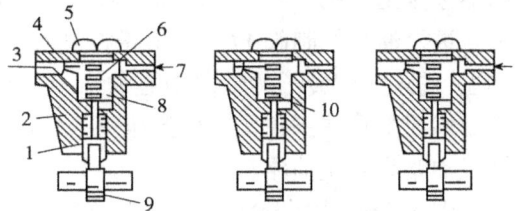

图 4-39　活塞式输油泵的工作原理

1-挺柱;2-泵体;3-至燃油滤清器;4-出油阀;5-上泵腔(压力室);6-进油阀;7-进油孔;8-活塞;9-凸轮轴;10-下泵腔

定的压力。

在输油泵上装有手动油泵,可以用它做上下运动来泵油,使柴油机启动时喷油泵充满油,并可清除燃油系统内的空气。当不使用时,将手柄拧紧,以防空气进入。

第八节 转子分配式喷油泵系统简介

转子分配式喷油泵(简称分配泵)按其结构不同,分为径向压缩式分配泵和轴向压缩式分配泵两种。

一、径向压缩式分配泵

PDA型分配泵即属此种泵,是20世纪50年代后期研制出的产品,其柴油供给系如图4-40所示。喷油器的回油流回油箱,分配泵的回油流回精滤器,当油量过多时,又从精滤器流回油箱去。

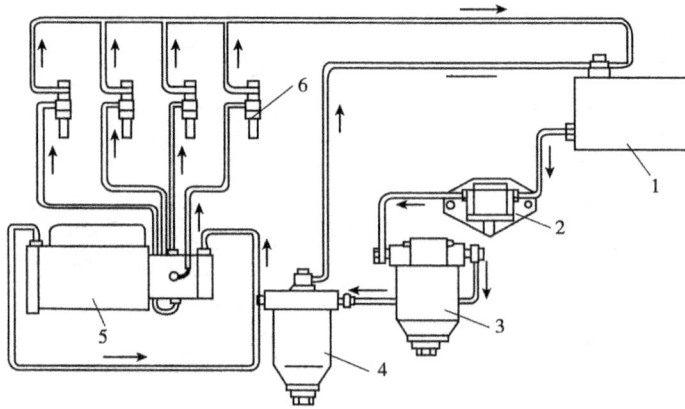

图4-40 径向压缩式分配泵的柴油供给系
1-油箱;2-膜片式输油泵;3-粗滤器;4-精滤器;5-分配泵;6-喷油器

1. 结构与工作原理

图4-41所示为四缸柴油机径向压缩式分配泵的工作原理图,其基本部分为高压泵头,它由旋转部分(包括分配转子8、柱塞3、滚柱5、滚柱座4)和固定部分(分配套筒9、内凸轮6)组成。

从滤清器来的清洁柴油被输油泵10泵入分配泵的高压泵头。柴油经分配套筒9的轴向油道流到分配转子8的环槽。在此,油流分为两支:其一流往供油提前角自动调节机构7;其二进入油量控制阀17。从油量控制阀出来的燃油经壳体16、分配套筒和分配转子的径向油道,进入分配转子的轴向中心油道,再流到两个柱塞3之间的空腔内,这段油路为低压油路。燃油受到柱塞的压缩后产生高压,高压燃油沿分配转子中心油道和分配孔直到喷油器,这段油路为高压油路。

图4-42a)表示进油过程。在分配转子的一个断面上均匀分布4个进油孔3,只有当任一进油孔与分配套筒上的进油道2对上时,柴油方能流入转子的中心油道。可见,转子每转一周进油4次。

图4-42b)表示配油过程。在转子的另一断面上有一分配孔4,而分配套筒在该断面上均布4个出油孔5。只有当分配孔与套筒上某一出油孔对上时,高压油才能输入喷油器。同

102

样,转子每转一周可出油4次。应该指出,当进油道与进油孔对上时,分配孔与出油孔却是错开的;反之,后二者对上时,前二者则错开。从轴向看,进油孔与出油孔的交角为45°。

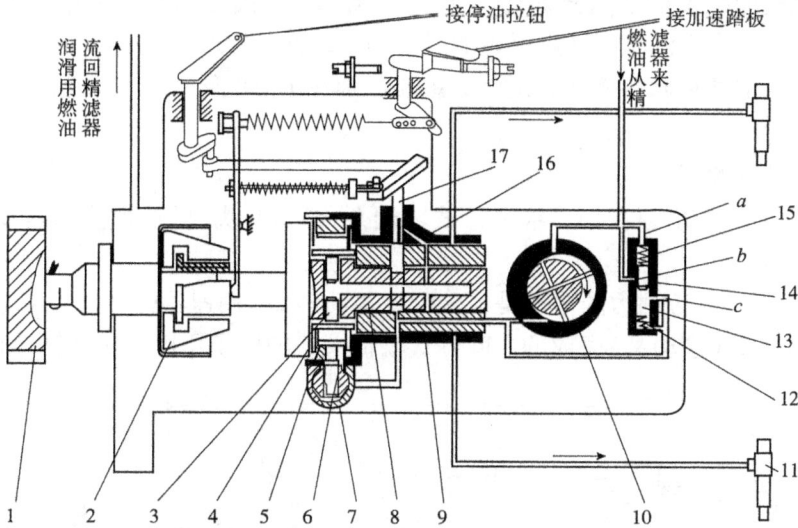

图 4-41　径向压缩式分配泵的工作原理图

1-传动连接器;2-离心飞块;3-柱塞;4-滚柱座;5-滚柱;6-内凸轮;7-供油提前角自动调节机构;8-分配转子;9-分配套筒;10-滑片式输油泵;11-喷油器;12-弹簧;13-调压阀;14-滑柱;15-调压弹簧;16-分配泵外壳;17-油量控制阀

2. 泵油过程

当分配转子 8 转动时(图 4-41),推动滚柱座 4、滚柱 5 和柱塞 3 绕其轴线转动。由于固定的内凸轮凸起的作用,使对置的柱塞被推向转子中心,柴油产生高压,此时分配孔 4(图 4-42)正好与分配套筒上相应的出油孔对上,高压柴油被送到喷油器。当滚柱越过凸轮的凸起后,在离心力作用下两柱塞间的空腔内产生真空度。当分配转子上相应的进油孔与分配套筒的进油道对上时,柴油就在二级输油泵压力作用下进入柱塞间的空腔。

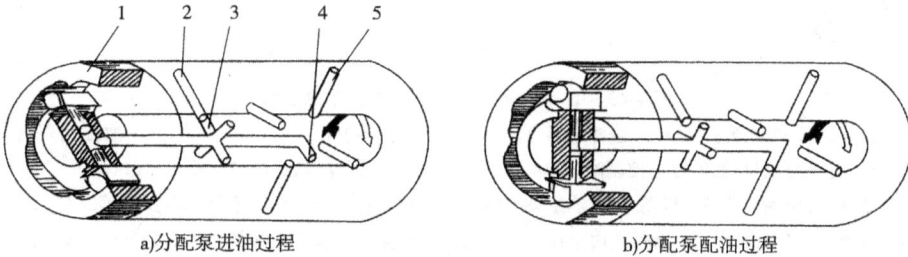

a)分配泵进油过程　　　　　　　　　　　　　b)分配泵配油过程

图 4-42　径向压缩式分配泵的进油与配油

1-内凸轮;2-进油道;3-进油孔;4-分配孔;5-出油孔

以上介绍了四缸发动机所用分配泵的进油、泵油和配油过程。对于二缸、三缸、六缸发动机用的分配泵,进油孔数、出油孔数及内凸轮的凸起数分别为二、三、六,而工作原理则完全相同。

径向压缩式分配泵除具有零件数量少、结构紧凑、通用性高等优点外,还具有防污性好、用柴油自行润滑和冷却各零件的特点。但该型泵由于存在对分配转子和分配套筒、柱塞和柱塞孔的配合精度要求较高,滚柱座结构复杂及内凸轮加工不方便等缺点,近年来已较少应用。该型泵曾用于柴油发动机前置、前轮驱动的轿车上及农用拖机上。

二、轴向压缩式分配泵

轴向压缩式分配泵是德国波许公司于 20 世纪 80 年代初期研制出的一种新型分配泵（即 VE 泵）。我国南京汽车制造厂引进的意大利依维柯（IVECO）汽车柴油发动机装用了此种泵。该型泵与前述径向压缩式分配泵的主要区别在于分配转子的运动状态和调速机构的不同。

1. 结构与工作原理

此种泵主要由驱动机构、第二级滑片式输油泵、高压泵头、供油提前角自动调节机构和调速器等组成。

驱动机构（图 4-43）动力的输入是经分配泵驱动轴 28、调速器驱动齿轮 4 及安装在驱动轴右端的联轴器 29（主动叉）完成的。叶片式输油泵 3 的转子用键与驱动轴连接。

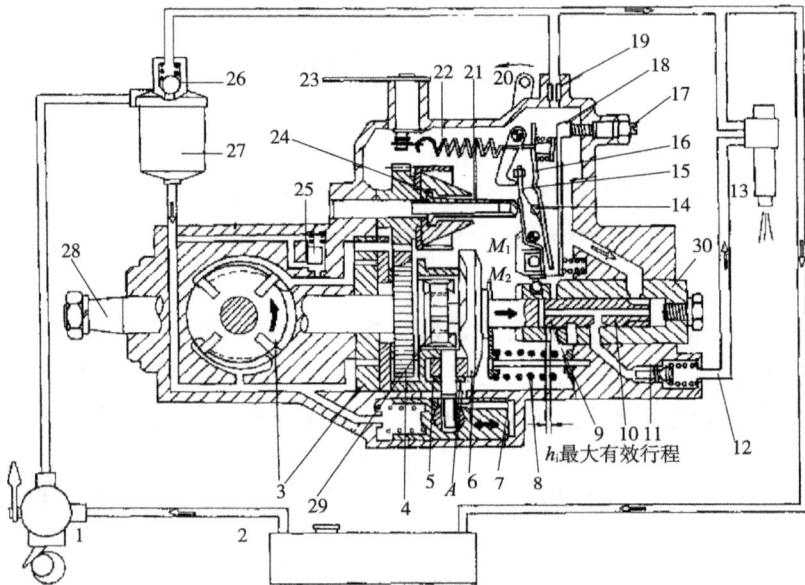

图 4-43　装有轴向压缩式分配泵的柴油供给系

1-膜片式输油泵；2-燃油箱；3-叶片式输油泵；4-调速器驱动齿轮；5-滚轮机构；6-凸轮盘；7-供油提前角自动调节油缸；8-分配转子复位机构；9-油量控制滑套；10-分配转子；11-出油阀总成；12、13-喷油器；14-张力杠杆限位销钉；15-启动杠杆；16-张力杠杆；17-最大供油量调节螺钉；18-预调杠杆；19-溢流喉管；20-停车操纵杆；21-滑动套筒；22-调速弹簧；23-操纵杆；24-离心飞块总成；25-调压阀；26-溢流阀；27-燃油精滤器；28-分配泵驱动轴；29-联轴器；30-分配套筒；M_1-预调杠杆轴；M_2-启动杠杆轴

高压泵头由凸轮盘 6（端面凸轮）、滚轮机构 5、凸轮盘复位机构 8、联轴器 29（从动叉）、分配转子 10、分配套筒 30 和泵头壳体等零部件组合而成，起进油、泵油和配油作用。凸轮盘 6 左端面上凸峰的数目，与发动机缸数相对应。

供油提前角自动调节机构安装在泵体下部（图 4-44），是由油缸 7 和滚轮机构 5 联合作用而完成调节功能的。图 4-45 所示为其剖面示意图，在滚轮架 4 上装有滚轮 7，其数目与汽缸数相同，滚轮架通过传力销 3、连接销 6 与油缸活塞 1 连接。活塞移动时，拨动滚轮架绕其轴线转动（滚轮架不受驱动轴转动影响）。油缸 7 右腔经孔道 A 与泵腔相通（图 4-43），油缸左腔经孔道与精滤器 27 相通。

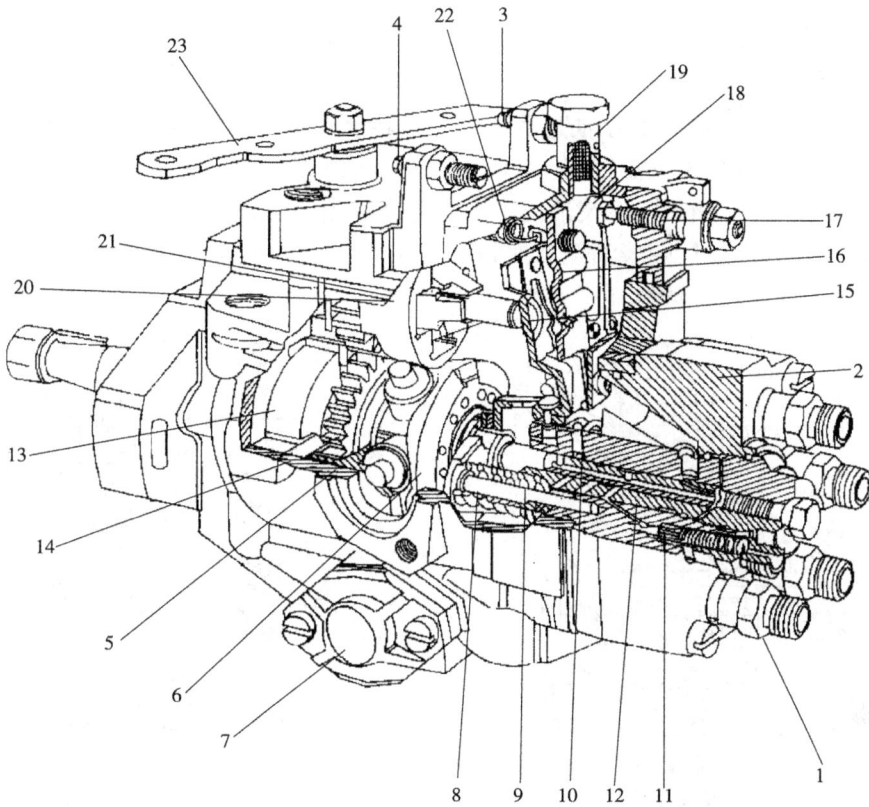

图 4-44 轴向压缩式分配泵

1-出油阀压紧座;2-高压泵头;3-怠速调节螺钉;4-高速调节螺钉;5-滚轮机构;6-凸轮盘;7-供油提前角自动调节油缸;8-分配转子复位机构;9-油量控制滑套;10-分配转子;11-出油阀总成;12-分配套筒;13-叶片式输油泵;14-调速器驱动齿轮;15-启动杠杆;16-张力杠杆;17-最大供油量调节螺钉;18-预调杠杆;19-溢流喉管;20-离心飞块总成;21-滑动套筒;22-调速弹簧;23-操纵杆

2. 供油过程

如图 4-46 所示,分配转子 1 的右端均布 4 个转子轴向槽 10,在与出油阀通道 5 相对应的分配转子断面上,均布 4 个转子分配孔 4。当泵体进油道 6 与转子轴向槽相通时,转子分配孔则与出油阀通道 5 相隔绝。即从分配转子轴向看,轴向槽 10 与分配孔 4 相错 45°(四缸发动机)。油量控制滑套 2 在调速器启动杠杆 16 的作用下,可在分配转子 1 上滑动。

分配泵驱动轴 28 转动时(图 4-43),经联轴器 29 带动凸轮盘 6 和分配转子 10 同步转动。在转动过程中,当凸轮盘端面上的凸峰与滚轮相抵靠时,凸轮盘和分配转子因受推力而向右移动至极限位置,当凸峰转过,在复位机构 8 的作用下使凸轮盘左移,直到端面凸轮凹部与滚轮相抵靠为止。如此,分配转子既连续转动,又不断左右移动,分配转子每转一周,其各向左右移动 4 次(四缸发动机)。

分配转子 1 左移(图 4-46)为供油过程。此时,转子分配孔 4(4个)与出油阀通道(4个)相隔绝,转子卸油孔 3 被油量控制滑套 2 封

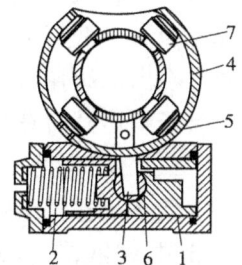

图 4-45 供油提前角自动调节机构

1-活塞;2-弹簧;3-传力销;4-滚轮架;5-滚轮轴;6-连接销;7-滚轮

105

死,压缩室9容积增大,产生真空度。被叶片式输油泵输送到泵腔内的柴油,在真空度作用下经泵体进油道15、进油阀、转子轴向槽10进入压缩室,并充满转子纵油道8。

3. 泵油过程

分配转子右移(图4-47)为泵油过程。当分配转子开始右移时,转子轴向槽10与泵体进油道6隔绝,转子卸油孔3仍被封死;转子分配孔4与出油阀通道5相通。随着分配转子的右移,压缩室9的容积不断减小,柴油压力不断升高。当油压升高至足以克服出油阀弹簧力而使出油阀7右移开启时,则柴油经出油阀通道5、出油阀7及油管被送入喷油器。喷油器喷油压力为(12.25 ± 0.5)MPa。

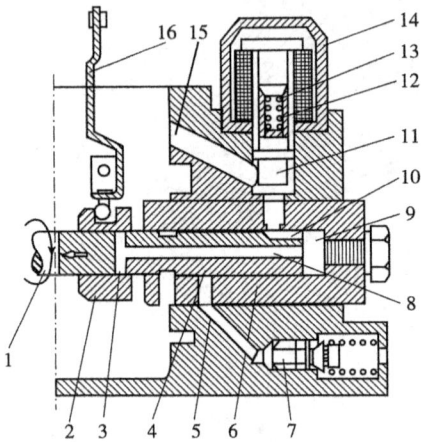

图4-46 供油过程

1-分配转子;2-油量控制滑套;3-转子卸油孔;4-转子分配孔;5-泵体至出油阀通道;6-分配套筒;7-出油阀;8-转子纵油道;9-压缩室;10-转子轴向槽;11-进油阀;12-进油阀弹簧;13-线圈;14-电磁阀;15-泵体进油道;16-启动杠杆

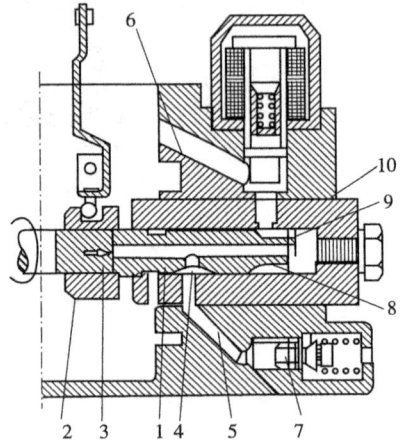

图4-47 泵油过程

1-分配转子;2-油量控制滑套;3-转子卸油孔;4-转子分配孔;5-泵体至出油阀通道;6-泵体进油道;7-出油阀;8-转子纵油道;9-压缩室;10-转子轴向槽

4. 停止泵油过程

轴向压缩式分配泵的每个循环最大泵油量取决于分配转子的直径和最大有效行程(图4-43中h_1)。对于规格已定的分配泵,其分配转子直径已定。故在使用中,泵油量大小的调节,是靠驾驶员通过加速踏板控制调速器,使油量控制滑套2(图4-48)移动实现的。在泵油过程中,当分配转子1向右移至转子卸油孔3露出油量控制滑套2的右端面时,被压缩的柴油迅速流向低压泵腔,使压缩室9、转子纵油道8及出油阀通道5中的油压骤然下降。出油阀7在出油阀弹簧10的作用下迅速左移关闭,停止向喷油器供油。停止泵油过程持续到分配转子到达其向右行程的终点。

5. 泵油提前角自动调节过程

发动机在常用转速下工作时,叶片式输油泵3(图4-43)输送到泵腔内的低压柴油,经孔道A进入油缸7右腔。油缸活塞受到低压柴油向左的推力与向右的油缸左腔弹簧力及精滤后的柴油压力的合力相平衡。当发动机转速升高时,叶片式输油泵转速随之增加,泵腔内柴油压力上升,油缸中活塞(图4-45)两端受力失衡,活塞左移。经过连接销6、传力销3推动滚轮架4绕其轴线顺时针转动某一角度(与凸轮盘转向相反),使凸轮盘端面凸峰提前某一角度与滚轮7相抵靠,从而使分配转子向右移动时刻提前,完成了泵油提前作用。反之,活塞右移,使滚轮架4逆时针转动某一角度,则泵油提前角减小。

106

6. 发动机停车(图 4-49)

当需发动机停车时,可转动控制电磁阀 5 的旋钮,使电路触点断开,线圈 6 对进油阀 3 的吸力消失,在进油阀弹簧 4 的作用下,进油阀下移,使泵体进油道 7 关闭,停止供油,则发动机熄火。启动发动机时,先将电磁阀 5 的触点接通,进油阀 3 在线圈 6 的吸力下克服弹簧力上移,泵体进油道 7 畅通,供油开始。

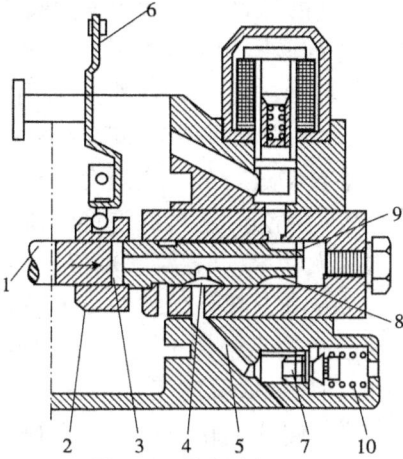

图 4-48 停止泵油过程

1-分配转子;2-油量控制滑套;3-转子卸油孔;4-转子分配孔;5-泵体至出油阀通道;6-启动杠杆;7-出油阀;8-转子纵油道;9-压缩室;10-出油阀弹簧

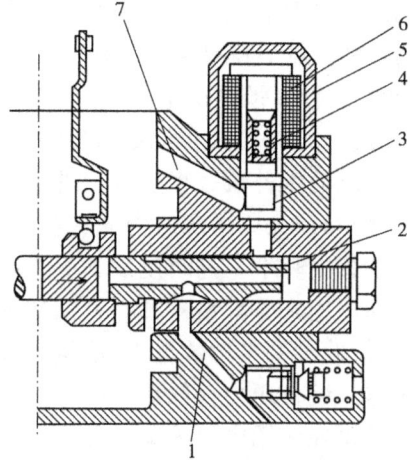

图 4-49 发动机停车

1-泵体至出油阀通道;2-压缩室;3-进油阀;4-进油阀弹簧;5-电磁阀;6-线圈;7-泵体进油阀

在轴向压缩喷油泵泵体的上部装有增压补偿器(图 4-50),其作用是根据增压压力的大小,自动加大或减少各缸的供油量,以提高发动机的功率和燃料经济性,并减少有害气体的产生。

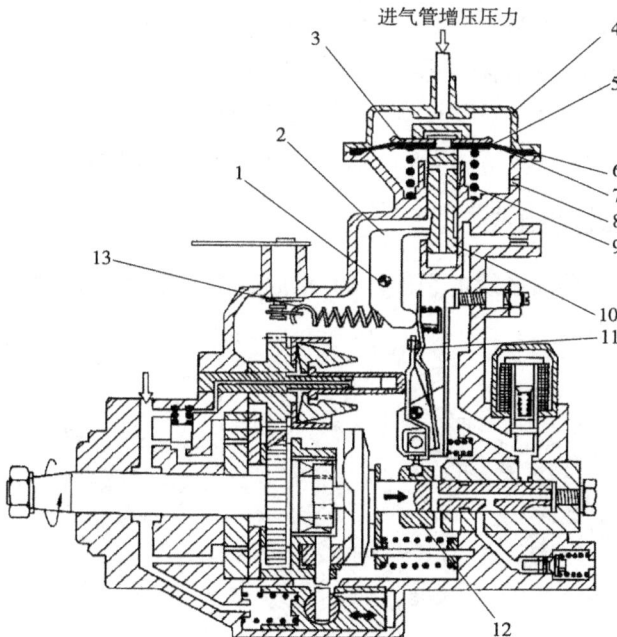

图 4-50 增压补偿器

1-销轴;2-补偿杠杆;3-膜片上支承板;4-补偿器盖;5-膜片;6-补偿器下体;7-膜片下支承板;8-通气孔;9-弹簧;10-补偿器阀芯;11-张力杠杆;12-油量控制滑套;13-调速弹簧

107

用橡胶制成的膜片 5 固定于补偿器下体 6 和补偿器盖 4 之间。膜片把补偿器分成上、下两腔。上腔由管路连接与进气管相通,进气管中由废气涡轮增压器所形成的空气压力作用在膜片上表面。下腔经通气孔 8 与大气相通,弹簧 9 向上的弹力作用在膜片下支承板 7 上。膜片与补偿器阀芯 10 相固连,阀芯 10 下部有一上小下大的锥形体。补偿杠杆 2 上端的悬臂体与锥形体相靠,补偿杠杆下端抵靠在张力杠杆 11 上。补偿杠杆可绕销轴 1 转动。

当进气管中增压压力升高时,补偿器上腔压力大于弹簧 9 的弹力,使膜片 5 连同阀芯 10 向下运动。补偿器下腔的空气经通气孔 8 逸入大气中,与阀芯锥形体相接触的补偿杠杆 2 绕销轴 1 顺时针转动,张力杠杆 11 在调速弹簧 13 的作用下绕其转轴逆时针方向摆动,从而拨动油量控制滑套 12 右移,使供油量适当增加,发动机功率加大;反之,发动机功率相应减小。

上述供油量补偿过程是根据进气管中增压压力的大小自动进行的。它避免了柴油发动机在低速运转时,因增压压力低、空气量不足而造成的燃烧不充分,燃料经济性下降及产生有害排放物的弊端。同时使发动机在高速运转时可获得较大功率,并提高燃料经济性。

轴向压缩式分配泵除具有径向压缩式分配泵的优点外,由于其分配转子兼有泵油和配油作用,故此种泵零件数量少、质量小、故障少。另外,端面凸轮易于加工、精度易得到保证,加之泵体上装有压力补偿器,其动力性和经济性远优于径向压缩式分配泵。

此种泵在使用中要求柴油具有高清洁度,以免因杂质而使分配转子产生严重磨损或卡死现象。

第九节 PT 燃油系统简介

PT 燃油系统最早使用在美国康明斯柴油机上。字母 PT 为压力—时间的缩写。

众所周知:液流的体积是与流体压力、流过的时间以及流体流过的管道的截面尺寸成比例的。实际上,PT 燃油系统就是对这一简单原理的具体应用。

当前,在康明斯柴油机上使用多种型号的燃油泵,如 PT(G) 型、PT(G)VS 型、PT(G) AFC 型、PT(G)VSAFC 型等。现以日本 D80A-12 型推土机上所使用的康明斯 NH-220-C1 型柴油机上的 PT(G)VS 型为例,对 PT 燃油系统的基本构造和工作原理作简要介绍。

一、PT 燃油系统的组成

图 4-51 所示为 PT 燃油系统的组成。PT 燃油系统主要由主油箱、浮子油箱 2、滤油器 3、PT 泵 4、喷油器 5 等组成。

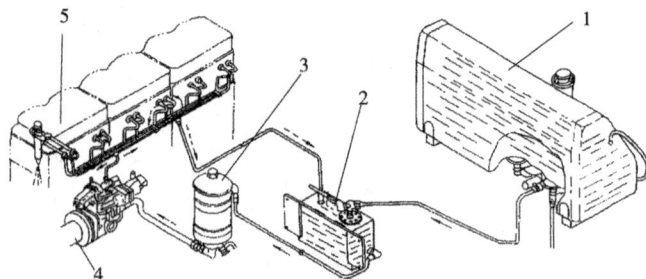

图 4-51 PT 燃油系统的组成
1-主油箱;2-浮子油箱;3-滤油器;4-PT 泵;5-喷油器

燃油从主油箱流出,经浮子油箱、滤油器到 PT 泵,提高一定的压力后输送到喷油器。流入喷油器中的燃油大约有20%以高压喷入汽缸,剩余部分燃油对喷油器进行冷却和润滑后,流回浮子油箱(如虚线箭头所示)。

二、PT 泵

图 4-52 为 PT 泵的结构剖面图。

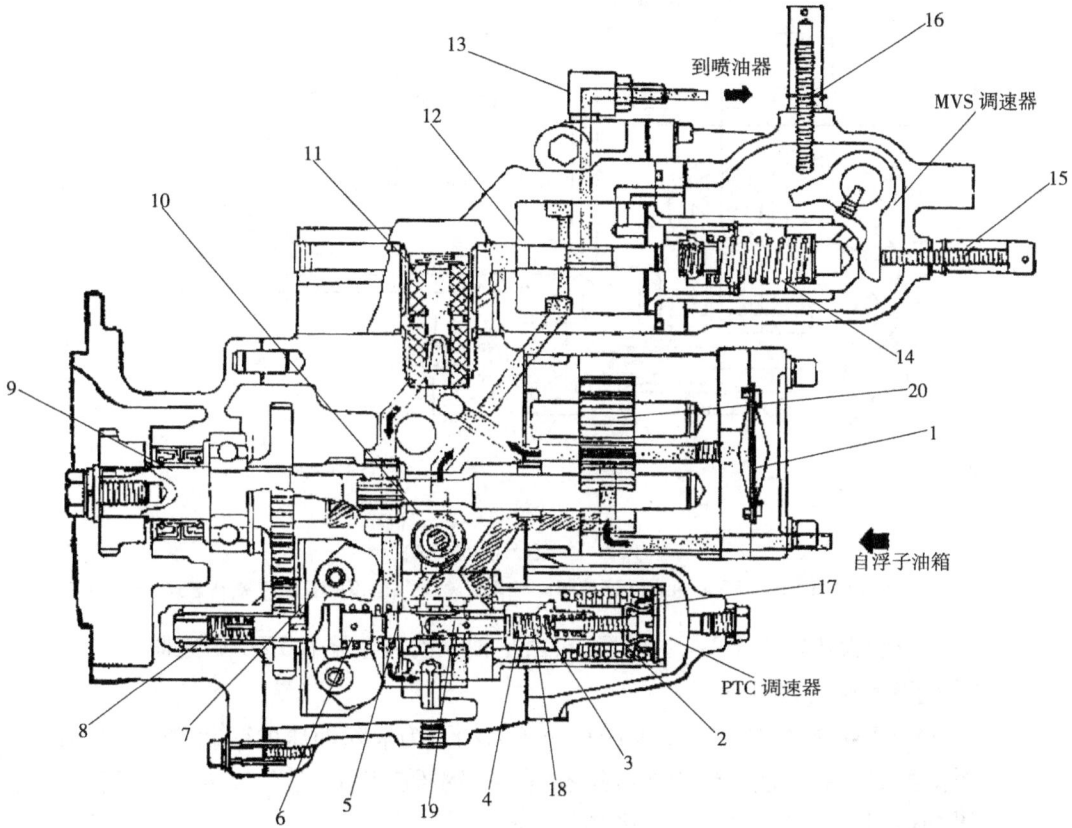

图 4-52　PT 泵的结构剖面图

1-脉动减振器;2-调速器弹簧;3-调速器活塞;4-怠速弹簧;5-飞锤柱塞;6-高速转矩控制弹簧;7-调速器飞锤;8-低速转矩控制弹簧(飞锤弹簧);9-主轴;10-节流阀;11-滤油器;12-柱塞;13-断流阀;14-调速弹簧;15-低速限位螺钉;16-高速限位螺钉;17-怠速调节螺钉;18-怠速弹簧柱塞;19-调速器柱塞;20 齿轮泵

齿轮泵从燃油箱经滤油器吸入燃油,将油压提高后,经脉动减振器 1 消除油压的脉动,再送到滤油器 11 进一步过滤。进入滤油器中的燃油,一部分经滤油器的下网过滤后输入 PTG 调速器;另一部分经滤油器的上网过滤后输入 MVS 调速器柱塞左端的空腔内。进入 PTG 调速器的燃油,一部分经节流阀 10 或怠速油道流入 MVS 调速器柱塞的环槽内,再经断流阀 13 输送到喷油器;另一部分自柱塞内的轴向油道经柱塞右端的缝隙流回齿轮泵入口处。

图 4-53 为 PT 泵的油路示意图。PT 泵的主要功用是:根据柴油机不同工况的要求,将燃油从油箱吸来后,以适当的压力(低压)和流量输送给喷油器。它主要由齿轮泵 1、PTG 调速器 8、节流阀 10、MVS 调速器 4 以及断流阀 5 等 5 个部分组成。

109

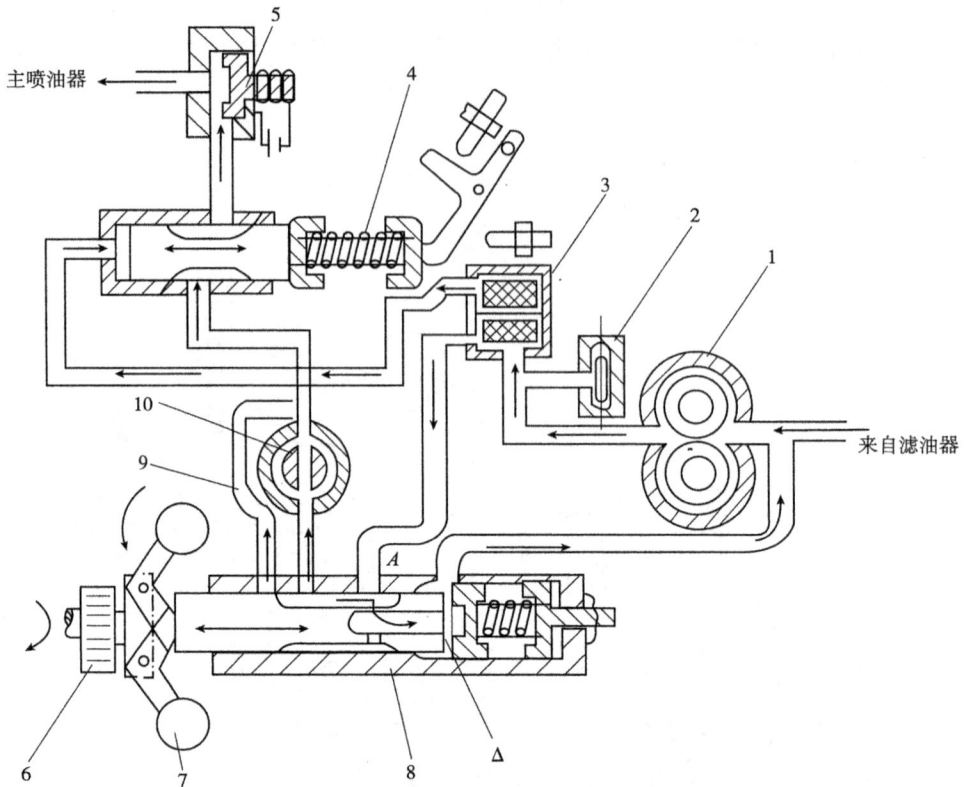

图 4-53　PT 泵的油路示意图

1-齿轮泵;2-减振器;3-滤油器;4-MVS 调速器;5-断流阀;6-主动齿轮;7-飞锤;8-PTG 调速器;9-怠速油道;10-节流阀

柴油机动力经齿轮输入 PT 泵主轴后,再由主轴驱动齿轮泵和 PTG 调速器。

(一)齿轮泵和脉动减振器

齿轮泵 20 主要用来向整个燃油系统输送压力油。为消除油压的脉动,在齿轮泵的出口处设有脉动减振器。脉动油压作用在减振器空气室钢质膜片上,借气室内空气的弹性,对脉动油压起缓冲作用,使油压稳定、油流平顺。

(二)PTG 调速器

PTG 调速器实际上是一个机械离心式双制式调速器。由图 4-52 可见,它主要由调速器飞锤 7、飞锤柱塞 5、飞锤弹簧 8(低速转矩控制弹簧)、调速器套筒、调速器柱塞 19、调速器弹簧 2、高速转矩控制弹簧 6、怠速弹簧 4、怠速弹簧柱塞 18 等组成。

当柴油机低速运转时,高速转矩控制弹簧 6 和调速器弹簧 2 呈自由状态,而低速转矩控制弹簧 8 和怠速弹簧 4 具有一定的预压力。飞锤柱塞 5 在调速器套筒内,既可随调速器飞锤一起转动,又可做轴向移动。当转速提高时,调速器柱塞 19 在飞锤离心力的轴向分力作用下,向右移动;当转速降低时,飞锤离心力的轴向分力减小,在弹簧力的作用下,柱塞向左移动。

调速器柱塞 19 圆柱表面开有环形油槽,并钻有径向油孔和轴向油孔(图 4-53)。柱塞进油口 A 的压力即为齿轮泵 1 的出口压力。柱塞右端面与怠速弹簧柱塞的端面间隙 Δ,可起调压阀的作用,从进油口 A 流入的燃油的一部分,经这一间隙 Δ 流回齿轮泵的进油口,故此间隙出口处的压力等于齿轮泵入口处的压力。

110

下面结合4根弹簧的作用来分析PTG调速器的工作原理。

1. 怠速弹簧的作用

假设PTG调速器只设有一根怠速弹簧。

当调速器飞锤7带动飞锤柱塞5一起旋转时,调速器柱塞19将受飞锤离心力的轴向分力 F 的作用,此力大致与柴油机的转速平方成正比(图4-52)。调速器柱塞19的另一端是受 Δ 间隙中燃油的压力 $F_油$ 的作用,其方向与 F 相反。如转速不变,柱塞便在大小相等、方向相反的 F 和 $F_油$ 作用下,停在某一位置。此时的 Δ 间隙亦应不变, Δ 另一侧由怠速弹簧的弹力 $F_弹$ 来平衡, $F_油$ 和 $F_弹$ 也大小相等、方向相反。故三力的关系如下:

$$F = F_油 = F_弹 \tag{4-3}$$

由于 F 大致与柴油机的转速平方成正比,故 $F_油$ 也大致与转速成正比。因此,虽然由于柴油机转速提高时喷油器喷油时间缩短了,但供给喷油器的燃油压力都增加了,因而使每一循环的供油量保持不变。

图4-54所示为怠速弹簧的特性曲线。

燃油压力大致与柴油机的转速平方成正比,其变化规律呈曲线;由于每个循环的喷油量不变,故柴油机的转矩不受转速的影响,是一条水平线。具有这样特性曲线的柴油机,其适应性很差,在工程机械上是无法应用的。

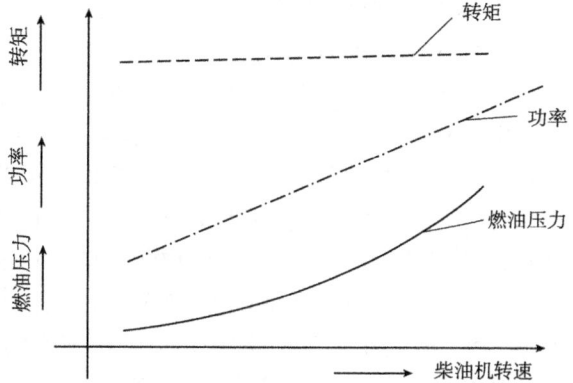

图 4-54 怠速弹簧的特性曲线

2. 高速转矩控制弹簧和低速转矩控制弹簧的作用(图4-52)

在怠速弹簧的基础上,再装上高速转矩控制弹簧6和低速转矩控制弹簧8。

当柴油机在低速运转时,高速转矩控制弹簧6呈自由状态(弹簧右端未顶靠在调速器套筒上)。从中速开始,高速转矩控制弹簧开始被压缩。随着柴油机转速不断升高,在飞锤7离心力作用下,调速器柱塞19不断右移,故高速转矩控制弹簧不断被压缩(因调速器套筒是固定不动的)。高速转矩控制弹簧被压缩后,其张力作用在柱塞上,产生一个向左的推力 $F_{高弹}$,弹簧压缩量越大,此力也越大。因而作用在柱塞上飞锤的轴向推力 F' 有所减小,即

$$F' = F - F_{高弹} \tag{4-4}$$

式中: F ——无高速转矩控制弹簧时作用在柱塞上的轴向推力;

$F_{高弹}$ ——高速转矩控制弹簧对柱塞产生的轴向推力。

不设置高速转矩控制弹簧时,飞锤对柱塞产生的轴向推力为 F,设置高速转矩控制弹簧后,柱塞实际受到的轴向推力变为 F',即轴向推力减小了。很明显,这时与之相平衡的燃油压力 $F_油$ 也相应减小了。因此,随着转速的升高,PTG调速器提供的燃油压力降低了,每个循环的喷油量相应减少,使转矩也随之降低。一般高速转矩控制弹簧是在比最大转矩转速(1 100~1 200r/min)点稍高的转速开始起作用,使转矩曲线向下弯曲。

在飞锤柱塞5左端设置的低速转矩控制弹簧8,当柴油机处于高速时,它呈自由状态,在启动和怠速时,它处于压缩状态。若柴油机在某一较低转速运转,低速转矩控制弹簧被压缩,它对柱塞的轴向推力为 $F_{低弹}$。此时高速转矩控制弹簧呈自由状态,故柱塞所受轴向推力 F'' 比不设低速转矩控制弹簧时的轴向推力 F 有所增加,即

$$F'' = F + F_{低弹}$$

显然,与轴向推力 F'' 相平衡的燃油压力也相应增加。因此,随着转速的降低,PTG 调速器提供的燃油压力有所提高,每个循环的喷油量相应增加,使转矩随之提高。

图 4-55 为装有高、低速转矩控制弹簧的特性曲线。

这种转矩曲线类似于不装调速器的柱塞式喷油泵的特性曲线,实际工作中仍无法应用。为防止负荷增加使柴油机熄火,在调速器套筒上开有怠速油道(图 4-53)。当柴油机在怠速工况负荷继续增加、转速进一步降低时,飞锤离心力的轴向推力小于怠速弹簧的弹力,柱塞便向左移动,怠速油道 9 打开,使供油量增加。当外界阻力被克服后,柴油机转速上升,柱塞右移关闭怠速油道,柴油机又恢复到怠速工况稳定运转。为限制柴油机的最高转速,在 PTG 调速器上装有调速器弹簧。

3. 调速器弹簧的作用

在 PTG 调速器怠速弹簧的右侧装有调速器弹簧(图 4-52)。当柴油机在额定转速以下时,调速器弹簧 2 呈自由状态。当柴油机转速超过额定转速继续升高时,调速器柱塞 19 在飞锤 7 离心力的作用下进一步右移,调速器弹簧 2 被压缩,通往节流阀的油道逐渐关小。由于节流作用,燃油压力急速下降,供油量迅速减少,大部分燃油从柱塞右端 4 个回油孔经回油道流回齿轮泵的入口处,从而控制了柴油机的最高转速。

图 4-56 所示为装有调速器弹簧的特性曲线。其形状与柱塞式喷油泵的调速特性曲线基本一致,适应性比较好,能满足柴油机工作的需要。但是 PTG 调速器只能控制柴油机的最低转速和最高转速,不能控制中间转速。

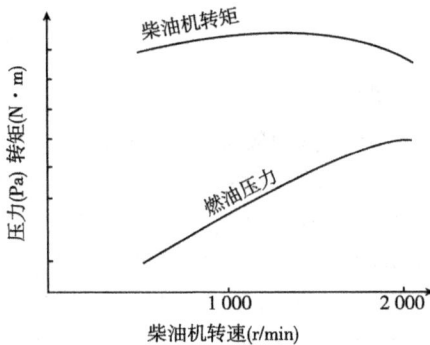

图 4-55 装有高、低速转矩控制弹簧的特性曲线

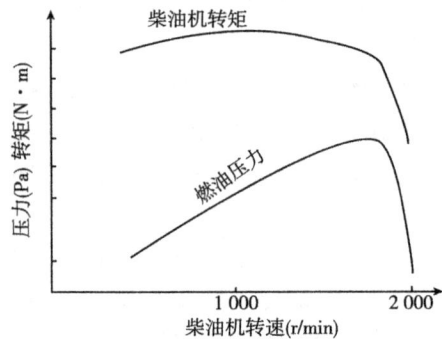

图 4-56 装有调速器弹簧的特性曲线

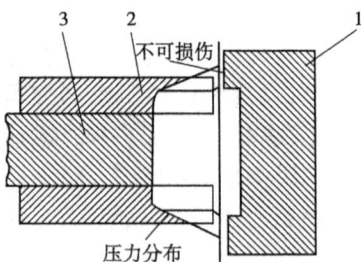

图 4-57 调速器柱塞承受的
燃油压力分布情况
1-怠速弹簧柱塞;2-柱塞套筒;
3-调速器柱塞

应当指出,怠速弹簧柱塞和调速器柱塞之间的间隙 Δ 起着调压阀的作用,图 4-57 所示为此间隙作用于调速器柱塞上的燃油压力分布情况。由图可知,二柱塞的端面精度对油流出的情况有重要影响,将直接影响 PT 泵的性能,故精度必须保证。

(三)节流阀

节流阀装于 PTG 调速器和 MVS 调速器之间的油路中(图 4-53)。关小节流阀,从 PTG 调速器流向 MVS 调速器的燃油压力降低;开大节流阀,则燃油压力增加。对于具有全制式调速器的 PT 泵来说,节流阀的开度在试验台上调好

112

后,将其固定。节流阀的基本构造如图 4-58 所示。调整时,同时拧两限位螺钉。当增加节流阀开度时,先松右侧螺钉,后拧紧左侧螺钉,使节流阀轴逆时方向转动,增加流通断面面积;反之,亦然。

(四)MVS 调速器

MVS 调速器是一个全制式调速器。从图 4-52 中可以看出,它主要由柱塞、柱塞套筒、怠速弹簧、调速弹簧、怠速螺钉、高速限位螺钉、操纵臂等组成。

下面结合图 4-52 和图 4-53 分析 MVS 调速器工作的基本原理。由节流阀进入柱塞环槽的燃油,由于环槽左右端承压面积相同,故槽里燃油不会使柱塞做轴向移动。实际上使柱塞左右移动的力有以下几种:柱塞 12 右侧主要是调速弹簧 14 的作用力,其预紧力的大小由驾驶员通过操纵臂来控制。当操纵臂顺时针转动与高速限位螺钉 16 相碰时,预紧力最大;反向转动操纵臂与怠速螺钉相碰时,预紧力最小。柱塞 12 左侧主要受油腔燃油压力的作用。由于左腔燃油与齿轮泵出口油道以及 PTG 调速器进口油道均相通,故这几处燃油压力均相等,而且油压也都大致和柴油机的转速平方成正比。弹簧的作用力推动柱塞左移,使柱塞 12 和柱塞套筒之间的流通断面增大,故每个循环的供油量增加;燃油的压力推动柱塞 12 右移,减小流通断面,使供油量减少。随着柱塞 12 的左右移动,使 PTG 调速器流出的燃油压力和供油量能自动得到调整。一般可使喷油器入口处油压在 0～1.15MPa 范围内变化。

MVS 调速器和一般机械式的全制式调速器很相像,柱塞左侧油腔相当于飞块,柱塞相当于供油拉杆。因此,当操纵臂位置一定、负荷一定时,柴油机总会在某一转速时弹簧的作用力与燃油压力相等,柱塞不动,柴油机便在这一转速稳定运转。当负荷增加、转速降低时,弹簧力大于油压力,柱塞左移使供油量增加,阻止转速继续降低,于是,柴油机又会在比原转速稍低的某一转速达到新的平衡,重新进行稳定运转;同理,当负荷减小时,会在原转速稍高的某一转速重新平衡。具体的变速原理同 II 号喷油泵调速器的变速原理完全相同,这里不再重述。

图 4-59 所示为 MVS 调速器的调速特性曲线。曲线形状与机械式全制式调速器相类似。当操纵臂固定在某一位置时,其调速特性曲线为 bb 段,若阻力矩为 T_r,则柴油机便在 B 点以 n_B 转速稳定运转。当外界阻力矩由 T_r 降为 T_r' 时,柴油机转速随即上升,柱塞左腔燃油压力增加,使柱塞右移减少供油量,柴油机便从 n_B 点上升到 n_B' 点稳定工作。若是外界阻力矩增加,就会在小于 n_B 点重新平衡。

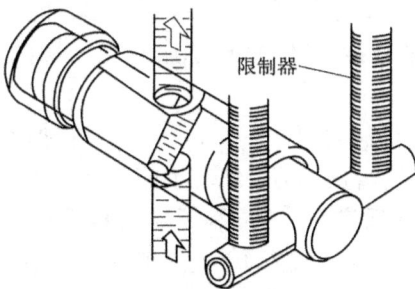

图 4-58 节流阀

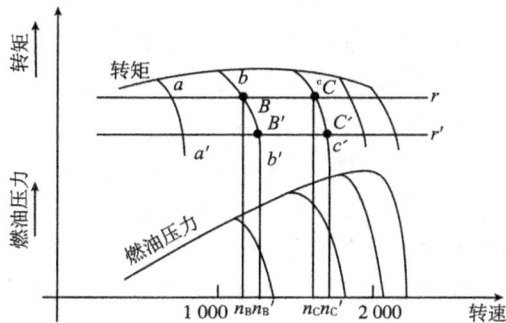

图 4-59 MVS 调速器的调速特性曲线

当操纵臂从 bb 位置顺时针转动变到 cc 位置时,如外界阻力矩不变(仍为 T_r),由于调速弹簧的预紧力增加,柱塞向左移动,故供油量增加,转速上升。转速上升的结果,又使柱塞左腔燃油压力增加,迫使柱塞右移,减少供油量,在 C 点又出现新的平衡。因 C 点供油量比 B 点有所增加,所以,柴油机以比原转速 n_B 高的转速 n_C 稳定工作。当操纵臂与高速限位螺钉相碰时,柴油机便获得最大的转速范围,其临界点即为额定工况点;当操纵臂逆时针方向转动,若外界阻力矩不变,柴油机就会因供油量减少而在较低转速稳定工作。当操纵臂与急速螺钉相碰时,调速弹簧不起作用,只靠急速弹簧维持柴油机以最低的急速转速稳定运转。

由上述分析可见,驾驶员操纵的加速踏板,实际上也是控制调速弹簧预紧力的大小,在每个操纵臂位置,随着外界负荷的变化,MVS 调速器可自动改变循环供油量,从而自动调节转速。

(五)断流阀

图 4-60 所示为断流阀的构造。断流阀是一种电磁阀,主要由电磁铁 5、阀片 3、上盖、下盖、弓形弹簧等组成。

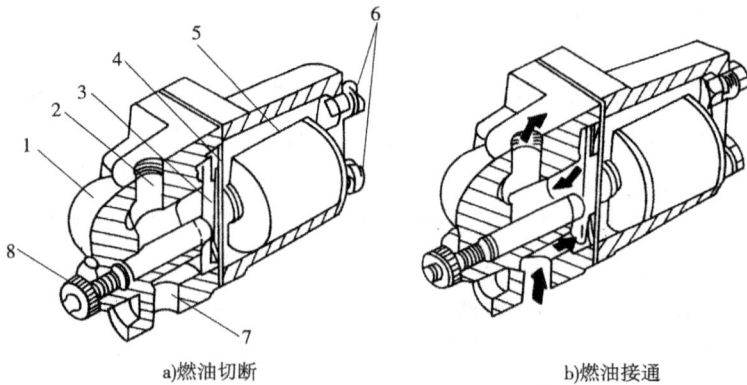

a)燃油切断   b)燃油接通

图 4-60 断流阀

1-阀体;2-通向 PT 喷油器进油口;3-阀片;4-弓形弹簧;5-电磁铁;6-接线柱;7-进油口;8-手控制螺钉

图 4-60a)表示电路断开时,阀片 3 在弓形弹簧 4 的作用下将油路切断,使柴油机熄火。图 4-60b)表示接通时,电磁铁将阀片吸过去,燃油便流往喷油器,使柴油机正常工作。

若电路出故障,阀片打不开时,可拧手控制螺钉 8 将阀片 3 打开,使油路畅通。

(六)PT 燃油泵其他各部位的结构与原理

1.空气燃油比控制装置

空气燃油比控制装置(AFC)是起限制燃油压力与流量用的。当柴油机加速时,AFC 将提供恰当的空气所需的燃油量,从而使车用柴油机的排放符合规定指标。有些柴油机不要求空气燃油控制。这些油泵的壳体上有一个堵头用来替换 AFC 套筒总成。空气燃油比控制(AFC)装置的结构如图 4-61 所示。

当 AFC 控制柱塞 18 处于"无空气"位置时,其燃油流向如图 4-61a)所示。这种情况出现于发动机启动时,以及柴油机(增压器)速度和进气歧管压力还太低,不能克服 AFC 弹簧 21 的弹力时。从节流轴来的燃油流经无空气调整阀 10 通道,此处限制了压力和流量。AFC 控制柱塞 18 关断了通过 AFC 套筒的油路,燃油通过无空气调整阀 10 经通道 6 流向节流阀。

当增压器转速和进气歧管压力增加时,作用在 AFC 膜片 23 和活塞 22 上的空气压力克服 AFC 弹簧 21 的弹力,使 AFC 控制柱塞 18 向离开 AFC 盖板的方向运动。当柱塞运动时,控制柱塞 18 上的油槽让燃油通过 AFC 套筒 15 上的一个油道,绕过无空气调整阀 10,经 AFC 套筒 15,到第二个油道,流向节流阀。当进气管压力进一步增加时,AFC 控制柱塞 18

继续运动,直至对燃油的阻力达到最低值。进气歧管压力使 AFC 控制柱塞 18 保持全开位置,如图 4-61b)所示。AFC 腔内的燃油通过一根加油管,流到 PT 喷油器回油管中。

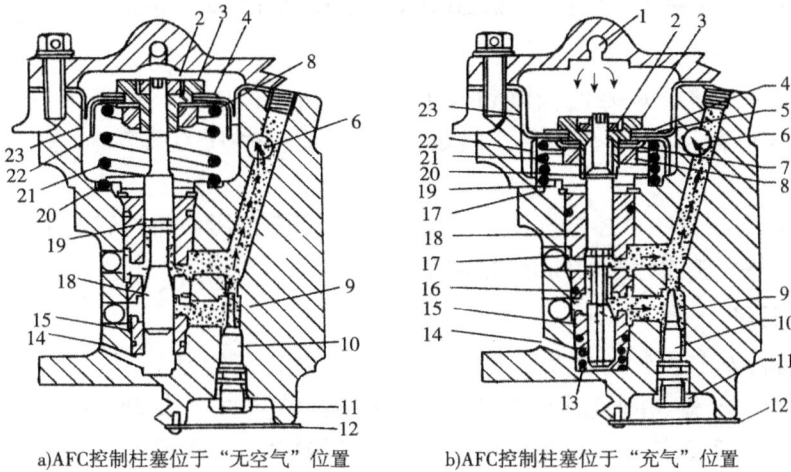

a)AFC控制柱塞位于"无空气"位置　　　　b)AFC控制柱塞位于"充气"位置

图 4-61　空气燃油比控制(AFC)装置

1-进气歧管压力;2-柱塞锁紧螺母;3-中央螺栓;4-密封垫圈;5-平垫圈;6-燃油通向节流阀;7-安装间隔圈;8-活塞锁紧螺母;9-燃油来自节流轴;10-无空气调整阀;11-无空气锁紧螺母;12-节流轴盖板;13-套筒弹簧;14-到泵体的泄油孔;15-套筒;16-套筒 O 形油封;17-回油道;18-控制柱塞;19-柱塞 O 形油封;20-垫圈;21-弹簧;22-活塞;23-膜片

2. 空气信号衰减器阀

空气信号衰减器阀(ASA)是一个噪声和烟度控制阀,为了减少发动机加速时产生的噪声和进一步降低烟度,液压 ASA 装置(如采用气压 ASA 装置,则安装于 AFC 盖上的进气接头上)安装在 AFC 装置弹簧腔的回油口上,如图 4-62 所示。

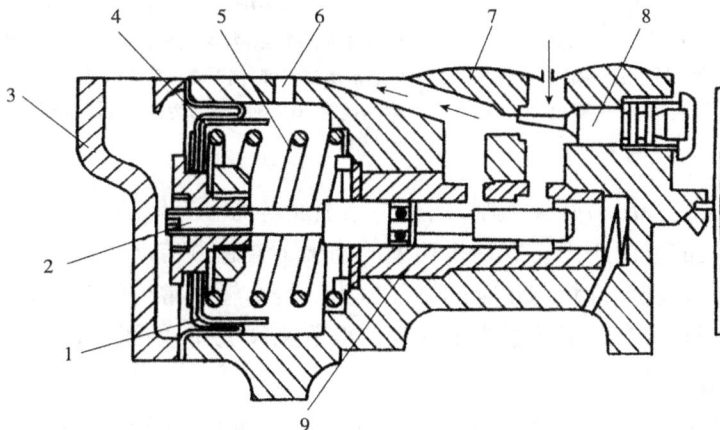

图 4-62　AFC 装置上安装 ASA 的位置

1-AFC 膜片;2-AFC 柱塞;3-AFC 盖;4-AFC 活塞;5-AFC 弹簧;6-ASA 装置或燃油回油接头安装孔;7-PT 燃油泵体;8-无空气调整螺钉;9-AFC 柱塞套

液压 ASA 装置的结构如图 4-63 所示。它由止回阀上体 1、止回阀下体 4、喷嘴滤网 6 和钢球 2 等部分组成。钢球 2 和喷嘴孔板上的节流孔,其作用是增加 AFC 装置弹簧腔的回油阻力,使 AFC 控制柱塞 18(图 4-61)的运动滞后于增压压力的增加。发动机快速加速时,由于 ASA 装置延缓了 AFC 控制柱塞 18 向全开位置移动的速度和时间,从而限制了发动机的加速噪声和波许烟度值。

ASA 和 AFC 装置均在出厂时进行过校准,操作者不得任意变动。

3. 转矩修正装置

许多 PT 燃油泵将转矩峰值调整到低于正常峰值转速以下。这种带有转矩修正装置(TMD)的 PT 燃油泵叫做高转矩油泵。转矩修正装置是一种压力调节器,这个装置装在泵体和节流阀之间。

这个压力调节器是一个控制燃油压力的旁通阀,当燃油压力超过弹簧力时,阀衬套和柱塞的运动,将一部分燃油旁通回到 PT 燃油泵壳体顶部。

4. 转矩限制阀

某些发动机,有 17:1 或更大速比的传动系统,其转矩控制需要一个双作用转矩限制阀。这种发动机的转矩,在低速挡运转时,必须采用这种发动机、传动系统的控制方式,以保护传动系统和传动零部件。双作用转矩限制阀的结构如图 4-64 所示。

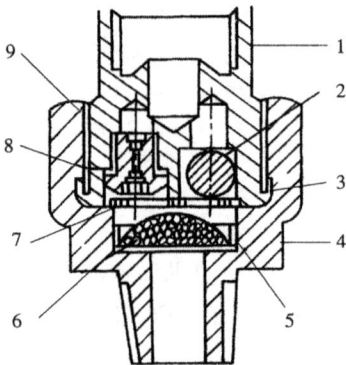

图 4-63 液压 ASA 装置的结构
1-止回阀上体;2-钢球;3-O 形圈;4-
止回阀下体;5-喷嘴滤网夹;6-喷嘴
滤网;7-垫圈;8-孔板衬垫;9-喷嘴
孔板(0.64mm)

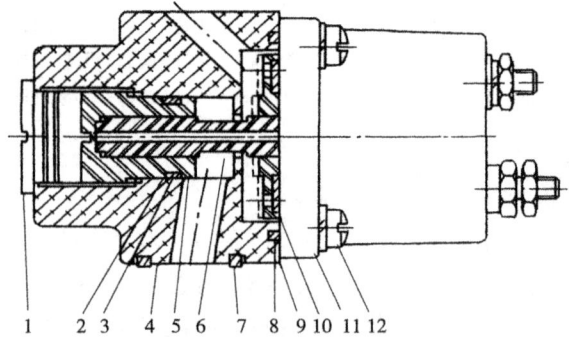

图 4-64 双作用转矩限制阀的结构
1-阀堵头;2-特氟隆套 O 形圈;3-O 形圈;4-阀体;5-阀套;
6-电枢及柱塞部件;7-密封环;8-节流阀密封环;9-节流阀
燃油挡板;10-节流阀弹簧;11-线圈(必须标时电压);
12-螺钉

转矩限制阀由一个压力开关控制,该开关是不通电的。当传动系统处于低速挡时,阀会降低输送到发动机的燃油压力。发动机功率的输出不会超过传动系的标定能力。在所有其他变速挡,开关通电,阀允许均匀正常的燃油压力。当车辆正常行驶时,阀不起作用。

转矩限制阀(TLV)安装于转矩修正器和标准节流阀之间,如图 4-65 所示。

5. 冒烟限制器

冒烟限制器的结构原理如图 4-66 所示。在柴油机负荷急剧变化(如突然加速)时,由于涡轮的惯性,使涡轮转子转速升起后滞后一段时间,瞬时供油过多,从而气量不足,造成燃烧不完全,在柴油机冒黑烟的情况下,该装置起作用。它可根据进气压力的变化,把来自 PT 燃油泵的燃油适当地旁通一部分,使其与进气量相适应,防止发动机冒黑烟。

正常情况下,燃油压力把止回阀 3 推开,使燃油油道 2 和旋转控制阀 4 与油道连通。旋转控制阀 4 的另一端通过连杆 7 和拉杆 8 相连,空气入口 12 是与进气管相连的,当进气管压力低于调定值时,膜片 11 上的气压降低,在弹簧 9 的作用下,拉杆 8 上升,通过连杆使旋转控制阀 4 转动,燃油经该阀旁通一部分返回齿轮泵 1,使供给 PT 喷油器的油量减少。旁通油量的多少可以用调整螺钉 6 进行调整。

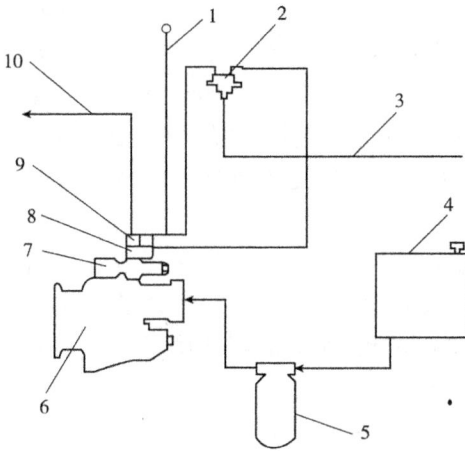

图 4-65　转矩限制阀的安装位置示意图
1-通往启动开关的导线;2-压力开关;3-从变速器来的空气信号;4-燃油箱;5-燃油滤清器;6-PT 燃油泵;7-转矩修正器;8-转矩限制阀;9-节流阀;10-去发动机的燃油

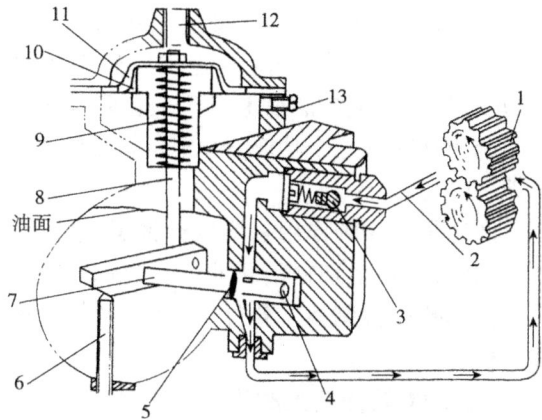

图 4-66　冒烟限制器的结构原理
1-PT 燃油泵的齿轮泵;2-燃油油道;3-止回阀;4-旋转控制阀;5-销;6-螺钉;7-连杆;8-拉杆;9-弹簧;10-腔室;11-膜片;12-空气入口;13-螺钉

在发动机启动时,由于进气压力和燃油压力都很低,止回阀 3 处于关闭状态,所以冒烟限制器在柴油机启动时不起作用。

三、喷油器

(一)喷油器的计量原理

柱塞式喷油泵是将低压燃油变成高压后输送给喷油器,喷油器以雾状将燃油喷入燃烧室,喷射燃料量的多少,是由喷油泵严格控制的。PT 燃油系统则不同,PT 泵供给喷油器的是低压燃油,每个工作循环向燃烧室里喷射的燃油量,是由喷油器严格计量的。

图 4-67 所示为喷油器的计量原理简图。

从油泵 1 出来的燃油流过平衡量孔 2 后,大部分经回油量孔 3 流回油箱,一小部分经计量量孔 4 进入柱塞 7 下部空间。计量燃油的体积为

$$V = Qt \qquad (4-5)$$

式中:Q——计量量孔的燃油流量;
　　　t——计量量孔的计量时间。

计量流量可按下式计算:

图 4-67　喷油器计量原理简图
1-油泵;2-平衡量孔;3-回油量孔;4-计量量孔;5-油箱;6-汽缸;7-柱塞;8-柱塞套

$$Q = kA \sqrt{\Delta p} \qquad (4-6)$$

式中:Δp——计量量孔前后的压力差;
　　　A——计量量孔的断面积;

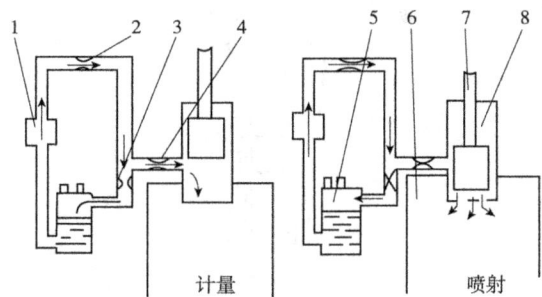

117

k——流量系数。

因此,计量体积为

$$V = kA \sqrt{\Delta p \cdot t} \tag{4-7}$$

式中,流量系数 k 和计量量孔断面积 A 均为常数,计量燃油量 V 与计量量孔前后压力差 Δp 的平方根和计量时间 t 成正比。如果柴油机转速提高,每个工作循环的计量时间 t 相对缩短,若想使计量燃油量 V 不变,亦即不减小柴油机的转矩,则必须提高压力差 Δp。PT 泵 PTG 调速器就有这个功能,随着转速的提高,压力差亦随之增加,使柴油机所能发出的最大转矩不改变。

回油量孔 3 的作用是维持计量量孔的进口压力稳定。平衡量孔 2 主要保证各缸喷油量的均匀性,一旦个别缸因回油量孔、计量量孔存在制造误差使供油不均匀,可更换不同尺寸的平衡量孔进行调整。此外,可通过更换不同尺寸的平衡量孔,使喷油器适用于不同功率的柴油机。

(二)PT 喷油器的结构及工作过程

PT 喷油器接受来自 PT 燃油泵的低压燃油,在一定的高压和容器下通过喷油器喷孔将燃油以良好的雾状喷入燃烧室。

PT 喷油器可大致分为两种基本形式。

(1)安装法兰的 PT 喷油器,如图 4-68 所示。

(2)圆筒形的 PT 喷油器,如图 4-69 所示。

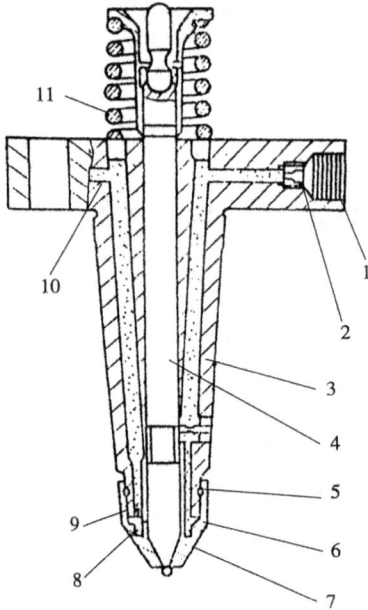

图 4-68 安装法兰的 PT 喷油器
1-进油孔;2-进油量孔;3-喷油器体;4-柱塞;5-O 形密封圈;6-调整垫片;7-喷油器喷嘴头;8-计量量孔;9-回油量孔;10-回油孔;11-柱塞复位弹簧

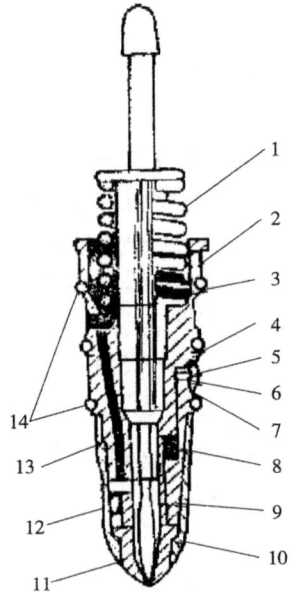

图 4-69 圆筒型 PT(D)喷油器
1-弹簧;2-壳体;3-轴节;4-垫片;5-进油量孔;6-滤网;7-卡环;8-止回球阀;9-柱塞;10-套筒;11-喷油嘴头;12-紧帽;13-销钉;14-O 形密封圈

前者是一种老式的 PT 喷油器,用于 D80A-12 型推土机装配的 NH-220-CI 型柴油机上。在近些年生产的 PT 燃油系中很少采用这种形式的喷油器。目前的康明斯 NT855 系列、V1710 系列、小 V 系列及 K 系列发动机上均采用圆筒型 PT 喷油器,圆筒型 PT 喷油器的最大特点是燃油的进出不用明管连接,在汽缸盖和汽缸体上钻有通道进行供油和回油,使发动机的外表更干净而简单,并减少了由于管路损坏、泄漏引起的各种故障。法兰型 PT 喷油器按其供油方式可分为供油量可调式和选配流量式两种。圆筒形 PT 喷油器可分为 PT 型、PT(B)型、PT(C)型、PT(D)型、PT(D)顶部限位型和 PT(ECON)型等多种。

1. 法兰型 PT 喷油器

图 4-70 所示为喷油器的构造及传动机构。

喷油器主要由喷油器阀体 2、柱塞 10、复位弹簧 9、喷油器罩 15、垫片 14、平衡量孔 3、回油量孔 12、计量量孔 13 等组成。平衡量孔是螺纹连接,更换方便。

柴油机工作时,凸轮轴 6 的凸起顶推随动轮 5,通过推杆 4、摇臂 1 顶压柱塞杆头 8,克服弹簧 9 的弹力,强制将柱塞 10 压下,使其下端锥形油腔内产生高压,把燃油喷入燃烧室。凸轮轴的凸起转过随动轮,柱塞便在复位弹簧的作用下上升,将 PT 泵输送来的燃油喷入燃烧室。凸轮轴的凸起转过随动轮,柱塞便在复位弹簧的作用下上升,将 PT 泵输送来的燃油充入锥形油腔。凸轮和复位弹簧对柱塞的交替作用,使柱塞不断往复运动,不断吸油和喷油。

图 4-71 所示为喷油器的燃油计量过程。

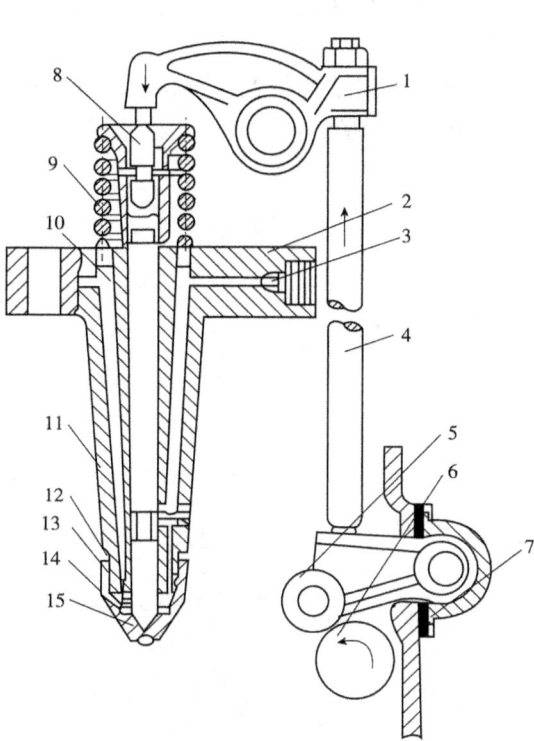

图 4-70 喷油器及传动机构

1-摇臂;2-阀体;3-平衡量孔;4-推杆;5-随动轮;6-凸轮;
7-调整垫片;8-柱塞杆头;9-复位弹簧;10-柱塞;11-环
槽;12-回油量孔;13-计量量孔;14-垫片;15-喷油器罩

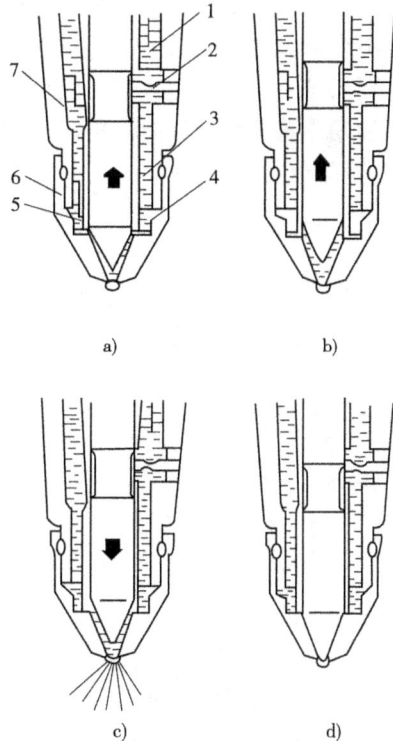

图 4-71 喷油器的燃油计量

1-油道;2-柱塞环槽;3-油道;4-环形槽;
5-计量量孔;6-回油量孔;7-回油道

图 4-71a)表示喷油器柱塞刚开始上升时,由 PT 泵来的燃油经平衡量孔流入阀体油道 1、柱塞环槽 2、油道 3 和环形槽 4。此时,由于计量量孔 5 未打开,燃油便经回油量孔 6、回油道 7 流回浮子油箱。图 4-71b)表示当柱塞继续上升打开了计量量孔,一部分燃油被吸入喷油器的锥形油腔,大部分燃油仍流回油箱。计量量孔位于平衡量孔和回油量孔中间,与回油

路并联。所以,进入锥形空间的燃油量,在计量量孔直径固定的情况下,主要取决于计量量孔的开启时间和油道中平衡量孔与回油量孔间的燃油压力。当柴油机进入压缩行程后期时,有部分高温、高压气体压入锥形空间与底部燃油混合。图4-71c)表示柱塞下降至刚关闭计量量孔位置时,锥形油腔产生约98MPa的高压,将燃油以雾状喷入燃烧室。先喷入的是燃油和空气的混合气,首先着火燃烧,随后喷入的燃油则陆续燃烧。图4-71d)表示柱塞下降到底时,柱塞的下锥部占据了整个锥形空间,其中的燃油全部喷入燃烧室。此时,柱塞的圆柱面将油道1和柱塞环槽2断开,燃油停止在喷油器阀体内流动。

喷油器的计量、喷油时刻如图4-72所示。图4-72a)表示进气行程活塞处于上止点后44°曲轴转角的计量开始位置。进气行程开始,活塞自上止点向下止点移动。随动轮在凸轮的凹面上滚动,喷油器柱塞在复位弹簧的作用下上升,至图示位置,计量量孔开启,燃油进入锥形油腔,燃油计量开始。图4-72b)表示计量行程开始后柱塞上升位置。至上止点后60°曲轴转角位置,柱塞停止上升(停在最高位位置)。图4-72c)表示压缩行程处于上止点前62°曲轴转角位置,柱塞从最高位置开始下降。图4-72d)表示压缩行程处于上止点前28°曲轴转角位置,此时柱塞下降关闭计量量孔,计量终了。从计量开始到计量结束,总计量角度为288°曲轴转角。应该说明,在计量时间内,由于锥形油腔内的压力较低,喷孔的直径又小,故燃油不会滴漏进燃烧室。图4-72e)表示压缩行程处于上止点前22.5°曲轴转角喷射开始位置。图f)表示做功行程处于上止点后18°曲轴转角喷射结束位置,此时柱塞下降到最低位置。喷油角度为40.5°曲轴转角。喷油结束后,凸轮曲线稍凹下0.36mm,柱塞稍升起后保持不动,直至排气行程结束。

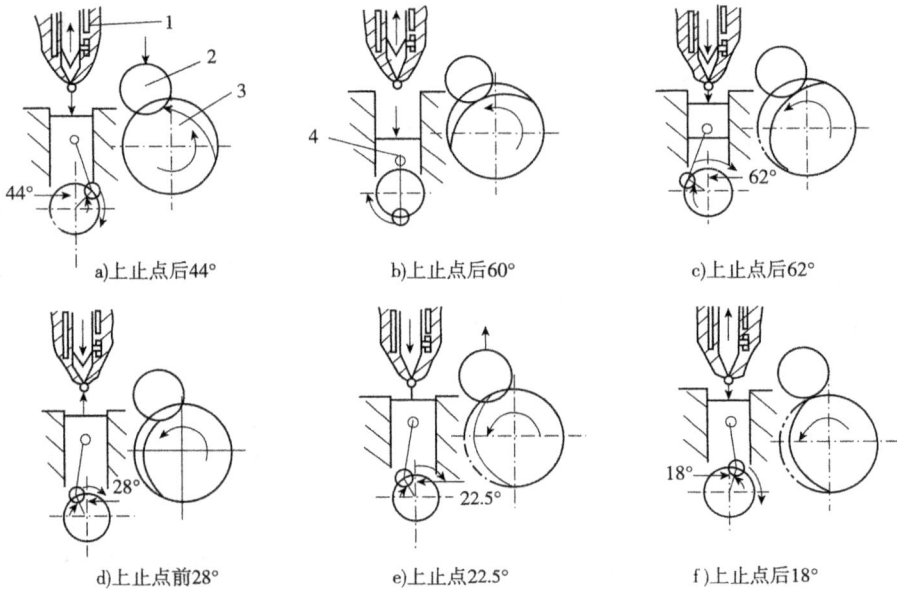

图4-72 喷油器的计量、喷油时刻
1-喷油器;2-随动轮;3-凸轮;4-活塞

凸轮转一圈,柴油机在4个行程内的喷油周期如图4-73所示。

2. 圆柱形PT(D)喷油器

PT(D)型喷油器的结构见图4-69,由弹簧1、壳体2、轴节3、垫片4、进油量孔5、止回球阀8、柱塞9、套筒10和喷油嘴头11等组成。

120

PT(D)型喷油器的驱动示意图如图4-74所示。喷油器由凸轮轴控制,定时把燃油以雾状射入燃烧室。

PT(D)型喷油器的工作过程分4个阶段。

(1)旁通阶段。图4-74为停止供油状态,柱塞2被压至最低位置。此时柱塞上部油槽把喷油器内的进油口12和回油口6连通,来自燃油泵的燃油又从回油道16返回油箱。喷油器的来油和回油由三道O形密封圈17分隔开。当发动机在做功行程和排气行程时,喷油器均处于这种状态。

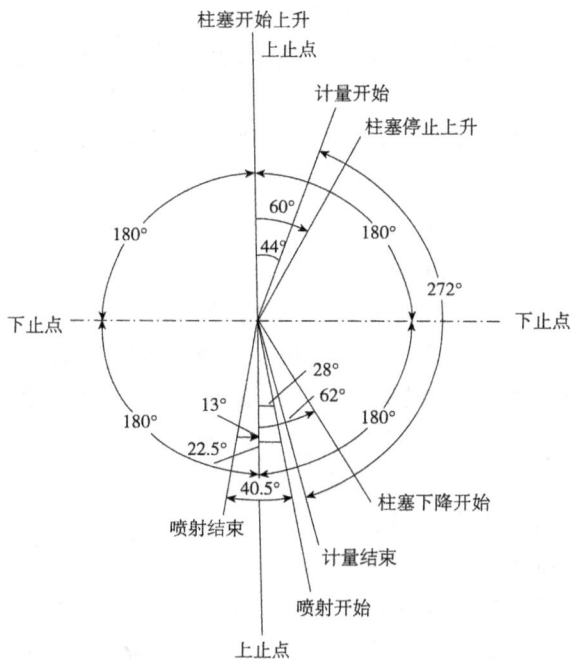

图4-73 喷油周期

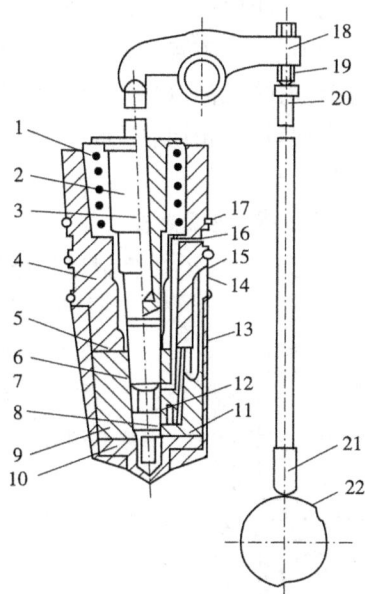

图4-74 PT(D)型喷油器的驱动示意图
1-弹簧;2-柱塞;3-顶杆;4-壳体;5-紧帽;6-回油口;7-上部油槽;8-下进油口;9-套筒;10-下部盆腔;11-喷嘴头;12-上进油口;13-止回球阀;14-进油量孔;15-滤网;16-回油道;17-O形密封圈;18-摇臂;19-调整垫片;20-推杆;21-挺杆;22-凸轮

(2)计量阶段。燃油通过喷油器壳体上的一个可调整油量的进油量孔14进入喷油器,在进油量孔14处装有细滤网15,对燃油进行过滤。在进入喷油器油压的作用下,顶开止回球阀13的阀芯,进入下部油道。

当凸轮继续旋转至进气行程后不久,凸轮外轮廓曲线从G点起突然改变,如图4-75所示。柱塞2在弹簧1的作用下升起,先将回油口封闭,使其与上进油口切断,凸轮到达H点时,燃油旁通结束,至A点量孔14开始计量,燃油通过下进油口流入下部盆腔10。此时,由于油压低和喷孔直径小,因此喷孔不会泄漏燃油。当柱塞2

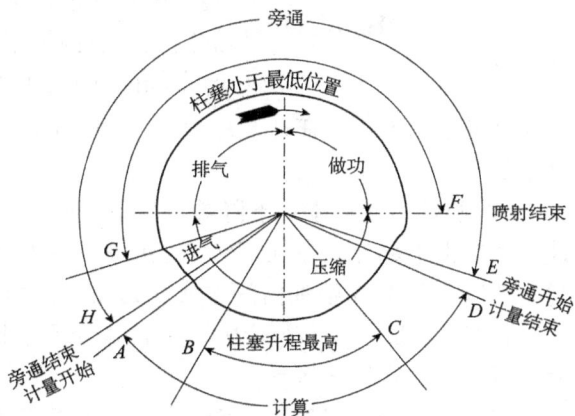

图4-75 凸轮外轮廓曲线结构图

121

上升到最高位置后,凸轮外廓曲线保持平稳,柱塞2便保持在最高位置不动,直到发动机进气行程结束,压缩行程进行到凸轮曲线的 C 点,外廓曲线又有了变化,先是比较缓和,通过挺杆21、推杆20、摇臂18和顶杆3,柱塞2在顶杆3的作用下,逐渐下降,直到柱塞接近下进油口8,凸轮外廓曲线上的 D 点,计量才告结束。

(3)预喷射阶段。计量阶段即将结束,柱塞2下行到一定位置,柱塞下部盆腔10及下进油口8产生一定压力,使止回球阀13落座而关闭了进油量孔,柱塞继续下行,把下进油口8和下部盆腔断开,由于发动机的转速很高,计量时间是很短的一瞬间,柱塞2的下部盆腔里未被油所充满,所以,此阶段只是在压缩和排除未充满燃油部分的气体。

(4)喷射阶段。在柴油机压缩行程接近结束时,凸轮外廓又突然改变,柱塞快速下行,把下部盆腔10内的燃油以99.5MPa的高压喷入燃烧室。与此同时,柱塞上部的油槽又使回油口6和上进油口12相通,燃油开始旁通。凸轮外廓曲线到达 F 突变点,喷射即将结束,柱塞2的下锥体落座。

3. PT(ECON)型喷油器

为了满足对排气污染控制越来越严格的要求,在PT(D)型喷油器的基础上又发展了一种叫做PT(ECON)型的喷油器,如图4-76所示。其主要特点:喷油持续时间短,喷油压力高(103.4MPa),缓慢开始喷油,迅速结束喷油,没有二次喷射现象;排气污染度和燃油消耗量降低。

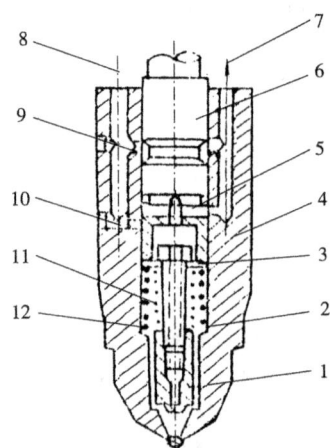

图4-76　PT(ECON)型喷油器
1-端阀;2-调整螺钉;3-跳动钮;4-喷油器体;5-回油孔;6-柱塞;7-往燃油箱去的燃油;8-从燃油箱来的燃油;9-排油孔;10-计量量孔;11-内弹簧;12-外弹簧

PT(ECON)型喷油器由端阀1、调整螺钉2、喷油器体4、柱塞6以及内外弹簧11、12等组成。

PT(ECON)型喷油器结构上的显著特点是端阀1与喷油器柱塞6是分开的,端阀在计量室里是"浮动"的。喷油器外形与PT(D)型喷油器非常相似,以提高通用性。在喷油器内部,由端阀1、跳动钮3、开口环和内弹簧11组成的端阀部件,悬置在外弹簧12上,外弹簧可使端阀部件随柱塞一起运动。

PT(ECON)型喷油器的工作原理如下:

(1)计量。在计量期间,柱塞6升起,计量量孔10打开,端阀1被外弹簧12抬起,这时跳动钮3紧贴在柱塞6的端面,端阀上面有燃油通道,喷射时上下计量室是相通的。计量时端阀的圆柱形底部缩进与之精密配合的孔中,从而隔断了上下计量室之间的通路,上下计量室的隔开有助于把大部分计量燃油保持在计量室的上部。在计量过程中,汽缸内压缩气体通过喷孔流入喷油器体内,并停留在计量室的下部。

(2)喷油。当柱塞6下降关闭计量量孔时,计量过程结束。此时端阀的控制棱边沟通了计量室的上下部分。在柱塞向下运动时,由于计量室容积减小,喷油器内压力增加,燃油就类似地以PT(D)型喷油器的方式开始喷油。由于上下计量室是连通的,在两个室内的液压几乎相等,实质上没有液压力作用在端阀部件上,因而端阀内弹簧只需克服端阀的惯性力,就可以使端阀跟柱塞运动。

(3)喷射结束。喷油一直持续到端阀靠近喷油器嘴头锥形座面。当端阀靠近锥形座面时,环形油路面积变成小于喷孔面积,燃油节流作用开始。座面处的节流使端阀下面的压力减小。由于端阀可以脱离柱塞单独加速,作用在端面顶面的不平衡液压力使端阀迅速落座。

(4)回油和排油。当端阀落座后,喷油器不再喷油。这时一个回油孔,可以防止燃油室中产生过高的压力。采用合适的回油孔尺寸,使压力保持在合理的范围之内,既能保证端阀密封,又能防止二次喷射。此后柱塞继续向下运动,从喷油计量室排出的燃油经过回油管返回油箱。

(三)喷油器的调整

图4-77表示喷油器密封垫厚度对计量时刻的影响。柱塞总的升程不变,密封垫越薄,计量开始时刻提前,计量时间越长;反之,密封垫越厚,开始计量时刻滞后,计量时间缩短。因此,各缸计量时刻调好后,各缸喷油器密封垫厚度不可随便变动,否则会影响各缸喷油量的均匀性。

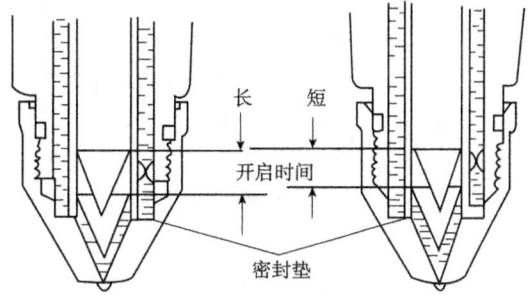

图4-77　喷油器密封垫厚度对计量时刻的影响

图4-78所示为随动轮安装垫片厚度对喷油时刻的影响。通过喷油时刻检验仪对各缸喷油时刻进行检验,若喷油角过大,可将垫片减薄,使喷油时刻推迟;反之,加厚垫片,可使喷油时刻提前。

图4-79所示为柱塞行程的调整。如果柱塞行程太小,喷油器喷油时柱塞压不到底,锥形油腔底部的燃油不能完全喷射出去,不仅会影响喷油量,而且残余燃油会碳化在喷嘴头底部,影响喷油器正常工作;相反,柱塞行程如果太大,柱塞对锥形喷嘴头压力过大,易使喷嘴头压脱。因此,柱塞行程应适当,若不适当,可按图示方法调整调整螺钉。调整时,必须使随动轮处于最高位置。

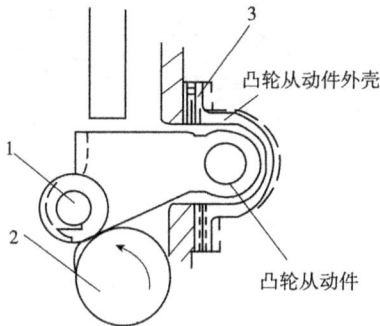

图4-78　随动轮安装垫片厚度对
喷油时刻的影响

1-随动轮;2-凸轮;3-垫片

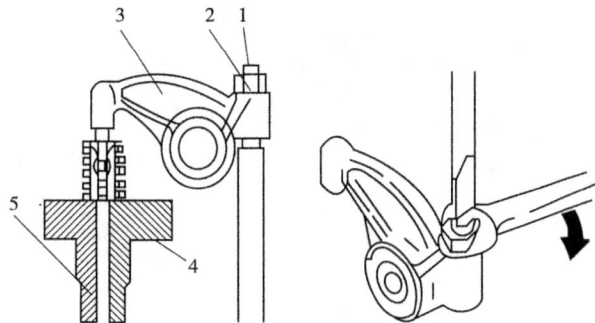

图4-79　柱塞行程的调整

1-调整螺钉;2-锁紧螺母;3-摇臂;4-喷油器;5-柱塞

四、辅助装置

辅助装置主要包括主油箱1、浮子油箱2、滤油器3等。

主油箱主要用于储存燃油。

设置浮子油箱的主要作用是防止主油箱里的燃油流进喷油器。

图4-80所示为未设浮子油箱与设置浮子油箱的PT燃油系统比较简图。

图4-80a)表示未设置浮子油箱。由于主油箱位置较高,当柴油机不工作时,燃油会沿着回油管流向喷油器;甚至也可以沿断油阀的间隙流向喷油器。流向喷油器的燃油进而流入

汽缸,使油底壳内的机油变稀,也增加燃油的消耗。NT855、V1710 等系列柴油机上,由于在出、回油管上设置了止回阀及喷油器的结构特点,故不需浮子油箱。

图4-80b)表示设置了浮子油箱。其位置低于喷油器,喷油器回油管与其相通,能防止燃油流向喷油器。

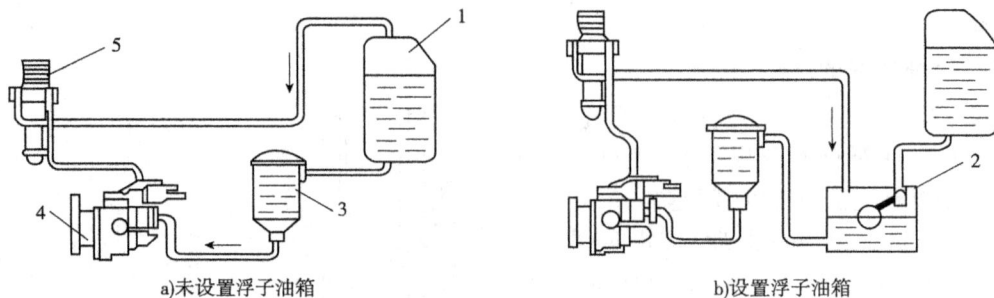

a)未设置浮子油箱   b)设置浮子油箱

图 4-80　浮子油箱的位置布置

1-主油箱;2-浮子油箱;3-滤油器;4-PT 泵;5-喷油器

图 4-81 所示为浮子油箱的结构。当流入浮子油箱的燃油油面达到规定的高度时,浮在油面上的浮子将进油阀关闭,使主油箱的燃油停止流入。当油面下降时,浮子也随之下降,开启进油阀,燃油流入浮子油箱,并使油面始终保持在规定的高度。

装有纸质滤芯的滤油器,滤去燃油中的杂质。防止 PT 泵和喷油器中精密件发生故障。

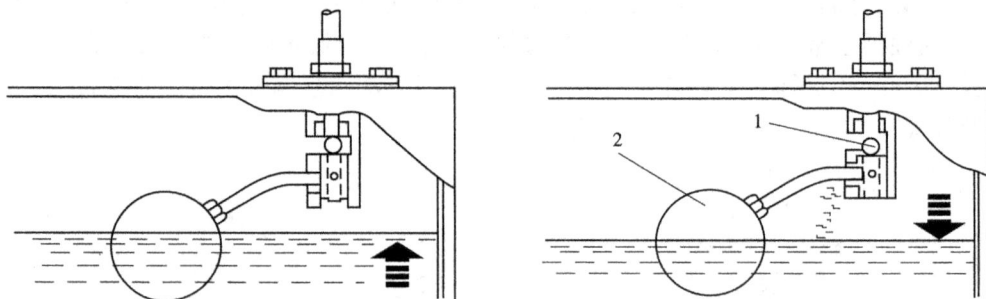

图 4-81　浮子油箱的结构

1-球阀;2-浮子

第五章　电控燃油喷射系统

第一节　电控燃油喷射系统概述

燃油喷射系统是影响缸内燃烧过程的关键因素,对柴油机的动力性、经济性和排放性能都有重要影响。要改善柴油机缸内的燃烧状况,就要求燃油喷射系统既具有理想的喷射速率特性,又要有较高的喷射压力。传统的喷射系统由于受到结构和技术等限制,不能同时达到这两个要求,因此,柴油机电控喷射系统逐渐发展起来。在传统的喷射系统基础上首先发展起来的电控燃油喷射系统是位置式电控燃油喷射系统,称为第一代电控燃油喷射系统,而基于电磁阀的时间式电控燃油喷射系统则称为第二代电控燃油喷射系统,第三代电控燃油喷射系统是基于压力－时间的共轨系统。

1. 位置式燃油喷射系统

位置式电控燃油喷射系统多出现在直列泵和分配泵上,其特点是完全保留了传统燃油喷射系统的泵－管－嘴的基本结构和脉冲高压供油原理,只是将原有的机械控制机构用由传感器、执行器和 ECU 所组成的控制系统取代。在原机械控制循环喷油量和喷油定时的基础上,改进机构功能,使用直线比例式或旋转式电磁执行机构控制油量,调节齿杆位移和提前器运动装置的位移,从而实现对循环喷油量和喷油定时的控制,提高燃油喷射系统的控制精度、响应速度及适应性。

2. 时间式燃油喷射系统

时间式电控燃油喷射系统利用柱塞泵可承载高压的特性为喷射系统建立供油压力,通过控制高速电磁阀的开闭来实现对喷油量和喷油定时的控制。泵油机构和油量控制机构完全分开,燃油的计量是由喷油器的开启时间长短和喷油压力的大小来确定的。电磁阀作用时间的长短控制供油量的多少,而电磁阀起作用的时刻控制喷油定时。时间式电控燃油喷射系统可以直接对柴油机的燃油喷射过程进行控制,而将传统喷油泵中的齿条、滑套、柱塞上的斜槽和提前器等全部取消,对喷油量和喷油定时控制的自由度更大。这种控制方式使得燃油的计量成为时间的函数,与汽油机电控燃油喷射系统有一定的相似之处。

这种电控燃油喷射系统比纯机械式或第一代系统具有许多优越性,但其燃油喷射压力仍然与发动机转速有关,喷射后残余压力不恒定。另外,电磁阀的响应直接影响喷射特性,特别是在转速较高或瞬态转速变化很大的情况下尤为严重。而且电磁阀必须承受高压,因此对电磁阀提出了很高的要求。它通常包括电控分配泵、电控单体泵及电控泵喷嘴等。

3. 压力－时间式燃油喷射系统

共轨式电控燃油喷射系统不再采用传统的柱塞泵脉动供油原理,采用的是压力－时间式燃油计量原理,所以也被称为压力－时间式电控燃油喷射系统。由于该系统具有公共控制油道(共轨管),油泵不再直接产生高压,只是向共轨管中供油以保持所需的共轨压力,通过连续调节共轨压力来控制喷射压力,并用电磁阀控制喷射过程。压力-时间式电控燃油喷射系统对传统燃油系统的主要基本零部件都进行了革新,其特点是该系统根据柴油机运行工况的不同,不仅可以实时地控制喷油量与喷油定时,使其达到与工况相适应的最优数值;而且由于喷油压力的产生过程与燃油的喷射过程无关,还使得喷油压力和喷油速率的控制成为可能。另外,采用高速强力电磁阀对喷射量和喷油定时进行独立控制,大幅提高了系统控制的自由度以及精度[4]。

简而言之,具有代表性的柴油机电子控制系统的发展主要经历了电控直列喷油泵系统、电控单体泵系统、电控分配泵系统、电控泵喷嘴系统和高压共轨燃油喷射系统几个阶段。

第二节　直列柱塞泵与电控分配泵

一、电控直列柱塞泵

1. 在电控直列泵的电子控制系统中喷油泵所带电子部件

(1)对喷油量进行电子控制的电子调速器。

(2)对喷油时间进行电子控制的电子提前器。

喷油泵本体的燃油压送机构和传统的机械式喷油泵完全相同,电子调速器和电子提前器则根据发动机机型可以装用其中的一种或将两者都装上。但是,调节喷油量的原件仍然是调节齿杆,由调速器执行器进行位置控制;喷油时间的控制则是根据ECU的指令通过提前器执行器控制发动机驱动轴和凸轮轴之间的相位差实现的。因此,ECU通过各种传感器检出发动机的状态和环境,计算出最适合发动机状态的控制量,再向执行器发出指令。这是第一代电子控制直列式喷油泵的基本特征。

2. 电子调速器基本结构与调速原理

电子调速器基本控制方法是:电控单元按加速踏板角度传感器测得的加速踏板位置信号和喷油器凸轮轴转速传感器测得的柴油机转速信号,以及其他参考信号,确定循环供油

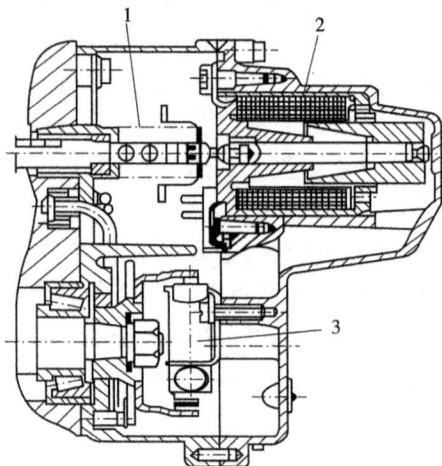

图5-1　电子调速器基本结构

1-复位弹簧;2-螺线管;3-转速传感器

量。再通过电控单元的行程或位置伺服电路,使电磁式或电磁-液压式执行器控制喷油泵油量调节齿杆有一个所要求的行程。而油量调节齿杆实际的位置则由装在电子调速器内的齿杆位置传感器检测,检测结果被反馈到电控单元的行程控制电路,由控制电路对提供给执行器的电流进行控制,使齿杆实际位置与预定位置之间的差值趋于零。这种反馈控制,有助于对齿杆位置进行高精度的控制和定位,提高对循环供油量的控制精度,同时也能用来检测控制和定位系统可能出现的问题或故障。其基本结构如图5-1所示。

3. 供油正时控制器

正时控制器是对柴油机喷油提前角进行调整

的装置,对于任意一台柴油机,其最佳喷油提前角是随柴油机的负荷和转速的变化而变化。电控柴油机喷油提前角的调节方法是通过改变喷油泵凸轮轴与曲轴的相对角位置。正时控制器结构如图 5-2 所示。其工作原理如下:4 个沿轴向布置的伺服活塞在较低的油压下就能推动滑块克服弹簧力向外运动,滑块又通过滑块销使双偏心轮转动。双偏心轮的结构改变了驱动轴和凸轮轴之间的相位,从而改变了供油正时。柴油机上的曲轴转速和位置传感器与凸轮轴转速和位置传感器可得到实际的供油正时,反馈给控制单元,形成闭环控制。

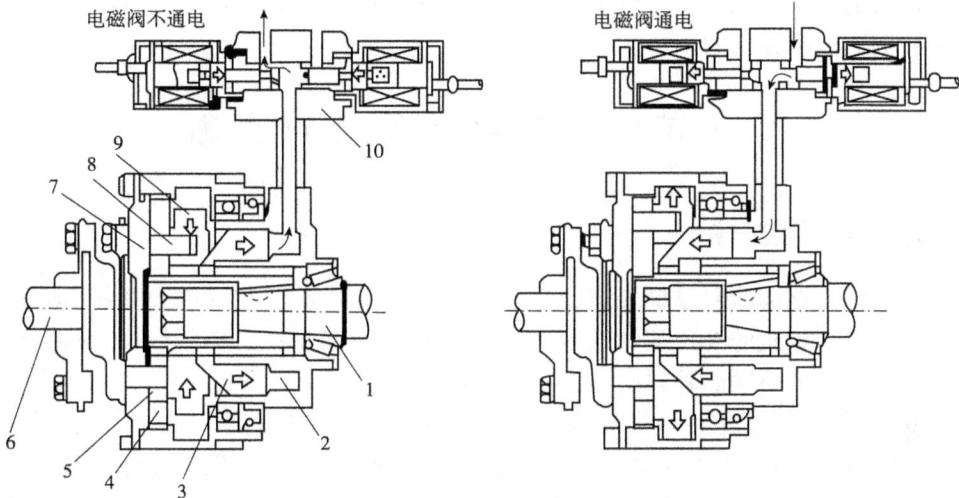

图 5-2 正时控制器结构原理图

1-凸轮轴;2-液压腔;3-液压活塞;4-大偏心轮;5-小偏心轮;6-驱动轴;7-驱动盘;8-滑块销;9-滑块;10-电磁阀

二、位置控制式电控分配泵

1.电控分配泵基本结构

典型的位置控制式电控分配泵是在机械式 VE 型分配泵的基础上实施电子控制改造而来的。其基本特点是取消了机械调速器上的飞锤、弹簧及杠杆机构,保留了油量控制滑套环,采用旋转式电磁铁,如图 5-3 所示。

2.电控分配泵特点

通过上述位置控制式电控直列泵和分配泵喷油量、喷油定时的分析表明其具有下列特点:

(1)电控泵保留了传统的泵 - 管 - 嘴系统,还保留了喷油泵中齿杆、齿圈、滑套及柱塞上的斜槽等油量控制机构及措施,只是对齿杆或滑套的移动位置由原来的机械调速器控制改为电子控制,控制精度和响应速度得以提高。使柴油机在转速、负荷变化时,能对喷

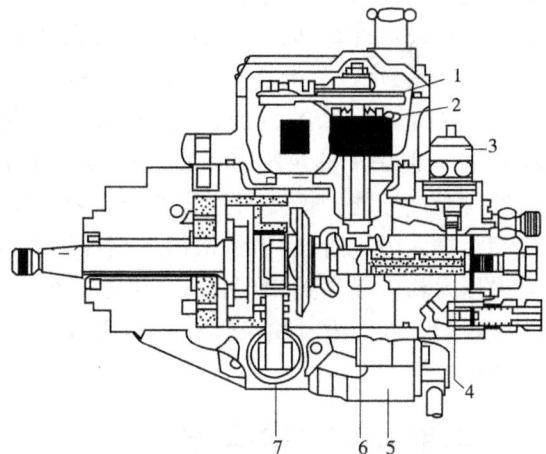

图 5-3 博世公司 ECD 型电控分配泵

1-控制环位置传感器;2-喷油量执行机构;3-电磁阀;4-柱塞;5-定时电磁阀;6-控制环;7-提前器

油量、喷油时间灵活控制,此外温度、压力等参数变化时,也能进行调节。因此,发动机的整个运行工况中,其工作特性都可以按照最佳方式来确定。而传统的机械式控制系统中,由于控制油量的螺旋弹簧的线性特点,难以满足柴油机工况变化后的非线性要求,所以只能保证在个别工况下获得最佳性能。

(2)位置控制变动少是优点,但也是缺点。控制自由度提高有限,控制精度仍不够高,喷油率和喷油压力仍难以有效控制,而且不能改变传统喷油系统固有的喷油特性,喷油压力也难以提高。因此,对发动机经济性、动力性虽有一定提高,但对排放性能改善有限。

位置控制电控系统虽对柴油机综合性能并没有大幅度提高,但其控制模式已由机械控制向电子控制迈出了重要的一步。

第三节　电控单体泵喷射系统

一、电控单体泵概述

与电控泵喷嘴燃油喷射系统类似,电控单体泵也是一种独立单元喷射系统,但其单元油泵和喷嘴采用一根较短的高压油管连接,而单体泵体通常布置在缸体的侧面,单体泵的驱动凸轮多与配气机构的驱动凸轮轴一体,位于机体内部。

发动机工作时则通过发动机周围安装众多的传感器以监测发动机状态,作为控制油泵电磁阀时间控制要求的输入信息,对燃油喷射量、喷射正时实行电子控制。其主要工作原理是通过电控系统对喷油量、喷油正时进行精确、柔性的控制,以及通过油泵结构设计的优化,进而实现对喷油压力的提高,从而改善发动机的燃烧工作过程,在有效降低发动机的排放水平以满足国Ⅲ及更高排放法规的同时,还能够较大改善发动机的燃油经济性、噪声特性。

电控单体泵系统的主要技术特征是其油泵与配气机构共用一根凸轮轴,使结构得到最大限度的简化,并缩短了油泵出油口到喷油器的管路距离。由于在油泵出油口加装的能够精确进行燃油计算、时间控制的电磁阀,因而能够对喷油正时和喷油量进行较为精确的控制,有利于燃烧过程的优化。由于油泵提升压力原理与直列泵类似,所以其喷油规律为"三角形"的前缓后急的特征,一定程度上有利于燃烧过程的优化,最高压力可达到 180 ~ 200MPa。但由于油泵压力和发动机转速成正比,低转速区域压力较低,因而不利于柴油机低速时燃烧性能的提高。在国Ⅲ排放要求阶段,喷油器的喷油开启方式仍是依靠弹簧压力控制。进入国Ⅳ阶段,需将机械式喷油器改成电控喷油器,形成双电磁阀单体泵系统,燃油喷射压力相应提高到 250MPa,并采用系统一致性控制,来优化整个喷射过程,并且可以实现多次喷射。在对发动机整体结构不进行大的调整下,可以达到欧Ⅳ排放水平,并具有达到欧Ⅴ排放的潜力。

二、电控单体泵的结构

(1)传统电控单体泵的结构。如图 5-4 所示,传统电控单体泵由整体插入式高压泵、快速响应的电磁阀、较短的高压油管和机械或电控喷油器总成构成。由 ECU 控制的二位二通电磁阀安装在单体泵的出油端,控制其回油通道。电磁阀的瞬时动作决定喷油的时刻,喷油量则由电磁阀通电时间的长短来确定。

（2）电控变量柱塞单体泵的结构。如图5-5所示，电控变量柱塞单体泵即在传统电控单体泵的泵油柱塞上方增加了一个增压套筒，这样就在单体泵中形成两个泵油腔：一个是柱塞与增压套筒之间形成的较小泵油腔 A；另一个是增压套筒与柱塞套筒之间形成的较大泵油腔 B。泵油行程开始阶段，由柱塞压缩较小泵油腔 A 中的柴油，供油量较少；后期柱塞带动增压套筒压缩较大泵油腔 B 中的柴油，供油量较多。利用高速电磁阀控制变量柱塞泵的回油通道，以控制其供油的开始与结束时刻。采用电控变量柱塞单体泵，可使供油规律更加符合工作需要。

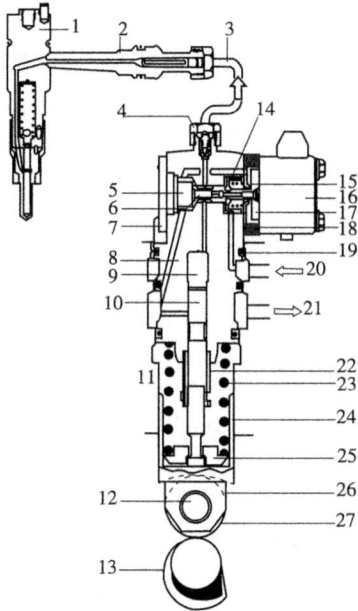

图5-4 电控单体泵结构图

1-喷油器；2-高压长接头；3-高压油管；4-螺母；5-挡铁；6-电磁阀阀芯；7-盖板；8-泵体；9-高压腔；10-柱塞；11-发动机缸体；12-滚轮销；13-凸轮；14-弹簧座；15-电磁阀弹簧；16-电磁阀部件；17-衔铁；18-中间板；19-密封圈；20-低压油进油口；21-回流口；22-柱塞导向套；23-柱塞弹簧；24-导程筒；25-柱塞弹簧座；26-挺住体；27-滚轮

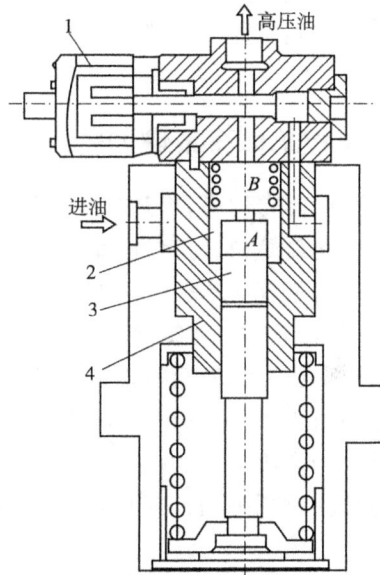

图5-5 电控变量柱塞单体泵

1-高速电磁阀；2-增压套筒；
3-泵油柱塞；4-柱塞套筒

在国内产品的应用中，考虑到重新设计发动机机体需要对现有发动机的铸造、加工生产线有较大的变动，为控制成本，一般都采用外挂式单体泵。但这种设计，对噪声、振动会有一定的影响。

三、电控单体泵的工作原理

（1）充油过程。发动机工作时，曲轴通过齿轮驱动凸轮轴运转，凸轮推动滚柱体总成克服柱塞弹簧向下的弹簧力而向上运动，柱塞下移时，喷射系统内部压力低于低压油路的泵油压力，此时低压系统燃油将通过泵体上方的进油口和横斜油道进入高压喷射系统。

（2）旁通过程。柱塞上升时，柱塞腔内的燃油被压缩，柱塞腔压力上升，只要电磁阀处于断电状态，此时柱塞腔中压力与进油压力大致相同。受压燃油就会经拉杆左侧的控制阀旁通口高速泄流，回到低压油路系统中。

（3）喷射过程。在柱塞供油行程中，当电控系统根据所采集到的各传感器信号，在某一

129

个特定的时刻发出喷油控制脉冲,通过驱动电路给电磁阀供电,回油通道被关闭,柱塞腔形成一封闭容积。随着柱塞上升,封闭容积中的燃油被压缩,压力迅速上升,嘴端压力随之急剧上升,当此压力高于高压油管内的残压和喷嘴开启压力之和时,针阀开启,柱塞继续上升,油压也继续升高,燃油喷入汽缸内。由于柱塞顶面积较大,喷油器的喷孔面积较小,故喷射过程中压力继续升高。

(4)卸荷过程。当控制脉冲终止时,电磁阀断电,回油通路接通,燃油经回油通路溢出,高压油经拉杆左侧的阀口向低压系统泄流,高压油路压力下降,当降至针阀开启压力时,喷油结束。

在上述4个过程进行的同时,都会有部分燃油经过泵体内的竖斜油道和水平油道进入柱塞腔内,利用柴油对柱塞进行冷却和润滑。柱塞弹簧下端的座体与挺柱相连传递动力。

四、电控单体泵系统的特点

(1)喷射压力较高,可达200MPa以上。

(2)结构最简单,可靠性、耐久性较好,有少量高压接头。

(3)喷油系统成本较低(包括单体泵、高压油管和常规喷嘴),采用下置凸轮轴,对齿轮传动系要求低于电控泵喷嘴,发动机总成本最低。

(4)喷射压力随发动机转速负荷变化,不能动态控制。

(5)喷射规律,后三角形,与发动机燃烧系统配合较好。

(6)由于高压油管的存在,凸轮形状对喷射规律的影响较弱。

(7)喷油时刻被凸轮形状限制,预喷能力更加有限,不能后喷。

第四节　电控泵喷嘴系统

一、泵喷嘴系统概述

泵喷嘴,顾名思义就是将泵油的柱塞和喷油的油嘴合成在一个统一体内,中间不需要油管连接的燃油系统。由于无高压油管,因此可大大减小高压系统中的有害容积,可以减轻高压系统内的压力波动和燃油可压缩性所造成的不良影响,再加上泵喷嘴的结构特点,使该系统所能承受的泵油压力,可提供200MPa以上的喷油压力,成为目前各类喷油系统之首。泵喷嘴系统如图5-6所示,在每一汽缸上装一套,定时、定量、产生高压均在该统一体内完成。它由设置在缸盖上的顶置式凸轮驱动工作。如直列泵一样,泵喷嘴系统也经历了从机械式到电控式的发展过程。

目前,电控蓄压泵喷嘴技术已经非常成熟。因为它不需要机械驱动装置,也不需要机械调节装置,因此可在不重新设计柴油机的情况下发挥泵喷嘴的优点。蓄压式电控泵喷嘴系统代表了喷油系统技术发展的一个新的里程碑,并为柴油机提供许多独特的特点。由于该系统的喷油压力和喷油定时不受转速的影响,使配装该系统的柴油机的烟度、颗粒和NO_x排放以及响应性获得了改善。这种技术为改善柴油机性能开创了新的机遇,但也带来了更多变量优化的技术性挑战。

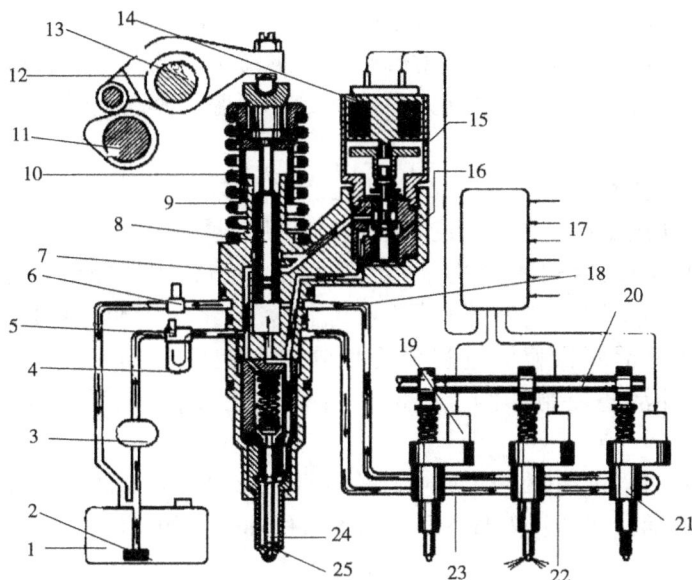

图 5-6　电控泵喷嘴系统

1-燃油箱;2-滤网式过滤器;3-齿轮式输油泵;4-滤清器;5-手油泵;6-回油阀;7-柱塞体;8-柱塞;9-导管;10-弹簧;11-凸轮轴;12-摇臂;13-摇臂轴;14-溢流电磁线圈;15-衔铁盘;16-溢流控制阀;17-传感器;18-排出口;19-电磁溢流阀;20-凸轮轴;21-泵喷嘴;22-回油油道;23-油道;24-针阀;25-针阀体

二、电控泵喷嘴结构及工作原理

1.结构

电控泵喷嘴的结构如图 5-7 所示。泵喷嘴安装在汽缸盖中,进、回油道均在汽缸盖内。泵喷嘴主要由驱动机构、高压泵、控制电磁阀和喷油嘴 4 部分组成。

泵喷嘴驱动机构如图 5-8 所示,包括驱动凸轮、滚柱式摇臂和球销等,驱动凸轮有一个

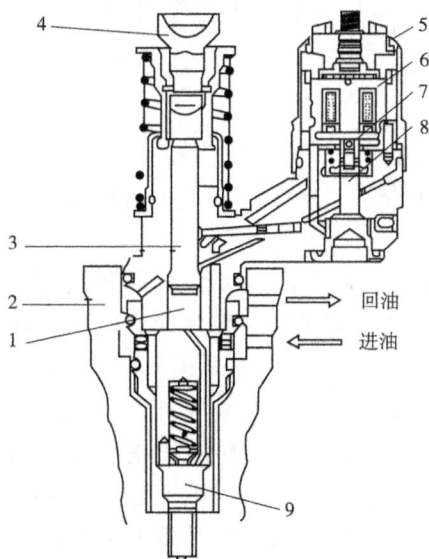

图 5-7　博世公司电控泵喷嘴结构

1-喷油泵室;2-发动机;3-柱塞;4-挺柱体;
5-控制阀;6-定子;7-电枢;8-阀;9-喷油嘴

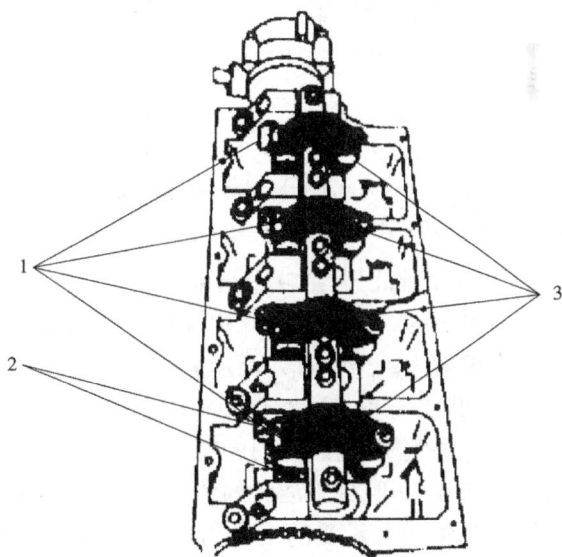

图 5-8　博世公司电控泵喷嘴驱动机构

1-驱动凸轮;2-配气凸轮;3-滚珠式摇臂

131

陡峭上升面和一个平滑下降面,当驱动凸轮转到陡峭上升面与摇臂接触时,泵活塞被高速向下压并迅速获得一个高喷射压力;当喷射凸轮转到平滑下降面与摇臂接触时,泵活塞缓慢、平稳地上下移动,允许无气泡的燃油流入泵喷嘴的高压腔。其功用是驱动泵喷嘴中的高压泵完成泵油。

高压泵由泵油柱塞和高压腔组成,其功用是产生高压油。

控制电磁阀的作用是控制泵喷嘴的喷油正时和喷油量。

喷油嘴主要由针阀、针阀体、喷嘴弹簧、收缩活塞和针阀缓冲元件等组成,喷油嘴的针阀和针阀体与普通柴油机喷油器相同,收缩活塞和针阀缓冲元件用于控制喷油器的喷油规律。利用收缩活塞将喷射过程分为预喷射(前期喷射)和主喷射(后期喷射)两个阶段,并利用缓冲活塞控制针阀上升时的升程变化,从而保证其具有"先缓后急"的理想喷油规律。

回油管的作用:来自供油管的燃油冲刷通向回油管的泵喷嘴油道、冷却泵喷嘴;排出泵活塞处泄出的燃油;通过回油管内节流孔分离来自供油管内的气泡。

2. 工作原理

图 5-9 所示为电控泵喷嘴的工作过程。

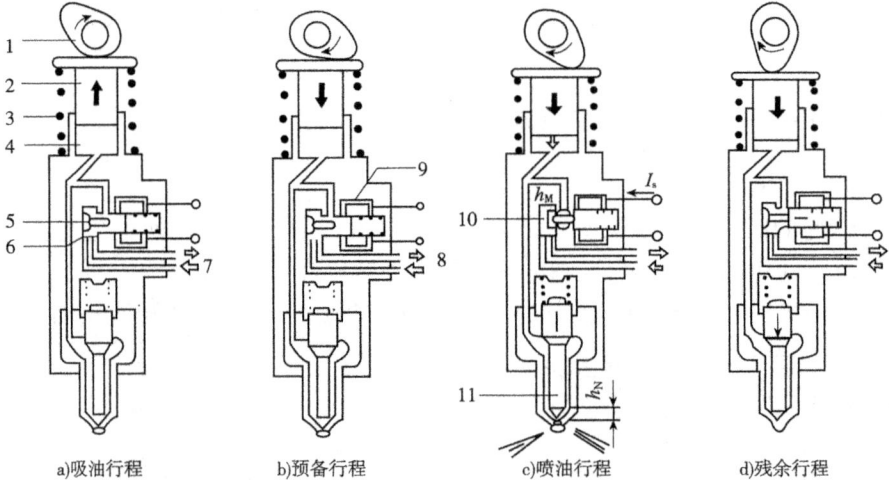

a)吸油行程   b)预备行程   c)喷油行程   d)残余行程

图 5-9　电控泵喷嘴工作原理

1-凸轮;2-柱塞;3-复位弹簧;4-高压腔;5-电磁阀针阀;6-电磁阀阀腔;7-进油通道;8-回油通道;9-线圈;
10-低压腔;11-喷油嘴

(1)吸油行程。当电磁阀未通电时,阀芯密封面处于开启状态,高低压油路相通,泵内油路与油腔内的燃油尚未建立起高压。随凸轮的旋转,泵油柱塞在柱塞弹簧的作用下上移,高压腔容积增大。柴油进入高压腔。

(2)预备行程。柱塞在凸轮的作用下向下移动,高压腔内的燃油受压,产生压力。初期电磁阀仍未关闭,高压腔内的部分柴油被压回到进油管。直到在 ECU 的控制下,对电磁阀通电,关闭高压腔到进油管的通道为止,然后高压腔内开始产生压力,当压力达到 18MPa 时,针阀承压锥面上承受的上升力(油压分力)高于喷嘴弹簧力,针阀上升开启喷油孔,预喷射开始。

在针阀上升开启喷油孔的过程中,缓冲活塞起到限制针阀上升速度的功用,借以实现理想喷油规律的"先缓"。

预喷射阶段的喷油量很少,时间很短。收缩活塞的功用就是将喷油分成预喷射和主喷射两个阶段,同时限制预喷射时间,提高主喷射时的喷油压力。

(3)喷油行程。预喷射结束后,高速电磁阀仍然关闭,随着泵油柱塞继续压油,高压腔内油压立即重新上升,当油压上升到约30MPa时,针阀再次上升开启喷油孔,主喷射阶段开始。在主喷射阶段中,由于喷油孔的节流作用,喷油压力会进一步提高,最高压力可达200MPa。喷油压力达到最大值时,喷油速率最快,喷出的油量最多。

(4)残余行程。当喷油量达到预期控制目标时,ECU切断高速电磁阀电路,电磁阀开启,高压腔的柴油回流到进油管,压力迅速下降,喷嘴弹簧迅速使针阀关闭喷油孔,同时收缩活塞和缓冲活塞也回到初始位置,主喷射阶段结束。喷油虽然结束,凸轮轴却仍在旋转,柱塞继续下移,对高压腔内燃油继续加压,但这时由于电磁阀芯座面已开启,高低压油路相通,柱塞的继续加压只能把燃油压回到低压油路中去,高压腔内已无法建立起高压。

三、电控泵喷嘴特点

(1)喷射压力在所有喷油系统中最高,最高喷射压力为220MPa。
(2)结构简单,可靠性、耐久性最好,几乎没有高压接头。
(3)喷油器成本一般,但由于采用顶置凸轮轴和重负荷传动齿轮系,发动机成本较高。
(4)喷射压力随发动机转速负荷变化,不能动态控制。
(5)喷射规律,后三角形,与发动机燃烧系统配合较好,有利于降低NO_x。
(6)喷射规律可以通过凸轮型面的设计加以调整。
(7)喷油器体积较大,汽缸头设计中需要与气道、气阀及水腔设计综合考虑。
(8)喷油时刻被凸轮型面限制,预喷能力有限,不能后喷。

第五节 电控高压共轨燃油喷射系统

一、电控高压共轨燃油喷射系统概述

柴油机高速运转时,柴油喷射过程的时间只有千分之几秒。实验证明,对传统电控燃油喷射系统而言,燃油喷射过程中,高压油管各处的压力是随时间和位置的不同而变化的。柴油的可压缩性质和高压油管中柴油的压力波动,使实际的喷油状态与喷油泵所规定的柱塞供油规律有较大的差异。油管内的压力波动有时还会在喷射之后,使高压油管内的压力再次上升,达到令喷油器针阀开启的压力将已经关闭的针阀又重新打开产生二次喷油现象。由于二次喷油不可能完全燃烧,增加了烟度和碳氢化合物(HC)的排放量,并使油耗增加。此外,每次喷射循环后高压油管内的残压都会发生变化,随之引起不稳定的喷射,尤其在低速区域容易产生上述现象。严重时不仅喷油不均匀,而且会发生间歇性不喷射现象。为了解决柴油机燃油压力变化所造成的缺陷,现代柴油机采用了一种称为共轨的电喷技术。

柴油机电控共轨燃油喷射系统,是21世纪新一代绿色柴油机的燃油系统,它采用了压力-时间计量原理代替了传统的脉动原理,通过精确控制高速电磁阀的启闭时间,调节共轨中的进油量,实现对共轨中燃油压力的精确控制,保证了喷油压力不随柴油机的转速的变化;同时通过ECU的精确计算,对各缸喷油电磁阀的控制,完成一次或多次燃油喷射,喷油压力的产生和燃油的喷射过程完全被分离开来。与传统的供油系统相比,电控高压共轨燃油喷射系统可以降低碳烟和颗粒排放,提高发动机动力性和燃油经济性,改善启动性能和降低燃烧噪声,是目前公认的最有前途的车用柴油机燃油供给系统。

二、电控高压共轨燃油喷射系统发展概况

国外典型的高压共轨电控系统主要有日本电装公司的 ECD-U2 高压共轨燃油喷射系统、德国博世公司的 CR 高压共轨燃油喷射系统、美国德尔福公司的 MultecDCR 1400 高压共轨燃油喷射系统、意大利依维柯公司的 NEF 电控高压共轨燃油喷射系统等。它们的产品代表了当今高压共轨系统的技术水平和发展趋势。

而国内在一些关键技术上,比如高速电磁阀、新型压电晶体式喷油器、执行机构的开发、泄漏问题、各学科分工合作问题等做得还不够。主要在做一些共轨电控及其标定系统研制开发,零部件的优化调整、匹配,燃油及特性分析和燃油系统的模拟计算的方面的工作,整个系统的开发还有不少的困难。总体上国内电控共轨喷射技术的研究仍处于方案探讨、试验研究的层次,距投产阶段还有很长一段艰难的道路要走。

三、电控高压共轨燃油喷射系统组成及工作原理

高压共轨燃油喷射系统最具有代表性的产品有日本电装公司的 ECD-U2 系统、德国博世公司的第三代 CR 系统、美国德尔福公司的 DCR 系统、德国的 TU4000 高压共轨系统、意大利依维柯公司的 NEF 共轨系统。为了介绍的方便,现以德国博世公司的第三代 CR 系统为例介绍共轨系统的组成。

博世高压共轨燃油喷射系统主要由低压回路、高压回路和控制系统组成。低压回路包括低压油管、燃油滤清器和齿轮泵等;高压回路包括高压油泵、共轨管、高压油管和喷油器等部件;控制系统包括各种传感器(如曲轴转速传感器、凸轮轴转速传感器、加速踏板传感器、水温传感器、增压压力传感器、机油压力传感器等)、ECU 和电磁阀等部件,如图 5-10 所示。

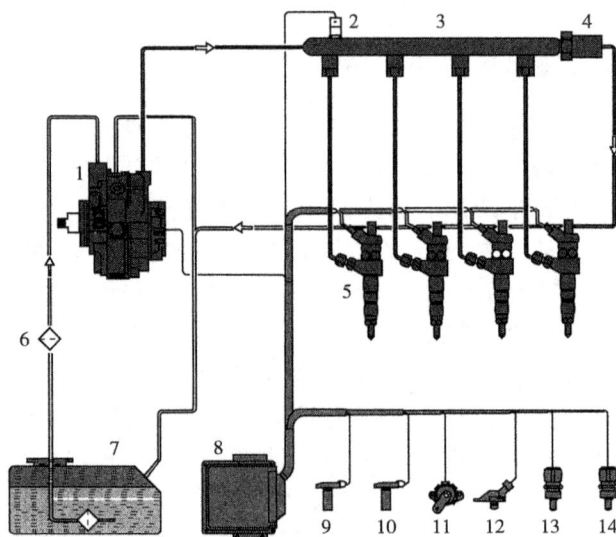

图 5-10 高压共轨燃油喷射系统

1-高压油泵;2-共轨压力传感器;3-共轨;4-压力控制阀;5-喷油器;6-滤清器;7-油箱;8-控制器 ECU;9-曲轴转速传感器;10-凸轮轴转速传感器;11-加速踏板传感器;12-增压压力传感器;13-水温传感器;14-机油温度传感器

134

低压燃油泵将燃油输入高压油泵,高压油泵将燃油加压约 120MPa 后送入高压油轨,高压油轨中的压力由电控单元根据油轨压力传感器测量的油轨压力以及需要进行调节,高压油轨内的燃油经过高压油管,根据机器的运行状态,由电控单元从预设的 map 图中确定合适的喷油定时、喷油持续期,由电液控制的电子喷油器将燃油喷入汽缸。

高压输油泵的出口端装有一个用来调节共轨中油压的调压阀,ECU 根据柴油机的转速、负荷等控制调压阀的开度,从而增加或减少高压输油泵输送给共轨的油量,实现对共轨中油压的控制,以保证供油压力稳定在目标值,使喷油压差保持不变。此外,ECU 还根据燃油压力传感器信号对共轨中的油压进行闭环控制。

四、电控高压共轨燃油喷射系统的技术特点

高压共轨式燃油喷射系统主要由高压油泵、油轨(公共供油管)、喷油器、电控单元(ECU)和一些管道压力传感器组成,如图 5-10 所示,系统中的每一个喷油器通过各自的高压油管与公共供油管相连,公共供油管对喷油器起液力蓄压作用。工作时,高压油泵将高压燃油输送到公共供油管,高压油泵、压力传感器和 ECU 组成闭环控制系统,对公共供油管内的油压实现精确控制,彻底克服了供油压力随发动机转速变化而变化的缺陷。其主要特点有以下 3 个方面:

(1)喷油正时与燃油计量完全分开,喷油压力和喷油过程由 ECU 实时控制。

(2)可依据发动机工作状况去调整各缸喷油压力、喷油始点和持续时间,从而实现最佳的喷油控制。

(3)能实现很高的喷油压力,并能实现柴油的预喷射。

这一项柴油发动机控制技术的创新最大限度地降低了柴油发动机车的振动和噪声,同时将油耗进一步降低,也使排放更加清洁环保。

五、电控高压共轨燃油喷射系统主要部件结构原理

1. 高压泵

高压泵是高压共轨系统中的重要部件之一,主要作用是对输油泵输入的低压油做功,使之变成高压油,之后不断向高压蓄压器(共轨)提供高压燃油。所供油量除提供正常要求外,还应满足超供所需。同时要保证足够高的供油速率,使共轨轨道内能快速建压。

在此以博世公司 CPI 型高压泵为例,讲述高压共轨系统中高压泵的结构原理。

(1)结构。如图 5-11 所示,CPI 型高压泵为三缸径向柱塞泵,三对柱塞沿圆周等距分布,各缸夹角均为 120°,这样可使 3 个柱塞泵同时吸油、同时压油,且凸轮轴每转一圈,3 个分泵各完成 3 次泵油过程,即高压油泵完成 3 次供油。

传动轴 7 由发动机驱动,柱塞泵油元件 9 位于传动轴的凸轮上,在偏心凸轮 8 及柱塞弹簧的作用下,做往复运动,并因此产生吸油、泵油功能。控制压力的调压阀 3,根据高压泵内空间的大小,可以安装在高压泵内,也可以分开安装。

(2)工作原理。高压共轨系统中的高压泵工作时,其吸油、泵油过程与传统的直列泵相似,可分为吸油和供油行程。

①吸油行程。由输油泵泵出的低压燃油,经滤清器滤去杂质,除尽水分后由进油口进入高压泵,当输入高压泵的燃油压力达到进油压力控制阀 5 的开启压力(0.05 ~ 0.15MPa)时,燃油会由其节流孔流入低压回路,并从各缸进油阀 11 进入各缸柱塞顶上的高压腔内。柱塞

在柱塞弹簧的作用下,始终紧贴在凸轮的工作面上,随着凸轮的旋转,柱塞在偏心凸轮上做往复运动。柱塞随凸轮的旋转由上止点向下止点移动时,高压腔的容积不断增大,压力不断降低,燃油会不断被吸入。

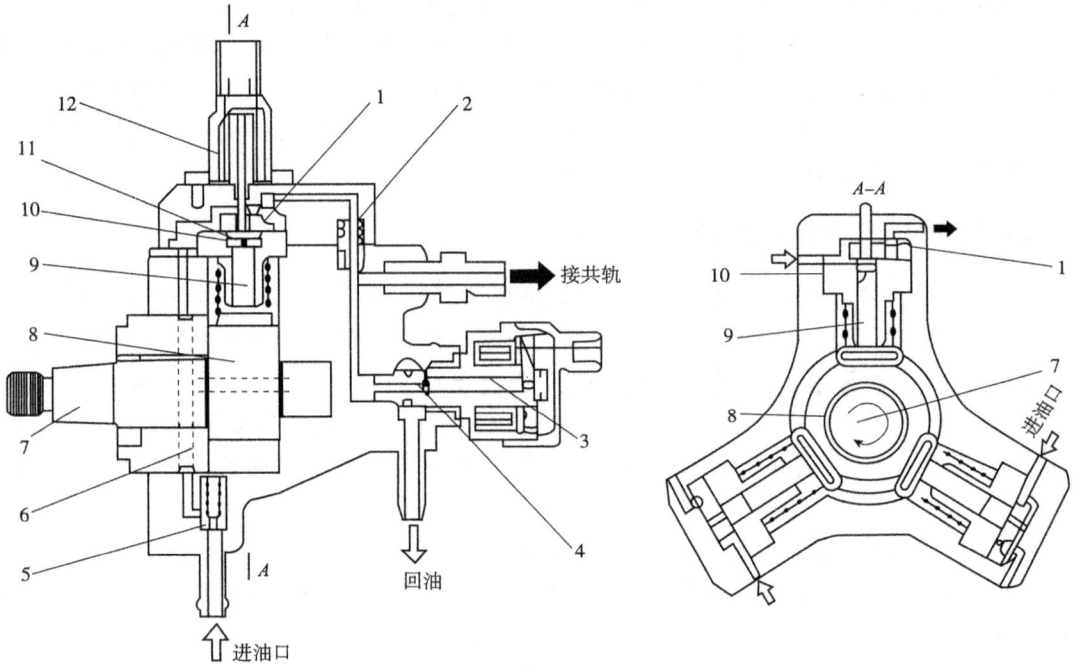

图 5-11　CPI 型高压泵纵向和横向剖视图

1-出油阀;2-密封件;3-压力控制阀;4-球阀;5-进油压力控制阀;6-低压油路;7-传动轴;8-偏心凸轮;9-柱塞泵油元件;10-柱塞腔;11-进油阀;12-柱塞止回阀

②供油行程。油泵继续旋转,柱塞随偏心凸轮的旋转,到达下止点,吸油行程结束后,开始向上移动时,进油阀 11 被关闭,因此,切断了低压油路和高压腔的燃油通道,使高压腔成为一个密闭空间,这时柱塞在偏心凸轮的作用下,克服了弹簧的预紧力,随凸轮向上移动,开始对高压腔内的燃油加压,当柱塞上升到高压腔内的燃油压力大于共轨油道内的燃油压力后,出油阀 1 被顶开,高压腔内的燃油经高压油路流向高压共轨,开始供油。

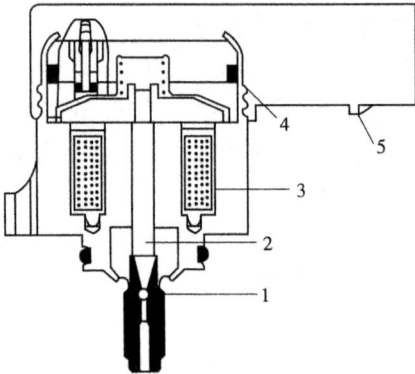

图 5-12　压力控制阀(PCV)

1-球阀;2-电枢;3-电磁铁;4-弹簧;5-电气接头

2. 压力控制阀(PCV)

压力控制阀一般安装在高压泵内部,根据发动机工况的变化,确定共轨中的压力,并将其保持在该水平上。PCV 的结构如图 5-12 所示,其控制过程如下:电磁阀不通电时,只由电磁阀弹簧的预紧力把球阀压在阀体的球阀座面上,当进入高压油孔内的燃油压力超过 10MPa 时,就能克服电磁阀弹簧的预紧力把球阀打开。压力控制阀受 ECU 的控制。

3. 共轨总成

(1) 共轨。如图 5-13 所示,共轨管是用来储存高压泵送来的高压燃油,并且负责分配到各缸喷油器等待喷射的部件,它对燃油有滤波和稳压作用。共轨上装有压力限制阀、流量限制阀、压力传感器等部件。高压泵泵出的高压燃油经高压油管从共轨进油口进入共轨管内并充满整个轨道内腔,压力传感器接通共轨管,随时检测共轨管压力。由压力进油限制阀对共轨管内压力进行调节限制,并由高压泵内的压力控制阀进行调节。共轨管上还装有与汽缸数相同的流量限制阀,主要作用是控制各缸喷油量,使各缸每次喷油具有一定的一致性,并使各缸间喷油具有良好的均匀性。

(2)共轨压力传感器。由于高压共轨系统中的喷油器通过高压油管直接与高压共轨管相通,因此控制了共轨管压力,即决定了喷射压力。共轨压力控制是通过共轨压力传感器的检测,把实际测得的共轨压力反馈给控制器(ECU)一个电信号,以便实时控制调整,给各工况的喷油压力尽可能按期望值喷油。

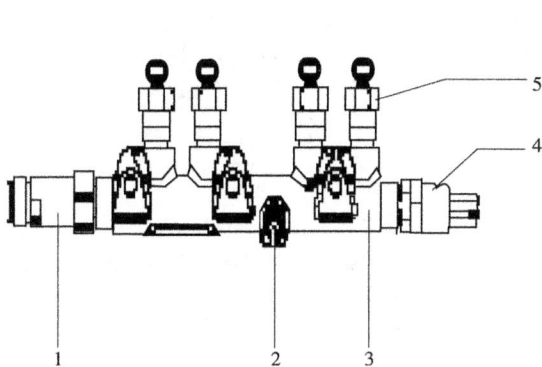

图5-13　高压共轨部件图
1-限压阀;2-进油口;3-共轨管;4-压力传感器;
5-流量限制器

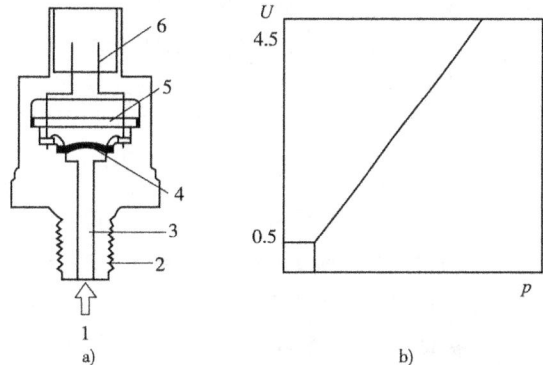

图5-14　共轨压力传感器结构及$U-p$特性曲线
1-共轨;2-固定螺栓;3-高压油道;4-带传感器的膜片;
5-半导体压敏元件;6-端子

如图5-14所示,共轨压力传感器的高压油道一端与共轨管内高压燃油相通,另一端覆盖着传感器薄膜,使高压油道成为一个盲孔。薄膜上布置着传感器元件(半导体电阻片)。当共轨管内高压燃油进入盲孔后,燃油压力作用在薄膜上,使电阻片产生变形引起电阻变化,并将压力转变成电信号。

在共轨管燃油压力的作用下,桥式电路会产生$0 \sim 80mV$的输出电压,通过连接导线,传送到传感器的测量电路。测量电路将微弱的电压信号放大到$0.5 \sim 5V$后输送到ECU内,以测得的电压,从存储在微机内的$U-p$特性曲线就能得到当时的轨道压力。

(3)压力限制阀。压力限制阀的作用是限制压力过高,其结构如图5-15所示。

压力限制阀的高压接头与共轨内腔相通,共轨内的高压燃油由进油孔进入后直接作用在限压阀上,限压阀在弹簧作用下座面始终处于关闭状态。在正常工况下,最大燃油压力小于允许的最大值160MPa,但当共轨内燃油压力超过最大允许值后,作用在限压阀上的燃油压力大于弹簧的压力,会顶开限压阀,这时共轨内的部分高压燃油能从打开的座面处,流入压力限制阀内,并经通孔由回油孔流回油箱,轨道压力随之降低。

(4)流量限制阀。流量限制阀的作用是在非正常情况下防止喷油器常开并导致持续喷油的现象。一旦共轨输出的油量超出规定的水平,流量限制阀就关闭通往喷油器的油路。

流量限制阀的结构见图5-16,喷油时,流量限制阀的喷油器端由于燃油的输出,压力会下降,为使进入喷油器的压力保持不变,共轨内的高压燃油应迅速向喷油器端补充,才能保证整个喷油过程中每一循环的喷油压力保持不变,都在高压下进行。如果燃油喷出后不能及时补充燃油,喷油器端就会产生压力降,下一循环的喷油压力就会降低,这样,不能保证每次喷油都在相同压力下进行。通常喷油器端因喷油引起压力下降的同时,活塞的另一端由于共轨压力基本不变,因此产生了压差,活塞在共轨压力的作用下克服了弹簧的压力向喷油器端移动,活塞移动所让出的空间能从共轨内获得相同排量的油量来补充喷出的油量。

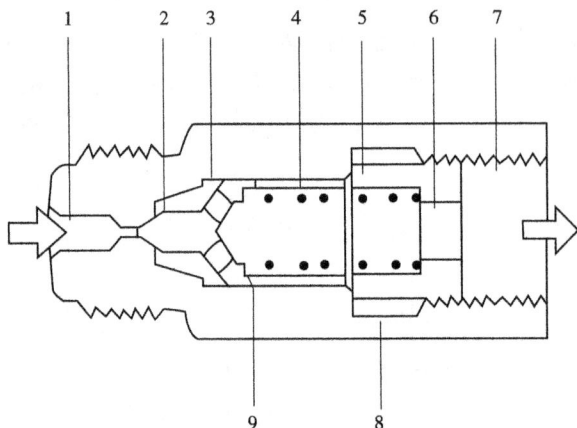

图 5-15 压力限制阀

1-高压接头;2-阀;3-通孔;4-压力弹簧;5-限制套;6-通孔;
7-回油孔;8-阀座;9-活塞

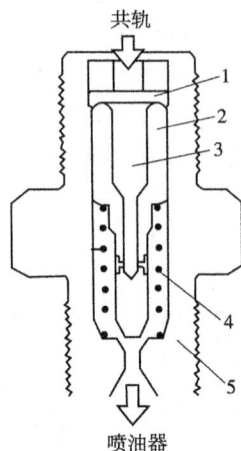

图 5-16 流量限制阀

1-堵头;2-活塞;3-纵向孔;4-弹簧;
5-外壳

4. 电磁阀控制喷油器

电控喷油器是高压共轨燃油喷射系统的最重要部件之一。而电磁阀控制喷油器是电控喷油器的一种。高压共轨系统中的喷油器是通过一根较短的高压油管与共轨相连的。电控喷油器与缸盖的固定方式与传统的喷油器一样。

(1)电磁阀控制的喷油器结构。如图 5-17 所示,电磁阀控制的喷油器主要由电磁阀、压力放大系统和孔式针阀偶件等几部分组成。与共轨压力相等的高压燃油由高压油入口进入喷油器后,分两路流动:

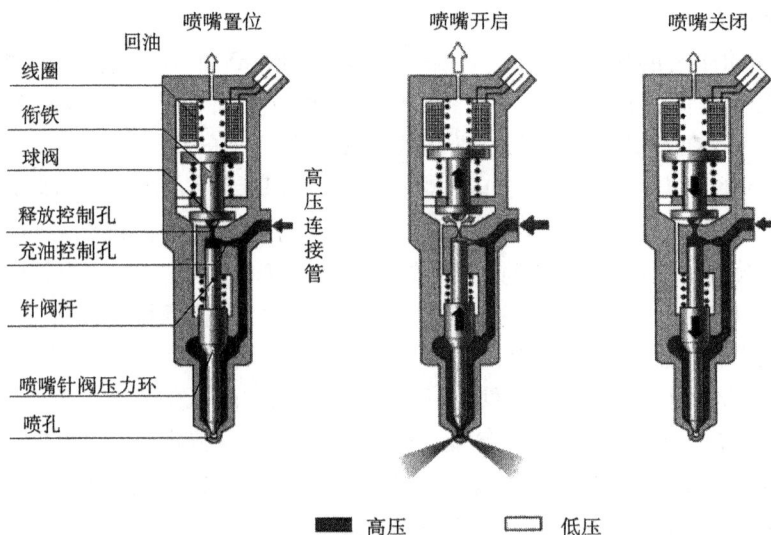

图 5-17 电磁阀控制喷油器的结构及工作原理图

138

①一路由充油控制孔进入针阀杆上部的压力控制室,控制室燃油压力作用在针阀杆尾部,能控制针阀升降。

②另一路由针阀体上的进油孔进入盛油槽内,作用在针阀压力环的锥面上,垂直向上的分力成为针阀向上运动的推力。

由于针阀杆尾部的面积总大于压力环的有效面积,因此向下的力总大于向上的推力,使得向下的作用力能得到一定比例的放大。

(2)电磁阀控制的喷油器工作原理。根据柴油机运行工况和共轨向喷油器提供的高压燃油,喷油器可分为3个工作状态:

①不喷油状态。电磁阀未通电,衔铁在电磁阀弹簧的作用下,克服了衔铁弹簧的弹力,使球阀关闭释放控制孔(节流孔),这时压力控制室内虽有很高的燃油压力,但由于出油节流孔孔径不大,作用在球阀上的压力很小,无法推开球阀,球阀处于关闭状态。由于压力放大作用,使针阀关闭的燃油压力大于使针阀升起的油压推力,加上针阀弹簧的压力,针阀处于喷油前的关闭状态。

②针阀升起喷油。针阀处于喷油前的静止状态时,由控制器发出指令,为提高喷油器的响应速度,以高电压、大电流对电磁阀线圈通电,线圈迅速产生强大的电磁吸力,使衔铁克服电磁阀弹簧的预紧力,快速上移,球阀被打开。出油节流孔打开,压力控制室内的燃油由出油节流孔流入其上方空腔,经回油管流回油箱。此时压力控制室内的燃油卸压,作用在针阀杆上的压力迅速下降,而作用在针阀压力环锥面的燃油压力不变,产生压差使针阀克服针阀弹簧预紧力快速升起,并打开针阀座面,使具有轨道压力的高压燃油从喷孔喷入燃烧室。

③针阀关闭状态。当喷油脉宽满足要求后,电磁阀在控制器指令下,切断线圈电流,电磁力消退,衔铁在电磁阀弹簧的作用下关闭出油节流孔。由于压力放大作用,作用在针阀杆上部的作用力与针阀弹簧力的合力很快超过作用在锥面上向上的推力,针阀快速关闭,喷油结束。

六、电控高压共轨燃油喷射系统的控制功能

与常规安装机械调速器和提前器的喷油泵相比,电控共轨喷射系统对每循环燃油喷射量和喷油正时提供了更加精确的控制。在电喷控制系统上,ECU采集安装在发动机和车辆上各种传感器信号,来完成计算,并控制喷油器开始通电时刻和通电时间长短,实现在最佳时刻喷射最合适量的燃油的功能。

1.喷射速率控制

喷油速率控制功能是指控制燃油在固定周期内通过喷油嘴喷射时的速率。理想的喷油规律如图5-18所示,要求喷射初期要缓慢,喷油速率不能太高,其目的是减少在滞燃期内的可燃混合气量,降低初期燃烧速率,以降低最高燃烧温度和压力升高率,抑制NO_x的生成和降低燃烧速率。预喷射是实现初期燃烧的方法。喷射中期采用高喷射压力和高喷

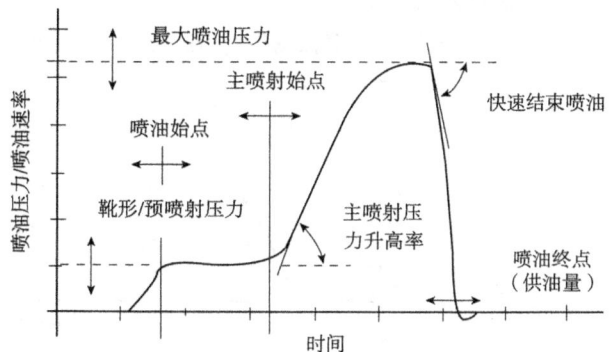

图5-18　理想的喷油压力喷油速率随时间变化的规律

油速率,其目的是加快燃烧速度,防止生成颗粒和提高热效率。主喷射发生在中期,可加快可燃混合气的扩散燃烧速度。喷射后期要求迅速结束喷射,防止在较低的喷油压力和喷油速率下燃油雾化变差,导致燃烧不完全,而使 HC 和 PM 排放增加。后喷射可有效降低排放物,使未燃烧的可燃物进一步燃烧。在共轨柴油机中,进行多次喷射,可使喷油规律优化。

2. 喷油量控制功能

喷油量控制功能代替了常规调速器的调速功能,它采用发动机转速信号和加速踏板开度信号来控制最合适的燃油喷射量。

(1)基本喷油量控制。基本喷油量控制是由发动机的转速和加速踏板传感器的开度决定的。当发动机转速保持不变而加速踏板传感器开度增加时,喷油量增加。

(2)怠速喷油量控制。在怠速工况下,发动机摩擦阻力大,发动机输出的转矩主要用于克服机件本身的摩擦而维持平衡,使发动机在怠速稳定运转。共轨系统中 ECU 会执行怠速转速自动调节功能,维持目标转速喷油量。

(3)启动喷油量控制。当加速踏板开始踩下 50% 或更多时,喷油量取决于发动机转速和水温。

(4)不均匀油量补偿控制。共轨系统中 ECU 负责检测各缸每次做功行程时转速的波动,再与其他缸的平均转速比较,分别向各缸补偿相应的喷油量。

(5)巡航控制喷油量控制。

(6)空调压缩机运转喷油量控制。

3. 喷油正时控制功能

喷油正时控制功能代替了常规的提前器功能,它根据发动机转速来控制最合适的喷油正时和喷油量。在共轨系统中,为实现发动机内的最佳燃烧,ECU 根据发动机的运行工况和外部环境条件经常调节喷油时间。具体方法如下:由发动机决定基本喷油时间,同时根据发动机的负荷、冷却液温度、进气温度和压力、燃油温度和压力等对基本喷油时间进行修正,决定目标喷油时间。

4. 喷油压力控制功能(共轨压力控制功能)

喷油压力控制功能(共轨压力控制功能)通过共轨压力传感器测量燃油压力,并反馈给 ECU,ECU 根据反馈信号控制泵到共轨的燃油。通过实施电压反馈控制,最合适的共轨压力(设定压力)与根据发动机转速和循环供油量计算出来的值是一致的。

5. 喷油方式控制

共轨柴油机采用多次喷射情况如图 5-19 所示,即先导喷射、预喷射、主喷射、后喷射和

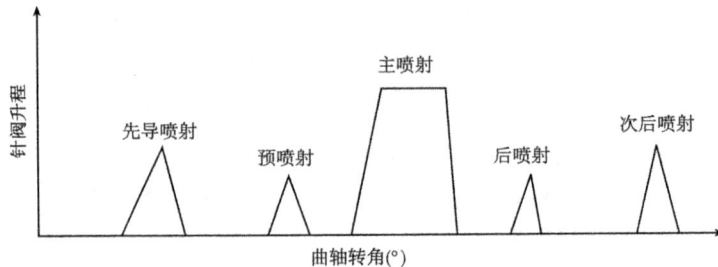

图 5-19 针阀升程与曲轴转角的关系

次后喷射。且每段喷油相互独立。多段喷射中,电磁阀执行开启和关闭喷油器的工作,可以实现喷油规律优化。多次喷射作用效果如表 5-1 所示。

多次喷射作用效果   表 5-1

喷射方式	作 用 效 果
先导喷射	进行预混合燃烧,可降低可吸入颗粒物排放
预喷射	缩短主喷射的着火时间、降低 NO_x 和燃烧噪声
主喷射	可加快可燃混合气的扩散燃烧速度,产生膨胀功
后喷射	促进扩散燃烧、降低颗粒物排放
次后喷射	排气温度升高,通过供给还原剂进行后处理,降低 NO_x 和颗粒物排放

第六章 润 滑 系

第一节 概 述

一、润滑系的作用

发动机工作时,各运动零件的接触表面(如曲轴与主轴承,凸轮轴与凸轮轴承,活塞环与汽缸壁,正时齿轮副等)之间以很高的速度做相对运动,这必然产生摩擦。金属表面的摩擦不仅会增大发动机内部的功率消耗,使零件工作表面迅速磨损,而且由于摩擦所产生大量的热可能使某些工作零件表面熔化,致使发动机无法正常运转。因此,为保证发动机正常工作,必须对相对运动表面加以润滑,也就是在摩擦表面覆盖一层润滑剂(机油或油脂),使金属表面间隔一层薄的油膜,以减小摩擦阻力,降低功率损耗,减轻机件磨损,延长发动机使用寿命。

发动机润滑系的基本任务就是将清洁的,具有一定压力,且温度适宜的机油不断供给各零件的摩擦表面,减少零件的摩擦和磨损,降低功率损失。流动的机油不仅可以清除摩擦表面上的磨屑等杂质,而且还可以冷却摩擦表面。汽缸壁和活塞环上的油膜还能提高汽缸的密封性。此外,机油还可以防止零件生锈等。

二、润滑方式

发动机工作时由于各运动零件的工作条件不同,所要求的润滑强度也不同,因而也要相应的采取不同的润滑方式,常见的有压力润滑、飞溅润滑、复合式润滑。

压力润滑。曲轴主轴承、连杆轴承及凸轮轴轴承等处所承受的荷载及相对运动速度较大,需要以一定的压力将机油输送到摩擦部位,这种润滑方式称为压力润滑。其特点是工作可靠,润滑效果好,并且具有强烈的冷却和清洗作用。

飞溅润滑。对于机油难以用压力输送到或承受负荷不大的摩擦部位,如汽缸壁、配气机构的凸轮、正时齿轮、挺柱等机件,由曲轴主轴承和连杆轴承间隙中挤出的机油激溅至摩擦表面进行润滑;或利用连杆大端下部击起油底壳中的机油,使柴油飞溅,形成油滴或油雾,落到摩擦零件表面进行润滑,润滑后的机油仍流回油底壳。这种润滑方式结构简单,但润滑不够可靠,机油消耗量大,而且容易氧化和污染。

复合式润滑。复合式润滑同时采用压力润滑和飞溅润滑的供油方式,分别对发动机各摩擦表面的润滑。现代多缸发动机普遍采用这种润滑方式。不但工作可靠,而且可使整个润滑系统结构简化。

由于各种发动机的润滑系统基本相同,只是有些大中型柴油机润滑油的收容方式不同,分为干式循环系统和湿式循环系统两类。

（1）干式循环系统。机油单独储存在发动机外部的机油箱内，称为干式循环系统。发动机上的油底壳只是收集由各润滑部位循环回来的机油，然后通过吸油泵送到机油箱内储存。机油箱内的机油通过压油泵送到各摩擦表面。此系统适用于大、中型低速柴油机。

（2）湿式循环系统。机油直接储存在油底壳内，称为湿式循环系统。其特点不需要吸油泵，只需用一只压油泵便可实现机油循环，中、小型发动机均采用这种循环系统。

三、润滑系的组成

为使发动机得到必要的润滑，压力润滑系中必须具有为进行压力润滑和保证机油循环而建立足够油压的机油泵、储存机油的容器（一般利用曲轴箱下的油底壳储油）、由润滑油管以及在发动机机体上加工出来的一系列润滑油道组成的循环油路。油路中还必须有限制最高油压的装置——限压阀，它可以附于机油泵中，也可以单独设置。

机油在工作一段时间后，其内将混有发动机零件摩擦产生的金属屑和其他机械杂质，以及机油本身产生的胶质，这些杂质如果随同机油进入润滑油道，将加速发动机磨损，还可能堵塞油路，所以，现代发动机的润滑系中都设有机油滤清器。

机油在循环过程中，由于吸收零件摩擦所产生的热量会引起温度升高。机油温度过高，其黏度将下降，不易形成油膜，还会加速机油的老化变质，缩短使用周期。机油温度过低，将导致摩擦阻力增加。因此应对机油进行适当冷却，以保持油温在正常温度范围之内（70~90℃或更高），一般发动机是利用车辆行驶中的迎面空气流吹拂油底壳来使机油冷却的。工程机械作业过程中多为低速行驶，且发动机功率较大，要专门配置机油散热器，以加强机油冷却。

为能随时掌握润滑系的工作状况，一般发动机中都设有指示机油压力的机油压力表和机油温度表。

四、润滑剂

润滑剂包括机油、齿轮油、润滑脂。发动机以机油润滑为主，高速柴油机上用的是柴油机润滑油（又称柴油机油），汽油机上用的是汽油机润滑油（又称车用机油），机油的品质对内燃机的工作可靠性和使用寿命有很大的影响。

发动机机油是根据产品特性、使用场合和使用对象划分的。我国新的国家标准《内燃机油分类》（GB/T 28772—2012），参照国际通用的 API（美国石油学会）使用分类法，将发动机机油分为汽油机油系列（S 系列）和柴油机油系列（C 系列）两大类；每一系列又按油品特性和使用场合不同分为若干等级。《汽油机油》（GB 11121—2006）标准包括 SE、SF、SG、SH 等 9 个汽油机油品种。《柴油机油》（GB 11122—2006）标准包括 CC、CD、CF、CF－4、CH－4 和 CG－4 6 个柴油机油品种，见表 6-1。

发动机油黏度是发动机油十分重要的性质，合理选择发动机油黏度是对发动机实施正确润滑的关键。我国新的国家标准《内燃机油黏度分类》（GB/T 14906—1994），采用国际通用的 SAE（美国汽车工程师协会）黏度分类法，将发动机油分为冬季用油（W 级）和非冬季用油。冬季用油按最大低温黏度、最高边界泵送温度以及 100℃时最小运动黏度划分，共有 0W、5W、10W、15W、20W 和 25W 6 个等级，其级号越小适应的温度越低；非冬季用油按 100℃时的运动黏度分级，共有 20、30、40、50 和 60 5 个等级，其级号越大，适应的温度越高。

表 6-1

机油类别	品种代号	特性及使用场合	备 注
柴油机油	CC	用于中负荷及重负荷下运行的自然吸气、涡轮增压和机械增压式柴油机	见《内燃机油分类》（GB 28772—2012）
	CD	涡轮增压柴油机应选用 CD 级及以上，有 CD30 和 CD40	
	CF	用于非道路间接喷射式柴油发动机和其他柴油发动机	
	CF－4	用于高速、四冲程柴油发动机以及要求使用 API CF－4 级油的柴油机，特别适用于高速公路行驶的重负荷卡车	
	CG－4	用于可在高速公路和非道路使用的高速、四冲程柴油发动机	
	CH－4	用于高速、四冲程柴油发动机。能够使用硫的质量分数不大于 0.5% 的柴油燃料	

第二节　典型润滑油路分析

一、6135 型柴油机的润滑油路

图 6-1 所示为 6135 型柴油机润滑系简图，该润滑系统中细滤器与粗滤器是并联的，机油泵压出的机油的绝大部分经粗滤器进入主油道，少量的机油经细滤器流回油底壳。整个曲轴是空心的，其空腔形成润滑油道，机油经此油道分别润滑各个连杆轴承。曲轴主轴承是滚动轴承，用飞溅方式润滑。用以润滑气门传动机构的机油，沿着第二个凸轮轴轴承引出的油道，一直通到汽缸盖上气门摇臂轴的中心油道，再由此流向各个摇臂的工作面，然后顺推杆表面上流到杯形的挺杆 16 内。由挺杆 16 下部两个油孔流出的机油及飞溅的机油润滑凸轮工作面。

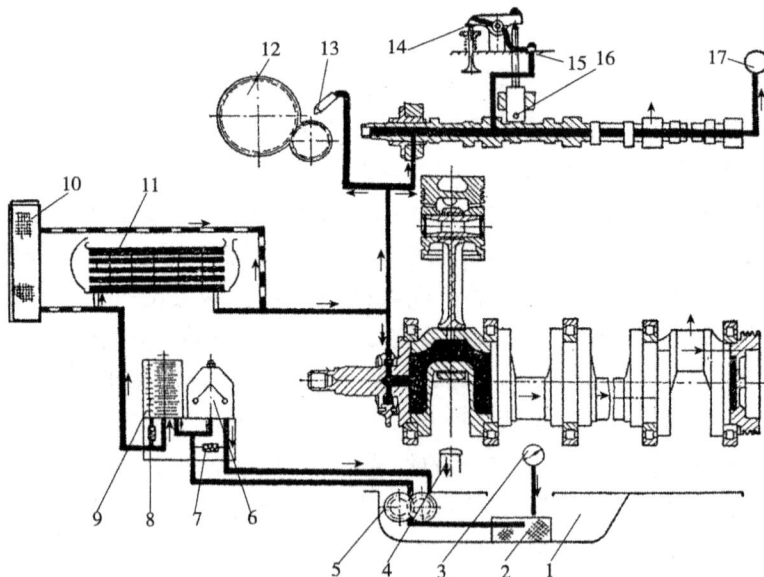

图 6-1　6135 型柴油机润滑系简图

1-油底壳；2-吸油盘滤网；3-油温表；4-加油口；5-机油泵；6-离心式机油滤清器；7-调压阀；8-旁通阀；9-刮片式机油粗滤器；10-风冷式机油散热器；11-水冷式机油散热器；12-齿轮系；13-齿轮润滑的喷嘴；14-摇臂；15-汽缸盖；16-挺杆；17-机油压力表

连杆大头轴承流出的机油借离心力的作用飞溅至汽缸壁上,以润滑活塞和汽缸套。由活塞油环刮下的机油溅入连杆小头上的两个油孔内,以润滑活塞销和连杆小头轴承。

在标定转速下(1 800r/min),该润滑系压力应保持在 0.3 ~ 0.4MPa。

若机油粗滤器被杂质严重堵塞,将使整个油路不能畅通。因此在机油泵与主油道之间,与粗滤器并联设置一个旁通阀,当粗滤器进油和出油道中的压力差达 0.15 ~ 0.18MPa 时,旁通阀即被推开,使机油不经过粗滤器滤清面直接流入主油道,以保证对内燃机各部分的正常润滑。

如果润滑系中油压过高(例如在冷启动时,机油黏度大,就可能出现油压过高现象),将增加发动机功率损失,为此在机油泵端盖内设置柱塞式限压阀,当机油泵出油压力超过0.6 MPa 时,作用在阀上的机油总压力将超过限压阀弹簧的预紧力,顶开柱塞阀而使一部分机油流回机油泵的进油口,在机油泵内进行小循环。弹簧预紧力可用增减垫片数目的办法来调节。

二、康明斯 NT – 855 型柴油润滑油路

康明斯 NT – 855 型柴油机润滑系采用全流式机油冷却和旁流式机油滤清。用于小松 D80A – 18 推土机的柴油机其润滑系统油路循环如图 6-2 所示,同时使用全流式和旁流式机油滤清器,可使润滑油达到较好的净化和滤清效果。

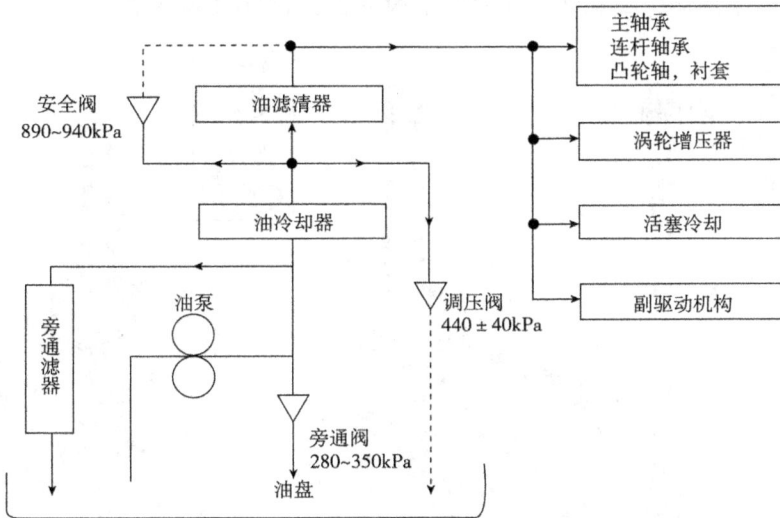

图 6-2　NT – 855 型柴油机润滑系示意图

机油泵安装在发动前端左下侧外部,为两连齿轮泵。安全阀设在机油泵体上;机油滤清器安装在柴油机左侧;机油粗滤器和水冷式机油散热器连成一体,装于柴油机左侧;散热器座上还设有调压阀;转向液压油散热器以及离合器油散热器与机油散热器连为一体,分别散热。

安全阀的使用是限制润滑系统油压不得过高,其调定压力为 890 ~ 940kPa。机油泵送出的压力机油,大部分经油管进入散热器座,少部分经细滤器旁路排回油底壳。进入散热器的机油冷却并经精滤器滤清后,再由散热器座送出。调压阀设在散热器座上,调整调压阀可改变系统油压范围,其调定压力为(440 ±40)kPa。与粗滤器并连接有一旁通阀,当粗滤器堵塞时可提供润滑油通路,阀压 280 ~ 350kPa,起安全作用。

经冷却和滤清后的压力机油由散热器座送到主油道,在此,机油开始分流润滑。

一路通过一供油软管进入增压器,增压器回流的机油通过回油软管流回曲轴箱中。

进入主油道的润滑油,通过钻孔油道被送到主轴承、连杆轴承、活塞销衬套、凸轮轴衬套、凸轮随动臂轴及随动臂、摇臂轴和摇臂等,然后流回油底壳中。

由于采用增压器活塞承受的负荷大,温度较高,因此,对活塞必须进行冷却。活塞冷却是由与主油道头部相通的输油道来供油的。一个活塞冷却油道在缸体右侧,自汽缸体前部一直延伸到汽缸体的后部。从汽缸体外侧安装有 6 个活塞冷却喷嘴,它们自活塞冷却油道向每个活塞的内腔喷射机油,对活塞进行冷却。

附件传动的润滑是由与主轴道相通的输油道供油的。一个相交油道将从输油道来的润滑油引出汽缸体的前部,送到柴油机排气管一侧的齿轮室盖中,通过一油管将油送到齿轮及附件传动轴套上,对附件进行润滑。

第三节　润滑系的主要机件构造

润滑系的主要机件有机油泵、机油滤清器、限压阀和机油散热器等。

一、机油泵

机油泵通常采用齿轮式和转子式两种结构形式,如图 6-3 所示。

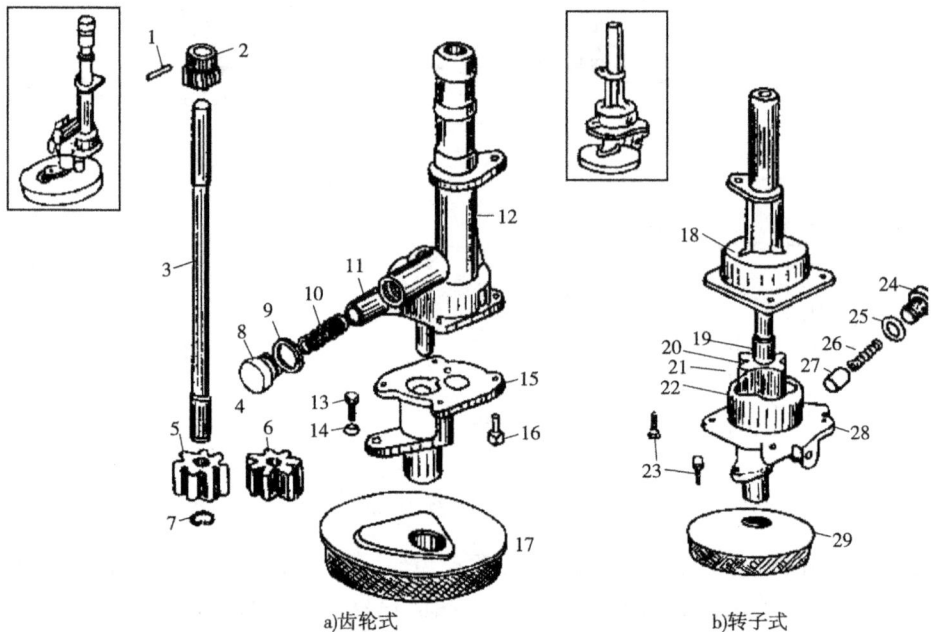

a)齿轮式　　　　　　　b)转子式

图 6-3　机油泵

1-销;2-油泵驱动齿轮;3-油泵驱动齿轮轴;4-半圆键;5-主动齿轮;6-从动齿轮;7-止动弹簧;8-安全阀螺塞;9-衬垫;10-弹簧;11、27-安全阀;12-机油泵体;13、16-螺栓;14-垫圈;15-油泵盖;17-机油集滤器;18-上泵体;19-轴;20-内转子;21-销;22-外转子;23-螺栓;24-安全阀螺塞;25-衬垫;26-弹簧;28-下泵体;29-机油集滤器

1. 齿轮式机油泵

齿轮式机油泵由泵体、泵盖、主动齿轮、从动齿轮、主动齿轮轴及传动螺旋齿轮等组成。

146

当发动机工作时,凸轮轴的驱动齿轮带动螺旋齿轮而使泵壳内的主动齿轮旋转,主动齿轮又带动从动齿轮做反方向旋转,将机油从进油口沿齿隙与泵壁间送至出油口(图6-4)。在此同时,进油口处形成低压,产生吸力,机油盘内的机油被吸进油口,出油口处的机油越积越多,因而油压增高,机油便不断地被泵压送到各摩擦部分去进行润滑。

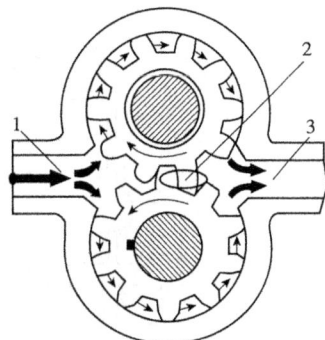

图6-4　齿轮式机油泵工作原理
1-进油腔;2-卸压槽;3-出油腔

当齿轮进入啮合时,啮合齿间的机油,由于容积变小在齿轮间产生很大的推力。为此在泵盖上铣出一条卸压槽,使轮齿啮合时齿间挤出的机油可以通过卸压槽流向流出油腔。齿轮式机油泵由于结构简单,制造容易,并且工作可靠,所以应用最广泛。

2. 转子式机油泵

图6-5是转子式机油泵的工作原理图。转子泵由内转子、外转子、油泵壳体等组成。油泵工作时,内转子带动外转子向同一方向转动。内转子有4个凸齿,外转子有5个凹齿,它们可以看作一对只相差一个齿的内齿啮合传动,转速比是5:4,故转子泵又称为星形内啮合转子泵。无论转子转到任何角度,内外转子各齿形之间总有接触点,分隔成5个空腔。进油道的一侧的空腔,由于转子脱开啮合,容积逐渐增大,产生真空度,机油被吸入空腔内,转子继续旋转,机油被带到出油腔一侧,这时转子进入啮合,油腔容积逐渐减小,机油压力升高并从齿间挤出,拉压后的机油从出油道送出。

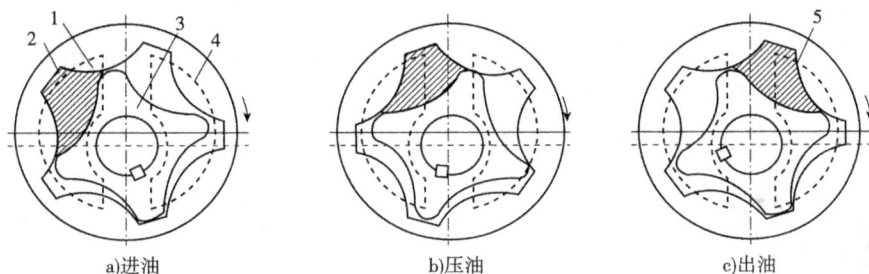

a)进油　　　　　　　　　b)压油　　　　　　　　　c)出油

图6-5　转子式机油泵工作原理
1-进油腔;2-油泵轴;3-内转子;4-外转子;5-出油腔

转子式机油泵结构紧凑,吸油真空度较高,泵油量较大,且供油均匀,当油泵安装在曲轴箱外且位置较高时,用此种油泵较为合适。

二、机油滤清器

机油在流动输送过程中,所经过的滤清器滤芯越细密,滤清次数越多,将使机油流动阻力越大。为此在润滑系中一般装用几个不同滤清能力的滤清器——集滤器、粗滤器和细滤器,分别串联和并联在主油路中(与主油道串联的滤清器称为全流式滤清器,与主油道并联的则称为分流式滤清器),这样既能使机油得到良好的滤清,又不至于造成很大的流动阻力。

机油滤清的方式有全流式和分流式两种,如图6-6所示。全流式机油滤清器串联于机油泵和主油道之间,全部机油都经过它滤清;分流式机油滤清系统中,机油粗滤器与主油道串联,而分流式机油细滤器则与主油道并联,经过粗滤器的机油进入主油道,而流经细滤器的机油直接返回油底壳。

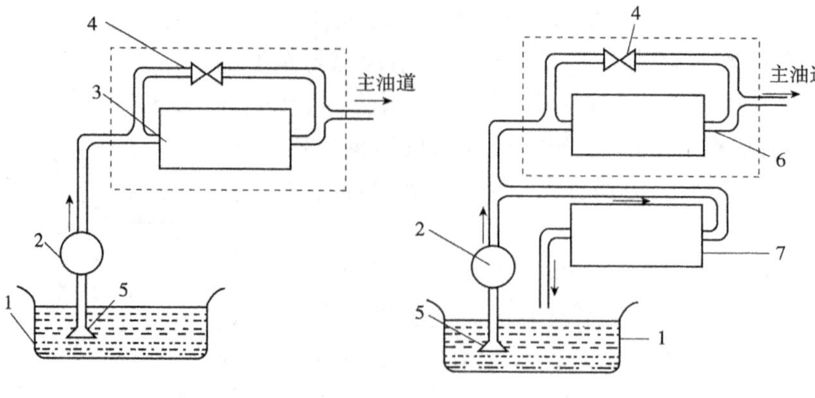

a)全流式　　　　　　　　　　　　　　　b)分流式

图6-6　机油滤清方式

1-油底壳;2-机油泵;3-全流式机油滤清器;4-旁通阀;5-集滤器;6-机油粗滤器;7-分流式机油细滤器

1.集滤器

为了防止较大的机械杂质进入机油泵,通常将浮式集滤器安装在机油泵之前,并漂浮在润滑油面上,浮式集滤器的固定油管装在机油泵上,吸油管一端和浮筒焊接,另一端与固定油管连接,这样可以使浮筒自由地随润滑油液面升起或降落。

当机油泵工作时,润滑油从罩板与滤网间的狭缝被吸进机油泵,通过滤网时,杂质被滤去。若滤网被杂质阻塞,机油泵所形成的真空度,迫使滤网向上,使滤网的环口离开罩板,润滑油便直接从环口进入吸油管以保证机油不致中断。

2.粗滤器

粗滤器用以滤去机油中粒度较大(直径为0.05~1.0mm)的杂质,它对机油的流动阻力较小,故一般串联于机油泵与主油道之间,称为全流式滤清器。

粗滤器根据滤芯的不同,通常采用线绕式[图6-7a)]、刮片式(图6-8)、纸质式(图6-9)

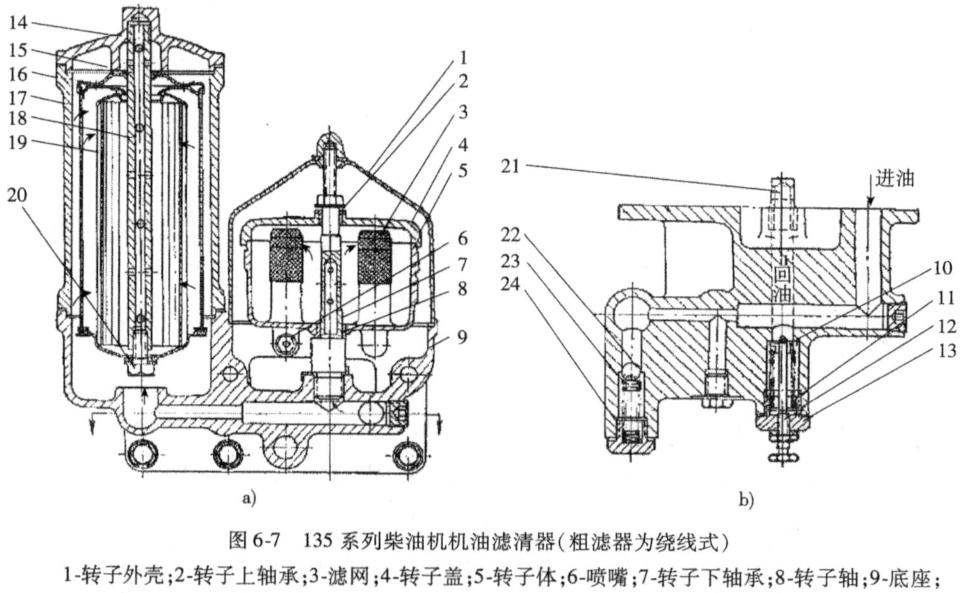

a)　　　　　　　　　　　　　　　　b)

图6-7　135系列柴油机机油滤清器(粗滤器为绕线式)

1-转子外壳;2-转子上轴承;3-滤网;4-转子盖;5-转子体;6-喷嘴;7-转子下轴承;8-转子轴;9-底座;10-调压器;11-调压弹簧;12-调节螺钉;13-调压阀外体;14-粗滤器盖;15、16-密封圈;17-粗滤器体;18-粗滤器轴;19-粗滤器芯子;20-螺钉;21-回油管接头;22-旁通阀;23-旁通阀弹簧;24-螺母

148

3 种。现代发动机多采用纸质滤芯。

图 6-9 所示为发动机纸质滤芯式粗滤器。滤清器壳体由铸铁上盖和钣料压制的外壳组成。滤芯用经过树脂处理的微孔滤纸制成,滤芯的两端由环形密封圈密封。机油由盖上的进油孔流入,通过滤芯滤清后经盖上的出油孔流入主油道。若滤芯被杂质堵塞后,当其内外压差达到 0.15～0.17MPa 时,旁通阀的球阀被顶开,大部分机油不经过滤芯滤清,直接进入主油道,以保证润滑系统的正常润滑。

滤芯滤纸一般经过酚醛树脂处理,具有较高的强度、抗腐蚀能力和抗水湿性能。因此纸质滤清器具有质量小、体积小、结构简单、滤清效果好、过滤阻力小、成本低和保养方便等优点,目前在国内外得到了广泛的应用。

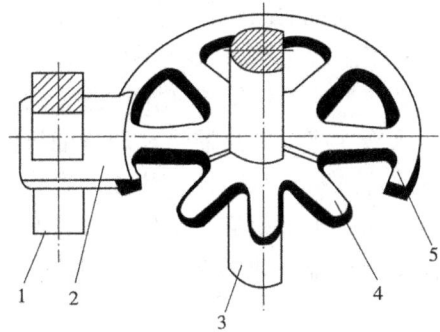

图 6-8 刮片式滤清器的滤芯
1-刮片轴;2-刮片;3-转轴;4-滤片垫;5-滤片

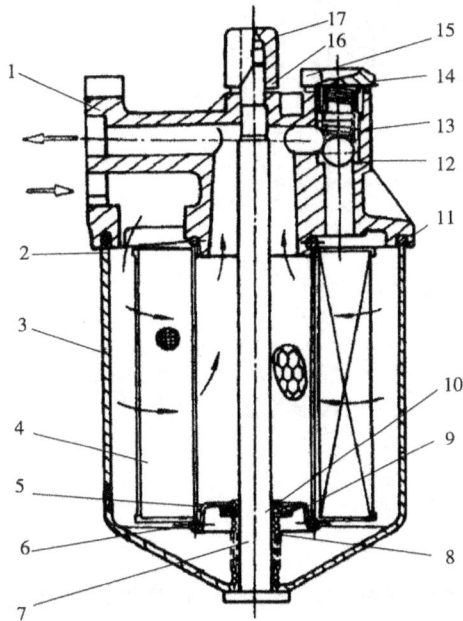

图 6-9 纸质滤芯式粗滤器
1-上盖;2-滤芯密封圈;3-外壳;4-钣制滤芯;5-托板;6-滤芯密封圈;7-拉杆;8-滤芯压紧弹簧;9-压紧弹簧垫圈;10-拉杆密封圈;11-外壳密封圈;12-球阀;13-旁通阀弹簧;14-密封垫圈;15-阀座;16-密封垫圈;17-螺母

3.细滤器

细滤器用以清除直径在 0.001mm 以上的细小杂质。由于这种滤清器对机油的流动阻力较大,故多做成分流式,与主油道并联,只有小量机油(10%～30%)通过细滤器。

细滤器按清除杂质的方法来分,可分为过滤式机油细滤器和离心式机油细滤器两种类型,过滤式机油细滤器存在着滤清能力与通过能力的矛盾。为此不少发动机采用了离心式机油细滤器。

图 6-7b)所示为 135 型柴油机的离心式机油细滤器,它在油路中与主油道并联。在底座 9 上固定着空心的转子轴 8,转子体 5 套在转子轴上,用螺母把转子盖 4 与转子体 5 紧固在一起。整个转子用转子外壳 1 罩住,转子外壳则用螺母拧紧在转子底座上。在转子中有两根直立管,它的上部装有滤网 3,而管的下端有两个水平安装互相反向的喷嘴 6。

当柴油机工作时,机油从进油道经实心的转子轴 8 进入转子内,然后从滤网 3 进入直立管中,而后由水平喷嘴 6 喷出。由于喷射反作用力的作用,使转子以高速旋转,于是机油中的杂质在离心力的使用下,与机油分离而被甩向四周,并沉积在内壁上,由喷嘴喷出的洁净的机油,直接流回油底壳。

三、机油散热器

在功率较大的柴油机上,通常装有机油散热器,它的功用是降低机油的温度,防止机油黏度过低,以保证润滑性能。

机油散热器有风冷式和水冷式两种。

风冷式机油散热器一般与冷却水散热器一起,装在柴油机的前端,借风扇扇风而冷却机油。对于工程机械,根据使用要求和总体布置的需要,柴油机有前置、后置之分,因此风冷式机油散热器有吸风散热和排风散热两种。

水冷式机油散热器是利用柴油机的冷却水来冷却机油的。图6-10所示为135系列柴油机的水冷式机油散热器。装在外壳内的散热器芯子是一组带散热片的铜管;两端与散热器前后盖内的水室相通。工作时冷却水在管内流动,而机油则在管外受隔片限制而成曲折路线流动。高温机油的热量通过水管上的散热片传给冷却水而被带走,达到了机油冷却的目的。

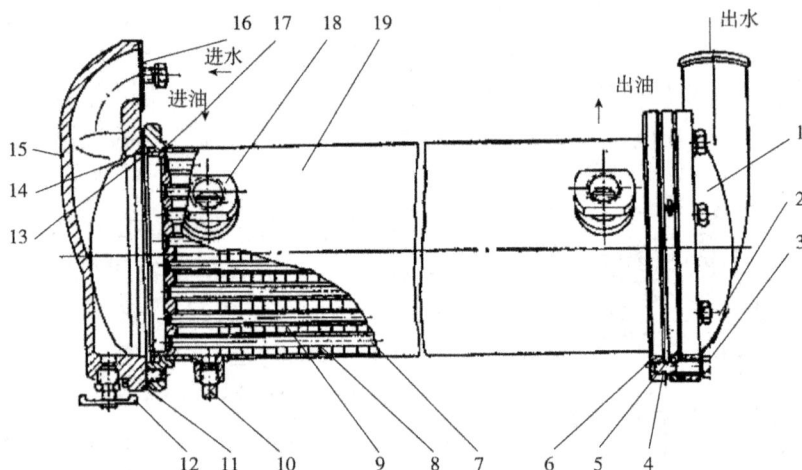

图6-10 水冷式机油散热器

1-散热器前盖;2-弹簧垫圈;3-螺钉;4、11、16-垫片;5-芯子凸缘;6-外壳凸缘;7-冷却管;8-隔片;9-散热片;10-方头螺塞;12-放水阀;13-封油圈;14-封油垫片;15-散热器后盖;17-芯子底板;18-接头;19-散热器外壳

第四节 曲轴箱通风

发动机运转时,有极少的工作混合气和废气经活塞和汽缸内壁的间隙流入曲轴箱内。进入曲轴箱内的燃油混合气凝结后将机油变稀,从而减小润滑油的黏度,并使润滑油性能变坏。因此,曲轴箱必须进行通风,使进入的新鲜空气在箱内回旋后,将水蒸气和油气带出去或再加以利用。

曲轴箱通风的方式有自然通风、强制封闭式通风和止回阀通风3种。

一、自然通风

在曲轴箱连通的气门室盖或润滑油加注口接出一根下垂的出气管(图6-11),管口处切成斜口,切口的方向与车辆行驶的方向相反。由于车辆的前进和冷却系风扇所造成的气流作用,使管内形成真空而将废气抽出,曲轴箱中的气体直接导入大气中去。这种通风方法称曲轴箱的自然通风。按导入大气中的方式可分为普通式和呼吸器式。

呼吸器式见图6-12。曲轴箱内的油蒸气提供一个呼吸器式的装置与大气相通。柴油机工作时,窜入曲轴箱的各种气体由呼吸器的进气口进入呼吸器,经过滤网的过滤、分离,最后干净的空气由出气口橡胶管排出。由于有两层过滤网,油雾极少排出,既保证了曲轴箱内的压力平衡,避免机油加速劣化及机油泄漏,又防止曲轴箱内的油气对大气的污染。尤其是曲轴箱内废气重新进入进气系统,已越来越多地被采用。

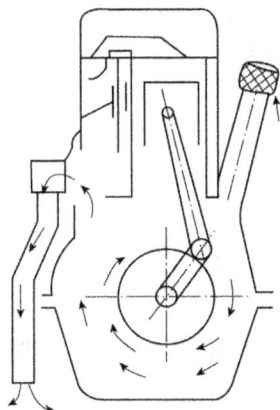

图 6-11 自然通风

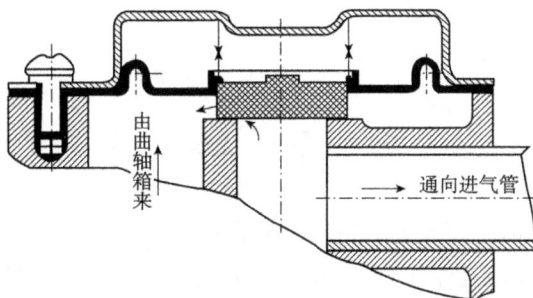

图 6-12 曲轴箱呼吸器

二、强制封闭式通风

强制封闭式通风装置如图 6-13 所示。

进入曲轴箱内的新鲜混合气和废气在进气管真空度作用下,经挺杆室、推杆孔进入汽缸盖后罩盖内,再经小空气滤清器、管路、止回阀进气歧管,与化油器提供的新鲜混合气混合后,进入燃烧室参加再燃烧。新鲜空气经汽缸盖前罩盖上的小空气滤清器进入曲轴箱。为了降低曲轴箱通风抽出的机油消耗,除在汽缸盖后罩盖内装有挡油板外,在后罩盖上部还装有起油气分离作用的小滤清器,在管路中串联曲轴箱止回阀。

当发动机小负荷低速运转时,由于进气管真空度较大,止回阀克服弹簧力被吸在阀座上,曲轴箱内的废气经止回阀上的小孔进入进气管。随着发动机转速增高,负荷加大,进气管真空度降低,弹簧将止回阀逐渐推开,通风量也逐渐加大。当发动机大负荷工作时,止回阀全开,通风量最大,从而可以更新曲轴箱内的气体。

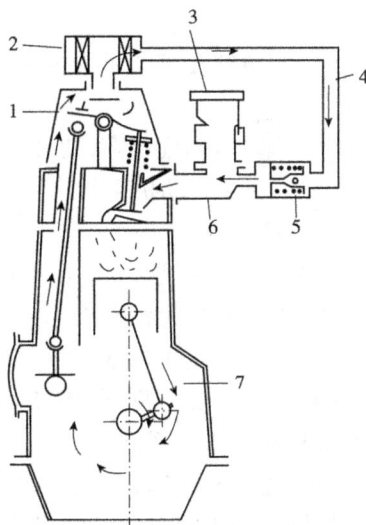

图 6-13 强制封闭式通风
1-汽缸盖后罩盖;2-空气滤清器;3-化油器;
4-通风管路;5-曲轴箱通风止回阀;6-进气歧管;7-曲轴箱

151

第七章 冷 却 系

第一节 冷却系的功用和冷却方式

发动机工作时在燃烧室内最高瞬间温度可达 2 000℃左右,在这样的高温下,使受热的零部件无法正常工作,从而将会产生一系列严重后果:

(1)在高温下零件的力学性能(如刚度和强度)会显著下降,以致发生变形和破裂。

(2)由于温度过高会破坏零件间的正常配合间隙,使之不能正常工作,严重时会出现卡死现象。

(3)润滑油在高温下易氧化变质,黏度下降,润滑条件恶化,零件磨损加剧,功率消耗增大。

(4)汽缸内温度过高,比体积增大,使汽缸充气量减少,从而导致发动机功率下降。

因此,若要发动机正常工作,就必须进行冷却。但是,若冷却过度,发动机温度过低,也将产生不良后果:

(1)汽缸内温度过低,不利于可燃混合气体的形成和燃烧,使燃油耗量增加。

(2)温度过低机油黏度增大,运动件间摩擦阻力增大,从而使功率损失增大。

(3)燃烧废气中的水蒸气和硫化物在低温时易凝结成亚硫酸,造成零件腐蚀。

(4)工作温度过低,既增加了散热功率,又使转变为机械功的热量减少,从而使发动机的热效率和输出功率降低。

由上述分析可知,要使发动机能正常地工作,就必须保证一个正常的工作温度。而冷却系的作用就在于使发动机始终处在最适宜的温度范围内工作。

发动机的冷却方式按冷却介质分有风冷却和水冷却。按驱动方式分为机械驱动、电驱动和液压驱动。

第二节 水 冷 却 系

水冷却系根据冷却水循环方式分为自然对流式和强制循环式。

自然对流是以水受热后,热水向上运动而冷水向下运动这种物理现象进行循环的。这种循环水箱必置于发动机之上。由于自然对流冷却不均匀、效果差,故只用在小功率发动机上。

强制循环式水冷却系是利用水泵强制冷却水在发动机的水套和散热器之间进行循环流动。由于这种循环水的流量、循环路径,流经散热器的风力、风量可以调节,故其冷却能力大且冷却强度可调,冷却均匀,工作可靠。目前在发动机上广泛采用。本节只重点介绍强制循环式水冷却系。

一、强制循环式水冷却系的组成及循环路径

强制循环式水冷却系的组成如图7-1所示。它主要由水泵8、冷却水套6、散热器1、分水管7及节温器4等部件组成。

在水冷发动机的汽缸体和汽缸盖中都铸有储水的连通水套、水管和空间,使循环的冷却水得以接近受热零件吸收并带走热量。在多缸发动机中,为了使各汽缸冷却均匀,在水套中设有分水管。分水管一般为铜制扁管,插入缸体水套中。沿扁管的纵向开有若干个出水孔,离水泵越远其孔径越大,冷却水能均匀地分配给各缸水套,从而使各缸能得到充分均匀的冷却。在有的发动机上,为使汽缸盖

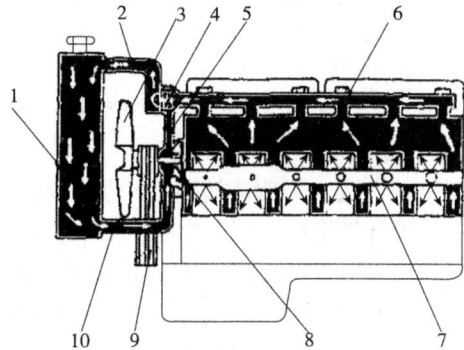

图7-1 发动机强制循环冷却系统示意图
1-散热器;2-上水管;3-风扇;4-节温器;5-旁通道;6-水套;7-分水管;8-水泵;9-风扇皮带;10-下水管

上高温部分获得较好的冷却,通常在气门座过梁处,气门座与喷油器之间,以及气门座与辅助燃烧室之间,设有较大的通水孔或加装专门的喷水管,以加强这部分的冷却。

节温器是一个根据水温高低可自动调节水循环路径的开关。当发动机冷启动,或天气寒冷发动机温度较低时,它可自动关闭去散热器的通道,使冷却水由水套出口直接流入水泵入口。

发动机工作时冷却水的循环路径:水泵将散热器下水管经过冷却的水泵入分水管,再进入缸体水套、缸盖水套,吸收热量后,再经缸盖出水口流经节温器。当水温高时,节温器开启,冷却水经散热器散热后再由下水管流入水泵;当水温低时,节温器关闭,冷却水不经散热器,直接由旁通管进入水泵。在这里,流经散热器的循环称为大循环,不流经散热器的循环称为小循环。当节温器处在半开启状态时,大小循环同时存在。

在冷却系中,散热器如果是通过溢水管或加水口与大气相通则称为开式冷却系;如果在散热气缸盖上,或溢水管处安装有空气蒸气阀,则称为闭式冷却系。闭式冷却系可以提高冷却水的沸点,特别是在高原地区,大气压力较低,冷却水不致过早沸腾,从而减少冷却水的消耗量。

除气式冷却系统如图7-2所示。发动机启动后,能迅速除去冷却系统中的空气,减少空气对发动机水套、水箱的腐蚀,提高发动机和水箱的使用寿命;由于除气系统能保证冷却系

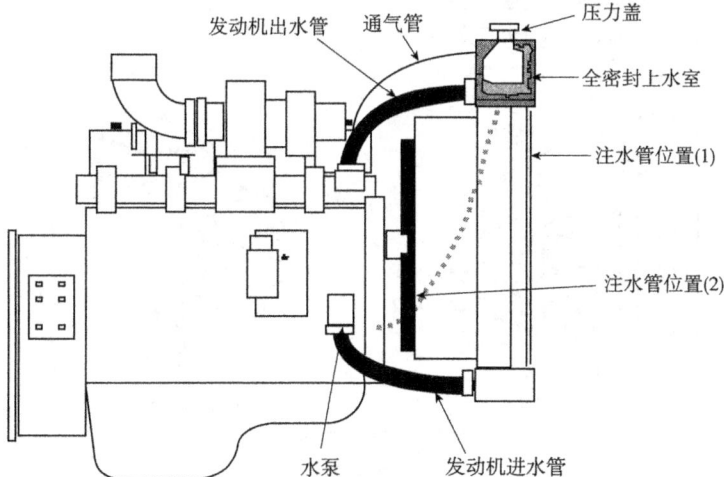

图7-2 发动机除气式冷却系统示意图

统中没有空气,提高了冷却液的热交换能力,因而提高了冷却系统的散热能力。

二、水冷却系主要部件的构造

1.散热器

散热器是将冷却水在机体内吸收的热量传给外界空气,使冷却水降温,以便再次循环对发动机进行冷却。

散热器的一般构造如图 7-3 所示,它主要由上水箱 2、下水箱 7、散热器芯 6、散热器盖 3、放水开关 8 等部件组成。其工作原理如下:由水泵驱动已冷却的水通过缸盖高温处,进行热交换,然后由缸盖出口进入散热器的上水箱,再流经散热器芯,与由风扇吹过的高速、温度较低的气流进行热交换,冷却后的水流入下水箱,再由下水箱出口吸入水泵进口,从而完成一次散热循环。

(1)散热器芯。散热器芯是散热器的主要散热元件。在发动机上常见到的散热器芯有管片式和管带式,如图 7-4、图 7-5 所示。不管是管片式还是管带式,其冷却管断面大都采用扁管,而很少采用圆管。这是因为在容积相同的情况下,扁形管散热面积大。同时,当冷却水因冻结膨胀时,可借助其横断面的变形避免破裂。管片式散热器芯的散热面积大,对气流阻力小,结构刚性好,但制造工艺较复杂;直管带式散热器散热能力较强,制造工艺简单,但结构刚度较差;波纹管带式散热器散热能力强,但制造工艺复杂,现应用较少。

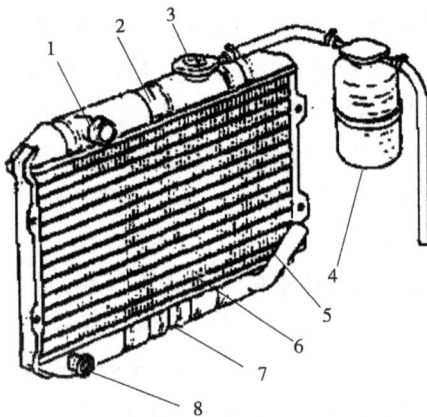

图 7-3　散热器

1-进水管;2-上水箱;3-散热器盖;4-副储水箱;
5-出水口;6-散热器芯;7-下水箱;8-放水开关

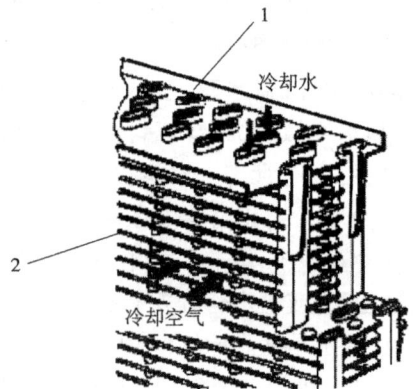

图 7-4　管片式散热器芯

1-冷却水管;2-散热片

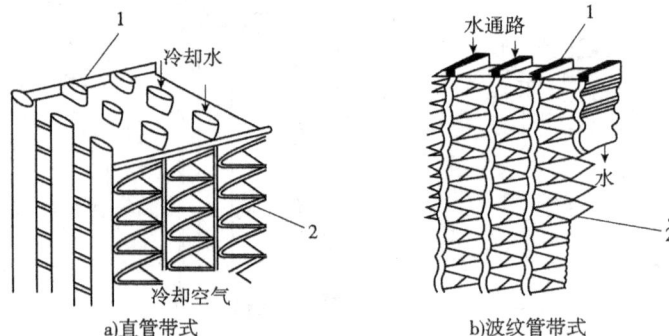

a)直管带式　　　　　　　　b)波纹管带式

图 7-5　管带式散热器芯

1-冷却管;2-散热带

（2）散热器盖。闭式水冷却系散热器上水箱的加水口平时用散热器盖严密盖住，以防冷却水溅出。但如果冷却系中水蒸气过多，压力过大，则可能导致散热器破裂；而当冷却系温度降低时，其中的水蒸气凝结，又会使系统内压力低于外界压力，致使散热气芯冷却管被大气压坏。所以在闭式水冷却系的散热器盖内，都装有一个根据散热器内蒸气压力大小而自动开启或关闭的阀门，称为空气-蒸汽阀。当发动机工作温度正常时，阀门关闭，并使系统内压力稍高于大气压力，这样可以提高冷却水的沸点，防止水蒸气过早逸出，减少冷却水的消耗量。这一措施对于在热带、干旱和高原行驶的机械尤为有利。

图7-6为带有空气-蒸汽阀的散热器盖，它主要由加水口盖3、蒸汽阀5、空气阀6、蒸汽阀弹簧4和空气阀弹簧7组成。当发动机热状态正常时，蒸汽阀和空气阀各自在弹簧的压力的作用下处于关闭状态。这时系统水路与大气隔开；当冷却系统温度升高，散热器中压力达到一定值（一般为26～27kPa，在此压力下冷却系内水的沸点可达108℃）时，蒸汽阀5克服弹簧4的压力开启，水蒸气从蒸汽阀经通气口排入大气，从而使系统的压力下降到规定值。当水温度下降，系统内的真空度达10～20kPa时，空气阀6在大气压力的作用下，克服弹簧7的弹力被推开，空气从通气口进入冷却系，以防止散热器芯被大气压坏。

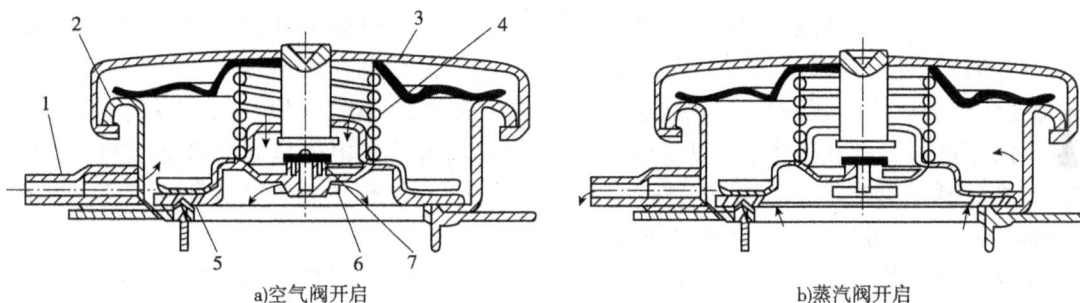

a)空气阀开启   b)蒸汽阀开启

图7-6 带空气-蒸汽阀的散热器盖

1-通气口；2-散热器加水口；3-加水口盖；4-蒸汽阀弹簧；5-蒸汽阀；6-空气阀；7-空气阀弹簧

2. 水泵

水泵的作用是对冷却水加压，迫使其在冷却系水路中循环流动。目前，发动机上多采用离心式水泵，如图7-7所示。它主要由泵壳1、泵盖3、叶轮2、水泵轴4、轴承6以及水封5等零件组成。在叶轮和轴承中间装有水封，以防冷却水泄漏进入轴承。水封是由密封垫、皮碗和弹簧组成。叶轮的叶片一般制成径向和后弯曲的，水泵的工作原理见图7-8，当泵轴3转

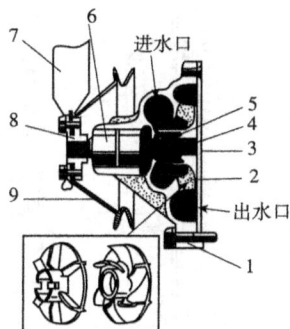

图7-7 水泵结构

1-泵壳；2-叶轮；3-泵盖；4-水泵轴；5-水封；
6-轴承；7-风扇叶片；8-法兰盘；9-皮带轮

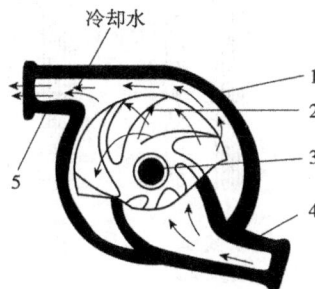

图7-8 离心式泵工作原理示意图

1-水泵壳体；2-叶轮；3-泵轴；4-进水口；
5-出水口

155

动时,水泵中的水被叶轮2带动一起旋转,并在自身离心力的作用下,向叶轮边缘甩出,然后经水泵壳体1上部与叶轮成切线方向的出水口5被压入发动机缸体水套中。同时,叶轮中心处压力降低,散热器中的冷却水便从散热器下水管经水泵进口4吸入叶轮中心。

离心式水泵结构简单,尺寸小且排量大,当水泵因故停止转动时,冷却水仍可进行自然循环,因而被广泛使用在各类发动机中。

3. 风扇

风扇通常安装在散热器之后、发动机之前,如图7-1所示。其作用是加快流经散热器并吹向机体气流的速度,提高散热器的散热能力,并带走发动机表面热量。

风扇的风量与其转速、直径、叶片数目、形状及安装角度有关。叶片多为薄钢板冲压而成,也有塑料制成的叶片的翼形断面呈流线型,以提高通风效率,叶片的数目通常为 4 ~ 6片,为了减少旋转产生的噪声,叶片间的夹角一般不相等。

风扇的驱动可借助曲轴动力机械驱动,也可由电机驱动、液压马达驱动。

在工程机械中,多采用机械驱动。在机械驱动中,风扇一般安装在水泵轴上,通过三角皮带直接由曲轴驱动。这种形式的驱动结构简单,工作可靠。由于发动机的温度受环境温度影响很大。在冬季低温时,尽管发动机处在高速运转,但机体温度并不高,这时高速风扇强制通风时,会使机体温度过低。在夏季高温时,即使发动机在低速转动,它的温度仍会很高,低速运转的风扇不能满足冷却的需要,显然这种简单的机械驱动风扇并不能很好地调节发动机的温度。因此在很多轿车上采用了硅油风扇离合器和电磁风扇离合器,以便根据机体温度来控制风扇的转速。这不仅保证发动机经常处于最有利的温度范围内工作,提高了发动机的寿命,同时也减少了风扇所消耗的功率。

电动风扇用蓄电池作电源,由直流低压电动机驱动,采用传感器和电器系统来控制风扇的运转。

4. 导风罩

导风罩通常用来改善风扇效率,使风扇在散热器芯上获得更均匀的分布,并且阻止发动机机舱内的热气回流。导风罩和散热器之间一定要密封,且风扇与导风罩的安装位置要有严格要求,如风扇叶尖和导风罩之间的间隙一般为风扇直径的1.5% ~ 2.5%。若为吸风式,则风扇叶片宽度的2/3 在导风罩内;若为吹风式,则风扇叶片宽度的1/3 在导风罩内。常用的导风罩有箱式、环式、喉口式3 种,见图7-9。

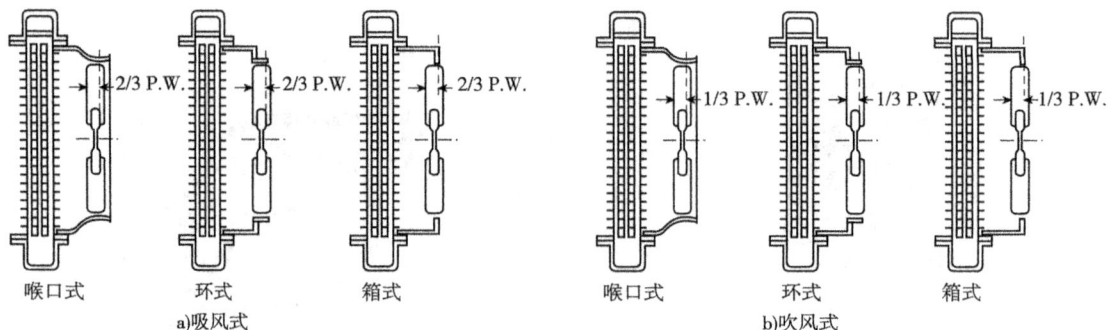

图7-9 导风罩常见类型

5. 节温器

节温器的作用是根据冷却水的温度改变水在冷却系中的循环路径,调节冷却强度,从而

156

使发动机保持在最佳温度范围内工作。

　　根据其结构和工作原理,常用节温器一般有折叠皱纹筒式节温器、蜡式节温器和金属热偶式节温器3种形式,本节主要介绍折叠皱纹筒式节温器和蜡式节温器。

　　折叠皱纹筒式节温器的结构如7-10所示。它由折叠式圆筒1、支架7、主阀门5、侧阀门2、阀座4、外壳9等零件组成。具有弹性的折叠式圆筒由黄铜制成,筒内装有易于挥发的乙醚,筒的上端面与侧阀门2、阀杆3及主阀门5焊在一起,下端面与固定在外壳9上的支架7焊在一起。当冷却水温度低于70℃时,主阀门关闭、侧阀门开启[图7-10b)],这时冷却水不能流入散热器14,而是从旁通孔8经发动机旁通道12被吸入水泵17,在水泵叶轮的作用下,再次压入发动机缸体水套中进行小循环,从而使发动迅速热起来,尽快达到最佳工作温度。当发动机水温高于70℃时,折叠式圆筒内的乙醚因受热而膨胀,使圆筒逐渐伸长。由于筒的下端面固定在支架7上,不能移动,因此其上端在伸长的过程中推动侧阀门、阀杆及主阀门一起向上移动,从而使侧阀门逐渐将旁通孔关闭,主阀门逐渐开启。这时一部分冷却水从主阀门流向散热器冷却,小循环水量减少。当水温升高到80~85℃时,主阀门全开,侧阀门完全关闭,如图7-10a)所示,冷却水全部流入散热器冷却,然后在水泵的作用下进行大循环。

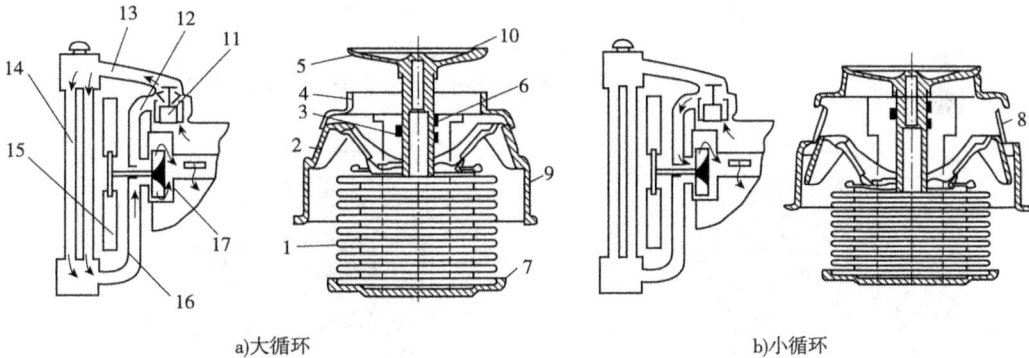

a)大循环　　　　　　　　　　　　　　　b)小循环

图7-10　折叠皱纹筒式节温器

1-折叠式圆筒;2-侧阀门;3-阀杆;4-阀座;5-主阀门;6-导向支架;7-支架;8-旁通孔;9-外壳;10-通气孔;11-节温器;12-旁通道;13-上水管;14-散热器;15-风扇;16-下水管;17-水泵

　　蜡式节温器根据其结构不同可分为两通式和三通式两种形式。

　　(1)两通式蜡式节温器。如图7-11所示,两通式蜡式节温器主要由弹簧4、阀门5、阀座6、感温器外壳1、石蜡3、反推杆7、上支架8和下支架2等组成。上、下支架及阀座焊为一体,装在水道中,将水道分成两部分。反推杆上端顶在上支架上,下端伸入感温器内,感温器内充满着密封的特种石蜡。常温时石蜡呈固态,阀门5在弹簧的作用下压在阀座6上,节温器处于关闭状态,见图7-11a),冷却水不能流入散热器,而是经发动机旁通道流回水泵入口,在水泵的作用下进行小循环。当水温升高时,其体积膨胀,对反推杆下端产生向上推力,由于反推杆上端顶在上支架上,不能上移,所以迫使感温器外壳克服弹簧压力向下运动,并带动阀门向下移动,离开阀座,逐渐开启,一部分冷却水从阀门流向散热器,冷却后再由水泵压入水套进行大循环。与折叠皱纹筒式节温器相比,蜡式节温器对冷却系的工作压力不敏感,但工作可靠、结构简单、制造方便、使用寿命长、成本低,所以得到广泛采用。两通式蜡式节温器通常用于常通式旁通道的冷却系水路中。

　　(2)三通式蜡式节温器。三通式蜡式节温器的结构如图7-12所示。这种节温器在其感温器壳的下端装有一个旁通阀 7,与旁通道入口阀座相配合控制流往水泵的冷却水。当冷却水温度低于某一规定值时,顶阀 3 处于关闭状态,这时旁通阀开启,如图 7-12a)所示,来自水套的冷却水直接从旁通道流回水泵入口,在水泵的作用下进行小循环。当冷却水温度升到某一规定值时,顶阀开始打开,旁通道逐渐关闭。这时流入旁通道的冷却水减少,一部分冷却水从顶阀流入散热器冷却,然后在水泵的作用下进行大循环,如图 7-12b)所示。当水温达到某一限定值时,顶阀全开,旁通阀完全关闭,冷却水全部经顶阀流入散热器进行大循环,加速发动机的冷却。

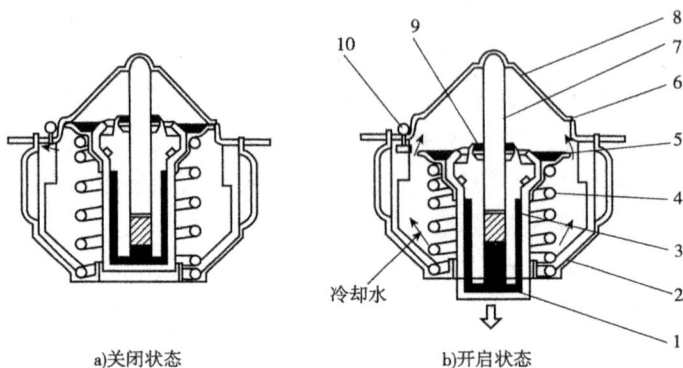

a)关闭状态　　　　　　b)开启状态

图 7-11　两通式蜡式节温器

1-感温器外壳;2-下支架;3-石蜡;4-弹簧;5-阀门;6-阀座;7-反推杆;8-上支架;9-密封圈;10-钩阀

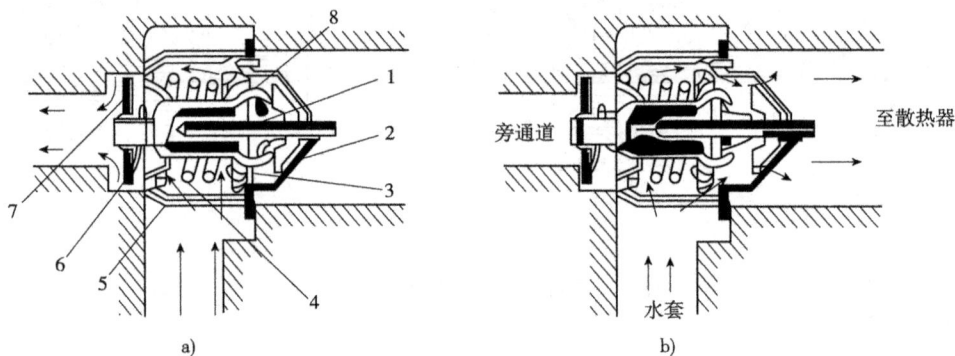

a)　　　　　　　b)

图 7-12　三通式蜡式节温器

1-反推杆;2-上支架;3-顶阀;4-顶阀弹簧;5-下支架;6-旁通阀弹簧;7-旁通阀;8-感温器外壳

第三节　液压驱动风扇冷却系统

在施工过程中,工程机械需要进行合理的冷却,以保证发动机及液驱装置在最理想的温度状态下工作。一般情况下,工程机械的冷却系统需要对发动机冷却液、液压油、润滑油、空冷器等多种介质进行冷却。对于工程机械散热器较多而散热功率又大的情况,传统的风扇冷却系统很难满足要求,冷却风扇的转速受限于发动机曲轴转速,调节范围较小,经常出现夏天整机过热或冬天整机过冷现象。

电控液驱动风扇冷却系统能很好地解决传统驱动方式存在的弊端,具有风扇转速无级可调的特点,而且风扇转速与发动机转速无关,只与散热量、被冷却介质(如水、液压油等)的温度以及环境温度有关,能保证被冷却介质恒温工作,能减少发动机磨损和功率消耗,降低排放,已广泛应用于挖掘机、装载机、起重机、叉车等机型。此外,散热器布置更为方便。

液压驱动风扇冷却系统按照控制方式可分为机液控制系统、电液控制系统;按液压泵排量可分为定量系统、变量系统。

一、液压驱动风扇冷却系统的基本组成

液压驱动风扇冷却系统的基本组成如图 7-13 所示。其基本组成为液压泵、控制阀、液压马达、风扇、散热器总成、控制器等。

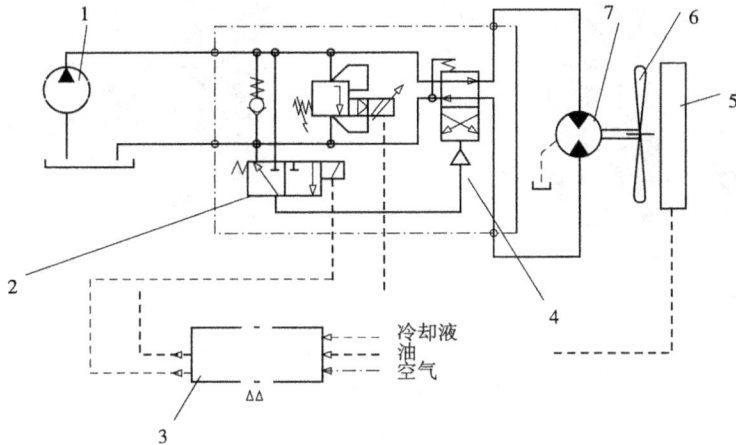

图 7-13 液压驱动风扇冷却系统
1-液压泵;2-电磁控制阀;3-控制器;4-温度传感器;5-散热器;6-冷却风扇;7-液压马达

柴油机通过皮带驱动液压泵 1 工作,液压泵流出的液压油经电磁控制阀 2 后进入液压马达 7,液压马达 7 直接驱动风扇转动,将风从散热器吹出,将热量带走,实现冷却介质、液压油、润滑油等介质的冷却,确保工程机械各个部件工作在合适的温度;同时,依据各种冷却介质以及发动机部件的温度测试信号与设定信号相比较,由控制器 3 发出信号给电磁控制阀 2,调节进入液压马达的流量,以增加或降低液压马达和风扇转速,调整冷却系统的冷却能力,实现整机散热和冷却能力的动态平衡。

二、组合式散热器

自行式工程机械所需冷却介质的类型决定了散热器的基本结构组成。其散热器一般为组合式的,由 3~5 种不同类型的散热器构成,主要用于发动机、液压元件、变速器、空调等部件的冷却。其散热器结构及面积大小主要依据各个动力机构及附属部件发热量的大小进行确定,结构分布形式可分为空间组合式和平面布置两种形式。

图 7-14 所示为某型工程机械用散热器,其基本结构为空间组合式,并构成冷却风道。主要由冷却水散热器、液压油冷却器、空调散热器、机油散热器、增压空气冷却器等组成。

图 7-15 所示为某型摊铺机用散热器,主要由冷却水散热器、液压油冷却器、增压空气冷却器等组成。

1. 液压油冷却器

一般液压系统油液的温度应为 30~60℃。液压油冷却器产品主要用于液压系统的回路

上,工作中,当液压油温度较低时,位于液压油冷却器入口处的电磁流量阀关闭,液压油不流经液压油冷却器装置,仅在液压系统回路中循环流动;当液压油温度较高时,高温油流经液压油冷却器装置,在换热器中与强制流动的冷空气进行高效热交换,使油温降至工作温度,以确保液压元件可以连续进行正常运转。液压油冷却器可分为水冷式和风冷式两种。其中风冷式冷却器基本结构与冷却水散热器结构基本相同,不再详细介绍。图7-16 所示为某型水冷式油液油冷却器。

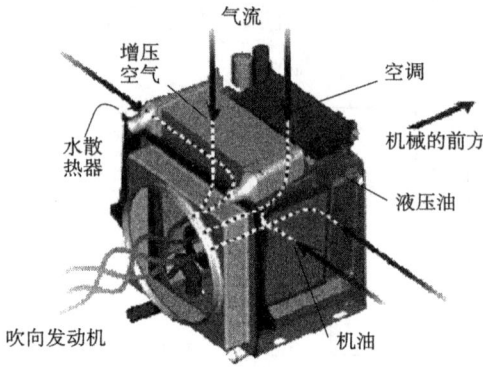

图 7-14　某型工程机械用散热器结构

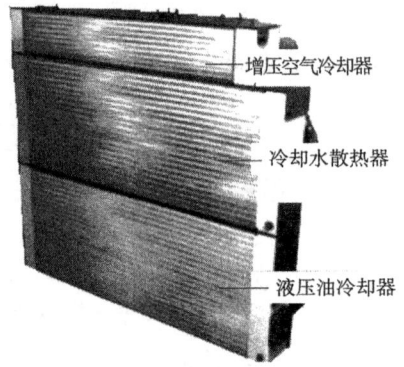

图 7-15　某型摊铺机用散热器

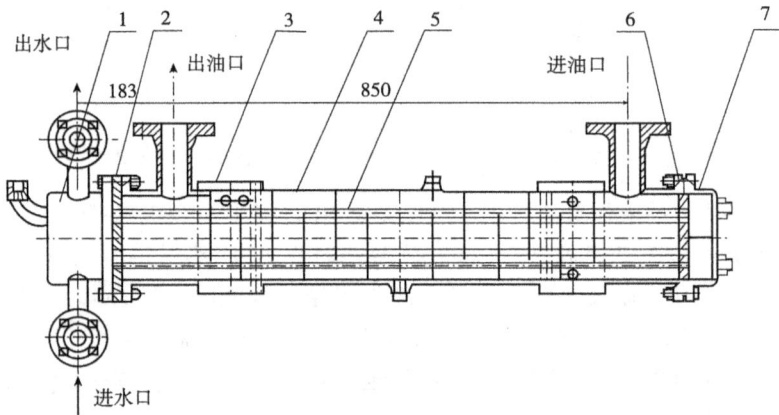

图 7-16　液压油冷却器结构

1-进出端盖;2-垫片;3-支座;4-壳体;5-管组;6-O 形圈;7-回程端盖

　　液压油冷却器主要由壳体、进出端盖、回程端盖和管组等零部件组成。其中固定管板、活动管板、隔板和套管等靠冷却管两端与管板胀接形成不可拆卸的管组。管组从壳体的固定端法兰孔中传入壳体内,管组中的隔板与壳体的配合要紧密,以减少流体的旁通或防止流动介质的短路;管组的固定管板两面分别与进出端盖、壳体固定端法兰贴合,中间配以垫片,用螺栓连接和密封;在壳体活动端法兰、压圈与活动管板外周的间隙中装上 O 形密封圈,用一组螺栓将回程端盖的止口和压圈与 O 形密封圈一起压紧,将活动端与冷、热介质密封。

　　冷却器壳体上焊有液压油进、出口接管和支座,在上部和下部均有放泄螺塞,上部螺塞用于放气,下部螺塞用于疏干壳体内的介质或维修、清洗时引进除垢蒸汽。

　　端盖一般分为进出端盖和回程端盖,进出端盖上设置有冷却水的进出口接口法兰,在端盖的上方设置有排气接口。在回程端盖最高处和最低处设置有放气和防水接口螺塞。

液压油冷却器的冷却管大多采用光管或翅片管,翅片管是用光圆管作基管,在圆管外套翅片,增加换热面积,从而强化换热。

其工作原理如下:管壳式油冷却器绝大多数液压油在管外运行,冷却水在管内运行。高温油液从壳体的进口接管流入壳体内,经分程隔板导流,高速横向流过冷却管的外表面,向管内冷却水放出热量后温度降低,由出口接管排出;冷却水从进出端盖的进口接管进入管束,沿管束在冷却管内作回流,吸收液压油放出的热量后,由进出端盖的出口接管排出,冷热介质互不接触。

2. 增压空气冷却器(简称中冷器)

增压空气冷却器一般只有在安装了涡轮增压发动机的工程机械上才能看到。对于增压发动机来说,增压空气冷却器是增压系统的重要组成部件。无论是机械增压发动机还是涡轮增压发动机,都需要在增压器与发动机进气歧管之间安装增压空气冷却器,由于这个散热器位于发动机和增压器之间,所以又称作中间冷却器,简称中冷器。增压空气冷却器可以让涡轮增压柴油机在不增加机械负荷和热负荷的情况下提高发动机功率。大量试验证明,进入汽缸的空气温度每下降10℃,发动机功率可提高 2.5% ~3%,增压压力越高,中冷器效果就越明显。

中冷器的位置布置如图 7-17 所示。与普通发动机相比,涡轮增压发动机的换气效率比一般发动机的自然进气要高。当空气进入涡轮增压后其温度会大幅升高,密度也相应增大,而中冷器能够起到冷却空气的作用,高温空气经过中冷器的冷却,再进入发动机。如果缺少中冷器而让增压后的高温空气直接进入发动机,除会影响发动机的充气效率外,还很容易导致发动机燃烧温度过高,造成爆震等故障,而且会增加发动机废气中的 NO_x 的含量,造成空气污染。

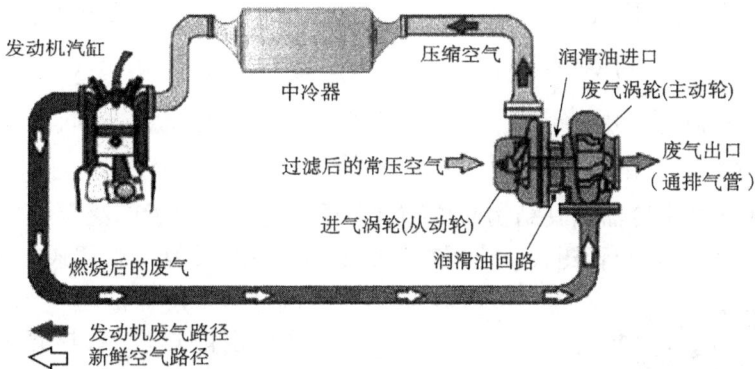

图 7-17　中冷器的位置布置

目前,增压空气冷却器都采用错流外冷间壁式冷却方法,一般采用铝合金材料制成。根据冷却介质的不同,有水冷式和风冷式两大类。水冷式冷却按冷却水系的不同,可分为用柴油机冷却系的冷却水冷却和独立的冷却水冷却,如图 7-18 所示;风冷式按驱动冷却风扇的动力不同,可分为机械驱动风扇和压缩空气涡轮驱动风扇两种,如图 7-19 所示。按与水箱的连接关系,可分为串联或并联。

(1)风冷式中冷器结构。风冷式中冷器是用外界空气来冷却增压后的高温空气。由于热侧和冷侧换热介质均为空气,两侧的对流换热系数在同一数量级,因此,两侧的换热面积

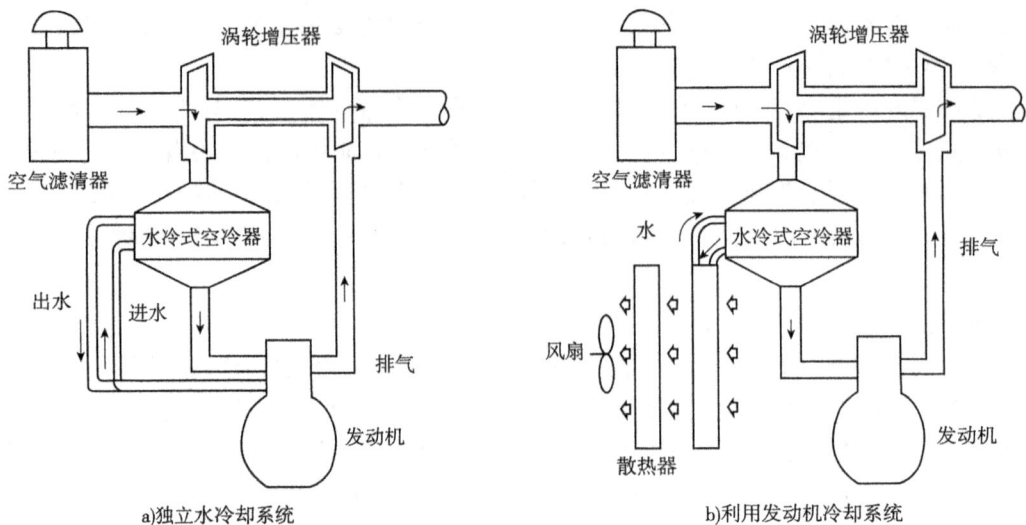

图7-18　中冷器的冷却系统类型

a)独立水冷却系统　　　　　　　　　　b)利用发动机冷却系统

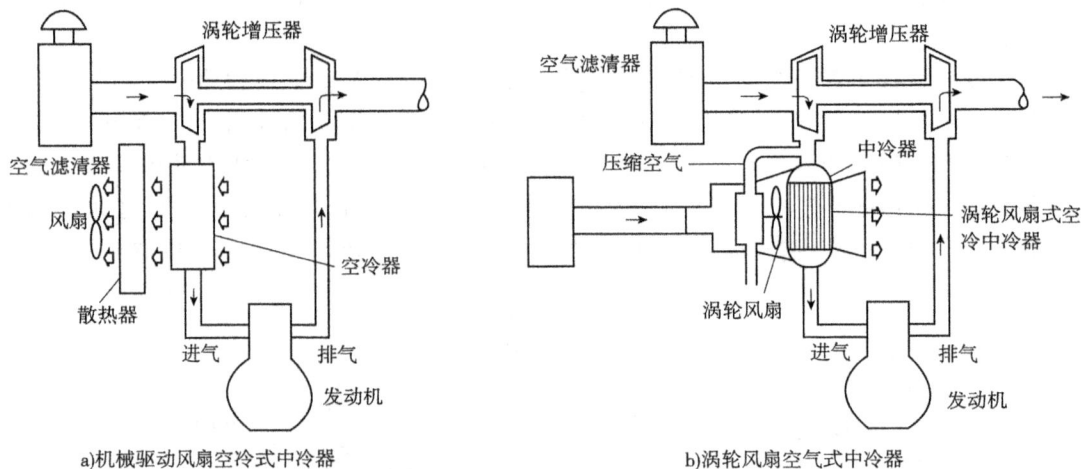

a)机械驱动风扇空冷式中冷器　　　　　　b)涡轮风扇空气式中冷器

图7-19　中冷器风扇驱动方式

应大致相同。风冷式中冷器因其结构简单和制造成本低而得到了广泛应用。风冷式中冷器结构分为扁管式、板翅式和管翅式。应用较多的是板翅式中冷器和管翅式中冷器。

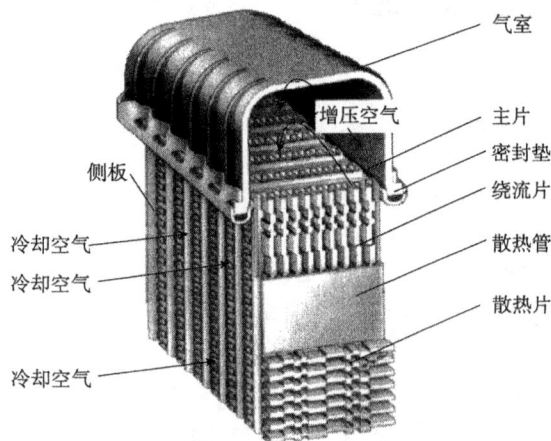

图7-20　风冷式中冷器的基本结构组成

风冷式中冷器的基本结构如图7-20所示。主要由散热片、散热管、绕流片、主片、侧板、密封垫、气室等组成。

①板翅式中冷器。板翅式中冷器的结构是在厚0.5～0.8的薄金属板之间,钎焊由厚0.1～0.3的薄金属板制成的翅片,两端以侧限制板封焊。因各层翅片方向互错90°,两个不同方向的翅片分别形成了两种错流换热介质的通道。板翅式中冷器大多采用铜和铝合金制造,其结构紧凑,传热面积大,效率高。

②管翅式中冷器。管翅式中冷器的结

162

构是在板翅式结构的基础上发展而来,其热气侧通道是多孔的成型管材。与板翅式相比,其优势在于热气侧。由于采用成型管材,简化了工艺,避免了翅片和隔板之间的虚焊以及工作振动中的脱焊所造成的接触热阻,提高了传热效率和工作可靠性。其缺点是热气侧只能是光直的通道,难以采用扰流措施。目前管翅式中冷器已得到越来越多的应用。

(2)水冷式中冷器结构。利用循环冷却水对通过中冷器的空气进行冷却。此类中冷器冷却效率高,且安装位置比较灵活,无需使用很长的连接管路,使得整个进气管路更加顺畅,但需要1个与发动机冷却系统相对独立的循环水系统与之配合,因此整个系统的组成部件较多,制造成本较高,且结构复杂。水冷式中冷器一般用在发动机中置或后置的车辆上,以及大排量发动机上。

①管片式中冷器。管片式中冷器是在许多水管上套上一层层的散热片,经锡钎焊或堆锡焊焊接在一起。冷却水管和散热片采用紫铜或黄铜制造。水管的排列有叉排和顺排两种,水管截面的形状有圆形、椭圆形、扁管形、滴形和流线型等。其中圆管工艺性和可靠性较好,但空气的流通阻力较大,使空气压力损失较大。滴形和流线型管虽然空气阻力较小,但由于工艺性和可靠性较差,目前很少应用。椭圆管与圆管和扁管相比,具有较高的传热系数和较小的空气阻力,其工艺性和可靠性不及圆管,但优于扁管。试验表明,椭圆管较圆管传热系数约高10%,空气阻力损失约小18%,所以在柴油机上多采用椭圆管作为中冷器的水管。

中冷器冷却元件的结构参数对中冷器性能影响很大。由于水侧的对流换热系数通常是气侧的对流换热系数的10倍以上,因此,气侧的散热面积应为水侧散热面积的10倍以上。无论水侧还是气侧,流通面积越小,则流速越大,对流换热系数越大,但流动阻力损失也越大。

②冷轧翅片管式中冷器。冷轧翅片管是由单金属管或内硬外软的双金属管在专用轧机上轧制而成。通常,单金属管用紫铜或铝;双金属管的内管用黄铜,外管用铝。双金属管在轧制过程中使两种金属牢固地贴合在一起,几乎没有间隙,即使在长期振动工作条件下也不会脱开。将翅片管用胀管法固定在端板上,整个加工过程不用焊接,不存在虚焊和长期振动工作后的脱焊现象。因此,冷轧翅片管中冷器的主要优点就是接触热阻小,传热系数高,工作可靠性好。其缺点是在同样体积下冷却面积较小,空气阻力损失较大。同样设计合理的中冷器,与水管为椭圆形的管片式相比,传热系数提高约30%,冷却面积减少约30%,从而保持同样的散热能力。其空气阻力损失与水管为圆管的管片式大致相同。

(3)中冷器主要零部件

①散热翅片(或简称翅片)。翅片是中冷器的最基本元件。冷热流体之间的热交换大部分通过翅片,小部分直接通过隔板来进行。翅片与隔板之间的连接均为钎焊,热交换过程中大部分热量传给翅片,通过隔板并由翅片传给冷流体。翅片除承担主要的传热功能外,还起着两隔板之间的加强作用。尽管翅片和隔板材料都很薄,但由此构成的单元体的强度很高,能承受较高的压力。

翅片的形式很多,如平直翅片、锯齿翅片、多孔翅片、波纹翅片、百叶窗式翅片、片条翅片等,如图7-21所示。

a.平直翅片。平直翅片是最基本的一种翅片,如图7-21a)所示。由薄金属片滚轧(或冲压)而成。平直翅片的特点是有很长的带光滑壁的长方形翅片,能够扩大传热面,但对促进流体湍动的作用很少。相对于其他翅片,它的特点是换热系数和阻力系数都比较小。此外,翅片的强度要高于其他类型的翅片。

b. 锯齿翅片。锯齿翅片可以看作平直翅片被切成许多短小的片段,相互错开一定的间隔而形成的间断式翅片,如图7-21 b)所示。这种翅片能够促进流体的湍动,传热系数比平直翅片高30%以上。

c. 多孔翅片。它是在平直翅片上冲出许多圆孔或方孔而成的,如图7-21 c)所示。多孔翅片开孔率一般为5%~10%,孔径与孔距无一定关系。孔的排列有长方形、平行四边形和正三角形3种。我国目前采用的多孔翅片,孔径为 $\phi2.15$、$\phi91.7$,孔距为 6.5mm、3.25mm,正三角形排列。多孔翅片主要用于导流片及流体中夹杂颗粒或相变换热的场合。

d. 波纹翅片。波纹翅片的结构如图7-21 d)所示。它是平直翅片上压成一定的波纹(如人字形),使得流体在弯曲流道中不断改变流动方向,以促进流体的湍动,分离或破坏热边界层。其效果相当于翅片的折断,波纹越密,波幅越大,其传热性能越好。我国常用的翅片有平直翅片、多孔翅片和锯齿形翅片3种。

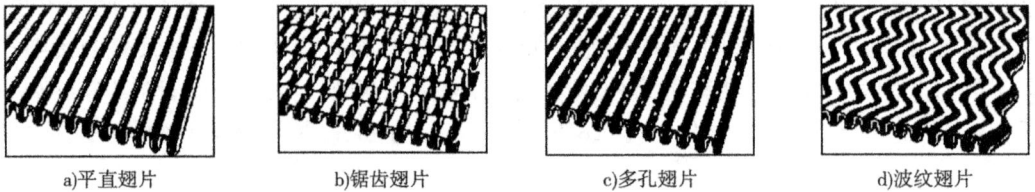

| a)平直翅片 | b)锯齿翅片 | c)多孔翅片 | d)波纹翅片 |

图7-21　常用翅片类型

②隔板与盖板。隔板材料是在母体材料(铝锰金属)表面覆盖一层厚 0.1~0.4mm,含硅5%~12%的钎料合金,又称金属复合板。隔板厚度一般为 1~2mm,最薄为0.36mm。板翅式热交换器板束最外侧的板成为侧板,它除承受压力外还起保护作用,厚度一般为 5~6mm。它与散热翅片的焊接多采用板下加焊片的方法,焊片厚度与隔板复合层相同。

(4)流道的布置形式

按运行工况要求可将流道布置成逆流、顺流、错流等多种形式。

①逆流。在板翅式空气冷却器中实现逆流有 3 种形式(图7-22)。其中,逆流 1、2 型为两种流体的逆流布置。

②顺流。如图7-23 所示,主要用于在加热时需要避免流体被加热(或冷却)到高(或低)于某一规定温度的场合。

③错流。如图7-24 所示。错流也是最基本的一种布置形式。从传热上考虑,这种布置并无突出优点,但它常能使热交换器布置合理而被采用。

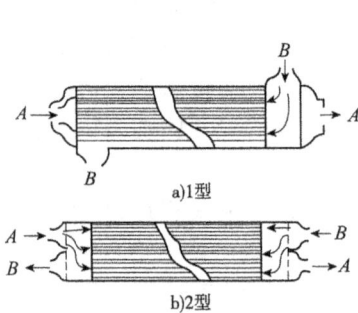

a)1型		
b)2型	a)	
	b)	
图7-22　逆流布置示意图	图7-23　顺流布置示意图	图7-24　错流布置示意图

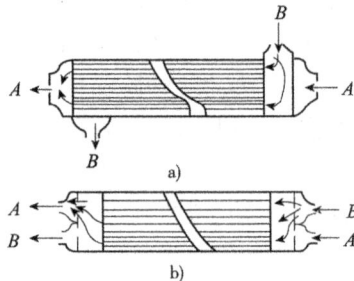

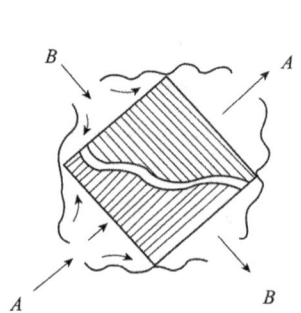

第四节　冷却水和冷却系清洗及防冻液

1. 冷却水及冷却系的去垢

发动机冷却系使用的冷却水应为清洁的软水。硬水中含有大量矿物质,如铁、钙、硫化物等,这些物质在高温作用下会从水中沉析出来,形成水垢,积附在水套、水路管道及散热零件壁面上,造成管道堵塞,发动机水套及散热器等零件导热系数下降,影响冷却系的散热效果,发动机容易过热等。所以,硬水不能直接用来冷却发动机。需要用时,必须进行软化处理。常用的软化处理方法是在需用的每升硬水中加入 0.5~1.5g 碳酸钠,或 0.5~0.8g 氢氧化钠,或 10% 的重铬酸钢溶液 30mL,待生成的杂质沉淀后,取上面的清水加入冷却系内。

发动机使用一定时间以后,冷却系统内会产生水垢,必须定期加以清除,否则堵塞水路,妨碍冷却水的循环。常用清除方法有碱性处理和酸性处理两种,目前一般采用酸性处理。酸性处理采用 8%~10% 盐酸溶液。盐酸溶液有很强的腐蚀作用,应加入缓蚀剂。清洗时先将冷却系内的冷却水放出,并拆除节温器,然后把酸性溶液加入冷却系内,启动发动机并使之保持怠速运动 20~30min,再放出清洗液,用清水冲洗冷却系水路 1~2 次。对于铝制发动机,可采用 0.3%~0.5% 的磷酸三钠溶液清洗。为了防止冷却系积垢、生锈、漏水、漏气,现代汽车厂建议使用冷却液添加剂。一般采用的添加剂有冷却系保证剂 C、S、P 和冷却系密封剂 C、S。

2. 防冻液

我国大部分地区冬季最低气温都在水的冰点以下,且保持的时间较长,如不注意,就会发生发动机因冷却系内冷却水冻结、体积膨胀而使缸体或缸盖胀裂的现象。

车用发动机冷却系常用的防冻液一般采用在冷却水中加入适量的可降低水的冰点、提高沸点的乙二醇或酒精配制而成,随着加入冷却水的乙二醇或酒精的比例的增加,冷却水的冰点随之降低。当加入的乙二醇的比例为 54.7% 时,其冷却水的冰点可达 $-40℃$,同时由于乙二醇本身沸点较高、易挥发、冰点易升高。酒精含量越高,着火性越大,在一般情况下酒精含量不超过 4% 为宜。采用乙二醇配制的防冻液使用时蒸发损失的是水,因此在使用时应及时补充水,以调节其浓度。乙二醇有毒,在配制或使用时防止吸入体内。同时乙二醇还容易氧化生成酸性物质,腐蚀金属,所以一般在配制时每升防冻液中加入 2.5~3.5g 磷酸氢二钠和 1g 糊精,以防冷却系统腐蚀。乙二醇吸水性强,易渗漏,要求系统密封性好。

在防冻液中加入少量添加剂(如亚硝酸钠、硼砂、磷酸三丁酯),可以延长使用时间并具有防锈作用。

第八章 启动装置

第一节 概述

发动机由静止状态进入运转状态,必须借助外力使曲轴以一定的转速连续运转,带动活塞不断往复运动,直至汽缸内形成的可燃混合气体被压燃或点燃后,发动机才能转入正常的工作循环。因此发动机必须要有启动装置。

发动机由静止状态转入运转状态时,输入的能量必须能足以克服各种启动阻力所做的功。启动阻力包括各种机件之间的摩擦阻力、运动件的惯性阻力、压缩行程的压缩阻力、吸气行程的吸气阻力等。而摩擦阻力又与润滑状态有关,与机油的黏度有关,温度低则黏度大,摩擦阻力就大。因此,冬季比夏季启动困难。压缩阻力又与压缩比有关。由于柴油机的压缩比比汽油机的压缩比大(即压缩阻力大),这也是柴油机比汽油机启动困难原因之一。惯性阻力是变化的,由静止到运动初始时,惯性阻力最大,而后逐渐减小。

能使发动机启动所必需的曲轴最低转速称为启动转速。一般车用汽油机要求启动转速为 50 ~ 70r/min。启动转速过低,则压缩行程内的热量损失过多,且进气流速过低,使汽油雾化不良,导致缸内混合气不易着火。柴油机的启动转速必须保证压缩结束时汽缸内空气温度高于柴油机的自燃温度,并使喷油泵能建立起必要的泵油压力。否则启动转速低会使压缩行程的漏气和散热损失增加,压缩结束温度低,气流速度低则柴油的喷散雾化差,从而使柴油机不易启动。因此柴油机的启动转速比汽油机启动转速要高。通常启动转速对于统一式燃烧室为 100 ~ 150r/min,对于分隔式燃烧室为 150 ~ 250r/min。

第二节 发动机的启动方式

发动机的启动方式很多,常见的有以下几种:

一、人力启动

人力启动即借用人力作为启动能源,由于人力是有限的,因此,它只能用于小功率发动机上。人力启动主要借助摇把、手柄或拉绳等方式直接转动曲轴或飞轮。这种启动方式,结构简单、成本低,但启动不便且劳动强度大,并有一定的不安全因素,故目前多作为后备启动方式。

二、电力启动

电力启动主要由蓄电池和电力起动机组成。用蓄电池的电源驱动电力起动机。再由电力起动机启动发动机。电力起动机主要由直流串激式电动机、传动机构和控制装置 3 大部分组成。

1.起动机的分类

（1）按传动机构分,可分为惯性啮合式起动机、电枢移动式起动机、强制啮合式起动机 3 种。

①惯性啮合式起动机。惯性啮合式起动机启动时是靠惯性力将驱动齿轮与飞轮齿环啮合启动后,驱动齿轮又靠惯性力自动与飞轮齿环脱开。这种起动机工作可靠性差,现已很少使用。

②电枢移动式起动机。电枢移动式起动机是靠电动机内部辅助磁极的电磁吸力,吸引电枢做轴向移动,使驱动齿轮啮入飞轮齿环。启动后复位弹簧使电枢复位,于是驱动齿轮便与飞轮齿环脱开。这种起动机结构复杂,仅用于一些大功率柴油机上。

③强制啮合式起动机。强制啮合式起动机是靠人力或电磁力拉动拨叉,强制地使驱动齿轮与飞轮齿环啮合。这种起动机结构简单、工作可靠、操作方便,所以现在被广泛使用。

（2）按控制装置分,可分为直接操纵式起动机、电磁控制式起动机两种。

①直接操纵式起动机。即由驾驶员利用制动踏板或手拉直接操纵机械式启动开关接通或切断起动机电流。

②电磁控制式起动机。即由驾驶员借助启动按钮或点火开关控制启动电磁开关(或启动继电器),再由电磁开关的电磁力控制启动主电路的接通与断开。

此外,还有齿轮移动式起动机、减速式起动机等。

在工程机械用柴油机中,经常使用的是电磁强制啮合式和电磁控制式起动机。电磁强制啮合式起动机根据起动机齿轮与电机轴之间单向离合器的结构可分为摩擦片式单向离合器、弹簧式单向离合器和滚柱式单向离合器等。

图 8-1 所示为 ST614 型起动机,它的电气原理如图 8-2 所示。在黄铜套 18 上绕有吸引线圈 6 和保持线圈 5,吸引线圈与起动机内部电路相串联,保持线圈一端搭铁,另一端与吸引线圈同接于接线柱上。在黄铜套内,装有电磁铁 4,它与拨叉相连接;挡铁 12 的中心装有推

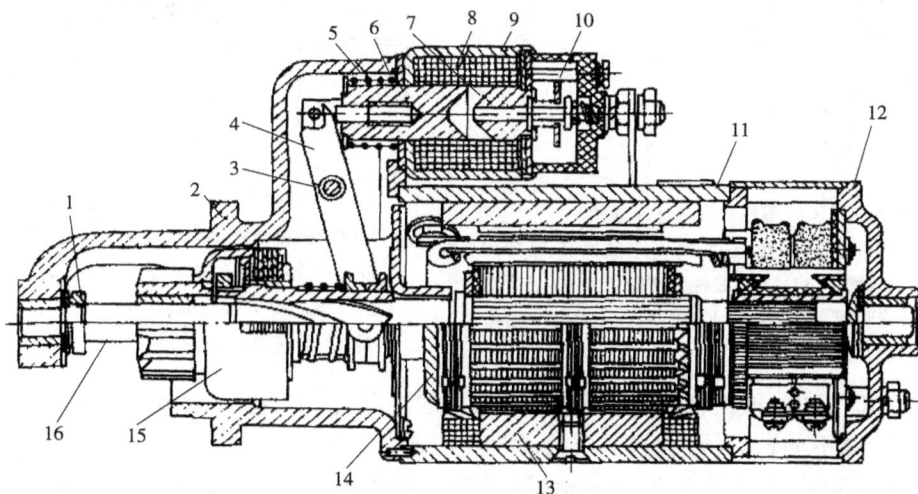

图 8-1　ST614 型起动机

1-止推螺母;2-后端盖;3-拨叉轴;4-拨叉;5-弹簧;6-电磁铁芯;7-挡铁;8-电磁开关线圈;9-电磁开关;
10-起动机开关接触盘;11-机壳;12-前端盖;13-磁极;14-电枢;15-摩擦片式离合器;16-起动机轴

杆,其上套有铜质接触盘13。启动时,接通总开关9、按下启动按钮8,则吸引线圈和保持线圈电路接通,电磁铁芯在吸引和保持线圈电磁吸引力作用下克服拨叉复位弹簧弹力右移,带动拨叉顺时针摆动,使电机驱动齿轮在缓慢旋转下与飞轮齿环啮合。当齿轮啮入后,接触盘即将接线柱14、15接通,于是蓄电池便以大电流向电机磁场绕组和电枢绕组放电,使电机正常旋转带动曲轴旋转启动发动机。与此同时,吸引线圈则被短路,电磁铁芯靠保持线圈的电磁铁吸引力保持在吸合位置。

启动后,放松启动按钮,保持线圈中的电流经吸引线圈构成回路。此时,吸引线圈和保持线圈所产生的磁场方向相反,互相抵消。活动铁芯在复位弹簧的作用下恢复原位。驱动齿轮退出,接触盘复位,切断电机电路,起动机停止转动。

2. 单向离合器

单向离合器是起动机的飞散保护装置。它能在启动时将电枢轴的转矩传递给发动机曲轴,启动后齿轮未脱开时能自动打滑,以保护起动机电枢轴不被飞轮带动高速旋转而损坏,即具有单向传递动力的功能。下面分别介绍几种常见的单向离合器。

(1)摩擦片式单向离合器。图 8-3 所示为摩擦片式单向离合器的结构和工作原理图,花键套筒 10 套在电枢轴的螺旋花键上,在花键套筒的外表面上有三线螺旋花键,而内接合鼓 9 则套在它的上面。内接合鼓上有 4 个槽,用来插放主动摩擦片 8 的内凸齿。被动摩擦片 6 的外凸齿则插放在与驱动齿轮一体的外接合鼓 1 的切槽中,主、被动摩擦片相间排列。在螺母 2 与摩擦片之间还装有弹性圈 3、压环 4 和调整垫片 5。组装好的单向离合器,摩擦片之间应无压紧力。

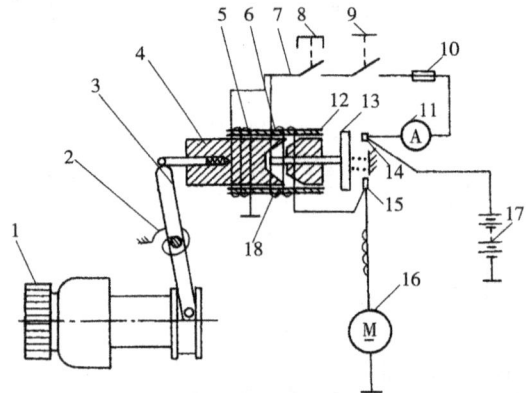

图 8-2　ST614 型启动机电气原理图
1-驱动齿轮;2-复位弹簧;3-拨叉;4-电磁铁;5-保持线圈;6-吸引线圈;7、14、15-接线柱;8-启动按钮;9-启动总开关;10-熔断器;11-电流表;12-挡铁;13-接触盘;16-电动机;17-蓄电池;18-黄铜套

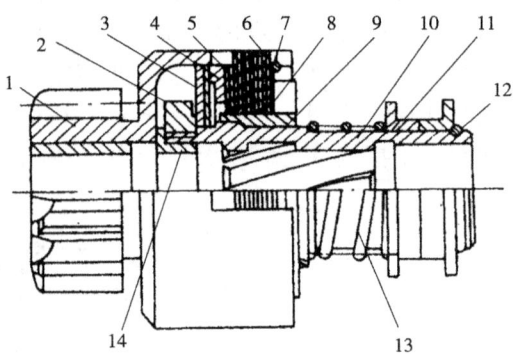

图 8-3　摩擦片式单向离合器
1-驱动齿轮及外接合鼓;2-螺母;3-弹性圈;4-压环;5-调整垫片;6-被动摩擦片;7、12-卡环;8-主动摩擦片;9-内接合鼓;10-花键套筒;11-移动衬套;13-缓冲弹簧;14-挡圈

当起动机带动曲轴旋转时,内接合鼓沿螺旋线左移,使主、被动摩擦片紧压在一起,利用摩擦传力,使电枢的转矩传给曲轴,实现发动机启动。

发动机启动后,起动机齿轮被飞轮带动旋转,其转速高于电枢轴转速,内接合鼓靠惯性沿螺旋线右移,于是主、被动摩擦片松开打滑,使发动机转矩不能从驱动齿轮传给电枢,从而防止了电枢超速飞散的危险。

当起动机超载时,弹性圈在压环 4 凸缘的压力下弯曲,当弯曲到其中心顶住内接合鼓继续向左移动,于是单向离合器开始打滑,从而避免了因负载过大烧坏起动机的危险。

(2)弹簧式单向离合器。弹簧式单向离合器结构如图8-4所示,连接套筒6套在起动机轴的螺旋花键上,起动机驱动齿轮及齿轮柄则套在轴的光滑部分,在两套筒的对接处装有两个月形圈3,使两者之间只能做相对转动而不能做轴向移动。传动弹簧4套装在两个套筒的外面,并利用弹簧两端较小内径的一圈分别紧箍在两个套筒上,防护圈5和垫圈7将传动弹簧封闭,以防灰尘进入。

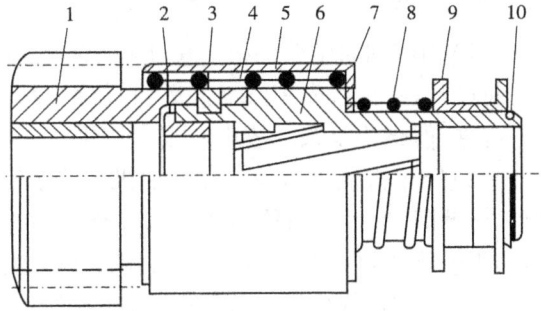

图 8-4　弹簧式单向离合器
1-驱动齿轮;2-挡圈;3-月形圈;4-传动弹簧;5-防护圈;
6-连接套筒;7-垫圈;8-缓冲弹簧;9-移动衬套;10-卡环

当起动机带动曲轴旋转时,传动弹簧在扭紧的同时抱紧齿轮柄和连接套筒,并借助于摩擦力传递转矩,发动机启动后,驱动齿轮被飞轮带着高速旋转,传动弹簧放松,摩擦力急剧减小使离合器打滑,从而防止了电枢超速飞散的危险。

(3)滚柱式单向离合器。滚柱式单向离合器结构如图8-5所示,滚柱式单向离合器的工作原理如下:

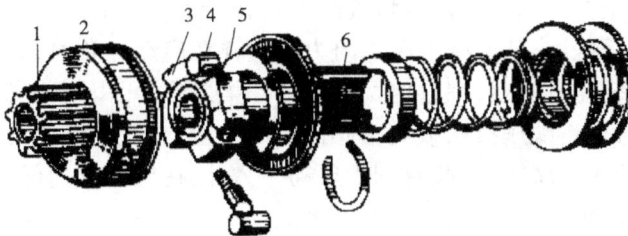

图 8-5　滚柱式单向离合器
1-驱动齿轮;2-外壳;3-十字块;4-滚柱;5-压帽弹簧;6-传动套筒

滚柱式单向离合器的外壳2与十字块3之间的间隙宽窄不等,呈楔形槽。当起动机电枢轴旋转时,转矩由传动套筒6传到十字块3,使十字块随同传动套筒和电枢轴同步旋转,则滚柱便滚入楔形槽窄的一端而被卡住,于是转矩便经滚柱传给驱动齿轮使发动机启动[图8-6a)]。

发动机启动后,由于驱动齿轮1在飞轮5的带动下和十字块会同方向旋转,且速度大于十字块,于是滚柱滚入楔形槽宽的一端,如图8-6b)所示。这样转矩就不能从驱动齿轮传给电枢轴,从而防止了电枢超速飞散的危险。

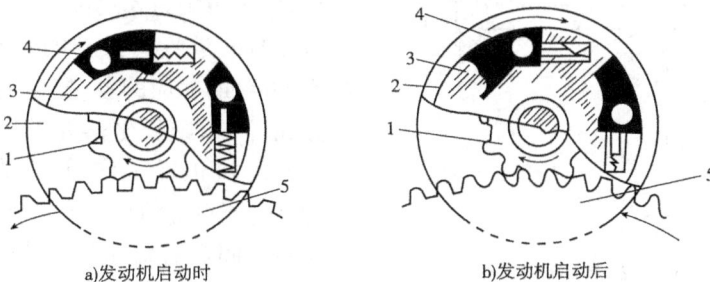

a)发动机启动时　　　　　　　　b)发动机启动后
图 8-6　滚柱式单向离合器工作示意图
1-驱动齿轮;2-外壳;3-十字块;4-滚柱;5-飞轮

169

三、其他几种启动方式

（1）用汽油启动柴油机。由于汽油机易于启动，因此，在有的电力启动的柴油机上启动时，通过转换机构，先用汽油为燃料，待运转平稳后，再转换用柴油为燃料。这种启动方式省力、可靠，但结构复杂。故现在很少使用。

（2）用小汽油机启动。在柴油机上安装有小型汽油机作为起动机。先将易启动的小汽油机启动后，通过动力传动装置拖动柴油机启动。同时还可以用汽油机的冷却水和废气对柴油机进行预热，在温度较低时亦能启动柴油机，但其结构复杂，现在也使用较少。

（3）压缩空气启动，把压缩空气按照柴油机各缸的工作次序依次送入各缸，推动活塞带动曲轴旋转，实现启动。这种启动方式可获得非常大的启动转矩，对温度不敏感。因此，启动可靠，但其结构复杂，故仅用于较大型的柴油机上。

第三节　便于启动的辅助装置

一、减压机构

减压机构的功用是在柴油机启动时将气门保持在开启位置（一般是进气门），使汽缸内空气能够自由进出不受压缩，从而减小压缩阻力。这样在启动开始时，只需克服惯性阻力和摩擦阻力。当发动机转速升高后，惯性阻力减小了，摩擦阻力也因摩擦表面机油温度升高、黏度降低而减小，此时再将减压机构扳到不起作用的位置上，气门恢复正常工作。尽管有了压缩阻力，但总的启动阻力减小，因此有利于启动。另外，在调整气门间隙和供油时间时，操纵减压机构便于摇转曲轴。

减压机构的结构形式有多种，如抬升气门挺杆或推杆、抬升气门摇臂及压气门摇臂等，但作用结果都是使气门不受配气凸轮的控制而保持在开启位置上。

图8-7所示为NT855-C型柴油机减压机构。它是靠减压轴抬升气门推杆，使进气门保持在开启状态，实现减压的。

减压轴9是一根长圆杆件，通过支架（图中未示出）纵向水平安装在汽缸体上部的推杆室一侧，可以转动。前端加工有环槽，由定位螺钉8定位，防止轴向窜动。在对应各缸的进气门推杆的外圆面处加工有水平凹陷面，相应的各进气门推杆7上镶嵌有金属环12，圆环坐落在减压轴的凹陷面上，当发动机正常工作时，二者之间有一定间隙，防止气门关闭不严。减压轴后端用锁紧螺钉4固定着减压杆2，与减压杆的槽形断面处对应的缸体后端面上铸有圆柱凸台3，称为限位销，限制减压杆的摆动量。减压杆通过复位弹簧1拉紧在不工作位置。

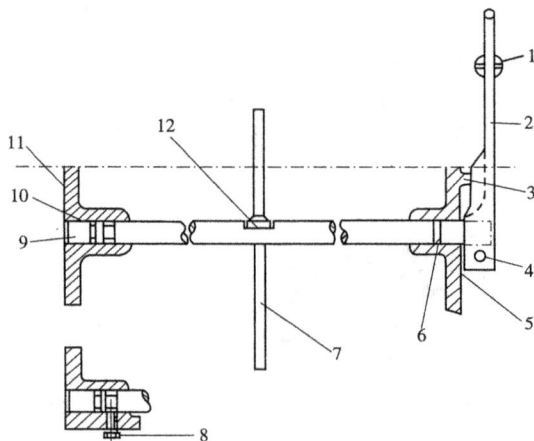

图8-7　NT855-C型柴油机减压机构

1-复位弹簧；2-减压杆；3-限位销；4-锁紧螺钉；5-缸体后端；6、10-密封圈；7-进气门推杆；8-定位螺钉；9-减压轴；11-缸体前端；12-嵌环减压时扳动减压杆2,减压轴9转动一个角度,轴上的凹陷面被转向一侧,外圆面则推动进气门推杆7上的嵌环12,抬起推杆,打开进气门,使汽缸减压。

减压轴安装时的正确位置应该在它刚开始减压时,限位销3刚好对正减压杆2上的槽中心。否则应松开锁紧螺钉4,转动减压轴,调整它们与减压杆的相对位置。

二、预热装置

预热装置的功用是加热进气管或燃烧室中的空气,改善可燃混合气的形成与燃烧条件,使之易于启动。预热的方法和类型很多,常见的有以下几种:

1.电热塞

这是采用最多的一种预热方法。通常将电热塞安装在分隔式燃烧室的副燃烧室中,启动时接通电路,预热燃烧室中的空气。

电热塞可分为闭式和开式两种。闭式电热塞。电热丝包在发热体钢套内,如图8-8所示。开式电热塞。电热丝裸露在外,如图8-9所示。

现以开式电热塞为例介绍,由镍铬合金钢制成的电阻丝1,其一端和中心电极3连接,另一端和电极管4连接,电极管与外壳5及中心电极3之间均由绝缘体2隔开。启动时,通过电阻丝产生 $800 \sim 1\,000$ ℃的高温加热周围空气,使喷入汽缸的柴油易着火。

2.电火焰预热器

电火焰预热器通常装在进气管道中,对流经进气管的空气进行加热。

图8-10所示为6135型增压柴油机上所采用的电火焰预热器。其主体是热膨胀阀管2,在它烧结有绝缘层的表面上绕着电阻丝1,电阻丝一端接壳体搭铁,另一端经接线螺柱通起

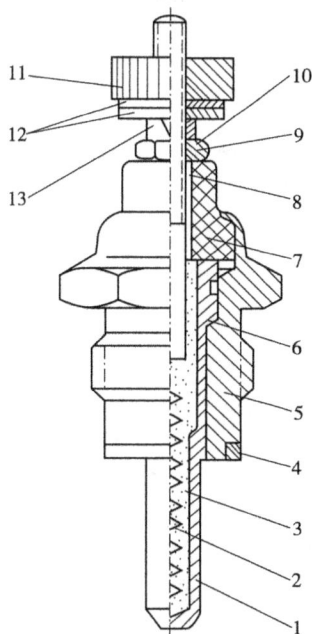

图8-8　闭式电热塞

1-发热体钢套;2-电阻丝;3-填充剂;4-密封垫圈;5-外壳;6-垫圈;7-绝缘体;8-胶合剂;9-中心螺杆;10-固定螺母;11-压线螺母;12-压线垫圈;13-弹簧垫圈

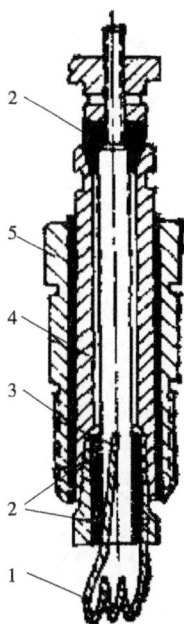

图8-9　开式电热塞

1-电阻丝;2-绝缘体;3-中心电极;4-电极管;5-金属外壳

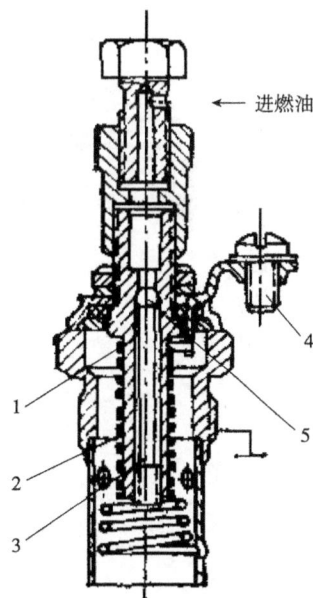

图8-10　电火焰预热器

1-电阻丝;2-热膨胀阀管;3-膨胀球阀组;4-接线螺柱;5-球阀

进燃油

动开关。膨胀球阀组 3 通过扁断面螺栓头拧在膨胀阀管 2 中,其末端焊有球阀 5,封闭在膨胀管的阀座上。

启动时,电阻丝通电被烧红,膨胀管和膨胀球阀组均受热膨胀,由于二者材料不同,前者比后者膨胀量大,因此球阀即离开阀座,柴油经此流入膨胀管内腔,被加热、蒸发、雾化,再由球阀组的扁断面螺栓头两侧通道喷出,被炽热的电阻丝引燃,火焰喷入进气管加热进气。当电源切断后,火焰熄灭,膨胀管冷缩,球阀重新封闭阀座。

除上述两种预热装置外,NT855-C 型柴油机上采用乙醚喷射装置。当冷天启动时,向进气管内进行乙醚喷雾,随空气一起进入汽缸,在较低的压缩温度下即能着火燃烧。

在 195 型柴油机上则采用纸煤助燃。即在涡流室一侧钻有纸煤孔,用螺塞封着,当气温低启动困难时,可往孔内插入燃烧的纸煤,用以助燃。

此外,有的柴油机采用专门的机油加热装置,或者向冷却系内加注热水,从而提高汽缸温度,降低机油黏度,以利启动。

第二篇
工程机械底盘构造

第九章　传动系概述

第一节　传动系统的功用和类型

工程机械的动力装置和驱动轮之间的传动部件总称为传动系统。

传动系统的功用是将动力装置的动力按需要传给驱动轮。

目前工程机械的动力装置大多数采用柴油机,也有汽油机、电动机、燃气轮机作为动力装置的。

传动系统的类型有机械式、液力机械式、全液压式、电动轮式和混合动力传动5种。在铲土运输机械中多数为机械式与液力机械式传动系统。近年来在挖掘机、摊铺机、压路机上采用全液压式传动系统较多。在大型工程机械上已出现由电动机直接装在车轮上的电动轮式传动系统,但尚未全面推广应用。

工程机械之所以需要传动系统而不能把柴油机与驱动轮直接相连接,是由于柴油机或汽油机的输出特性具有转矩小、转速高,转矩、转速变化范围小的特点,这与工程机械运行或作业时所需的大转矩、低速度以及转矩、速度变化范围大之间存在矛盾。为此,传动系统的功用就是将发动机的动力按需要适当降低转速、增加转矩后传到驱动轮上,使之适应工程机械运行或作业的需要。

此外,传动系统还应有按需要切断动力的功能,以满足发动机不能带载启动和作业中换挡时切断动力,以及满足机械前进与倒退的要求。

机械式、液力机械式传动系统一般包括离合器、液力变矩器(机械式传动系统中没有)、变速器、分动箱、万向传动装置、驱动桥、最终传动等部分,但并非所有传动系统都包括这些部分。从分析不同机械的传动系统可知,传动系统的组成和布置形式取决于工程机械的总体构造形式及传动系统本身的构造形式等诸多因素。

图9-1所示为PY160型自行式平地机液力机械式传动系统。以PY160型自行式平地机传动系统为例,其动力传动路线如下:柴油机1发出的动力经过液力变矩器2、离合器3、万向传动装置4、变速器5、分动箱(与变速器连在一起)、万向传动装置7与9、前后驱动桥8和11后,传给前后驱动轮。

机械式或液力机械式传动系统中各部件的功用可分述如下:

(1)变矩器。通过液体传递柴油机的动力,并具有随工程机械作业工况的变化而自动改变转速和转矩,使之适合不同工况的需要,实现一定范围内的无级变速功能,使机械起步、运行更平稳,操作更简便,从而提高工作效率。

(2)离合器。实现工程机械在各种工况下切断柴油机与传动系统之间的动力联系,起到动力接合与分离的功能,以满足机械起步、换挡与发动机不熄火停车等需要。

(3)变速器。通过变换排挡,改变发动机和驱动轮间的传动比,使机械的牵引力和行驶速度适应各种工况的需要;变速器中还设有倒挡和空挡,以实现倒车的需要及切断传动系统的动力,实现在发动机运转情况下,机械能较长时间停止,便于发动机启动和动力输出的需要。

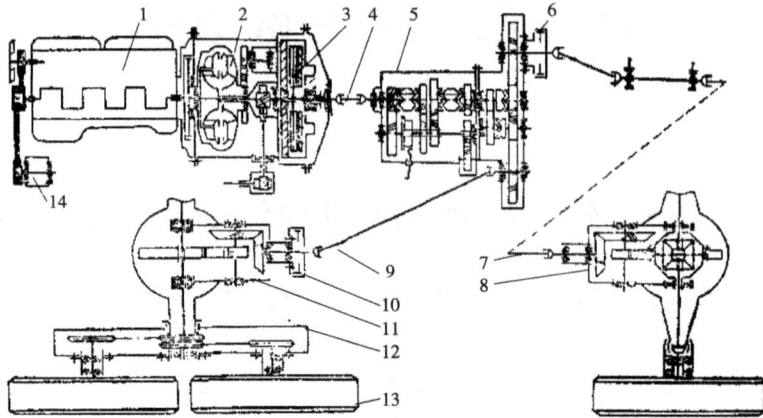

图 9-1　PY160 型自行式平地机传动系统图

1-柴油机;2-液力变矩器;3-离合器;4、7、9-万向传动装置;5-变速器分动箱;6-前桥制动器;8-前驱动桥;
10-后桥制动器;11-后驱动桥;12-平衡箱;13-车轮;14-液压泵

（4）分动箱。分动箱的功用是将动力分配给前、后驱动桥。多数分动箱具有两个挡位,以便增加挡数和加大传动比,使之兼具变速器的功能。

（5）万向传动装置。由于离合器（液力变矩器）、变速器和前后驱动桥各部件的输入与输出轴都不在同一平面内,而且有些轴的相对位置也非固定不变,所以需要能改变方位的万向节来连接,而不能用一般的联轴器来连接。因此,万向传动装置的功用主要是用于两不同心轴或有一定夹角的轴间,以及工作中相对位置不断变化的两轴间传递动力。

（6）主传动器。主传动器通过一对锥齿轮把发动机的动力旋转方向转过90°,变为驱动轮的旋转方向,同时降低转速,增加转矩,以满足机械运行或作业的需要。

（7）差速器。由于机械转弯,或道路不平,或左右轮胎气压不同等因素,将导致左右车轮在相同时间内所滚过的路程不相等,因此,需要左右驱动轮能够根据不同情况,各以不同的转速旋转,实现只滚不滑的纯滚动状态,以避免轮胎被强制滑磨而降低寿命和效率。所以左右驱动轮不能装在同一根轴上,直接由主传动器来驱动,而应将轴分为左右两段（称半轴）,并由一个能起差速作用的装置（称差速器）,将两根半轴连接起来,再由主传动器来驱动。主传动器、差速器和半轴装在一个共同的壳体中成为一个整体,称为驱动桥。

下面进一步具体分析一下,在各种工况下如何通过传动系统的变速装置来使发动机的动力满足工程机械各种工况的需要。

例如,PY160 型自行式平地机在良好路面上行驶时,它所需要的牵引力约为 3 000N。而柴油机的最大转矩为 620N·m（对应转速为 1 300～1 400r/min）;如用柴油机直接驱动车轮,若车轮半径取 0.66m,则驱动车轮上所能产生的牵引力为 940N,这远不能满足平路行驶的需要,更不用说进行各种作业了。

其次,从行驶速度看,如按柴油机最大转矩时的转速 1 400r/min 计算,则行驶速度将达 348km/h;如按柴油机最高转速计算,则行驶速度还要高得多。这样高的速度就是对小客车也是过高的,何况是工程机械,因此,这样高的速度是不符合实际需要的。

176

为此,必须在柴油机动力送到驱动轮之前降低转速,同时提高转矩。传动系中的变速器和主传动器正是为了解决这一问题。PY160型自行式平地机的主传动比为7.32,通过主传动之后,驱动轮上的牵引力将提高到6 870N,而速度则降到47.5km/h,这就比较符合行驶的要求了。

由于工程机械还有起步、加速、爬坡和各种作业等工况,在这些工况下将需要更大的牵引力。所以,在传动系中设有变速器(和变矩器)。通过变速器的不同挡位传动比,继续改变柴油机的转速和转矩,以满足不同工况下工程机械对速度和牵引力的要求。

PY160型平地机的变速器就有6个前进挡,传动比为14.97、9.12、6.29、4.36、2.65、1.83;两个倒挡,传动比为14.67、4.27。传动比小的叫做高挡,传动比大的叫做低挡。高挡时牵引力小,速度高,适合行驶需要;低挡时牵引力大,速度低,适合作业等工况的需要。柴油机的转矩和转速经过这样的改变之后,就适合工程机械的各种需要了。

第二节　几种典型的传动系统

工程机械由于其总体构造及传动系统构造形式不同,使得传动系统的布置也不同。下面分别介绍几种典型传动系统的布置形式。

一、T220型履带式推土机机械式传动系统

T220型履带式推土机传动系统(图9-2)是履带底盘机械式传动系统的典型布置形式。柴油机1纵向布置,通过主离合器3与联轴器将动力传给变速器4;变速器是斜齿轮常啮合、啮合套换挡机械式变速器,共有前进5个挡和倒退4个挡;变速器输出轴和主传动器的主动锥齿轮做成一体,动力经过主传动的常啮合锥齿轮将旋转面转过90°之后,经转向离合器6,最终传动7传递给驱动链轮8。

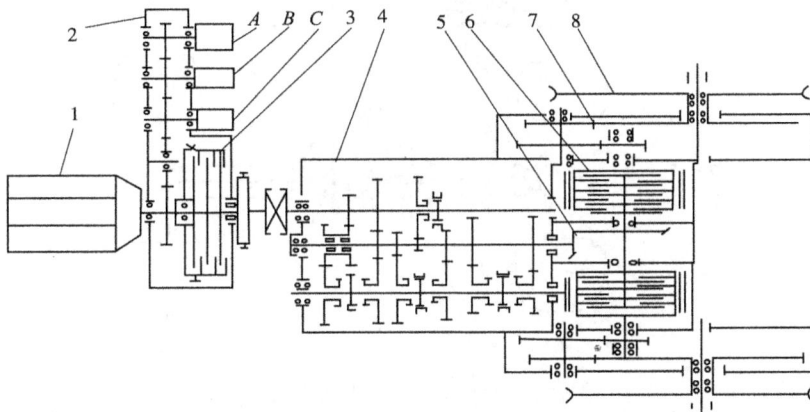

图9-2　履带式工程机械传动系统简图

1-柴油机;2-齿轮箱;3-主离合器;4-变速器;5-主传动齿轮;6-转向离合器;7-最终传动系统;8-驱动链轮;

A-工作装置液压泵;B-离合器液压泵;C-转向离合器液压泵

履带式工程机械的机械传动系统因转向方式与轮式机械不同,故在驱动桥内设置了转向离合器。另外,在动力传至驱动链轮之前,为进一步减速增矩,增设了最终传动装置,以满足履带式机械需要较大牵引力的需求。

主传动器、转向离合器都装在同一壳体内,称为驱动桥。

另外,在柴油机与主离合器之间通过一组传动齿轮驱动工作装置油泵 A、主离合器油泵 B 以及转向泵 C。

二、WA380 –3 型轮式装载机液力机械式传动系统

WA380 –3 型轮式装载机传动系统(图 9-3)是轮式底盘液力机械传动系统的典型布置形式。发动机 17 纵向后置,通过变矩器 18 将动力输入变速器 10,同时还驱动工作油泵、变速操纵油泵及转向泵。变速器是动力换挡定轴式变速器。变速器是通过电磁阀操纵变速器的挡位阀、速度滑阀和定向滑阀,并制动 6 个液压致动的离合器,以选择 4 种前进或倒退速度中的一种速度。从变速器输出的动力经分动箱内的一对常啮合齿轮与万向传动轴 6、8、11 传给前、后驱动桥 5、15;最后将动力传给驱动轮胎 1、16。

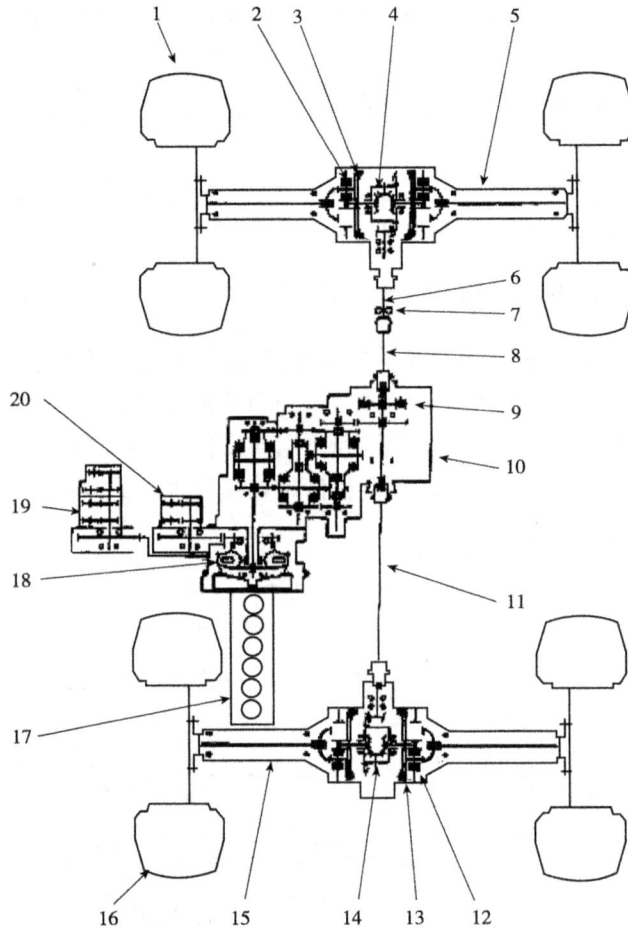

图 9-3　WA380 –3 型装载机传动系统图

1-前轮胎;2-终极驱动装置;3-湿式多盘制动器;4-差速器;5-前桥;6-前万向传动轴;7-法兰轴承;8-中央万向传动轴;9-驻车制动器;10-变速器;11-后万向传动轴;12-终极驱动装置;13-湿式多盘制动器;14-差速器;15-后桥;16-后轮胎;17-发动机;18-液力变矩器;19-液压、转向及开关泵;20-液力变矩器油泵

与机械式传动系统相比,液力机械式传动系统具有以下优点:

(1)能自动适应外阻力的变化,使机械能在一定范围内无级地改变输出轴转矩与转速。

(2)因液力传动的工作介质是液体,所以能吸收并消除来自柴油机及外部的冲击和振动,从而提高机械的寿命。

(3)因液力装置自身具有无级调速的特点,故变速器的挡位数可以减少,并且因采用动力换挡变速器,减少了驾驶员的劳动强度,简化了机械的操纵。

三、全液压式传动系统

在工程机械传动系统的发展过程中,有一些机种(特别是挖掘机)逐渐采用了全液压传动系统。这主要是由于它具有质量轻、结构简单、操纵简便、工作效率高和容易改型等优点。

图9-4所示为德国ABG公司生产的TITAN355型轮胎式摊铺机的全液压传动图。动力由发动机1通过齿轮传动驱动轴传向柱塞泵6和5,双联泵3与三联泵2。泵6供给液压马达13压力油,经四挡变速器11、万向传动轴10与行星减速器7驱动后轮8。油泵6有快、慢两挡变换阀,配合四挡变速器11可使机器在使用中选择最佳行驶速度,在四挡变速器11中设有差速锁。

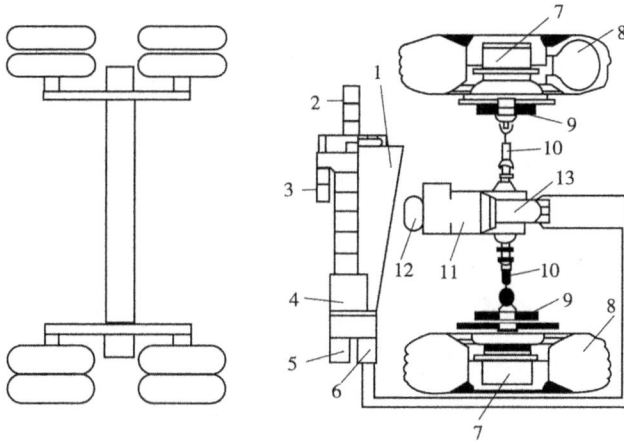

图9-4 TITAN355型轮胎式摊铺机液压传动图

1-柴油机;2-供右刮板螺旋输送系统和转向用三联泵;3-供左刮板螺旋输送系统和转向用双联泵;4-油冷却器;5-供振捣梁用的油泵;6-用于行驶的油泵;7-行星减速器;8-驱动轮;9-制动器;10-万向传动轴;11-四挡变速器;12-机械操作的蹄式驻车制动器;13-液压马达

无论是摊铺作业,还是工地转移,上述各挡都可无级变速。

前面介绍了3种典型传动系统,可使我们初步了解工程机械传动系统的主要特点。由于工程机械种类繁多,随着不同机种的作业不同,自然会给传动系统带来一些不同点。限于篇幅,本书不可能做更多的介绍,但在了解上述典型传动系统组成及各部件功能之后,就不难分析其他机种传动系统的特点。

四、电液混合动力传动系统

为了提高工程机械节能降耗、降低排放,混合动力系统受到了各工程机械制造企业的重视。目前,电液混合动力传动技术已经在挖掘机、装载机等机型上得到了广泛应用,主要有串联混合动力驱动技术和并联混合动力驱动技术两种类型。

图9-5所示为VOLVO公司生产的

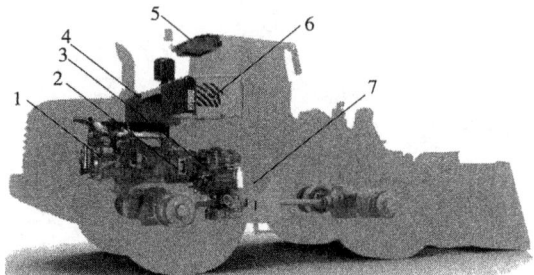

图9-5 L220F Hybird型装载机混合动力传动系统部件组成

1-柴油机;2-电动机/发电机;3-自动换挡变速器;4-电气控制系统;5-空调;6-电池;7-电动机控制器

L220F Hybird 型装载机,其采用电液并联混合动力驱动技术。其中,协助柴油机工作的电力系统在机器常规作业中不运转,只在柴油机工作效率较低的低转速运转时协助工作,如在装载机快速启动、铲掘或突然加速时电动－发电机作为电动机使用,给柴油机提供一个动力辅助。在没有影响动力的前提下,电动－发电机也可以作为发电机使用,给蓄电池系统充电。

第十章 液力耦合器和液力变矩器

液力耦合器和液力变矩器是利用液体作为工作介质传递动力,二者均属于动液传动,即通过液体在循环流动过程中,液体动能变化来传递动力,这种传动称为液力传动。

图 10-1 所示为液力传动原理简图。离心泵叶轮 2 在内燃机驱动下旋转,使工作液体的速度和压力都得到提高。高速流动的液体经管道 3 冲向水轮机叶轮 4,使叶轮 4 带动螺旋桨旋转做功,这时工作液体的动能便转变为机械能。工作液体将动能传给叶轮后,沿管道流回水槽 5 中,再由离心泵吸入继续传递动力,工作液体就这样作为一种传递能量的介质,周而复始,循环不断。

上述工作过程,是能量转换与传递过程。为完成这一工作过程,液力传动装置中必须具有以下机构:

①盛装与输送循环工作液体的密闭工作腔;

②一定数量的带叶片的工作轮及输入输出轴,实现能量转换与传递;

③满足一定性能要求的工作液体及其辅助装置,以实现能量的传递并保证正常工作。

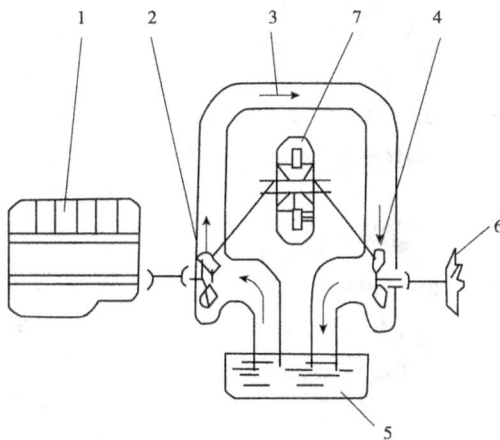

图 10-1 液力传动原理简图
1-内燃机;2-离心泵叶轮;3-管道;4-水轮机叶轮;
5-水槽;6-螺旋桨;7-液力变矩器简图

图 10-1 所示的传动装置中的离心泵叶轮与水轮机叶轮相距较远。因此,在传动中的损失很大,效率不高(一般不大于 70%),后来把它们合在一起创制了新的结构形式,就是如图中 7 所示的液力变矩器。在这种新的结构中没有离心泵和水轮机。它们由工作轮(称为泵轮、涡轮和导轮)所代替。

液力传动在近代车辆和工程机械中得到广泛应用。采用液力传动的车辆具有以下优点:

(1)能自动适应外阻力的变化,使车辆能在一定范围内无级变更其输出轴转矩与转速,当阻力增加时,则自动降低转速,增加转矩,从而提高了车辆的平均速度与生产率。

(2)提高了车辆的使用寿命,液力变矩器是油液传递动力,泵轮与涡轮之间不是刚性连接,能较好地缓和冲击,有利于提高车辆上各零部件的使用寿命。

(3)简化了车辆的操纵,变矩器本身就相当于一个无级变速器,可减少变速器挡位和换挡次数,加上一般采用动力换挡,故可简化变速器结构和减轻驾驶员的劳动强度。

液力变矩器的缺点是效率较低,结构复杂,使机械的经济性降低,成本提高。

由于上述优点突出,在近代车辆与作业工况复杂的工程机械上,采用液力传动日益广泛。

液力耦合器与液力变矩器是液力传动的两种基本形式,下面分别介绍其结构与工作原理。

第一节　液力耦合器的结构和工作原理

一、液力耦合器的结构

图 10-2 所示为液力耦合器的结构示意图,耦合器的主要零件是两个直径相同的叶轮,称工作轮。由发动机曲轴通过输入轴 4 驱动的叶轮 3 为泵轮,与输出轴 5 装在一起的为

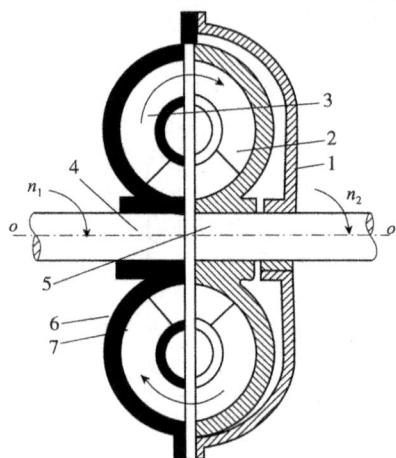

图 10-2　液力耦合器简图
1-泵轮壳;2-涡轮;3-泵轮;4-输入轴;5-轴出轴;6、7-尾端切去一块的叶片

涡轮 2。叶轮内部装有许多半圆形的径向叶片,在各叶片之间充满工作液体。两轮装合后的相对端面之间有 2~5mm 间隙。它们的内腔共同构成圆形或椭圆形的环状空腔(称为循环圆);循环圆的剖面示意图如图 10-2 所示,该剖面是通过输入轴与输出轴所作的截面(称轴截面)。

通常,耦合器的泵轮与涡轮的叶片数是不相等的,以便避免因液流脉动对工作轮周期性的冲击而引起振动,使耦合器工作更平稳。耦合器的叶片一般制成平面的,这样制造简单。耦合器的工作轮多用铝合金铸成,也有采用冲压和焊接方法制造的,后一种制造方法的成本较低,质量较轻。有的耦合器工作轮有半数叶片在其尾部切去一角(图 10-2)。这是由于叶片是径向布置的,在工作轮内缘处叶片间的距离比外缘处小,当液体从涡轮外缘经内缘流入泵轮时,液体受挤压,因此,每间隔一片切去一角,便可扩大内缘处的流通截面,减少液体因受挤压造成对流速变化的影响,使流道内的流速较均匀,从而降低损失,提高效率。

二、液力耦合器的工作原理

发动机带着泵轮一起旋转时,其中的工作油液也被叶片带着一起旋转,液体既绕泵轮轴线做圆周运动,同时又在离心力作用下从叶片的内缘向外缘运动。此时,外缘压力高于内缘,其压力差取决于泵轮的半径和转速。如果涡轮仍处于静止状态,则涡轮外缘与中心的压力相同,但涡轮外缘的压力低于泵轮外缘压力,而涡轮中心的压力则高于泵轮中心的压力。由于两工作轮封闭在同一壳体内运动,所以这时被甩到泵轮外缘的油液便冲向涡轮的外缘,沿着涡轮叶片向内缘流动,又返回泵轮,被泵轮再次甩到外缘。油液就这样周而复始地从泵轮流向涡轮,又返回泵轮不断循环。在循环过程中发动机给泵轮以旋转力矩,泵轮转动后使油液获得动能,在冲击涡轮时,将油液的一部分动能传给涡轮,使涡轮带动从动轴 5 旋转,这样,耦合器便完成了将油液的部分动能转换成机械能的任务。油液的另一部分动能则在油液高速流动与流道相摩擦发热而消耗了。

如图 10-3a)所示,为便于说明问题起见,假想两工作轮分开一定距离后,分析油液的流动路线。由于泵轮内的油液,除随泵轮绕泵轮轴旋转(牵连运动)外,还沿循环圆做环流运动(相对运动),故油液的绝对运动是以上两种运动的合成运动,其运动方向是斜对

182

着涡轮2,冲击涡轮叶片,然后顺着涡轮叶片再流回泵轮1,此时油液路线是一个螺旋线方向。当泵轮和涡轮安装到一起后,油液的流动路线是一个螺旋环[图10-3b)]。

涡轮旋转后,由于涡轮内的离心力对液体环流的阻碍作用,使油液的绝对运动方向也有改变,此时,螺旋线拉长如图10-4所示。涡轮转速越高,油液的螺旋形路线拉得越长。当涡轮和泵轮转速相同时,两轮离心力

图10-3 工作油液的螺旋形路线
1-泵轮;2-涡轮

相等,油液沿循环圆流动停止,油液随工作轮绕轴线做圆周运动(图10-5)。这时,耦合器不再传递动力。

因此,为了使油液能传递动能,必须使油液在泵轮和涡轮之间形成环流运动;为此两工作轮间应有转速差,转速差越大,两工作轮间压力差越大,油液所传递动能也越大。当然油液所能传给涡轮的最大转矩只能等于泵轮从发动机曲轴受到的转矩,而且这种情况只发生在涡轮开始旋转的瞬间。

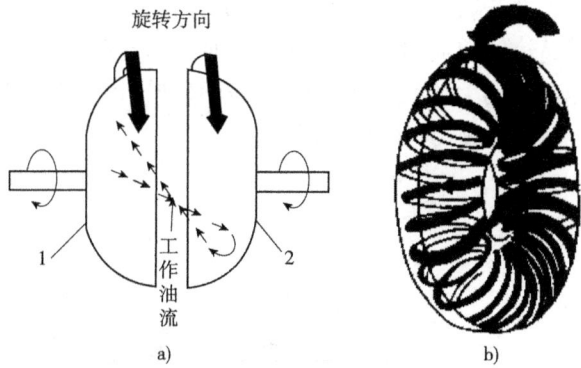

图10-4 涡轮转动时的油液螺旋形路线

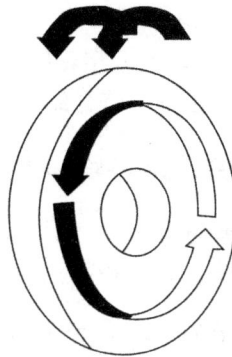

图10-5 工作轮转速相同时的油液流动路线

耦合器的上述特性对车辆起步很有利。因为车辆起步时,需要克服很大的阻力,这时油液传给涡轮的转矩最大,对克服启动阻力有利。当克服启动阻力后,车辆开始行驶,此后随发动机继续加速,泵轮、涡轮以及整个车辆也逐渐加速。当泵轮转速随发动机增加到额定转速后,涡轮的转速也随泵轮转速的增加而变化,但同时还受外界阻力的影响。当外阻力较大时,涡轮将随之减速,这时油液传递较大的动力以克服外阻力,当外阻力减小时,涡轮的转速也就逐渐增加而趋近于泵轮转速,这时油液传递较小的动力。当车辆下坡时,使涡轮转速增加到等于泵轮转速,这时两工作轮的离心力相等,油液停止了在循环圆内的环流运动,因此油液不再传递动力。如果在车辆下坡时,涡轮的转速增大到高于泵轮转速时,将反向传递动力,此时,发动机可以起一定的制动作用。

图10-6所示为涡轮在不同转速下工作油液的绝对运动流动路线。流动路线1为涡轮处于静止状态(即 $n_2 = 0$),工作油液流出泵轮而进入涡轮时,被静止涡轮叶片所阻挡而降速。从图10-6中也可以看到,当工作油液自压力较高的涡轮中心,再返回到速度较快的泵

轮中心进行再循环运动时,液流是对着泵轮的叶片背面冲去,因此会阻碍泵轮旋转。从 3 种不同涡轮转速而得到的 3 条工作油液运动路线 1、2、3 中可以看到,涡轮转速越小(也就是需要传递的动力越大),工作油液经涡轮叶片返回到泵轮时,对泵轮产生的运动阻力越大,如路线 1。反之,则越小,如路线 3。

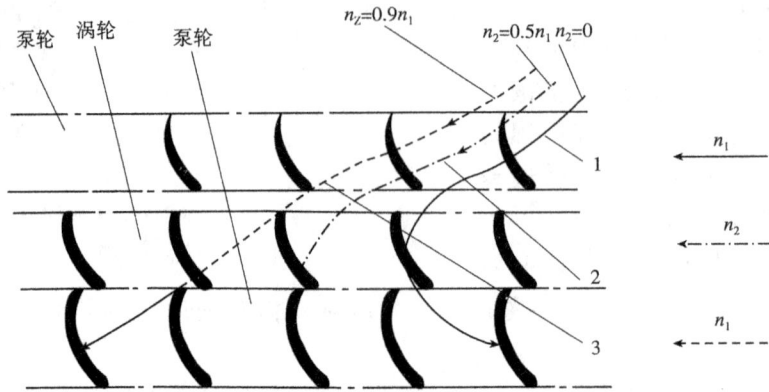

图 10-6 不同涡轮转速时液力耦合器中工作油液运动路线

n_1-泵轮转速;n_2-涡轮转速

为了改善油液的流动路线,在涡轮与泵轮之间安装一个可以改变液流方向的导轮,导轮固定不动,其上安装有适当形状的叶片,它将从涡轮流出的液流方向改变成有利于泵轮旋转的方向而流入泵轮,这不仅消除了液流对泵轮的阻力,还增大了涡轮的转矩(并可以大于泵轮转矩)。这种具有 3 个工作轮的装置,具有变化涡轮转矩的功能,故称为变矩器,关于它的构造与工作原理将在下一节介绍。

三、液力耦合器的特性参数

1. 液力耦合器的力矩

从受力的观点来看,耦合器中泵轮的力矩 T_1 是从发动机曲轴传来的,泵轮作用于循环圆内油液上的力矩是 T_1',则 T_1 与 T_1' 大小相等、方向相同。获得力矩 T_1' 的油液冲击涡轮,给涡轮一个力矩 T_2,同样,力矩 T_2 与 T_1' 大小相等、方向相同。由此可见,涡轮力矩与泵轮力矩相同。即

$$T_1 = T_2$$

经试验研究可得耦合器力矩方程式为

$$T_1 = \gamma \lambda_1 n_1^2 D^5 \tag{10-1}$$

式中:λ_1——泵轮力矩系数,由试验或根据相似理论由模型的原理特性曲线求得;

　　　n_1——泵轮转速;

　　　γ——工作油液的重度;

　　　D——耦合器的有效直径。

由上述可见,耦合器不能改变力矩,只能将输入轴上的力矩等量地传给输出轴,因此,液力耦合器又有液力联轴器之称。

2. 液力耦合器的效率

液力耦合器的效率 η 为涡轮轴的输出功率 P_2 与泵轮轴的输入功率 P_1 之比,即

$$\eta = \frac{P_2}{P_1} \tag{10-2}$$

功率与转速间的关系式：

$$P_1 = T_1\omega_1$$
$$P_2 = T_2\omega_2$$
$$\omega_1 = \frac{\pi n_1}{30}$$
$$\omega_2 = \frac{\pi n_2}{30} \tag{10-3}$$

式中：ω_1、ω_2——分别为输入与输出轴的角速度；

n_1、n_2——分别为输入与输出轴的转速。

于是可得

$$\eta = \frac{P_2}{P_1} = \frac{M_2 n_2}{M_1 n_1} = \frac{n_2}{n_1} = i \tag{10-4}$$

式中：i——液力耦合器的传动比，即输出轴转速与输入轴转速之比。

式(10-4)表明，耦合器的效率 η 等于它的传动比 i，当泵轮转速为常数时（$n_1 =$ 常数），则效率 η 与涡轮转速 n_2 成正比，即耦合器效率特性曲线为一通过坐标原点的直线，如图 10-7 所示。

当传动比 i 越大，即耦合器的涡轮转速越高，则耦合器效率越高。当涡轮停止不转时（$n_2 = 0$），传动比 i 为零，效率 η 也为零。例如车辆起步时，传动比 i 和效率 η 就等于零；因为这时涡轮没有对外输出功率，而输给耦合器的功率全部损耗掉了（损失在液体摩擦和冲击上）。其结果是引起油液发热，温度升高。

当传动比 i 大于 0.985 时，涡轮轴的负荷已很小

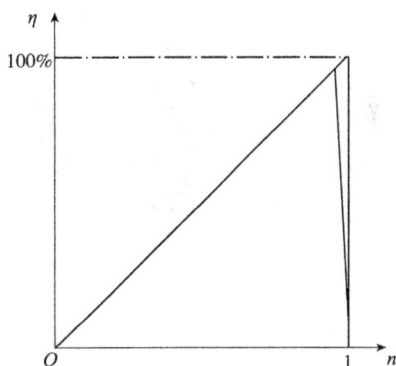

图 10-7　液力耦合器的效率特性

或接近于零，如图 10-7 所示，在传动比 i 接近 0.985 时，效率突然降下来（图中虚线表示）变为零，这就是说耦合器的效率永远小于 1。通常为了提高运转的经济性，防止油温过高，耦合器很少在低传动比下长期工作。

第二节　液力变矩器的构造与工作原理

一、液力变矩器的构造

如图 10-8、图 10-9 所示，液力变矩器是由泵轮 4、涡轮 3 和导轮 5 三个工作轮及其他零件组成。泵轮和涡轮都通过轴承安装在壳体 2 中，涡轮端面与泵轮端面相对，导轮与壳体固定不动；3 个工作轮都密闭在由壳体形成的并充满油液的空间中。各工作轮采用铝合金精密铸造或用钢板冲压焊接而成。各工作轮中装有弯曲成一定弧度的叶片（图 10-10），叶片断面是弯曲面，且相对于工作半径方向是倾斜排列的，以利油液的流动，各工作轮中心部分成圆环形（图 10-12），称为循环圆内环。

185

如图 10-11 所示,通常把轴面(即包含旋转轴线的剖面,又称子午面)内所形成的内环与外环间的面积称为变矩器的循环圆,由循环圆所构成的回转体空间则是变矩器内油液进行循环流动的空间。

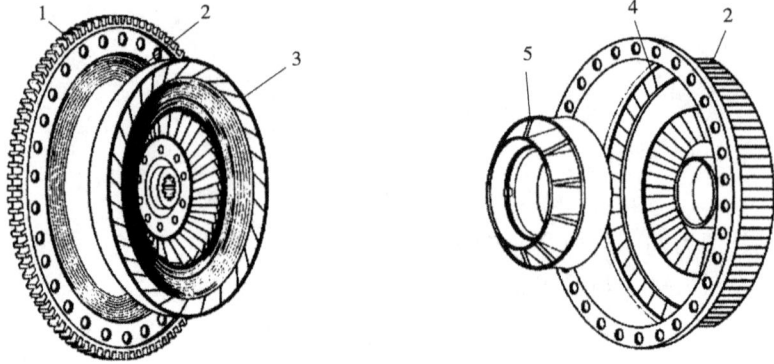

图 10-8 液力变矩器的主要零件
1-启动齿圈;2-变矩器壳;3-涡轮;4-泵轮;5-导轮

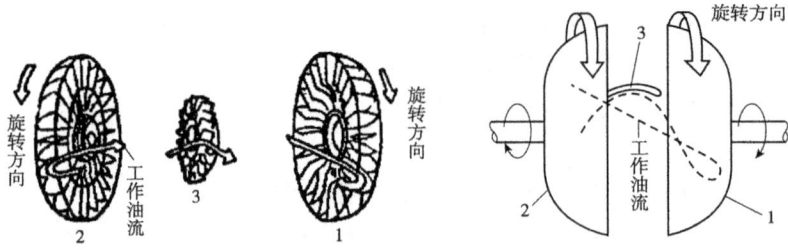

图 10-9 液力变矩器的三个工作轮
1-泵轮;2-涡轮;3-导轮

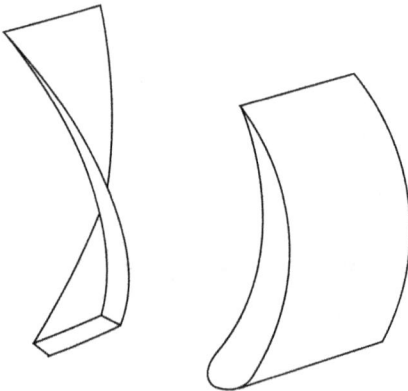

图 10-10 液力变矩器工作轮叶片

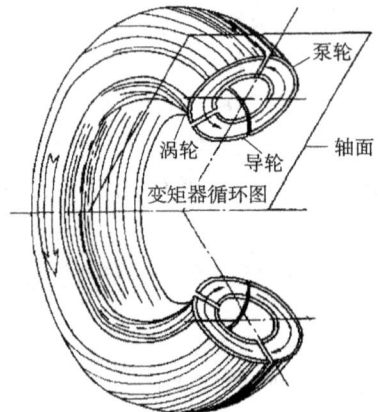

图 10-11 变矩器的循环圆示意图

图 10-12 所示为三元件液力变矩器简图,它只有泵轮 1、涡轮 2 与导轮 3 三个工作轮,是一种最简单的变矩器。

当发动机带动泵轮 1 旋转时,油液自 a 端进入泵轮叶片间的通道,自 b 端流出,冲向涡轮 2 的叶片,使涡轮转动,再从涡轮的 c 端流出后,经导轮 3 再进入泵轮的 a 端,如此循环,从而实现了动力的传递。

二、液力变矩器的工作原理

和耦合器相比,变矩器在结构上多了一个导轮。由于导轮的作用使变矩器不仅能传递转矩,而且能在泵轮转矩不变的情况下,随着涡轮转速的不同(反映工作机械运行时的阻力),而改变涡轮输出力矩,这就是变矩器与耦合器的不同点。

下面应用变矩器工作轮的展开图来说明变矩器的工作原理。如图 10-13 所示,将循环圆上的中间流线展成一直线,从而使工作轮的叶片角度显示在纸面上。

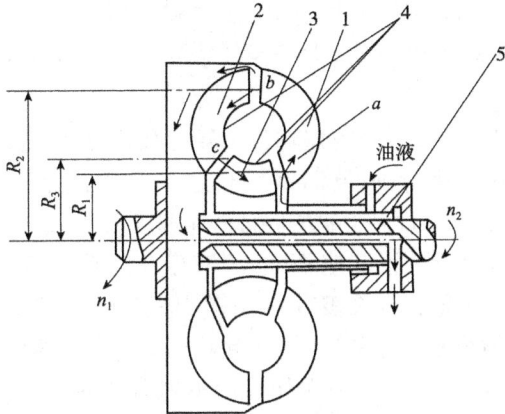

图 10-12　三元件液力变矩器简图
1-泵轮;2-涡轮;3-导轮;4-工作轮内环;5-涡轮轴

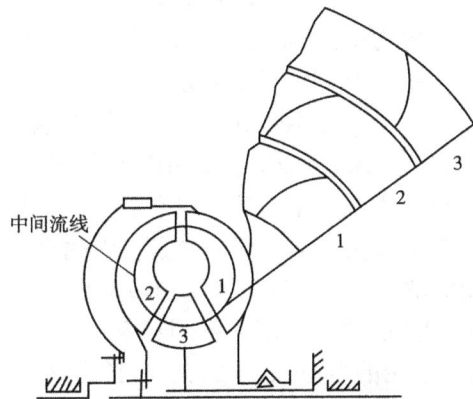

图 10-13　液力变矩器的工作轮展开示意图
1-泵轮;2-涡轮;3-导轮

为便于说明,设发动机转速及负荷不变,即变矩器泵轮的转速 n_1 与力矩 T_1 为常数。

机械启动之前,涡轮转速 n_2 为零,此时工况如图 10-14a)所示。油液在泵轮叶片带动下,以一定的绝对速度沿箭头 1 的方向冲向涡轮叶片。因为涡轮静止不动,油液将沿着叶片流出涡轮并冲向导轮,液流方向如箭头 2 所示。之后油液再从固定不动的导轮叶片沿箭头 3 所示方向流回泵轮中。

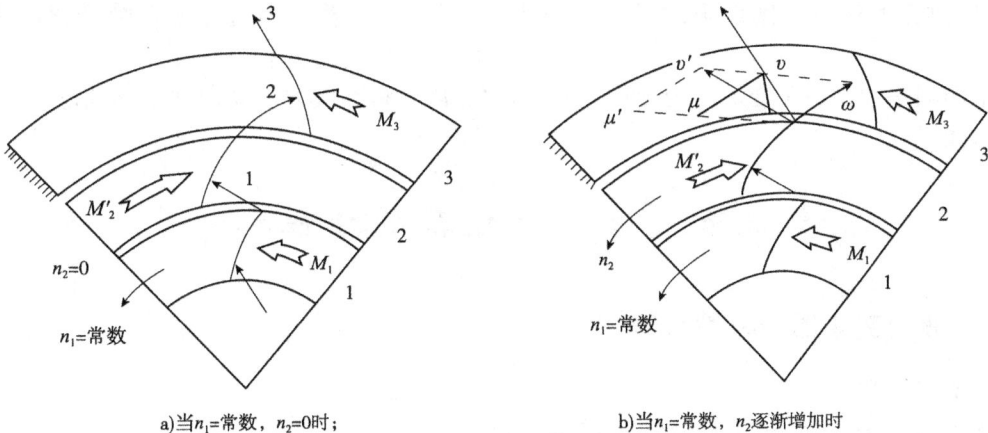

a)当 n_1=常数, n_2=0时;

b)当 n_1=常数, n_2 逐渐增加时

图 10-14　液力变矩器的工作轮原理图
1-泵轮;2-涡轮;3-导轮

油液流过各轮叶片时,由于受到叶片的作用,其方向发生变化,即油液受到各轮力矩作用。设泵轮、涡轮和导轮对油液的作用力矩分别为 T_1'、T_2' 和 T_3'。由图 10-14a),据油液受

力平衡条件可得

$$T_1{}' + T_2{}' + T_3{}' = 0$$

即

$$-T_2{}' = T_1{}' + T_3{}'$$

又据作用与反作用公理,各工作轮加给油液的力矩与油液加给工作轮的力矩大小相等、方向相反,设油液加给涡轮的力矩为 T_2,则

$$T_2 = -T_2{}' \tag{10-5}$$

故有

$$T_2 = T_1{}' + T_3{}'$$

式(10-5)说明油液加给涡轮的力矩 T_2 等于泵轮与导轮对油液的力矩之和。当导轮力矩 T_3 与泵轮力矩 T_1 同方向时,则涡轮力矩 T_2(即变矩器输出力矩)大于泵轮力矩 T_1(即变矩器输入力矩),从而实现了变矩功能。

下面结合图 10-14b)进一步说明涡轮力矩变化过程,当变矩器输出力矩经传动系产生的牵引力足以克服机械的启动阻力时,则机械启动并加速行驶;同时涡轮转速 n_2 也逐渐增加,这时液流在涡轮出口处不仅有沿叶片的相对速度 ω,还有沿圆周方向的牵连速度 μ,因此,冲向导轮叶片的绝对速度 ν 应是二者的合成速度;因假设泵轮转速不变,故液流在涡轮出口处的相对速度 ω 不变,但因涡轮转速在变化,故牵连速度 μ 也在变化。由图 10-14 可见,冲向导轮叶片的绝对速度 ν 将随着牵连速度 μ 的增加而逐渐向左倾斜,使导轮所受力矩逐渐减小,故涡轮的力矩也随之减小。当涡轮转速增大到某一值时,由涡轮流出的液流方向[如图 10-14b)中 ν 所示方向]正好沿导轮出口方向冲向导轮时,由于液流流经导轮后其方向不变,故导轮力矩 T_3 应为零,于是泵轮力矩 T_1 与涡轮力矩 T_2 数值相等。

若涡轮转速继续增大,液流方向继续向左倾,如图 10-14 中 ν' 所示方向,则液流对导轮的作用反向,冲向导轮叶片背面,使导轮力矩方向与泵轮力矩方向相反,则涡轮力矩为泵轮与导轮力矩之差,即 $T_2 = T_1 - T_3$,这时变矩器的输出力矩反而比输入力矩小。

当涡轮转速增大到与泵轮转速相等时,由于循环圆中的油液停止流动,$T_2 = 0$,不能传递动力。

由上述可见,当涡轮转速降低时(即机械所受到的外阻力增加时),则涡轮力矩将自动增加,这正好适合机械克服外阻力的需要,这就是变矩器自动适应外荷载变化的变矩性能。

上面粗略地说明了变矩器的工作原理,这部分内容将在液力传动课程中详细论述,这里就不多谈了。

第三节　液力变矩器的特性参数

一、液力变矩器的特性参数

1. 变矩系数 K

变矩系数 K 是涡轮力矩 T_2 与泵轮力矩 T_1 之比。

$$K = \frac{T_2}{T_1} \tag{10-6}$$

当涡轮转速 $n_2 = 0$ 时的变矩系数 K_0 称为启动变矩系数(或失速变矩系数),K_0 越大说明车辆的启动性能与加速性能越好。

2. 传动比 i

传动比 i 是涡轮转速 n_2 与泵轮转速 n_1 之比。

$$i = \frac{n_2}{n_1} \tag{10-7}$$

3. 传动效率 η

传动效率 η 是涡轮轴上输出功率 P_2 与泵轮轴上输入功率 P_1 之比。

$$\eta = \frac{P_2}{P_1} = \frac{T_2 n_2}{T_1 n_1} = K_i \tag{10-8}$$

可见,传动效率 η 又是变矩比 K 与传动比 i 的乘积。

二、液力变矩器的外特性曲线

当泵轮转速一定时,泵轮力矩 T_1、涡轮力矩 T_2、传动效率 η 与涡轮转速 n_2 间的一组关系曲线称为变矩器的外特性曲线,这组曲线可通过试验测得,它反映了变矩器的主要特点。

图 10-15 所示为三元件单级单相变矩器外特性曲线。

从图 10-15 的外特性曲线可见,随着涡轮转速 n_2 的提高,涡轮力矩 T_2 逐渐减小;反之,当外阻力增大使涡轮转速 n_2 下降时,则涡轮力矩 T_2 增大;这就是变矩器的自动适应外阻力变化的无级变速功能。当 $n_2 = 0$ 时,涡轮力矩 T_2 最大,这正符合车辆启动时的需要。而涡轮转速变化时,泵轮力矩变化是不大的。

另外,这种变矩器的效率只有一个最大值,这时变矩器损失最小,称为最佳工况。当 $n_2 = 0$ 和 $n_2 = n_{2\max}$ 时,效率均为零,即这时没有功率输出。

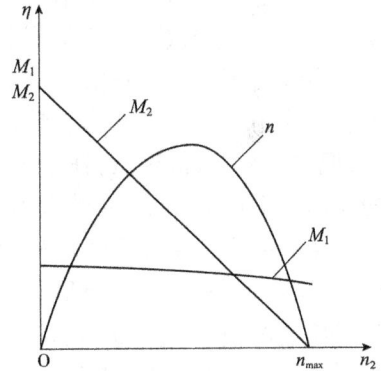

图 10-15 三元件变矩器外特性

第四节 液力变矩器的类型和典型构造

一、液力变矩器的类型

液力变矩器的种类较多,由于结构的不同其输出特性差异较大。

按各工作轮在循环圆中的排列顺序(泵轮 1、涡轮 2、导轮 3)可分为 123 型(正转变矩器)和 132 型(反转变矩器)两种。123 型从液流在循环中的流动方向看,导轮在泵轮前,而 132 型导轮则在泵轮后,见图 10-16。

123 型变矩器在正常运转条件下,涡轮旋转方向与泵轮一致,故称为正转变矩器。132 型变矩器在正常运转条件下,涡轮旋转方向与泵轮相反,故称为反转变矩器。

132 型变矩器由于导轮位于涡轮前,导轮改变了进入涡轮的液流方向,因而有可能改变涡轮的旋转方向,由于涡轮位于泵轮前,负荷引起涡轮转速的改变直接影响着泵轮的入口条件,所以 132 型变矩器可透性大。此外,由于液流方向急剧改变,因此这种变矩器效率较低。工程机械中除个别采用 132 型变矩器外,大多采用 123 型变矩器。

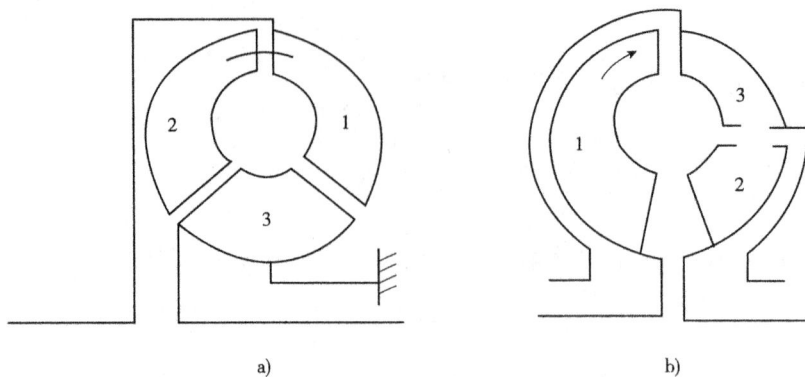

图 10-16　123 型和 132 型变矩器简图
1-泵轮;2-涡轮;3-导轮

按照插在其他工作轮翼栅间的涡轮翼栅列数,液力变矩器可分为单级、二级和三级,翼栅是一组按一定规律排列在一起的叶片,有两列翼栅的涡轮称为二级,三列翼栅的涡轮称为三级。各列涡轮翼栅彼此刚性连接,并和从动轴相连。

单级变矩器的液流在循环圆中只经过一列涡轮和导轮叶片,它的构造简单,最高效率值高,但启动变矩系数小,工作范围窄。

多级变矩器的涡轮由几个依次串联的翼栅组成。图 10-17 所示为二级变矩器简图,每两列涡轮翼栅之间插入导轮翼栅,所以在小的传动比范围内,有高的变矩系数,工作范围也较宽,但构造复杂,价格贵,在中小传动比范围内,变矩系数和效率提高不大。因此,近年来它的应用范围逐渐缩小,而被液力 – 机械式变矩传动装置所取代。

按液力变矩器在工作时可组成的几个工况分为单相、二相、三相和四相等。

1. 单级单相液力变矩器

所谓单级,是指变矩器只有一个涡轮,单相则指只有一个变矩器的工况。图 10-12 所示为这种类型的变矩器,这种变矩器结构简单,效率高,最高效率 $\eta_M = 0.8$。但这种变矩器的高效率区较窄($\eta = 0.75$ 以上相当于 $i = 0.6 \sim 0.8$),使它的工作范围受到限制。另外,为了使发动机容易有载启动和有较大的克服外负载能力,希望启动工况($i = 0$)变矩系数 K_0 较大。故该型号变矩器的 $K_0 = 3$,只适用于小吨位的装卸机械。

2. 单级两相液力变矩器

图 10-18 所示为单级两相液力变矩器简图。是把变矩器和耦合器的特点综合到一台变

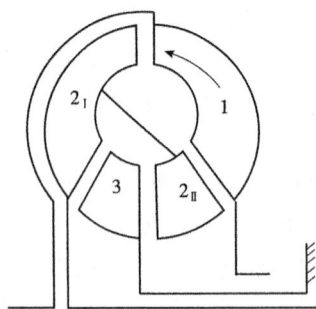

图 10-17　二级变矩器简图

1-泵轮;2-涡轮;3-导轮;2_{I}-第一列涡轮翼

栅;2_{II}-第二列涡轮翼栅

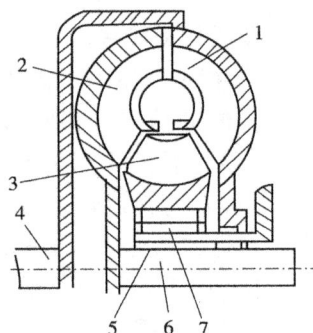

图 10-18　单级两相液力变矩器

1-泵轮;2-涡轮;3-导轮;4-主动轴;5-壳体;

6-从动轴;7-单向离合器

190

矩器上,也称为综合液力变矩器。两相液力变矩器在整个传动比范围内得到更合理的效率。从变矩器工况过渡到耦合器工况或相反,是液流对导轮翼栅的作用方向不同而自动实现的。

导轮3通过单向离合器7和壳体5刚性连接,传动比在$0 \sim i_m$内,从动轴力矩大于主动轴力矩,从涡轮流出的液流冲向导轮叶片的工作面。此时,液流力图使导轮朝导轮反旋转方向转动,由于单向离合器的楔紧,故而导轮不转。在导轮不转的工况下,整个系统如变矩器工作,能够达到增大转矩,克服变化的负荷的目的。

当从动轴负荷减小而涡轮转速大大提高时,$(i > i_m)$,从涡轮流出的液流方向改变,冲向导轮叶片的背面,力图使它朝泵轮旋转方向转动,由于单向离合器的松脱,导轮开始朝泵轮旋转方向自由旋转,此时由于在循环圆中没有不动的导轮存在,不变换转矩,在耦合器工况工作时导轮自由旋转,减小导轮入口的冲击损失,因此效率提高。

3. 单级三相液力变矩器

单级三相液力变矩器是由一个泵轮、一个涡轮和两个可单向转动的导轮构成。它可组成两个液力变矩器工况和一个液力耦合器工况,所以称之为三相。图10-19所示为双导轮液力变矩器简图,泵轮由输入轴带动旋转,工作油液就在循环圆内做环流运动,推动涡轮旋转并输出转矩。液流从泵轮进入涡轮,再进入第一级导轮,经第二级导轮,再回到泵轮。

当外负荷较大时,涡轮转速n_2较小,$i < i_1$,此时涡轮出口绝对速度负于涡轮旋转方向,以此方向作用在导轮叶片的正面,使导轮有相对涡轮逆向旋转的趋势,但由于单向离合器的外圈被滚柱楔在棘轮上,导轮被固定,故得到第一种变矩器工况。

随着外负荷减小,$i_1 < i < i_2$,涡轮转速n_2增大,而使涡轮出口绝对速度向涡轮旋转方向偏转,此时液流对导轮叶片的作用改变为作用在叶片的背面,使导轮有相对涡轮同样旋转的趋势。于是单向离合器中滚柱松开,外圈与棘轮松脱,这样第一级导轮就和涡轮一起转动,而第二级导轮仍不动,这是第二种变矩器工况。

若外负荷继续减小,涡轮转速n_2继续增大,$i > i_2$,液流从已随涡轮转动的第一级导轮流出,冲击第二级导轮叶片的背面,致使第二级导轮和涡轮同向转动。于是没有固定的导轮,该传动装置就成为一个液力耦合器的工况,在高传动比下,液力耦合器的效率很高。这种类型的变矩器综合了液力变矩器和液力耦合器的特点,它的高效区很宽,启动时变矩系数也较大,但其制造工艺比较复杂。

4. 单级四相液力变矩器

把泵轮分割成两个,可以在小传动比下改善效率。图10-20所示为单级四相液力变矩

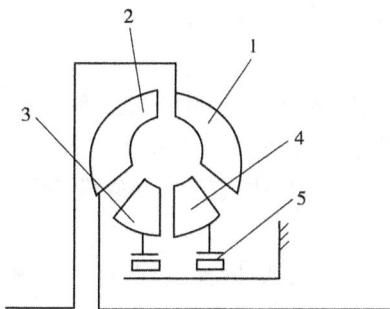

图10-19 双导轮液力变矩器简图
1-泵轮;2-涡轮;3、4-导轮;5-自由轮机构

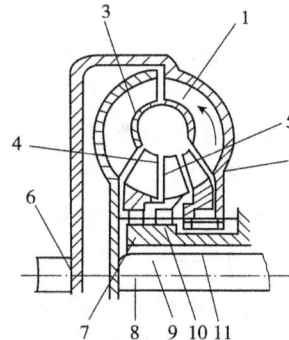

图10-20 单级四相液力变矩器
1-主泵轮;2-副泵轮;3-涡轮;4-第一导轮;5-第二导轮;
6-主动轴;7-导轮座;8-从动轴;9、10、11-单向离合器

器结构示意图。主泵轮 1 和发动机连接,副泵轮 2 装在主泵轮上,并通过单向离合器 11 与之相连。两个导轮 4、5 装在两个相互没有联系的单向离合器 9 和 10 上。

根据第二导轮流出的液流的方向,副泵轮 2 或者在单向离合器 11 上相对主泵轮 1 自由旋转,或者单向离合器 11 楔紧两个泵轮一起旋转。

在小传动比(负倾角)下,副泵轮 2 自由旋转;而在大传动比(正倾角)下,副泵轮和主泵轮 1 连接。

二、典型变矩器的结构与性能

1. 单级三元件液力变矩器

日本小松厂生产的 D85A－18 型推土机、D85A－12 型推土机、WA380 型装载机,美国 Catepillar 厂生产的 966D 型装载机及中国生产的 TY220 型推土机等,所用的液力变矩器结构相差不大,都采用三元件单级单相液力变矩器。下面以 966D 型装载机的变矩器为例介绍此类变矩器的结构。图 10-21 所示为 966D 型装载机变矩器。

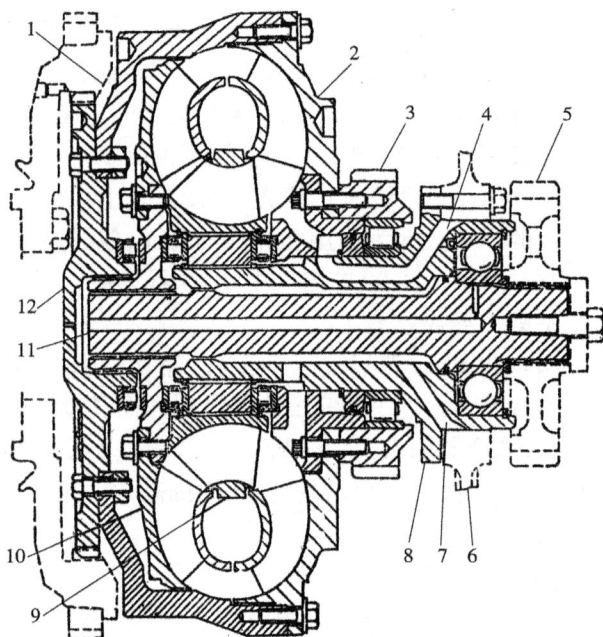

图 10-21　966D 型装载机变矩器
1-旋转壳体;2-泵轮;3-齿轮;4-油液进口;5-输出齿轮;6-变矩器壳体;7-油液出口;
8-支承轴;9-导轮;10-涡轮;11-涡轮轴;12-接盘

变矩器泵轮 2 的外缘用螺钉固定在旋转壳体 1 上,泵轮内缘用螺钉与油泵齿轮 3 相连,并通过轴承安装在支承轴 8 上,支承轴 8 则用螺钉固定在变矩器壳体 6 上。旋转壳体 1 则用螺钉固定在接盘 12 上,接盘 12 通过花键与飞轮相固连,发动机通过飞轮驱动泵轮旋转,这就是变矩器的主动部分。

涡轮 10 用螺钉与涡轮轮毂相连,涡轮轮毂通过花键与涡轮轴(即输出轴)11 左端相连,并通过涡轮轮毂轴颈用轴承支承在接盘 12 的座孔内,涡轮轴 11 的右端则通过滚珠轴承安装在支承轴 8 上,并通过花键与输出齿轮 5 相连,变矩器的动力即由此输出,这是变矩器的从动部分。

变矩器的导轮 9 通过花键固定在支承轴 8 的端部,在三元件之间用推力轴承起轴向定

192

位作用,支承轴上有油液进口 4 与出口 7。

这种变矩器的特性曲线与图 10-15 相似。它的最高效率和涡轮转速为零时的变矩比较高;但当传动比较高或较低时,效率很低,容易发热,故不宜直接用于一般车辆上;通常是采用挡数较多的变速器与之配合使用。

966D 型装载机变矩器的液压控制系统如图 10-22 所示,该变矩器的液压控制系统由油箱 1、滤网 2、滤清器 4、限压阀 7、冷却器 8 及连接管路组成。

油液经油泵 3 送入滤清器 4 滤清后,经变速器控制阀 5 送入变矩器 6 内循环工作,由于油液与油道相摩擦生热,温度升高,一般要求不超过

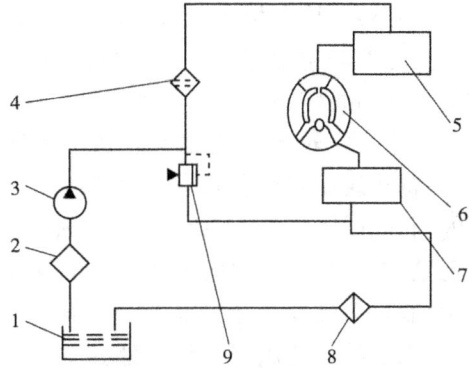

图 10-22　966D 型装载机变矩器的液压系统简图
1-油箱;2-滤网;3-油泵;4-滤清器;5-变速器控制阀;
6-变矩器;7-限压阀;8-冷却器;9-安全阀

120℃,当温度过高时,则部分油液经出口流入冷却器进行冷却降温后,流回油箱,再经油泵送入变矩器。变矩器油液出口处的限压阀 7 控制变矩器内的油压接近 415kPa,安全阀的功用是当高压油路内因某种原因堵塞时,安全阀自动打开,使油液流回油箱,以保护液压系统。

2. 单级四元件液力变矩器

国产 ZL50 型装载机的变矩器属于此类变矩器,如图 10-23 所示。ZL50 型装载机的变矩器是双涡轮变矩器,两个涡轮分别与变速器中的两个齿轮相连,从而扩大了变速范围。

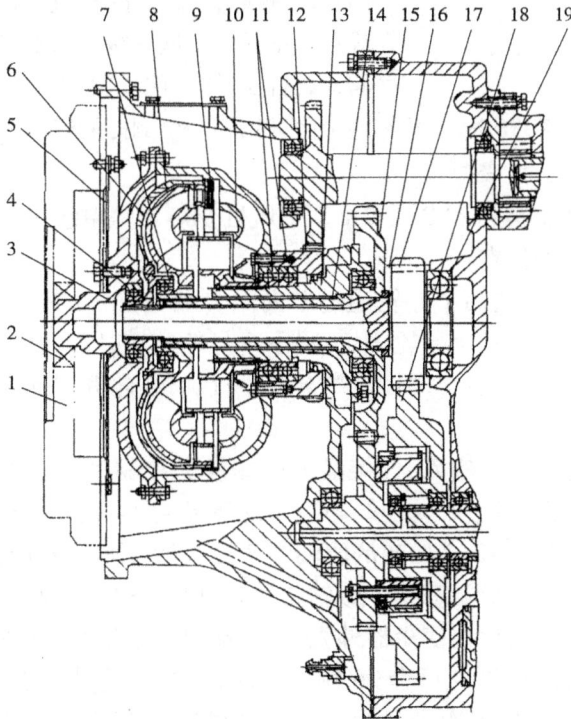

图 10-23　ZL50 型装载机变矩器
1-飞轮;2、4、7、11、17、19-轴承;3-旋转壳体;5-弹性板;6-第一涡轮;8-第二涡轮;9-导轮;10-泵轮;
12-齿轮;13-导轮轴;14-第二涡轮轴;15-第一涡轮轴;16-隔离环;18-单向离合器外环齿轮

柴油机的动力由弹性板5传给变矩器,弹性板5的外缘用螺钉与飞轮1相连,内缘用螺钉与旋转壳体3相连。与齿轮12连在一起的泵轮用螺钉与旋转壳体3相连,以上各件组成了变矩器的主动部分。主动部分的左端用轴承2支承在飞轮中心孔内,右端用两排轴承11支承在与壳体固定在一起的导轮轴13上。

第一涡轮6以花键套装在第一涡轮轴15上,第一涡轮轴15右端装有齿轮,通过该齿轮,将从第一涡轮传来的动力输入变速器,第一涡轮轴15左端以轴承4支承在旋转壳体3内,右端以轴承19支承在变速器中。第二涡轮8也以花键套装在第二涡轮轴14上,第二涡轮轴14也与齿轮制成一体。第二涡轮轴14的左端用轴承7支承在第一涡轮轮毂中,右端用轴承17支承在导轮轴13内,第二涡轮的动力即由第二涡轮轴14上的齿轮输入变速器内,以上就是变矩器的从动部分。

导轮9用花键套装在与壳体固定在一起的导轮轴13上。

从图10-23可见,变矩器通过第一涡轮轴与第二涡轮轴及其上的齿轮将动力输入变速器,变速器中与第一、第二涡轮轴15、14上的齿轮相啮合的两齿轮间装有单向离合器。

当变矩器传动比较低时,单向离合器处于楔紧状态,这时两个涡轮就像一个整体涡轮一样,其特性曲线如图10-24中"1"所示。

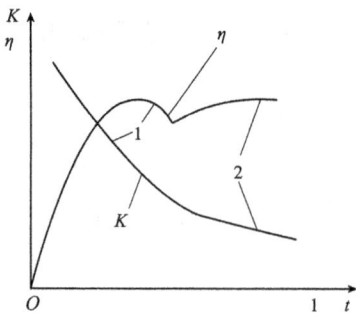

随外阻力的减小,第二涡轮的转速逐渐增高,使单向离合器分离,这时动力只通过第二涡轮传给变速器,此时变矩器的特性曲线如图10-24中"2"所示。

由曲线可见,双涡轮变矩器在较大的传动比范围内,效率较高,即高效区较宽,这就是这种变矩器的主要优点。正是由于这一特点,就可以采用挡位较少的变速器,以简化结构。例如,ZL50型装载机便是采用了仅有两个前进挡和一个倒挡的较简单的行星变速器。

图 10-24　ZL50 型装载机变矩器的特性曲线

3. 单级三相四元件液力变矩器

国产 CL7 型自行式铲运机和 PY160A 型平地机变矩器是单级三相四元件,如图10-25所示。它在结构上具有两个特点:

一是它具有两个导轮,这两个导轮通过单向离合器与固定的壳体相连。根据不同的工况,可实现两个导轮固定,或一个导轮固定、另一个导轮空转,以及两个导轮都空转等3种工作状态,故称为三相。二是带有自动锁紧离合器,可以将泵轮和涡轮刚性地连起来变成机械传动。

柴油机的动力由连接盘1输入,连接盘1用花键套在驱动盘4的轴颈上,泵轮15外缘用螺钉与驱动盘4外缘相连接;泵轮内缘与油泵的驱动套17相连,支承圈11与驱动盘4用键30相连;在驱动盘4上有12个均布的驱动销7插入活塞8的相应孔中,使活塞既能随驱动盘、泵轮等一起转动,又能沿驱动销7做轴向移动,以上各件组成了变矩器的主动部分,主动部分左端以滚动轴承3支承在变矩器外壳上,右端以滚动轴承16支承在导轮轴18上。

涡轮12的内缘与齿圈10、花键套26铆在一起,套在涡轮轴5上,在齿圈上套有锁紧摩擦盘9(其两边烧结有铜基粉末冶金衬片),以上各件构成变矩器的从动部分。从动部分左端用滚动轴承6支承在驱动盘4的内孔中,右端以滑动轴承支承在变速器轴孔内。

第一导轮13与单向离合器外圈21、挡圈23、限位块20铆在一起,同样,第二导轮14与单向离合器外圈24、挡圈铆在一起;两个导轮外圈21、24通过两排滚柱22、29装在单向离合器内圈上,以花键套在与壳体固定在一起的导轮轴 18 上,两个限位块 20、28 用来控制导轮与泵轴和涡轮之间的位置。隔离环 27 用铜基粉末冶金制成,一方向保证两导轮之间有一定间隙。另外,当两导轮有相对转动时起减摩作用。

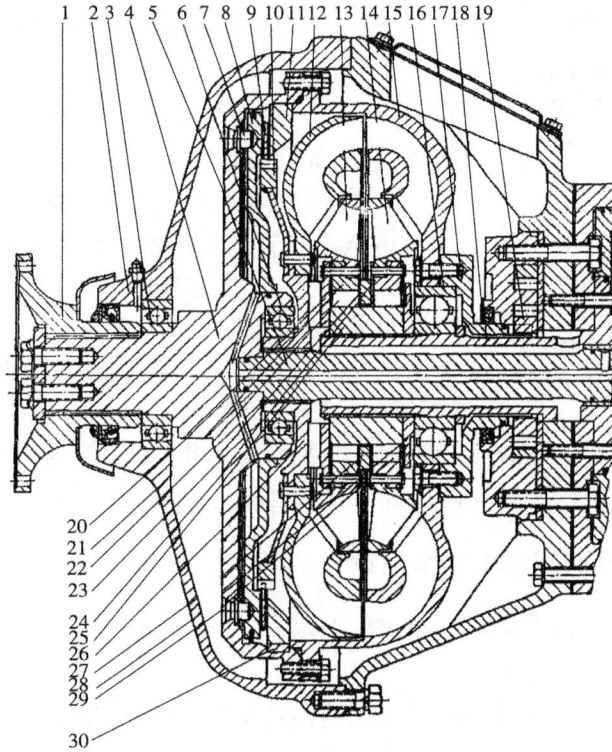

图 10-25　CL7 型自行式铲运机变矩器

1-连接盘;2-变矩器外壳;3-滚动轴承;4-驱动盘;5-涡轮轴;6-滚动轴承;7-驱动销;8-活塞;9-锁紧摩擦盘;10-齿圈;11-支承圈;12-涡轮;13-第一导轮;14-第二导轮;15-泵轮;16-滚动轴承;17-驱动套;18-导轮轴;19-油泵主动齿轮;20、28-限位块;21、24-单向离合器外圈;22、29-滚柱;23-挡圈;25-单向离合器内圈;26-花键套;27-隔离环;30-键

其外特性曲线如图 10-26 所示。

4.双泵轮液力变矩器

美国 CAT 988 B 型装载机变矩器基本结构如图 10-27 所示。它有内外两个泵轮,在司机室内操纵手柄和行车制动器的控制下,通过液压离合器的调节作用,可以实现内泵轮单独工作,内外泵轮同时工作或相对工作,由于变矩器有效直径和特性变化,因而使变矩器所吸收和输出的功率可以在相当大的范围内进行无级调节,从而达到使装载机的牵引力、铲掘力和柴油机功率三者之间,均能随工况变化而获得较理想的匹配。

该变矩器的构造如图 10-27 所示,两个泵轮是内泵轮 6 和外泵轮 4;液压离合器由圆盘

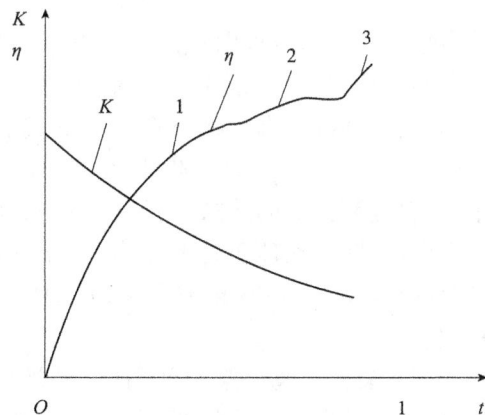

图 10-26　CL7 型自行式铲运机双导轮
液力变矩器特性曲线

195

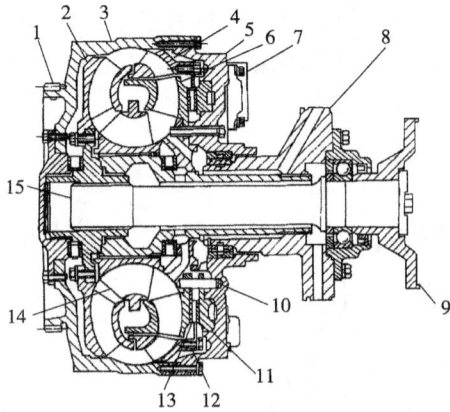

图 10-27 988B 型装载机液力变矩器
1-齿轮;2-涡轮;3-变矩器壳;4-外泵轮;5-离合器壳;6-内泵轮;7-盖;8-支座;9-连接盘;10-销钉;11-活塞;12-从动盘;13-圆盘;14-导轮;15-输出轴

13、从动盘 12 和活塞 11 等组成,齿轮 1 和变矩器壳 3 制成一体,并与柴油机飞轮啮合;变矩器壳 3 和内泵轮 6 用螺栓与离合器壳 5 连接,圆盘 13 和活塞 11 通过销钉 10 与离合器壳 5 相连;变矩器壳 3、离合器壳 5、内泵轮 6 和发动机一起旋转。以上是变矩器的主动部分。

离合器壳 5 通过销钉 10 带动圆盘 13 和活塞 11 旋转;离合器从动盘 12 用螺钉与外泵轮 4 连接;涡轮 2 与输出轴 15 相连,输出轴 15 通过连接盘 9 将动力传至万向节。以上是变矩器的从动部分。

导轮 14 与支座 8 连接,支座 8 与变矩器盖连接,导轮 14 与支座 8 均不转动。

变矩器由液压控制装置控制,当系统在最大油压时,压力控制阀使离合器完全接合,内、外泵轮同时工作,变矩输出功率最大;当系统油压减小,离合器打滑,则变矩器输出功率减小;当系统在最小油压时,外泵轮与内泵轮脱离接合,变矩器输出功率最小。

三、单向离合器的结构与工作原理

单向离合器(又称自由轮机构或超越离合器)有多种类型,但其功能和工作原理都是相同的,它的功能如下:

(1)单向传动。将动力从主动件单方向传给从动件,并可根据主动件和从动件转速的不同而自动接合或分离。

(2)单向锁定。能将某一元件单向锁定,并可根据两元件受力的不同而自动锁定或分离。

常见的单向离合器有滚珠式和楔块式两种结构形式。

1.滚珠式单向离合器

滚珠式单向离合器如图 10-28 所示,单向离合器是利用各元件工作面之间,由于滚珠 3 的楔紧作用而产生的摩擦力来传递动力或单向锁定的。这里的单向离合器只起单向锁定作用。6 个滚珠 3 在叠片弹簧 1 和外座圈 2 的作用下,卡在内座圈 4 和外座圈 2 形成的楔形槽内,弹簧 1 的弹力很小,不足以产生楔紧力。在变矩器正常工况下,导轮受到油液的冲击,与导轮在一起的外座圈沿逆时针方向旋转时,滚珠 3 就卡在内、外座圈组成的楔形槽的狭窄部位,使内、外座圈被楔紧,从而将外圈和导轮单向锁定。

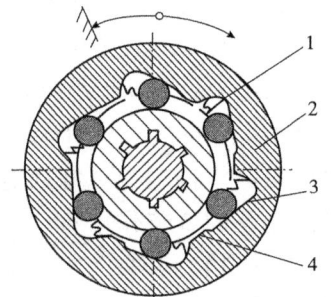

图 10-28 滚珠式单向离合器
1-叠片弹簧;2-外座圈;3-滚珠;4-内座圈

当涡轮转速升高到某一数值时,油液就冲到导轮叶片的背面,使导轮沿顺时针方向旋转,滚珠 3 便移向楔形槽的宽阔部位,从而失去楔紧作用,使导轮与外圈 2 可以顺时针自由转动,这时单向离合器处于分离状态。

2. 楔块式单向离合器

楔块式单向离合器如图 10-29 所示,由内座圈 1、外座圈 3、楔块 2、保持架 4 等组成。导轮与外座圈连为一体,内座圈与固定套管刚性连接,不能转动。当导轮带动外座圈逆时针转动时,外座圈带动楔块逆时针转动,楔块的长径与内、外座圈接触,如图 10-29a) 所示,由于长径长度大于内、外座圈之间的距离,所以外座圈被卡住而不能转动。当导轮带动外座圈顺时针转动时,外座圈带动楔块顺时针转动,楔块的短径与内、外座圈接触,如图 10-29b) 所示,由于短径长度小于内、外座圈之间的距离,所以外座圈可以自由转动。

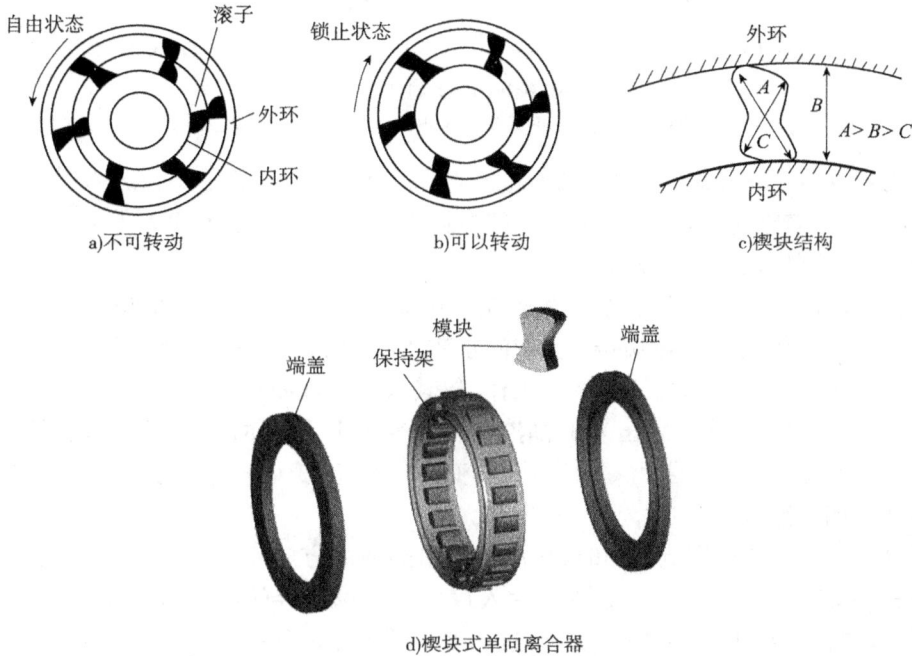

a)不可转动　　　　　　b)可以转动　　　　　　c)楔块结构

d)楔块式单向离合器

图 10-29　楔块式单向离合器

3. 锁止离合器

锁止离合器简称 TTC(Torque Converter Clutch),锁止离合器可以将泵轮和涡轮直接连接起来,即将发动机与机械变速器直接连接起来,这样提高了液力变矩器的传动效率,从而提高了车辆的燃油经济性。

锁止离合器的常见结构如图 10-30 所示。当车辆在良好路面行驶,车速、挡位等满足条件,锁止离合器需要接合时,进入液力变矩器中的 ATF 油按图 10-30a) 所示的方向流动,使锁止活塞向前移动,压紧在液力变矩器壳体上,通过摩擦力矩使二者一起转动。此时发动机的动力经液力变矩器壳体、锁止活塞、扭振减振器、涡轮轮毂传给后面的机械变速器,相当于将泵轮和涡轮刚性连在一起,传动效率为 100%。

当车辆起步、低速或在坏路面上行驶时,应将锁止离合器分离,使液力变矩器具有变矩作用。此时 ATF 油按图 10-30b) 所示的方向流动,将锁止活塞与液力变矩器壳体分离,解除液力变矩器壳体与涡轮的直接连接。

在 CL7 型自行式铲运机变矩器中装有锁止离合器,锁止离合器的作用是将变矩器的泵轮和涡轮刚性地连在一起,就像一个刚性联轴器一样。这就可以满足铲运机在高速行驶时提高传动效率和下坡时利用发动机进行排气制动以及启动的需要。

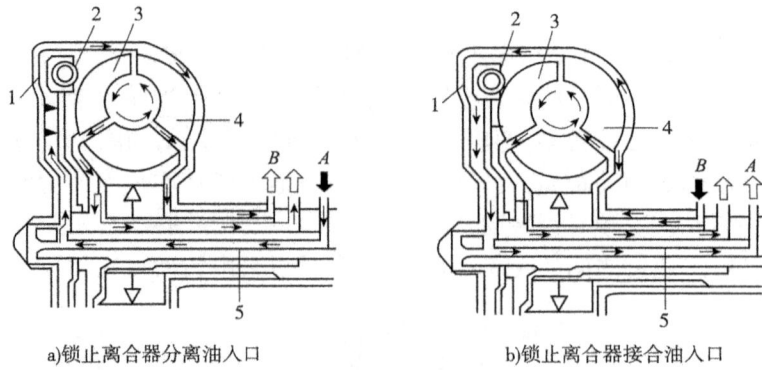

a)锁止离合器分离油入口   b)锁止离合器接合油入口

图 10-30 锁止离合器的结构与原理
1-泵轮轮毂;2-锁止离合器;3-涡轮;4-泵轮;5-输出轴

锁止离合器由液压操纵,当液压油通过涡轮轴 5(图 10-25)的中心孔进入活塞 8 的左边时,可推动活塞 8 右移,把套在涡轮齿圈上的摩擦盘 9 压紧在活塞 8 和支承圈 11 之间,这样便将泵轮和涡轮刚性地连在一起了。

CL7 型自行式铲运机变矩器特性曲线如图 10-26 所示。由于这种变矩器采用了两个导轮及单向离合器的作用,当不同的导轮被单向锁定时,或两个导轮全空转时,整个变矩器就相当于两个变矩器与一个耦合器的综合工作,故其效率特性曲线由 3 段组成。

当传动比 i 较低时,从涡轮出来的油液冲击导轮叶片的正面,使两个导轮都被固定,这时效率曲线具有图 10-26 中曲线 1 的形状,而变矩系数 K 变化较快,效率较低,这是铲运机起步和低速时的工况。

当传动比 i 增加到某值范围内时,从涡轮流出的油液方向变为冲向第一导轮背面,使第一导轮空转,不起作用,由于第二导轮叶片入口角小于第一导轮叶片入口角,在较大的传动比下,导轮入口油流损失较小,效率提高,这时变矩器效率曲线按图 10-26 中曲线 2 变化。

当传动比 i 继续增大,油液冲向第二导轮叶片背面,使第二导轮也空转,于是变矩器成为一个耦合器,故效率按耦合器效率变化,如图 10-26 中曲线 3(直线)所示,效率进一步提高,这种变矩器的特性相当于两个变矩器和一个耦合器的特性的综合。

第十一章 主离合器

第一节 主离合器的功用、工作原理及类型

一、主离合器的功用

内燃机是自行式工程机械的动力源泉,如推土机、平地机等,它们所以能行驶、能推土、能平整场地,都是由于有了内燃机的动力,但是,由于自行式工程机械的使用因素很复杂,不能将内燃机与变速器、主传动器直接相连。如,不同的作业,需要变换变速器排挡,这时就要将内燃机的动力迅速、彻底地切断,以防止在变换排挡时齿轮产生冲击。又如,机械起步时,为了防止传动系统零件受到冲击,也需要将内燃机动力逐渐而柔和地传给传动系统和行驶系统,以达到起步平稳的目的。当机械遇到外界负荷急剧增加时,为了防止传动系统和内燃机过载,这时必须能自动切断内燃机与传动系统之间的动力联系。机械在工作过程中,有时需要短时间停车,也要切断动力,因此,就要求在传动系统内设置一种和内燃机既能接合又能分离的机构,这种机构称为主离合器。

综上所述,离合器的功用有以下几点:

(1)能迅速、彻底地把内燃机动力和传动系统分离,以防止在变速器换挡时齿轮产生冲击。

(2)能把内燃机动力和传动系柔和地接合,使自行式工程机械平稳起步。

(3)当外界负荷急剧增加时,可以利用主离合器打滑,以防止传动系统和内燃机零件超载。

(4)利用主离合器分离,可以使自行式工程机械短时间停车。

二、主离合器的工作原理及机构

在自行工程机械传动系中,广泛采用摩擦式离合器,不同形式的摩擦式离合器其作用原理基本相同,即靠摩擦表面的摩擦力作用来传递转矩。

摩擦式离合器作用原理,就是利用在两个摩擦圆盘间产生的摩擦力来传递力矩。要在两个圆盘之间产生摩擦力,首先,必须在它们之间施加压紧力,然后才能实现摩擦运动。

离合器在什么条件下,既能分离,又能接合,同时它们两者之间又能相互转换呢?这是离合器结构所需要解决的主要问题。

摩擦式离合器要能实现分离和接合,并能互相转换,在结构上必须具备下面3个基本部分(图11-1)。

(1)产生摩擦力的机构是使离合器获得"接合"的必要条件,这一机构由摩擦元件和压紧元件组成。摩擦元件包括主动摩擦面和从动摩擦面。主动摩擦面由飞轮1的表面"A"及

压盘 4 的表面"B"组成。压盘 4 通过固定在离合器罩 2 上的数个传动销 7,靠飞轮 1 带动旋转。同时,它可以相对飞轮做轴向移动。从动摩擦盘 12 由铆在从动盘钢片两面的石棉摩擦衬片 3 组成。从动摩擦盘 12 以花键与离合器轴 11 相连接,并可在轴上做轴向移动。

压紧元件由弹簧 13 和压盘 4 组成,弹簧常用数个螺旋弹簧或碟形弹簧。压盘 4 的作用是使弹簧所产生的压力均匀分布在摩擦面上。

离合器具备摩擦元件和压紧元件便能够"接合",因为弹簧 13 和压力通过压盘 4,将从动摩擦盘 12 夹紧在飞轮 1 和压盘 4 之间。这样,由于它们之间的摩擦作用,柴油机的动力就从飞轮传到与变速器的输入轴相连的离合器轴 11 上。

(2)分离机构是使离合器产生"分离"的必要条件。分离机构由拉杆 5、分离杠杆 6、分离轴承 10 和操纵杠杆系统 9 组成。当驾驶员踩下踏板 8 时,经过操纵杠杆系统 9 使分离轴承 10 左移压向分离杠杆 6,拉杆 5 即将压盘 4 向右拉,使弹簧 13 进一步压缩,从而去掉飞轮 1、从动摩擦盘 12、压盘 4 之间的压紧力,使摩擦传动无法实现,这时离合器就由接合转换为分离。

(3)保证正常工作的辅助机构也是保证离合器正常工作的必不可少的条件。这一机构包括分离杠杆的反压弹簧,轴承的润滑装置,离合器的通风散热装置和挡油装置,操纵杠杆的复位弹簧等。对不同类型的离合器,它们的各种机构也不完全一样。它们的具体作用和结构将在下面叙述。

当各种机构失效时,离合器便工作得不好,或不能由一种状态转换为另一种状态,这就是离合器出了故障,必须进行修理和调整。

三、主离合器的类型

主离合器结构可分为以下几种:

1.摩擦式离合器

(1)单片式、双片式、多片式。

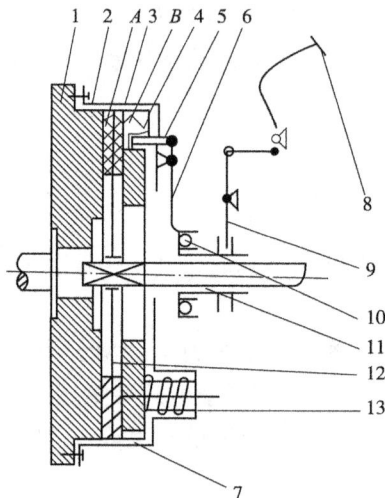

图 11-1 经常接合式离合器简图

1-飞轮;2-离合器罩;3-摩擦衬片;4-压盘;5-拉杆;6-分离杠杆;7-传动销;8-踏板;9-杆件;10-分离轴承;11-离合器轴;12-从动摩擦盘;13-弹簧;A-主动摩擦面;B-从动摩擦面

(2)干式、湿式。

(3)经常接合式(弹簧压紧式)、非经常接合式(杠杆压紧式)。

2.液力离合器

3.电磁离合器

现在最常用的是摩擦式离合器和液力离合器,作为液力离合器,最有代表性的是液力变矩器(如 D85A-18 型推土机、627B 型和 WS16S-2 型自行铲运机)。

对于主离合器接合时的压紧力,有的是利用弹簧的压力使之处于常合状态,而通过杠杆之力使之临时分离,这种离合器称为弹簧压紧式离合器(或称经常接合式离合器),图 11-1 所示为弹簧压紧式主离器的结构原理图。此种结构形式的优点:当摩擦衬片磨损后,弹簧的弹力可以进行一定程度的补偿,从而保证离合器可靠地工作。但它的分离必须依靠外力才能维持,这对于大中型推土机或拖拉机使用是很不方便的。

另一种类型的主离合器,其分离与接合都是利用压紧杠杆之力,它可以处于长期接合与分离状态,这种离合器称为杠杆压紧式离合器(或称非经常接合式离合器)。

在大中型推土机或拖拉机上大都采用大功率发动机作为动力,故发动机输出的力矩大,则主离合器的转矩容量就变大,为了使离合器不打滑,有必要增大压紧力,从而离合器的操纵力也就随之增大,这样,要做到既不增加操纵力,而是利用连杆和离心力的作用特性,又能给予离合器摩擦面足以防止打滑的充分压力,具有这一特性的称为杠杆紧液压助力多片湿式离合器(或称液压助力多片湿式非常合式离合器)。此类型的离合器应用较普遍(如 T –220 型、D80A – 18 型推土机上采用)。由结构上分析,主离合器的主动部分与发动机的飞轮连接,从动部分与传动系中的变速器主轴相接(或通过连接轴)。

第二节　经常接合式主离合器

通常能经常处于接合状态的主离合器叫做经常接合式离合器。一般轮式工程机械及车用离合器都属于经常接合式离合器。下面主要以 PY160A 型平地机及重型载货汽车离合器为例进行介绍。

一、PY160A 型平地机主离合器

PY160A 型平地机的主离合器(图 11-2)为单片、干式、经常接合式摩擦离合器。该离合器由主动部分、从动部分、压紧机构和分离机构等组成。

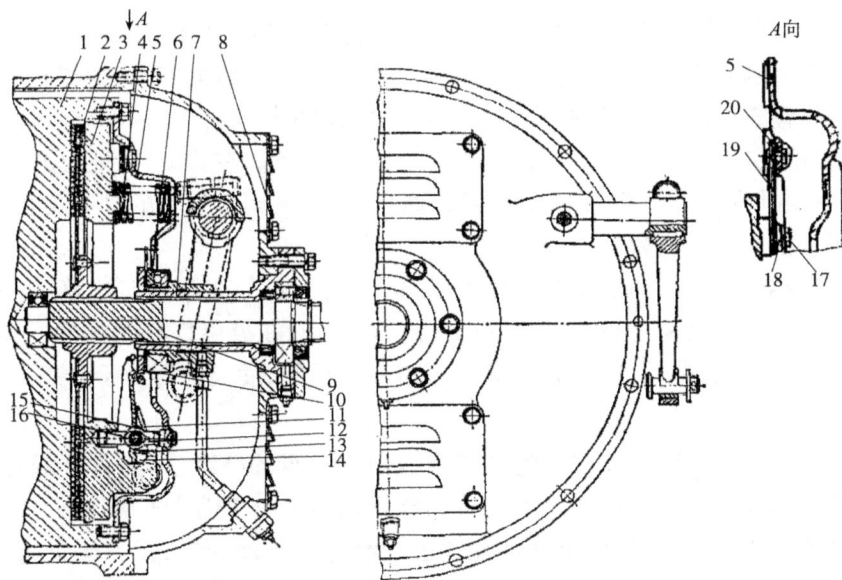

图 11-2　PY160A 型平地机离合器

1-主动盘;2-摩擦盘;3-压盘;4-压紧弹簧;5-离合器罩;6-分离轴承;7-滑动套;8-百叶窗;9-离合器轴;10-分离盘;11-反压弹簧;12-拉杆;13-分离板;14-分离杠杆;15-调整螺母;16-分离杆销;17-螺栓;18-压套;19-连接片;20-铆钉

201

1. 主动部分

主动部分由主动盘1、离合器罩5和压盘3等组成,主动盘1与液力变矩器的输出轴连接,离合器罩5由薄板钢板冲压而成,它与主动盘用螺栓固定在一起。压盘3是通过4组沿圆周均布的连接片19来定位与连接的,每组连接片有3片弹性钢片,其一端铆接在离合器罩上,另一端用压套18和螺栓17固定在压盘上,这样压盘既可随主动盘一起旋转,又可沿轴向做一定距离的移动。

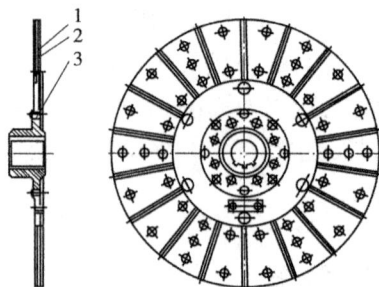

图11-3 离合器摩擦盘

1-摩擦衬片;2-圆盘钢片;3-轮毂

2. 从动部分

从动部分主要由从动盘2、离合器轴9组成。

从动盘的结构如图11-3所示,圆盘钢片2用薄钢板制成,铆接在带有内花键的轮毂3上,在圆盘钢片的两面是烧结有粉末冶金的衬片1,用来增大摩擦系数及保证材料间的正常接触摩擦。轮毂套在离合器输出轴的花键上,并可在花键上轴向移动,离合器轴的左端支承在主动盘中心孔内的滚动轴承上,右端支承在主离合器壳的滚动轴承上。

3. 压紧机构

在离合器罩5和压盘3之间装有12组压紧弹簧4,每组压紧弹簧由内、外两个弹簧套在一起,两个弹簧螺旋方向相反,以防卡在一起。由于压盘3和从动盘2都可以做轴向移动,在弹簧的作用下将它们与主动盘1压紧在一起,而处于结合状态。当主动盘1转动时,压盘随着一起转动,通过摩擦作用将动力传到从动盘2和离合器轴9上。

4. 分离机构

分离机构由滑动套7、分离轴承6、分离盘10、分离杠杆14、拉杆12、分离杆销16、分离板等组成。沿圆周均布着4个分离杠杆14,其内端用弹簧与分离盘10联结在一起,外端用分离板13卡在压盘3的凸台内,杠杆的中部用分离杆销16与拉杆12铰销在一起,拉杆12的左端插在压盘的孔内,孔的深度留有足够的余量,允许压盘向左移动,保证分离彻底,拉杆12的右端制有螺纹并穿过离合器罩上的孔,用调整螺母15来调节拉杆的轴向位置和承受分离杠杆14作用在拉杆上的拉力。

当需要离合器分离时,通过操纵机构推动滑动套,带着分离轴承向左移动,分离轴承推动分离杠杆的内端左移,使分离杠杆绕分离杆销16摆动,在分离杠杆的外端形成杠杆作用,通过分离板使压盘向右移动,12组压紧弹簧被进一步压缩,使离合器处于分离状态。

5. 其他

反压弹簧11用来保证分离杠杆的外端紧紧顶住压盘的凸缘,以免杠杆随意摇动,但弹力不大,不会对压盘的压紧力产生影响。分离杠杆内端的分离盘与分离轴承之间有适当的间隙,该间隙若太小,在使用中由于从动盘2上的摩擦片不断磨损,使得压盘与主动盘逐渐靠近,分离盘与分离轴承之间间隙不断缩小,如果完全没了间隙,则分离盘就压在分离轴承上,压紧弹簧的压紧力就被分离轴承承担,使离合器不能正常结合,分离轴承也会加速磨损。如果间隙太大,则意味着滑套移动同样距离的情况下,压盘移动的距离会缩短,可能会使分离不彻底,4个调整螺母15的调节要均匀,否则会导致主动盘和压盘磨偏,接合不均匀,或分离不彻底。

202

由于主离合器工作过程中会不断地产生滑磨、产生大量的热量,所以在离合器外壳上装有通风散热的百叶窗 8。

PY160A 型平地机主离合器操纵方式为脚踏式(图 11-4)。当踩下踏板 1 时,推动推杆 3,使摇臂 5 带动轴 4(轴 4 插入离合器内,轴的两端支承在离合器壳体上)和分离叉转动,推动滑动套 8 带动分离轴承移动以实现离合器的分离,当结合时,松开踏板,踏板在复位弹簧 2 的作用下复位,在踏板的拐角 A 处用限位挡板限位。

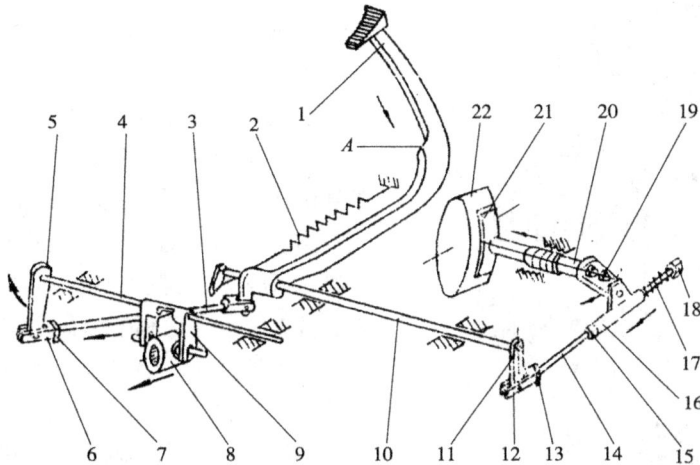

图 11-4 PY160A 型平地主离合器操纵系统

1-踏板;2-复位弹簧;3-推杆;4-轴;5、11-摇臂;6、12-接叉;7、13、15、18-螺母;8-滑套;9-分离
叉;10-轴;14-拉杆;16-套杆;17-弹簧;19-螺栓;20-曲柄螺杆;21-制动闸;22-制动鼓

滑动套上带的分离轴承与分离盘之间要保持适当的间隙(调节时取 2.5mm),可通过调节推杆 3 的长度来实现,调好后用螺母 7 固定。实际调节时有时测量比较困难,也可通过踏板行程来控制,踩下踏板时应有一小段无负荷行程(也叫自由行程),自由行程的距离按传动比推算大约为 3cm。

当离合器分离、变速器换挡的时候,为了避免换挡时齿轮间因相对转速不同而产生冲击,在变速器内装有小制动器。当机器在行进时或停下来时,利用小制动器使主离合器输出轴转速降低或停下来时进行换挡。小制动器的操纵部分(图 11-4 中部件 11~22)与主离合器操纵部分连在一起,当踩下踏板 1,使主离合器分离时,轴 10 也驱动摇臂 11 转动,带动接叉 12、拉杆 14、套杆 16 移动。并使曲柄螺杆 20 顺时针方向移动,推动制动闸 21 压向制动鼓 22,在摩擦力作用下使离合器输出轴减速。

套杆 16 套在拉杆 14 上,左端顶在螺母 15 上,右端用弹簧 17 压紧,弹簧的作用可使制动闸的制动作用柔和。

离合器分离与小制动器制动应有先后顺序,以避免在主离合器没有分离或没完全分离的情况下制动,小制动器的调整方法:踩下离合器踏板 1,当主离合器彻底分离后,调节螺栓 19,使制动闸 21 在压紧制动鼓 22 的情况下,螺母 15 与套杆 16 之间有 1.5~2mm 间隙。一般不应以调节螺母 13、15 来获得这个间隙,因为这样做会改变曲柄螺杆的转角位置。在踏板放松复位情况下,曲柄螺杆的曲柄与垂线夹角为 34°左右,这一般是机器装配时的一次性调整,正常使用过程中不需调节。

二、车用中央弹簧式主离合器

这种离合器的结构特点为双片、干式、经常接合式摩擦离合器（图11-5），离合器的压紧弹簧只有1个，且位于离合器的中央。该离合器也是由主动部分、从动部分、压紧机构和分离机构等组成。

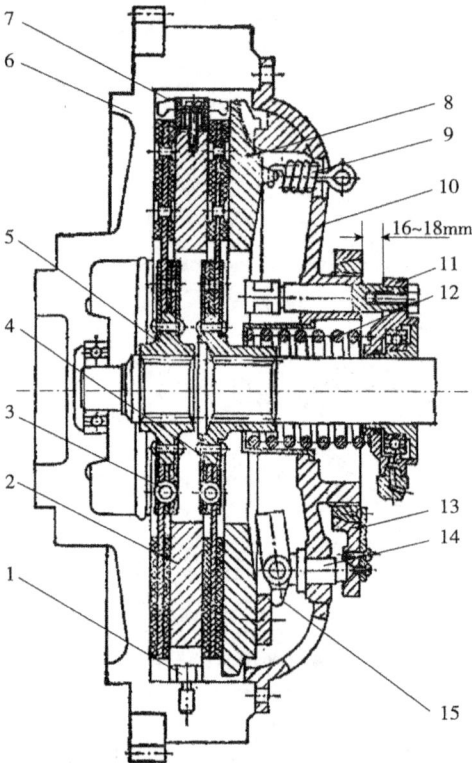

图 11-5　车用中央弹簧式主离合器

1-传动键块；2-中压盘；3-扭振减振器；4、5-从动盘；6-飞轮；7-中压盘分离机构；8-压盘；9-压盘复位弹簧；10-离合器盖；11-分离轴承座；12-压紧弹簧；13-平衡盘；14-支承销；15-压紧－分离杠杆

离合器的主动部分包括飞轮6、离合器盖10、压盘8及中压盘2。传动键块1的尾部压入飞轮内圆面上的径向孔中，而其头部则插入中压盘2边缘的切口内。离合器盖10的内表面有凸起部，嵌入压盘相应的切口中。发动机的动力一部分从飞轮传动键块1传给中压盘，另一部分由飞轮经离合器盖传给压盘。

离合器的从动部分由两片从动盘4、5及离合器轴等组成，从动盘和离合器轴由滑动花键相连，从动盘4位于飞轮和中压盘之间，从动盘5位于中压盘与压盘之间。当离合器接合时，可形成4对摩擦面，从而使其传递转矩的能力增大，从动盘上装有扭振减振器3，以衰减传动系传来的扭转振动。

压紧分离机构由中央压紧弹簧12、分离轴承座11、压紧－分离杠杆15、支承销14和平衡盘13等机件组成。中央压紧弹簧12和前端通过一个由钢板冲压制成的支承盘支于离合器盖上，其后端则抵靠着分离轴承座11。装在离合器盖上的3根传动杆，其两端分别与3根压紧－分离杠杆15的内端和分离轴承座11相连接。压紧－分离杠杆15以固定在离合器盖上的支承销14为支点，其外端与压盘8相接触。于是中央弹簧的压紧力便通过分离轴座11、传动杆和压紧－分离杠杆15，将离合器的主动部分和从动部分压紧。

为使中央弹簧的压紧力均匀分配到3根压紧杠杆上，设有自动平衡机构。支承销14顶住平衡盘13，平衡盘13与调整环以球面相配合。调整环借螺纹固定在离合器盖上，假如3根压紧－分离杠杆所传递的压紧力不相等，则通过3根支承销作用在平衡盘上的力使其不平衡。而使平衡盘沿球面摆动，直到3根压紧－分离杠杆传力相等为止。

当驾驶员踩下离合器踏板时，通过离合器的操纵机构将分离轴承座11推向前方，进一步压缩中央弹簧，同时通过传动杆将压紧－分离杠杆内端向前推动，则压紧－分离杠杆以支承为支点，其外端后移，解除中央弹簧对压盘的压紧力，于是压盘便在复位弹簧9的拉力作用下离开从动盘。

为保证离合器分离彻底，在中压盘上装有分离机构7。它由分离摆杆和卷簧组成，分离摆杆的轴销插在中压盘的径向孔内，其中装有卷簧，使分离摆杆紧紧抵靠在飞轮的端面上，当中央弹簧压紧力消除、压盘后移时，分离摆杆便在卷簧弹力的作用下转动，使中压盘后移，并保证中压盘在飞轮和压盘之间的正中位置，从而使两个从动盘都有同样的轴向间隙。

中央弹簧离合器的特点之一是,离合器分离时,压缩中央弹簧所需的力较小。这是因为压紧－分离杠杆的内臂比外臂长得多。中央弹簧的压紧力是经过压紧－分离杠杆放大后才传到压盘上,这样便可以用较软的弹簧获得较大的压紧力。由于中央弹簧具有这一优点,所以在一些重型汽车上用得很多。为了获得尽可能大的杠杆比,该车用离合器的 3 根分离杠杆不是径向布置的,而是沿压盘内圆的切线方向布置的。

中央弹簧离合器的另一个特点是,中央弹簧的压紧力是可以调整的。从图 11-5 可知,调整环是借螺纹与离合器盖相连接。因此,转动调整环,使之向前移动,平衡盘及支承销也被推向前移。此时,压紧－分离杠杆以其外端与压盘的接触点为支点转动,其内端便通过传动杆将分离轴承座向前推移,进一步压缩中央弹簧。

当从动盘的摩擦片磨损后,在接合状态下,压盘的轴向位置比磨损前略微前移。同时,分离轴承座也相应向后移一定距离。这就使压紧弹簧的工作长度增加,而使压紧力减小,从而使离合器所能传递的最大转矩值也下降,由于中央弹簧离合器中弹簧的压紧力是可以调整的,故通过调整,可以使压紧弹簧的工作长度恢复到原有的标准值。

另外,由于压紧弹簧不与压盘直接接触,因此可以避免压盘的热量直接传给压紧弹簧,可使其不致因过热影响弹性。

第三节　非经常接合式主离合器

近年来,由于摩擦材料的改进,在大型推土机上已广泛采用了湿式离合器。由这种摩擦材料制成的摩擦衬片,允许承受的单位压力较高,摩擦系数较小,高温条件下耐磨性较好,使用寿命很长(一般为干式摩擦离合器摩擦衬片的 5~6 倍)。日本的 D80A－12 型和 D80A－15 型推土机,以及中国的一些推土机(如 TY180 型、TY120 型等)都已采用。

非经常接合湿式离合器与非经常接合干式离合器的工作原理都是相同的,结构上也基本相同,所不同的是,增加了液压助力机构和冷却系统。

下面以 D80A－12 型推土机为例,介绍非经常接合式主离合器的构造。这种主离合器的结构特点为多片、湿式、杠杆压紧式,因采用液压助力机构使其操纵轻便。

一、D80A－12 型推土机主离合器

(一)D80A－12 型推土机主离合器的总体构造

D80A－12 型推土机主离合器(图 11-6)主要由以下几个部分组成:

1. 主动部分

主动部分包括飞轮、压盘和中间主动盘等。中间主动盘有两片,均和压盘 3 通过外齿与飞轮上的内齿啮合,因而随飞轮转动并可做轴向移动。压盘后面用销子连接在压盘毂 20 上。

2. 从动部分

从动部分包括从动盘、从动鼓和离合器轴。从动盘 1 共有 3 片,通过内齿和从动鼓 23 上的外齿啮合,可做轴向移动。从动鼓和离合器轴 12 则以花键连接,离合器轴前端通过从动鼓的中间轮毂和向心球轴承支承在飞轮的轴承座 25 中,后端以向心滚子轴承支承在后轴承座 13 上。轴端接盘连接着小制动器的制动鼓 11。同时又通过双十字节组成的万向联轴器和变速器输入轴连接。这样,当主离合器接合时,压盘即可前移并将主、从动盘压紧在飞

轮的端面上,使飞轮的动力可传给离合器轴,进而经联轴器驱动变速器输入轴。

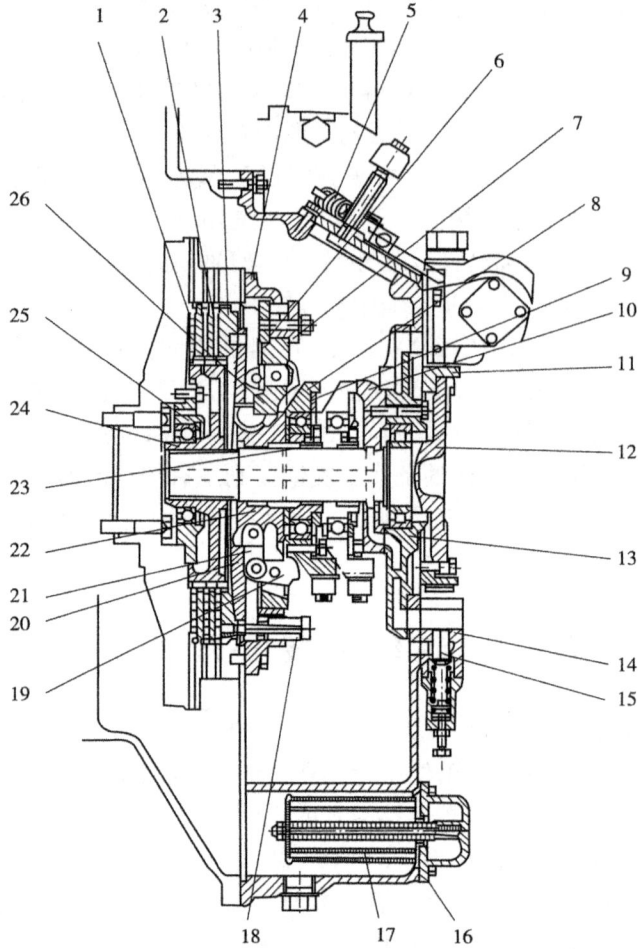

图 11-6 D80A – 12 型推土机湿式主离合器

1-从动盘;2-主动盘;3-压盘;4-离合器盖;5-弹簧;6-锁销;7-锁板;8-分离环;9-圆盘;10-轴承座盖;11-小制动鼓;
12-离合器轴;13-后轴承座;14-阀体;15-阀芯;16-法兰;17-滤清器;18-复位弹簧;19-重块;20-压盘毂;21-分离
杠杆;22-分离套筒;23-衬套;24-从动鼓;25-滚动轴承座;26-调整环

从动盘(图 11-7)由两片环状的锰钢薄板铆接而成。盘的外侧烧结有铜基粉末冶金层,两钢片之间又装有 4 个碟形弹簧,可使从动盘形成波浪的不平面。当离合器接合时,不平面逐渐被压平,从而使接合平稳。粉末冶金层外表面开有螺旋形与辐射形油槽,机油通过这些油槽时,可对摩擦面进行润滑、冷却,并可清洗磨屑。

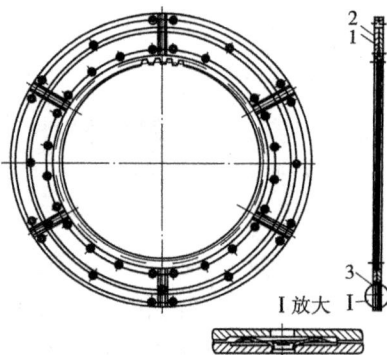

图 11-7 从动盘结构图

1、2-粉末冶金衬片;3-碟形弹簧

3. 分离压紧机构

分离压紧机构主要是分离套组合件,分离套筒 22 通过衬套 23 装在离合器轴上,在离合器分离后可随主动部分在轴上旋转。套筒上开有环状沟槽,并装有盖板,槽内安装分离环 8,分离环与分离拨叉连接一起。当主离合器进行离、合动作时,分离拨叉可通过分离环带动旋转着的分离套筒做轴向移动(分离拨叉和分离环是不能转动的)。套筒上均匀分布有5对凸出的耳环,每对耳环用销连接一个分离杠杆21,杠杆的外端又用销连接一对小压滚和一个重锤,重锤的连接端为一凹槽,分离杠杆和一对小压滚则装在此凹槽内。重锤中间有销孔,借销连接在调整环26的衬块上。由于凹形重锤外端较厚,所以重心处在中间销孔之外。

调整环的外圆制有螺纹,可将其旋紧在离合器盖4上,并用内外夹板固定于合适的位置,离合器盖是用螺栓连接在飞轮上的,故离合器盖连同整个压滚、杠杆组件都能随飞轮旋转。小压滚直接抵靠在压盘毂20的背面,是使压盘3前移的元件。旋松锁紧螺母,转动调整环使其前后移动,即可改变飞轮与压盘毂背面之间的间隙,从而改变对压盘的压紧力。

离合器分离时,压盘靠复位弹簧18的弹力复位,复位弹簧共有3根,均匀地装在离合器盖的凹槽内,可通过螺杆将压盘拉动。

当离合器接合时,通过操纵机构使分离套左移,重锤杠杆使滚轮压向压盘,离合器逐渐接合。当重锤连杆处于垂直位置时,滚轮的压力最大,但这个位置不稳定,稍有振动就有可能分离,故应使重锤连杆越过垂直位置3mm左右。

4. 小制动器

在离合器轴上装有带式小制动器(图11-8),主要由制动鼓和制动带8以及其他杠杆机构组成。制动带的左端固定在离合器外壳上,制动带的另一端通过一套杠杆机构和离合器的分离机构联动。制动鼓和离合器轴一起转动,当离合器分离时,离合器操纵杠杆带动制动器操纵杠杆,拉动制动带实现制动,使离合器轴迅速地被制动而停止运转,避免变速器换挡时齿轮产生冲击。

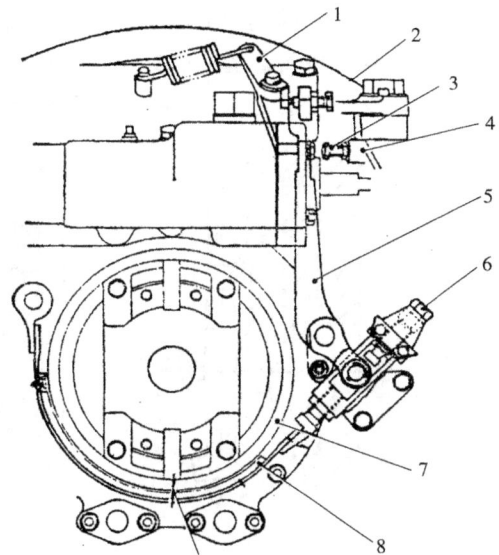

标准间隙0.8mm
图 11-8　带式小制动器
1-复位臂;2-调整螺钉;3-螺栓;4-臂;5-制动臂;
6-调整螺钉;7-制动鼓;8-制动带

(二)D80A-12 型推土机主离合器工作原理

图11-9所示为该主离合器的工作原理。飞轮9以其内花键连有主动盘11和压盘12,随飞轮一起旋转,烧结有粉末冶金摩擦材料的从动盘10与主动盘11相间安装,从动盘的内花键连有离合器轴2,摩擦力就是由主、从盘之间的压紧力产生。而压紧与分离的作用,是由肘节式杆件机构来实现的。

重锤杠杆4铰接在离合器盖5的C点上,后者与飞轮用螺钉沿圆周固定,随飞轮一同旋转。连杆8的下端以其销轴分别与滚轮7、重锤杠杆4铰接于B点;分离滑套1的左端与连杆8铰接于A点,右端由拨叉3操纵;分离滑套1可在离合器轴2上左右滑动,从而实现离合器的分离与接合要求。

接合过程。离合器的接合过程是由图11-9c)的分离位置,逐步过渡到图11-9a)的接合位置。当拨叉3推动滑套1左移时[图11-9b)、c)],连杆8与重锤杠杆的夹角∠ABC逐渐加大,连杆8由倾斜位置变为垂直位置,滚轮7在连杆8的推力下,除绕B点自转之外,又绕C点公转,而产生由右向左的运动,从而压迫压盘毂6、压盘12,致使主动盘11、从动盘10压向飞轮9,于是产生摩擦力,实现传递动力,当机构运动到图11-9b)所示位置时,连杆8处于垂直状态,这时,滚轮7的压紧力最大(但B、C两点的连线尚未达到水平线);这种位置下,连杆处于不稳定状态,稍有振动,整个机构就会退回到分离位置;因此,必须继续推动分离滑套1到图11-9a)所示位置,这样,压紧力虽稍有下降,但连杆8处于稳定状态,这个位置就是离合器的稳定接合位置。

分离过程。只要用拨叉3推动分离滑套1右移,整个机构即由图11-9a)回到图11-9c)所示的位置,使滚轮7脱离压盘毂6,则主、从动盘便脱离接触,于是摩擦力消失,动力被截断,这个位置称为分离位置。

重锤杠杆4重心的配置,无论在图11-9所示的哪种位置,总是位于固定铰点 C 的右方。这样,当离合器分离时,重锤杠杆4由于飞轮圆周运动所引起的离心力 W 将绕 C 点转动,致使连杆8的 A 端推动分离滑套1右移。造成滚轮7试图远离压盘毂6,这样,有利于离合器的彻底分离。当离合器接合时,离心力 W 使连杆4的 A 端推动分离滑套1左移,这样,有利于离合器保持在接合位置,防止其自动分离。

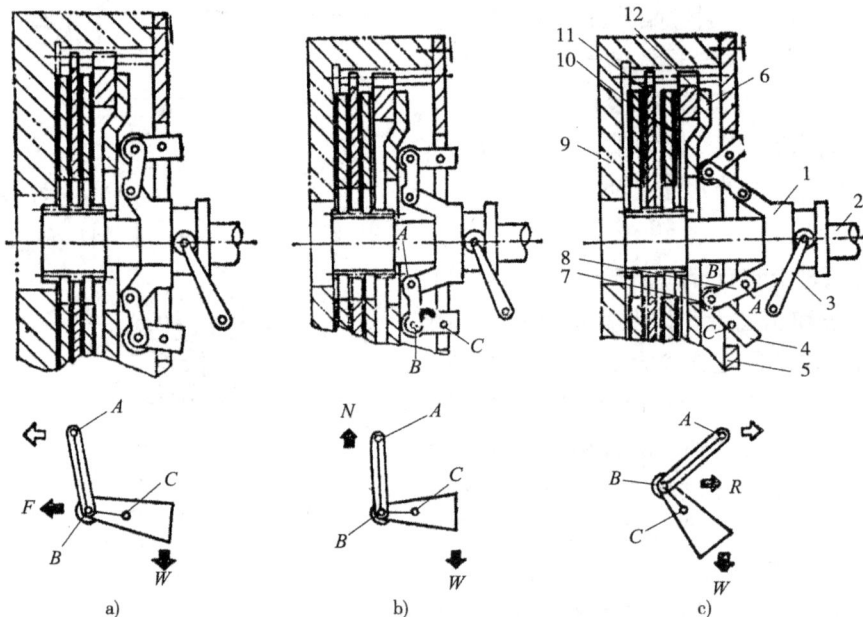

图 11-9　非经常接合式主离合器工作原理图

1-分离滑套;2-离合器轴;3-拨叉;4-重锤杠杆;5-离合器盖;6-压盘毂;7-滚轮;8-连杆;
9-飞轮;10-从动盘;11-主动盘;12-压盘

(三)主离合器的液压助力系统

主离合器的液力助力系统(图11-10)由油底壳1、粗滤器2、油泵3、助力器5、安全阀4、减压阀6及机油冷却器7等组成。

离合器油底壳1内的油,经粗滤器2过滤后,吸入齿轮泵3,由齿轮泵出来的油进入液压助力器5。由液压助力器出来的油进入冷却器7进行冷却,冷却后的油一部分送往主离合器,以润滑和冷却主离合器,流到主离合器内的油首先沿离合器轴的中心从轴前端流出,再经从动鼓飞散开,一部分油沿各从动片表面上的辐射油槽流过,以润滑和冷却主、从动片的表面。辐射流出的油向四周甩出,还可润滑从动片与压盘上的齿轮。另一部分油进入动力输出箱的其他润滑部位。最后,全部集流在离合器壳底部,再由油泵通过滤油器吸出进行下次循环。当主离合器接合时,则不需要进行润滑和冷却,大量的油便从减压阀6流回离合器油底壳。

液压助力器是一个带有异形活塞的滑阀式液压随动机构,是为减轻驾驶员的劳动强度而设置,其结构和工作情形如图 11-11 所示。

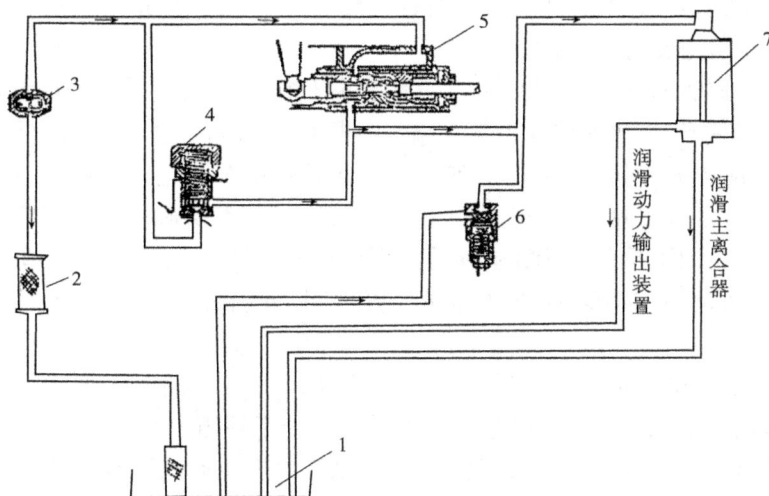

图 11-10　液压助力系统油路图

1-离合器油底壳;2-粗滤器;3-油泵;4-安全阀;5-助力器;6-减压阀;7-机油冷却器

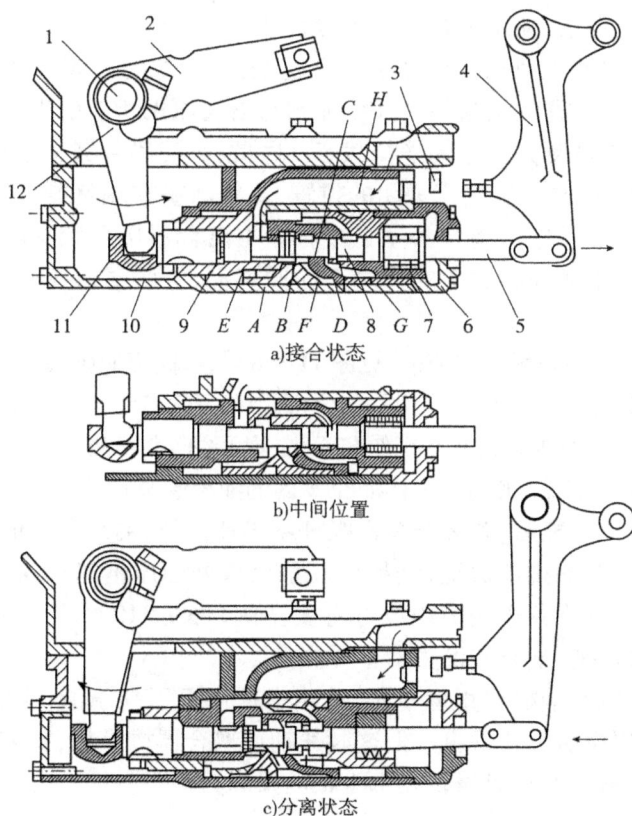

a)接合状态

b)中间位置

c)分离状态

图 11-11　主离合器的液压助力器

1-分离拨叉轴;2-分离拨叉;3-小制动器制动杠杆;4-双臂杠杆;5-阀杆;6-阀盖;7-大、小弹簧;8-滑阀;9-活塞;
10-阀体;11-球座接头;12-球头杠杆;A、B、C、D-阀内通道;E、G-工作油腔;F-回油腔;H-进油通道阀体 10 横装在主离合器壳体后部的上方,内装有带中心通孔的异形活塞 9,在活塞的通孔内装有滑阀 8。活塞的左端连接着球座接头 11,球座中装有一个球头杠杆 12,杠杆的另一端装在分离拨叉轴 1 上,分离拨叉轴上又安装着分离拨叉 2,它是直接拨动主离合器分离套筒,使之前后移动而完成离、合动作的零件。

滑阀右端延长的阀杆 5 通过双臂杠杆 4 和操纵杆相连,只要前后拨动操纵杆即可使滑阀在活塞内向左或向右移动,平时滑阀由其右端的两根大、小弹簧 7 来平衡,使之处于中间位置。

阀体内有进油腔 H,阀体与活塞之间组成一个回油腔 F 和左、右两个工作腔 E 和 G,它们都是环形空腔。在活塞内孔中,有 4 个带径向孔的内环槽,滑阀中部具有两个台肩和 3 个直径较小的腰部,4 个内环槽的两侧和滑阀分别形成 4 个压力油的流动通道 A、B、C、D。当滑阀在活塞内移动时,由于两者所处的相对位置不同,分别启闭上述 4 个通道,从而改变了油流通路。

当滑阀处在中间位置时,如图 11-11b)所示,H、F、E、G 4 个油腔互通,压力油可通过活塞的内孔直接从回油腔流出,此时作用在活塞上的油压处于平衡状态,活塞不动。

(1)主离合器接合。如图 11-11a)所示,当操纵杆向后拉动,通过双臂杠杆 4 使滑阀克服弹簧 7 的弹力自中间位置向右移动,于是滑阀中部的两个台肩就堵住了 B、D 通道,并打开 A、C 通道,让 H 腔来的压力油通过通道 A 进入左工作腔 E,推着活塞向右移动。与此同时,右腔 G 中的油则经通道 C 从回油腔 F 流出,活塞的右移动作通过球头杠杆和分离拨叉使分离套筒前移,从而推动压盘,使主离合器进入接合状态。

活塞随动的位移量等于滑阀的移动量。也就是说,活塞随滑阀移动到一定位移量后就停止了。这是因为活塞位移的结果使它又恢复到与滑阀原来相对的中间位置,各油腔互通,作用于活塞上的油压亦恢复到原来的平衡状态。因此,欲使离合器完全接合,必须持续拉动操纵杠杆,使滑阀保持 B、D 通道处于关闭的位置,这样活塞左端就能继续接受油压作用,并跟随滑阀继续移动,在随动中使离合器完全接合。主离合器接合后,应立即松放操纵杆,解除对滑阀的拉力,这时滑阀在弹簧 7 的作用下向回移动,将活塞内各通道完全打开,使油压平衡,活塞不再受力。

(2)主离合器分离。将操纵杆向前推[见图 11-11c)],滑阀克服弹簧 7 的弹力,向左移动(弹簧可以从左边压缩,又可以从右边压缩),滑阀上的两个台肩就堵住活塞内的 A、C 通道,并打开 B、D 通道。于是压力油就经 D 通道进入右工作腔 G,推动活塞向左移动。分离拨叉即可使离合器分离套筒后移,使主离合器分离。此时左工作油腔 E 内的油经通道 B 从回油腔 F 流出。

当主离合器接合或分离后,若离合器操纵杆不迅速复位,助力器中的滑阀将使阀口保持在关闭状态,封闭了油泵的排油通道,结果使油泵出口处油压迅速升高,将会使液压助力器或油泵损坏,故在液压助力器进油道内设置有安全阀(图 11-10),当油压超过 4.23MPa 时,安全阀便打开卸压,以保护油泵或助力器不受损坏。

当液压系统损坏或柴油机停止运转时,油路中提供不了高压油,液压助力器不起作用,此时,主离合器仍能以机械方式操纵。但这时移动主离合器操纵杆,将需上百至几百牛顿的操纵力;在液压助力器作用时,只需要几十牛顿的操纵力即可。

二、SD16TL 型推土机主离合器

1. SD16TL 型推土机主离合器总体构造

(1)SD16TL 型推土机采用的是一种湿式、多片、带惯性制动器,手操纵液压助力离合器,

用作发动机动力的传递与切断,如图 11-12 所示。片式摩擦离合器利用外圆周有外齿的主动齿片和内圆周有内齿的从动齿片之间的摩擦力来接通或切断通向主离合器以后的传动装置的动力。主动齿片的外齿与发动机飞轮的内齿啮合,因此总是随发动机一起旋转。从动齿片的内齿与齿轮相啮合,齿轮与主离合器轴 20 用花键连接,主离合器分离时则主离合器轴不转动,即不传递动力。

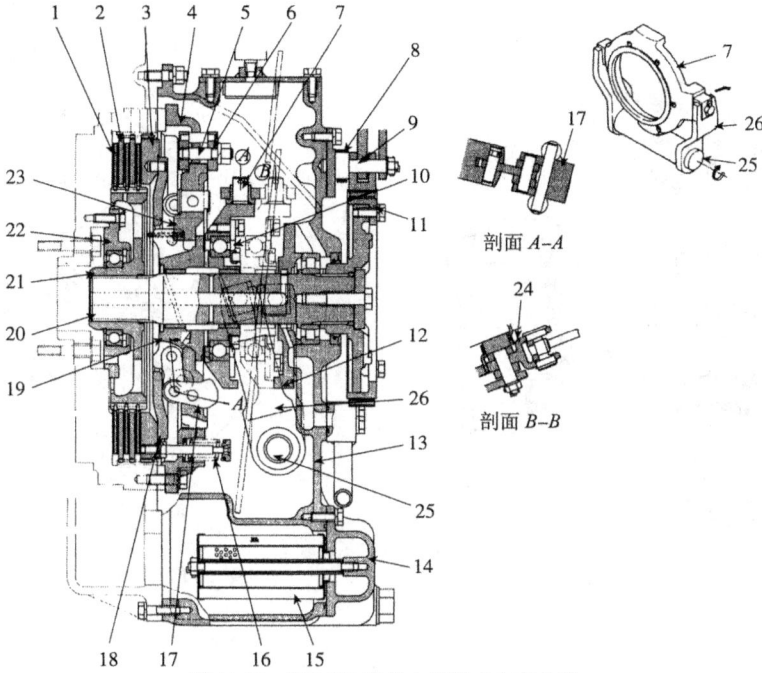

图 11-12　SD16TL 型推土机湿式主离合器

1-摩擦片;2-齿片;3-压板;4-离合器托架;5-固定座;6-板;7-分离套;8-弹簧;9、20、25-轴;10-分离座;11-惯性制动鼓;12-定位盘;13-离合器壳;14-法兰;15-粗滤器;16-复位弹簧;17-重锤杠杆;18-后压盘;19-套环;21-离合器毂;22-隔环;23-调整盘;24-连杆叉;26-叉

(2)压紧主动齿片和从动齿片,主动齿片的转矩就传送到从动齿片,主离合器结合,如果消除压紧力,主离合器分离。

从动齿片是用高摩擦系数的粉末冶金制造的,强制润滑摩擦表面,保证使用寿命和防止主离合器过热。

另外,为使从动片与主动片压紧,使用了一种偏心系统。随着发动机功率的增加和主离合器负载的增加,压紧力也应增加,以防打滑。偏心系统利用了曲柄杠杆机构和离心力,在不增加主离合器操纵力的情况下,以提供足够的压力使摩擦表面不打滑。

(3)小制动器。因推土机存在很大的行驶阻力,一旦主离合器分离和变速杆置于空挡位置,机车就立即停止,同时输出轴也会停转。然而,即使功率被切断,由于惯性,主离合器继续旋转,与万向节相连接的变速器输入轴随着也转动。如果靠在旋转输入轴和固定输出轴上的滑动齿轮来改变速度,那么齿轮噪声和齿轮损坏等问题就会发生。为了防止这些故障,SD16T 型推土机在主离合器后部配有制动带收缩作用式的惯性制动器。

惯性制动器在结构上与主离合器手柄联锁,如果主离合器手柄被推下去,首先主离合器就分离,如果主离合器手柄进一步下推,安装在主离合器轴 20 的制动鼓 11 和制动带 9 立即结合(图 11-13),防止主离合器轴的惯性旋转和保证变速器齿轮平稳换挡。

211

（4）主离合器控制杆系统。此图11-14表示，在主离合器助力器和主离合器杆及变速器之间的连接。

当主离合器杆被移到分离位置时，每个连接杆及手柄都往箭头方向移动，以使主离合器分离，惯性制动器被应用，在此状况下变速器的联锁机构不起作用，可进行换挡。

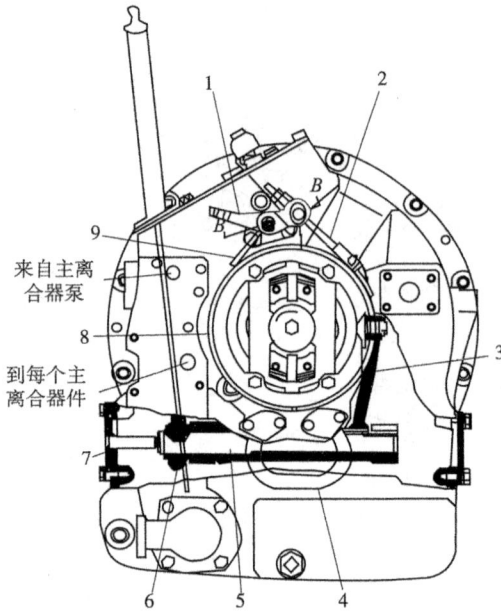

图 11-13　带式小制动器

1-连杆;2-杆;3-叉;4-管;5-轴;6-杆;

7-盖;8-衬垫;9-惯性制动带

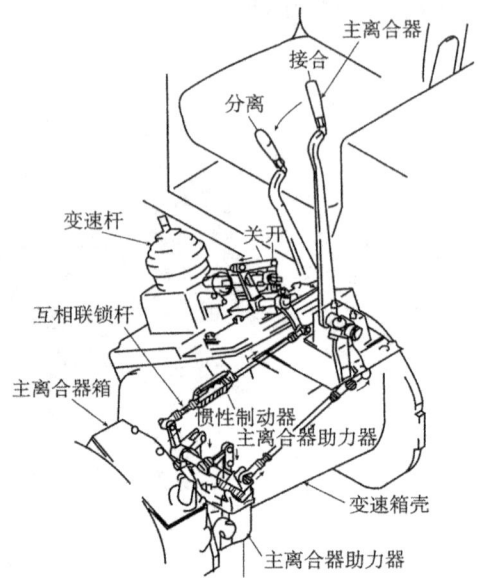

图 11-14　主离合器控制杆系统

2. SD16TL 型推土机主离合器工作原理

如图11-15所示，拨动拨叉3使移动套1在主离合器轴上滑动。滚轮6与连杆4和重锤杠杆5在 B 点连接在一起，滚轮压紧后压向压力板7。

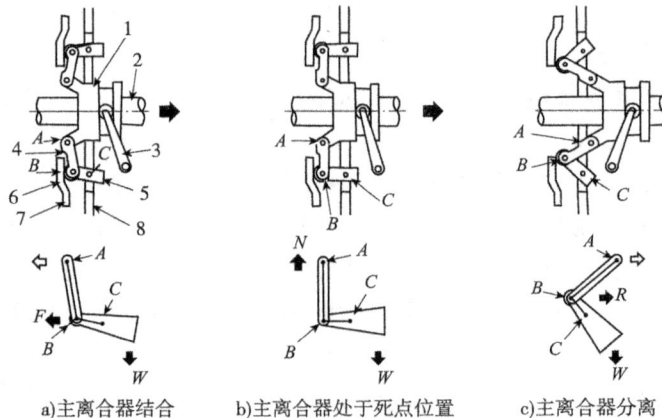

a)主离合器结合　　　b)主离合器处于死点位置　　　c)主离合器分离

图 11-15　非经常接合式主离合器工作原理图

1-移动套;2-离合器轴;3-拨叉;4-连杆;5-重锤杠杆;6-滚轮;7-压力板;8-离合器托架

重锤杠杆5与调整盘在 C 处铰接。离合器托架8用螺栓装在飞轮上，所以1和4到8各零件总是随发动机一起旋转。

（1）主离合器结合。拨动拨叉3将移动套1推向左侧（朝向发动机飞轮），同时移动套

212

与连杆 4 的铰点 A 也移到左侧,连杆与重锤杠杆 5 的铰点 B 偏离主离合器轴 2 的中心线方向。与此相反,重锤杠杆 5 的非重锤端以铰点 C 作为中心点向主离合器轴中心线的方向转动。

主离合器结合后,1、2 和 4 到 8 结构件随飞轮旋转,在离心力 W 作用下,重锤杠杆的重锤端被推向"↓"方向,并且铰点 B 也更靠近主离合器轴的中心线。因此,铰点 A 靠近飞轮,则力 F 沿箭头"←"方向作用在压盘上以压紧主动齿片和从动齿片,在此情况下主离合器结合。

(2)主离合器处于死点位置。在连杆 4 与主离合器轴 2 垂直时,由于 1、2 和 4 到 8 的旋转所产生的离心力 W 的方向对于重锤杠杆 5 是"↓"方向,但是由于 A 和 B 两铰点的连线垂直于主离合器轴,所以力 N 以"↑"方向推动移动套 1,这种状态称为死点。

(3)主离合器分离。拨动拨叉 3,将移动套 1 推向右侧(朝向万向节),同时移动套 1 与连杆 4 的铰点 A 移向右侧,连杆与重锤杠杆的铰点 B 被拉向主离合器轴 2 的中心线方向。与此相反,重锤杠杆以铰点 C 作为中心点向偏离主离合器轴中心线的方向转动。

如果主离合器在此情况下,1、2 和 4 向 8 件移动,在离心力 W 的作用下,重锤杠杆沿"↓"方向被推动,并且铰点 B 也更靠近于主离合器轴的中心线。因此,铰点 A 向右移动,力 R 沿"→"方向作用,使主动齿片和从动齿片之间的压紧力减少到零,在压力板 7 的复位弹簧作用下,在主动齿片和从动齿片之间不再有摩擦力,则主离合器分离。

(4)主离合器的调节。随着主动齿片和从动齿片磨损的增加,主离合器出现打滑,主离合器的打滑意味着主动齿片和从动齿片之间压紧力的减少,因此,采取使重锤杠杆 5 的铰点 C 与压力板 7 相接近的方法恢复足够大的压力,则需将锁紧螺母和锁板取下,把安装在主离合器托架 8 上的调节盘向飞轮方向拧进。

3. SD16TL 型推土机主离合器的液压助力系统

SD16TL 型推土机离合器液压助力器(图 11-16)由连接杆 1、防尘套 2、活塞 6、弹簧 4、阀座 12、阀芯 14 及安全阀等组成。液压助力器是一个带有异形活塞的滑阀式液压随动机构,为减轻司机的劳动强度而设置,用来减轻主离合器的操纵力。

当活塞 6 向上移动时,主离合器进入接合位置。此时在活塞 6 和阀杆 7 之间形成一通道,来自油泵的压力油得以排出。油压下降,活塞 6 停止移动。

(1)当主离合器操纵杆自"分离"位置移到"接合"位置。如图 11-17a)所示,如果主离合器操纵杆自分离位置被轻轻拉向接合位置,阀杆就被轻轻拉向上边,因此来自主离合器泵的机油的泄放回路被切断,所以油压上升。自油泵来的机油通过 B、D 腔进入 F 腔,液压力推动活塞向上移动。

如图 11-17b)所示,当活塞向上移动时,主离合器进入接合位置。此时在

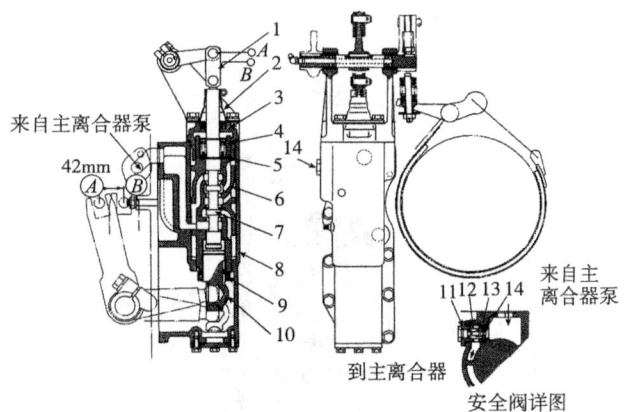

图 11-16 主离合器的液压助力器
1-连接杆;2-防尘套;3-支架;4-弹簧(大);5-弹簧(小);6-活塞;7-阀杆;8-壳体;9-螺母;10-接头;11-塞;12-阀座;13-弹簧;14-阀芯;A-结合位置;B-分离位置

213

活塞和阀杆之间形成一通道;来自油泵的压力油得以排出。油压下降,活塞停止移动。

如图 11-17c)所示,主离合器操纵杆进一步轻轻后拉,阀杆继续向上移动再次关闭活塞和阀杆之间的通道,油压上升,这个压力又向上推动活塞。活塞和阀杆的这种运动在很短时间内重复进行,因此活塞逐步向上移动。活塞随阀杆移动。因此,主离合器可以用一个很轻的操作力来控制。

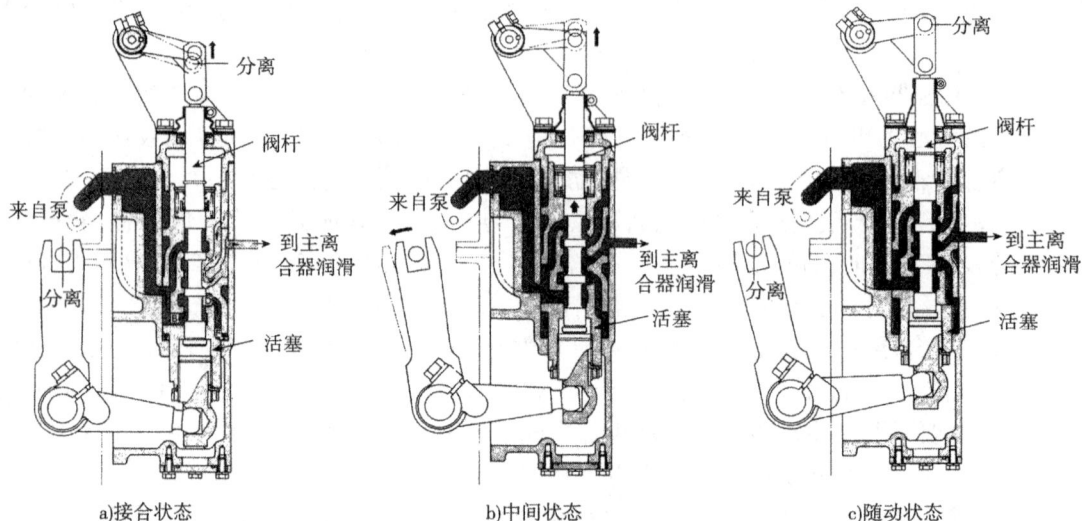

a)接合状态   b)中间状态   c)随动状态

图 11-17 主离合器接合时的液压助力器工作过程

（2）当主离合器操纵杆自"接合"位置移到"分离"位置。如图 11-18 所示,当阀杆向下移动时,来自主离合器泵的液压油的回路被切断。因此油压上升。压力油通过 C 腔进入 E 腔推动活塞向下移动。活塞和阀杆以上面已经说明过的相反方向动作,把主离合器推向分离位置。

液压助力油路中通常安装有一主安全阀,如图 11-19 所示。主安全阀的安装,是为防止管路超过额定压力的升高,如果来自主离合器泵的油注入油口使管路中的机油压力超过 3MPa,那么,止回阀就被推开。于是,主离合器箱通过油口 G 溢流。这样,管路中的机油压力保持在 3MPa。

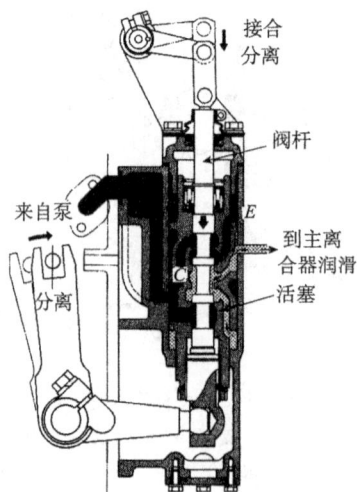

图 11-18 主离合器分离时的液压助力器工作过程

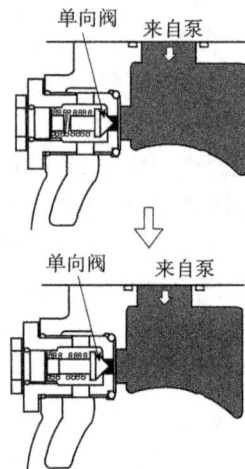

图 11-19 主安全阀的工作过程

(3)SD16TL 型推土机主离合器的润滑

主离合器内的轴承和从动齿片是用来自齿轮泵的压力油进行润滑和冷却的。齿轮泵装在动力输出箱上,由发动机驱动,并随发动机一起转动。油泵从主离合器壳体底部的滤芯吸进机油,然后将油压送到助力器,再经主离合器壳体上的油道及主离合器轴中心的油道,以润滑轴承、弹簧和轴套,并流经从动齿片的油槽。润滑飞轮和动力输出箱后,油从飞轮的油空中流出,并由于离心力,油被散射到主离合器壳体的内壁上,然后聚集在底部。

第十二章 变 速 器

第一节 变速器的功用与类型

工程机械的实际使用情况非常复杂,这就要求工程机械在各种工况下,其牵引力和行驶速度能在相当大的范围内变化,而目前广泛采用的发动机输出转矩和转速变化范围比较小,因此,在传动系中设置变速器来解决这种矛盾。

一、变速器的功用

(1)改变传动比,即改变发动机和驱动轮间的传动比,使机械的牵引力和行驶速度适应各种工况的需要,而且使发动机尽量工作在有利的工况下。

(2)实现倒挡,使机械能前进与倒退。

(3)实现空挡,可切断传动系统的动力,实现在发动机运转情况下,机械能较长时间停止,便于发动机启动和动力输出的需要。

二、对变速器的要求

(1)具有足够的挡位与合适的传动比,以满足使用要求,使机械具有良好的牵引性、燃料经济性以及高的生产率。

(2)工作可靠,传动效率高,使用寿命长,结构简单,维修方便。

(3)操纵轻便可靠,不允许出现同时挂两个挡、自动脱挡和跳挡等现象。

(4)对于动力换挡变速器,则还要求换挡离合器接合平稳,传动效率高。

三、变速器的类型

(一)按传动比的变化方式分类

按传动比的变化方式分,变速器可分为有级式、无级式和综合式3种。

(1)有级式变速器。有几个可选择的固定传动比,采用齿轮传动。这种变速器又可分为齿轮轴线固定的普通齿轮变速器和部分齿轮轴线旋转的行星齿轮变速器两种。

(2)无级式变速器。传动比可以在一定范围内连续变化的变速器。按变速的实现方式,可分为液力变矩式无级变速器、机械式无级变速器和电力式无级变速器。

(3)综合式变速器。由有级式变速器和无级式变速器共同组成,其传动比可以在最大值与最小值之间几个分段的范围内做无级变化。

(二)按变速器轴数分类

按前进挡时参加传动的轴数不同,可分为二轴式、平面三轴式、空间三轴式与多轴式等不同类型。

（三）按操纵方式分类

1. 机械式换挡

通过操纵机构来拨动齿轮或啮合套进行换挡。其工作原理如图 12-1 所示。

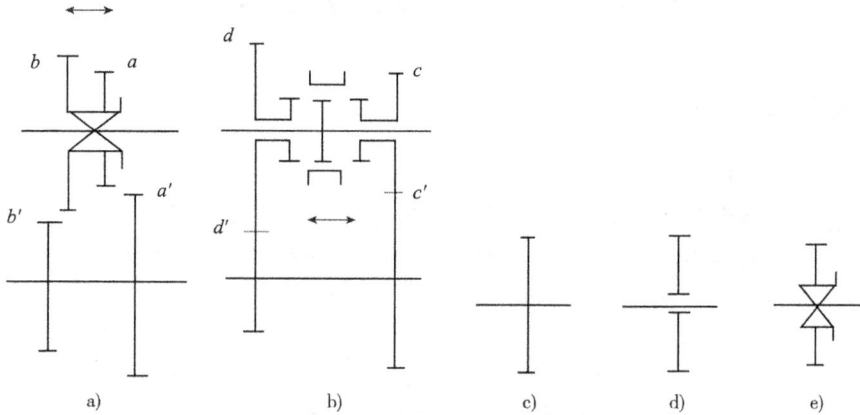

图 12-1　机械换挡示意图

在变速器中,齿轮与轴的连接情况有以下几种:

图 12-1c)所示为固定连接。表示齿轮与轴为固定连接。一般用键或花键连接在轴上,并能轴向定位,不能轴向移动。

图 12-1d)所示为空转连接。表示齿轮通过轴承装在轴上,可相对轴转动,但不能轴向移动。

图 12-1e)所示为滑动连接。表示齿轮通过花键与轴连接,可轴向移动,但不能相对轴转动。

（1）拨动滑动齿轮换挡。如图 12-1a)所示,双联滑动齿轮 a、b 用花键与轴相连接,拨动该齿轮使齿轮副 a-a' 或 b-b' 相啮合,从而改变了传动比,即所谓换挡。

（2）拨动啮合套换挡。如图 12-1b)所示,齿轮 c'、d' 与轴相固连;齿轮 c、d 分别与齿轮 c'、d' 为常啮合齿轮副。但因齿轮 c、d 是用轴承装在轴上,属空转连接,不传递动力。啮合套与轴相固连,通过拨动啮合套上的齿圈分别与齿轮 c（或 d）端部的外齿圈相啮合,将齿轮 c（或 d）与轴相固连,从而实现了换挡。

2. 动力换挡

动力换挡工作原理如图 12-2 所示,齿轮 a、b 用轴承支承在轴上,与轴是空转连接。通过相应的换挡离合器,分别将不同挡位的齿轮与轴相固连,从而实现换挡。

换挡离合器的分离与接合,一般是液压操纵;液压油是由发动机带动的油泵供给,可见换挡的动力是由发动机提供的。另外,与机械式换挡相比,用离合器换挡时,切断动力的时间很短暂,似乎换挡时没有切断动力,故有动力换挡之称。

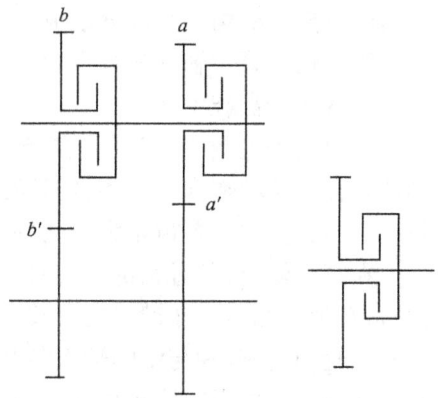

图 12-2　动力换挡示意图

动力换挡操纵轻便,换挡快;换挡时切断动力的时间很短,可以实现带负荷不停车换挡,对提高生产率很有利。

由于工程机械的工况复杂,换挡频繁,急需改善换挡操作。因此,虽然动力换挡变速器结构较复杂,传动效率较低,但它在工程机械上的应用仍日益广泛。

第二节　机械换挡变速器

一、变速传动机构

1.平面三轴式变速器

这类变速器的特点是第一轴1与第二轴5布置在同一轴线上,可以获得直接挡,由于第一轴1、第二轴5和中间轴7处在同一平面内,故称为平面三轴式变速器。图12-3所示为平面三轴五挡变速器结构简图。

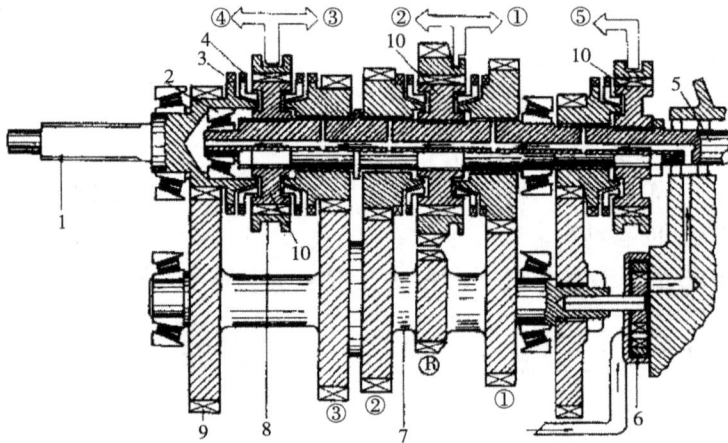

图12-3　平面三轴五挡变速器结构简图

1-第一轴;2-轴承;3-接合齿圈;4-同步环;5-第二轴;6-油泵;7-中间轴;8-接合套;9-中间轴常啮合齿轮;10-花键毂

此变速器有5个前进挡和一个倒挡,主要由壳体、第一轴、第二轴、中间轴、倒挡轴、各轴上齿轮及操纵机构等几部分组成。

第一轴和第一轴常啮合齿轮为一个整体,是变速器的动力输入轴。第一轴前部花键插于离合器从动盘鼓中。

在中间轴上制有(或固装有)6个齿轮,作为一个整体而转动。最左面的齿轮9与第一轴常啮合齿轮相啮合。从离合器输入第一轴的动力经过这一对常啮合齿轮传到中间轴各齿轮上。向后依次称各齿轮为中间轴三挡、二挡、倒挡、一挡和五挡齿轮。

在第二轴上,通过花键固装有3个花键毂,通过轴承安装有第二轴各挡齿轮。其中从左向右,在第一和第二花键毂之间装有三挡和二挡齿轮,在第二和第三花键毂之间装有一挡和五挡齿轮,它们分别与中间轴上各相应挡齿轮相啮合。在3个花键毂上分别套有带有内花键的接合套。并设有同步机构。通过接合套的前后移动,可以使花键毂与相邻齿轮上的接合齿圈连接在一起,将齿轮动力传给第二轴。其中,在第二个接合套上还制有倒挡齿轮。第二轴前端插入第一轴常啮合齿轮的中心孔,两者之间设有轴承;第二轴后端是变速器的输出端。

该变速器的动力传动路线是:动力由离合器传给第一轴,经常啮合齿轮传至中间轴,中

218

间轴上各挡齿轮又带动第二轴上相应各挡齿轮转动。未挂挡时,各接合套都位于花键毂中央,第二轴上各挡齿轮都在轴上空转,第二轴不输出动力,变速器处于空挡状态,当变速器操纵机构将第二轴上某一挡齿轮的接合齿圈按图12-3所示的方向拨动与其邻近的花键毂接合时,已传到中间轴齿轮的动力经过中间轴和第二轴上的这一对齿轮、接合套及花键毂传到第二轴上,变速器便处于该挡工作状态。当最左面的花键毂通过接合套与第一轴常啮合齿轮的接合齿圈接合时,来自输入轴的动力直接传到输出轴上,这时变速器的传动效率最高,这一挡位称为直接挡,即四挡。五挡为超速挡。变速器处于超速挡工况时,传动比小于1。在路况良好,汽车不需要频繁加减速的情况下,使用超速挡能让发动机工作在最经济工况附近。倒挡齿轮通过轴承活套在倒挡轴上(图中未画出)。当第二啮合套位于中间位置时,其上边的齿轮正好与中间轴倒挡齿轮相对。用换挡拨叉把倒挡齿轮拨到与这两个齿轮相啮合位置,中间轴上的动力就会经倒挡齿轮、第二接合套上的齿轮和第二花键毂传到第二轴上输出,从而实现倒挡。

为了减少因摩擦引起的零件磨损和功率损失,变速器的壳体内一般要加入一定容量的齿轮油,以保证变速器润滑良好。当变速器工作时,浸在油内的齿轮把齿轮油飞溅到各处,润滑各齿轮、轴和轴承的工作面。为了保证第一轴和第二轴之间的轴承及第二轴上的滑动或滚针轴承的良好润滑,该变速器专设了油泵,将齿轮油经第二轴内的油道输送给各个轴承。

未作介绍的二轴式与平面三轴式变速器的共同特点是,组成各挡位的齿轮副中的公用齿轮较少,这就限制了它的传动比范围和挡位数目。因此,这类变速器多用于作业工况较简单的汽车和中、小型机械上。

为了扩大传动比范围和增加挡位数,自然可以通过增加轴数来实现。但由于多轴式变速器的结构复杂,体积也不紧凑,故一般大型车辆或工程机械上广泛采用空间三轴组合式变速器,下面将以这种变速器为重点作详细介绍。

2. 空间三轴式(组合式)变速器

以 SD16TL 型履带式推土机变速器为例,其结构如图12-4所示。它是由箱体、齿轮、轴和轴承等零件组成的,具有 5 个前进挡和 4 个倒挡,采用啮合套换挡的空间三轴式变速器。

在分析变速传动部分时,首先,应弄清箱体、轴和齿轮三者间的装配关系,以便了解各挡传动路线和工作情况。

SD16TL 型推土机变速器共有输入轴、中间轴和输出轴 3 根轴。这 3 根轴呈空间三角形布置,以保证各挡齿轮副的传动关系。

输入轴 19。前端有联轴器 21,由此联轴器通过万向节与主离合器相连。后端伸出箱体内,伸出端上有花键,用于功率输出。

中间轴 12。前进挡从动齿轮 H,倒挡从动齿轮 I 和一、二、三、四挡主动齿轮 M、L、K、J 都通过双金属滑动轴承支承在轴的花键套上,轴上还有 3 个啮合套 13、14、16。

中间轴 6。后退挡从动齿轮 N、O 和前进五挡齿轮 P 通过双金属滑动轴承支承在轴的花键套上,轴上还有五挡换挡啮合套 4。

输出轴 9。输出轴和主动螺旋锥齿轮制成一体。一、二、三、四、五挡从动齿轮 C、D、E、F、G 通过花键固装在轴上。该轴的轴向位置,可用调整垫片来进行调整,以保证主传动的螺旋锥齿轮正确啮合。

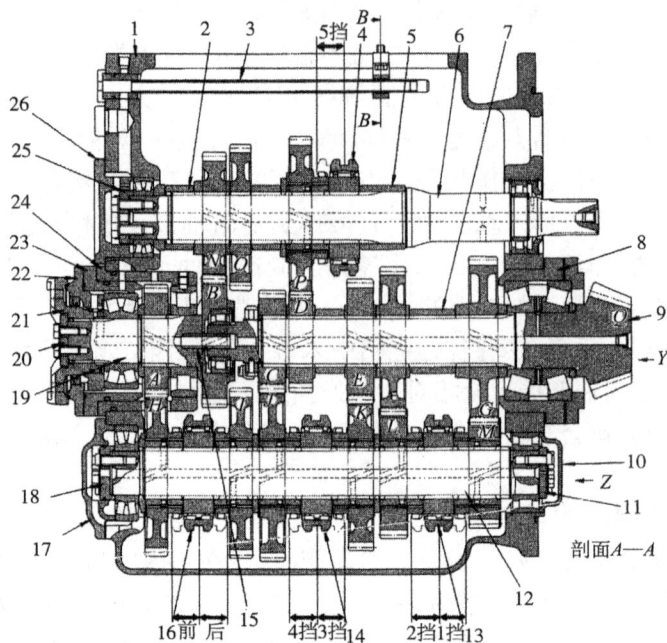

图 12-4 SD16TL 型推土机变速器构造

1-变速器壳体;2、5、7-隔套;3-润滑管;4-第五挡啮合套;6-中间轴(PTO 轴);7-轴承座;8-轴承座;9-输出轴;10、
17、22、26-盖;11、18-夹板;12-中间轴;13-第一和第二挡啮合套;14-第三和第四挡啮合套;15-套管;
16-前进挡和后退挡啮合套;19-输入轴;20-夹板;21-联轴器;23-轴承座;24-座;25-夹板

3 根轴都是前端用双列球面滚柱轴承支承;后端用滚柱轴承支承。前端支承可防止轴向移动;后端支承允许轴向移动,以防止受热膨胀而卡死。采用双列球面滚柱轴承还可以自动调心,允许内、外圈有较大的偏斜(小于 2°),对轴线偏差起补偿作用。

双列球面滚柱轴承通过轴承座装在前盖上,这样装配较方便。3 根轴的后端滚柱轴承的外圈分别通过卡簧或销钉加上紧固螺钉固定。前盖 17、22、26 和箱体上的轴承孔都是通孔,加工方便。

所有轴上的定位隔套,通过键或花键与轴连接,以防止轴套相对轴转动。

变速器箱体采用前盖可卸式筒状结构,以改善箱体的工艺性;前盖和箱体通过止口定心,用一个销钉在圆周方向定位,用螺钉固定。

(1)SD16TL 型推土机变速器传动路线分析。从变速器变速传动的特点来看,SD16TL 推土机变速器属于组合式变速器,其传动部分由换向与变速两部分组成。

换向部分工作原理如下:当操纵机构的换向杆推到前进挡位置时,即拨动中间轴上的啮合套 16 左移与前进挡从动齿轮 H 啮合,这时动力由前进挡主动齿轮 A 经中间轴上齿轮 H、M 传至输出轴上齿轮 J,实现前进。当换向杆推到倒挡位置时,拨动啮合套 16 右移与倒挡齿轮 I 啮合,此时,由倒挡主动齿轮 B 与中间轴 6 上倒挡齿轮 N、O 以及中间轴 12 上的倒挡齿轮 I 啮合传动而实现倒退。

变速部分工作原理如下:通过变速杆拨动中间轴上的啮合套 13 右移(或左移)与齿轮 M(或 L)相啮合而实现一、二挡传动比;当拨动啮合套 14 右移(或左移)与齿轮 K(或 J)相啮合而实现三、四挡;通过拨动输入轴上啮合套 4 左移与齿轮 P 啮合实现前进五挡,因五挡不经过中间轴齿轮,动力直接由输入轴经齿轮 B、N、P、D 而传至输出轴,故五挡只有前进挡。

220

例如,前进一挡的传动路线如下:将换向杆推到前进位置,拨动啮合套 16 与齿轮 H 啮合,再将变速杆推到一挡位置,使啮合套 13 与一挡齿轮 M 啮合,使齿轮 H 与 M 参与传动,这时,动力从输入轴通过齿轮 A、H、M、G 传至输出轴。

若要换前进二挡,则只要拨动啮合套 13 左移与齿轮 L 啮合,则二挡齿轮副 L 与 F 参与传动而实现前进二挡;此时齿轮 M 因与啮合套分离而不能参与传动。

完全类似,只要拨动啮合套 14 即可实现前进三、四挡。而拨动啮合套 16 右移,再拨动啮合套 13 或 14,即可实现相应的倒退各挡;总共可实现前进五挡,倒退四挡。各挡传动路线不再叙述,而直接列于表 12-1 中。

SD16TL 型推土机变速器传动路线 表 12-1

	挡 位	齿轮传动系(变速器)		挡 位	齿轮传动系(变速器)
前进	第 1 挡	$A \to H \to M \to G$	后退	第 1 挡	$B \to N \to O \to I \to M \to G$
	第 2 挡	$A \to H \to L \to F$		第 2 挡	$B \to N \to O \to I \to L \to F$
	第 3 挡	$A \to H \to K \to E$		第 3 挡	$B \to N \to O \to I \to K \to E$
	第 4 挡	$A \to H \to J \to C$		第 4 挡	$B \to N \to O \to I \to J \to C$
	第 5 挡	$B \to N \to P \to D$			

由上述可见,该变速器换向部分的齿轮同时具有换向与变速的功能,它们在除五挡以外的前进(或倒退)一、二、三、四挡各挡传动路线中是公用的;在前进挡时齿轮 A、H 公用;而倒退挡时齿轮 B、N、O、I 公用。这样,便可以用较少的齿轮得到较多的排挡,使变速器的结构较简单紧凑。因此,组合式变速器应用十分广泛。

(2)SD16TL 型推土机变速器的润滑和密封。该变速器中各空转齿轮的双金属衬套滑动轴承和前盖上的 3 个轴承采用强制润滑。润滑油从油泵经滤清器、冷却器进入变速器前盖,经前盖上的孔道流到各轴承座,又经轴承座上的通路流至轴的端部轴承盖处,然后经各轴中心油路流至各齿轮的双金属滑动轴承处和双联齿轮的滚柱轴承处进行润滑。

中间轴和输出轴前端有挡油盘和合金铸铁密封圈挡油,防止大量润滑油经双列球面滚柱轴承而流失(回变速器底部)。挡油盘上设有节流小孔,适量的润滑油可经此小孔去润滑双列球面滚柱轴承。

3 根轴后端的滚柱轴承和所有齿轮都是通过飞溅的润滑油来润滑。

为了防止变速器漏油,所有可能外泄的静止接合面都用 O 形橡胶密封圈密封。前端伸出箱体外的输入轴用自紧橡胶油封密封。花键与万向节接盘连接处用 O 形橡胶密封圈和橡胶垫来防止漏油。

综上可见,SD16TL 型推土机变速器采用啮合套换挡,常啮合斜齿轮,故换挡操作轻便,传动平稳,噪声较小。采用强制润滑,效果较好,可延长使用寿命。因此,这种类型变速器是应用较广泛的机械式变速器。

二、变速操纵机构

变速操纵机构包括换挡机构与锁止装置,其功能是保证按需要顺利可靠地进行换挡。

为保证变速器在任何情况下都能准确、安全、可靠地工作,对变速器操纵机构的要求一般是:保证工作齿轮正常啮合;不能同时换入两个挡;不能自动脱挡;在离合器接合时不能换挡;要有防止误换到最高挡或倒挡的保险装置。对于每一种机械的变速器的操纵机构,应根据不同的作业和行驶条件来决定对它的要求,不一定都包括上述各点。

（一）换挡机构

换挡机构[图12-5a)]主要由变速杆1、滑杆6、拨叉7等组成。变速杆1用球头2支承在支座内,由弹簧将球头2压紧在支座内;球头2受销子限制不能随意旋转,以防止变速杆转动。拨叉7用螺钉固定在滑杆6上;滑杆上有V形槽,可由锁定销5(属锁定装置)锁定在某一位置上;滑杆端有凹槽4,变速杆下端可插入其中进行操纵。换挡时,操纵变速杆,通过滑杆6和拨叉7拨动滑动齿轮8以实现换挡。每根滑杆可以控制两个不同挡位,根据挡位的数目确定滑杆数目。

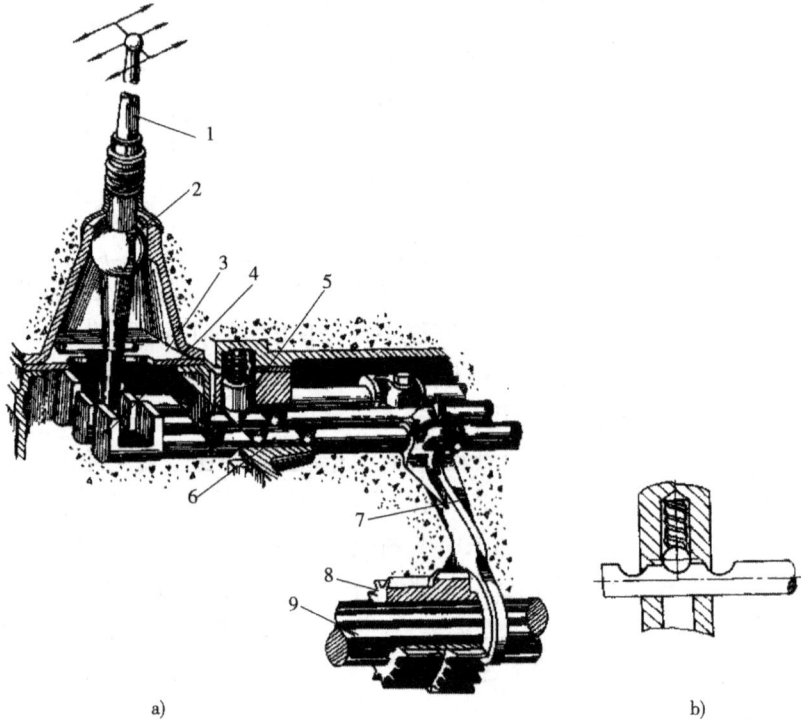

图12-5　变速器操纵机构

1-变速杆;2-球头;3-导向框板;4-换向滑杆凹槽;5-锁定销;6-换向滑杆;7-拨叉;8-滑动齿轮;9-变速器轴

（二）锁止装置

对变速器操纵机构的要求,主要由锁止装置来实现。锁止装置一般包括锁定机构、互锁机构、联锁机构以及防止误换到最高挡或倒挡的安全装置。

1. 锁定机构

锁定机构用来保证变速器内各齿轮处在正确的工作位置,达到全齿宽啮合;在工作中不会自动脱挡。如图12-5a)所示,在每根滑杆上铣有3个V形槽,具有V形端头的锁定销5在弹簧压力下嵌在V形槽中,锁定了滑杆6的位置,以防止自动脱挡。

当拨动滑杆换挡时,V形槽的斜面顶起销5,然后滑杆6移动直至销5再次嵌入相邻的V形槽中,V形槽之间的距离保证了滑杆在换挡移动时的距离,从而保证了工作挡齿轮的正常啮合位置。滑杆上的3个V形槽实现了两个挡和一个空挡位置。

锁定销也可采用钢球,但在滑杆上应制出半圆形的凹坑,如图12-5b)所示。

222

2. 互锁机构

互锁机构用来防止同时拨动两根滑杆而同时换上两挡位,常用的互锁机构有框板式和摆架式。

框板式互锁机构[图12-5a)]中零件3如图12-6所示,它是一块具有王字形导槽的铁板,每条导槽对准一条滑杆;由于变速杆下端只能在导槽中移动,从而保证了不会同时拨动两根滑杆,也就不会同时换上两个挡。

摆架式互锁机构(图12-7)是一个可以摆动的铁架,用轴销悬挂在操纵机构壳体内。变速杆下端置于摆架中间,可以做纵向运动。摆架两侧有卡铁A和B,当变速杆1下端在摆架2中间运动而拨动某一根滑杆3时,卡铁A和B则卡在相邻两根滑杆3的拨槽中,因而防止了相邻滑杆也被同时拨动,故而不会同时换上两个挡。

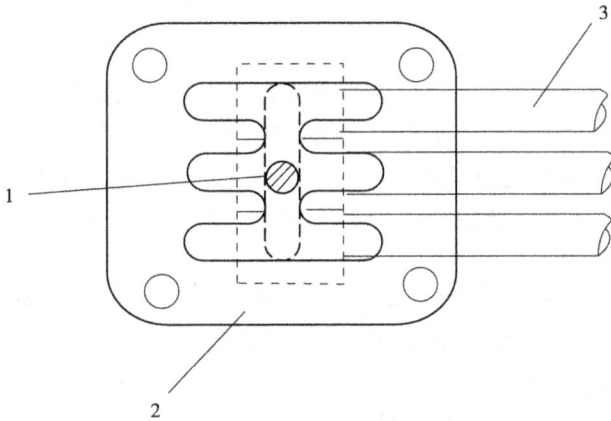

图12-6 框板式互锁机构
1-变速杆;2-导向框板;3-滑杆

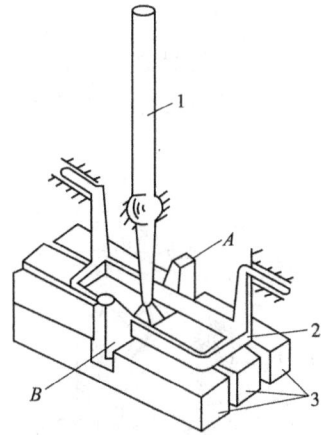

图12-7 摆架式互锁机构
1-变速杆;2-摆架;3-滑杆;A、B-卡铁

图12-8所示互锁装置由互锁钢球4和互锁销3组成。每根拨叉轴朝向互锁钢球的侧表面上均制出一个深度相等的凹槽。任一拨叉轴处于空挡位置时,其侧面凹槽都正好对准互锁钢球。两个互锁钢球的直径之和刚好等于相邻两轴表面之间的距离加上一个凹槽的深度。中间拨叉轴上两个侧面之间有孔相通,孔中有一根可以滑移的互锁销,销的长度等于拨叉轴的直径减去一个凹槽的深度。其工作情况如下:当变速器处于空挡时,所有拨叉轴的侧面凹槽同钢球、互锁销都在一条直线上。当移动中间拨叉轴6时[图12-8a)],轴6两侧的内钢球从其侧凹槽中被挤出,而两外钢球2、4则分别嵌入拨叉轴1、5的侧面凹槽中,因而将轴1、5刚性锁止在其空挡位置[图12-8b)]。若欲移动拨叉轴5,则应先将拨叉轴6退回到空挡位置。于是,在移动拨叉轴5时,钢球便从轴的凹槽中被挤出,同时通过互锁销和其他钢球将拨叉轴6和1均锁止在空挡位置。同理,当移动拨叉轴1时,则拨叉轴6和5锁止在空挡位置[图12-8c)]。由此可知,当驾驶员用变速杆推动某一拨叉轴时,自动锁止其他所有拨叉轴。

3. 联锁机构

联锁机构是用来防止离合器未彻底分离时换挡,也能够有效防止由于种种原因造成的齿轮滑脱。联锁机构是用来连接主离合器杆的连接件、前进后退杆和变速杆。换言之,如果主离合器杆移动,则联锁机构也移动。当主离合器杆处于分离位置时,变速器控制杆移动,但在任何其他位置，联锁机构就防止它们移动。图 12-9 所示为 SD16TL 型推土机变速器联锁机构。下面分析一下联锁机构的工作过程。

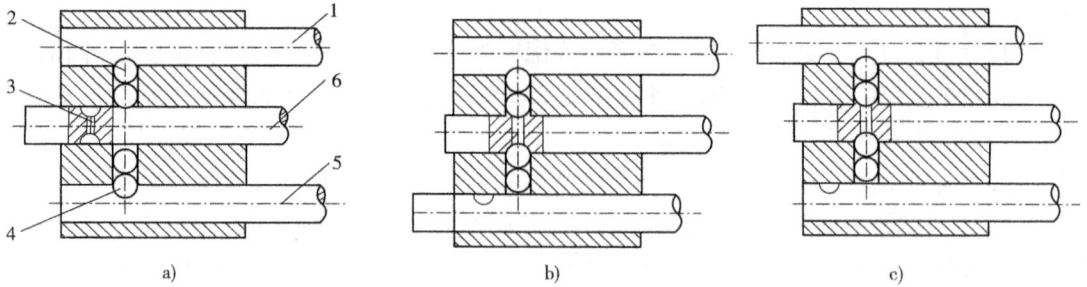

图 12-8 互锁装置工作情况

1、5、6-拨叉轴；2、4-互锁钢球；3-互锁销

（1）变速杆处在"中立"→"第一挡"，主离合器处于"分离"。如图 12-10a）所示，若变速杆处于中立位置，柱塞 2 就下压到叉轴 4 的中立位置。当主离合器分离时，与主离合器杆连接的联锁轴凹槽与柱塞 2 后端成一直线。如果试图移动变速杆从中立到第一挡，柱塞 2 由叉轴向上推，但柱塞 2 能提升到联锁轴的凹槽部分，这就使换挡又可以从中立移动到第一挡。

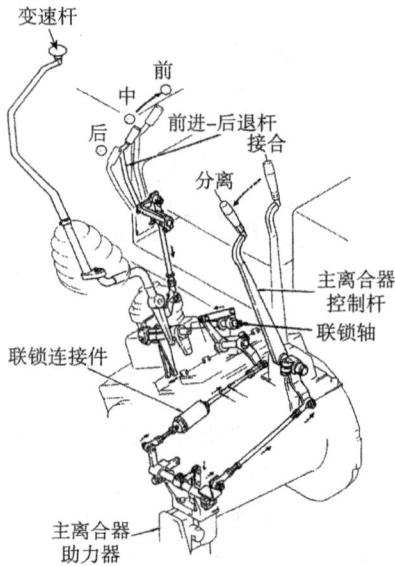

图 12-9 变速器联锁机构

（2）变速杆处在"中立"→"第一挡"，主离合器处于"接合"。如图 12-10b）所示，若变速杆处于中立位置，柱塞 2 就下压到叉轴 4 的中立位置。当主离合器接合时，与主离合器杆连接的联锁轴凹槽与柱塞 2 后端不成一直线。如果试图从中立到第一挡移动变速杆，柱塞 2 由于叉轴的压迫而向上推。但联锁轴 1 上没有槽口，这样，移动叉轴 4 就不能从中立到第一挡移动。因此换挡是不可能的，除非主离合器杆处于分离位置。

（3）变速杆处于二齿轮之间，主离合器由"分离"→"接合"。如图 12-10b）所示，如变速杆处于第一挡和第二挡之间（第一挡和第二挡处在半啮合状态），柱塞 2 不是处在换挡叉轴 4 的压迫位置，而是处在升起的位置。当主离合器杆分离时，与主离合器杆连接的联锁轴 1 凹槽位置与柱塞 2 后端成直线对准。如果试图把离合器杆从分离移动到接合，柱塞 2 就撞击联锁轴凹槽，使联锁轴 1 不能旋转，因而主离合器不能从分离到接合移动。这时，当变速杆处在半啮合情况时，联锁装置就防止主离合器接合，以避免变速齿轮损坏。

如上所述，已完成变速换挡的齿轮为防止叉轴在移动时分离，是同联锁轴 1 和柱塞 2 锁在一起的。另外，变速器的变速换挡只有当主离合器完全处在分离位置时，才有可能。

SD16TL 型推土机变速器的操纵机构（图 12-11）是由变速杆 9，换向杆 10，一、二挡拨叉 13，三、四挡拨叉 14，换向拨叉 15，五挡拨叉轴 6 等零件组成。通过变速杆或换向杆操纵拨叉拨动相应的啮合套进行换挡。两个变速拨叉由变速杆 9 拨动，而另一个换向拨叉则由换向杆 10 拨动。变速杆与换向杆的换挡位置如图 12-12 所示。

224

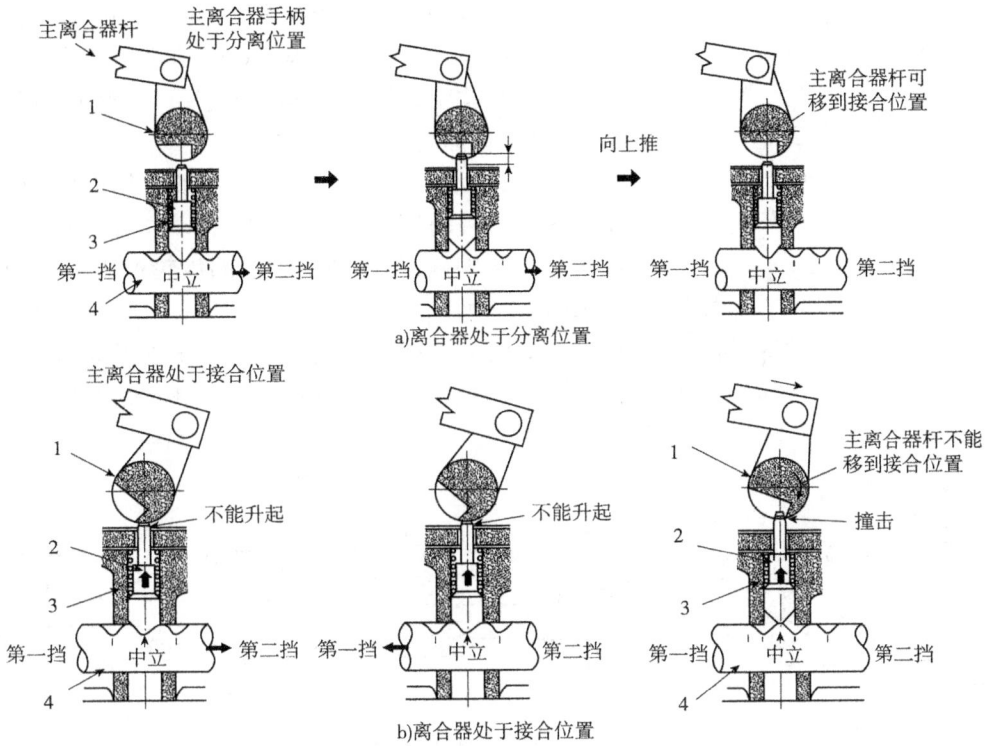

主离合器杆
主离合器手柄
处于分离位置
1-联锁轴
2
3
第一挡　中立　第二挡
4
向上推
主离合器杆可
移到接合位置
第一挡　中立　第二挡
第一挡　中立　第二挡
a)离合器处于分离位置

主离合器处于接合位置
1
不能升起
2
3
第一挡　中立　第二挡
4
不能升起
第一挡　中立　第二挡
主离合器杆不能
移到接合位置
1
2
撞击
3
第一挡　中立　第二挡
4
b)离合器处于接合位置

图 12-10　变速器联锁机构工作过程
1-联锁轴;2-柱塞;3-弹簧;4-叉轴

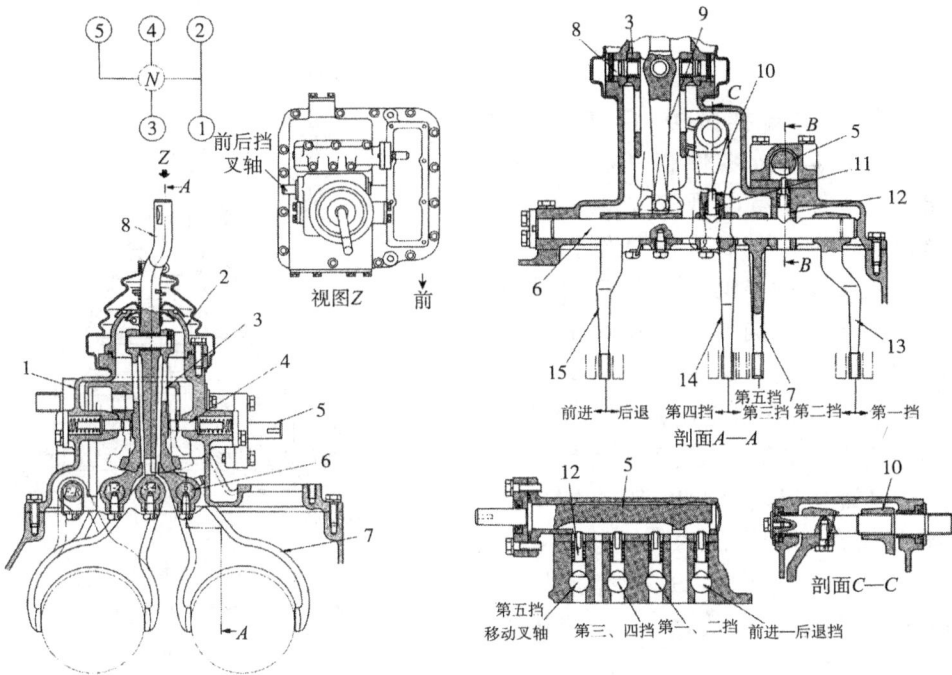

图 12-11　SD16TL 型推土机变速器操纵机构
1-换挡箱;2-适配器;3-座;4-挡销;5-联锁轴;6-拨叉轴(第五挡);7-第五挡拨叉;8-轴;9-变速杆;10-前进后退变速拨杆;11-联锁柱塞;12-联锁柱塞(第五挡变速);13-第一、第二挡拨叉;14-第三、第四挡拨叉;15-前进后退挡拨叉

225

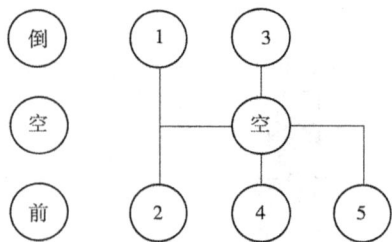

图 12-12　换挡位置图

操纵机构中装有 4 个锁定销 3 定位，以防止自动跳挡。采用摆架作为互锁机构，以防止同时换上两个排挡。

联锁机构由联锁轴 5、联锁柱塞 11、联锁柱塞 12 等组成，其工作原理同前。

另外，在滑杆前座中装有起互锁作用的定位销，以限制五挡滑杆与倒挡滑杆的相对移动位置，以避免同时换上五挡与倒挡，而出现中轴上的齿轮产生过高的相对空转转速，对传动不利。其作用原理如图 12-13 所示。

图 12-13a)：换向滑杆与五挡滑杆都在空挡位置时，定位销在两根滑杆槽中的相对位置。

图 12-13b)：换五挡时，五挡滑杆 4 移动，将定位销顶入换向滑杆槽中，使之不能向倒挡位置移动。

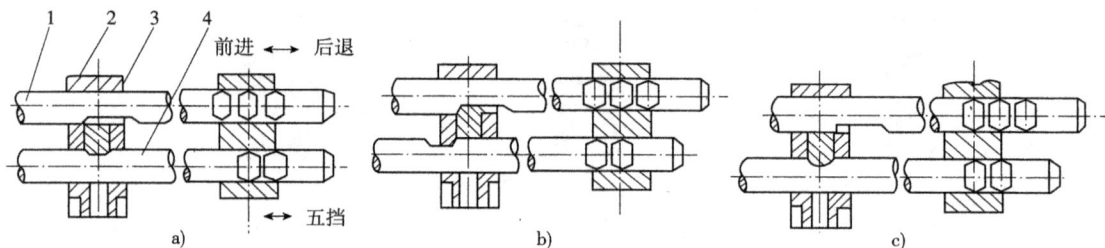

图 12-13　锁销式互锁机构原理图
1-换向滑杆；2-拨叉轴前座；3-销；4-五挡滑杆

图 12-13c)：换倒挡时，换向滑杆 1 移动，将定位销顶入五挡滑杆槽中，使之不能向五挡位置移动。

4.倒挡锁

汽车行进中，若误挂倒挡，变速器轮齿间将发生极大冲击，导致零件损坏。汽车起步时若误挂倒挡，则容易出现安全事故。为防止误挂倒挡，操纵机构中应设有倒挡锁。倒挡锁的作用是使驾驶员必须对变速杆施加更大的力，才能挂入倒挡，起到提醒注意的作用，以防止误挂倒挡。

图 12-14 所示为五挡变速器中常用的倒挡锁装置。倒挡锁装置是由一、倒挡拨块中的倒挡锁销 1 及弹簧 2 组成，因此，驾驶员要挂一挡或倒挡时，必须用较大的力使变速杆 4 的下端压缩弹簧，将锁销推向右方，使变速杆下端进入拨块 3 的凹槽内，以拨动一、倒挡拨叉轴而挂入一挡或倒挡。

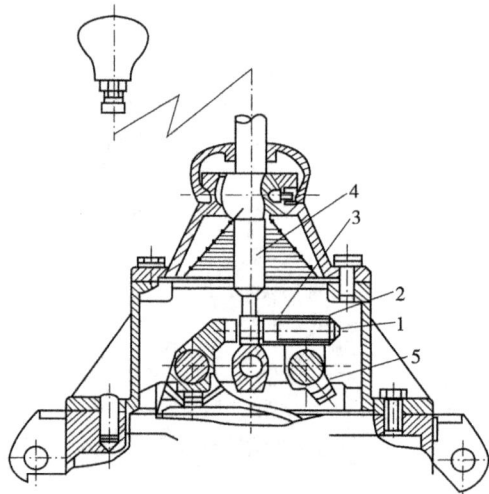

图 12-14　弹簧锁销式倒挡锁
1-倒挡锁销；2-倒挡锁弹簧；3-倒挡拨块；4-变速杆；
5——挡、倒挡轴

(三)同步器

为了简化操纵，并避免齿间冲击，现在生产的汽车一般在变速器换挡装置中均设置了同步器。

226

1. 同步器的作用

为了说明同步器的作用,我们首先分析图 12-15 所示某汽车两轴变速器无同步器时三、四挡之间的换挡过程。

（1）从低速挡（三挡）换入高速挡（四挡）。变速器在三挡工作时,接合套 3 与齿轮 2 上的接合齿圈接合,它们的转速是相等的。在从三挡换入四挡时,首先要踩离合器踏板,使离合器分离,断开发动机与变速器的联系,接着通过变速器操纵机构将接合套 3 右移,进入空挡位置。

由于齿轮 2 与齿轮 6 转速之比（$n_2/n_6 = z_6/z_2$）大于齿轮 4 与齿轮 5 转速之比（$n_4/n_5 = z_5/z_4$）,而齿轮 6 与齿轮 5 的转速又是一样的（$n_6 = n_5$）,所以齿轮 2 的转速永远比齿轮 4 的转速高,即 $n_2 > n_4$。在接合套 3 与齿轮 2 刚分离这一时刻,两者转速还是相等的,即 $n_3 = n_2$,由此可以得出 $n_3 > n_4$,即接合套 3 的转速大于齿轮 4 上接合齿圈转速的结论。这时如果立即推动接合套 3 与齿轮 4 上的接合齿圈接合,就会发生打齿现象。因此,应该在空挡停留片刻。

变速器处于空挡时,接合套 3 和齿轮 4 之间没有联系,离合器从动盘又与发动机脱离,所以接合套 3 与齿轮 4 的转速在分别逐渐降低。因为齿轮 4 与齿轮 5、输出轴、万向传动装置、驱动桥、行驶系统以及整个汽车联系在一起,惯性很大,所以 n_4 下降较慢;而接合套只与输入轴和离合器从动盘相联系,惯性很小,故 n_3 下降较快。因为 n_3 原先大于 n_4,n_3 下降得又比 n_4 快,所以过一会儿后,必然会有 $n_3 = n_4$（同步）的情况出现。最好能在 $n_3 = n_4$ 的时刻使接合套右移而挂入四挡。与接合套 3 联系的一系列零件的惯性越小,则 n_3 下降得越快,达到同步所需时间越少,并且在同样速度差的情况下,齿间的冲击力也越小。因此离合器从动部分转动惯量应尽可能小一些。

（2）从高速挡（四挡）换入低速挡（三挡）。变速器在四挡工作时,接合套 3 与齿轮 4 上的接合齿圈接合,在刚从四挡推到空挡时,接合套 3 与齿轮 4 的转速相同,即 $n_3 = n_4$,同时又有 $n_2 > n_4$,所以 $n_2 > n_3$。进入空挡后,由于 n_3 下降得比 n_2 快,所以在接合套 3 停下来之前,随着时间的推移,两者转速的差值将越来越大。为了使接合套 3 与齿轮 2 的转速达到相同,驾驶员应在此时重新接合离合器,同时踩一下加速踏板,使变速器输入轴及接合套 3 的转速高于齿轮 2 的转速,即 $n_3 > n_2$,然后再分离离合器,等待片刻,到 $n_3 = n_2$ 时,即可让接合套 3 与齿轮 2 上的接合齿圈相接合,从而挂入三挡。

上述相邻挡位相互转换时,应该采取不同操作步骤的道理同样适用于移动齿轮换挡的情况,只是前者的待接合齿圈与接合套的转动角速度要求一致,而后者的待接合齿轮啮合点的线速度要求一致,但所依据的速度分析原理是一样的。

以上变速器的换挡操作,尤其是从高挡向低挡的换挡操作比较复杂,而且很容易产生轮齿或花键齿间的冲击。

2. 惯性式同步器

同步器有常压式、惯性式和自行增力式等多种,这里仅介绍目前广泛采用的惯性式同步器。

惯性式同步器是依靠摩擦作用实现同步的。它是通过专门的机构来保证接合套与待接

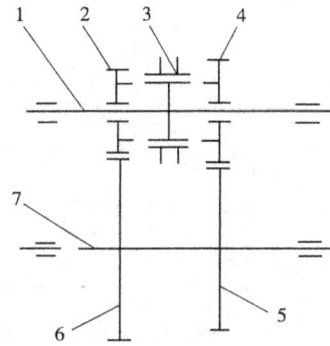

图 12-15　无同步器的变速器三、四挡齿轮示意图
1-输入轴;2-输入轴三挡齿轮;3-接合套;4-输入轴四挡齿轮;5-输出轴四挡齿轮;6-输出轴三挡齿轮;7-输出轴

227

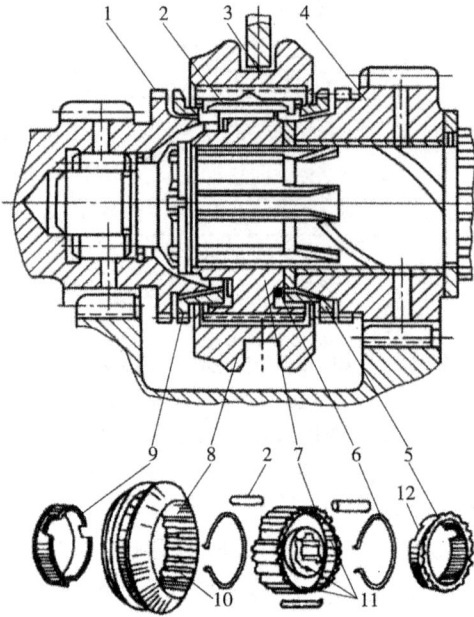

图 12-16 锁环式惯性同步器

1-第一轴齿轮;2-滑块;3-拨叉;4-第二轴齿轮;5-锁环;6-弹簧圈;7-花键毂;8-接合套;9-锁环;10-环槽;11-3 个轴向槽;12-缺口

合的花键齿圈在达到同步之前不可能接触,从而避免了齿间冲击和产生噪声。

轿车和轻、中型货车的变速器广泛采用锁环式惯性同步器。虽然各个车型同步器的细微结构可能会有所不同,但其工作原理是一样的。下面以图 12-16 所示的三挡变速器中的二、三挡同步器为例来说明其工作原理。

花键毂 7 与第二轴用花键连接,并用垫片和卡环作轴向定位。在花键毂两端与齿轮 1 和 4 之间,各有一个青铜制成的锁环(也称同步环)9 和 5。锁环上有短花键齿圈,花键齿的断面轮廓尺寸与齿轮 1、4 及花键毂 7 上的外花键齿均相同。在两个锁环上,花键齿对着接合套 8 的一端都有倒角(称锁止角),且与接合套齿端的倒角相同。锁环具有与齿轮 1 和 4 上的摩擦面锥度相同的内锥面,内锥面上制出细牙的螺旋槽,以便两锥面接触后破坏油膜,增加锥面间的摩擦。3 个滑块 2 分别嵌合在花键毂的 3 个轴向槽 11 内,并可沿槽轴向滑动。在两个弹簧圈 6 的作用下,滑块压向接合套 8,使滑块中部的凸起部分正好嵌在接合套中部的凹槽 10 中,起到空挡定位作用。滑块 2 的两端伸入锁环 9 和 5 的 3 个缺口 12 中。只有当滑块位于缺口 12 的中央时,接合套与锁环的齿方能接合。

当变速器由二挡换入三挡(直接挡)时,锁环式惯性同步器的工作过程如图 12-17 所示。当接合套刚从二挡退到空挡时,见图 12-17a),齿轮 1 和接合套 8 连同锁环 9 都在其本身及其所联系的一系列运动件的惯性作用下,继续沿原方向(如图中箭头所示)旋转。设它们的转速分别为 n_1、n_8 和 n_9,则此时 $n_9 = n_8$,$n_1 > n_8$,即 $n_1 > n_9$。锁环 9 顺轴向是自由的,故其内锥面与齿轮 1 的外锥面并不发生很大摩擦。

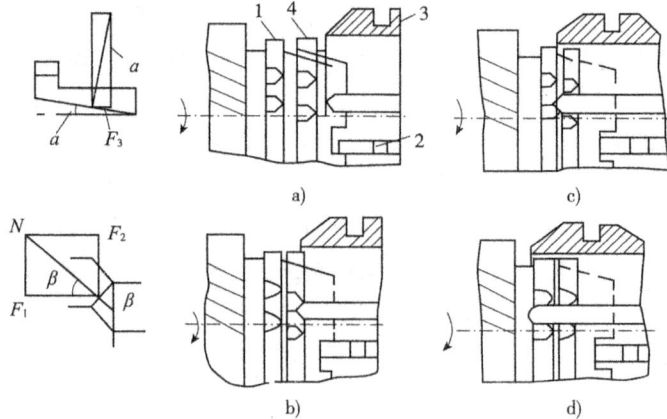

图 12-17 锁环式惯性同步器工作过程示意图

1-第一轴齿轮;2-滑块;3-接合套;4-锁环

若要挂入三挡,可用拨叉 3 拨动接合套 8 并带动滑块 2 一起向左移动。当滑块左端面与锁环 9 的缺口 12 的端面接触时,便推动锁环压向齿轮 1,使锁环 9 的内锥面压向齿轮 1 的外锥面。由于两锥面具有转速差($n_1 > n_9$),所以一接触便产生摩擦作用,齿轮 1 即通过摩擦作用带动锁环相对于接合套超前转过一个角度,直到锁环 9 的缺口 12 与滑块的另一侧面接触时,见图 12-17b),锁环便与接合套同步转动。此时,接合套的齿与锁环的齿错开了约半个齿厚,从而使接合套的齿端倒角面与锁环相应的齿端倒角面正好互相抵触而不能进入啮合。

显然,此时若要接合套的齿圈与锁环的齿圈接合上,必须使锁环相对于接合套后退一个角度。如图 12-17b)左边的局部示力图所示,由于驾驶员始终对接合套施加一个轴向力,接合套齿端倒角面压紧锁环齿端倒角面,于是在锁环的齿端倒角斜面上作用有法向力 N。力 N 可分解为轴向力 F_1 和切向力 F_2。切向力 F_2 所形成的力矩有使锁环相对于接合套向后转动的趋势,这一力矩称为拨环力矩。轴向力 F_1 则使锁环 9 与齿轮 1 二者的锥面产生摩擦力矩,使二者转速 n_1 与 n_9 迅速接近,并且实际上可认为 n_9 不变,只是 n_1 趋近于 n_9。这是因为锁环 9 连同接合套 8 通过花键毂 7 与变速器输出轴及整个汽车相联系,折合转动惯量大,转速下降很慢。而齿轮 1 仅与离合器从动部分及变速器内部分齿轮相联系,折合转动惯量很小,速度变化较前者要快得多。转速高的齿轮 1 与转速低的锁环 9 相互压紧,相互摩擦,直至转速变为一致。在这个过程中,齿轮 1 通过摩擦锥面对锁环 9 作用一个与转动方向同向的摩擦力矩。这一摩擦力矩阻止锁环相对接合套向后退转。亦即在锁环上作用着两个方向相反的力矩:一个为切向力 F_2 形成的力图使锁环相对于接合套向后退转的拨环力矩 T_2;另一个为摩擦锥面上阻止锁环向后退转的摩擦力矩 T_1。若拨环力矩 T_2 大于摩擦力矩 T_1,则锁环即可相对于接合套向后退转一个角度,以便二者进入接合;若 T_2 小于 T_1(此时还有滑块对锁环缺口一侧的阻挡作用),则二者相对位置不变,不可能进入接合。摩擦力矩 T_1 与轴向力 F_1 的垂直于摩擦锥面的分力成正比,而 T_2 则与切向力 F_2 成正比。F_1 和 F_2 都是法向力 N 的分力,二者的比值取决于花键齿锁止角 β 的大小。故在设计同步器时,适当选择锁止角和摩擦锥面的锥角,便能保证在达到同步($n_1 = n_9$)之前,齿轮 1 施加在锁环 9 上的摩擦力矩 T_1 总是大于切向力 F_2 形成的拨环力矩 T_2。因此,不论驾驶员通过操纵机构加在接合套上的轴向推力有多大,接合套齿端与锁环齿端总是互相抵触而不能接合。这说明锁环 9 对接合套的锁止作用是由于齿轮 1 对锁环 9 相互压紧、相互转动所产生的摩擦力矩造成的。因为上述摩擦力矩的作用与锁环 9(及与之连接的接合套 8、花键毂 7、变速器输出轴及整个汽车等)和齿轮 1(及与之连接的离合器从动部分和变速器内部分齿轮)两部分的转动惯性有关,此即惯性式名称的由来。

只要驾驶员继续加力于接合套上,摩擦作用就会迅速使齿轮 1 的转速下到与锁环 9 的转速相同,二者开始同步旋转,紧接着相互转动趋势也迅速降低,摩擦力矩 T_1 也相应迅速降低。当拨环力矩 T_2 大于摩擦力矩 T_1 时,便使锁环相对于接合套向后转一个角度。在锁环的摩擦带动下,齿轮 1 及与之相连的所有零件跟锁环一起相对于接合套向后退转一个角度,当滑块对正缺口 12 的中央时,接合套花键齿圈与锁环的花键齿圈不再抵触,接合套 8 继续左移,而与锁环的花键齿圈进入接合状态,锁环的锁止作用即行消失。接合套与锁环接合后,轴向力 T_1 不再存在,锥面间的摩擦力矩也就消失。如果此时接合套 8 花键齿轮 1 的花键齿发生抵触,见图 12-17c),则与上述情况相似,接合套 8 花键齿作用在齿轮 1 的花键齿端斜面上的切向分力,使齿轮 1 及其相连零件相对于锁环及接合套转过一个角度,使接合套与齿轮 1 进入接合,而最后完成了换入三挡(由低速挡换入高速挡)的全过程。

如果是由三挡（直接挡）换入二挡，也即由高速挡换入低速挡，上述过程也适用。但此时齿轮 4 是被锁环 5 加速到与接合套 8 同步，从而使接合套 8 先后与锁环 5 及齿轮 4 进入啮合而完成换挡过程。

考虑结构布置上的合理性、紧凑性及锥面间产生的摩擦力矩的大小等因素，锁环式同步器多用于轿车和轻型货车上。近年来，一些中型货车的中高速挡也开始采用这种同步器。

在中型及大型载货汽车变速器的各挡中，目前较普遍地采用锁销式惯性同步器进行换挡。当变速器的第二轴上的常啮齿轮及其接合齿圈直径较大时，装用锁销式同步器不仅使齿轮的结构形式合理，而且还可在摩擦锥面间产生较大的摩擦力矩，缩短了同步时间。下面以图 12-18 所示的锁销式惯性同步器为例说明其结构及工作原理。

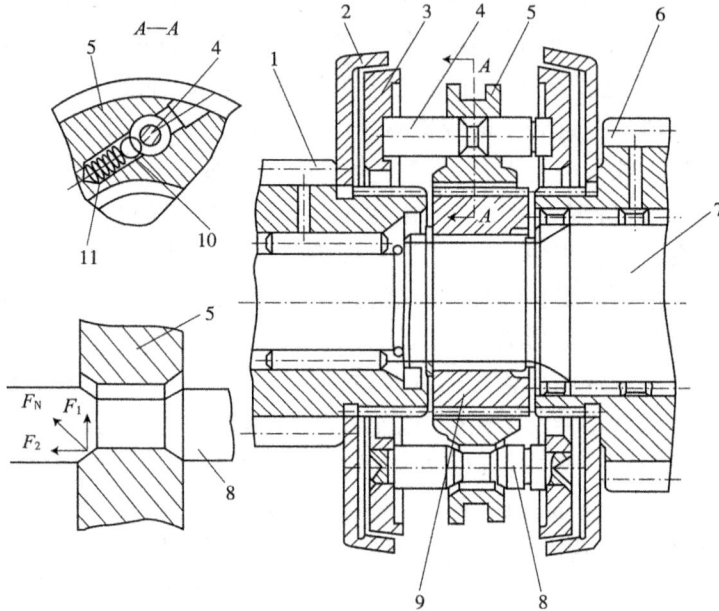

图 12-18　锁销式惯性同步器

1-第一轴齿轮；2-摩擦锥盘；3-摩擦锥环；4-定位销；5-接合套；6-第二轴四挡齿轮；7-第二轴；8-锁销；9-花键毂；10-钢球；11-弹簧

图 12-18 中两个有内锥面的摩擦锥盘 2 分别固定在带有外花键齿圈的第一轴齿轮 1 和第二轴四挡齿轮 6 上。与之相对应的是两个有外锥的摩擦锥环 3。在接合套 5 凸缘的同一圆周上均匀开有 6 个轴向孔，与孔配合的 3 个锁销 8 和 3 个定位销 4 相互间隔地从孔中自由穿过。锁销 8 的两端与摩擦锥环 3 相铆接，定位销 4 的两端贴于摩擦锥环 3 的内侧面，与其略有间隙。锁销 8 的中部与接合套 5 凸缘相对处比较细，在其直接变化处和接合套 5 上相应的销孔两端有角度相同的倒角——锁止角。只有在锁销与接合套孔对中时，接合套方能沿锁销轴向移动。在接合套上定位销孔中部钻有斜孔，内装弹簧 11，把钢球 10 顶向定位销中部的环槽（图 12-18 中 A-A 剖面图），以保证同步器处于正确的空挡位置。

在空挡位置时，摩擦锥环 3 与摩擦锥盘 2 之间有一定间隙。由四挡换入五挡时，接合套 5 受到拨叉的轴向推力作用，通过钢球 10 和定位销 4 带动摩擦锥环 3 向左移动。当接合套 5 还没有和第一轴齿轮 1 上的花键齿圈相接合时，摩擦锥环 3 的外锥面与对应的摩擦锥盘 2 内锥面相接触并压紧。由于摩擦锥环 3 与摩擦锥盘 2 具有转速差，所以一经接触就产生摩擦,使摩擦锥环 3 连同锁销 8 一起相对接合套转动,直至锁销 8 中部较细的圆柱面贴于接合套 5 凸缘的锁销孔壁上,锁销轴线与锁销孔轴线相互偏移。此时锁销中部倒角与销孔端的倒角互相抵触,接合套不能继续前移。接合套 5 凸缘上锁销孔倒角面对锁销倒角面作用有法向压紧力 N,N 的轴向分力 F_1 使摩擦锥环 3 与摩擦锥盘 2 压紧,因而接合套与待接合的花键齿圈迅速达到同步。N 的切向分力 F_2 对与锁销 8 连为一体的摩擦锥环 3 形成一个拨环力矩 T_2,这一力矩力图使锁销与锁销孔重新对正,但摩擦锥盘 2 对摩擦锥环 3 的摩擦力矩 T_1 使锁销 8 紧压在接合套凸缘的锁销孔壁上。在摩擦锥环 3 和摩擦锥盘 2 达到同步时,相互转动趋势迅速降低,摩擦力矩 T_1 也迅速降低。当拨环力矩 T_2 大于摩擦力矩 T_1 时,摩擦锥环 3 相对于接合套 5 转动,锁销相对于锁销孔移动并对中。在摩擦锥环 3 的摩擦带动下,摩擦锥盘 2 和第一轴齿轮 1 等也相对于接合套转过一个角度,于是接合套便能克服定位销 4 凹槽对钢球 10 的阻力,沿销移动,直至与第一轴齿轮 1 的花键齿圈接合,实现挂挡。

第三节　行星齿轮式动力换挡变速器

行星齿轮式动力换挡变速器(简称行星变速器)是由简单行星排组成。由于具有结构紧凑、荷载容量大、传动效率高、齿间负荷小、结构刚度好、输入输出轴同心以及便于实现动力与自动换挡等优点,所以在工程、矿山、起重等作业机械和汽车上,获得广泛的应用。

一、简单行星排

如图 12-19 所示,简单行星排是由齿圈 1、星行轮 2 和行星架 3、太阳轮 4 组成。依据参与传动的行星轮个数不同,可分为单级单行星排[图 12-20a)]和双级单行星排[图 12-20b)]。由于行星轮轴线旋转与外界连接困难,故在行星排中只有太阳轮、齿圈和行星架 3 个元件能与外界连接,并称之为基本元件。在行星排传递运动过程中,行星轮只起到传递运动的随轮作用,与传动比无直接关系。

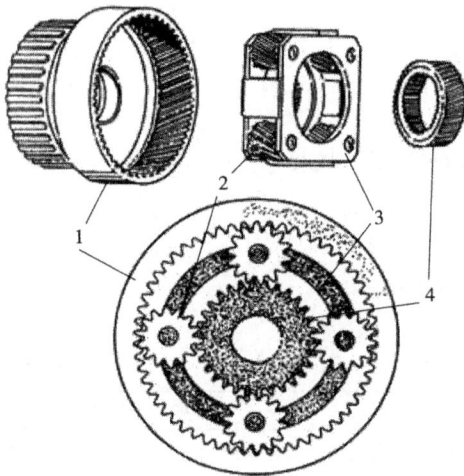

图 12-19　单行星排结构示意图
1-齿圈;2-行星轮;3-行星架;4-太阳轮

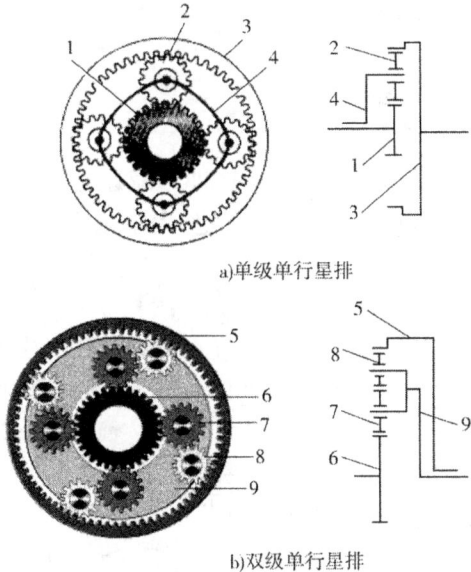

a)单级单行星排

b)双级单行星排

图 12-20　单行星排齿轮机构
1、6-太阳轮;2-行星轮;3-内齿圈;4、9-行星架;5-内齿圈;7-内行星轮;8-外行星轮

由机械原理中对单排行星传动的运动学分析可以得出,行星排转速方程(也称特征方程)计算式如下:

单行星轮行星排:

$$n_t + \alpha n_q - (1 + \alpha) n_j = 0 \qquad (12\text{-}1)$$

双行星轮行星排:

$$n_t - \alpha n_q + (\alpha - 1) n_j = 0 \qquad (12\text{-}2)$$

综合为

$$n_t \pm \alpha n_q - (1 \pm \alpha) n_j = 0 \qquad (12\text{-}3)$$

$$\alpha = \frac{Z_q}{Z_t}$$

式中:n_t——太阳轮转速;

n_q——齿圈转速;

n_j——行星架转速;

α——行星排特性参数,为保证构件间安装的可能,α 值的范围是 $\frac{4}{3} \leqslant \alpha \leqslant 4$;

Z_q——齿圈的齿数;

Z_t——太阳轮的齿数。

通过对单排行星传动的运动学分析可知,这种简单的行星机构具有 3 个互相独立的构件,而仅有一个表征转速关系的三元一次线性方程,故而其具有两个自由度。当以某种方式(如应用制动器制动)固定某一元件后,则行星排变成一自由度系统,即可由转速方程式(12-3)确定另外两构件的转速比(即行星排传动比)。这样,通过将行星排 3 个基本构件分别作为固定件、主动件、从动件或任意两构件闭锁,则可组成 6 种方案[对于单行轮行星排见图 12-20a]。由式(12-1)不难求得这些方案的传动比。

例如:方案①中,齿圈固定,太阳轮为主动件,行星架为从动件,此时因齿圈转速 $n_q = 0$,由式(12-1)即得

$$n_t - (1 + \alpha) n_j = 0 \qquad (12\text{-}4)$$

故传动比

$$i_{tj} = \frac{n_t}{n_j} = 1 + \alpha \qquad (12\text{-}5)$$

由于 $\alpha > 1$,故 $i_{tj} > 1$,即为减速运动。

方案⑤中,行星架固定,太阳轮为主动件,齿圈为从动件,此时,$n_j = 0$,故传动比

$$i_{tq} = \frac{n_t}{n_q} = -\alpha \qquad (12\text{-}6)$$

式中,负号表示 n_t 与 n_q 转向相反,故为倒挡减速运动。

同理可得其他方案的传动比,现列于表 12-2 中。

简单行星排 6 种方案的传动比　　　　　　　　　　表 12-2

传动类型	齿 圈 固 定		太阳轮固定		行星架固定为倒转	
	太阳轮主动为大减(方案①)	太阳轮从动为大增(方案②)	齿圈主动为小减(方案③)	齿圈从动为小增(方案④)	太阳轮主动为减速(方案⑤)	齿圈主动为增速(方案⑥)
传动比	$1 + \alpha$	$\dfrac{1}{1 + \alpha}$	$\dfrac{1 + \alpha}{\alpha}$	$\dfrac{\alpha}{1 + \alpha}$	$-\alpha$	$-\dfrac{1}{\alpha}$

直接挡传动:若使用闭锁离合器将三元件中的任何两个元件连成一体,则行星排中所有元件(包括行星轮)之间都没有相对运动,如像一个整体,各元件以同一转速旋转,传动比为1,从而形成直接挡传动。

这也可用式(12-1)得到证明,例如使太阳轮和齿圈连成一体,则 $n_t = n_q$,由式(12-1)即得

$$n_j = \frac{n_t + \alpha n_t}{1 + \alpha} = n_t = n_q \tag{12-7}$$

同理,当 $n_q = n_j$ 或 $n_t = n_j$ 时,都可得出同一结论。

如果行星排中 3 个基本元件都不受约束,则各元件处于运动不定的自由状态,此时行星排不能传递运动。

如果把双行星轮行星排的齿圈固定,太阳轮为主动件,行星架为从动件,由式(12-2)即得

$$n_t - (1 - \alpha) n_j = 0 \tag{12-8}$$

传动比 $\qquad\qquad i_{tj} = \frac{n_t}{n_j} = -(\alpha - 1) = -\alpha + 1 \tag{12-9}$

由于 $\alpha > 1$,即该机构可实现倒挡。

由上述可见,一个简单行星排可给出 6 种传动方案,但其传动比数值因受特性参数 α 值的限制,尚不能满足机械的要求,因此,行星变速器通常是由几个行星排组合而成,以便得到所需的传动比。

二、ZL50 型装载机行星式动力换挡变速器

ZL50 型装载机是我国装载机系列中的主要机种,系列中其他机种的结构与之相似。如图 12-21 所示,与该变速器配用的液力变矩器具有一级、二级两个涡轮(称双涡轮液力变矩器),分别用两根相互套装在一起的并与齿轮做成一体的一级、二级输出齿轮(轴),将动力通过常啮齿轮副传给变速器。由于常啮齿轮副的速比不同,故相当于变矩器加上一个两挡自动变速器,它随外荷载变化而自动换挡。再由于双涡轮变矩器高效率区较宽,故可相应减少变速器挡数,以简化变速器结构。

ZL50 型装载机的行星变速器,由于上述特点而采用了结构较简单的方案,由两个行星排组成,只有两个前进挡和一个倒挡。输入轴 6 和输入齿轮做成一体,与二级涡轮输出齿轮 5 常啮合;二挡输入轴 12 与二挡离合器摩擦片连成一体。前后行星排的太阳轮、行星轮、齿圈的齿数相同。两行星排的太阳轮制成一体,通过花键与输入轴 6、二挡输入轴 12 相连。前行星排齿圈与后行星排行星架、二挡离合器受压盘三者通过花键连成一体。前行星排行星架和后行星排齿圈分别设有倒挡、一挡制动器。

变速器后部是一个分动箱,输出齿轮用螺栓和二挡油缸、二挡离合器受压盘连成一体,同变速器输出齿轮 10 组成常啮齿轮副,后者用花键和前桥输出轴 9 连接。前、后桥输出轴通过花键相连。

ZL50 型装载机行星变速器的传动路线如图 12-22 所示,该变速器两个行星排间有两个连接件,故属于二自由度变速器,因此,只要接合一个操纵件即可实现一个排挡,现有两个制动器和一个闭锁离合器共可实现 3 个挡。

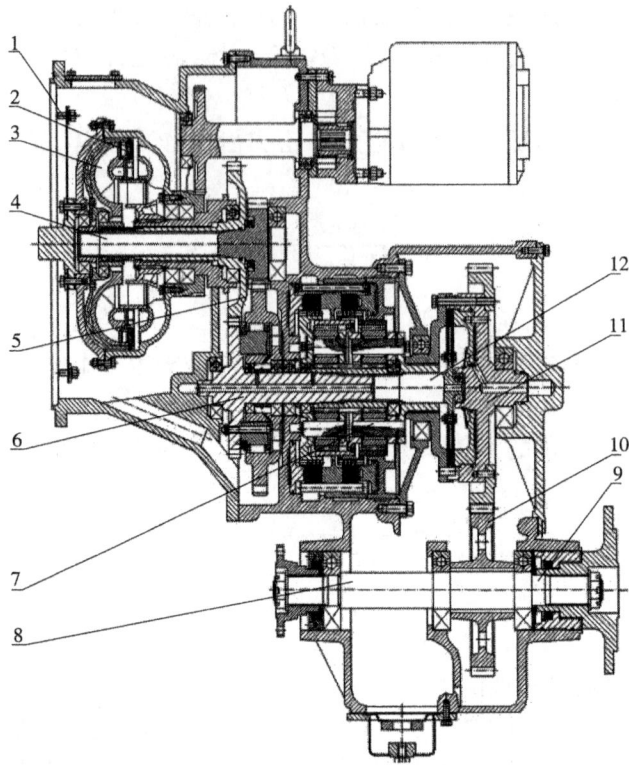

图 12-21　ZL50 型装载机液力—机械传动图

1-弹性板;2-—级涡轮;3-二级涡轮;4-一级涡轮输出轴;5-二级涡轮输出齿轮;6-变速器输入齿轮及轴;7-—挡行星架;8、9-输出轴;10-变速器输出齿轮;11-二挡油缸活塞组件;12-二挡输入轴

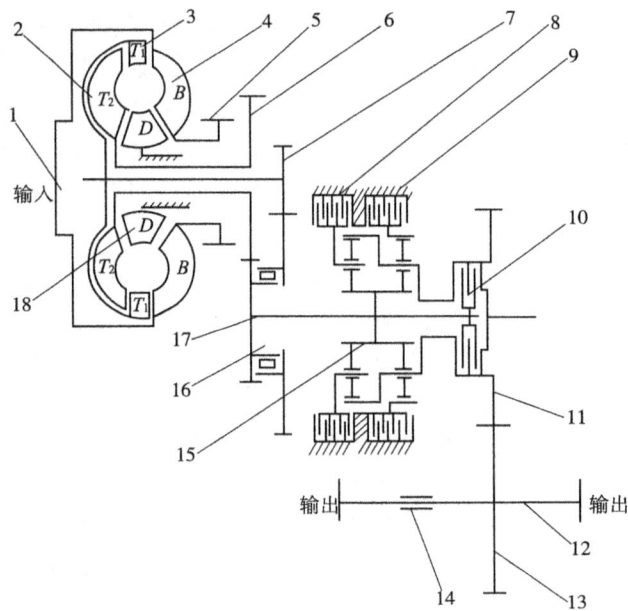

图 12-22　ZL50 型装载机液力机械传动简图

1-飞轮;2-二级涡轮;3-—级涡轮;4-泵轮;5-泵轮输出齿轮;6-二级涡轮输出齿轮副;7-—级涡轮输出齿轮副;8、9-换挡离合器;10-闭锁离合器;11-传动齿轮;12-输出轴;13-传动齿轮;14-联轴器;15-公用太阳轮;16-单向超越离合器;17-太阳轮传动轴;18-导轮

前进一挡:当接合换挡离合器 9 时,实现前进一挡传动。这时,换挡离合器 9 将后行星排齿圈固定,而前行星排则处于自由状态,不传递动力,仅后行星排传动。动力由输入轴 5 经太阳轮从行星架由传动齿轮 11 传出,并经分动箱常啮齿轮副 11、13 传给前、后驱动桥。

由于只有一个行星排参与传动,故速比计算很简单。这里是齿圈固定,太阳轮主动,行星架从动,属于简单行星排的方案①,由表 12-2 即得前进一挡行星排的传动比 $i_1' = 1 + \alpha$。

因为该变速器的输入端有两对常啮齿轮副 6、7,由两个涡轮随外荷载的变化,通过不同的常啮齿轮副 6、7 将动力传给变速器输入轴 17。变速器的输出端还有分动箱内的一对常啮齿轮 11、13,故变速器前进一挡总传动比为

$$i_1 = i_6 \times i_1' \times \frac{Z_{13}}{Z_{11}} \qquad \text{（当齿轮副 6 参与传动时）} \tag{12-10}$$

或

$$i_1 = i_7 \times i_1' \times \frac{Z_{13}}{Z_{11}} \qquad \text{（当齿轮副 7 参与传动时）} \tag{12-11}$$

式中:i_6、i_7——分别为齿轮副 6 或 7 的传动比;

Z_{11}、Z_{13}——分别为齿轮 11、13 的齿数。

前进二挡:当闭锁离合器 16 接合时,实现前进二挡。这时闭锁离合器将输入轴 17、输出轴和传动齿轮 11 直接相连,构成直接挡,此时行星排传动比 $i_2' = 1$,故变速器前进二挡总传动比为

$$i_2 = i_6 \times 1 \times \frac{Z_{13}}{Z_{11}} \tag{12-12}$$

或

$$i_2 = i_7 \times 1 \times \frac{Z_{13}}{Z_{11}} \tag{12-13}$$

倒退挡:当换挡离合器 8 接合时,实现倒退挡。这时,换挡离合器将前行星排行星架固定,后行星排空转不起作用,仅前行星排传动。因为行星架固定,太阳轮主动,齿圈从动,属于简单行星排方案⑤,由表 12-2 得行星排传动比 $i_{倒}' = -\alpha$,故得变速器倒退挡总传动比为

$$i_{倒} = i_6 \times i_{倒}' \times \frac{Z_{13}}{Z_{11}} \tag{12-14}$$

或

$$i_{倒} = i_7 \times i_{倒}' \times \frac{Z_{13}}{Z_{11}} \tag{12-15}$$

下面根据已知齿数计算各挡传动比值,设齿轮副 6、17 参加传动,其齿数为 33 与 39,则 $i_6 = \frac{33}{39} = 0.8461$。

行星排特性参数 $\quad \alpha = \dfrac{Z_q}{Z_t} = \dfrac{60}{22} = 2.72$

因而 $\qquad\qquad\qquad i_1' = 1 + \alpha = 3.72, i_{倒}' = -2.72$

又 $\qquad\qquad\qquad\quad \dfrac{Z_{13}}{Z_{11}} = \dfrac{53}{62} = 0.8548$

代入以上各式,可得齿轮副 6、17 参加传动时的各挡传动比为

$$i_1 = 2.69, i_2 = 0.72, i_{倒} = -1.98$$

三、TY220 型履带式推土机行星式动力换挡变速器

(一)TY220 型行星变速器的组成和构造

中国国产 TY220 型履带式推土机采用行星式动力换挡变速器与简单三元件液力变矩器相配合组成液力机械传动。日本 D155A 型履带式推土机及中国上海 T320 型履带式推土机的变速器均是这种结构。

如图 12-23 所示,该变速器由 4 个行星排组成,前面第一、二行星排构成换向部分(或称前变速器),这里行星排 II 是双行星轮行星排,当其齿圈固定时,则行星架与太阳轮转向相反而实现倒退挡;后面第三、四行星排构成变速部分(或称后变速器),整个变速器实际上是由前变速器与后变速器串联组合而成。应用 4 个制动器与 1 个闭锁离合器实现 3 个前进挡与3 个倒挡,通过液压系统操纵进行换挡。

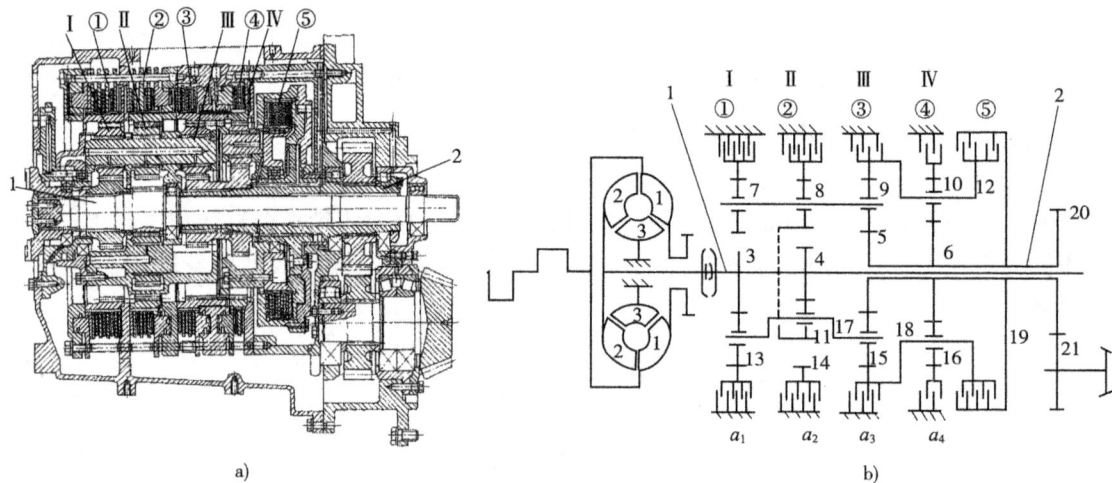

图 12-23　TY220 型履带式推土机行星变速器

1-输入轴;2-输出轴;3、4、5、6-太阳轮;7、8、9、10、11-行星轮;12、⑤-闭锁离合器;13、14、15、16-齿圈;17、18-行星架;
19-轮毂;20-输出轴主动齿轮;21-输出被动齿轮;I、II、III、IV-各行星排;①、②、③、④-各行星排制动器

变速器各行星排结构与连接的特点是:输入轴 I 与行星排 II 的太阳轮制成一体,通过滚动轴承支承在箱体前后箱壁的支座上,在其上经花键装有行星排 I 的太阳轮;输出轴以其轴孔套装在输入轴上,在其上通过花键装有行星排 III、IV 的太阳轮以及减速机构的主动齿轮;整个输出轴总成用两个滚动轴承支承定位在后箱壁上;输出轴还通过连接盘以螺栓固连着闭锁离合器的从动鼓;行星排 I、II、III 的行星架为一体,经一对滚动轴承支承在输入轴和箱壁支座上,行星排 IV 的行星架前端通过齿盘外齿与行星排 III 的齿圈固连,而后端则经销钉、螺栓与闭锁离合器主动鼓相连,并通过滚动轴承支承在输出轴上;闭锁离合器的主动鼓与从动鼓的齿形花键上交错布置着内外摩擦片,在施压活塞与主动鼓间还装有分离离合器的碟形弹簧。

在各行星排齿圈的外花键齿毂上,分别装着 4 组多片摩擦制动器的从动片,制动器主动片、施压液压缸和活塞压盘等均以销钉与箱体定位。此外,在制动器压盘与止推盘间以及主动摩擦片间,均装有分离复位螺旋弹簧。以上制动器及闭锁离合器均以油压控制,用制动齿圈或两元件闭锁连接来实现换挡。

值得指出,制动器与闭锁离合器均属于一种多片式离合器,通过油压推动活塞压紧主、从动片接合工作。但由于这里的制动器是连接箱体(固定件)与某一运动件,当制动器接合

236

时,则使某运动件被固定而失去自由度。

闭锁离合器是连接两个运动件,当闭锁离合器接合时,则使两个运动件连成一体运动而失去一个自由度。

另外,制动器的油缸是固定油缸;而闭锁离合器的油缸是旋转油缸,对密封要求更严格。可见两者在功能上有所不同,为区别起见,而有制动器与闭锁离合器之称。

(二)TY220型行星变速器的传动路线和传动比计算

1.结构分析绘出变速器传动简图

在弄清变速器构造的基础上,进一步分析各行星排间有关元件的相互连接关系,然后突出其运动学特征而画出变速器的传动简图,如图12-23b)所示。

2.变速器的自由度和挡数分析

自由度分析:如前所述,一个行星排有3个基本元件,但应满足一个运动方程式;故一个行星排只有两个自由度,若限制某一元件不动(加约束),则由运动方程可得另两元件的转速比(即得到一个传动比)。

由传动图12-23b)可见,该变速器除二、三排之间有一个连接件之外(称串联),其余各排之间有两个连接件(称为并联)。这表明第一、二行星排组成一个二自由度变速器(称为前变速器),这是因为,两个行星排共有4个自由度,但有两个连接件(即太阳轮3与4相连,两行星排的行星架17相连),又失去2个自由度,故属于二自由度变速器。同理,第三、四行星排也是二自由度变速器(称为后变速器)。可见,整个变速器由两个二自由度变速器串联组成。

挡数分析:前变速器中将第一行星排制动器①接合,使齿圈13被固定而实现前进挡;当第二行星排制动器②接合,使齿圈14被固定,则实现倒退挡(由于该星排是双行星轮结构,齿圈固定,太阳轮主动,行星架从动,太阳轮和行星架旋转方向相反),即前变速器是换向部分。

后变速器中只要接合一个制动器或闭锁离合器即可实现一个挡位、两个制动器与一个闭锁离合器,共可实现3个挡位。可见,只要前、后变速器各接合一个操纵件即可使变速器成为一自由度而实现某一挡位,故总共可实现前进三挡与倒退三挡。

3.变速器的传动路线

下面结合前进一挡与倒退三挡具体说明传动路线。

前进一挡传动路线:当接合制动器①与闭锁离合器⑤时,实现前进一挡。此时,第一行星排齿圈13被固定,闭锁离合器的接合把输出轴2与行星架18连在一起。输入轴1通过第一排太阳轮3,带动行星轮7在齿圈13内旋转,从而带动第一、二、三排行星架17按同方向旋转,实现前进挡;行星架17使第三排行星轮9、齿圈15与太阳轮5旋转,齿圈15带动第四排行星架18旋转,行星架18带动第四排行星轮10、齿圈16和太阳轮6及闭锁离合器主动鼓旋转;而第三、四排太阳轮与闭锁离合器从动鼓都与输出轴2相连,其转速相同,这是由于闭锁离合器接合,从而使行星架18通过闭锁离合器带动输出轴旋转。可见前进一挡时,输入轴1的动力是经第三排太阳轮5、第四排太阳轮6和行星架18分三路传至输出轴2的。实际上,由于闭锁离合器的作用使变速部分的传动比为1。此时,第二排不参与传动。

倒退三挡传动路线:当接合制动器②和③时,实现倒退三挡。此时,第二排齿圈14与第三排齿圈15被固定;输入轴1带动第二排太阳轮4与行星轮11和8,由于是双星轮,使行星架17反向旋转,实现倒挡。行星架17带动第三排行星轮9与太阳轮,从而将动力传给输出轴2。此时,只有第二、三排参加传动。

4. 变速器传动比计算

TY220 型行星变速器是由换向部分与变速部分串联组成,故其传动比是两部分传动比的乘积。限于篇幅,下面结合前进一挡与倒退三挡进行计算。

符号说明如下:

(1) n_{t1}、n_{t2}、n_{t3}、n_{t4} 分别表示各行星排的太阳轮转速。

(2) n_{q1}、n_{q2}、n_{q3}、n_{q4} 分别表示各行星排的齿圈转速。

(3) n_{j1}、n_{j2}、n_{j3}、n_{j4} 分别表示各行星排的行星架转速。

(4) α_1、α_2、α_3、α_4 分别表示各行星排的特性参数。

(1) 换向部分传动比计算。换向部分由行星排一、二组成,由传动图 12-20b),可列出其转速方程式及反映两行星排间的连接关系式如下:

$$\begin{cases} n_{t1} + \alpha_1 n_{q1} - (1+\alpha_1)n_{j1} = 0 \\ n_{t2} - \alpha_2 n_{q2} - (1-\alpha_2)n_{j2} = 0 \\ n_{t1} = n_{t2} \\ n_{j1} = n_{j2} \end{cases} \tag{12-16}$$

当接合制动器①时为前进挡,此时第一排参加传动,因 $n_{q1}=0$,由式(12-16)即得

$$n_{t1} - (1+\alpha)n_{j1} = 0 \tag{12-17}$$

故前进挡传动比为

$$i_{前} = \frac{n_{t1}}{n_{j1}} = 1 + \alpha \tag{12-18}$$

当接合制动器②时为倒挡,则 $n_{q2}=0$,此时第二排参加传动。由式(12-16)即得

$$n_{t2} - (1-\alpha_2)n_{j2} = 0 \tag{12-19}$$

故倒退挡传动比为

$$i_{倒} = -\alpha + 1 \tag{12-20}$$

(2) 变速部分传动比计算。变速部分由行星排三、四组成,由简图 12-20b)可列出各排转速方程式与各排间的连接关系如下:

$$\begin{cases} n_{t3} + \alpha_3 n_{q3} - (1+\alpha_3)n_{j3} = 0 \\ n_{t4} + \alpha_4 n_{q4} - (1+\alpha_4)n_{j4} = 0 \\ n_{t3} = n_{t4} \\ n_{q3} = n_{j4} \end{cases} \tag{12-21}$$

当接合制动器①与闭锁离合器⑤时实现一挡,此时有 $n_{t3} = n_{t4} = n_{j4} = n_{q3} = n_{q4} = n_{j3}$,使变速部分的传动比等于1。另外,输出齿轮传动比为 i_s,故前进一挡的传动比为

$$i_{前1} = i_{前} \times 1 \times i_s = (1+\alpha_1)i_s \tag{12-22}$$

当接合制动器③时实现三挡,此时仅第三排参加转动,因 $n_{q3}=0$,由式(12-21)得

$$n_{t3} - (1+\alpha_3)n_{j3} = 0 \tag{12-23}$$

故第三挡时变速部分传动比为

$$i_3' = \frac{n_{j3}}{n_{t3}} = \frac{1}{1+\alpha_3} \tag{12-24}$$

最后可得倒退三挡传动比为

$$i_{倒3} = i_{倒} \, i_3'^{1} i_s = \frac{1-\alpha_2}{1+\alpha_3} i_s \tag{12-25}$$

以上介绍了 TY220 型行星变速器前进一挡与倒退三挡传动比计算方法,同理,不难得出其他各挡的传动比。现将各挡位时操纵件的组合情况与各挡传动比列于表 12-3 中。

TY220 型履带式推土机行星变速器各挡位操纵件组合情况与传动比　　　　表 12-3

方　向	挡　位	接合的制动器或闭锁离合器	传　动　比
前进	1	①和⑤	$i_1 = (1 + \alpha_1) i_s$
	2	①和④	$i_2 = \dfrac{(1 + \alpha_1)(1 + \alpha_3 + \alpha_4)}{(1 + \alpha_3)(1 + \alpha_4)} i_s$
	3	①和③	$i_3 = \dfrac{1 + \alpha_1}{1 + \alpha_3} \cdot i_s$
倒退	1	②和⑤	$i_1 = (1 - \alpha_2) i_s$
	2	②和④	$i_2 = \dfrac{(1 - \alpha_2)(1 + \alpha_3 + \alpha_4)}{(1 + \alpha_3)(1 + \alpha_4)} \cdot i_s$
	3	②和③	$i_3 = \dfrac{1 - \alpha_2}{1 + \alpha_3} \cdot i_s$

由上述可见,TY220 型行星变速器属于一种组合式变速器,其传动方案是由换向与变速两部分组成,在前进与后退挡时,变速部分是公用的。从而可用较少的行星排实现较多的挡位,这就简化了结构、降低了成本、提高了工效,是一种较好的传动方案,这种变速器可与结构较简单的三元件液力变矩器配合使用,以便提高传动效率,并简化变矩器结构。因此,这种传动方案得到了广泛应用。

四、美国 Caterpiller966D 型装载机行星式动力换挡变速器

如图 12-24 所示,该变速器与 TY220 型履带式推土机行星变速器相似,也是采用组合式变速器方案,由 5 个行星排组成,前面第一、二行星排构成换向部分(或称前变速器);后面第三、四、五行星排构成变速部分(或称后变速器),整个变速器实际上是由前变速器与后变速器串联组合而成。应用 5 个制动器与 1 个闭锁离合器实现 4 个前进挡与 4 个后退挡,通过液压系统操纵进行换挡。

该变速器安装在变矩器与输出齿轮箱之间,动力由变矩器经输入齿轮 29 输入,由输出轴 22 输出。

变速器共有两根轴线重合的轴(套轴),输入轴 28 端用花键与输入齿轮 29 相连,该齿轮与变矩器涡轮轴上的输出齿轮相啮合,从而将动力输入变速器。输入轴 28 的中部和右端通过轴承安装在输出轴 22 的孔内;输入轴的左端则通过滚柱轴承安装在箱体上。输出轴 22 右端则通过离合器毂 23 和滚珠轴承安装在箱体上;输出轴左端通过轴承套装在输入轴上,并用花键与第三、四行星排的太阳轮 8、12 相连。动力由输入轴 28 输入,由输出轴 22 经第六行星排的行星架 20 凸缘上的花键输出。

下面对各行星排的构造作简要介绍:

第一行星排:太阳轮 30 用花键固装在输入轴 28 上,行星架 31 通过其上的外齿圈 1 与制动器①的主动片相连;当制动器①接合时,行星架 31 固定不动;齿圈 2 通过花键与第二、三排行星架 7 相连。

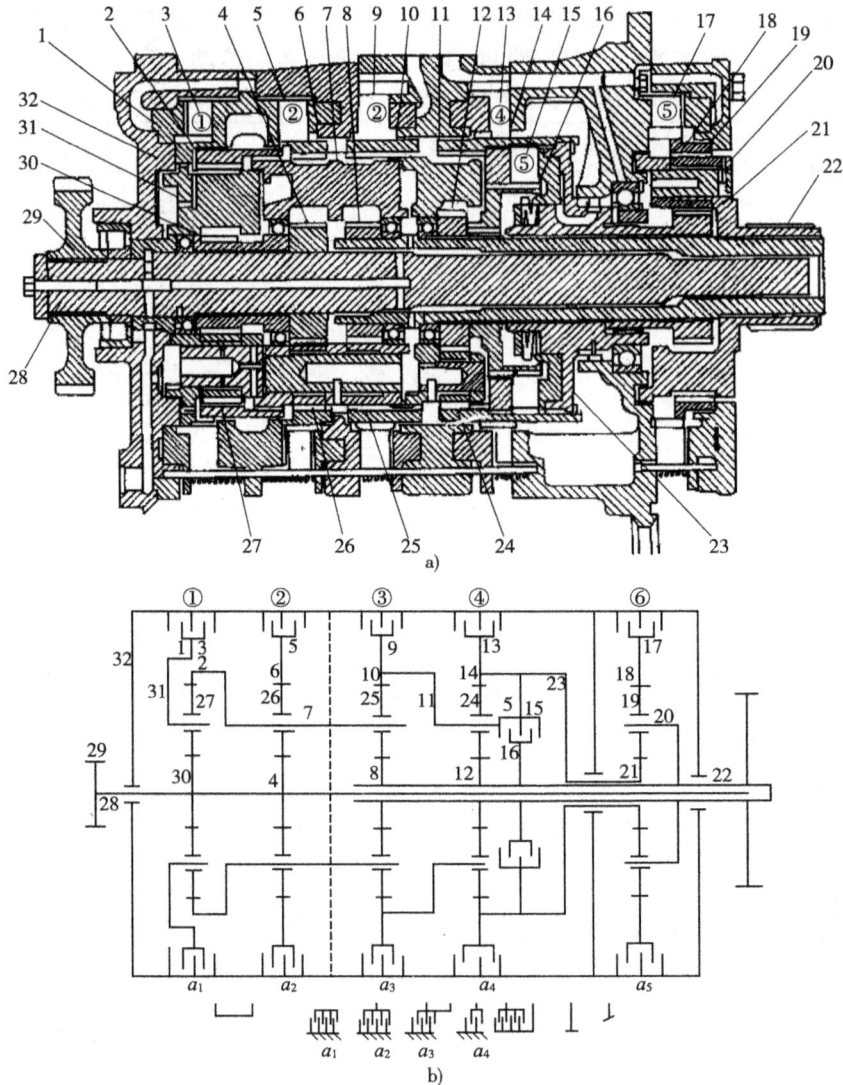

图 12-24　966D 型装载机行星变速器

1-制动器①外齿圈；2、6、10、14、18-齿圈；3、5、9、13、17-制动器①、制动器②、制动器③、制动器④、制动器⑥；
4、8、12、21、30-太阳轮；7、11、20、31-行星架；15-闭锁离合器⑤；16-转毂；19、24、25、26、27-行星轮；22-输出轴；
23-闭锁离合器毂；28-输入轴；29-输入齿轮；32-箱体

第二行星排：太阳轮 4 通过花键与输入轴 28 固连，行星架 7 与第三排行星架做成一体；
齿圈 6 上的外花键与制动器主动片相连，当制动器②接合时，则齿圈 6 被固定。

第三行星排：太阳轮 8 通过花键与输出轴 22 相连，齿圈 10 上的外花键与制动器③的主
动片相连，当制动器③接合时，则齿圈 10 被固定；齿圈 10 通过花键与第四排行星架 11
相连。

第四行星排：太阳轮 12 通过花键装在输出轴 22 上，齿圈 14 通过外花键与制动器④的
主动片相连，当制动器④接合时，则齿圈 14 固定。

闭锁离合器⑤：转毂 16 通过花键与输出轴 22 相连，通过其上的外花键与闭锁离合器⑤
的主动片相连；闭锁离合器毂 23 空套在输出轴 22 上，并通过轴承支承在箱体上，再通过花
键与第四排齿圈 14 以及第五排太阳轮 21 相连。当闭锁离合器⑤接合时，则第四排齿圈 14

经转毂 16、输出轴 22 与太阳轮 12 连成一个整体。

第五行星排：太阳轮 21 通过花键与闭锁离合器毂 23 相连，齿圈 18 上的外花键与制动器⑥的主动片相连；当制动器⑥接合时，则齿圈 18 固定；行星架 20 通过花键与输出轴 22 相连。

各行星排的制动器以及闭锁离合器因装在变速器内部，其径向尺寸受到限制，但其传递的转矩则不小，故做成多片式。摩擦片表面烧结有粉末冶金，为保证散热良好，都浸在油中工作。

由上述的结构及变速器传动简图［图 12-24b）］可见，该变速器除二、三排之间只有一个连接件外，其他各排之间均有两个连接件，因此，换向部分与变速部分均属二自由度变速器，整个变速器是由这两部分串联组成；只要这两部分中各接合一个操纵件，则整个变速器成为一个自由度而实现一个排挡，值得指出的是，该变速器中闭锁离合器⑤可把④排的行星架、齿圈、⑥排的太阳轮及输出轴 22 连到一起，从而使变速部分实现一个排挡，其传动比为 1。结合变速部分每个行星排的制动器可实现一个排挡，故可实现前进四挡与倒退四挡。各挡位时操纵件的组合情况见表 12-4。

966D 型装载机行星变速器各挡位时操纵件组合情况与传动比 表 12-4

方　向	挡位	接合的制动器或闭锁离合器	传　动　比
	空挡	③	
前进	一挡	②和⑥	$\dfrac{1+\alpha_2}{1+\alpha_3}\left\{1+\alpha_3\left[\dfrac{1+\alpha_4(1+\alpha_5)}{1+\alpha_4}\right]\right\}$
	二挡	②和⑤	$1+\alpha_2$
	三挡	②和④	$\dfrac{1+\alpha_2}{1+\alpha_3}\left(1+\dfrac{\alpha_3}{1+\alpha_4}\right)$
	四挡	②和③	$\dfrac{1+\alpha_2}{1+\alpha_3}$
倒退	一挡	①和⑥	$-\dfrac{\alpha_1}{1+\alpha_3}\left\{1+\alpha_3\left[\dfrac{1+\alpha_4(1+\alpha_3)}{1+\alpha_4}\right]\right\}$
	二挡	①和⑤	$-\alpha_1$
	三档	①和④	$-\dfrac{\alpha_1}{1+\alpha_3}\left(1+\dfrac{\alpha_3}{1+\alpha_4}\right)$
	四挡	①和③	$-\dfrac{\alpha_1}{1+\alpha_3}$

第四节　定轴式动力换挡变速器

定轴式动力换挡变速器是动力换挡变速器的又一种形式。

图 12-25 所示为小松常林工程机械有限公司生产的 WA380-3 型轮式装载机液力机械传动结构图。其中：液力变矩器采用常见的单级三元件结构形式；变速器采用定轴式动力换挡变速器，变矩器的动力输出轴也就是变速器的动力输入轴。变矩器和变速器组装在一起构成了该装载机的液力机械传动。

WA380-3 型装载机的定轴式变速器是平行四轴常啮合齿轮式，可实现前进四挡和倒退四挡。在输入轴上安装了组合式离合器 1、2，该两离合器是实现换向的离合器。离合器 2 结

合实现前进挡,离合器 1 结合实现倒挡;在中间轴 13、11 上分别安装了组合式离合器 14、5
和 12、6,分别称作一、三挡离合器和二、四挡离合器。轴 8 为输出轴,在该轴上安装了全盘多
片式制动器9(即中央制动器),在输出轴两端安装了联轴器10、7,动力经该两联轴器分别带
动前、后桥驱动。

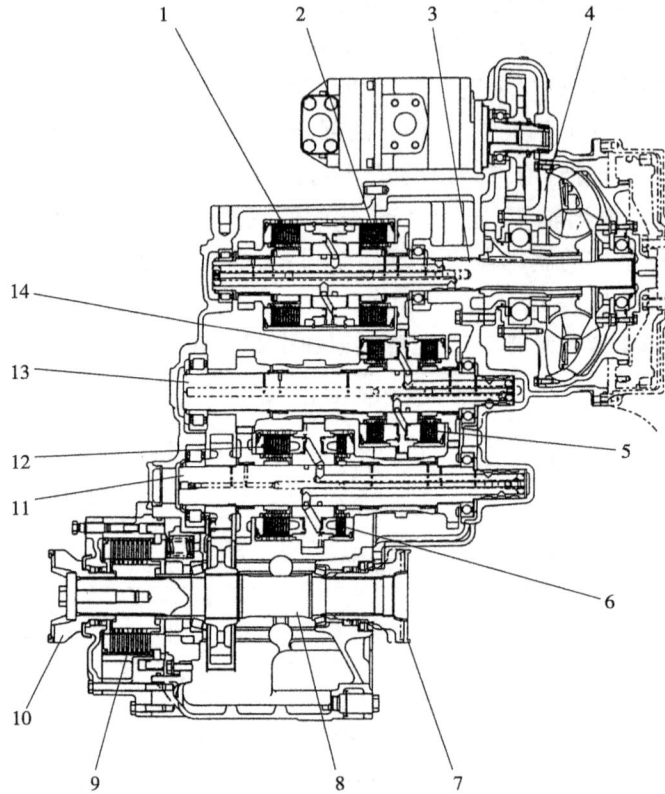

图 12-25　WA380-3 型装载机液力机械传动图

1-倒挡离合器;2-前进挡离合器;3-输入轴;4-液力变矩器;5-第三挡离合器;6-第四挡离合器;7-后联轴器;8-输出轴;
9-制动器;10-第二、四挡轴;11-中间轴;12-第二挡离合器;13-第一、三挡轴;14-第一挡离合器

　　该变速器是通过液压操纵离合器进行换挡,其换挡原理如图 12-26 所示,离合器的外
壳与缸体(即离合器毂)和轴 1 固定连接,其中在离合器外壳内圆面上加工有花键齿,主
动摩擦片以花键形式与离合器外壳相连。离合器齿轮 4 通过轴承套装于轴上,并在齿轮
的延长鼓外圆面上加工有外花键齿,从动摩擦片以花键形式与离合器齿轮相连,主、从动
摩擦片相间排列。活塞 6 装于缸体内,其端面压向摩擦片。来自变速操纵阀的高压油通
过轴 1 内侧的油道进入缸体的油腔内,推动活塞,将离合器主、从动摩擦片压紧,使轴 1 和
离合器齿轮形成一个整体而传递动力。此时,从排油孔 5 排油,但是,决不影响离合器的
操作,因为排出的油比供应的油少。松开离合器时,变速操纵阀切断压力油路,作用在活
塞 6 背面的油压力便下降,活塞通过波状弹簧 7 返回到原来的位置,致使轴 1 和离合器齿
轮 4 分离。当离合器分离时,活塞背面的油便凭着离心力通过排油孔 5 排出,以防止离合
器保持局部啮合。

　　图 12-27 所示为 WA380-3 型装载机变速器传动简图。各挡的传动路线见表 12-5。

242

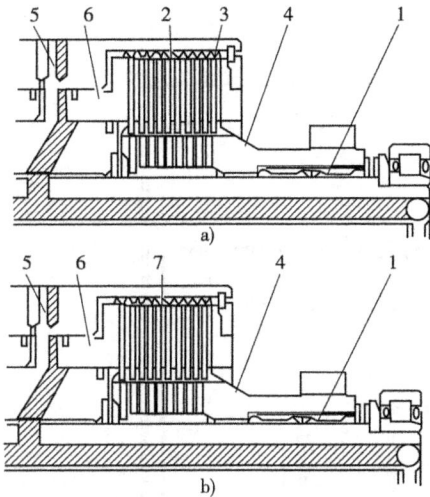

图 12-26　离合器操作图

1-轴;2-主动摩擦片;3-从动摩擦片;4-离合器齿轮;5-排油孔;6-活塞;7-波状弹簧

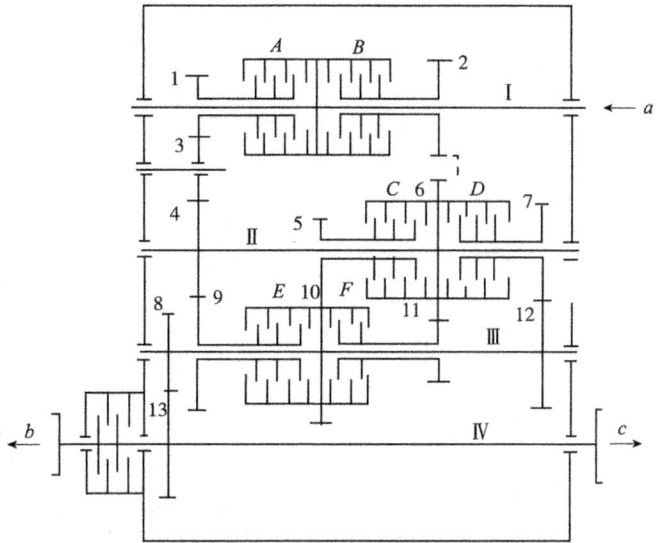

图 12-27　WA380-3 型装载机变速器传动简图

1、2、3、4、5、7、8、9、11、12、13-齿轮;6、10 缸体齿轮;I-输入轴;II-一、三挡离合器轴;III-二、四挡离合器轴;IV-输出轴;A、B 前进、倒挡离合器;C、D-一、三挡离合器;E、F-二、四挡离合器

WA380 -3 型装载机各挡传动路线　　　　　　　　　　　　　　　表 12-5

挡　　位		接合的离合器	传 动 路 线
前进	一挡	B、C	2 - 6 - 5 - 10 - 8 - 13
	二挡	B、E	2 - 6 - 4 - 9 - 8 - 13
	三挡	B、D	2 - 6 - 7 - 12 - 8 - 13
	四挡	B、F	2 - 6 - 11 - 8 - 13
倒退	一挡	A、C	1 - 3 - 4 - 5 - 10 - 8 - 13
	二挡	A、E	1 - 3 - 4 - 9 - 8 - 13
	三挡	A、D	1 - 3 - 4 - 7 - 12 - 8 - 13
	四挡	A、F	1 - 3 - 4 - 6 - 11 - 8 - 13

　　综上所述,该变速器采用了将两个离合器组合在一起的结构,并将所有离合器安装在变速器体内;具有离合器轴受载较好、结构较紧凑的优点,但保养维修则不太方便。

　　采用定轴式动力换挡变速器的机械较多,但原理基本相同,这里不再列举了。

第五节　动力换挡变速器的电液控制系统

　　液力机械传动系的控制有纯液压控制系统和电液控制系统两种形式。无论哪种形式,最终都归结为对变速器的换挡操纵,液力变矩器循环油液的控制与冷却,以及变速器与变矩器中需要润滑的零件的润滑等任务。下面对几种典型的控制系统作简要介绍。

一、ZL50 型装载机液力机械传动的液压控制系统

　　图 12-28 所示为 ZL50 型装载机液力变矩器-变速器液压控制系统,该系统主要由油底

壳、变速泵、滤油器、调压阀、切断阀、变速操纵分配阀、变矩器入口压力阀、背压阀、散热器及管路等组成。

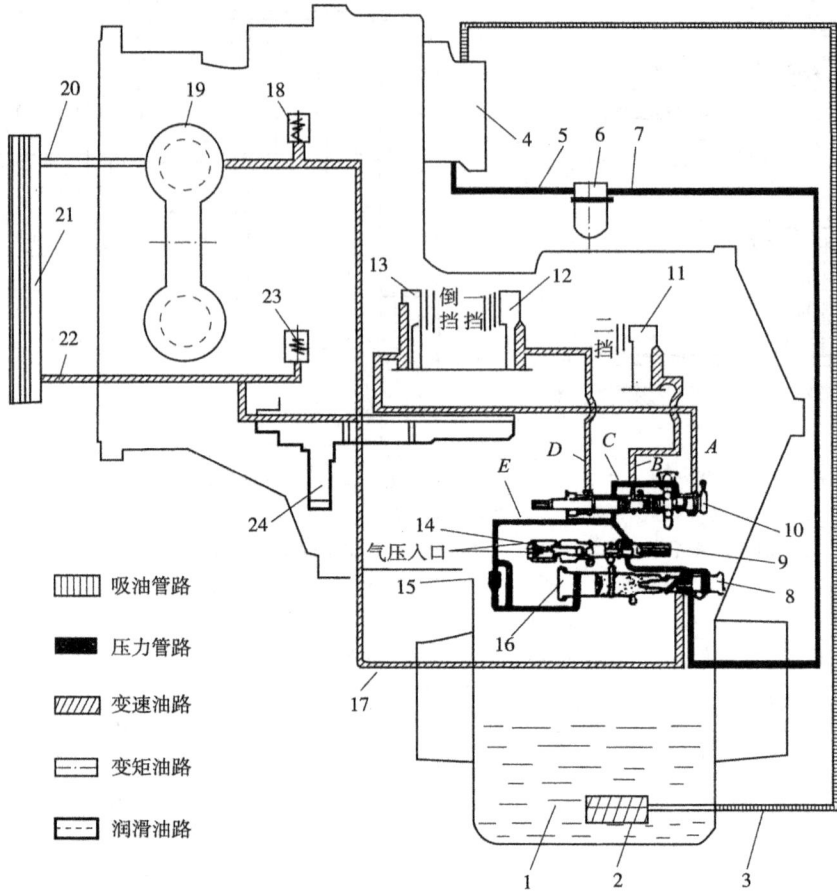

图 12-28 ZL50 型装载机变矩器-变速器液压控制系统图

1-油底壳;2-滤网;3、5、7、20、22-软管;4-变速泵;6-滤油器;8-调压阀;9-离合器切断阀;10-变速操纵分配阀;
11-二挡油缸;12-一挡油缸;13-倒挡油缸;14-气阀;15-止回节流阀;16-滑阀;17-箱壁埋管;18-压力阀;19-变
矩器;21-散热管;23-背压阀;24-大超越离合器

变速泵 4 通过软管 3 和滤网 2 从变速器油底壳 1 吸油。泵出的压力油从箱体壁孔流出,经软管 5 到滤油器 6 过滤(当滤芯堵塞使阻力大于滤芯正常阻力时,里面的旁通阀开启通油),再经软管 7 进入变速操纵阀,自此,压力油分为两路:一路经调压阀 8(1.1 ~ 1.5MPa)、离合器切断阀 9 进入变速操纵分配阀 10,根据变速阀杆的不同位置分别经油路 D、B 和 A 进入一挡、二挡和倒挡油缸,完成不同挡位的工作。另一路经箱壁埋管 17 进入变矩器 19 传递动力后流出,通过软管 20 输送入散热器。经过散热冷却后的低压油回到变矩器壳体的油道,润滑大超越离合器和变速器各行星排后流回油底壳 1。压力阀 18 保证变矩器进口油压最大为 0.56MPa,出口油压最大为 0.45MPa,背压阀 23 保证润滑油压最大为 0.2MPa,超过此值即打开泄压。

变速操纵阀是该装载机液力机械传动液压控制系统的关键所在,因此,下面重点介绍变速操纵阀的结构和工作原理。

变速操纵阀主要由调压阀、分配阀、弹簧蓄能器、切断阀及阀体组成,如图 12-29 所示。

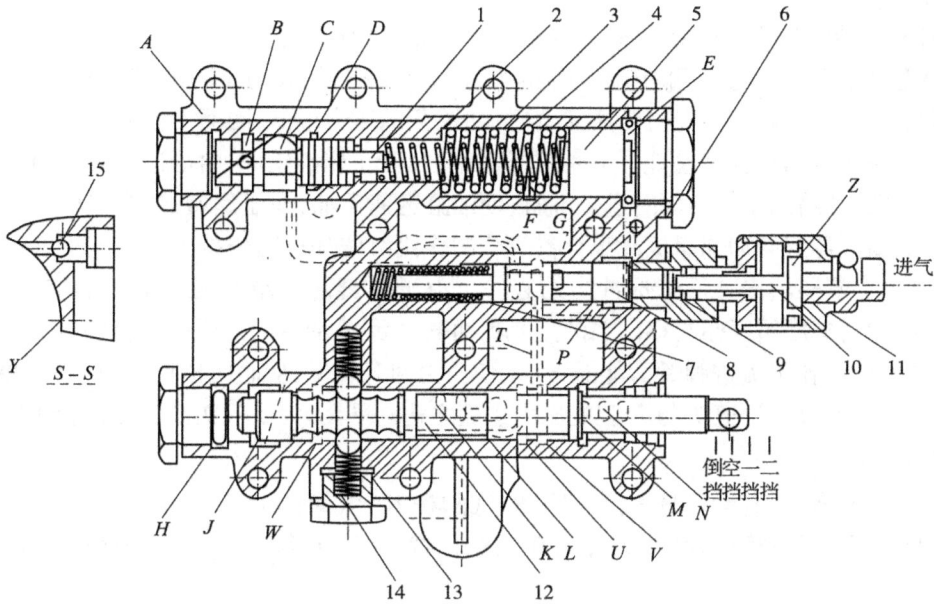

图 12-29 变速操纵阀

1-减压阀杆;2、3、7、14-弹簧;4-调压圈;5-滑块;6-垫圈;8-制动阀杆;9-圆柱塞;10-气阀杆;11-气阀体;12-分配阀杆;13-钢球;15-止回节流阀

1. 调压阀

减压阀杆 1 和弹簧 2 相平衡,弹簧 2 顶住弹簧蓄能器的滑块 5。滑块 5 除压缩弹簧 2 外,还压缩弹簧 3。C 腔为变速操纵阀的进油口。A 腔和 C 腔通过减压阀杆 1 中的小节流孔相通,B 腔与油箱相通,D 腔通变矩器。当启动发动机时,变速泵来油,从 C 腔进入调压阀,油从油道 F 通过切断阀进入油道 T,通向分配阀。与此同时,压力油通过减压阀杆中小节流孔到 A 腔,从 A 腔向减压阀杆施压,使减压阀杆右移,打开油道 D,变速泵来油,一部分通向变矩器。油道 T 内的油,还经油道 P 进入弹簧蓄能器 E 腔,推动滑块左移,控制调压阀的压力。调压圈用于防止油压过高。假如系统油压继续升高,超过规定范围时,弹簧蓄能器的滑块 5 已被调压圈 4 所限制,而 A 腔的压力随着油压的升高而升高,推动减压阀杆 1 右移,打开油道 B、C 腔,油部分流回油箱,压力随之降低,使系统压力保持在规定范围,减压阀杆 1 又左移,关闭油道 B,调压阀既起调压的作用,又起着安全阀的作用。

2. 分配阀

分配阀杆 12,由弹簧 14 及钢球 13 定位,扳动分配阀杆,可分别接合一挡、二挡或倒挡。M、L、J 腔分别与一挡、二挡及倒挡液压缸相通,N、K、H 分别与油箱相通,U、V、W 腔始终与油道 T 相通。各挡位进油口及回油口如表 12-6 所示。

各挡位进油口及回油口   表 12-6

挡 位	进油口	回油口	挡 位	进油口	回油口
一挡	M	N	倒挡	J	H
二挡	L	K			

245

3. 弹簧蓄能器

弹簧蓄能器的作用是保证摩擦片离合器迅速而平稳地接合。

弹簧蓄能器 E 腔通过止回节流阀 15 的节流孔 Y 及止回阀,与压力油道 P 相通。换挡时,油道 T 与新接合的油缸相通,显然,刚接合时,油道 T 的压力很低,因而不仅调压阀来的油通向油道 T 进入油缸,而且,弹簧蓄能器 E 腔的压力油,打开止回阀钢球,由油道 P 经油道 T 也进入油缸,由于两条油路的压力油同时进入油缸,使油缸迅速充油,油压骤增,油道 T 的压力也随之增加。弹簧蓄能器起着加速摩擦片离合器接合的作用。假如这时仍按上述情况继续对油缸充油,就有使离合器骤然接合而造成冲击的趋势。由于弹簧蓄能器 E 腔油流入油缸,压力已降低,滑块 5 右移,减压阀杆亦右移。当油液充满油缸之后,T 油道的油压回升,经 P 油道,使止回阀关闭,油从节流孔 Y 流进弹簧蓄能器 E 腔,使压力回升缓慢,从而使挂挡平稳,减少冲击。当摩擦片离合器接合后,油道 T 与 E 腔的压力也随之达到平衡,为下一次换挡准备着能量。

4. 切断阀

切断阀由弹簧 7、制动阀杆 8、圆柱塞 9、气阀杆 10、气阀体 11 等组成。

一般情况下(非制动),制动阀杆 8 在图示位置,油道 F 与 T 相通。阀体内的 G 腔与油箱相通。

当制动时,从制动系统来的压缩空气进入 Z 腔,推动气阀杆 10 左移,圆柱塞 9、制动阀杆 8 亦被推向左移,压缩弹簧 7,使油道 F 切断,同时使油道 T 与 G 腔打通,工作油缸的油经 T、G 迅速流回油箱,因而摩擦片离合器分离。自动进入空挡,有助于制动器的制动。

当制动结束时,Z 腔与大气相通,在弹簧力的作用下,气阀杆 10 右移,圆柱塞 9、制动阀杆 8 在弹簧 7 的作用下,回复到原来的位置,油道 T 与 G 腔隔断,同时接通 T 与 F,调压阀来的压力油经 F、T 进入工作油缸,使摩擦片离合器自动接合。装载机恢复正常运转,制动过程全部结束。

二、TY220 型履带式推土机液力机械传动的液压控制系统

图 12-30 所示为 TY220 型履带式推土机液力机械传动的液压控制系统,该系统主要是由后桥箱(油箱)、粗滤器、细滤器、变速泵、变速操纵阀、溢流阀、调节阀、冷却器、润滑阀、回油泵等组成的一个相互关联的液压系统。

变速泵 2 由齿轮箱驱动,从后桥箱 20 内经滤油器 1 吸出油液,通过第二滤油器 3 将压力油送至变速器控制系统。压力油进入调压阀 4 后分三路通往液力变矩器 11,变速换向操纵阀 7、8 以及转向离合器。从调压阀分出的压力油经溢流阀 10 到调节阀 13 和润滑阀 15 去的油路为主油路。

由于调压阀 4 具有限压作用,它可限制进入变速器控制系统的油压在一定的数值内。超过限定压力的油液经溢流阀 10 的限制后进入变矩器 11(所超出油压流回变矩器壳体 18 及后桥箱 22)。由变矩器 11 内排出的压力油经调节阀 13 减压,进入冷却器 14 冷却后,一部分进入分动箱 7,另一部分经润滑阀 15 进入变速器 16 用于润滑。

图 12-31 所示为变速操纵阀。该变速操纵阀主要由调压阀、急回阀、减压阀、变速阀、换向阀、安全阀等组成。

调压阀和急回阀的作用是保证换挡离合器油缸中油液的工作压力和进行离合器的转矩容量调节,使换挡离合器油缸的油压缓慢上升,离合器就平稳地接合,保证推土机不产生变速冲击,能平稳地变速和起步。

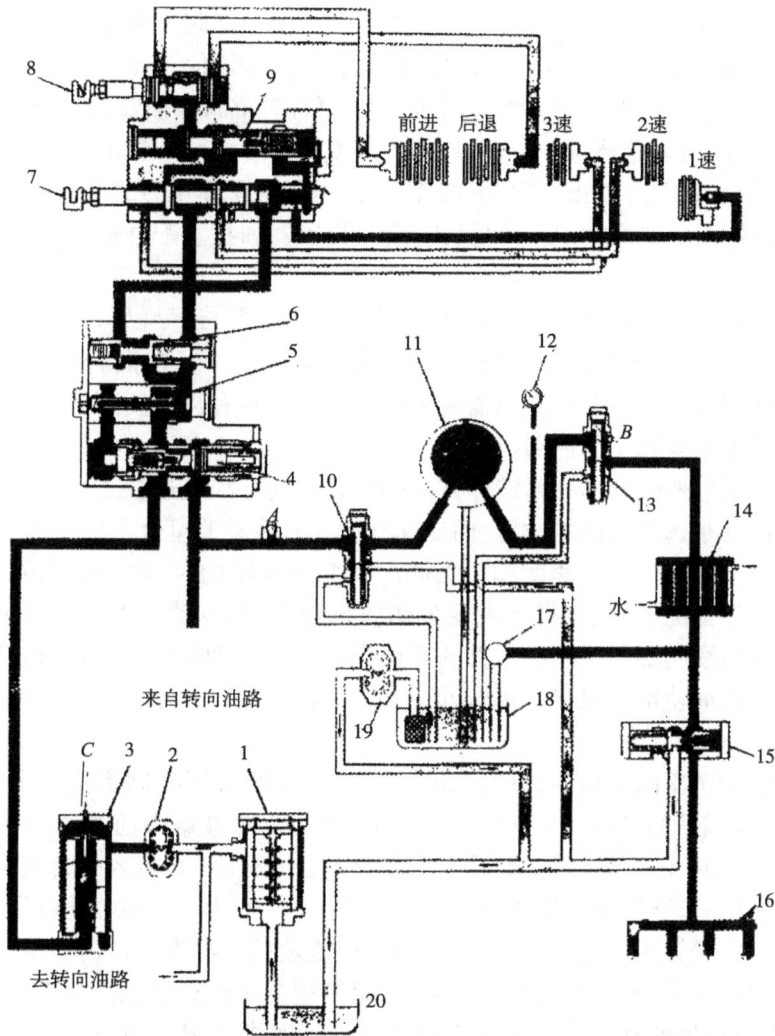

图 12-30 TY-220 型履带式推土机液力机械传动的液压控制系统

1-粗滤器;2-变速泵;3-细滤器;4-调压阀;5-急回阀;6-减压阀;7-速度阀;8-方向阀;9-安全阀;10-溢流阀;11-变矩器;12-油温计;13-调节阀;14-油冷器;15-润滑阀;16-变速器润滑;17-分动箱润滑;18-变矩器壳体;19-回油泵;20-后桥箱;A-变矩器进油压力测量口;B-变矩器出油压力测量口;C-操纵阀进油压力测量口

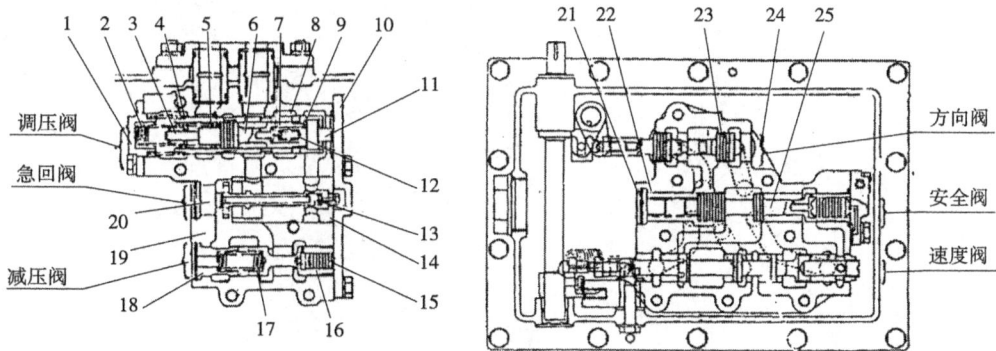

图 12-31 TY-220 型履带式推土机变速操纵阀

1-盖;2、5、12-阀杆弹簧;3-座;4-阀套弹簧;6、25-阀杆;7、9、13、14-阀芯;8-滑阀;10-阀端盖;11-挡块;15-柱塞;16-减压阀芯;17-减压弹簧;18-弹簧座;19-上阀体;20、21-挡块;22-弹簧;23-进退阀杆;24-下阀体

在升压过程中,压力油推动急回阀右移,使压力油沿急回阀节流孔进入调压阀阀套背室而产生节流效应,此节流效应使调压阀产生背压,背压的作用使调压阀阀套压缩弹簧和阀杆一起左移,关闭了溢流口,使压力上升,使阀杆继续左移,重新开启溢流口。同时,阀套背压也相应增大,继续推动阀套随阀杆左移,再关闭溢流口使压力又一次上升,如此下去,油压不断上升,直至阀套移到左边锁止位置,不再移动,油压保持工作压力的定值。

方向阀有前进与倒退两个工作位置,当在前进挡位置时,它配合速度阀 7 的第五离合器作低压的供油。

在倒挡位置时,它不但可以满足自己所需的压力油,同时还可以保持第一速离合器的稳压油液。总之,方向阀 8 不论在任何位置上,总要保持给一个换向离合器的充足供油,而不会阻断油路,也就是说,它不会使变速器成为空挡。空挡只有当速度阀 7 只供给第五离合器时或同时阻断了去安全阀 9 的油路时才会发生。

速度阀 7 是通过连杆的杠杆系统和方向阀 8 装在同一根变速杆上,因此两阀是联动的。变速杆的前后拨动是选择高低挡位置,而变速杆的左右拨动便可改变推土机的行驶方向。

安全阀 9 位于方向阀 8 和速度阀 7 之间。在变速器换挡时,它对油压的改变反应很灵敏。作用是在某种情况下(例如推土机在工作或行驶中,当发动机熄火后要再启动,但此时的变速滑阀和换向滑阀都仍停留在某挡的工作位置上),自动阻断压力油进入第二变速挡及方向阀的通道。从而使推土机仍不能起步,以免发生发动机的启动与推土机的起步同时进行的不安全现象。

减压阀 6 位于调压阀至急回阀的回路途中,作用是因液压控制系统整个管路的设定压力为 2.5MPa,当内部压力到达 1.25MPa 时,第一速离合器管路将通过减压阀 6 而被关闭。在空挡时,随着发动机的开动,从油泵输出的压力油,由减压阀 6 流入一速离合器填满油缸。这是为了在推土机开动时,缩短液压油首先填满油缸(一挡和二挡离合器)所需的时间。当变速及换向杆由空挡转为前进一挡时,压力油不但能填满一挡离合器的油缸,而且当前进一挡转变为二挡时,因一挡离合器油缸已填满,故只需把液压油充满二挡离合器油缸。所以当在空挡时,一挡离合器油缸的液压油始终保持在设计要求范围内的压力。当在需要变速换向时,一切都能顺利地进行工作。

第十三章 万向传动装置

第一节 万向传动装置的组成与功用

由于总体布置上的需要,在工程机械的传动系统或其他系统中都装有万向传动装置。万向传动装置一般由万向节和传动轴组成。主要用于两轴不同心或有一定夹角的轴间,以及工作中相对位置不断变化的两轴间传递动力。

在发动机前置、后轮驱动的车辆上,见图13-1a),常将发动机、离合器和变速器连成一体安装在车架上,而驱动桥则通过具有弹性的悬架与车架连接。在车辆行驶过程中,由于不平路面引起悬架系统中弹性元件变形等因素,使驱动桥的输入轴与变速器输出轴相对位置经常变化。所以在变速器与驱动桥之间必须采用万向传动装置。在两者距离较远的情况下,应将传动轴分成两段,并加设中间支承。

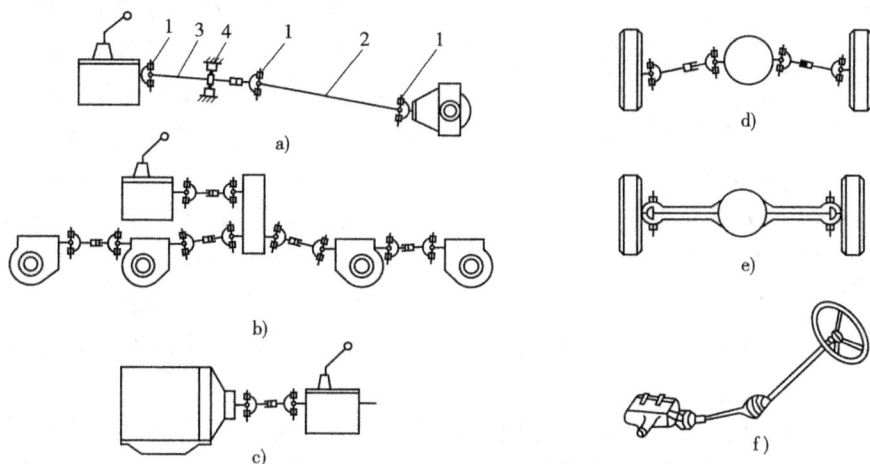

图 13-1　万向传动装置在车辆上的应用
1-万向节;2-传动轴;3-前传动轴;4-中间支承

在多轴驱动的车辆上,在分动器与驱动桥之间或驱动桥与驱动桥之间也需要采用万向传动装置,见图13-1b)。

由于车架的变形,也会造成两传动部件轴线间相互位置的变化,图13-1c)所示为在发动机与变速器之间装用万向传动装置的情况。

在采用独立悬架的车辆上,车轮与差速器之间位置经常变化,也必须采用万向传动装置,见图13-1d)。

对于又驱动又转向的车桥,也需要解决对经常偏转的车轮的传动问题,因此转向驱动桥的半轴要分段,在转向节处用万向节连接,以适应车辆行驶时半轴各段的夹角不断变化的需要,见图 13-1e)。

除传动系外,在车辆的动力输出装置和转向操纵机构中也常采用万向传动装置,见图 13-1f)。

第二节　万　向　节

一、万向节的分类

万向节是实现变角度动力传递的机件,用于需要改变传动轴线方向的地方。

万向节按在扭转方向上是否有明显的弹性可分为刚性万向节和挠性万向节两类。刚性万向节又可分为不等速万向节(常用的为普通十字轴式)、准等速万向节(如双联式万向节)和等速万向节(如球叉式和球笼式)3 种。

二、不等速万向节

在工程机械传动系统中用得较多的是普通十字轴式万向节。这种万向节结构简单,工作可靠,两轴间夹角允许大到 $15° \sim 20°$。其缺点是当万向节两轴夹角 α 不为零的情况下,不能传递等角速转动。

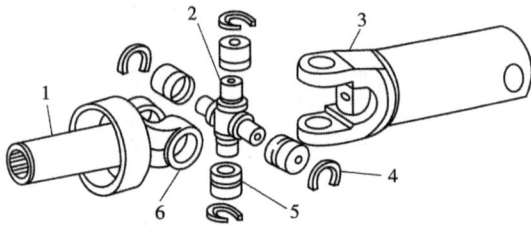

图 13-2　普通十字轴式刚性万向节
1-套筒;2-十字轴;3-万向节(传动轴)叉;4-卡环;5-滚针轴承;6-万向节(套筒)叉

图 13-2 所示为普通十字轴式刚性万向节。普通十字式刚性万向节一般由 1 个十字轴、2 个万向节叉和 4 个滚针轴承组成。2 个万向节叉 3 和 6 上的孔分别套在十字轴 2 的两对轴颈上,这样,当主动轴转动时,从动轴既可随之转动,又可绕十字轴中心在任意方向摆动。为了减少摩擦损失,提高传动效率,在十字轴轴颈和万向节叉孔间装有滚针轴承 5,其外圈靠卡环轴向定位。为了润滑轴承,十字轴上一般装有注油嘴,并有油路通向轴颈,润滑油可从注油嘴注到十字轴轴颈的滚针轴承处。

有的工程机械采用的十字轴式万向节,其万向节叉上与十字轴轴颈配合的圆孔不是一个整体,而是采用瓦盖式,两半之间用螺钉连接;也有的把万向节叉的两耳分别用螺钉和托盘连接在一起而组成十字轴万向节叉,这种结构的特点是拆装方便。

为了说明普通十字轴式万向节不能等角速传动的特点,先分析十字轴式万向节传动过程中两个特殊位置时的情况。

主动叉在垂直位置,十字轴平面与主动轴垂直时的情况[图 13-3a)]。当主动轴以等角速度 w_1 旋转时,主动叉与十字轴连接点 a 的线速度 v_a 在十字轴平面内;从动叉与十字轴连接点 b 的线速度 v_b 在与主动叉平行的平面内,且垂直于从动轴。点 b 的线速度 v_b 可分解为在十字轴平面内的速度 v_b' 和垂直于十字轴平面的速度 v_b''。由速度三角形可以看出,在数值上 $v_b > v_b'$。由于十字轴是对称的,即 $Oa = Ob$。当万向节转动时,十字轴是绕定点 O 转动的,其上 a、b 两点在十字轴平面内的线速度在数值上应相等,即 $v_b' = v_a$。因此,$v_b > v_a$。由此可知,当主、从动叉转到上述位置时,从动轴的转速大于主动轴转速。

主动叉在水平位置,十字轴平面与从动轴垂直时的情况[图 13-3b)]。此时主动叉与十字轴连接点 a 线速度 v_a,在平行于从动叉的两面内,并垂直于主动轴。线速度 v_a 可分解为在十字轴平面内的速度 v'_a 和垂直于十字轴平面的速度 v''_a。根据上述同样道理,在数值上 $v_a > v'_a$,而 $v_a = v_b$,因此,$v_a > v'_b$,即当主、从动叉转到所述位置时,从动轴转速小于主动轴转速。

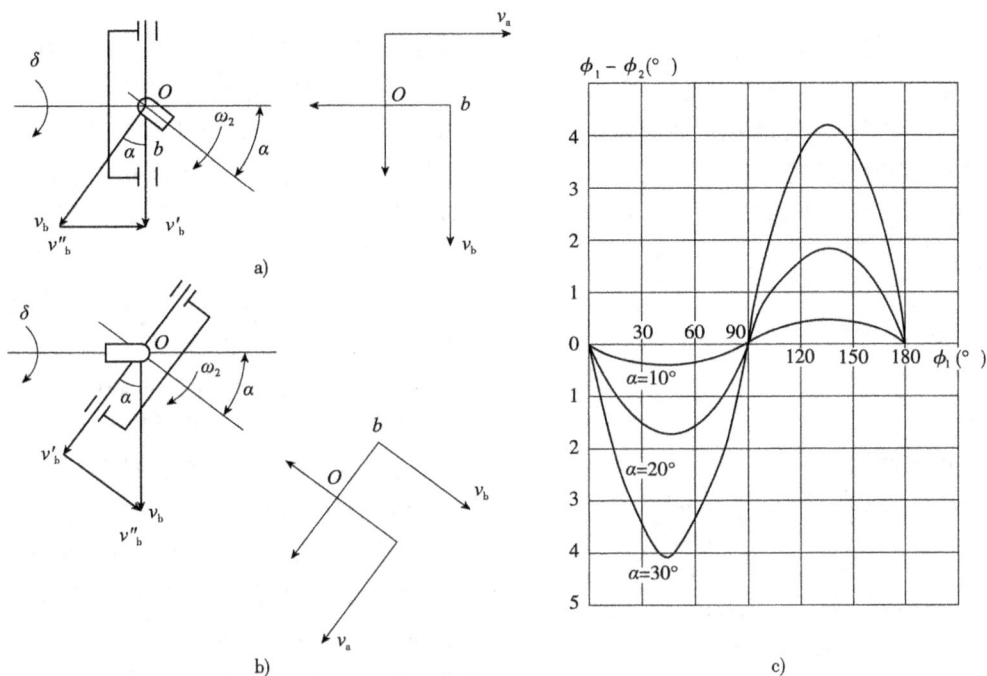

图 13-3　普通十字轴式万向节传动特性分析

由上述两个特殊情况的分析表明,普通十字轴式万向节在传动过程中,主、从动轴的转速是不等的。

设主动叉由图 13-3a)所示初始位置转过 ϕ_1 角,从动叉相应转过 ϕ_2 角,由机械原理分析可以得出如下关系式:

$$\tan\phi_1 = \tan\phi_2 \cos\alpha \tag{13-1}$$

在万向节两轴夹角 α 固定的情况下,当主动叉转角 ϕ_1 由 0°~180°变化时,可以求出一系列从动叉相应转角 ϕ_2。以主动叉转角 ϕ_1 为横坐标,主动叉转角和从动叉转角之差 $\phi_1 - \phi_2$ 为纵坐标,可以画出 $\phi_1 - \phi_2$ 随 ϕ_1 变化曲线图,如图 13-3c)所示。主动轴转角 ϕ_1 从 0°~90°,从动轴转角相对主动轴是超前的,即 $\phi_2 > \phi_1$,且两角差值在 $\phi_1 = 45°$ 时达最大,随后差值减小,即在此区间从动轴转速先快后慢。当主动轴转过 90°时,从动轴也转过 90°。

当 ϕ_1 从 90°~180°,从动轴转角相对主动轴是滞后的,即 $\phi_2 < \phi_1$,且两角差值在 $\phi_1 = 135°$时达最大,随后差值减小,即在此区间从动轴转速先慢后快。当主动轴转过 180°时,从动轴也转过 180°。后半转情况与前半转相同。由此可见,主动轴是等角速转动,而从动轴则时快时慢,这就是普通十字轴式万向节传动的不等速性。必须注意的是,所谓传动的不等速性,是指从动轴在一周中瞬时角速度不均匀而言。而主、从动轴的平均转速是相等的,即主动轴转过一周,从动轴也转一周。

由图 13-3c)还可以看出,两轴夹角越大,则转角差($\phi_1 - \phi_2$)越大,即万向节不等速性越严重。此现象由上述两个特殊情况下的速度分析也可得到说明。从图 13-3a)、b)可以看出，v_a 与 v_b 之差值，实际上就是 v_a 与 v_a'，或 v_b 与 v_b' 之差值，在速度三角形（这里是直角三角形）内，若夹角 α（即主、从动轴夹角）增大，则 v_a 与 v_a' 或 v_b 与 v_b' 的差值就越大。

普通十字轴式万向节传动的不等速性，将使从动轴及与它相连的传动件产生扭转振动，从而产生附加的反复荷载，影响部件寿命。为此，人们在实践中探索如何实现等速万向传动。

从一个万向节传动的不等速性，很容易联想到，如果再加一个万向节和第一个万向节相对安装，则第二个万向节的主动轴将是不等速的，而它的从动轴是否可能与第一个万向节的主动轴一样做等角速转动呢？实践和理论分析表明：只要第一个万向节两轴间夹角 α_1 与第二个万向节两轴间夹角 α_2 相等，并且第一个万向节的从动叉与第二个万向节的主动叉在同一平面内，则经过双万向节传动后，就可使第二个万向节从动轴与第一个万向节主动轴一样做等速转动。

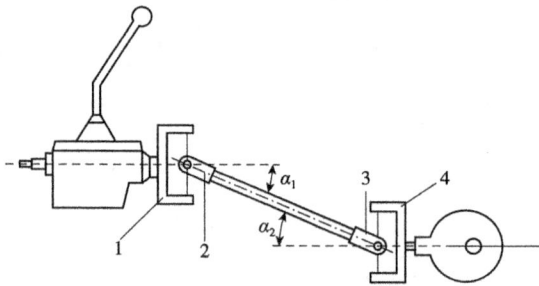

图 13-4 双万向节等速传动布置图
1、3-主动叉；2、4-从动叉

图 13-4 所示为双万向节等速传动的两种布置方案简图。注意：主、从动轴的相对位置是由整机的总布置和总装配确定的；传动轴两端万向节叉的相对位置则由装配传动轴时保证。因此，在安装时必须注意传动轴两端的万向节叉要在同一平面上。

如前所述，万向节两轴间夹角越大，则传动的不等速性越严重，传动效率越低。为此，在总体设计中应尽量设法减小万向节两轴间夹角。实际上由于机械在运行过程中不可能保证 α_1 与 α_2 总相等，故只是近似的等速传动。

采用双万向节传动，虽能近似解决等速传动问题，但在某些情况下，例如转向驱动桥，由于受到空间位置的限制，要求万向传动装置结构紧凑，尺寸小；而转向轮的最大转角受作业机械机动性的要求，常达 30°~40°。甚至更大。此外，直线行驶时，又要求两侧转向轮做等速转动。因此，普通十字轴式万向节传动已难满足要求。这就需要采用单个等角速万向节传动来实现上述要求。

三、准等速万向节

常见的准等速万向节有双联式和三销轴式两种，它们的工作原理与双十字轴式万向节实现等速传动的原理是一样的。

图 13-5 所示为双联式万向节的实际结构。在万向节叉 6 的内端有球头，在万向节叉 1 内端则压配有导向套，球碗放于导向套内，被弹簧压向球头。在两轴夹角为 0 时，球头与球碗的中心与两十字轴中心 O_1、O_2 的连线中点重合。当万向节叉 6 相对万向节叉 1 在一定角度范围内摆动时，如果球头与球碗的中心（实际上也是两轴轴线交点）能沿两十字轴中心连线的中垂线移动，就能够满足 $\alpha_1 = \alpha_2$ 的条件。但是球头与球碗的中心（实际上就是球头的中心）只能绕万向节叉 6 上的十字轴中心 O_2 做圆弧运动。如图 13-6 所示，在两轴夹角较小时，处在圆弧上的两轴轴线交点离上述中垂线很近，能够使得 α_1 与 α_2 的差值很小，从而保证两轴角速度接近相等，其差值在允许范围内，故双联式万向节是一种准等速万向节。

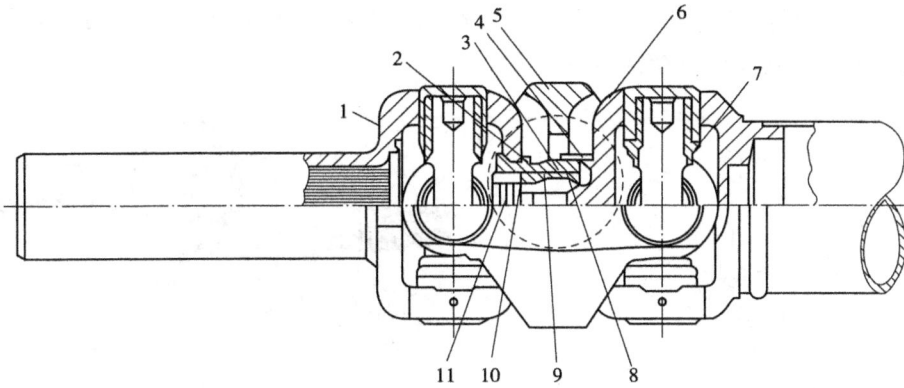

图 13-5　双联式万向节

1、6-万向节叉;2-导向套;3-衬套;4-防护圈;5-双联叉;7-油封;8、10-垫圈;9-球碗;11-弹簧

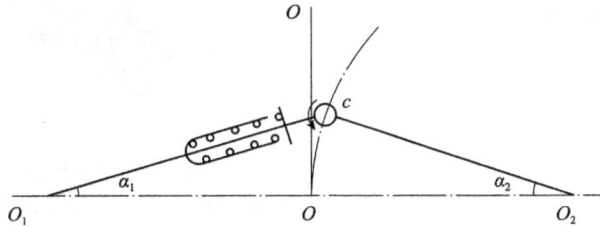

图 13-6　双联式万向节分度机构工作原理图

O_1-万向节叉 1 上的十字轴中心;O_2-万向节叉 6 上的十字轴中心;O-球头中心;OO-O_1O_2 的中垂线

四、等速万向节

等角速万向节有球叉式和球笼式两种。

1. 球叉式等角速万向节

图 13-7 所示为球叉式等角速万向节的工作原理图。万向节的工作情况与一对大小相同的锥齿轮传动相似,其传力点永远位于两轴夹角的平分面上。图 13-7a)表示一对大小相同的锥齿轮传动情况。两齿轮接触点 P 位于两齿轮轴线夹角 γ 的平分面上;由 P 点到两轴的垂直距离都等于 r。由于两齿轮在 P 点处的线速度是相等的,因而两齿轮的角度也相等。与此相似,若万向节的传力点 P 在其夹角变化时,始终位于角平分面内[图 13-7b)],则可使两万向节叉保持等角速关系。

球叉式等角速万向节就是根据这种工作原理做成的,它的构造如图 13-8 所示。主动叉 2 与从动叉 3 分别与内、外半轴 1、4 制成一体。在主、从动叉上,各有 4 个曲面凹槽,装合后形成两个相交的环形槽,作为钢球滚道。4 个传动钢球 5 放在槽中,中心钢球 6 放在两叉中心的凹槽内,以定中心。

为了能顺利地将钢球装入槽内,在中心钢球 6 上铣出一个凹面,凹面中央有一深孔。当装合时,先将定位销 8 装入从动叉内,放入中心钢球,然后在两球叉槽中放入 3 个传动钢球,再将中心钢球的凹面对向未放钢球的凹槽。以便放入第四个传动钢球,之后,再将中心钢球 6 的孔对准从动叉孔,提起从动叉 3 使定位销 8 插入球孔内,最后,将锁止销 7 插入从动叉上与定位销垂直的孔中,以限制定位销轴向移动,保证中心钢球的正确位置。

球叉式等角速万向节工作时,只有两个钢球参加传力,当反转时,则是另外两个钢球参

253

加传力。因此,钢球与曲面凹槽之间的压力较大,易磨损。此外,使用中,钢球易脱落,曲面凹槽加工较复杂。其优点是结构紧凑、简单。

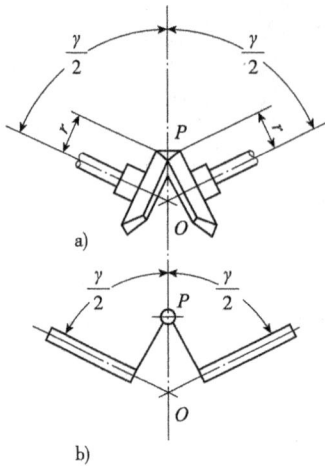

图 13-7　球叉式等角速万向节工作原理

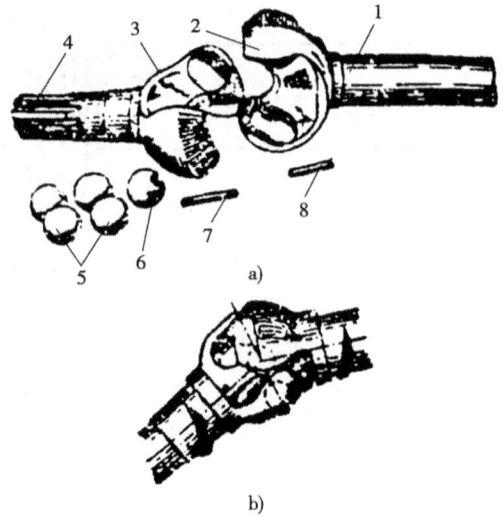

图 13-8　球叉式等角速万向节
1-内半轴;2-主动叉;3-从动叉;4-外半轴;5-传动钢球;6-中心钢球;7-锁止销;8-定位销

球叉式等角速万向节的主、从动轴间夹角可达 32°～33°,较好地满足了转向驱动桥的要求,使用较广泛。

2. 球笼式等角速万向节

球笼式等角速万向节的结构如图 13-9 所示。星形套 7 以内花键与主动轴 1 相连,其外表面有 6 条弧形凹槽,形成内滚道。球形壳 8 的内表面有相应的 6 条弧形凹槽,形成外滚道。6 个钢球 6 分别装在由 6 组内、外滚道所围成的空间里,并被保持架 4 限定在同一个平面内。动力由主动轴 1 及星形套经钢球 6 传至球形壳 8 输出。

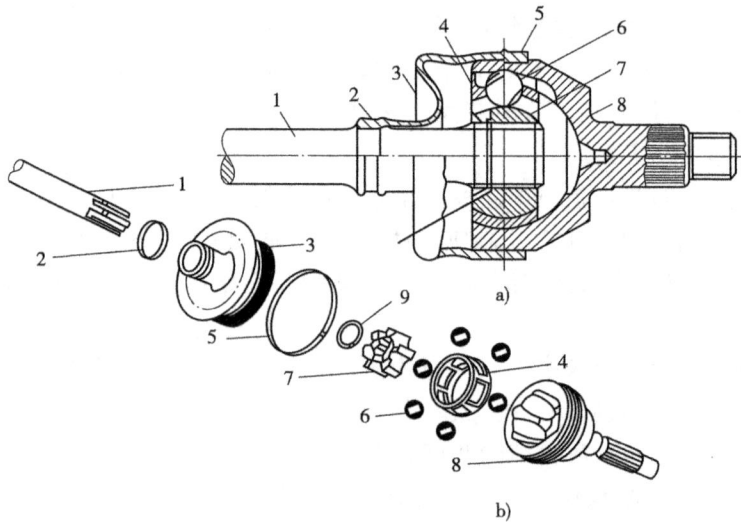

图 13-9　球笼式等角速万向节
1-主动轴;2、5-钢带箍;3-外罩;4-保持架(球笼);6-钢球;7-星形套(内滚道);8-球形壳(外滚道);9-卡环

254

球笼式等角速万向节的等速传动原理见图 13-10。外滚道的中心 A 与内滚道的中心 B 分别位于万向节中心 O 的两边,且与 O 等距离。钢球在内滚道中滚动和钢球在外滚道中滚动时,钢球中心所经过的圆弧半径是一样的。钢球中心所处的 C 点正是这样两个圆弧的交点,所以有 $AC = BC$。又由于有 $AO = BO$、$CO = CO$,这就可以导出 $\triangle AOC \cong \triangle BOC$,因而 $\angle AOC = \angle BOC$,也就是说,当主动轴与从动轴成任一夹角 α(当然要一定范围内)时,C 点都处在主动轴与从动轴轴线的夹角平分线上。处在 C 点的钢球中心到主动轴的距离 a 和到从动轴的距离 b 必然是一样的(用类似的方法可以证明其他钢球到两轴的距离也是一样的),从而保证了万向节的等速传动特性。

在图 13-10 中上下两钢球处,内外滚道所夹的空间都是左宽右窄,钢球很容易向左跑出。为了将钢球定位,设置了保持架。保持架的内外球面、星形套的外球面和球形壳的内球面均以万向节中心 O 为球心,并保证 6 个钢球球心所在的平面(主动轴和从动轴是以此平面为对称面的)经过 O 点。当两轴夹角变化时,保持架可沿内外球面滑动,这就限定了上下两球及其他钢球不能向左跑出。

球笼式等角速万向节内的 6 个钢球全部传力,承载能力强,可在两轴最大夹角为 42° 的情况下传递转矩,同时,其结构紧凑,拆装方便,因而得到广泛应用。

图 13-11 所示的伸缩型球笼式等角速万向节的内外滚道是直槽的,在传递转矩过程中,星形套可在筒形壳内沿轴向移动,能起到滑动花键的作用,使万向传动装置结构简化。又由于星形套与筒形壳之间轴向相对移动是通过钢球沿内外滚道滚动实现的,滑动阻力比滑动花键的小,所以适用于断开式驱动桥。

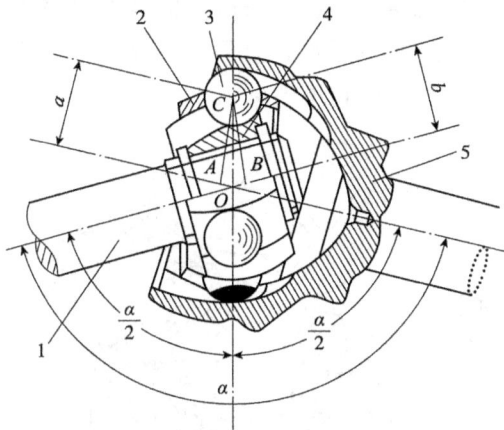

图 13-10　球笼式等角速万向节的等速性
1-主动轴;2-保持架(球笼);3-钢球;4-星形套(内滚道);
5-球形壳(外滚道);O-万向节中心;A-外滚道中心;B-内滚道中心;C-钢球中心;α-两轴夹角(指钝角)

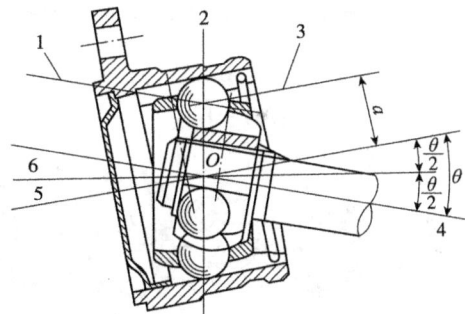

图 13-11　伸缩型球笼式等角速万向节
1-钢球在内滚道上移动时钢球中心轨迹;2-保持架的钢球孔槽中心线;3-钢球在外滚道上移动时钢球中心轨迹;4-主动轴;5-从动轴;6-保持架线轴;O-万向节中心

如图 13-12 所示,这种万向节的内外滚道各是 6 条直槽,钢球在星形套或筒形壳的 6 条直槽中移动的球心轨迹都可以看作圆柱面上的 6 条均布的母线,并且两圆柱面的直径是相同的。当从动轴和主动轴不在一条直线上时,两圆柱面相贯交出一个椭圆(就像取暖炉烟筒的弯头那样)。在钢球的作用下,两圆柱面上的母线两两相交于此椭圆上,钢球球心处在椭圆上的这些交点上。从动轴轴线和主动轴轴线的交点也在椭圆所在的平面内,实际上就是

这一椭圆的中心。钢球(图 13-11 中上面的钢球)中心 C 处在从动轴轴线与主动轴轴线夹角

图 13-12　伸缩型球笼式等角速万向节工作原理图
1-钢球中心；2、3-在内、外滚道中移动的钢球中心轨迹；
4、5-主、从动轴轴线

(图 13-12 中 $\angle O_1OO_2$)的平分线上，C 点到两轴线距离相等(用类似的方法可以证明其他钢球到两轴的距离也是一样的)，从而保证万向节做等角速传动。

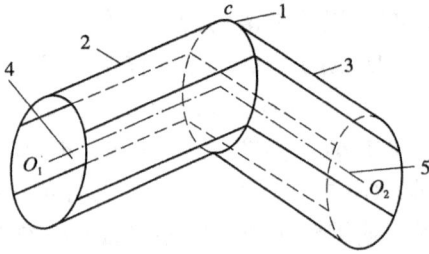

与一般球笼式等角速万向节相类似，在图 13-11 中上面的钢球处，内、外滚道所夹的空间是左窄右宽；在图 13-11 中下面的钢球处，内、外滚道所夹的空间是左宽右窄，钢球很容易跑出(其他钢球也有这种问题)。为了将钢球定位，设置了保持架。

这种万向节的输入轴轴线通过保持架的外球面中心 A，输出轴轴线通过保持架的内球面中心 B。A、B 两点处在保持架的轴线上，钢球中心 C 处于线段 AB 的中垂面内，由此决定了钢球中心 C 到 A、B 的距离相等。这样的机构保证了：当从动轴轴线从主动轴轴线方向开始转过 θ 角时，保持架轴线对主动轴的转角和从动轴轴线对保持架轴线的转角均为 $\theta/2$，于是保持架将钢球定位在适当的位置。

3. 自由三枢轴等速万向节

在富康轿车上，驱动轴采用了自由三枢轴等速万向节，如图 13-13 所示。这种万向节包括以下几个部分：3 个位于同一平面内互成 $120°$ 的枢轴(图 13-14)，它们的轴线交于输入轴上一点，并且垂直于传动轴；3 个外表面为球面的滚子轴承，分别活套在各枢轴上；1 个漏斗形轴，在其筒形部分加工出 3 个槽形轨道；3 个槽形轨道在筒形圆周上是均匀分布的，轨道配合面为部分圆柱面，3 个滚子轴承分别装入各槽形轨道，可沿轨道滑动。

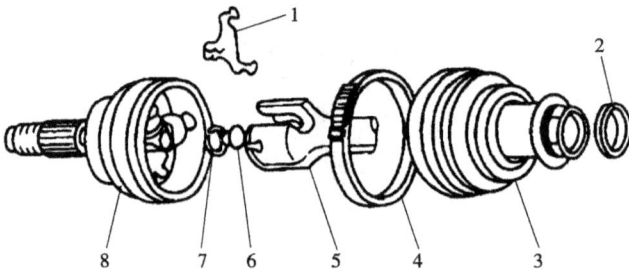

图 13-13　自由三枢轴等速万向节
1-锁定三角架；2-橡胶紧固件；3-保护罩；4-保护罩卡箍；5-漏斗形轴；6-止推块；7-垫圈；8-外座圈

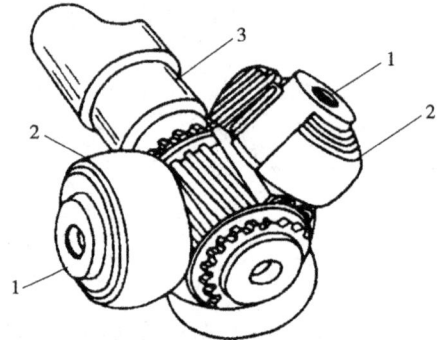

图 13-14　自由三枢轴组件
1-枢轴；2-滚子轴承；3-传动轴

从以上装配关系可以看出，每个外表面为球面的滚子轴承能使其所在枢轴的轴线与相应槽形轨道的轴线相交。当输出轴与输入轴夹角为 0 时，由于三枢轴的自动定心作用，能自动使两轴轴线重合；当输出轴与输入轴夹角不为 0 时，因为外表面为球面的滚子轴承可沿枢轴轴线移动，所以它还可以沿各槽形轨道滑动，这样就保证了输入轴与输出轴之间始终可以传递动力，并且是等速传动(其等速性证明从略)。

4.挠性万向节

如图 13-15 所示,挠性万向节由橡胶件将主、从动轴交叉连接而成,依靠橡胶件的弹性变形来实现小角度夹角(3°~5°)和微小轴向位移的万向传动。它具有结构简单、无需润滑、能吸收传动系中的冲击荷载和衰减扭转振动等优点。

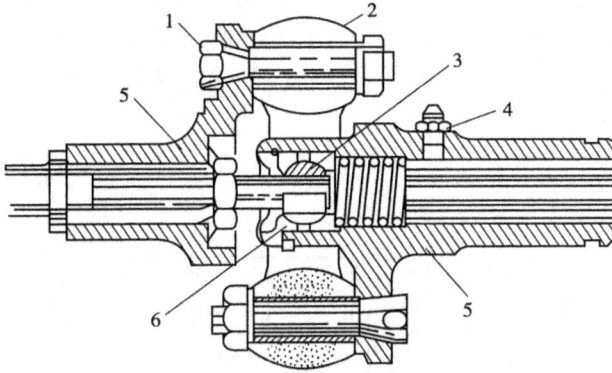

图 13-15 挠性万向节

1-连接螺栓;2-橡胶件;3-中心钢球;4-黄油嘴;5-传动凸缘;6-球座

第三节 传 动 轴

传动轴是万向传动装置的组成部分之一,见图 13-16。这种轴一般长度较长、转速高,并且由于所连接的两部件(如变速器与驱动桥)间的相对位置经常变化,因而要求传动轴长度也要相应的有所变化,以保证正常运转。为此,传动轴结构一般具有以下特点:

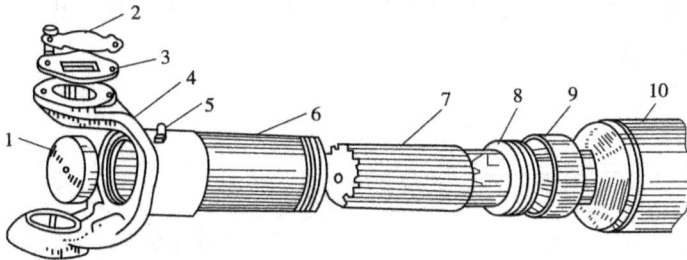

图 13-16 传动轴

1-盖子;2-盖板;3-盖垫;4-万向节叉;5-加油嘴;6-花键套;7-花键轴;8-油封;9-油封盖;10-传动轴管

(1)目前广泛采用空心传动轴。这是因为在传递相同转矩的情况下,空心轴具有更大的刚度,而且质量较轻,可节省钢材。

(2)传动轴的转速较高。为了避免离心力引起的剧烈振动,故要求传动轴的质量沿圆周均匀分布,为此,通常不用无缝钢管,而是用钢板卷制对焊成圆管轴(因为无缝钢管壁厚不易保证均匀,而钢板厚度均匀)。

此外,在传动轴与万向节装配以后,要经过动平衡,用加焊小块钢片的办法平衡。平衡后应在叉和轴上刻上记号,以便拆装时保持原来二者的相对位置。

(3)传动轴上通常有花键连接部分,如图 13-16 所示传动轴的一端焊有花键轴 7,使之与万向节花键套 6 的花键套管连接。这样传动轴总长度允许有伸缩变化。花键长度应保证传

257

动轴在各种工况下,既不脱开,也不顶死。

为了润滑花键,通过油嘴注入润滑脂,用油封和油封盖防止润滑脂外流。有时还加防尘套,以防止尘土进入。

传动轴另一端则与万向节叉 4 焊成一体。

为了减少花键轴与套管叉之间的摩擦损失,提高传动效率,有些机械上已采用滚动花键来代替滑动花键,其构造如图 13-17 所示。由于花键轴与套管叉之间是用钢球传递动力,当传动轴长度变化时,因钢球的滚动摩擦代替花键齿的滑动摩擦,从而大大减小了摩擦损失。

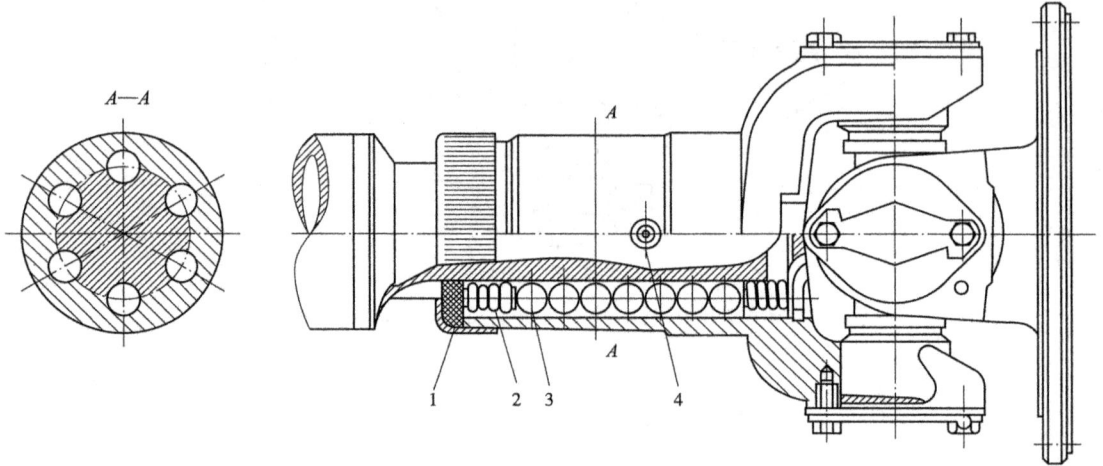

图 13-17　滚动花键传动轴
1-油封;2-弹簧;3-钢球;4-油嘴

有的工程机械,由于变速器(或分动箱)到驱动桥主传动器之间距离很长,如果用一根传动轴,因其过长,在运转中容易引起剧烈振动。为此,将传动轴分成 2 根或 3 根短的,中间加支承点,如图 13-18 所示。

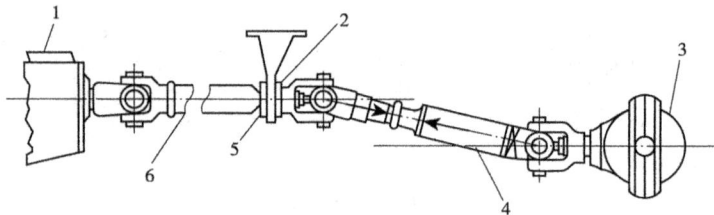

图 13-18　两段传动轴
1-变速器;2-中间支承;3-后驱动桥;4-后传动轴;5-球轴承;6-前传动轴

第十四章 驱 动 桥

第一节 驱动桥的组成和功用

驱动桥是传动系中最后一个大总成,是指变速器或传动轴之后,驱动轮或驱动链轮之前所有传力机件与壳体的总称。根据行驶系的不同,驱动桥可分为轮式驱动桥和履带式驱动桥两种。轮式驱动桥主要有整体式驱动桥和转向驱动桥两类。其作用是将来自变速器的发动机动力经减速增扭并改变传动方向后,分配给左、右驱动轮,并通过差速器允许左、右驱动轮以不同的转速旋转。

一、驱动桥的组成

轮式驱动桥如图 14-1 所示。它由主传动器、差速器、半轴、最终传动(轮边减速器)和桥壳等零部件组成。

变速器传来的动力经主传动器锥齿轮 1、2 传到差速器上,再经差速器的十字轴、行星齿轮 3、半轴齿轮 4 和半轴 5 传到最终传动,又经最终传动的太阳轮 7、行星齿轮 8 和行星架最后传动到驱动轮 9 上,驱动机械行驶。

履带式驱动桥如图 14-2 所示。它由主传动器、转向机构(多采用转向离合器)、最终传动和桥壳等零碎部件组成。

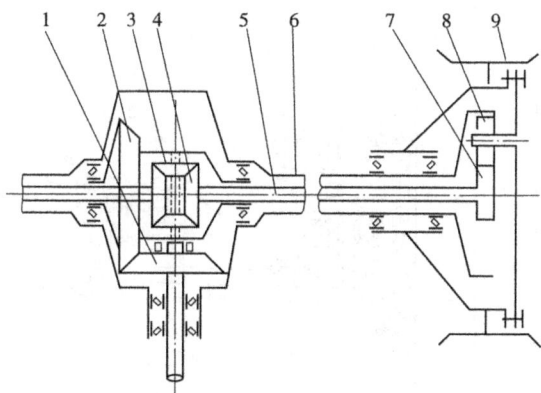

图 14-1 轮式驱动桥示意图
1、2-主传动器锥齿轮;3-行星齿轮;4-半轴齿轮;5-半轴;
6-驱动桥壳;7、8-最终传动齿轮;9-驱动轮

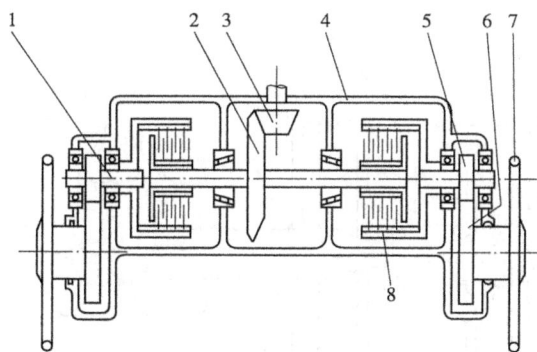

图 14-2 履带式驱动桥示意图
1-半轴;2、3-主传动器锥齿轮;4-驱动桥壳;5、6-最终传动齿轮;7-驱动链轮;8-转向离合器

变速器传来的动力经主传动器锥齿轮 3、2 传到转向离合器 8,再经半轴 1 传到最终传动,由最终传动齿轮 5、6 最后传到驱动链轮 7 上,卷绕履带,驱动机械行驶。

二、驱动桥的功用

驱动桥的功用:通过主传动器改变转矩旋转轴线的方向,把轴线纵置的发动机的转矩传到轴线横置的驱动桥两边的驱动轮;通过主传动器和最终传动将变速器输出轴的转速降低,转矩增大;通过差速器解决两侧车轮的差速问题,减小轮胎磨损和转向阻力,从而协助转向;通过转向离合器既传递动力,又执行转向任务。另外,驱动桥壳还起支承和传力作用。

三、驱动桥的分类

驱动桥的类型有断开式驱动桥和非断开式驱动桥。

一般汽车的驱动桥总体构成如图 14-3 所示。它由驱动桥壳 1、主减速器 2、差速器 3、半轴 4 和轮毂 5 组成。从变速器或分动器经万向传动装置输入驱动桥的转矩首先传到主减速器 2,经差速器 3 分配给左右两半轴 4,最后经过半轴外段的凸缘盘传至驱动车轮轮毂 5。驱动桥壳 1 由主减速器壳和半轴套管组成。轮毂 5 借助轴承支承在半轴套管上。

整个驱动桥通过弹性悬架与车架连接,由于半轴套管与主减速器壳是刚性连成一体的,因而两侧的半轴和驱动轮不可能在横向平面内做相对运动,故称这种驱动桥为非断开式驱动桥,亦称整体式驱动桥。

为了提高汽车行驶的平顺性和通过性,有些轿车和越野车全部或部分驱动轮采用独立悬架,即将两侧的驱动轮分别用弹性悬架与车架相连,两轮可彼此独立地相对于车架上下跳动。与此相应,主减速器壳固定在车架上。驱动桥壳应制成分段并通过铰链连接,这种驱动桥称为断开式驱动桥,如图 14-4 所示。主减速器 1 固定在车架上,两侧车轮 5 分别通过各自的弹性元件 3、减振器 4 和摆臂 6 组成的弹性悬架与车架相连。为适应车轮绕摆臂轴 7 上下跳动的需要,差速器与轮毂间的半轴 2 两端用万向节连接。

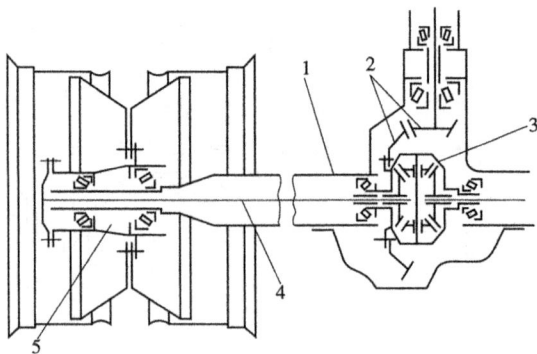

图 14-3　非断开式驱动桥示意图
1-驱动桥壳;2-主减速器;3-差速器;4-半轴;5-轮毂

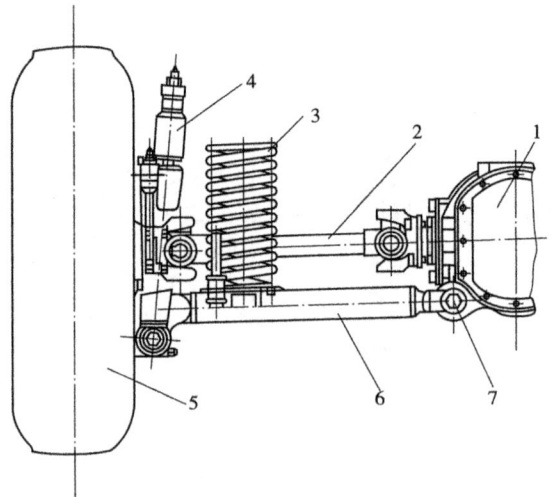

图 14-4　断开式驱动桥的构造
1-主减速器;2-半轴;3-弹性元件;4-减振器;5-车轮;
6-摆臂;7-摆臂轴

第二节 主传动器

在轮式车辆和履带式车辆的驱动桥内,主传动器是第一个传力部件。它的功用是把变速器传来的动力降低转速,并将转矩的旋转轴线由纵向改变为横向后,经差速器或转向离合器传出。

一、主传动器的类型

(一)按主传动器的减速形式分类

1. 单级减速主传动器

单级减速主传动器通常由一对圆锥齿轮组成(如图 14-1 中的 1 和 2 齿轮、图 14-2 中的 2 和 3 齿轮)。由于结构简单,因此一般机械均采用这种传动形式,但由于主动小锥齿轮的最少齿数受到限制,传动比不能太大,否则从动锥齿轮及其壳体结构尺寸大,离地间隙小,机械通过性能差。

2. 两级减速主传动器

两级减速主传动器通常由一对圆锥齿轮副和一对圆柱齿轮副组成。它可以获得较大的传动比和离地间隙,但结构复杂,采用较少。但是在贯通式驱动桥上,为解决轴的贯通问题,通常采用两级减速主传动器。

另外,在个别机械上,还有采用双速主传动器,它可以获得两种传动比,但由于这种结构形式过于复杂,故使用极少。

(二)按锥齿轮的齿型分类

主传动器锥齿轮的齿型,常见的有如图 14-5 所示的 5 种。

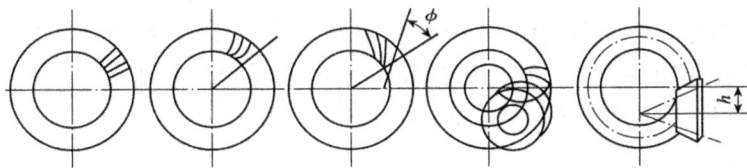

a)直齿锥齿轮 b)零度圆弧锥齿轮 c)螺旋锥齿轮 d)延伸外摆线锥齿轮 e)双曲线齿轮

图 14-5　主传动器的齿型简图

1. 直齿锥齿轮

直齿锥齿轮[图 14-5a)]齿线形状为直线,制造简单,轴向力小,没有附加轴向力;但它不发生根切的最少齿数多(最少 12 个),齿轮重叠系数小,齿面接触区小,故传动噪声大,承载能力小,在主传动器上使用较少。

2. 零度圆弧锥齿轮

齿型是圆弧形[图 14-5b)],螺旋角(在锥齿轮的平均半径处,圆弧的切线与过该切点的圆锥母线之间的夹角)等于零。它的轴向力和最少齿数同直齿锥齿轮,传动性能介于直齿锥齿轮和螺旋锥齿轮之间,即同时啮合的齿数比直齿锥齿轮多,传递荷载能力较大,传动较平稳。

3. 螺旋锥齿轮

齿形是圆弧形[图 14-5c)],螺旋角 ϕ 不等于零,这种齿轮最少齿数可为 5 个,故结构尺寸小,且同时啮合齿数多,重叠系数大,传动平稳,噪声小,承载能力高,使用广泛。缺点是由于有附加轴向推力,因此轴向推力大,加重了支承轴承的负荷。

4.延伸外摆线锥齿轮

齿线开头为延伸外摆线[图 14-5d)],其性能和特点与螺旋锥齿轮相似。

5.双曲线齿轮

双曲线齿轮最少齿数可少到 5 个[图 14-5e)],啮合平稳性优于螺旋锥齿轮,故噪声最小。另外,它的主、从动齿轮轴线不相交,而偏移一定距离 h,因此,在总体布置上,可以增大机械离地间隙或降低机械重心,从而提高机械的通过性或稳定性。它的缺点是传动过程中齿面间有相对滑动,传动效率低,必须使用特种润滑油。

(三)按主、从动锥齿轮轴的相互位置分类

(1)两轴垂直相交;

(2)两轴相交但不垂直;

(3)两轴垂直但不相交。

这 3 种布置形式中,以第一种形式采用最普遍。另外,如果按主动锥齿轮的支承形式又可分为悬臂式支承和垮置式支承两种。前者结构简单,容易布置,但承载能力受限制;后者支承刚度好,故在大、中型轮式机械上采用较多,但结构复杂。

二、966D 型装载机的主传动器

966D 型装载机前、后驱动桥的主传动器形式相同,都是由一对螺旋锥齿轮组成的单级主传动器,轴线垂直相交,如图 14-6 所示。它们之间的区别在于:前驱动桥采用圆锥齿轮差速器,后驱动桥采用牙嵌式自由轮差速器(No Spin 差速器)。各种形式的差速器的结构与原理将在以后介绍。

驱动桥中的主动锥齿轮 11 和轴制成一体,通过一对大、小锥柱轴承 14 和 16 悬臂支承在托架 15 上,托架与主传动器壳体 10 用螺钉连成一体,中间装有调整垫片 13,主传动器壳体又用螺栓固装在驱动桥壳上。从动锥齿轮 1 用螺栓固定在差速器壳 2 上,差速器壳通过一对锥柱轴承 9 安装在主传动器壳体 10 的座孔中。

三、D85A-18 型推土机的主传动器

D85A-18 型推土机的主传动器如图 14-7 所示。它由一对螺旋锥齿轮组成。主动锥齿轮(图中未示出)与变速器的输出短轴制成一体,由安装在变速器的输出端盖和轴承盖(两盖由螺钉连接,中间有调整垫片)中的一对轴承悬臂支承。从动锥齿轮的齿圈 5 用螺栓 4 固定在横轴 3 的凸缘上,横轴由一对锥柱轴承 2 支承。轴承座 1 用螺钉固定在主传动器室两侧的隔板上,中间安装有调整垫片 6。

四、贯通式驱动桥的主传动器

在有些多桥驱动的轮式机械上,各驱动桥不是分别用各自的传动轴与分动器与之相连的,而是在两桥间采用串联,因此传动轴必须从距分动器或变速器较近的驱动桥中穿过,这种驱动桥称为贯通式驱动桥。

贯通式驱动桥上采用双级主传动器,其结构形式有两种(如图 14-8 的传动示意图所示)。一种是第一级采用斜齿柱齿轮副,第二级采用螺旋圆锥齿轮副或双曲面齿轮副[图 14-8a)]。

由于安装尺寸的限制,第一级斜齿柱齿轮副的传动比约为1,主要是为了解决轴的贯通问题。另一种是第一级采用螺旋圆锥齿轮副,第二级采用圆柱齿轮副[图14-8b)]。因圆柱齿轮副两轴线在垂直平面内,故垂直方向尺寸大,增加了机械的重心高度。但由于主传动器偏于桥壳上部,其位置不受桥壳尺寸的限制,因此可以获得较大的传动比。

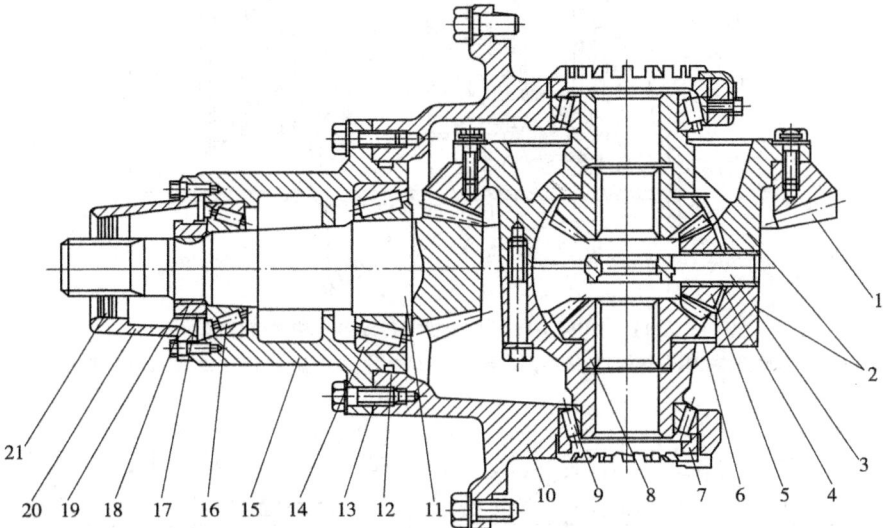

a)966D型装载机前驱动桥的主传动器与差速器

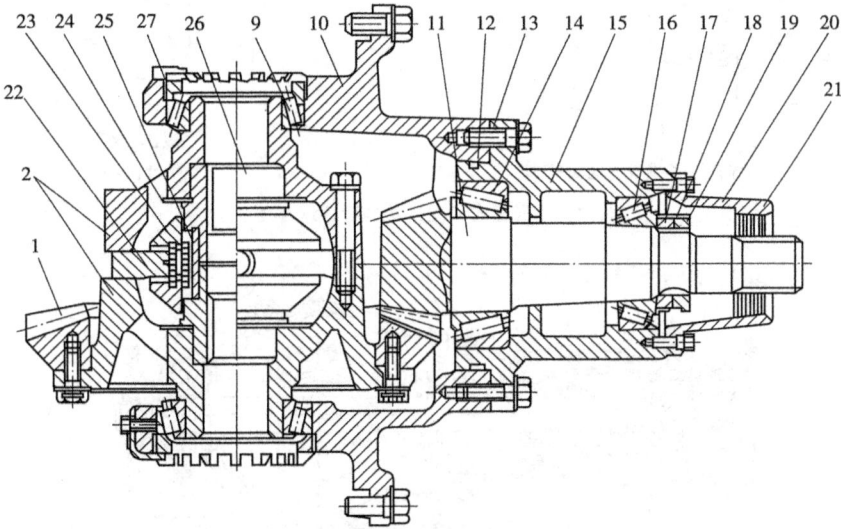

b)966D型装载机后驱动桥的主传动器与差速器

图14-6 966D型装载机前驱动桥的主传动器与差速器

1-从动锥齿轮;2-差速器壳;3-十字轴;4-行星齿轮垫片;5-行星齿轮;6-半轴齿轮垫片;7,27-调整螺母;8-半轴齿轮;9、14、16-锥柱轴承;10-主传动器壳体;11-主动锥齿轮;12-密封圈;13-调整垫片;15-托架;17、19-螺母;18-垫圈;20-密封盖;21-油封;22-主动环;23-从动环;24-花键毂垫片;25-弹簧;26-花键毂

图14-9所示为SH361(上安QY15型汽车起重机)型的贯通式驱动桥。后桥传动轴14经由中驱动桥主传动器第一级主动锥齿轮10的空心轴中穿过,两者之间安装有滑块凸轮式差速器。

263

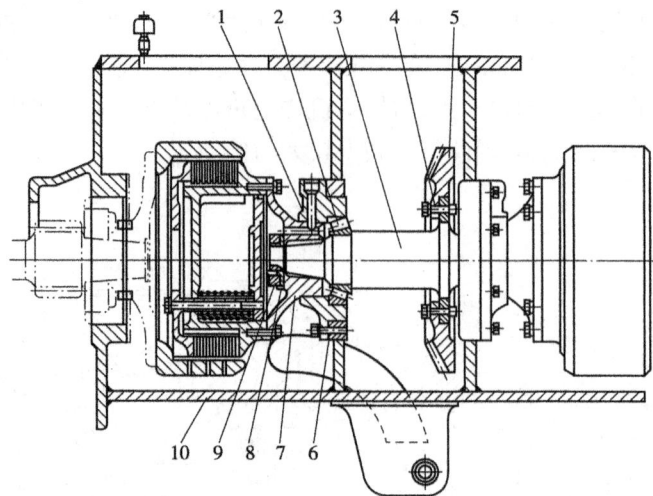

图 14-7　D85A-18 型推土机的传动器与转向离合器

1-轴承座;2-锥柱轴承;3-横轴;4-螺栓;5-从动锥齿轮;6-调整垫片;7-接盘;8-锁片;9-螺母;10-驱动桥壳

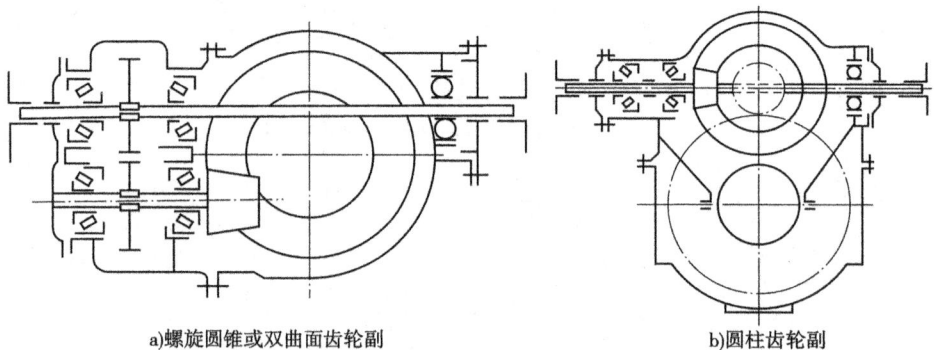

a)螺旋圆锥或双曲面齿轮副　　　　　　　　　　b)圆柱齿轮副

图 14-8　贯通式驱动桥结构形式示意图

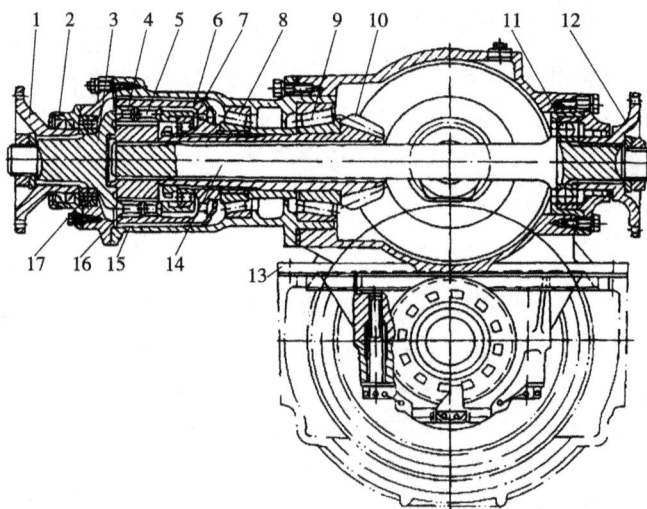

图 14-9　SH361(上安 QY15 型汽车起重机)型中驱动桥

1-凸缘盘;2-油封;3-主动套;4-短滑块;5-长滑块;6-接中桥内凸轮花键套;7-滚柱轴承;8、9-锥柱轴承;10-中桥主动锥齿轮;11-滚珠轴承;12-后桥传动轴接盘;13-主传动器壳;14-后桥传动轴;15-轴间差速器壳;16-轴间差速器盖;17-轴承

五、主传动器调整

主传动器由于传递转矩大,受力复杂,既有切向力、径向力,又有轴向力,在机械作业中有时还产生较大的冲击荷载,因此要求主传动器除在设计制造上要保证具有较高的承载能力外,在装配时还必须保证正确的啮合关系,否则在使用中将会造成噪声大、磨损快、齿面剥落,甚至轮齿折断,故对主传动器必须进行调整,调整项目包括锥柱轴承的安装紧度,主从动锥齿轮的啮合印痕和齿侧间隙。

所谓主传动器的正确啮合,就是要保证两个锥齿轮的节锥母线重合。其判断方法通常采用检查两齿轮的啮合印痕,即在一个锥齿轮的工作齿面上涂上红铅油,转动齿轮,检查在另一个锥齿轮面上的印痕,要求印痕在齿高方向上位于中部,在齿长方向上不小于齿长一半,并靠近小端,这样,当齿轮承载后,小端变形大,使实际工作印痕向大端方向移动,而趋向齿长中间。啮合印痕不合适时,可通过前后移动小锥齿轮或左右移动大锥齿轮来调整。

齿侧间隙作为检查项目,检查方法一般是在锥齿轮的非工作齿面间放入比齿侧间隙稍厚的铅片,转动齿轮后,取出挤压过的铅片,最薄处的厚度即是齿侧间隙。新齿轮的齿侧间隙一般为 $0.2 \sim 0.5$ mm,如 966D 型装载机和 D85A-18 型推土机主传动器锥齿轮的齿侧间隙分别为 (0.3 ± 0.1) mm 和 $0.25 \sim 0.33$ mm。必须注意的是,工作中因齿面磨损而使齿侧间隙增大是正常现象,这时不需对锥齿轮进行调整。否则,调整后反而会改变啮合位置,破坏正确的啮合关系。齿侧间隙调整可通过左右移动大锥齿轮实现。

锥齿轮传动由于有较大轴向力作用,因此一般采用锥柱轴承支承。但这种轴承当有少量磨损时对轴向位置影响却较大,这将破坏锥齿轮的正确啮合关系。为消除因轴承磨损而增大的轴向间隙,恢复锥齿轮的正确啮合关系,故在使用中要注意调整轴承紧度。

主传动器的调整顺序一般是先调整好锥轴承的安装紧度,然后调整锥齿轮的啮合印痕,最后检查齿侧间隙。

966D 型装载机主传动器(图 14-6)的主动锥齿轮支承轴承 14、16 的安装紧度调整通过适当上紧螺母 19 来进行,从动锥齿轮及差速器壳体支承轴承 9 的安装紧度通过适当上紧调整螺母 7 来进行;主动锥齿轮的前后移动通过增减托架与主传动器壳体之间的调整垫片 13 的厚度来进行,从动锥齿轮的左右移动可通过左、右调整螺母 7 一边扭松多少,另一边相应扭紧多少的方法来进行。

D85A-18 型推土机主传动器(图 14-7)的从动锥齿轮支承轴承的安装紧度通过增减轴承座与后桥壳隔板间的调整垫片 6 的厚度来进行,主动锥齿轮的前后移动通过增减支承轴承盖与变速器输出端盖间的调整垫片的厚度来进行,从动锥齿轮的左右移动通过将轴承座处的调整垫片 6 从一侧取出一定数量和厚度加到另一侧的方法来进行。

第三节　差　速　器

轮式机械在行驶过程中,为了避免两侧驱动轮在滚动方向上产生滑动,经常要求它们能够分别以不同的角速度旋转,这是因为以下几点:

(1)转弯时外侧车轮走过的距离要比内侧车轮走过的距离大。

(2)在高低不平的道路上行驶时,左右车轮接触地面所经过的实际路程必然是不相等的。

（3）即使在平路上直线行驶，由于轮胎气压不等、胎面磨损程度不同，或左右两侧荷载不等，则车轮的滚动半径不相等。

在上述情况下，若左右两侧车轮用同一根轴驱动，则势必不会做纯滚动，而是边滚动边滑动，即产生了驱动轮的滑磨现象。滑磨将导致轮胎磨损加快，转向困难，功率消耗增加，同时减小了转向时机械的抗侧滑能力，稳定性变坏。

为了使车轮相对地面的滑磨尽量减少，因此在驱动桥中安装差速器，并通过两侧半轴分别驱动车轮，使两侧驱动轮有可能以不同转速旋转，尽可能接近纯滚动。

基于同样原因，在多桥驱动桥之间也会产生上述轮间无差速器的情况，造成驱动桥间的功率循环，导致传动系中增加附加荷载，损伤传动零件，增大功率消耗和轮胎磨损，因此，这些机械的驱动桥间也安装了轴间差速器。

差速器的结构形式很多，我们主要阐述现代工程机械采用较普遍的几种差速器的结构和作用原理。

一、普通锥齿轮式差速器

普通锥齿轮式差速器如图 14-6a）所示。它主要由左右两半组成的差速器壳 2、十字轴 3、左右半轴齿轮 8 和行星齿轮 5 组成。

左右差速器壳 2 用螺钉连为一体，在分界面处固定安装着十字轴 3，两端通过锥柱轴承 9 支承在主传动器壳体 10 上，行星齿轮 5 与左右半轴齿轮 8 啮合，行星齿轮空套在十字轴 3 上，齿轮背面加工成球形，便于对正中心，并装有球形垫片段。半轴齿轮 8 的颈部滑动支承在差速器壳 2 的座孔中，并通过内孔花键和半轴相连，齿轮背面与壳体之间安装有垫片 6。差速器壳体上有窗孔，靠主动传动器壳体内的润滑油经由窗孔来润滑各零件。普通锥齿轮式差速器的工作原理可由图 14-10 来说明。

设主传动器传来的转矩为 T_0，经差速器壳 5 和十字轴作用在行星齿轮（假若只有一个行星齿轮 3）的圆心 C 处一力 p，由于行星齿轮两侧与半轴齿轮啮合，因此，又分别受到两半轴齿轮反作用力，故行星齿轮如同一个等臂杠杆。

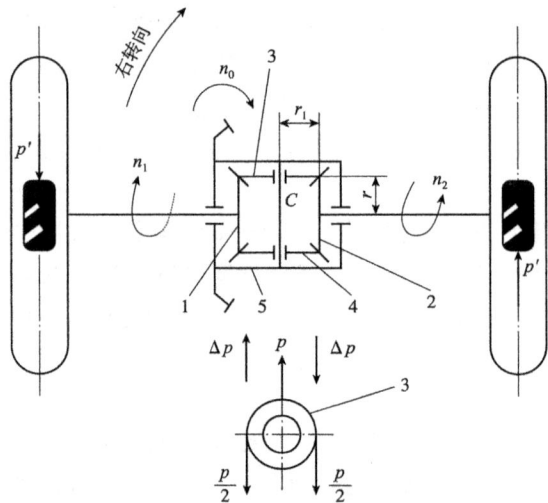

图 14-10　普通锥齿轮式差速器工作原理
1-左半轴齿轮；2-右半轴齿轮；3、4-行星齿轮；5-差速器壳

当机械在平路面上直线行驶时，两侧车轮受力情况相同，左、右半轴齿轮 1、2 给行星齿轮 3 的反作用力也就相同，各为 $p/2$。此时行星齿轮受力平衡，无自转，则两侧驱动轮犹如一根整轴相连一样以相同转速旋转。即整个系统变为一体旋转。左、右半轴齿轮的转速 n_1 和 n_2 与差速器壳的转速 n_0 相等。

当机械转向时（如图 14-10 所示向右转向），在车轮滚动的同时，外侧（左侧）车轮将产生滑移趋势，内侧（右侧）车轮将产生滑转趋势，（注意，这里所讲内、外侧车轮分别产生滑转、滑移的趋势，仅仅是"趋势"，滑转和滑转并未发生），因此在两侧轮胎与地面接触点的切线方向上将各产生一个附加阻力 p'，二力方向相反，而现在安装有差速器，则附加阻力 p' 通过半轴齿轮作用到行星齿传输线上，使外侧阻力减小 Δp，内侧阻力增大 Δp，于是产生一个力图使星轮转动的力矩 $2\Delta pr_1$（r_1 为行星轮半径），当此力矩克服行星轮自转的摩擦阻力矩时，则行星轮便沿顺时针方向（自行星轮背面看）产生自转，使外侧车轮转速加快，内侧车轮转速减慢，起差速作用。

若左半轴齿轮 1、右半轴齿轮 2 和行星齿轮 3 的齿数分别为 Z_1、Z_2 和 Z_3，行星齿轮自转的转速为 n_2，则左半轴齿轮的转速加快为

$$n_1 = n_0 + n_3 \frac{Z_3}{Z_1} \tag{14-1}$$

而右半轴齿轮的转速减慢为

$$n_2 = n_0 - n_3 \frac{Z_3}{Z_1} \tag{14-2}$$

通常，左右两半轴的齿轮齿数相等，即 $Z_1 = Z_2$。因此式（14-1）和式（14-2）相加可得出

$$n_1 + n_2 = 2n_0 \tag{14-3}$$

式（14-3）称为普通锥齿轮式差速器的运动特性方程。特性方程表明两半轴齿轮的转速之和恒等于差速器壳转速的 2 倍，分析方程式可知：

（1）机械在平路上直线行驶时，因为 $n_1 = n_2 = n_0$，所以也满足特性方程 $n_1 + n_2 = 2n_0$。

（2）当 $n_1 = 0$（或 $n_2 = 0$）时，则 $n_2 = 2n_0$（或 $n_1 = 2n_0$）。说明当一侧半轴齿轮转速为零时，另一侧半轴齿轮的转速等于差速器壳转速的 2 倍。此时相当于一侧车轮陷入泥泞中打滑时，另一侧车轮在附着性能较好的路面上静止不动，而陷入泥泞中的打滑车轮则以 2 倍差速器壳的转速高速旋转。

（3）若 $n_1 = 0$ 时，则 $n_1 = -n_2$。说明当差速器壳转速为零，两半轴齿轮则以相反方向同速旋转。此时相当于中央制动器紧急制动时，差速器壳不转，由于两侧驱动轮的附着力不同，则将使两侧驱动轮沿相反方向转动，造成机械偏转甩尾。

差速器在转向时起差速作用的原因是由两侧驱动轮上的阻力矩不同而产生的，因此即便机械直线行驶时，倘若两侧驱动轮遇到的路面情况不同，或由各种原因引起滚动半径差异，则差速器同样能起到差速作用。

下面分析差速器中转矩分配情况：

当机械直线行驶时，行星齿轮没有自转，由于左右半轴齿轮给行星齿轮的反作用力都是 $p/2$，且两半轴齿轮的半径 r 相等，因此，若半轴齿轮分传给左右半轴的转矩为 T_1 和 T_2，则 $T_1 = T_2 = pr/2$；而主传动器传给差速器壳的转矩 $T_0 = pr$，所以 $T_1 = T_2 = T/2$。即直线行驶时差速器把主传动器传给其壳体的扭矩 T_0 平均分配给两半轴齿轮。

当机械右转弯时，行星齿轮产生自转，因转动力矩为 $2\Delta pr$，所以分传给左右半轴的转矩将发生变化，左半轴齿轮上的转矩为

$$T_1 = (p/2 - \Delta p)r = pr/2 - \Delta pr \tag{14-4}$$

右半轴齿轮上的转矩为

$$T_2 = (p/2 + \Delta p)r = pr/2 + \Delta pr \tag{14-5}$$

因为 $pr/2 = T_0/2$，而 $2\Delta pr$ 是克服差速器内摩擦阻力矩 Fr 的。故 $\Delta pr = Fr/2$。所以

$$\begin{cases} T_1 = T_0/2 - Fr/2 \\ T_2 = T_0/2 + Fr/2 \end{cases} \tag{14-6}$$

由此可得

$$\begin{cases} T_1 + T_2 = T_0 \\ T_2 - T_1 = Fr \end{cases} \tag{14-7}$$

式(14-7)表明:当机械转向时,两侧驱动轮得到的转矩之和仍等于传到差速器壳上的转矩;内侧车轮得到的转矩比外侧车轮得到的转矩大,但转矩的差值只能等于差速器的内摩擦阻力矩。

因为普通锥齿轮差速器的内摩擦阻力矩 Fr 很小,可以忽略不计,所以在差速器起差速作用的情况下,仍然可视为转矩是平均分配给两半轴齿轮的。这就是普通锥齿轮差速器的"差速不差扭"特性。

这种特性在某些情况下会给机械带来缺陷。例如:当一侧驱动轮掉入泥坑中,由于附着力小而产生滑转,则牵引力很小;另一侧驱动轮虽然在好的路面上,本来能够提供较大的附着力,但因差速器平均分配转矩的特性,使这侧驱动轮也只能得到与滑转侧驱动轮相同的很小转矩,故机械得到的总牵引力很小,于是一侧车轮静止,另一侧车轮以差速器壳的 2 倍转速滑转,机械不能前进。

为了克服普通锥齿轮差速器的上述缺陷,提高车辆的通过性,因此出现了不同形式的防滑差速器。

二、强制锁止式差速器

强制锁止式差速器是在普通锥齿轮差速器上安装差速锁,当一侧车辆打滑时,接合差速锁,使差速器不起差速作用。

一般差速锁的结构如图 14-11 所示。在半轴上 1 通过花键安装着带牙嵌的滑动套 2,在差速器壳上有固定牙嵌 3,带牙嵌的滑动套可通过机械式或气力、电力、液力式等进行操纵。

当一侧车轮打滑时,移动带牙嵌的滑动套,使它与差速器壳上的固定牙嵌接合,则差速器壳与半轴被锁在一起,行星齿轮不能自转,差速器失去作用,两半轴即被刚性地连在一起,这样两侧驱动轮便可以得到由附着力决定的驱动力矩,从而充分利用不打滑侧车轮的附着力,驱动车辆前进,驶出打滑地段。当然,如果两侧附着力都比较小,即便锁住差速器,而行驶所需要的牵引力还是大于附着力时,则车辆仍无法前进。

要特别注意,当驶出打滑地段后,应及时脱开差速锁,使差速器恢复正常工作。这种强制锁止式差速器结构简单,使用广泛。这种差速器也叫做带刚性差速锁的差速器。

三、带非刚性差速锁的差速器

带非刚性差速锁的差速器用液压控制的湿式多片摩擦离合器作为差速锁,如图 14-12 所示。

外摩擦片 6 与差速器壳 3 用花键相连,内摩擦片 5 与右半轴齿轮 9 也用花键相连。需要差速锁起作用时,活塞 7 在油压力作用下将内、外摩擦片压紧,利用摩擦力将右半轴齿轮与差速器壳锁在一起,从而使左、右半轴不能相对转动。这种差速锁的特点如下:不论两根半轴处在任何相对转角位置都可以随时锁住;当一侧车轮突然受到过大外阻力矩时,摩擦片有打滑缓冲作用。此外,液压操纵非常方便,通过操纵电磁控制阀可随时将差速锁打开或关闭。

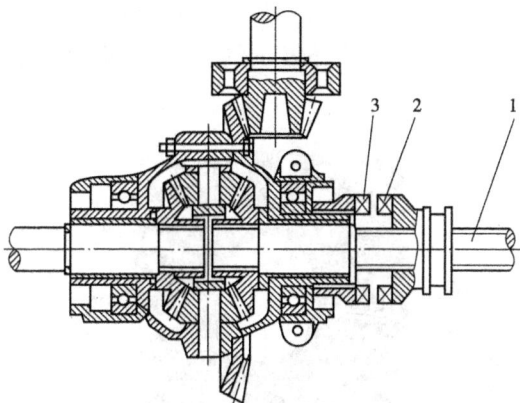

图 14-11 强制锁止式差速器
1-半轴;2-带牙嵌的滑动套;3-差速器壳上的固定牙嵌

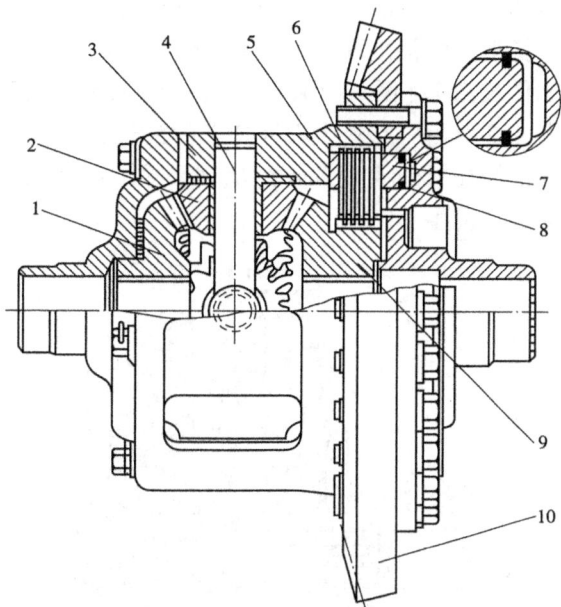

图 14-12 带非刚性差速锁的差速器
1-左半轴齿轮;2-行星锥齿轮;3-差速器壳;4-十字轴;5-内
摩擦片;6-外摩擦片;7-活塞;8-密封圈;9-右半轴齿轮;
10-大锥齿轮

四、牙嵌式自由轮差速器

中、重型汽车以及装载机等常采用牙嵌式自由轮差速器,其结构如图 14-13 所示。差速器壳的左右两半 1 和 2 与主减速器从动齿轮用螺栓连接。主动环 3 固定在两半壳体之间,随差速器壳体一起转动。主动环 3 的两个侧面制有沿圆周分布的许多倒梯形(角度很小)断面的径向传力齿。相应的左、右从动环 4 的内侧面也有相同的传力齿。制成倒梯形齿的目的,在于防止传递转矩过程中从动环与主动环自动脱开。弹簧 5 力图使主、从动环处于接合状态。花键毂 7 内外均有花键,外花键与从动环 4 相连,内花键连接半轴。

当汽车的两侧车轮受到的阻力相等时,主动环 3 通过两侧传力齿带动左右从动环 4,花键毂 7 及半轴一起转动,如图 14-13d)所示。此时,主减速器传给主动环的转矩,平均分配给左、右半轴。

汽车转向行驶时,要求差速器能起差速作用。为此,在主动环 3 的孔内装有中心环 9,它可相对主动环自由转动,但受卡环 10 限制而不能轴向移动。中心环 9 的两侧有沿圆周方向的许多梯形断面的径向齿,分别与两从动环 4 内侧面内圈相应的梯形齿接合。设此时左转向[图 14-13e)],左驱动轮有慢转趋势,则左从动环和主动环的传力齿之间压得很紧,于是主动环带动左从动环、左半轴一起旋转,左轮被驱动;而右轮有快转的趋势,即右从动环有相对于主动环快转的趋势,于是在中心环和从动环内圈梯形齿斜面接触力的轴向分力作用下,从动环 4 压缩弹簧 5 右移,使从动环上的传力齿同主动环上的传力齿不再接合,从而中断对右轮的转矩传递。同样,当一侧轮悬空或进入泥泞、冰雪等路面时,主动环的转矩可全部分配给另一侧车轮。

但是,从动环是被迫不断地在中心环梯形齿作用下滑移,与主动环分离后,在弹簧力作用下,又会与主动环重新接合。这种分离与接合不断重复出现,将引起传递动力的脉动、噪声和加重零件的磨损。为避免这种情况,在从动环的传力齿与梯形齿之间的凹槽中,还装有带梯形齿的消声环8[图14-13c)]。消声环形似卡环,具有一定弹性,其缺孔对着主动环上的伸长齿12[图14-13b)]。在右驱动轮的转速高于主动环的情况下,消声环8与从动环4上的梯形齿一起在中心环梯形齿滑过,到齿顶彼此相对,且消声环缺口一边被主动环上的伸长齿挡住[图14-13f)]时,从动环被消声环挤紧而保持在离主动环最远的位置,轴向往复运动不再发生。

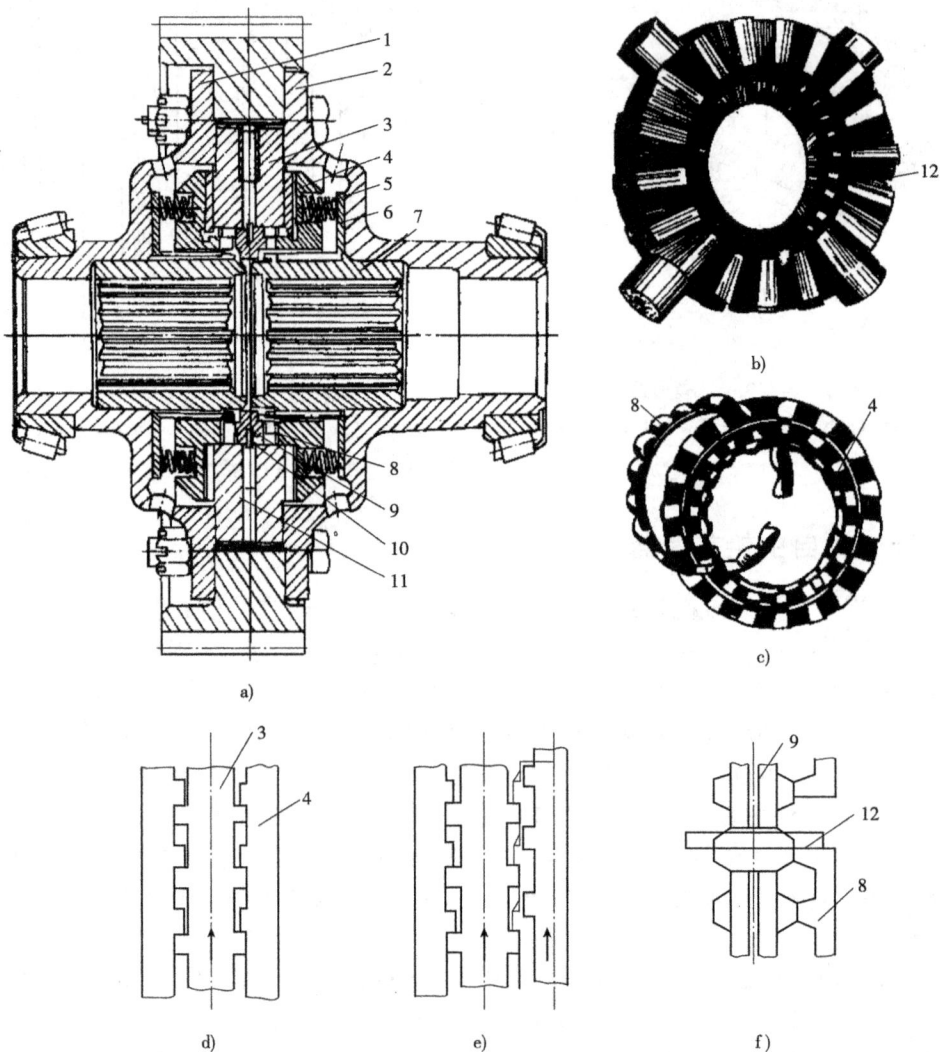

图14-13 牙嵌式自由轮差速器

1、2-差速器壳;3-主动环;4-从动环;5-弹簧;6-垫圈;7-花键毂;8-消声环;9-中心环;10-卡环;11-中心环装配孔;12-伸长齿

当从动环转速下降到等于并开始低于主动环的转速时,从动环即在弹簧5的作用下又重新与主动环接合。

牙嵌式自由轮差速器也是 No Spin 差速器,能在必要时使汽车变成由单侧车轮驱动,其锁紧系数为1,明显提高了汽车的通过能力。此外,还具有工作可靠、使用寿命长等优点。其缺点是左右车轮传递转矩时,时断时续,引起车轮传动装置中荷载的不均匀性和加剧轮胎磨损。

270

五、圆柱行星齿轮式差速器

部分国产三轮二轴式压路机(例如洛阳产三轮二轴式压路机)采用圆柱行星齿轮式差速器。其工作原理与结构分别如图 14-14 和图 14-15 所示。

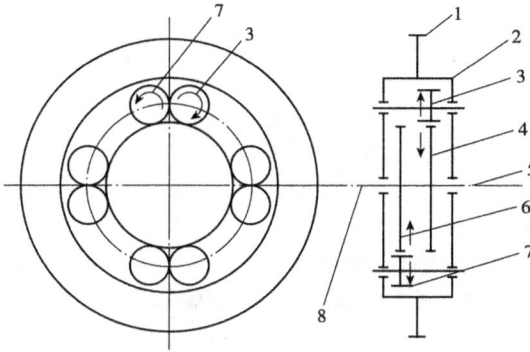

图 14-14　圆柱行星齿轮式差速器工作原理图

1-中央传动从动大齿轮;2-差速器壳体;3-第一副行星齿轮;4-右半轴齿轮;5-右半轴;6-左半轴齿轮;7-第二副行星齿轮;8-左半轴

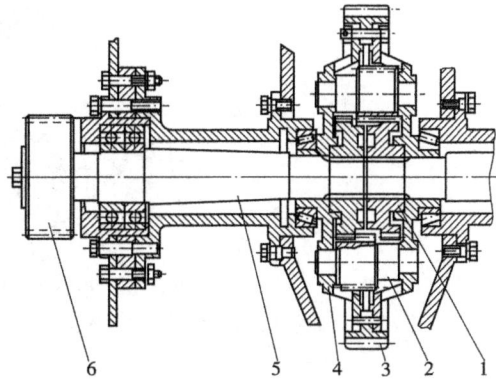

图 14-15　圆柱行星齿轮式差速器

1-差速齿轮;2-行星齿轮;3-中央传动主齿轮;4-差速器壳体;5-左半轴;6-小齿轮

在差速器壳体内装着第一副和第二副行星齿轮各 4 个,第一副行星齿轮 3 与右半轴齿轮 4 相啮合,第二副行星齿轮 7 与左半轴齿轮 6 相啮合,行星齿轮 3 与 7 又在中部互相啮合。

在图 14-14 中,当压路机直线行驶时,左、右驱动轮阻力相同,两副行星齿轮都只随差速器壳体 2 公转,而无自转,同时两副行星齿轮又分别带动左、右半轴齿轮 6、4 和左、右半轴 8、5,使其与差速器壳体同速旋转。当压路机左、右驱动阻力不同时,如在弯道上行驶时,内边驱动轮受阻力较大,则两副行星齿轮既随壳体公转,又绕其轴自转,但它们的自转方向相反。于是受阻力较大的一边半轴齿轮(右转弯时为右半轴齿轮 4)转速减小,相反,受阻力较小的左半轴齿轮 6 转速增高,从而使左、右两驱动轮产生差速。

第四节　几种典型的驱动桥

一、小松 WA380 型装载机驱动桥

来自发动机的动力通过液力变矩器、定轴式动力换挡变速器,一部分动力通过传动轴传到后桥,另一部分传到前桥。WA380 型装载机前、后桥内部结构基本相同,图 14-16 所示为前驱动桥。

前驱动桥由联轴器 2、差速器 3、湿式多盘制动器 4、最终驱动装置 5、桥壳 6、最终驱动轴 7 组成,其特点是在两湿式制动器桥壳内,不受泥水污染,而且通过制动液压系统控制,结构紧凑,操作方便、省力等。

1. 差速器

小松 WA380 型装载机差速器为普通行星齿轮差速器,如图 14-17 所示,其结构与工作原理就不再重复介绍。

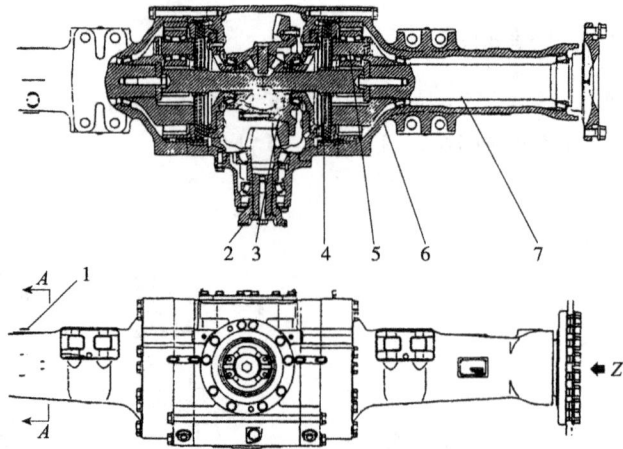

图 14-16　小松 WA80 型装载机前驱动桥结构图

1-供油口和油位计;2-联轴器;3-差速器;4-湿式多盘制动器;5-最终驱动装置;6-桥壳;7-最终驱动轴

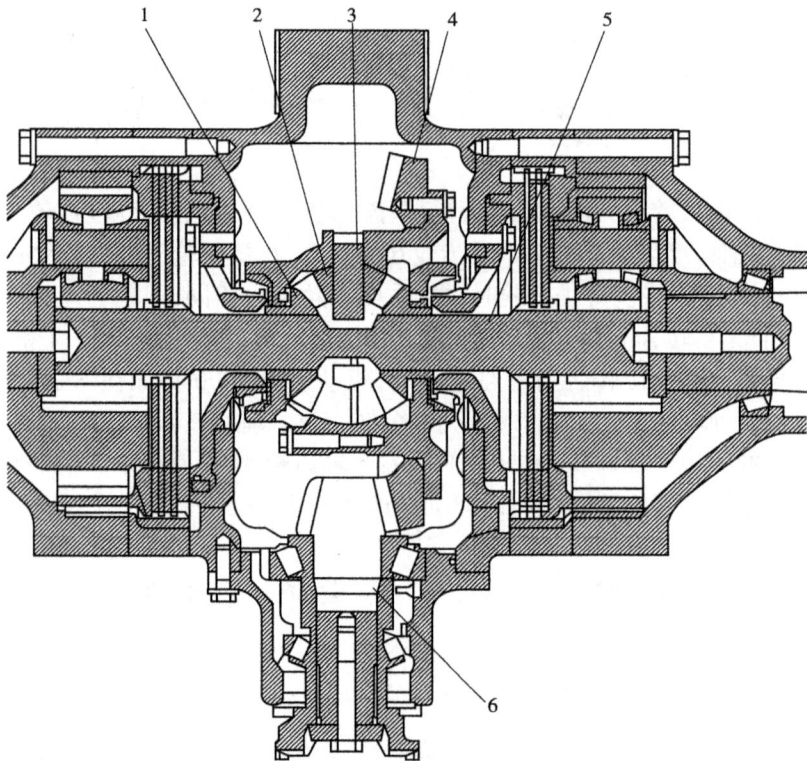

图 14-17　后差速器结构

1-半轴齿轮(12 齿);2-行星齿轮(9 齿);3-十字轴;4-大锥齿轮(41 齿);5-半轴;6-主动齿轮(9 齿)

2. 最终驱动装置

最终驱动装置结构如图 14-18 所示。

最终驱动装置为一单排行星齿轮减速器,其作用主要是减速增扭。齿圈压入桥壳中,并用销子定位。在半轴上加工有花键齿,其上装有主动摩擦片,从动片通过花键装于桥壳内花键上,并与主动盘间隔排列,液压活塞装于在桥壳的油缸内,压在从动盘上。半轴上还加工有齿轮,与行星轮啮合,行星轮轴装于齿盘上,通过齿盘把动力传递给最终驱动轴。传到太

272

阳轮轴5(半轴)上的动力,经过行星齿轮机构减小,以增大驱动力。放大的驱动力通过行星齿轮架2和最终传动轴3传到轮胎。

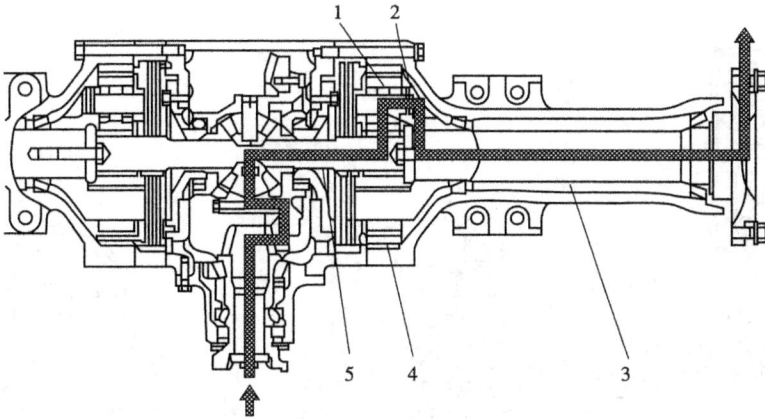

图 14-18　最终驱动装置结构图

1-行星齿轮(27 齿);2-行星齿轮架;3-桥轮边支撑轴;4-齿圈(72 齿);5-太阳轮轴(18 齿)

二、平地机的后桥平衡箱串联传动

为了提高行驶、牵引性能和作业性能,一般六轮平地机都采用在后桥的每一侧由两个车轮前后布置的结构形式,但只用一个后桥。平衡箱串联传动就是将后桥半轴传出的动力,经串联传动分别传给中、后车轮。由于平衡箱结构有较好的摆动性,因而保证了每侧的中、后轮同时着地,有效保证了平地机的附着牵引性能。此外,平衡箱可大大提高平地机刮刀作业的平整性。如图 14-19a)所示,当左右两中轮同时踏上高度为 H 的障碍物时,后桥的中心升起高度为 $H/2$,而位于机身中部的刮刀的高度变化为升高 $H/4$。如果只有一只车轮,如图 14-19b)所示的左中轮,踏上高度为 H 的障碍物,此时后桥的左端升高 $H/2$,后桥中部升高值为 $H/4$,刮刀的左端升高值为 $3H/8$,右端升高值仅为 $H/8$。

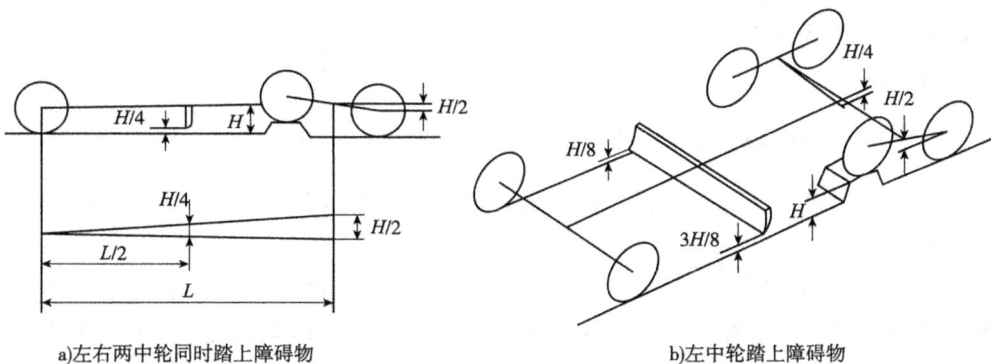

a)左右两中轮同时踏上障碍物　　　　　　　　b)左中轮踏上障碍物

图 14-19　平地机越障进行工作装置高度变化示意图

平衡箱串联传动有链条传动和齿轮传动两种形式。链条传动结构简单,并且有减缓冲击的作用,缺点是链条寿命低,需要时常调整链条长度。齿轮传动寿命较长,不需调整,但是这种结构造价较高,齿轮传动可以在平衡箱内实现较大的减速比,所以采用这种形式的平衡箱时,后桥主传动通常只使用一级螺旋齿轮减速。目前大多数平地机上采用链条传动式平衡箱。

后桥及平衡箱串联传动的结构如图 14-20 所示。

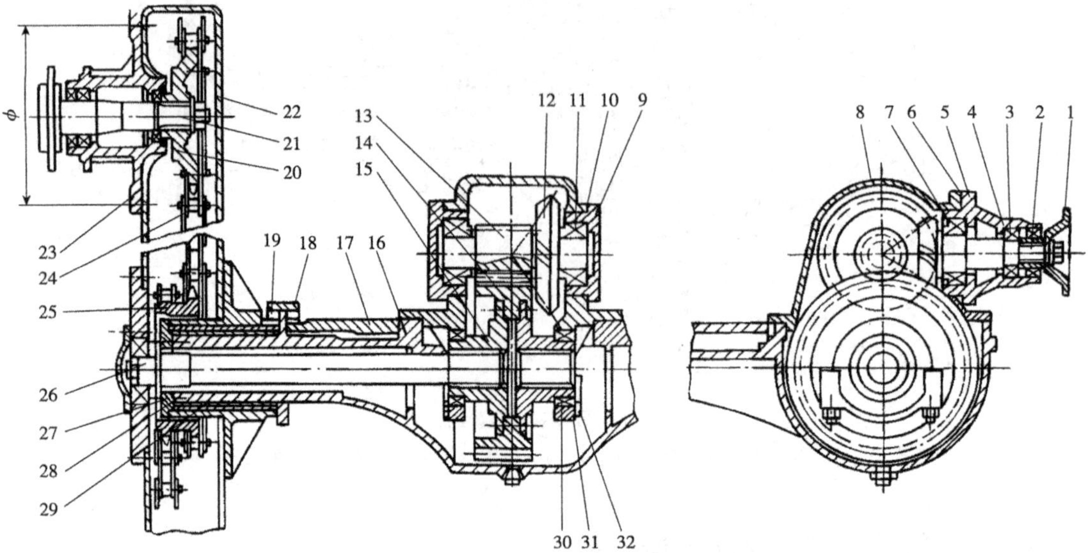

图 14-20　后桥及平衡箱

1-连接盘;2-主动锥齿轮轴;3、7、11-轴承;4、6、10、19、28、31-垫片;5-主动锥齿轮座;8-齿轮箱体;9-轴承盖;12-从动锥齿轮;13-直齿传输线;14-从动直齿轮;15-轮毂;16-壳体;17-托架;18-导板;20-链轮;21-车轮轴;22-平衡箱体;23-轴承座;24-链条;25-主动链轮;26-半轴;27-端盖;29-钢套;30-轴承;32-压板

第五节　最　终　传　动

最终传动是传动系最后一个增扭减速机构,它可以加大传动系总的减速比,满足整机的行驶和作业要求;同时由于可以相应减少主传动器和变速器的速比,因此降低了这些零部件传递的转矩,减小了它们的结构尺寸。故在几乎所有的履带式机械上和大部分轮式机械上都装有最终传动。

一、轮式机械的最终传动

现代轮式工程机械通常采用行星齿轮式最终传动。今以 966D 型装载机为典型,介绍其结构,如图 14-21 所示。

在驱动桥壳两端分别由螺钉固定住花键套 4,在它的外缘花键上安装着齿圈架 5,两者由挡圈 7 通过螺钉 6 连接在一起。齿圈 8 与齿圈架 5 通过齿形花键连接,并用卡环 18 限制齿圈轴向移动,因此齿圈 8 是固定件。

太阳轮 9 通过花键安装在半轴外端,端头由卡环定位(图中未示出)。

行星齿轮 16 通过滚针轴承支承在与行星架 15 固装的行星齿轮轴 13 上,它分别与太阳轮 9 和齿圈 8 啮合。

行星架 15 和轮毂 17 用螺钉固定在一起,轮毂通过一对大、小锥柱轴承支承在花键套 4

274

上,从差速器和半轴传来的转矩经太阳轮 9、行星齿轮 16、行星架 15,最后传到轮毂 17(即驱动轮)上,使驱动轮旋转,驱动机械行驶。

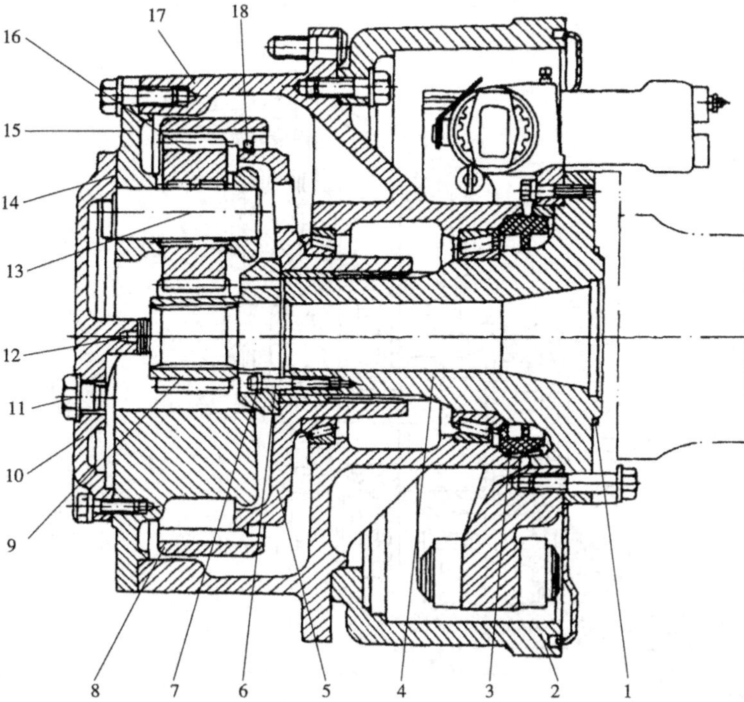

图 14-21　966D 型装载机的最终传动

1、14-密封圈;2-制动鼓;3-浮动油封;4-花键套;5-齿圈架;6-螺钉;7-挡圈;8-齿圈;9-太阳轮;10-端盖;11-螺塞;
12-挡销;13-行星齿轮轴;15-行星架;16-行星齿轮;17-轮毂;18-卡环

最终传动采用闭式传动,它的外侧由固定在行星架上的端盖 10 封闭,端盖上安装有挡销 12,防止半轴向外窜动;还加工有螺塞孔,用来加注润滑油,并控制油面高度,平时由螺塞 11 封堵,轮毂内侧与花键套之间安装着浮动油封 3,防止润滑油漏入制动器中。

二、履带式机械的最终传动

现代履带式机械的最终传动,常见的有外啮合圆柱齿轮式最终传动(有一级减速和两级减速两种)和行星齿轮式两种主要结构形式。分别介绍如下:

1. 两级外啮合圆柱齿轮式最终传动

D85A-18 型履带式推土机就是这种形式的最终传动,其结构如图 14-22 所示。

一级主动齿轮 12 和轴制成一体,两端由轴承 11 和 13 支承在壳体上,轴内端通过锥形花键固定着驱动盘 14,动力由转向离合器经驱动盘输入。一级从动齿轮 16 通过 3 个平键固装在二级主动齿轮轴上,二级主动齿轮 10 和轴制成一体,两端通过轴承 9 和 15 支承在壳体上,二级从动齿轮的齿圈 17 用螺栓固定在轮毂 20 上,轮毂由一对轴承 6 和 18 支承在横轴 19 上,驱动链轮轮毂 7 通过内孔锥形花键固定在轮毂 20 上,由驱动链轮压紧螺母 5 压紧,驱动链轮 8 用螺栓固定在驱动链轮轮毂 7 上。

横轴 19 内端压装在驱动桥箱体下部,外端通过支架 4 铰装在台车架上。在驱动链轮轮

275

毂 7 与最终传动壳体间以及驱动链轮压紧螺母 5 与支架 4 间分别安装着浮动油封 1 和 2,防止最终传动系中润滑油外漏,同时防止外部泥水进入最终传动壳体内。在浮式油封的外面还安装有迷宫式密封装置,防止灰尘侵入。

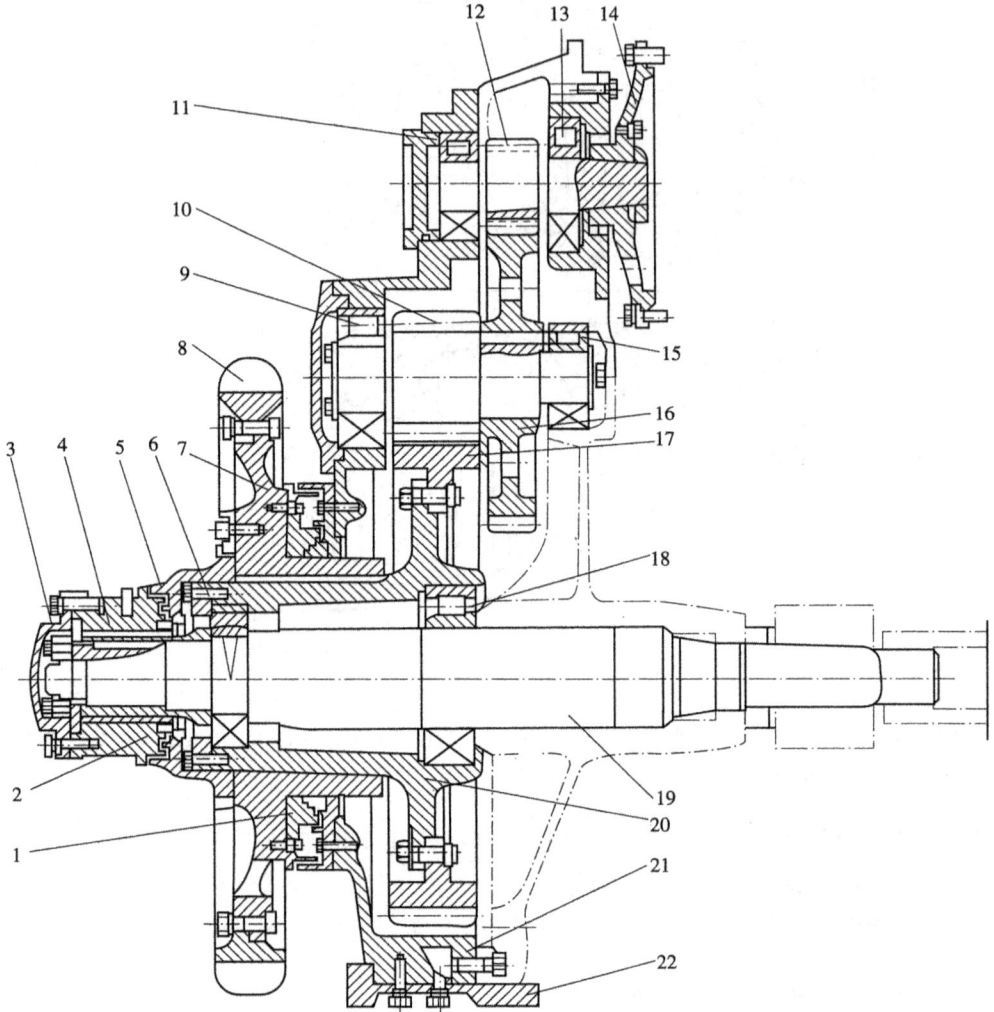

图 14-22　D85A-18 型履带式推土机最终传动

1、2-浮动油封;3-端盖;4-支架;5-链轮压紧螺母;6、9、11、13、15、18-轴承;7-链轮轮毂;8-链轮齿圈;10-二级主动齿轮;12-一级主动齿轮;14-驱动盘;16-一级从动齿轮;17-二级从动齿轮;19-横轴;20-轮毂;21-壳体;22-护板

2. 行星齿轮式最终传动

图 14-23 所示为 TY-180 型履带式推土机的最终传动。

这种最终传动装置为二级综合减速,第一级为外啮合齿轮式减速,而第二级为行星齿轮机构减速。在第一级从动轮轮壳上另外装有第二级行星齿轮机构的太阳轮。3 个行星齿轮同装在一个行星齿轮架上,该架通过两对推力轴承支承在半轴上,其左端面安装着驱动桥。固定齿圈 12 装在箱盖 7 上。

动力经一级减速传给太阳轮 5 时,行星齿轮绕太阳轮自转与公转,并带着行星齿轮架和驱动轮一起旋转。

276

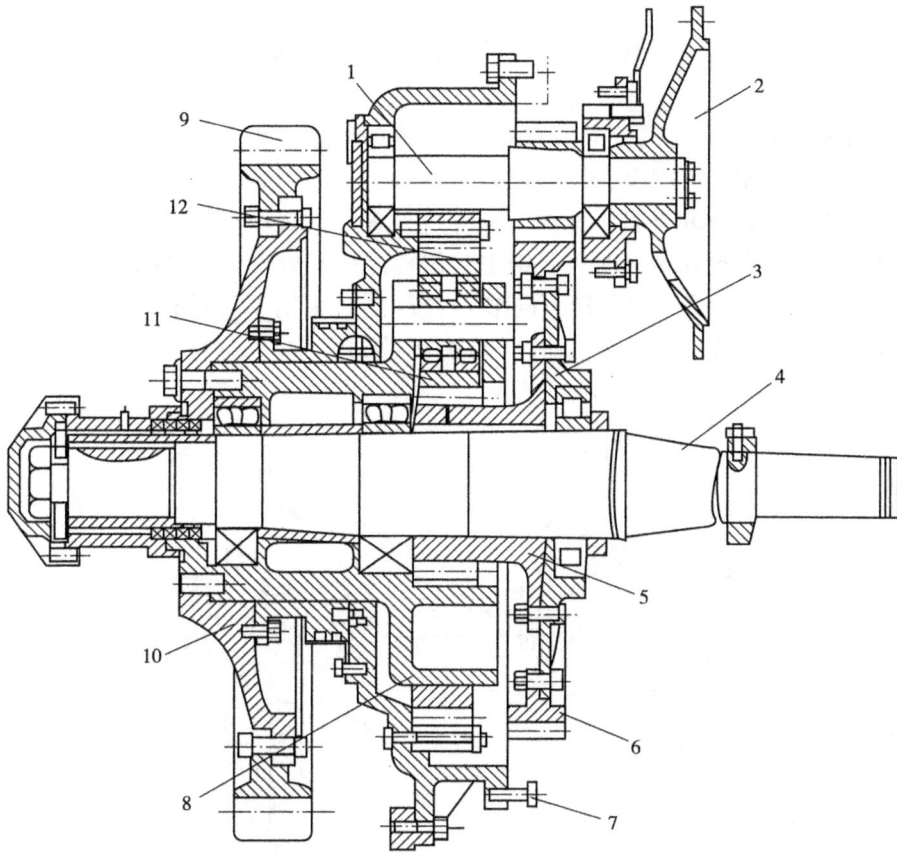

图 14-23 行星机构式的最终传动装置

1-第一级减速器轴;2-接盘;3-第一级从动轮轮毂;4-半轴;5-行星机构的太阳轮;6-第一级从动
轮齿圈;7-箱盖;8-行星齿轮架;9-驱动轮;10-驱动轮轮毂;11-行星齿轮;12-固定齿圈

履带式机械的最终传动中,都安装有浮动油封,这是一种效果较好的端面密封装置,其
结构如图 14-24 所示。

浮动油封主要由两个金属密封圆环(动环 1 和静环 5)及两个 O 形橡胶密封圈 2 组
成。动环 1 和静环 5 用特种合金钢制造,外圆面为斜
面,其相接触的两端面经过研磨抛光加工。两个 O 形
橡胶圈 2 分别放置在动环 1 和旋转件密封支座 3 以及
静环 5 和固定件密封支座 4 之间的锥面处,组装后轴向
上加有预紧力,因此两 O 形圈产生弹性变形被压扁,这
样不仅密封了斜面处,而且两环的接触端面也因 O 形
圈弹性产生的轴向压力而互相贴紧,保证了足够的密
封。工作时动环在 O 形圈摩擦力的作用下被带动旋
转,当两环的接触端面因相对运动而磨损后,O 形圈的
弹性可起到补偿作用,从而仍能达到可靠密封。由此可
见这种密封装置结构简单,密封可靠、使用寿命长,故被
广泛采用。

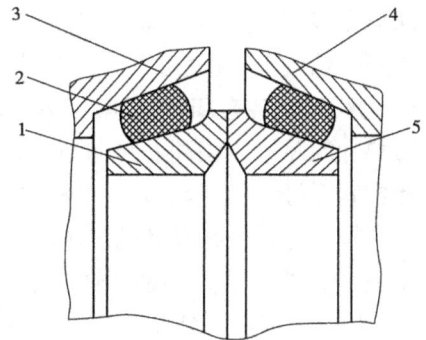

图 14-24 浮动油封

1-动环;2-O 形橡胶圈;3-旋转件密封支座;
4-固定件密封支座;5-静环

277

第六节 转向驱动桥

在全轮驱动的现代工程机械上,若机架为整体(非铰转向),必然有一车桥为转向驱动桥。转向驱动桥兼有转向和驱动两种功能。

图 14-25 所示为转向驱动桥示意图。这种桥有着和一般驱动桥同样的主传动器 1 和差速器 3。但由于它的车轮在转向时需要绕主销偏转过一个角度,故半轴必须分成内外两段 4 和 8,并用万向节 6(一般多用等角速万向节)连接,同时主销 12 也因而分制成上下两段,转向节轴颈部分做成中空的,以便外半轴(驱动轴)8 穿过其中。

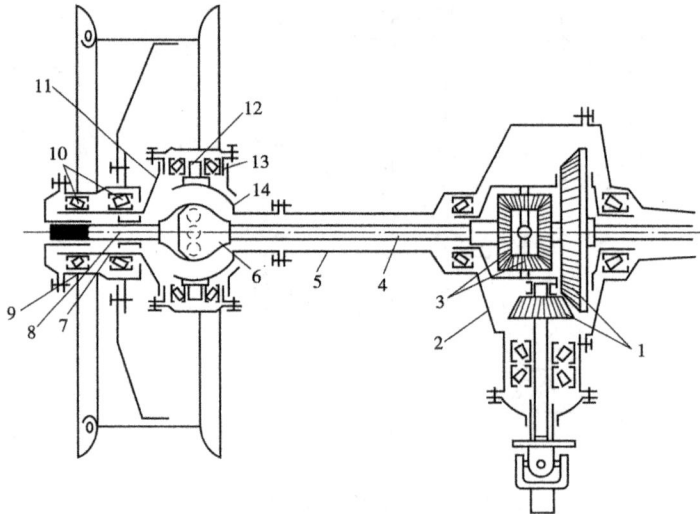

图 14-25 转向驱动桥示意图

1-主传动器;2-主传动器壳;3-差速器;4-内半轴;5-半轴套管;6-万向节;7-转向节轴颈;8-外半轴;9-轮毂;
10-轮毂轴承;11-转向节壳体;12-主销;13-主销轴承;14-球形支座

图 14-26 示出了转向驱动桥的结构。在该种桥上,半轴套管(前轴)17 两端用螺栓固定着转向节球形支座 15。转向节由转向节外壳 6 和转向节轴颈 7 组成,两者用螺钉连成一体。球形支座 15 上带有主销 4,转向节通过两个圆锥滚子轴承活装在主销 4 上,主销 4 上下两段在同一轴线上,且通过万向节 2 的中心,以保证车轮转动和转向互不干涉。两个轴用轴承盖 5 压紧,其间装有调整垫片,以调整轴承间隙;为使万向节中心在球形支座的轴线上,上下调整垫片的厚度应相同。转向节轴颈 7 外装有轮毂 13,轮毂轴承用调整螺母 10、锁止垫圈 11 和锁紧螺母 12 固紧。转向节轴颈 7 与外半轴 8 之间压装有青铜衬套 20,以支承外半轴 8。外半轴 8 通过凸缘盘和轮毂 13 连接,从差速器传来的转矩即可通过万向节 2、外半轴 8 传给轮毂 13。为了防止半轴的轴向窜动,在球形支座 15 与转向节轴颈 7 内孔的端面装有止推垫圈 18、19。在转向节外壳 6 上还装有调整螺钉,以限制车轮的最大偏转角度。

为了保持球形支座内部的滑脂和防止主销轴承、万向节被沾污,在转向节外壳 6 的内端面上装有油封 14。

当通过转向节臂 16(左转向节的上轴承盖的转向节臂 16 制成一体)推动转向节时,转向节便可绕主销偏转而使前轮转向。

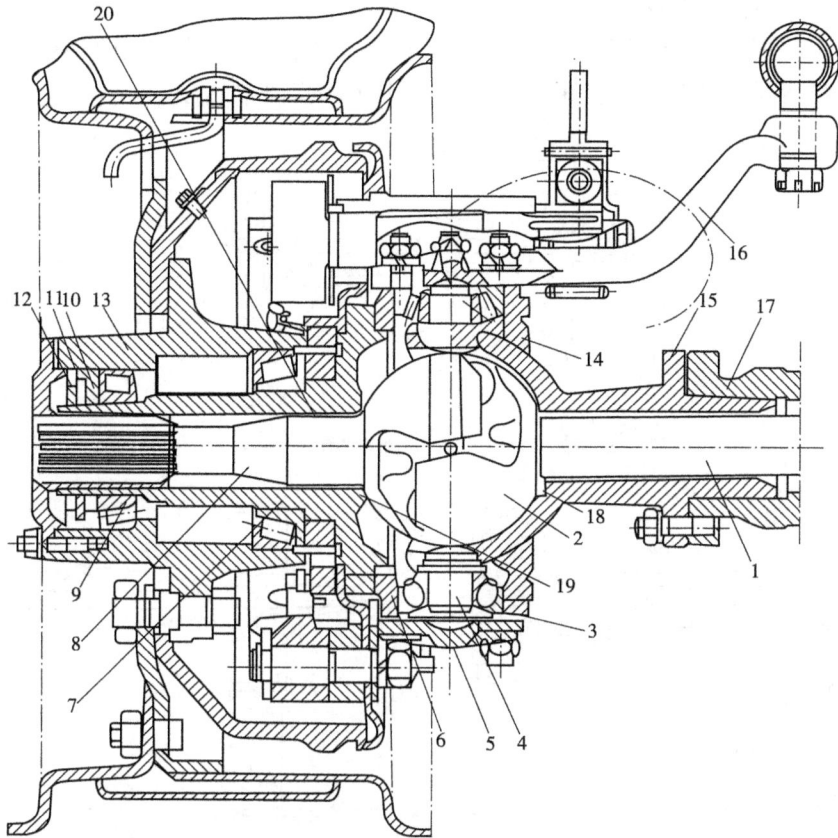

图 14-26 转向驱动桥的结构

1-内半轴;2-等角速万向节;3-调整垫片;4-主销;5-轴承盖;6-转向节外壳;7-转向节轴颈;8-外半轴(驱动轴);9-凸缘盘;10-调整螺母;11-锁止垫圈;12-锁紧螺母;13-轮毂;14-油封;15-转向节球形支座;16-转向节臂;17-半轴套管;18、19-止推垫圈;20-青铜衬套

第七节　半轴与驱动桥壳

一、半轴

轮式驱动桥的半轴是安装在差速器和最终传动之间传递动力的实心轴。不设最终传动的驱动桥,半轴外端直接和驱动轮相连。

半轴与驱动轮轮毂在桥壳上的支承形式决定了它的受力情况,据此通常把半轴分为半浮式、3/4 浮式和全浮式 3 种形式(图 14-27),所谓"浮",是指卸除了半轴的弯曲荷载而言。

1. 半浮式半轴

半轴[图 14-27a)]除传递转矩外,还要承受作用在驱动桥上的垂直力 F、侧向力 T 和纵向力 p 以及由它们产生的弯矩。这种半轴受到荷载较大,但优点是结构简单,故多用在小轿车等轻型车辆上。

2. 3/4 浮式半轴

反力偏离轴承中心的距离 a 较小,因此半轴承受各反力产生的弯矩也较小[图 14-27c)],

但即便是在 $a=0$ 时,虽然纵向力 p 和垂直力 F 作用在桥壳上,但半轴仍然承受由侧向力 T 产生的弯矩 TR 作用。由于这种半轴除传递转矩外,又受到不大的弯矩作用,故称为 3/4 浮式。它受荷载情况与半浮式半轴相似,一般也只用在轻型车辆上。

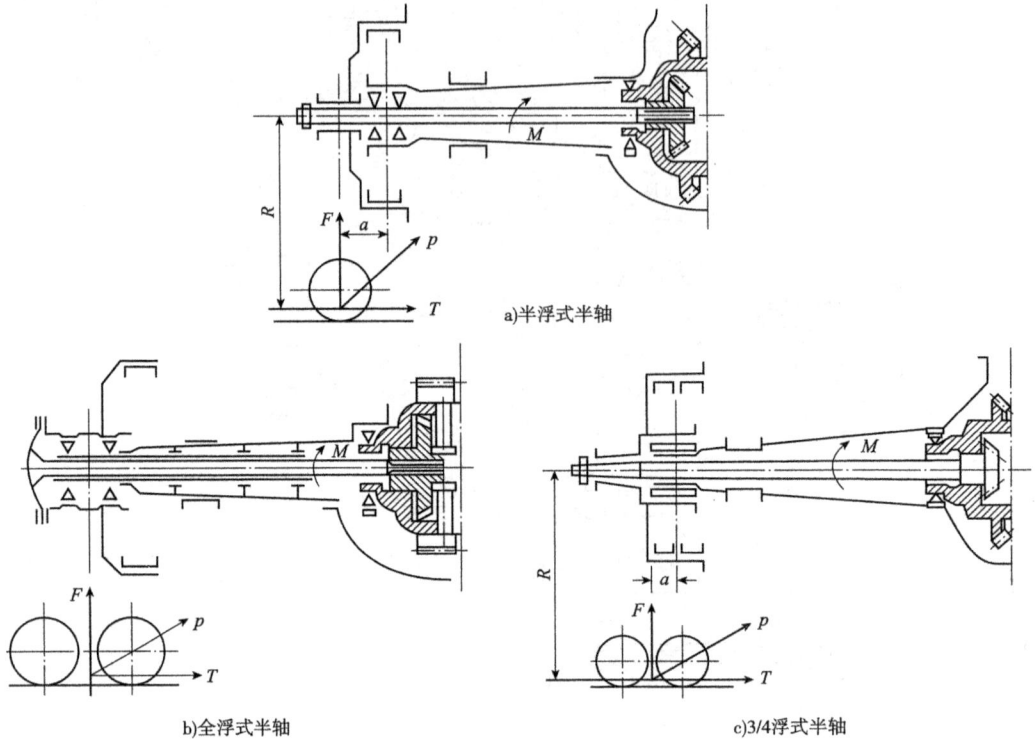

a)半浮式半轴

b)全浮式半轴

c)3/4浮式半轴

图 14-27　半轴形式

3. 全浮式半轴

驱动轮上受到的各反力及由它们产生的弯矩均由桥壳承受[图 14-27b)],半轴只承受转矩而不受任何弯矩作用。这种半轴受力条件好,只是结构较复杂。由于轮式机械和半轴需承受很大的荷载,所以通常采用这种形式的半轴。

履带式机械驱动桥的半轴也叫横轴。它用以将驱动桥和最终传动支承在履带台车架上,不传递动力,内端压入驱动桥壳,外端通过轴瓦铰装在与台车架固定的支承中,最终传动的二级从动齿轮和驱动链轮通过一对轴承支承在半轴上。

二、桥壳

轮式机械驱动桥的桥壳是主传动器、差速器、半轴及最终传动装置的外壳,同时又是行驶系的组成部分。它承受重力并传递给车轮,又承受地面作用给车轮的各种反作用力并传递给车架,因此要求桥壳具有足够的强度和刚度,另外,还要考虑主传动器的调整及拆装维修方便。

图 14-28 所示的 966D 型装载机的驱动桥壳由左、中、右 3 段组成,螺栓连接。左、右两段相同,又称花键套,用来安装最终传动和轮毂等部件。主传动器和差速器预先组装在主传动器壳体内,再将主传动器壳体用螺栓固定在驱动桥壳中段。因此这种驱动桥壳在拆检、调整、维修主传动器等内部机件时非常方便,不需拆下整个驱动桥,故应用比较广泛。

该机的后驱动桥通过桥壳与机架相铰接,允许左右两侧上下各摆动15°,相应两侧车轮上下跳动距离为569mm,这样不仅提高了机械的稳定性,而且当机械在不平路面上行驶或作业时,由于两侧车轮能始终和地面接触,因此又提高了牵引力。

履带式驱动桥的桥壳一般制成一个较大的箱体结构,它同时又是车架的组成部分,内部分隔为3室,中室内安装主传动器,两侧室安装转向离合器和制动器。最外边两侧安装着由壳体封闭的最终传动。桥壳上部安装着驾驶室、油箱等零部件。

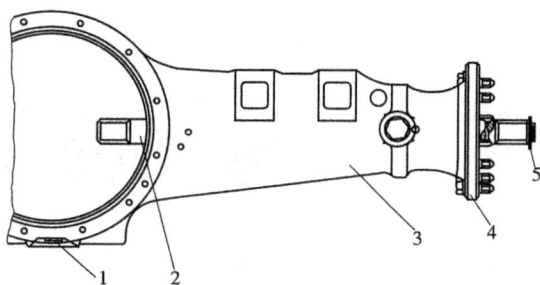

图14-28 966D型装载机的驱动桥壳和半轴
1-螺塞;2-半轴;3-桥壳;4-连接凸缘;5-卡环

第十五章 转 向 系

第一节 概 述

一、转向系的功用和组成

转向系的功用是操纵车辆的行驶方向,转向系统应能根据需要保持车辆稳定地沿直线行驶或能按要求灵活地改变行驶方向。

根据转向原理不同,转向系可分为轮式和履带式两大类,根据转向方式的不同,轮式底盘转向系可分为偏转车轮转向和铰接式转向两种。按作用原理不同,转向系又可分为机械式和液压式两种。

图 15-1 所示为机械式转向系。它由转向操纵机构、转向器和转向传动机构 3 大部分组成。转向时,带动转向盘 1 施加一个转向力矩,该力矩通过转向轴 2 带动互相啮合蜗杆 3 和齿扇 4,使转向垂臂 5 绕其轴摆动,再经转向纵拉杆 6 和转向节臂 7 使左转向节及装在其上的左转向轮绕主销 8 偏转。与此同时,左梯形臂 9 经转向横拉杆 10 和右梯形臂 12 使右转向节 13 及右转向轮绕主销向同一方向偏转。转向轴、啮合传动副等总称为转向器。转向垂臂、左右梯形臂和转向横拉杆总称为转向传动机构。梯形臂、转向横拉杆及前轴形成转向梯形,其作用是保证两侧转向轮偏转角具有一定的相互关系。

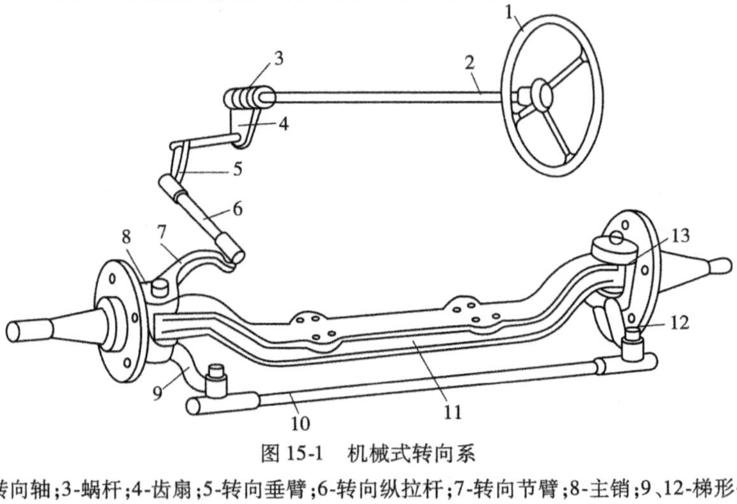

图 15-1 机械式转向系

1-转向盘;2-转向轴;3-蜗杆;4-齿扇;5-转向垂臂;6-转向纵拉杆;7-转向节臂;8-主销;9、12-梯形臂;10-转向横拉杆;11-前轴;13-转向节

图 15-2 所示为机械液压助力转向系。其主要组成部分有液压泵、油管、压力流体控制阀、V 形传动皮带、储油罐等。这种助力方式是将一部分发动机动力输出转化成液压泵压力,对转向系统施加辅助作用力,从而使轮胎转向。根据系统内液流方式的不同可以分为常

压式液压助力和常流式液压助力。常压式液压助力系统的特点是无论转向盘处于正中位置还是转向位置、转向盘保持静止还是在转动，系统管路中的油液总是保持高压状态；而常流式液压助力系统的转向油泵虽然始终工作，但液压助力系统不工作时，油泵处于空转状态，管路的负荷要比常压式小，现在大多数液压助力系统都采用常流式。

图15-3所示为电动助力转向系。电子液压助力的原理与机械液压助力基本相同，不同的是转向油泵由电动机驱动，同时助力力度可变。车速传感器监控车速，电控单元获取数据后通过控制转向控制阀的开启程度改变油液压力，从而实现转向助力力度的大小调节。机械结构上增加了液压反应装置和液流分配阀，新增的电控系统包括车速传感器、电磁阀、转向ECU等。

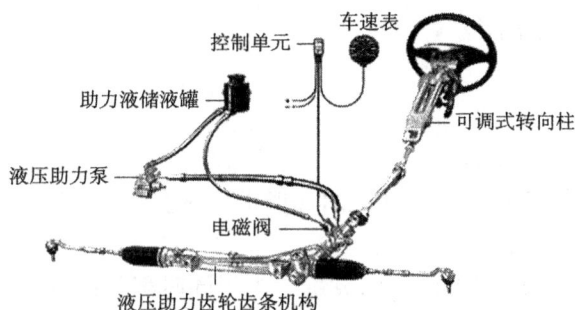

图15-2　机械液压助力转向系

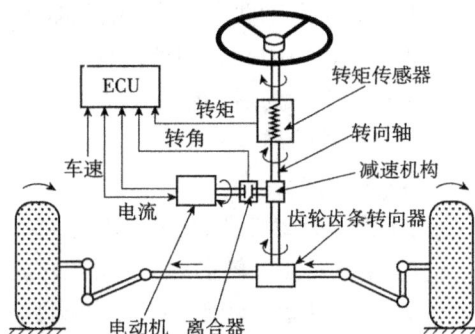

图15-3　电动助力转向系

图15-4所示为全液压转向系。全液压转向系是利用液压系统来实现转向控制，转向器与转向轮之间为非机械连接，由液压管连接到转向油缸，因为其安装布置方便、转向力矩较小等优越性而被广泛地应用于中低速、重载、大型工程机械中。其基本组成为液压泵、转向盘、转向阀、转向油缸及相关的转向机构。液压油由液压泵、转向阀送入转向油缸，通过转向油缸的伸出或缩回使得前后机架相对偏转一定角度，实现车辆的转向功能，且油液流动方向将按照转向盘的转向角度而改变。其中转向阀具有一个内装的手泵，可直接从油箱把油吸上，以便油泵或发动机发生故障时保持必要的转向操作。其具体结构将在后面第三节讲述。

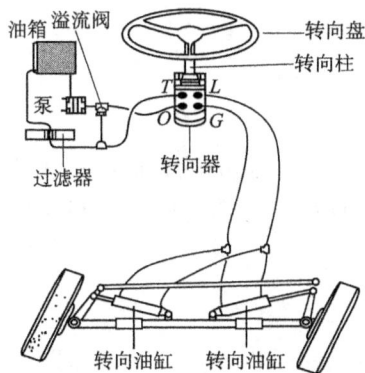

图15-4　全液压转向系

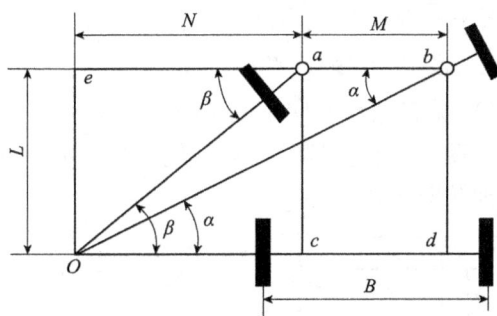

图15-5　偏转车轮式转向示意图

二、对转向系的基本要求

转向系对车辆的使用性能影响很大，直接影响到行车安全，不论何种转向系必须满足下列要求：

（1）转向时各车轮尽量做纯滚动而无侧向滑动。否则将会增加转向阻力，加速轮胎磨损。由图 15-5 可知,只有当所有车轮的轴线在转向过程中都交于一点 O 时,各车轮才能做纯滚动,此瞬时速度中心 O 就称为转动中心。显然,两转轮偏转角度不等,且内外轮偏转角度应满足下列关系:

$$\cot\alpha = \frac{M + N}{L} \tag{15-1}$$

$$\cot\beta = \frac{N}{L} \tag{15-2}$$

$$\cot\alpha - \cot\beta = \frac{M}{L} \tag{15-3}$$

式中:M——转向轴两主销中心距(略小于转向轮轮距);

$\quad\quad N$——转向中心与内侧转向主销的横向距离;

$\quad\quad L$——车辆前后轴轴距;

$\quad\quad \beta$——外轮转角;

$\quad\quad \alpha$——内轮转角。

为了满足运动学上的这一几何关系,一般都是通过设计转向梯形机构来实现的。

(2)操纵轻便。转向时,作用在转向盘上的操纵力要小。

(3)转向灵敏。转向盘转动的圈数不宜过多,以保证转向灵敏。为了同时满足操纵轻便和转向灵敏的要求,由转向盘至转向轮间的传动比应选择得合理。转向盘处于中间位置时,其空行程不允许超过 15°~20°。

(4)工作可靠。转向系对轮式车辆行驶安全性关系极大,其零件应有足够的强度、刚度和寿命。

(5)转向盘至转向垂臂间的传动要有一定的传动可逆性。这样,转向轮就有自动回正的可能性,使驾驶员有"路感"。但可逆性不能太大,以免使用于转向轮上的冲击全部传至转向盘,增加驾驶员的疲劳和不安全感。

(6)结构合理。转向系的调整应尽量少而简便。

三、轮式车辆转向系的转向方式分析

轮式机械的转向方式可分为偏转车轮转向和铰接式转向两大类。

1. 偏转车轮转向(整体式车架)

(1)偏转前轮转向。图 15-6a)所示为一种常见的转向方式。其前轮转向半径大于后轮转向半径,行驶时,驾驶员易于用前轮来估计避开障碍物,有利于安全行驶。一般车辆都采用这种转向方式。

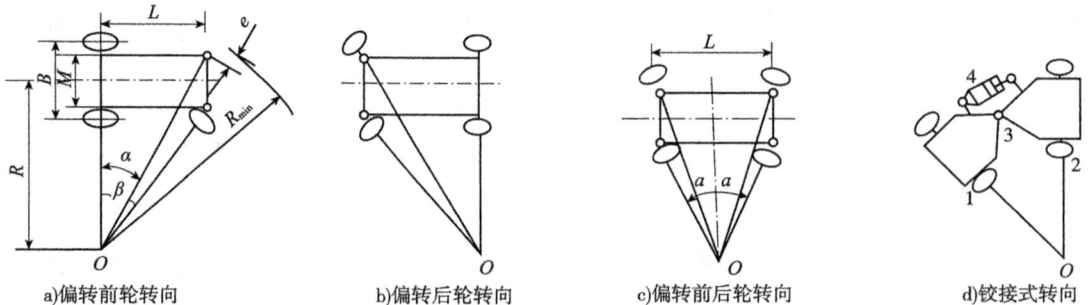

a)偏转前轮转向　　b)偏转后轮转向　　c)偏转前后轮转向　　d)铰接式转向

图 15-6　轮式车辆的转向方式

1-前轮;2-后轮;3-铰销;4-转向油缸

（2）偏转后轮转向。图 15-6b)所示为偏转后轮转向方式,对于在车轮前方装有工作机构的机械,若用前轮转向,转向轮的偏转角受到影响,转向阻力矩增加。采用偏转后轮转向方式,便可解决上述矛盾。其缺点是后轮转向半径大于前轮转向半径,这样驾驶员不能按偏转前轮转向方式来估计避开障碍物和掌握行驶方向。

（3）偏转前后轮转向。图 15-6c)所示为偏转前后轮转向方式,偏转前后轮转向的优点是:转向半径小、机动性好,前后轮转向半径相同,容易避让障碍物;转向前后轮轨迹相同,减少了后轮的行驶阻力。但是,这种转向方式结构复杂。

2.铰接式转向(铰接式车架)

工程机械作业时,要求较大的牵引力,因此希望全轮驱动以充分利用机器的全部附着质量。利用偏转驱动桥上车轮转向结构要复杂得多,故目前全轮驱动的工程机械趋向采用铰接式转向,如图 15-6d)所示。它的特点是车辆的车架不是一个整体,而是用垂直铰销 3 把前后两部分车架铰接在一起。利用转向器和液压油缸 4 使前后车架发生相对运动来达到转向目的。

铰接式转向的主要优点是:转向半径小、机动性强、作业效率高;铰接式装载机的转向半径约为后轮转向式装载机转向半径的 70%,作业效率提高 20%;结构简单,制造方便。缺点:转向稳定性差;转向后不能自动回正;保持直线行驶的能力差。

第二节　偏转车轮式机械转向系主要部件构造

一、转向器

转向器的功用是将转向盘上的操纵力加以放大,并改变动力传动方向,经转向垂臂传给转向传动装置。

转向器的种类很多,通常按传动副的结构形式可分为齿轮齿条式转向器、蜗杆曲柄销式转向器、球面蜗杆滚轮式转向器和循环球式转向器。

转向器按传递可逆程度还可分为不可逆式转向器、可逆式转向器和极限可逆式转向器。

（1）不可逆式转向器。当转向螺旋角小于或等于摩擦角时,由于螺纹的自锁作用,作用力只能由转向盘转向摇臂,但作用在转向垂臂上的地面冲击作用力不能传给转向盘。当地面上的冲击传到螺旋副处,由于其逆传动效率等于零或小于零,即逆传动无功输出,这种转向器称不可逆式。在逆传动时螺旋副不能运动,地面上有多大冲击这些零件都需经受得住,否则零件就要损坏,且驾驶员没有"路感"。因此一般不采用不可逆的螺旋副作转向器。

（2）可逆式转向器。当转向器的螺旋角大于摩擦角时,正传动的效率比较高,且逆传动的效率大于零。这说明这类转向器作逆传动是可能的,即逆传动可输出部分功。这种转向器称可逆式转向器。

在可逆式转向器类型中,当 ρ 值相当小时(如循环球式螺旋副),逆传动效率相当高,当车轮受到地面冲击时,这种冲击大部分反映到转向盘上,发生"打手现象",引起驾驶员疲劳。故在工程机械上常和液压加力器结合在一起使用,利用液压系统的阻尼作用来减弱地面对转向盘的冲击作用。

（3）极限可逆式转向器。当螺杆的螺旋角略大于摩擦角时,作用力很容易从转向盘传到转向垂臂上去而使车轮受到地面冲击。由于传动副在逆传动时损失较大,传到转向盘上的力就明显减小。从而防止了"打手现象",驾驶员又具有"路感",同时,作用在车轮上的稳定力矩亦能使车轮和转向盘自动回正。但这种转向器效率较可逆式低,在平坦的地面上不如可逆式的转向器轻便。球面蜗杆滚轮式转向器和蜗杆曲柄销式转向器是极限可逆式,在中型载货汽车上得到广泛使用。

(一)齿轮齿条式转向器

图 15-7 所示为齿轮齿条式转向器。它主要由转向器壳体、转向齿轮、转向齿条等组成。

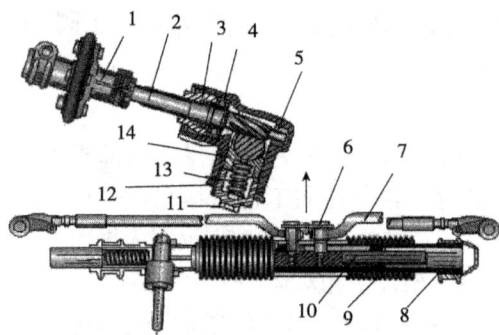

图 15-7　齿轮齿条式转向器

1-万向节叉;2-转向齿轮轴;3-调整螺母;4-向心球轴承;5-滚针轴承;6-固定螺栓;7-转向横拉杆;8-转向器壳体;9-防尘套;10-转向齿条;11-调整螺塞;12-锁紧螺钉;13-压紧弹簧;14-压块

转向器通过转向器壳体的两端用螺栓固定在车身(车架)上。齿轮齿条式转向器结构简单;传动效率高,操纵轻便;质量轻;由于不需要转向摇臂和转向直拉杆,还使转向传动机构得以简化。

转向齿轮轴 2 通过球轴承 4、滚针轴承 5 垂直安装在转向器壳体 8 中,其上端通过花键与转向轴上的万向节叉相连,其下部是与轴制成一体的转向齿轮。转向齿轮是转向器的主动件。与它相啮合的从动件转向齿条 10 水平布置,两端通过球头座与转向横拉杆 7 相连,齿条背面装有压簧垫块 14。在压簧 13 的作用下,压簧垫块 14 将齿条压靠在齿轮上,保证两者无间隙啮合。调整螺塞 11 可用来调整压簧的预紧力。压簧不仅起消除啮合间隙的作用,而且还是一个弹性支承,可以吸收部分振动能量,缓和冲击。

转向齿条的中部通过拉杆支架与左、右转向横拉杆连接。转动转向盘时,转向齿轮轴 2 转动,与之相啮合的转向齿条 10 沿轴向移动,从而使左、右转向横拉杆带动转向节转动,使转向轮偏转,实现汽车转向。

(二)蜗杆曲柄销式转向器

蜗杆曲柄销式转向器结构简单,如图 15-8 所示。转向时,通过转向盘转动蜗杆,使锥形销 21 的中心绕转向垂臂轴线做圆弧运动,从而带动转向垂臂摆动,并通过转向传动机构使转向轮偏转。

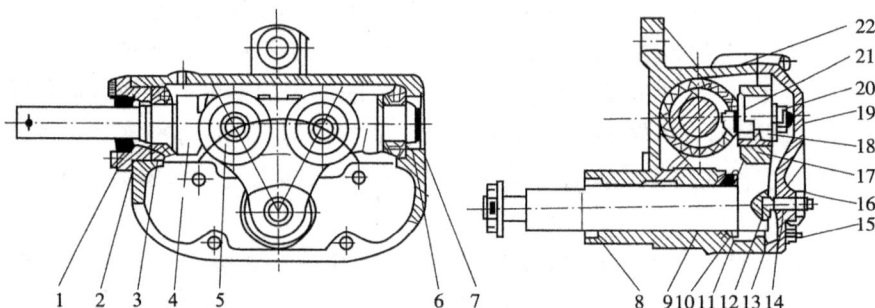

图 15-8　蜗杆曲柄销式转向器

1-端盖;2-调整垫片;3-滚珠轴承;4-蜗杆;5-锁片;6-钢丝卡环;7-堵片;8-油封;9-转向臂轴衬套;10-弹性垫圈;11-垫圈;12-销;13-垫片;14-螺钉;15-转向器盖螺钉;16-螺母;17-曲柄;18-双列锥形滚柱轴承;19-转向器侧盖;20-调整螺母;21-曲柄销;22-转向壳体

因为销装在轴承中,因此其端头沿蜗杆螺槽体滚动,减少了啮合处的磨损。销的端头做成锥形与蜗杆螺槽形状配合,它们之间的间隙可用曲柄轴的轴向移动来调整。

由于销轴的轴线是绕曲柄轴做圆弧摆动,当曲柄转角较大时,如用一个销可能脱离啮合,采用两个销时总有一个销保持啮合状态,因此双销式转向器摇臂的转动角范围比单销式大。此外,双销式在一般情况下由于荷载分布在两个销上,磨损减少,但其结构复杂,对蜗杆的精度要求高。

(三)球面蜗杆滚轮式转向器

图 15-9 所示为极限可逆式的球面蜗杆滚轮式转向器,转向盘带动转向轴 3,同转向轴固定在一起的球面蜗杆 1 和滚轮 2 相啮合,滚轮 2 通过滚针轴承和销轴装在转向器摇臂轴 4 的中间部位。

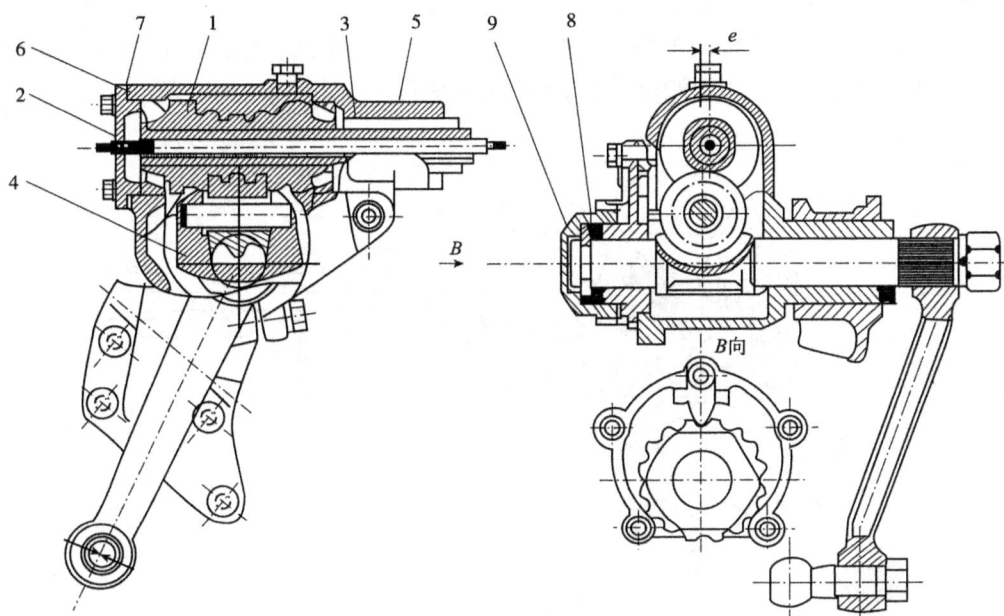

图 15-9　球面蜗杆滚轮式转向器

1-球面蜗杆;2-滚轮;3-转向轴;4-转向器摇臂轴;5-壳体;6-盖;7-垫片;8-调整垫片;9-压盖

当转向盘带动球面蜗杆转动时,滚轮绕轴转动,迫使转向器摇臂轴摆动,最后通过转向传动机构使工程机械的转向轮偏转。

球面蜗杆由锥形轴承支承在由可锻铸铁制成的壳体 5 中,盖 6 和壳体之间有垫片 7,用来调整蜗杆轴承的紧度。转向器摇臂轴的一端有调整垫片 8 和压盖 9,用以调整转向器摇臂轴的轴向位置。蜗杆和滚轮的接触点偏在一边,其偏心距为 e,调整转向器摇臂轴的位置时,啮合面之间应没有间隙,但又不致卡住。

为了减少转向器的磨损,啮合零件应采用耐磨材料和经适当的热处理,并在转向器的壳体中保证足够的润滑油。

(四)循环球式转向器

循环球式转向器传动效率高(正效率最高可达 95%),故操纵轻便,转向结束后自动回正能力强,使用寿命长。如图 15-10 所示,第一级传动副是转向螺杆-转向螺母,第二级传动副是齿条-齿扇。其中,转向螺母既是第一级传动副的从动件,也是第二级传动副的主动件。通过转向盘转动转向螺杆 4 时,转向螺母 12 不能随之转动,而只能沿杆轴向移动,螺母的外侧刻有齿条,并驱使齿扇轴(即转向垂臂轴11)转动,而转向垂臂轴的右侧装有转向垂臂10,动力便是由转向盘输入经转向垂臂输出的。

在螺杆、螺母之间,各做成半圆形截面的螺纹槽,两槽又配合形成断面近似圆的螺纹通道,钢球便装于其间,钢球在螺旋形的孔道中连续排列,通过封闭环形导管的连通,使钢球首尾衔接。当转动转向盘时,借助摩擦力使钢球在螺杆和螺母之间的螺旋通道内滚动。钢球在螺旋通道内绕行两周后,流出螺母而进入导管的一端,再由导管的另一端流回螺母内。故在转向器工作时,两列钢球只在各自的封闭流道内循环流动,而不会脱出。

钢球的作用是将转向螺杆-转向螺母传动副中的滑动摩擦转变为滚动摩擦,减少了摩擦损失,改善了操作性能,并提高了可逆性和传动效率。

齿扇的齿形是通过不同的加工方法,使各分度圆上的齿厚、齿高沿轴向逐渐变化,如图15-10c)所示。当调整啮合间隙时,通过转动螺钉15使齿扇向左或向右移动,从而获得与齿条相适应的齿厚相啮合,达到调整目的,然后紧固螺母14,如图15-10b)所示。

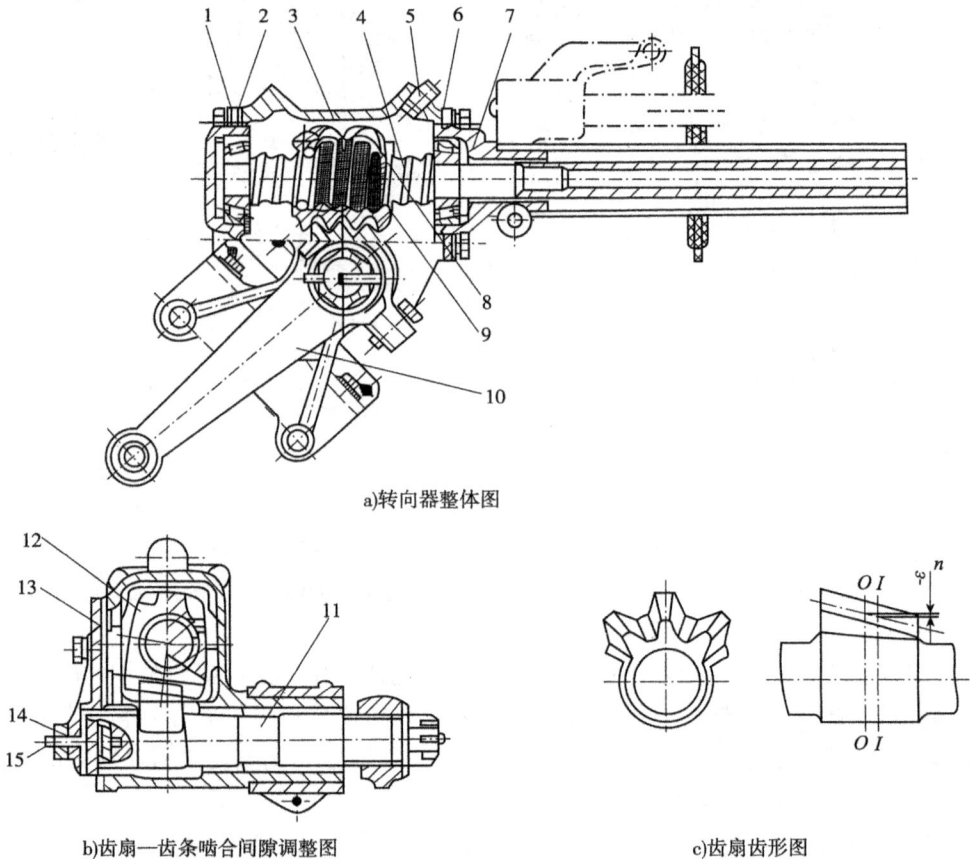

a)转向器整体图

b)齿扇—齿条啮合间隙调整图

c)齿扇齿形图

图15-10 循环球式转向器

1-下盖;2、6-垫片;3-外壳;4-螺杆;5-加油螺塞;7-上盖;8-导管;9-钢球;10-转向垂臂;11-转向垂臂轴;
12-方形螺母;13-侧盖;14-螺母;15-调整螺钉

循环球式转向器无论齿扇转至任何位置,其角传动比 i_ω 总为常数。

以上各种形式转向器的啮合间隙是必然存在的,再加上螺杆轴上的锥柱轴承间隙,传动装置中各环节之间的间隙,便构成了转向盘的自由间隙。自由间隙过大,转向不灵,应急时反应"迟钝";反之,间隙过小,则机械直线行驶性差。因此每一种转向器都有其规定数值,调整时按其规定调整。

转向螺母下平面上加工出的齿条是倾斜的,与之相啮合的是变齿厚齿扇。只要使齿扇轴相对于齿条做轴向移动,便可调整二者的啮合间隙。调整螺钉旋装在侧盖上。齿扇轴靠近齿扇的端部切有 T 形槽,螺钉的圆柱形端头嵌入此切槽中,端头与 T 形槽的间隙用调整垫圈来调整。旋入螺钉,则齿条与齿扇的啮合间隙减小;旋出螺钉则啮合间隙增大。调整好后用锁紧螺母锁紧。转向器的第一级传动副(转向螺杆-转向螺母)因结构所限,不能进行啮合间隙的调整,零件磨损严重时,只能更换零件。

二、转向传动机构

转向传动机构的功用是把转向器传来的力和运动传给转向轮,使转向轮偏转以实现车辆转向。

(一)转向垂臂

转向垂臂由垂臂和垂臂轴构成,如图 15-11 所示。垂臂用圆锥三角齿花键定位,端部用螺母紧固在垂臂轴上。

为了保证转向垂臂从中间位置向两侧具有相同的摆动范围,在转向垂臂上刻有安装记号,转向垂臂与纵拉杆连接的一端常做成锥形孔,与球头销的锥面配合,并用螺母紧固。

(二)转向纵拉杆

转向纵拉杆在转向过程中不仅受拉而且受压,因此,通常用钢管制成。钢管的两端扩大,以便安装球头铰链。其一端用球头销 2 与转向垂臂连接,另一端用球头销和转向节臂连接。两个球头碗 5 和球头销 2 组成铰接点。螺塞 4 可调整弹簧 6 的弹力,并挡住球增添碗。弹簧可自动补偿球头节的间隙,并缓和来自转向轮对转向器的冲击。弹簧的最大压力由限位块限制,以防止弹簧过载。限位块还可在弹簧折断时防止球销从铰节点脱出。其结构如图 15-12 所示。

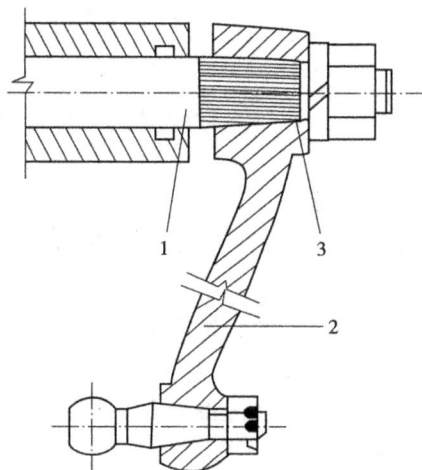

图 15-11 转向垂臂

1-转向垂臂轴;2-垂臂;3-三角齿花键

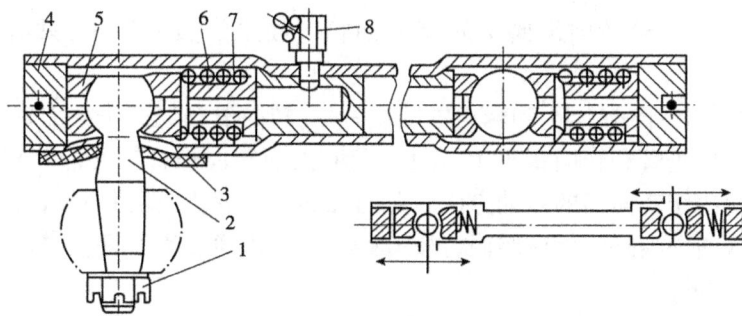

图 15-12 转向纵拉杆

1-螺母;2-球头销;3-防尘罩;4-螺塞;5-球头碗;6-弹簧;7-限位块;8-黄油嘴

（三）转向横拉杆

转向横拉杆由两端的球头销接头1和中间的横拉杆2组成,结构如图15-13所示。接头和横拉杆用螺纹连接,并用螺栓3夹紧。横拉杆两端的螺纹分别为左、右旋螺纹,转动横拉杆可改变拉杆的长度。弹簧4可自动消除球铰间隙。

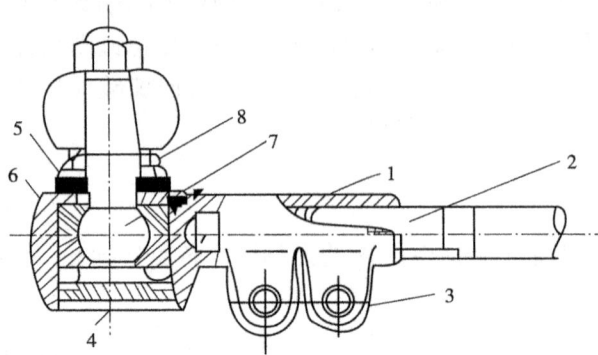

图15-13 转向横拉杆
1-接头;2-横拉杆;3-夹紧螺栓;4-弹簧;5-防尘罩;6-球头碗;7-球头销;8-弹簧

第三节 液压动力转向系

轮式工程机械由于使用条件十分恶劣,机体沉重、轮胎尺寸较大,又经常行驶在施工现场的道路上,转向阻力矩大,工作要求转向频繁,若用机械式转向将难以达到操纵轻便和转向迅速的目的,为了减轻驾驶员的疲劳,多数工程机械都采用液压动力转向系统。

使用液压动力转向系统,施加于转向盘上的操纵力已不再是直接迫使车轮或车架偏转的力,而使转向助力器的转向阀动作的力,偏转车轮或车架所需的力是由转向油缸施加的。

一、液压动力转向的工作原理

图15-14所示为一后轮转向的液压动力转向的工作原理。为车轮直线行驶的情况,此时油泵输送出的油,经转向滑阀7后流回油箱。油泵的负荷很小,只需克服管路中的阻力。

在开始转向时,由于螺杆11和转向轴装成一体,转向滑阀经两个推力轴承装在其中,由于转向阻力大,转向垂臂和转向螺母12保持不动,因而转向螺杆就必然相对螺母做轴向位移,位移的方向取决于转向盘的转动方向。此时油路发生变化,压力油经转向滑阀后不直接流回油箱,而流入转向油缸的相应腔内,推动活塞移动,再通过直拉杆使转向轮或车架偏转。达到车轮转向的目的。

在转向轮转动的同时,转向螺母12随同活塞产生相反的轴向移动,并在转向轮转过与转向盘转角成一定比例的角度后,使转向滑阀回到中间位置。如果需要继续转向,则应继续转动转向盘。

阀芯的位移使转向油缸产生位移,而转向油缸的位移又反过来消除阀芯的位移,从而保证了转向轮的偏转角度与转向盘的转动角度的随动关系,因此转向滑阀又称随动阀。

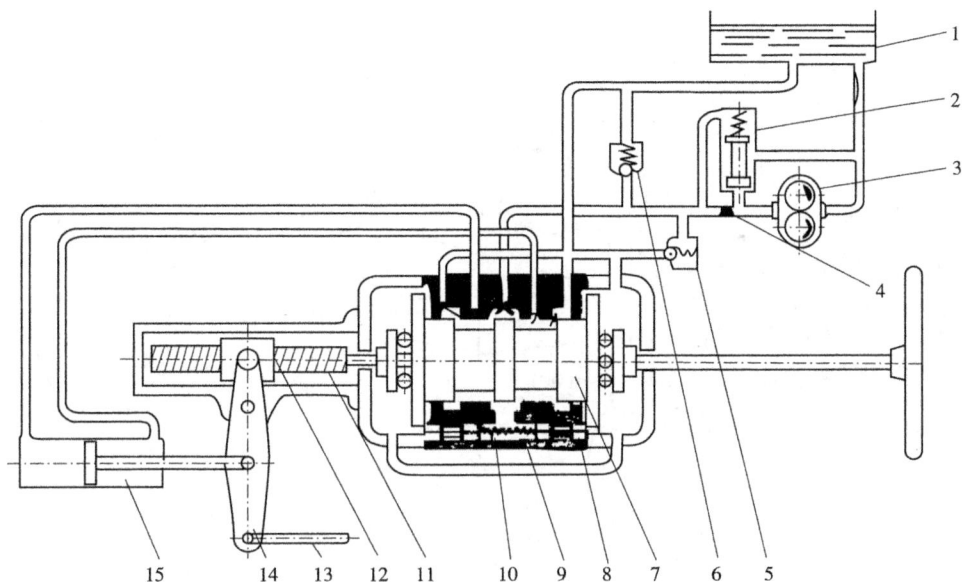

图15-14 液压动力转向原理

1-油箱;2-溢流阀;3-油泵;4-量孔;5-止回阀;6-安全阀;7-转向滑阀;8-反作用阀;9-阀体;10-复位弹簧;
11-转向螺杆;12-转向螺母;13-纵拉杆;14-转向垂臂;15-转向油缸

当动力转向系统失效时(如油泵不输油),动力转向不但不能使转向轻便,反面增加了转向阻力。为了减少这种阻力,在阀中的进油道和回油道之间装有止回阀5。在正常的情况下,进油道的油压为高压,回油道则为低压,止回阀在弹簧和油压差的作用下处于关闭状态,两油道不通。在油泵失效后转向时,进油道变为低压,而回油道却有一定的压力(由于转向油缸的活塞起泵油作用)。进、回油道的压力差使止回阀打开,两油道相通,油便从转向油缸的一腔流入另一腔,这就减小了转向阻力。

反作用阀8靠滑阀中间的一端,在转向过程中总是充满压力油,而压力油的油压又和转向阻力成正比。在转向时要使反作用阀移动,除克服弹簧力外,还必须克服这个力,从而使驾驶员感觉到与转向阻力成比例的阻力——路感。

溢流阀2的作用是限制进入系统的流量,当发动机转速过高、流量超过某一定数值时,计量孔前后的压差亦增加到一定数值,迫使柱塞向上,多余的油便经溢流阀返回油箱,使转向速度不会有过大的变化。

二、ZL50 型装载机液压转向系

1. 液压转向系结构

ZL50 型装载机为铰接式结构,转向液压系统除油缸外,还包括转向油泵 13、辅助油泵 14、流量转换阀 15、转向阀和油管等其他附件,如图 15-15 所示。转向阀为一组合阀,它由转向控制阀 17、锁紧阀 16、止回阀 18 及其上的节流孔组成。

液压转向系采用循环球齿条齿扇式转向器,它固定在后车架上。转向器螺杆 10 与

291

转向控制阀的阀杆固定在一起,螺杆的另一端则与转向盘轴焊接。转向垂臂通过球头销与随动杆 12 铰接,而随动杆的另一端则与前车架铰接。驾驶员通过转向盘操纵转向控制阀来改变两个油缸前后腔的充油,使前后车架相偏转,实现装载机的转向或直线行驶。

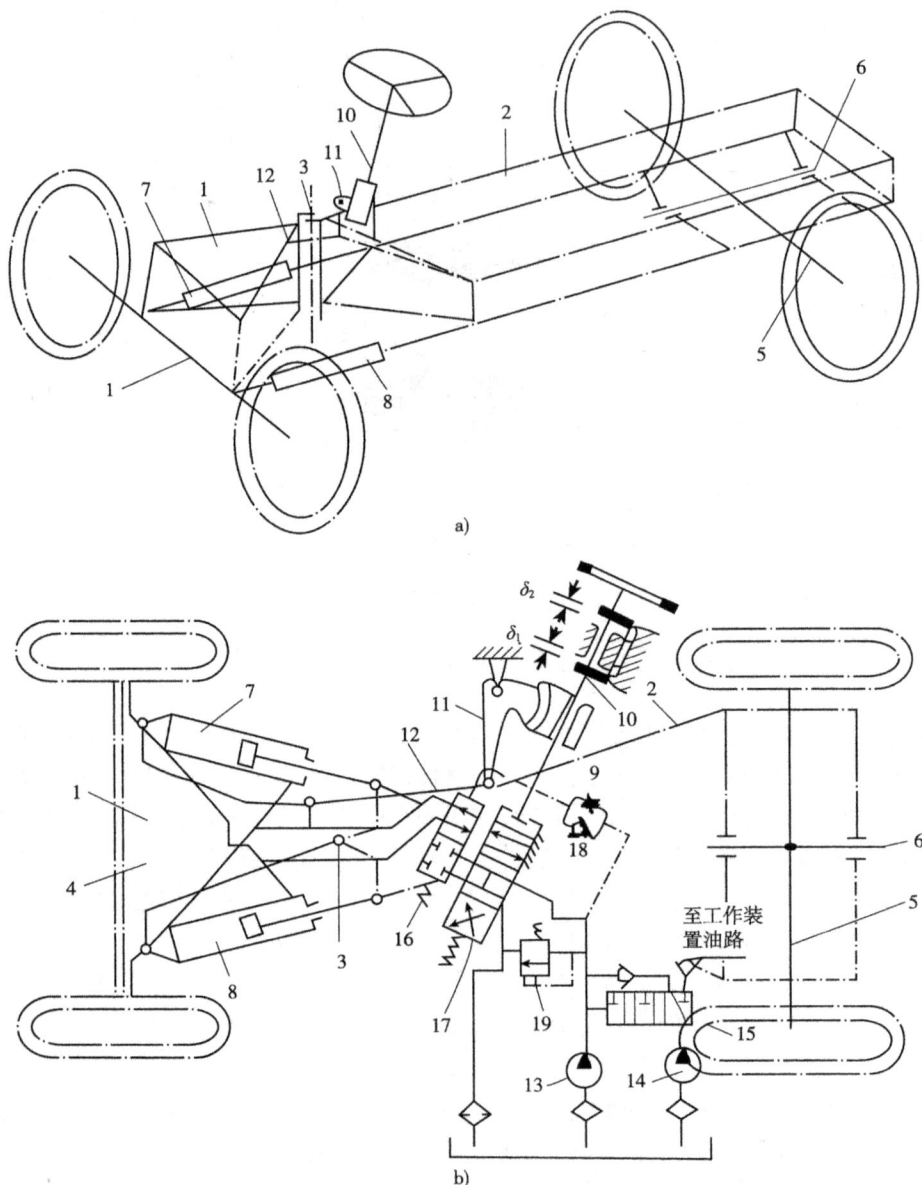

图 15-15　ZL50 型装载机转向系

1-前车架;2-后车架;3-垂直铰销;4-前驱动桥;5-后驱动桥;6-水平铰销;7、8-转向油缸;9-转向阀;10-转向器螺杆;11-转向垂臂;12-随动杆;13-转向油泵;14-辅助油泵;15-流量转换阀;16-锁紧阀;17-转向控制阀;18-止回阀;19-溢流阀

2. 液压转向工作过程

(1)装载机直线行驶。此时转向控制阀 17 的阀杆靠中位弹簧保持在中间位置,阀杆上下端最大的位移$\delta_1 = \delta_2$,锁紧阀 16 的阀杆被弹簧推向上端,将左右转向油缸与转向阀之间的

292

油路切断,使液压油封死在油缸中,前后车架保持在直线行驶位置。来自转向油泵的压力油经转向控制阀的通路流回油箱,装载机做直线行驶。

（2）装载机向右转向。司机顺时针转动转向盘时,由于螺母被地面传来的阻力抵住不动,因而转向器螺杆 10 便带动转向控制阀的阀杆克服中位弹簧的张力向下移动,使阀杆上端的间隙 δ_2 消除。此时从转向油泵来的压力油不能直接返回油箱,推开锁紧阀杆推向下端,接通左右转向油缸上下腔与转向阀之间的油路。来自转向油泵的压力油便经过转向控制阀、锁紧阀进入转向油缸 7 的后腔及转向油缸 8 的前腔,而两油缸的另一腔的油就经锁紧阀和转向控制阀流回油箱。使油缸 7 的活塞杆缩回,油缸 8 的活塞杆伸出,前后车架相对折转,装载机向右转向。

在前后车架折转的同时使随动杆后移,带动转向器齿扇转动,并推动齿条螺母和螺杆上升。转向控制阀的阀杆回复到中间位置,切断了压力油经转向阀向油缸供油的通道,锁紧阀在弹簧的作用下下移,将转向油缸 7 和 8 前后腔的油液闭锁,来自转向油泵的压力端经控制阀流回油箱。前后车架停止相对折转,装载机保持一定的转角转向。如果继续转动转向盘,重复上述过程,转向角就不断增大。

（3）装载机向左转向。如反时针转动转向盘,过程与上述相反,可使装载机向左转向。

三、滑阀式转向加力器

ZL50 型装载机采用转向器与分配阀制成一体的常流式转向加力器,其转向器为循环球式的,下面只将滑阀式转向分配阀加以阐述。

这种分配阀如图 15-16 所示,它为装在转向器螺杆的延长部分。滑阀 14 通过推力轴承 10、19,挡板 9、18,螺母 11 固定在螺杆的下端,在两块挡板之间又夹持着柱塞 13、17 以及弹簧 15,两柱塞端头的半边支靠在挡板 9、18 上,另外半边又抵在罩 12、阀接头 20 的台阶上。这种结构,无论蜗杆带动两块挡板怎样上下轴向移动,总有一端柱塞固定不动。滑阀 14、阀体 16 的结合面上刻有序号 2~8 的若干个油槽,各槽之间设有 0.5mm 的覆盖量〔见图15-16b)〕。机械的左转、右转、中间的 3 种工况,就是依靠滑阀 14 的上下移动,接通或关闭某些油道来实现的。

当机械不转向时,图 15-15 中的转向盘及随动杆 12 不动,则图 15-16a)中的弹簧 15 使各油道处于如图 15-16b)所示的位置。由油泵送来的油液,经油槽④、⑥穿过缝隙反向折回,再经油槽⑤流回油箱。这时,因为没有外载,仅油路沿程阻力损失,所以消耗功率不大。与此同时,转向油缸由于滑阀有 0.55mm 的覆盖量而处于封闭状态,则机械或直线行驶,或转向行驶,但转向盘不动,前后车架确定在某一相对位置下运行,即所谓中间工况。

当机械向右转向时,转向盘驱使螺杆顺时针旋转,滑阀 14 随之下行,改变了各油道的配置位置;如图 15-16b)所示,油槽③和④、⑦和⑧接通,⑤被封闭,这样,从油泵送来的压力油经④和③进入上油缸的大腔、下油缸的小腔,从而推动活塞移动,使机械转向;而处于两缸另一腔的相应低压油,则经油槽⑦和⑧流回油箱,实现了机械的向右转向。如前面所述,滞后的反馈杆又驱使螺杆上行,于是滑阀又处于中间位置,如果继续转动转向盘,滑阀(即转向盘)与反馈杆的随动关系将继续下去,直到右转极限位置为止。

当机械向左转向时,根据上述原则,只要逆时针转动转向盘,便可实现。

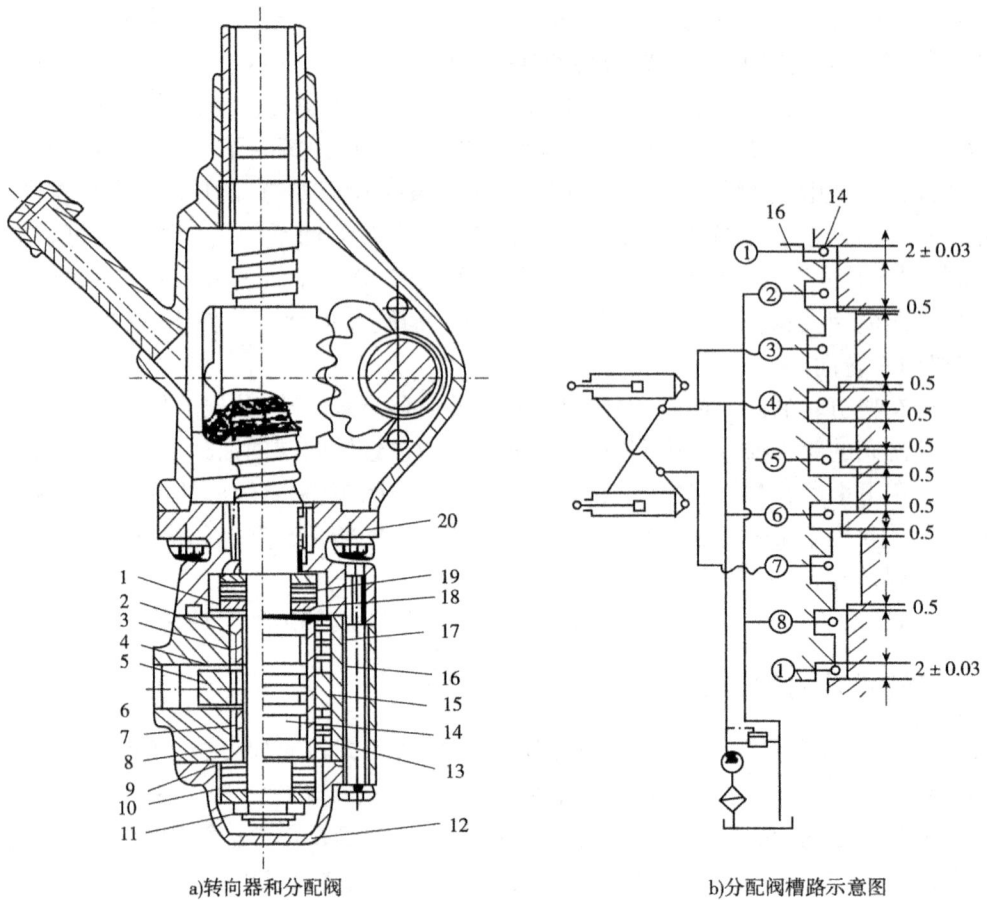

a)转向器和分配阀

b)分配阀槽路示意图

图 15-16　ZL50 型装载机滑阀式转向分配阀(尺寸单位:mm)

1-油腔;2、3、4、5、6、7、8-油槽;9、18-挡板;10、19-推力轴承;11-螺母;12-罩;13、17-柱塞;14-滑阀;15-弹簧;16-阀体;20-阀接头;①、②、③、④、⑤、⑥、⑦、⑧-油槽

四、全液压转向装置

输出端与输入端没有机械联系的液压动力转向装置称为全液压转向装置。这种转向装置由转向阀与计量马达组成的液压转向器、转向液压缸等组成。这种转向装置取消了转向盘和转向轮之间的机械连接,只有液压油管连接。转向盘和液压转向器相连,转向液压缸与转向梯形及转向轮相连。两根油管将转向器的压力油按转向要求输送到液压缸相应的腔以实现转向。图 15-17 是全液压转向装置布置示意图。与其他转向装置相比,操纵轻便灵活、结构紧凑。由于没有机械连接,因此有易于安装布置、发动机熄火时仍能保证转向性能等特点。存在的主要问题是"路感"不明显,转向后,转向盘不能自动回位,以及发动机熄火时手动转向比较费力。近几年来被广泛应用在车速为 50km/h 以下的装载机、压路机、叉车、轮式挖掘机等大中型机械车辆上。

1.转阀式转向机构液压系统及转向器结构

图 15-18 是转阀式转向机构液压系统图。转向器的转阀处于中位时(图示位置)由液压泵 1 来的油经转向阀 6 返回油箱,系统处于低压空循环状态,液压泵卸荷。两液压缸 8 和计量马达 5 的两腔都处于封闭状态,这时车辆沿直线或一定转向半径行驶。

294

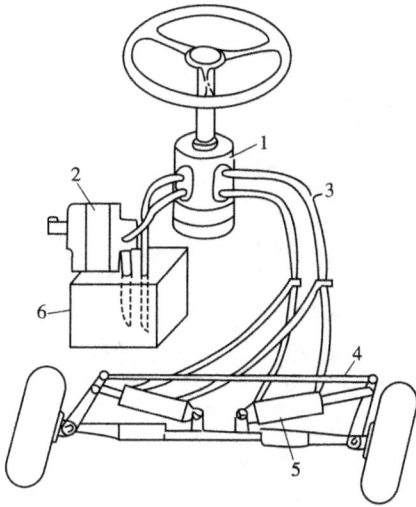

图 15-17　全液压转向装置布置示意图
1-液压转向器；2-齿轮泵；3-油管；4-转向梯形；
5-转向液压缸；6-油箱

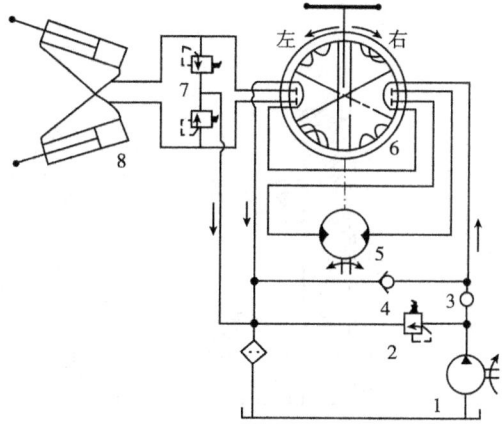

图 15-18　转阀式转向机构液压系统图
1-液压泵；2-安全阀；3、4-止回阀；5-计量液压马达；
6-转向阀；7-缓冲阀；8-液压缸

左转向时，操纵转向盘控制阀转到图示"左"的油路位置。液压泵来的油打开止回阀3，通过控制阀进入计量液压马达的右腔。计量液压马达的转子在压力油的作用下旋转，迫使转子另一侧的压力油经控制阀进入转向液压缸相应的腔而实现左转向。这时液压缸的回油就经控制阀返回油箱。计量马达转子的转动方向与转向盘转向相同。由于计量马达的转子带动控制阀套一起转动，从而消除了控制阀芯相对于阀套的转角，而使控制阀又回到中位。

当液压泵不工作时，系统油路循环全靠手动操纵。此时计量马达作为手动泵使用，止回阀3关闭，而止回阀4打开。油在液压系统中自行循环。止回阀3的作用是防止油液倒流，使转向轮偏转，以及保护液压泵不受冲击。止回阀4是在人力转向时使油液能自行循环。安全阀2限制系统最高工作压力，保护系统安全。双向缓冲阀7用来防止在转向轮受到意外冲击时，由于油压突然升高而造成系统损坏。

图15-19所示为转阀式液压转向器结构图。阀体1是转向器壳体，所有零件都装在阀体内。阀体上有4个油孔：油口 A 和液压泵相连；油口 B 与油箱接通；油口 C 和 D 分别与转向液压缸的两腔相连。控制阀由阀芯和阀套组成，两者用销子8连接，用片弹簧9定位[图15-20b)]。由于阀芯上的销孔比阀套孔大，阀芯可相对阀套左右各转动8°。阀芯通过外端榫头与转向盘转向轴相连，马达连接轴7与计量马达的转子3相连。

计量马达为内啮合摆线齿轮马达。计量马达进出油的配流是控制阀套上12个孔 d 和与孔 d 相对应的均布在阀体上的7个孔 a（图15-19）来完成的。计量马达用容积法来控制流量，保证流进转向液压缸的流量与转向盘转角成正比，因此将这种马达称为计量马达。它同时也起反馈作用。当人力转向时，计量马达作为手动液压泵驱动转向液压缸实行转向。

阀套和阀芯的结构如图15-20所示。阀套外表上有4个台肩和4个环槽 I、J、K、L。4个环槽分别与阀体上的 A、B、C、D 4个油孔相对应。阀套上的孔 b、c、d、e、f、g 是配换孔，它们与阀芯的槽 i、j、k 和阀体上的油孔配合，用来控制液流方向实现转向。

12个孔 d 可分成单号孔 d 和双号孔 d，其中单号孔 d 和孔 c 在一条直线上。12个孔 h 和12个孔 d 相互错开15°。各个孔和槽之间的相互位置和等分精度与转向器的性能有密切关系。

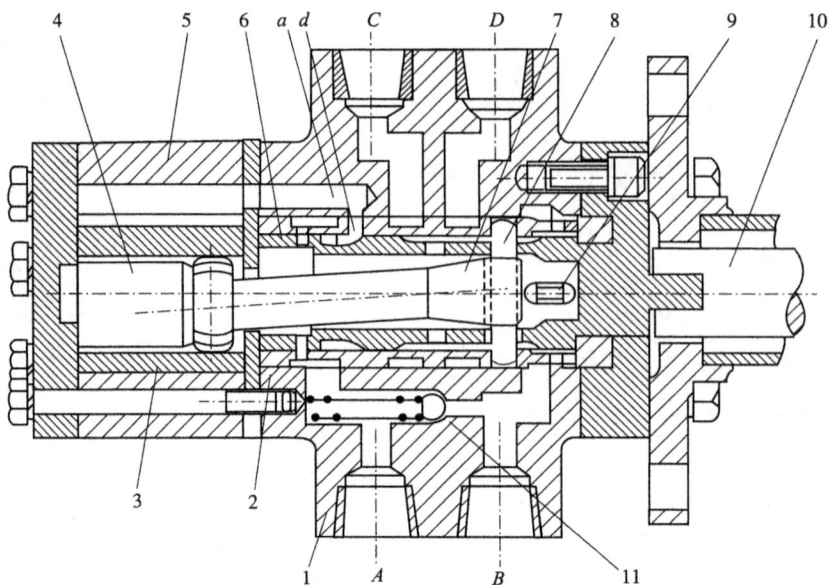

图 15-19　转阀式液压转向器

1-阀体;2-阀套;3-转子;4-圆柱;5-定子;6-阀芯;7-连接轴;8-销子;9-定位弹簧;10-转向轴;
11-止回阀;A、B、C、D-油口;a、d-孔

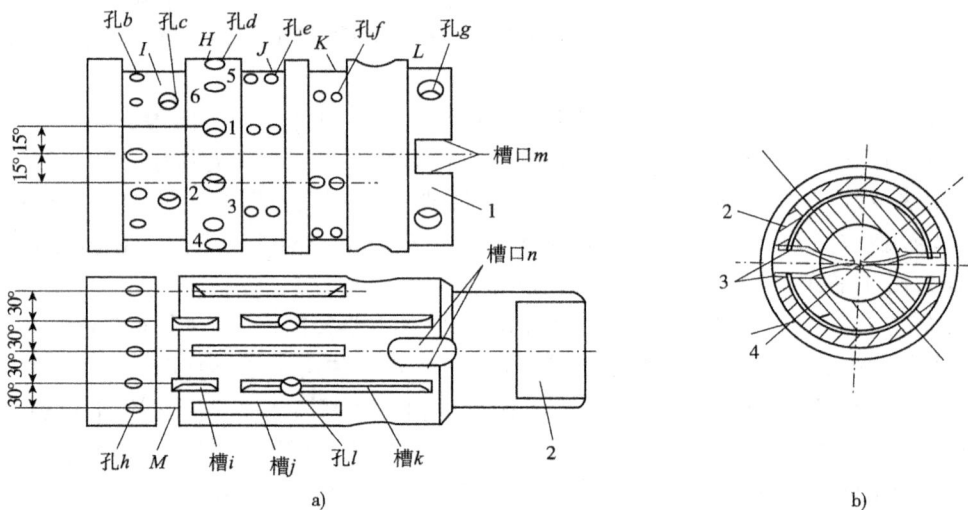

图 15-20　计量马达控制阀

1-阀套;2-控制阀套;3-定位弹簧;4-阀芯

2. 转向器的工作原理

转向器中位时的工作状态如图 15-21 所示。在定位弹簧[图 15-20b)]的作用下,阀芯和阀套处于中位。此时阀套上的孔 b 与阀芯上的孔 h 对齐,因此进入环槽 I 的油液通过孔 b、孔 h 进入阀芯内腔,再经孔 l、槽 k 从回油口流向油箱,因为 k、j 槽既不与孔 f 相通,也不与孔 d 相通,所以这时液压缸和转子马达两腔都处于封闭状态。

296

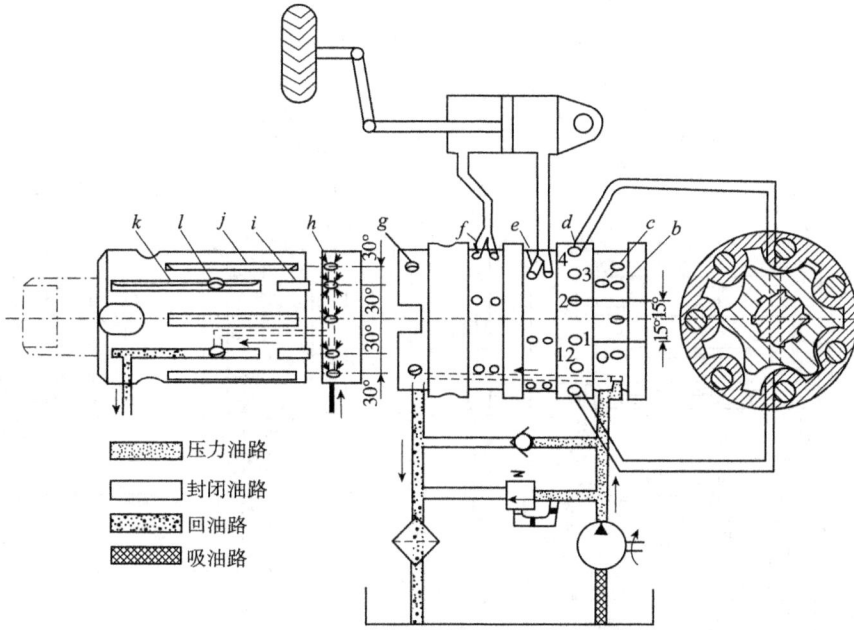

图 15-21   液压转向器中位时工作状态

$b \sim g$、l-孔；i、j、k-槽；h-槽口

右转向时（图 15-22），阀芯随转向盘做顺时针方向旋转，阀套和计量马达转子相连而暂时不转。此时，孔 b 和孔 h 开始错开，槽 i 沟通孔 c 和双号孔 d，槽 j 沟通单号孔 d 和孔 e，而槽 k 与孔 f、孔 g 相通。液压泵来油经孔 c、槽 i 与双号孔 d 相对的孔 a 进入计量马达的 3 个油腔，迫使转子转动。计量马达另外腔的液压油被挤出，通过与单号孔 d 相对应的孔 a 以及孔 e 再进入转向液压缸一腔，迫使活塞移动实现向右转向。转向液压缸另一腔的油液经孔 f、槽 k 和孔 g 通过回油口流回油箱。

左转向时（图 15-22），阀芯做逆时针转动。此时，槽 i 沟通孔 c 和单号孔 d，槽 j 沟通双号孔 d 和孔 f，而槽 k 与孔 e、孔 g 相通。液压泵来油经孔 c、槽 i 和单号孔 d 相对的孔。进入计量马达的 3 个油腔，迫使转子转动。计量马达另外腔的液压油被挤出，通过与双号孔 d 相对应的孔 a 以及孔 f 进入转向液压缸油杆腔，迫使活塞缩回，实现向左转向。转向液压缸另一腔的油液经孔 e、槽 k 和孔 g 通过回油口流回油箱。

在上述过程中，由于液压泵来油先经计量马达才进入转向液压缸推动计量马达转子自转，并带动阀套旋转，其转动方向和转向盘一致，从而消除了控制阀芯相对于阀套的转角，使控制阀恢复到中位而停止配流，转向轮也就被转向液压缸保持在这个转向角度上。这个伺服过程是由内部的机械反馈实现的。

手动转向如图 15-23 所示。当发动机熄火或液压泵出现故障不能动力转向时，这种转向器仍能进行人力转向。人力转向时，计量马达起泵的作用。转向盘带动阀芯，通过销子、阀套、连接轴带动计量马达转子转动（图 15-19）。转子转动排出的压力油进入转向液压缸而使转向轮转向。人力左右转向时的液压油流动方向和动力转向时基本相同。所不同的是，液压缸排油通过止回阀流回到手动泵的吸油腔，油液在转向器内自行循环。

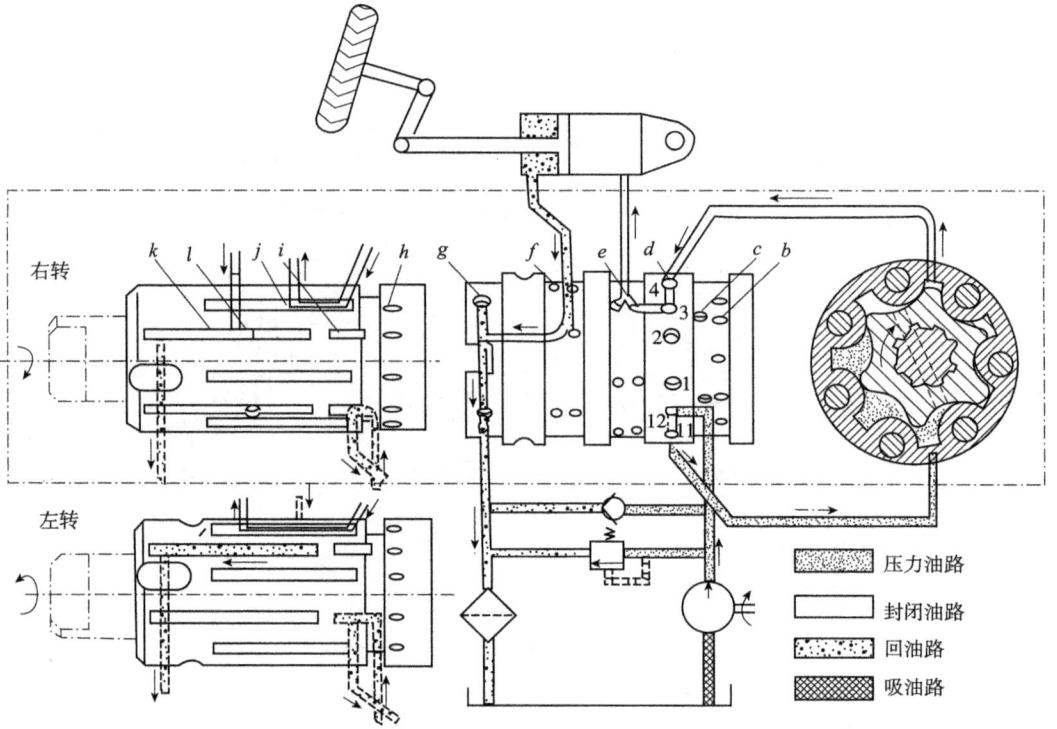

图 15-22 转向时工况

$b\sim g$、l-孔;i、j、k-槽;h-槽口

压力油路
封闭油路
回油路
吸油路

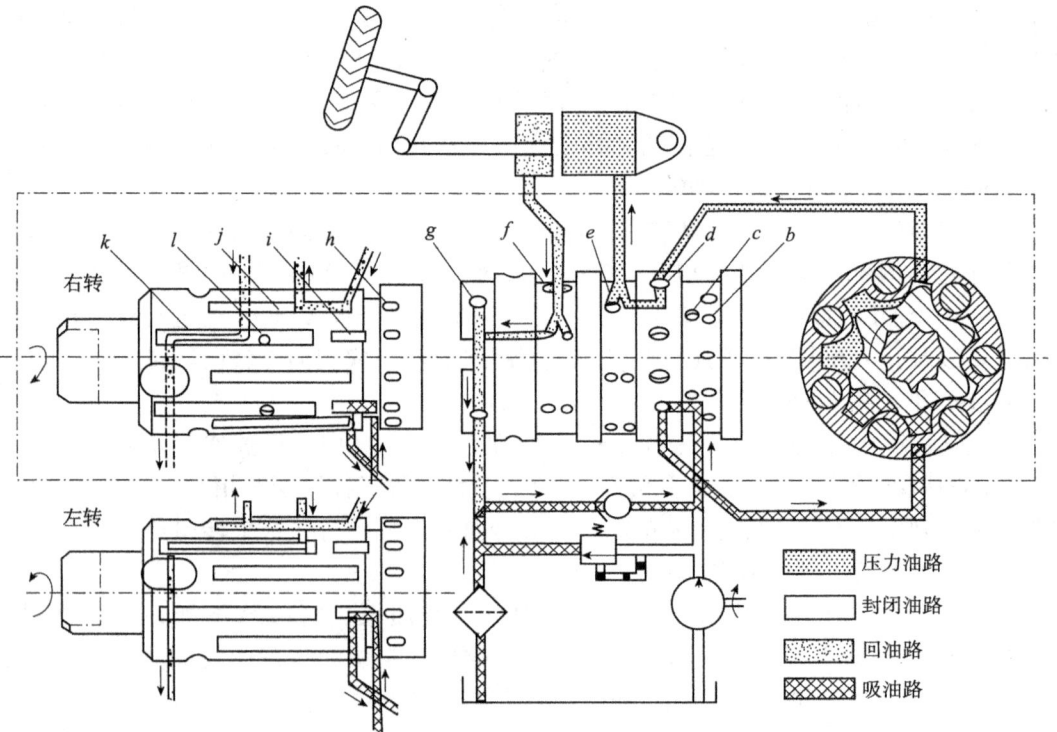

图 15-23 手动转向工况

$b\sim g$、l-孔;i、j、k-槽;h-槽口

压力油路
封闭油路
回油路
吸油路

第四节　履带式车辆转向系

一、履带式车辆的转向原理

履带式底盘由于其行驶装置是两条与机器纵轴线平行的履带,所以它的转向原理也不同于轮式底盘。它是借助于改变两侧履带的牵引力,使两侧履带能以不同的速度前进实现转向。履带式底盘的转向机构形式有转向离合器、双差速器和行星轮式转向机构等几种。转向离合器由于构造简单和制造容易,因而在履带式工程机械上使用很广泛。

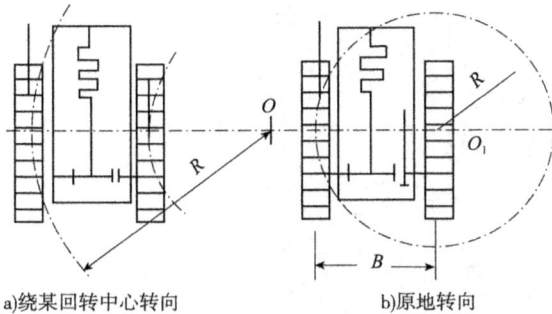

a)绕某回转中心转向　　b)原地转向

图 15-24　履带式车辆的转向

转向离合器与制动器的配合使用,可使履带式底盘能以不同的半径转向,当用较大半径转向时,就要部分或完全分离内侧的转向离合器。使这一侧履带牵引力减小,而外侧履带牵引力相应增大。这时,两侧履带的线速度如图 15-24a)箭头所示,底盘就绕某回转中心 O 转向。当用较小半径甚至原地转向时,在完全分离外侧转向离合器的同时,还利用制动器将这一侧的履带驱动轮制动,使这一侧履带线速度为零,底盘就能绕内侧履带中心 O_1 转向,其转向半径 R 等于履带中心距 B,如图 15-24b)所示。

二、转向离合器

转向离合器一般采用多片常接合式摩擦离合器,其工作原理与多片式主离合器相类似。

转向离合器分干式和湿式两种。前者的主要缺点是摩擦系数不稳定和磨损快;后者由于摩擦片浸于油中工作,采用油泵循环冷却,所以摩擦系数较稳定,摩擦片的磨损较小,且散热好不易烧坏摩擦片,这就大大提高了转向离合器的使用寿命,减少调整次数,其缺点是摩擦系数小,需要大的压紧力。目前大功率的工程机械一般都采用湿式离合器。

转向离合器的压紧方式有弹簧压紧、液压压紧以及弹簧和液压同时压紧 3 种;而分离方式有液压分离和杠杆分离两种。

1. 弹簧压紧湿式转向离合器

TY180 型推土机采用弹簧压紧液压分离的湿式转向离合器,其构造如图 15-25 所示。主动鼓用螺栓与连接盘相连,在连接盘内装有活塞,起着液压分离机构的液压缸作用,弹簧压盘 10 的轴端以半圆键装着外压盘 2,当离合器接合时,它可带着弹簧压盘一起旋转。外压盘与主动鼓外缘盘之间夹着主、从动片 7 与 6,它们借主动鼓内的 16 组大、小弹簧 4 和 5 压紧。当油缸内进入压力油时,活塞被向外推,通过弹簧压盘克服弹簧的压力,使离合器分离。

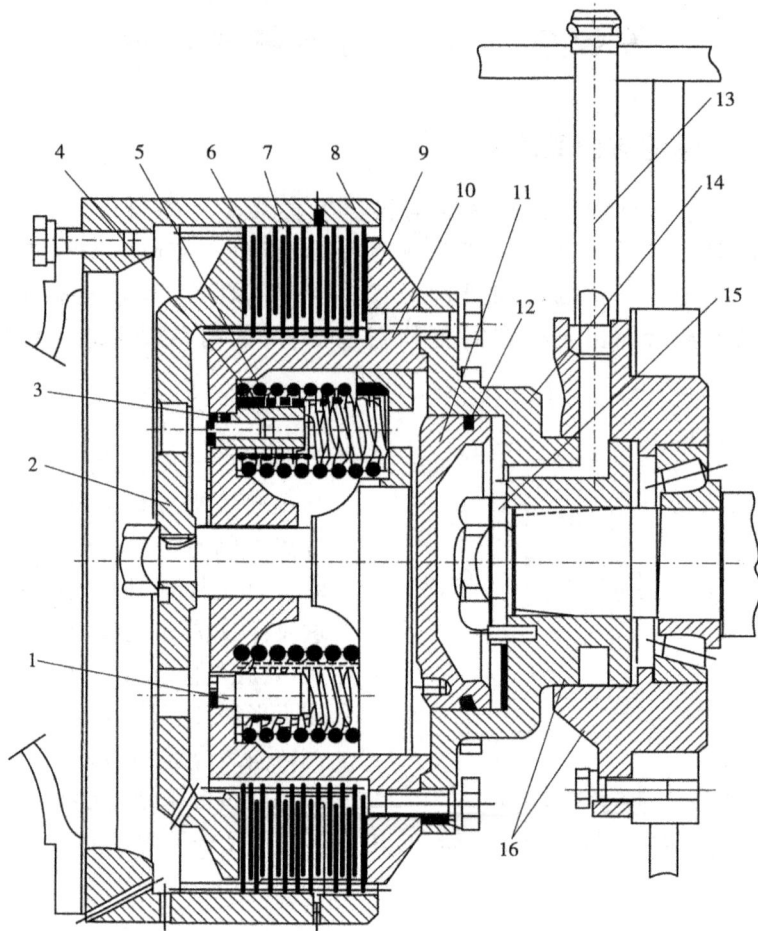

图15-25 弹簧压紧湿式转向离合器

1-弹簧螺杆;2-外压盘;3-带中心孔的弹簧螺杆;4、5-大、小压紧弹簧;6、7-从、主动片;8、9-从、主动鼓;

10-弹簧压盘;11-活塞;12、16-油封环;13-油管;14-连接盘;15-垫板

后桥壳体内充装油液(左右转向离合器室与中央传动齿轮室都是连通的,变速器内的油也能通过止回阀经中央传动齿轮室流入后桥壳内的油池中),离合器即在油中工作。

2.液压压紧湿式转向离合器

D85A-12型推土机采用的液压压紧湿式转向离合器,其构造见图15-26。它与弹簧压紧湿式转向离合器的主要区别是离合器的接合也靠液压,故又称双作用液压操纵式转向离合器。小螺旋弹簧9在这里仅作为液压操纵系统出故障时辅助用。

主动鼓5壁上的纵向与径向油道与锥毂形接盘6的锥壁上的油道相通。当压力油经这些油道进入活塞7外侧的主动鼓内腔时,就将活塞向里推移,并通过活塞杆及杆端部的螺母拉着外压盘2向里移动,从而使主、从动片3和4被压紧在外压盘和主动鼓外缘盘之间,转向离合器即呈接合状态。

活塞内侧的锥毂形接盘内腔,是分离离合器时的油腔,当从横轴中心油道来的压力油进入此内腔后,将活塞向外推移时,外压盘放松对主、从动片的压紧作用,转向离合器呈分离状态。

300

这种转向离合器的优点是压力弹簧的尺寸较小,因而缩小了转向离合器的结构尺寸。其不足之处是压力油经常处于负荷下,油温较高,所以要有专门的压力油冷却系统,使结构变得较复杂。

三、转向离合器的操纵机构

转向离合器的操纵机构有机械式、液压式和液压助力式3种形式。机械式由于操纵费力,仅用于小功率的工程机械上,大功率的工程机械大部分都采用后两种形式。

TY180型推土机的转向离合器采用单作用式液压操纵机构,它由转向操纵杆和杠杆系,以及液压系统两部分组成。

操纵机构的液压系统与变速器润滑系共用一个油泵,如图15-27所示。

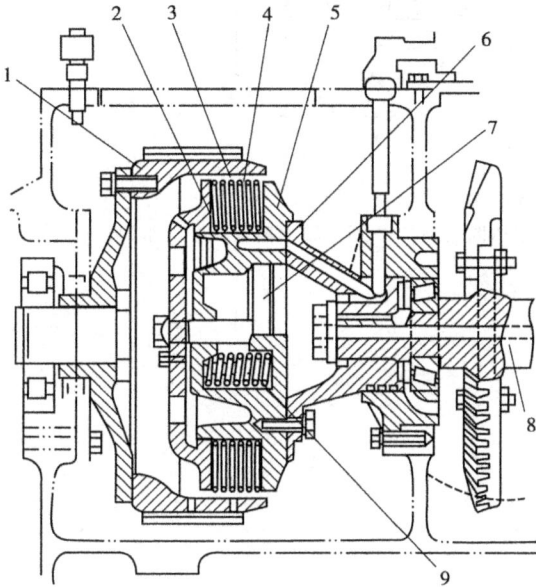

图15-26　液压压紧湿式转向离合器

1、5-从、主动鼓;2-外压盘;3、4-从、主动片;6-锥毂形接盘;7-活塞;8-横轴;9-小螺旋弹簧

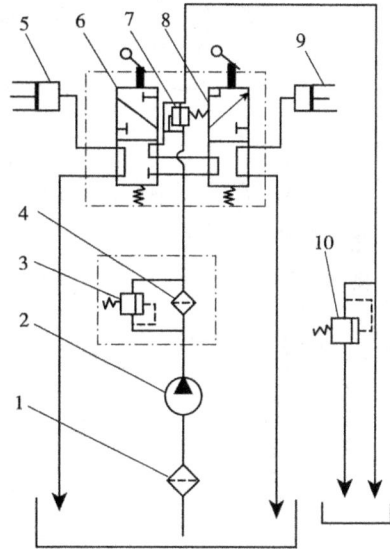

图15-27　TY180型推土机转向离合器操纵机构液压系统

1-粗滤器;2-油泵;3-安全阀;4-细滤器;5-左转向离合器油缸;6-左滑阀;7-限压阀;8-右滑阀;9-右转向离合器油缸;10-背压阀

油泵2由发动机与离合器之间的取力箱驱动,它从后桥壳中吸油,油加压后流经细滤器4进到二位四通滑阀6和8。当细滤器堵塞,油阻力增加到一定值(达0.12MPa)时,安全阀3开启,压力油经安全阀进到滑阀6和8。当滑阀6和8处于图示的中间位置,左右转向离合器的油缸5和9与回油路通,这时压力油绕过限压阀7流向变速器润滑系。利用背压阀10调整润滑系油压(背压阀调整压力为0.15MPa)。

滑阀结构如图15-28所示。当其阀杆处于中间位置时,阀组的总进油口 A 直接与变速器润滑系的油口 B 相通,而通左右转向离合器油缸的出油口 L 和 R 都与阀组的回油口 C 相通。

当拉动左或右转向操纵杆,例如拉动右转向操纵杆,通过杠杆系使右滑阀的阀杆向下运动。这时阀杆将 B 口关闭,而让 A 口与 R 口相通,压力油就进入右转向离合器油缸,使其分离。当油缸中油压超过限压阀调定的压力 1MPa 时,限压阀 7 打开,继续进入滑阀的压力油从 D 口流入变速器润滑系。

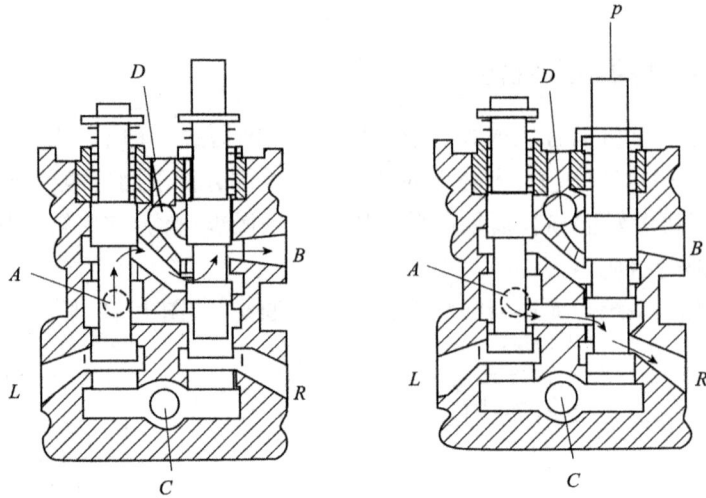

图 15-28　滑阀工作位置图

A-总进油口;B-通变速器润滑系的油口;C-总回油口;D-限压阀出油口;L-通左转向离合器油缸出油口;R-通右转向离合器油缸出油口

第十六章 制动系统

第一节 概 述

一、制动系及其功用

车辆以一定的车速行驶时具有一定的动能。随着车辆行驶速度的不断提高,要使行驶中的车辆减速或停车,就必须强制地对汽车施加一个与车辆行驶方向相反的力,这个力称为制动力。制动系统就是产生制动力的装置。制动的实质就是将动能强制地转化为其他形式的能量(通常是热能),扩散到大气环境中。

工程机械在道路上行驶时,若遇到路不平、交通拥挤、两车相会或障碍物时都需要减速;在施工时,由于工作性质的要求需要频繁地前进、倒退,为提高工效需要制动转向;在坡地上作业和下坡时,为行驶安全需要制动减速。所有这些,都要求行驶机械必须具备良好的制动性能,以保证机械安全高效地行驶作业。

二、制动系的工作原理

一般轮式机械制动工作原理可用图 16-1 来说明。

制动鼓 8 与车轮相连,它随车轮一起旋转,制动轮缸 6 和两个支承销 12 是固定在制动底板 11 上,底板是与车桥相连的。两个弧形制动蹄 10 的下端安装在支承销 12 上,在蹄的外圆面上装有非金属的摩擦片 9,制动轮缸 6 用油管与制动主缸 4 相连通。

制动时,踩下踏板 1,主缸活塞 3 在推杆 2 的作用下使制动主缸 4 中产生高压油,经油管推动制动轮缸 6 中的两个活塞,使制动蹄 10 绕支承销 12 旋转而向外张开,将摩擦片 9 紧压在制动鼓 8 上,产生摩擦力矩 T,其方向与车轮旋转方向相反,试图"抱死"车轮不让其旋转,由于车轮与地面间有附着作用,车轮对地面产生一个向前的切向力 F_A,同时地面给车轮一个反作用力 F_B,正是这个 F_B 阻止车轮向前运动,我们称其为制动力,制动力越大则车的减速度也越大,当松开踏板 1 时,在复位弹簧的作用下,使两制动蹄复位,摩擦力矩 T 消失,则 F_B 也随之消失,制动解除。

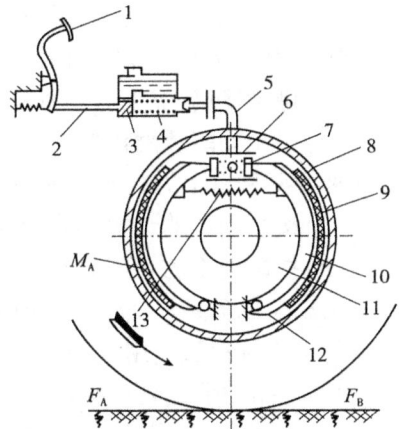

图 16-1 制动系工作原理示意图
1-制动踏板;2-推杆;3-主缸活塞;4-制动主缸;5-油管;6-制动轮缸;7-轮缸活塞;8-制动鼓;9-摩擦片;10-制动蹄;11-制动底板;12-支承销;13-制动蹄复位弹簧

显然,制动力 F_B 并不仅仅取决于制动力矩 T,还取决于轮胎与地面的附着条件,即

$$F_B \leqslant \varphi G_k \qquad\qquad (16\text{-}1)$$

式中:φ——车轮与地面间的附着系数;

$\quad\quad G_k$——车轮对地面的垂直荷载。

如果不断增大制动力矩 T,则会使制动力矩产生的制动力 F_B 大于地面所能提供的附着力,此时,制动蹄会将制动鼓"抱死"(即制动蹄与制动鼓无相对运动),那么车轮在地面上不再进行纯滚动,而完全处于滑移状态(即拖印)。这不仅加剧轮胎的磨损,还使制动距离加长。更重要的是,轮胎滑移时失去了承受侧向力的能力和转向能力,使整车的方向稳定性受到严重破坏,从而导致严重事故。理想的制动是车轮将要"抱死"而未完全"抱死"的临界状态。这时地面提供的附着力最大,制动距离最短,制动效果最佳,能实现这种功能的系统称为防抱死制动系统,即 ABS(Antilock Braking System)。

三、制动系的组成及分类

1.制动系的组成

(1)供能装置。供给、调节制动所需能量的各种部件,其中产生制动能量的部分称为制动能源。在图 16-1 中是驾驶员踩踏板提供制动能源的,也可由发动机提供。

(2)控制装置。包括产生制动动作和控制制动效果的各种部件,图 16-1 中的踏板即是一简单控制装置。

(3)传动装置。将制动能量传输到制动器的各个部件,如图 16-1 中的制动主缸、油管、制动轮缸。

(4)制动器。产生阻碍车辆运动或运动趋势的制动力矩的部分,如图 16-1 中的制动蹄摩擦片、制动鼓等。

2.制动系的分类

(1)按制动能源分类:可分为人力制动系、动力制动系、伺服制动系。

①人力制动系。以驾驶员的动作为制动能源进行制动。

②动力制动系。以发动机的动力转化成气压或液压形成的势能进行制动。

③伺服制动系。兼用人力和发动机动力进行制动。

(2)按制动能量的传输方式分类:可分为机械式、液压式、气压式、电磁式和复合式(兼用两种或两种以上方式传输能量的,如电液、气液等。)

(3)按制动器的结构形式分类:可分为蹄式制动器、盘式制动器和带式制动器。

(4)按制动系的功用分类:可分为车轮制动系、中央制动系、辅助制动系。

①车轮制动系。用于行车时制动,也称脚制动系或行车制动系。

②中央制动系。用于停车时制动,偶尔也用紧急制动。它一般装在传动轴上,或车轮轴上,也称手制动系或驻车制动系。

③辅助制动系。用于下长坡时制动,一般是装在传动轴上的液力制动或装在发动机排气管上的排气制动。

(5)按管路多少分类:可分为单管路制动系、双管路制动系或多管路制动系。

四、制动系的基本要求

(1)制动力大,制动器在一定的外形尺寸下,充分利用传力和助力机构传来的力,产生尽可能大的制动力矩,以确保行车安全。

（2）操纵轻便省力，以减轻驾驶员的劳动强度，并具有良好的随动性。

（3）制动时迅速平稳，解除制动时能迅速彻底地松开车轮。

（4）制动器的摩擦片材料应具有较大的抗热衰退性和较大的摩擦系数。耐磨性好，调整维修方便。

（5）制动器在结构上具有良好的散热性，以确保制动的稳定和安全。

第二节　制　动　器

各类轮式工程机械上所用的制动器绝大多数是摩擦式制动器。摩擦式制动器按摩擦副的结构特点可分为蹄式、盘式和带式3种。本节主要介绍蹄式、盘式和带式制动器的结构类型和工作原理。

一、蹄式制动器

蹄式制动器是利用制动蹄片挤压制动鼓而获得制动力的。根据制动蹄张开装置（也称促动装置）形式的不同，可分为轮缸式制动器、凸轮式制动器和楔式制动器。

（1）轮缸式制动器。以液压油缸作为制动蹄的促动装置，也称分泵式制动器。

（2）凸轮式制动器。以凸轮促动制动蹄，多为气压制动系统所采用。

（3）楔式制动器。以楔斜面促动制动蹄。

（一）轮缸式制动器

图 16-2 所示为单缸双活塞制动器。

当制动鼓 1 逆时针旋转时，左制动蹄在活塞 2 推力 p 的作用下推开制动蹄 8 和制动蹄 6，使之绕各自支承销 7 旋转紧压在制动鼓 1 上，旋转着的制动鼓即对两制动蹄分别作用着微元法向反力的等效合力 N_1 和 N_2 以及相应的微元切向反力的等效合力 F_1 和 F_2，由于 F_1 对左蹄支承产生力矩的方向与其促动力 p 产生的制动力矩方向相同，故 F_1 使左蹄增加了制动力矩，而右蹄正好相反，其 F_1 对右蹄支承产生的力矩与促动力 p 对右蹄产生的制动力矩方向相反，即减小了右蹄的制动力矩，所以我们把左蹄称为增势蹄，而把右蹄称为减势蹄。当制动鼓反转时，左蹄成为减势蹄，而右蹄成为增势蹄。由于在相同促动力下而左、右蹄的等效合力 N_1 与 N_2 不等（逆时针转时 $N_1 > N_2$，顺时针转时 $N_2 > N_1$），故我们称这样的制动器为非平衡式制动器。

图 16-3 所示为双缸双活塞制动器，其特点是无论制动鼓正反转均能借蹄鼓摩擦力起增势作用，且增势力大小相同，因而称其为平衡式制动器。

图 16-4 所示为双向自动增力式制动器，它仍然是单缸双活塞油缸，但结构不同，它有支承销 5 和顶杆 2，在这样的结构下，如轮毂顺时针旋转，则蹄 1 和 3 均为增势蹄，但蹄 3 增势大于蹄 1；反之，制动鼓逆时针转时，蹄 1 的增势大于蹄 3。对运输车辆来说，前进制动远多于倒车制动。故把前进制动时增势较大的蹄摩擦面积做得较大，以使两蹄能磨损均匀。这种制动器的特点是制动力矩增加过猛，制动平顺性较差，且摩擦系数稍有降低，则制动力矩急剧下降。

（二）凸轮式制动器

图 16-5 所示为凸轮式制动器，推力 p_1 和 p_2 由凸轮旋转产生。若制动鼓为逆时针

旋转,则左蹄为紧蹄,右蹄为松蹄。但在使用一段时间之后,受力大的紧蹄必然磨损快,由于凸轮两侧曲线形状呈中心对称,以及两端结构和安装的轴对称,故凸轮顶开两蹄的距离应相等。在经过一段时间的磨损,最终导致 $N_1 = N_2$、$F_1 = F_2$,使制动器由非平衡式变为平衡式。如果制动鼓反转,则道理相同。图 16-6 所示为 CL7 型铲运机前制动器。这种制动器在制动过程中开始阶段属于非平衡式,工作一段时间之后属于平衡式。它是用可转动的凸轮迫使制动蹄张开,其工作原理与非平衡式相同。

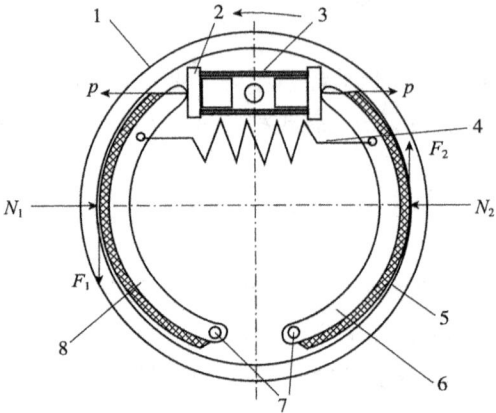

图 16-2　单缸双活塞制动器

1-制动鼓;2-轮缸活塞;3-制动轮缸;4-复位弹簧;5-摩擦片;6-制动蹄;7-支承销;8-制动蹄

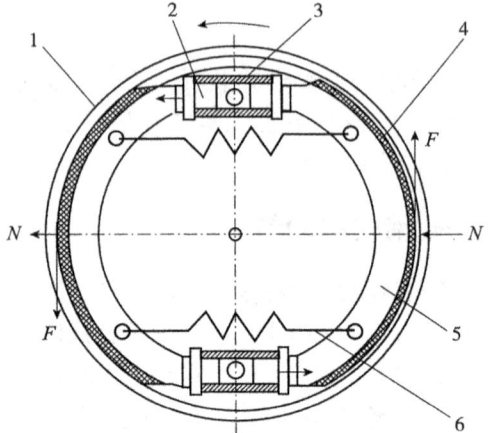

图 16-3　双缸双活塞制动器

1-制动鼓;2-轮缸活塞;3-制动轮缸;4-摩擦片;5-制动蹄;6-复位弹簧

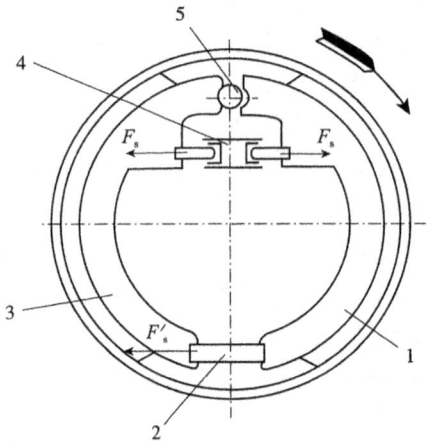

图 16-4　双向自增力式制动器示意图

1-前制动蹄;2-顶杆;3-后制动蹄;4-轮缸;5-支承销

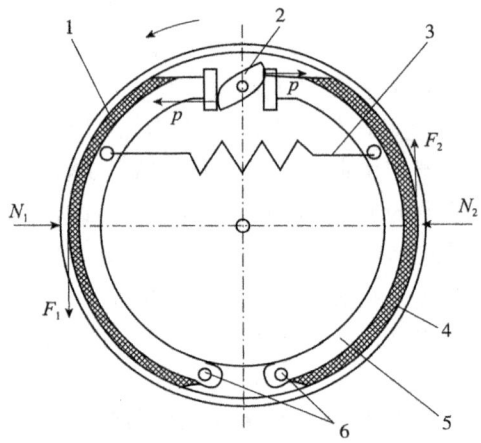

图 16-5　凸轮式制动器示意图

1-制动鼓;2-凸轮;3-复位弹簧;4-摩擦片;5-制动蹄;6-支承销

如图 16-6 所示,制动鼓 15 与车轮固连。左、右制动蹄 12、14 下端的腹板孔内压入青铜套 22;支承销 16 的左端活套着制动蹄 12,右端固定于制动底板 2 上;为防止制动蹄轴向脱出,装有垫板 18、锁销 23;这样,制动蹄可以绕支承销 16 旋转。制动蹄的中部通过复位弹簧 13 紧拉左右制动蹄 12、14,使其上端紧靠在 S 状凸轮上。图示状态正是解除制动状态,制动蹄上的摩擦衬片与制动鼓之间保持着一定间隙。

当制动时,S 状凸轮逆时针旋转,两制动蹄便张开制动;当解除制动时,凸轮返回复位,复位弹簧 13 便使两制动蹄脱离制动鼓。

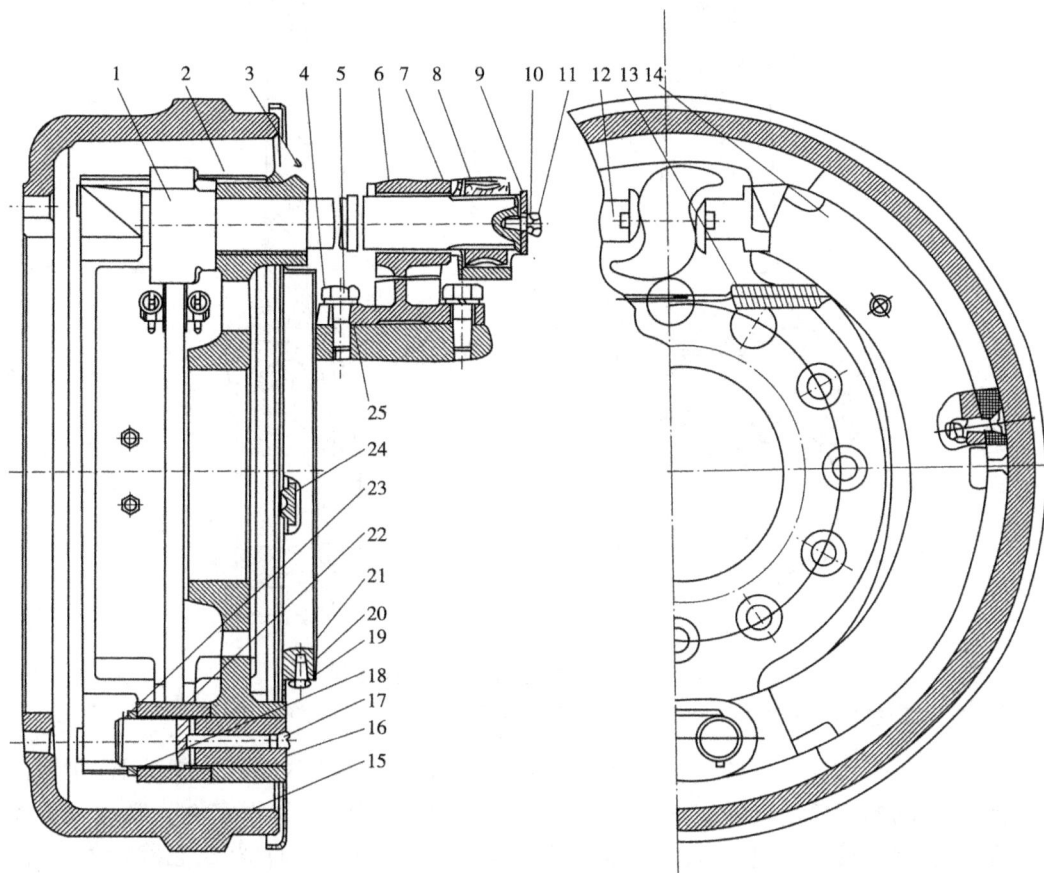

图 16-6　CL7 型铲运机前制动器

1-制动凸轮;2-制动底板;3-油嘴;4、11、21-螺钉;5、10、20-弹性垫圈;6-凸轮轴支承架;7-调整臂盖;8-调整壁内蜗轮;9-调整臂端盖;12-左制动蹄;13-复位弹簧;14-右制动蹄;15-制动鼓;16-支承销;17-锥形螺塞;18-垫板;19-挡泥板;22-铜套;23-锁销;24-橡胶塞;25-凸轮轴支承调整垫片

　　由于凸轮与轴是制成一体的,故两制动蹄所能绕支承销转过的角度及对制动鼓施加的作用力大小完全取决于凸轮工作表面的几何形状和转角。在调整时不可能将制动蹄与鼓间的间隙达到沿摩擦衬片长度上各相应点处完全一致,因此,制动时即使制动凸轮使两制动蹄张开的转角相等,两蹄对制动鼓的压紧力及其摩擦衬片上所受单位压力也不可能完全一致;故该制动器开始使用时是非平衡式,用过一段时间后,单位压力较大的摩擦衬片磨损较大,其与制动鼓间的间隙相应增大,故制动时两蹄对鼓的压力也就逐渐趋于相等,而成为平衡式制动器(指前进时)。

　　制动器间隙的局部调整装置是在调整臂下部空腔里的蜗轮蜗杆机构,如图 16-7 所示,调整蜗杆 5 的两端支承在调整臂下部空腔壁孔中,且能转动。蜗轮 1 用花键与制动凸轮轴外端连接。制动蜗杆 5 便可在调整臂不动的情况下,带动蜗轮 1 使制动凸轮轴连同凸轮转过某一角度,两制动蹄也随之相应转过一定角度,从而改变了两制动蹄原有位置,达到所需求的间隙量。蜗杆塞 3 一端轴颈上沿周向有若干个凹坑,当蜗杆每转到与凹坑对准的位于调整臂壁孔中的钢球时,钢珠便在弹簧 8 作用下,压入到凹坑里,起到锁定作用。这样就能保证调好位置的凸轮相对于调整臂的角位置不能自行改变。

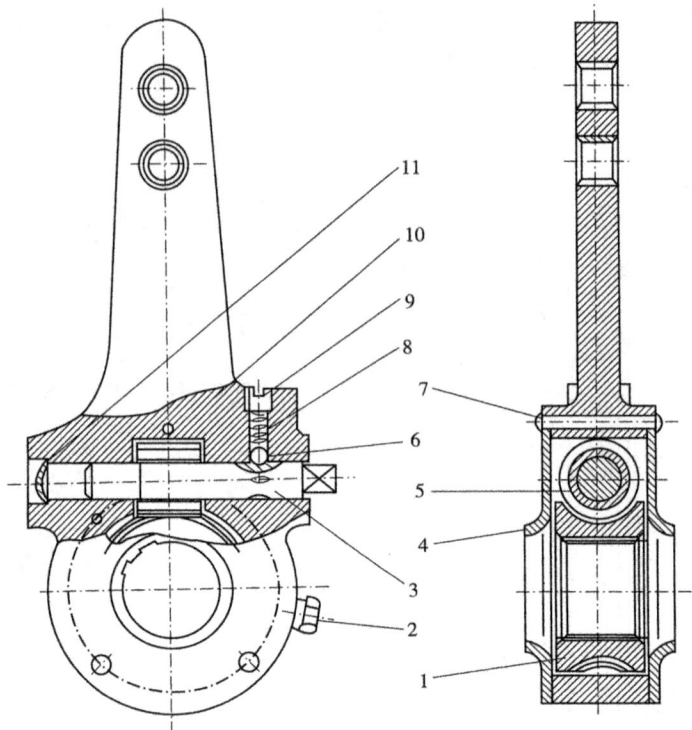

图 16-7　CL7 型铲运机前制动器调整臂组件

1-蜗轮;2-锥形蜗塞;3-蜗杆塞;4-调整臂盖;5-蜗杆;6-钢球;7-铆钉;8-弹簧;9-螺塞;10-调整臂;11-堵塞

图 16-8 所示为 966D 型装载机的驻平制动器,它属于凸轮、自增力式制动器,作为停车制动和紧急制动的应急制动。制动鼓 4 属于旋转件,其他零件均为固定件。制动底板 6 的凸缘限制左右制动蹄轴向脱出;传力调整杆 7 两端制有左、右旋反向螺纹,它除传力之外,兼有调整制动间隙的作用。

当行驶时,汽缸中由于压缩空气通过活塞 12 压迫弹簧 1 使凸轮 11 处于如图 16-8 所示的"解除制动"位置;当紧急制动时,操作系统中的快速放气阀,使汽缸中压缩空气迅速泄出,弹簧 1 推动活塞 12、连杆 2 与摇臂 3,使凸轮 11 旋转而推动左右蹄片实现制动;当压缩空气压力低于规定值时(28kPa),气压克服不了弹簧的压力而不能松开制动器,机械便不能行驶,这是为了安全起见而采取的必要措施。

(三)楔式制动器

楔式制动器的基本原理如图 16-9 所示,用楔块直插入两蹄之间,在 F 力的作用下向下移动,迫使两蹄在分力 p 的作用下向外张开。作为制动楔本身的促动力可以是机械式、液压式或气压式。

图 16-10 所示为 966D 型装载机车轮制动器,它是液压促动楔式制动器。它的基本结构与图 16-2 完全相同,为非平衡式制动器,只是促动装置不同。制动轮缸 2、左右制动蹄 6 都安装在制动底板 4 上,底板 4 是固定在车桥上的。制动鼓 7 固连在车轮上,随车轮一起转动。其促动装置如图 16-10b)所示。活塞 9 上腔为压力液压缸,压力油由 8 口进入;活塞杆 18 的中部套有复位弹簧 17,它的下端支承在缸体 16 上;活塞杆的下端装有两个滚轮 11,滚轮是压在柱塞 10 楔形槽的斜面上;调整套 15 的外圆面制成螺旋角较小的齿轮,其齿形为锯齿,它与卡销 14 端面的齿相啮合,弹簧 13 迫使卡销始终压在调整套 15 的外齿上。调整套

外齿顶圆柱面与柱塞 10 内圆柱面为滑动配合；调节螺钉 3 与调整套是螺纹配合，其螺旋方向与调整套外锯齿旋向相同。

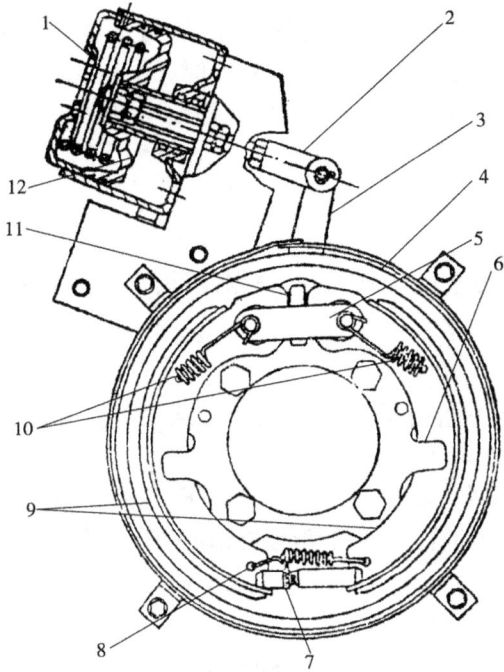

图 16-8　966D 型装载机驻平制动器

1-弹簧；2-连杆；3-摇臂；4-制动鼓；5-挡板；6-制动底板；7-传力调整杆；8-弹簧；9-制动蹄；10-复位弹簧；11-凸轮；12-活塞

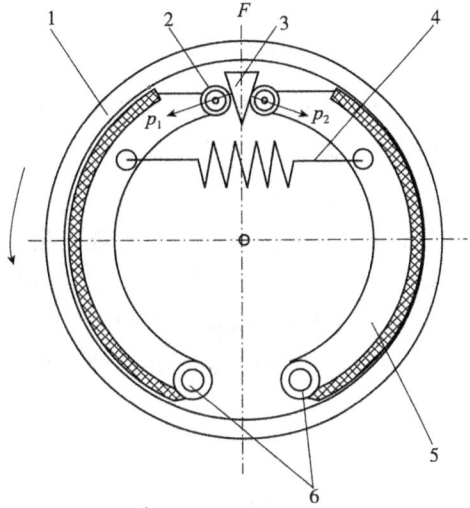

图 16-9　楔式制动器示意图

1-制动鼓；2-滚轮；3-楔块；4-复位弹簧；5-制动蹄；6-支承销

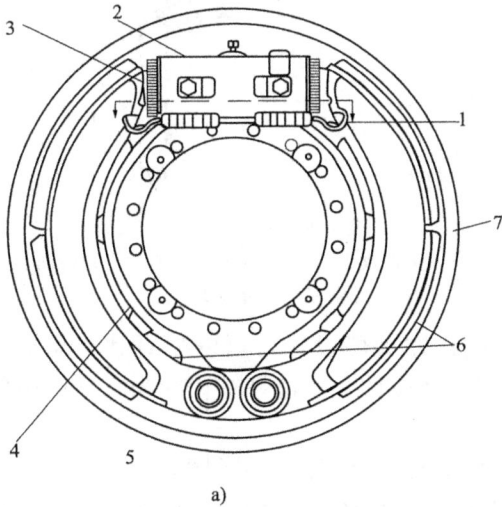

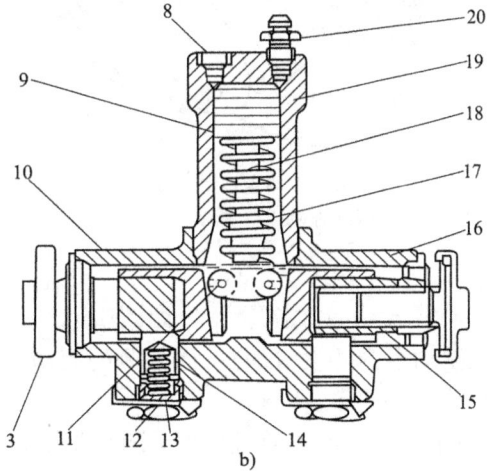

图 16-10　966D 型装载机车轮制动器

1-复位弹簧；2-制动轮缸；3-调节螺钉；4-制动底板；5-支承销；6-制动蹄；7-制动鼓；8-进油口；9-活塞；10-柱塞；11-滚轮；12-固定纵塞；13-弹簧；14-卡销；15-调整套；16-轮缸体；17-弹簧；18-活塞杆；19-缸体；20-放气螺塞

制动时,压力油推动活塞9克服弹簧弹力,推动滚轮11下行,在楔形槽的斜面的作用下,柱塞10通过锯齿斜面压下卡销14而外移,实现制动。解除制动时,压力油卸压;在活塞复位弹簧17和制动蹄复位弹簧1的作用下,各部件复位,制动解除。

当摩擦衬片严重磨损时,调整套15的外伸量加大,卡销14的端面轮齿,将从调整套的原来齿槽跳入下一个相邻齿槽。由于锯齿垂直面的作用,调整套15复位时,无法压下卡销14,只能在螺纹的作用下自身旋转,从而使不能转动的调节螺钉旋出,这样便自动调整了制动间隙。

二、盘式制动器

盘式制动器是以旋转圆盘的两端面作为摩擦面来进行制动的,根据制动件的结构可分为钳盘式和全盘式制动器。

1.钳盘式制动器

图16-11所示为钳盘式制动器。制动件就像一把钳子,钳住制动盘,从而产生制动力矩。钳盘式制动器可分为固定钳盘式和浮动钳盘式两类。

(1)固定钳盘式制动器。如图16-12所示,制动钳是固定安装在车桥上,即不旋转,也不能沿制动盘轴向移动,因而必须在制动盘两侧都设制动油缸,以便将两侧制动块压向制动盘。

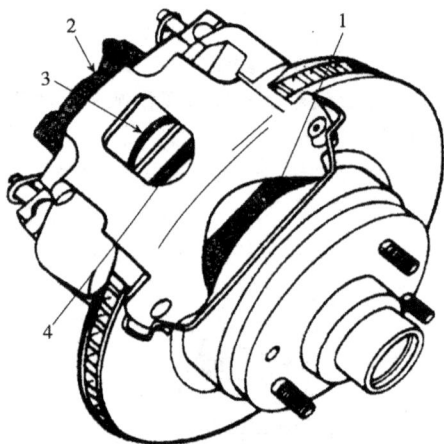

图16-11 钳盘式制动器
1-外蹄;2-制动钳;3-活塞;4-内蹄

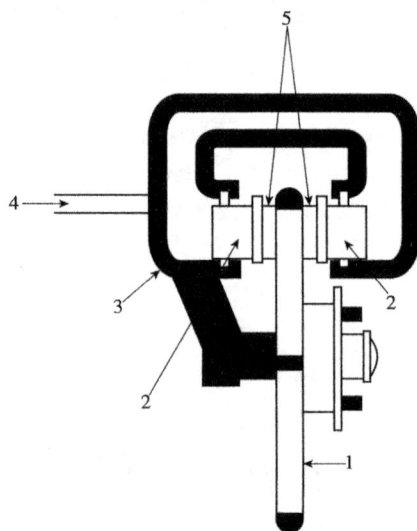

图16-12 固定式制动卡钳结构
1-制动盘;2-活塞;3-制动卡钳固定到转向
节上;4-液压油;5-摩擦块

(2)浮动钳盘式制动器。如图16-13所示,制动钳一般设计得可以相对制动盘轴向滑动,在制动盘内侧设置油缸,而外侧的制动块则附装在钳体上。这种结构因为它只有一侧有活塞,故结构简单,质量轻。

对于钳盘式制动器,制动与不制动实际引起制动钳和活塞的运动量非常小,制动力解除时,活塞相对制动钳的回位,是靠密封圈来完成的。如图16-14制动时,活塞密封圈变形弯曲。解除制动时,密封圈变形复原拉回活塞和衬片。如果摩擦衬片磨损,则活塞在液压力的作用下,将向外多移出一段距离压制动盘,而回位量不变。这是由于密封圈复原变形量不变。这样,可始终保持摩擦片与制动盘的间隙不变,即有自动调整间隙功能。

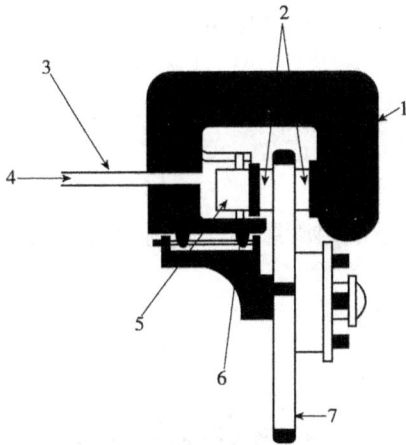

图 16-13　简化制动卡钳剖面图

1-制动卡钳;2-活塞;3-制动管;4-液压力;

5-活塞;6-活塞密封;7-制动盘

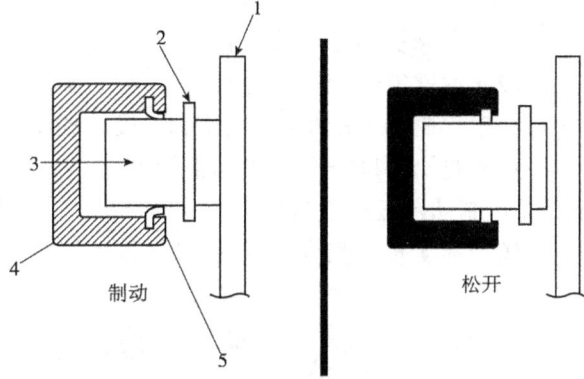

图 16-14　制动卡钳活塞密封圈的工作

1-制动盘;2-摩擦块;3-活塞;4-制动钳缸筒;5-密封圈

制动　　　　　　　　松开

　　为保证制动盘的冷却性能,有的把制动盘做成双层,内布有径向接板,以起离心风扇作用,如图 16-15 所示,加强空气流过制动盘以利冷却。

　　2. 全盘式制动器

　　全盘式制动器摩擦副的固定元件和旋转元件都是圆盘,其结构原理与摩擦离合器相似,如图 16-16 所示。

　　制动器壳体由盆状的外侧壳体 3 和内侧壳体 6 组成,用 12 个螺栓 4 连接,而后通过外侧壳体固定于车桥上。每个螺栓上都铣切出一个平键。装配时,2 个固定盘 2 与外周缘上的 12 个键槽及 12 个螺栓上的平键作动配合,从而固定了其角位置,但可以轴向自由滑动。两面都铆有 8 块扇形摩擦片的 2 个旋转盘 5 与旋转花键毂 1 借滑动花键连接。花键毂则固定于车轮轮毂上。

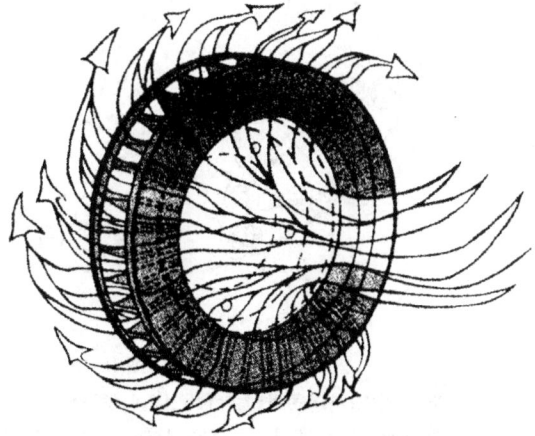

图 16-15　空气流过通风的制动盘

　　内侧壳体上装有 4 个油缸。不制动时,活塞套筒由复位弹簧 8 推到外极限位置。套筒 9 的台肩与固定弹簧盘 15 之间保有的间隙Δ等于制动器间隙为设定时完全制动所需活塞行程。带有 3 个密封圈 11 的活塞 10 与套筒作动配合。

　　制动时,油缸活塞连同套筒在液压作用下,压缩复位弹簧 8,将所有的固定盘和旋转盘都推向外侧壳体(实际上是一个单面工作的固定盘)。各盘互相压紧而实现完全制动时,油缸中的间隙Δ乃消失。解除制动时,复位弹簧 8 使活塞和套筒回位。

　　在制动器有过量间隙的情况下制动时,间隙Δ一旦消失,套筒 9 即停止移动,但活塞仍能在液压作用下克服密封圈 11 与套筒间的摩擦阻力而相对于套筒继续移动到完全制动为止。解除制动时,套筒在弹簧 8 作用下回复原位,而活塞与套筒的相对位移却不可逆转。于是制动器过量间隙不复存在。

　　多片全盘式制动器的各盘都封闭在壳体中,散热条件较差。因此有些国家正在研制一种强制液冷多片全盘式制动器。这种制动器完全密封,内腔充满冷却油液。

盘式制动器与蹄式制动器相比,有以下优点:

(1)一般无摩擦助势作用,因而制动器效能受摩擦系数的影响较小,即效能较稳定。

(2)浸水后效能降低较少,而且只需经一两次制动即可恢复正常。

(3)在输出制动力矩相同的情况下,尺寸和质量一般较小。

(4)制动盘沿厚度方向的热膨胀量极小,不会像制动鼓的热膨胀那样使制动器间隙明显增加而导致制动踏板行程过大。

(5)较容易实现间隙自动调整,其他保养修理作业也较简便。

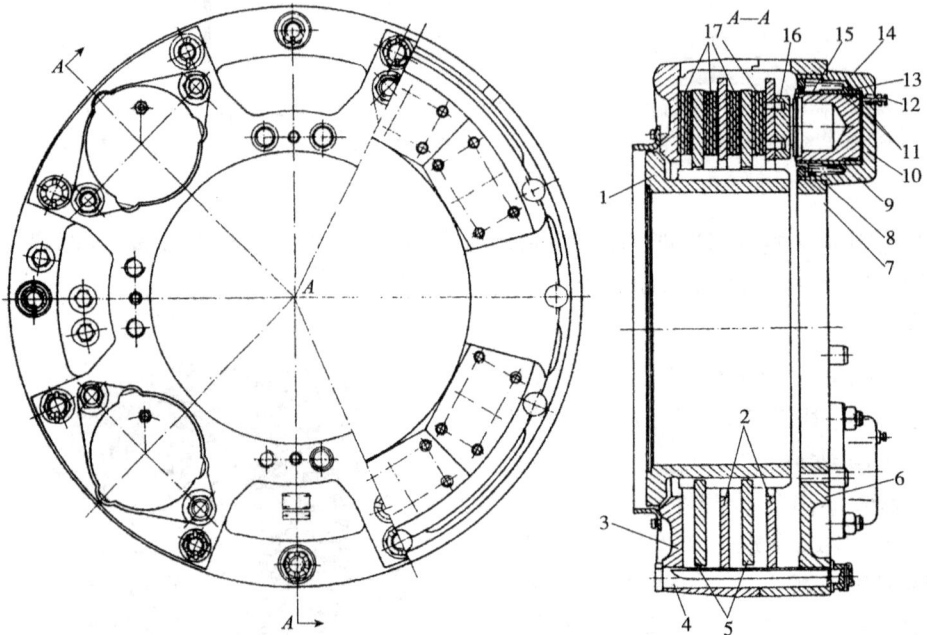

图 16-16 梅西尔多盘全盘式制动器

1-旋转花键毂;2-固定盘;3-外侧壳体;4-带键螺栓;5-旋转盘;6-内侧壳体;7-调整螺圈套;8-活塞套筒复位弹簧;9-活塞套筒;10-活塞;11-活塞密封圈;12-放气阀;13-套筒密封圈;14-油缸体;15-固定弹簧盘;16-垫块;17-摩擦片

盘式制动器不足之处如下:

(1)效能较低,故用于液压制动系时所需制动促动管路压力较高,一般要用伺服装置。

(2)兼用于驻车制动时,需要加装的驻车制动传动装置较鼓式制动器复杂,因而在后轮上的应用受到限制。

三、带式制动器

带式制动器的制动元件是一条外束于制动鼓的带状结构物,称为制动带。为了保证制动强度和解除制动时带与鼓的分离间隙,制动带一般都是由薄钢片制成,并在其上铆有摩擦衬片,以增加其摩擦力和耐磨性。由于带式制动器结构简单、布置容易,所以它常用于驻车制动器,履带式机械的转向制动器以及挖掘机和起重机上。带式制动器根据给制动带加力的形式不同,可分为单端拉紧式、双端拉紧式和浮动式,下面分别进行介绍。

312

（1）单端拉紧式。如图 16-17a）所示，铆有摩擦衬片的制动带 2 包在制动鼓 3 上，一端为固定端，而另一端为操纵端，后者连接在操纵杆 1 的 O_1 点；操纵杆 1 以中间为支点 O，通过上端的扳动，使旋转的制动鼓 3 得以制动。当制动鼓顺时针旋转而制动时，显然，右端的固定端为紧边，左端的操纵端为松边；当制动鼓 3 反时针旋转而制动时，情况恰好相反，固定端成为松边，而操纵端反成为紧边。由此可见，在操纵力相同的条件下，前者较后者产生的制动力矩大，如东方红 75 型推土机就是这种制动器。

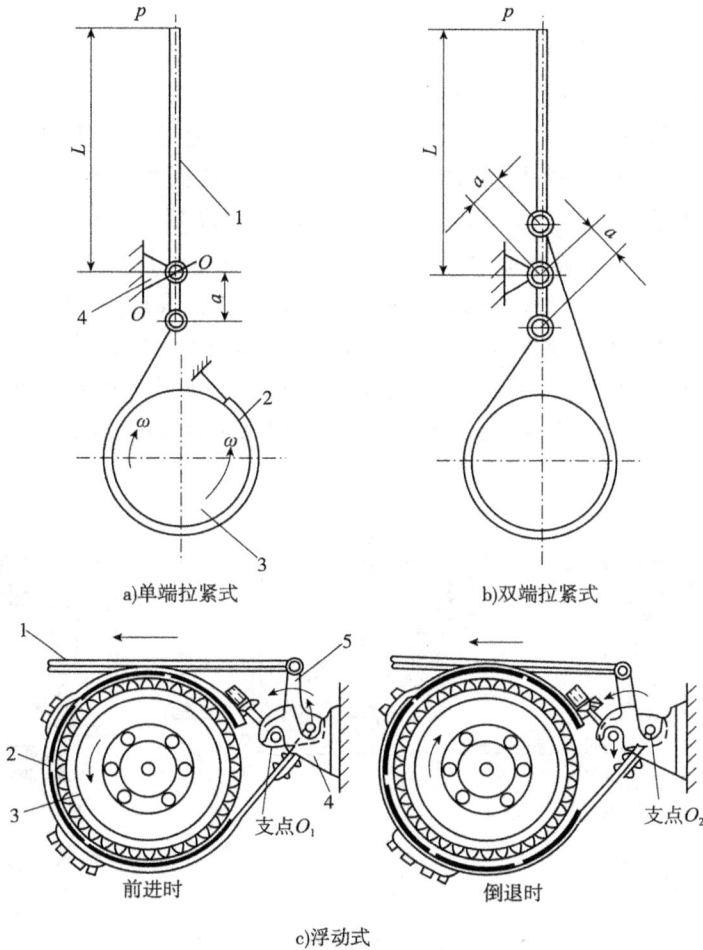

a)单端拉紧式　　　　　　　　b)双端拉紧式

c)浮动式

图 16-17　带式制动器工作原理图

1-操纵杆；2-制动带；3-制动鼓；4-支架；5-双臂杠杆

（2）双端拉紧式。如图 16-17b）所示，两边都是操纵边，这样，无论制动鼓正转还是反转，其制动力矩相等。若假设图中操纵力 p、力臂（L、a）以及其他有关参数与图 16-17a）中完全相同，则其制动力矩总是小于单边拉紧式的任一种工况。

（3）浮动式。如图 16-17c）所示，操纵杆 1 连接双臂杠杆 5，而后者的下端通过两个销子与制动带的两端相连，两个销子又支靠在支架 4 的两个反向凹槽中。当机械前进行驶而制动时，双臂杠杆在操纵杆 1 的作用下以 O_1 为支点反时针旋转，右边的销子（如图中箭头所示）离开凹槽，拉紧制动带制动，显然，固定端 O_1 既为双臂杠杆旋转的支点，又为制动带紧边的支承端。当机械倒退行驶而制动时，情况恰好相反，O_2 点为旋转的支点和紧边的支承端，而操纵端的销子(如图中箭头所示)拉紧制动带离开凹槽向下运动。这种结构,无论制动鼓正转还是反转,固定端总是制动带的紧边,而操纵端也总是制动带的松边。因此,制动力矩大而且相等,所以在履带式机械上得到广泛应用。

第三节　制动系的传力、助力机构

一、人力液压制动系

要将驾驶员的操纵力可靠平稳地传给制动器,就必须要有一套传力机构。如前所述,它可以是机械、液压、气压式等。图 16-18 是一个单管路液压传力系统,驾驶员踩下制动踏板 4,通过杠杆机构推动制动主缸 5 活塞,它将踏板机构输入的机械能转换成液压能。再通过液压油管 3、8、6 将液压能输入前后轮制动器 1 和 7 中的制动轮缸 2,制动轮缸再将液压能转换成机械能促动制动器工作,可以看出,只要有某一管路或轮缸发生泄漏,整个制动系统就会失效。因此,目前工程机械中多采用双管路系统,即通向所有制动轮缸(或气室)的管路分别属于两个各自独立的系统,这样当一个系统失效后,另一个系统仍能工作,从而提高了行驶安全性。在有的中型、大型和重型工程机械中,由于要求制动力较大,为了减轻驾驶员的劳动强度和保证制动强度,都设有助力机构或采用动力制动系。

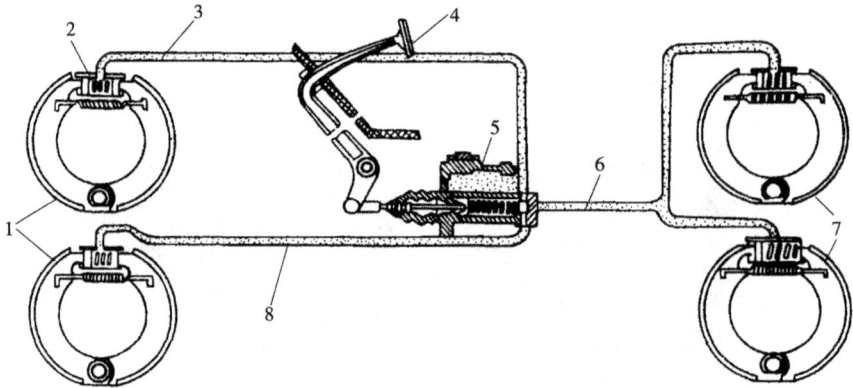

图 16-18　人力液压制动系示意图
1-前轮制动器;2-制动轮缸;3、6、8-油管;4-制动踏板机构;5-制动主缸;7-后轮制动器

二、伺服制动和动力制动

带有助力机构的制动系称为伺服制动系。它是在人力液压制动系的基础上加设一套动力伺服系统形成的,即兼用人体和发动机作为制动能源的制动系。在正常情况下,制动力主要由伺服系统供给,而在伺服系统失效时,全靠驾驶员供给。伺服制动系可分为气压伺服式、真空伺服式和液压伺服式。在工程机械中大多采用液压伺服式。

在动力制动系中,驾驶员仅仅作为控制能源,而不是制动能源。制动能源是由发动机提供的。动力制动系有气压制动系、气顶液制动系和全液压制动系,在工程机械中常采用气顶液制动系,现以 966D 型装载机为典型进行介绍。

314

三、CAT966D 型装载机制动系统

966D 型装载机的制动传力助力系统如图 16-19 所示,为气压-液压复合式系统。它由空气供给系、驻车制动气路系、车轮制动气路系、油压系、电子监控系统 5 大部分组成。

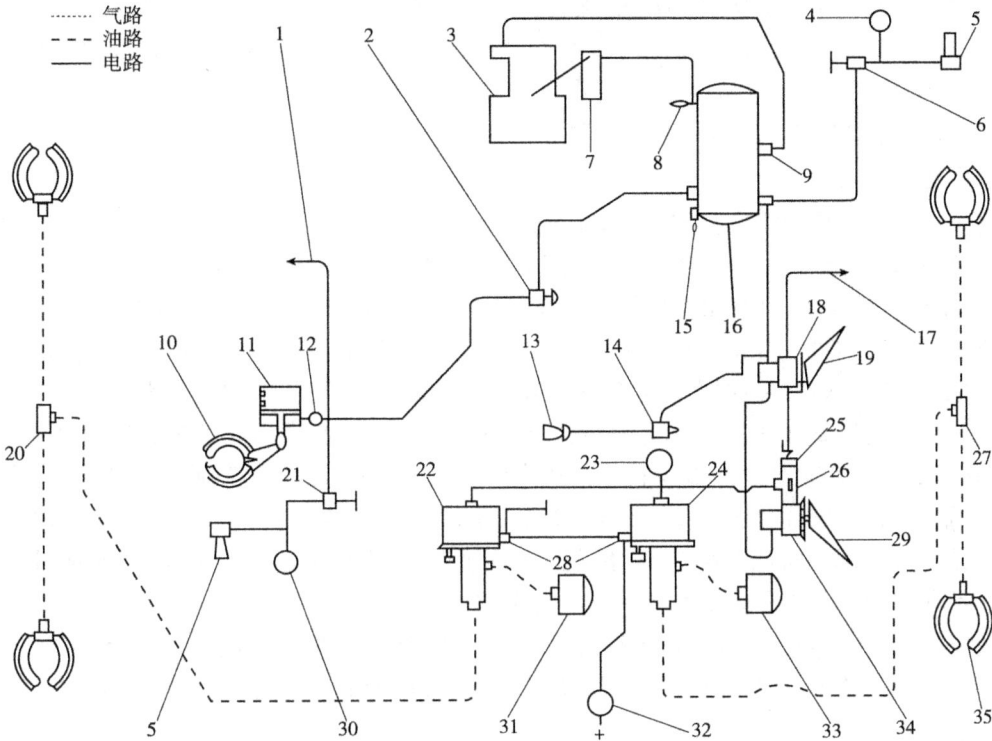

图 16-19　CAT966D 型装载机制动系统

1-通变速器中位阀管路;2-驻车制动控制阀;3-空压机;4-制动器气压指示灯;5-故障报警器;6-车轮制动气压开关;7-空压机压力控制器;8-安全阀;9-止回阀;10-驻车制动器;11-驻车制动汽缸;12-快速放气阀;13-气喇叭;14-喇叭鸣号阀;15-放水开关;16-储气筒;17-通变速器截断阀;18-左制动阀;19-左踏板;20-后桥三通管;21-驻车制动气压开关;22-后桥气推油加力器;23-尾灯信号开关;24-前轿气推油加力器;25-止回节流阀;26-梭阀;27-前桥三通管;28-活塞限位开关;29-右踏板;30-驻车制动气压指示灯;31-后桥制动器油箱;32-油压指示灯;33-前桥制动器油箱;34-右制动阀;35-车轮制动器

(一)空气供给系统

它主要由空压机 3、止回阀 9 和储气筒 16 组成,从空压机 3 产生的压缩空气经止回阀 9 进入储气筒 16。压力控制器 7 的作用是维持气压处于 620 ~ 725kPa,当最高气压大于 1 033kPa 时,则安全阀 8 开启。

(二)驻车制动气路系统

由储气筒 16 送出的压缩空气经驻车制动控制阀 2 之后分成 3 路:管路 1 通往变速器空挡阀,当紧急制动时,空挡阀打开,变速器便自动置于空挡;下行管路至气压开关 21,用来控制气压指示灯 30 和报警器 5;中间管路经快速放气阀 12 送往驻车制动汽缸 11 平衡弹簧力(图 16-19),使驻车制动器 10 处于松开状态。下面仅介绍驻车制动控制阀 2 与快速放气阀 12。

1.驻车制动控制阀

如图 16-20 所示,进气口 3 与储气筒相连,出气口 8 与驻车制动器相通。当气压低于工

作压力时,阀门7如图所示,在弹簧9的作用下关闭进气口3至出气口8的通路,迫使储气筒气压上升,直到正常工作压力器、报警器5信号停报为止;人通过驾驶室按钮推滑阀1压缩弹簧9下行,关闭排气口6,接通进气口3至出气口8的通道;这时,由于驻车制动气室气压升高而逐渐解除制动(图16-19),机械方可起步;否则,因驻车制动"制动"而不能行车,所以它是安全措施之一。如需场地停车或遇紧急情况需要驻车制动联动停车时,只要拨出滑阀1,则进气口3气路被堵,驻车制动器的连接管路中的压缩气将由出气口8经排气口6排往大气,则驻车制动立即"制动",机械停止行驶。当气压低于280kPa时,也会发生以上现象。因此,它是人工与气压自动控制的复合控制机构。

2. 快速放气阀

快速放气阀的主要作用是用来加速驻车制动气室排气,促使驻车制动器迅速"制动"的。此外,它兼有向驻车制动器充气,并保持其气压的作用。如图16-21所示,入口5与储气筒相连,出口1与驻车制动气室相通(图16-8),当气压达到规定的气压值时,膜片5如图16-21a)所示向下弯曲,封闭了出口1与排气口8的通道;同时,膜片5的上表面与上盖3之间掀开一定缝隙,压缩空气便可沿此缝隙由入口4流向出口1,使图16-8所示的驻车制动气室处于充气状态。

当驻车制动气室气压高到规定值时,压缩空气便克服弹簧弹力使驻车制动器处于"解除制动"状态,该气室压力与图16-21b)中膜片5的上下表面压力相等,膜片上表面密贴上盖3,同时仍继续封闭通往排气口8的通道,显然,出口1、入口4与排气口8三者互不相通。这时,机械处于正常行驶状态,称为"保持"位置。如果驻车制动气室稍有漏气,快放阀可重复"充气"给予补充,始终维持驻车制动气室的正常工作压力。

当需要紧急制动或场地停车时,由于驻车制动控制阀泄出膜片上端的压缩空气(图16-20),膜片5如图16-21c)所示,上部压力降低,而下部压力仍然很高,这就必然压迫膜片

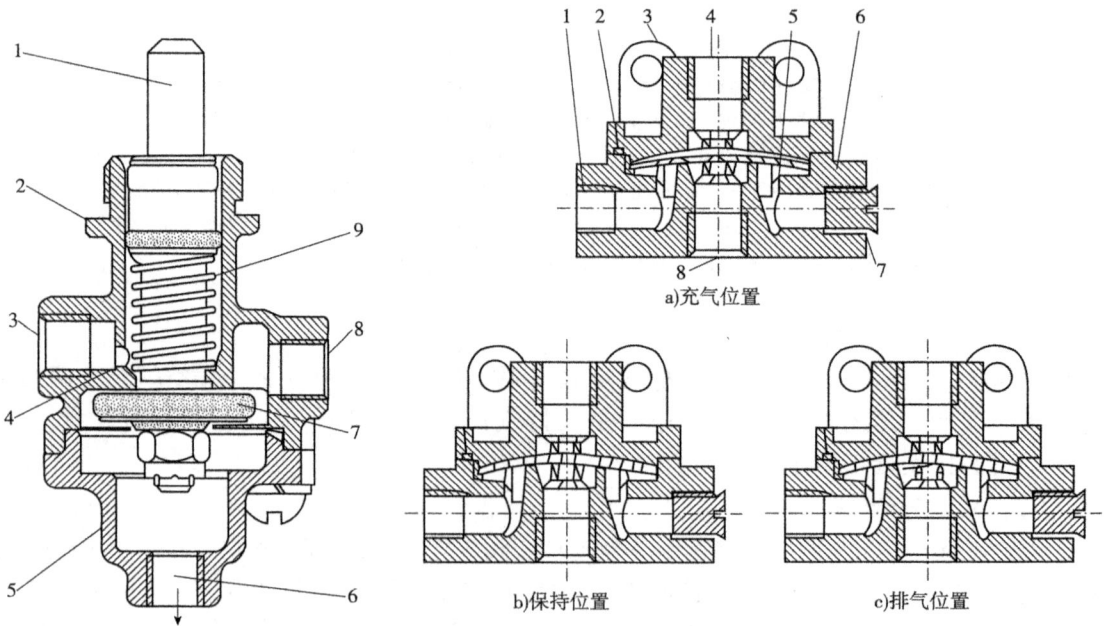

图16-20 驻车制动控制阀

1-滑阀;2-阀体;3-进气口;4-通气孔;5-盖;
6-排气口;7-阀门;8-出气口;9-弹簧

a)充气位置

b)保持位置

c)排气位置

图16-21 快速放气阀

1-出口;2-O形密封圈;3-盖;4-入口;5-膜片;6-阀座;7-螺纹塞;8-排气口

5 上弯,接通出口 1 与排气口 8 的通道,于是驻车制动气室的压缩空气便迅速由排气口 8 排出,驻车制动器立即"制动",从而保证了安全与场地停车。

(三)车轮制动气路系统

如图 16-19 所示,由左制动阀 18 至前后桥气推油加力器 24、22 之间的所有元件都属于车轮制动气路系统。以下结合图 16-19 逐一介绍。

1. 制动阀的工作原理

左、右制动阀结构相同,图 16-22 所示为左控制阀。接口 1 与储气筒管路相连,压缩空气由此输入,接口 13 把压缩空气送往右制动阀,接口 4 与变速器截断阀相接,接口 9 与止回节流阀相通,支承板 6 上装有制动踏板。

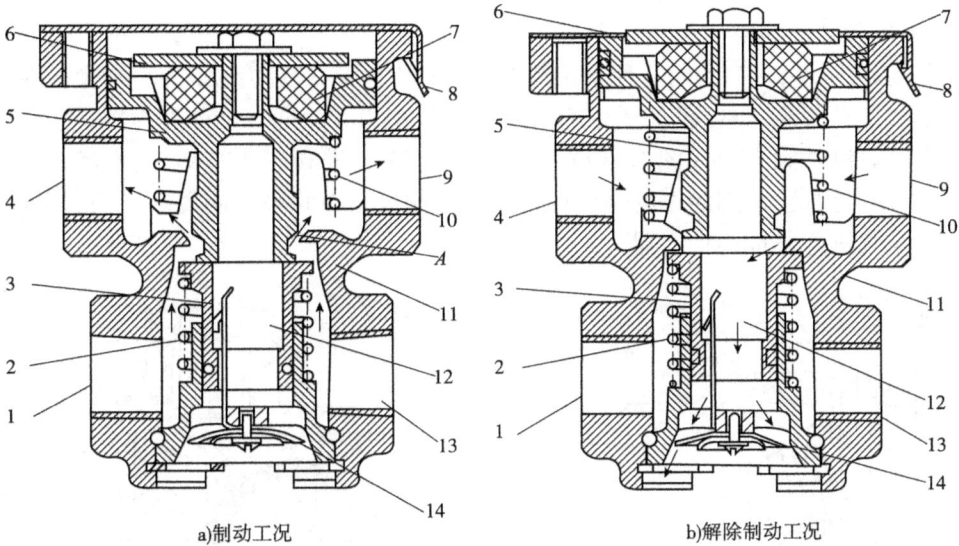

a)制动工况 b)解除制动工况

图 16-22　制动阀

1、4、9、13-接口;2、10-弹簧;3-阀;5-活塞;6-支承板;7-垫块;8-护板;11-阀座;12-排气道;14-防尘板

当制动时,如图 16-22a)所示,制动踏板上的作用力压缩垫块 7、使活塞 5 克服弹簧 10 的弹力下行,使阀 3 与阀座 11 间形成环形孔道 A,由接口 1 进入的压缩空气通过环形孔 A 流向接口 4 和 9,如图中箭头所示,于是,制动器得以制动,同时变速器便自动置于空挡。

当以一定的力踩下制动踏板时,充入气推油加力器(图 16-25)及活塞 5(图 16-22),下端面的气压逐渐升高,压缩橡胶垫块 7,使活塞 5 上升,直到阀 3 在弹簧 2 的作用下抵住阀座 11 台阶,关闭进气通道。同时,活塞 5 下端面与阀 3 上端面密贴,封闭排气通道。这时控制阀使压缩空气不进、不出保持平衡,并使制动踏板感触到一定制动效果。由于加力器充入的气压低,故产生的制动强度不大。如需加强制动,可继续踩下踏板,则气压可重复上述过程,加大制动强度。因此,踏板行程的大小与制动强度保持着一定的比例关系。

当解除制动时,制动踏板完全放松,如图 16-22b)所示,支承板 6 将不受制动踏板力,由于弹簧 10 的弹力使活塞 5 恢复至上极限位置,同时阀 3 在弹簧 2 的作用下其顶面紧顶在阀坐环状凸台的下端面,关闭高压气路。活塞 5 的下端面与阀 3 的上端面形成环形气流孔道;

由此孔道接口 4、9 与排气口相通,流回的压缩空气,经阀的下部出口处排出,于是系统处于"解除制动"状态。

2. 止回节流阀工作原理

如图 16-23 所示,阀的左端与左制动阀相连,右端与梭阀相接。阀门 2 中间有一直径较小的节流孔。当制动时,踩下左制动阀踏板(图16-19),压缩空气克服弹簧 4 弹力、推开阀门 2 从中间节流孔和沿阀门外缘的缺口处流过。因此,制动时,气流大、制动迅速;当解除制动时,弹簧 4 使阀门 2 回位,气体只有从中间节流孔反向流回,去往变速器空挡阀的空气不经节流首先排出,变速器随即自动挂挡。而由于节流作用,制动器的制动总是滞后于变速器的挂挡,因此,若机械在坡道上行驶,当制动器松开时可避免滑坡现象。

3. 梭阀的工作原理

如图 16-24 所示,入口 5 与止回节流阀相连,入口 3 与右制动阀相接。当操纵左制动阀时,压缩空气推动阀芯 2 右移(如图中箭头所示),经出口 5 流向气推油加力器,使车轮制动;反之,当操纵右制动阀 34 时(图 16-19),压缩空气从右推进阀芯 2 左移,同样经出口 5 流出产生制动作用。因此,梭阀的作用是根据操纵的左阀还是右阀来关闭另一入口,同时打开出口,使压缩空气进入气推油加力器。

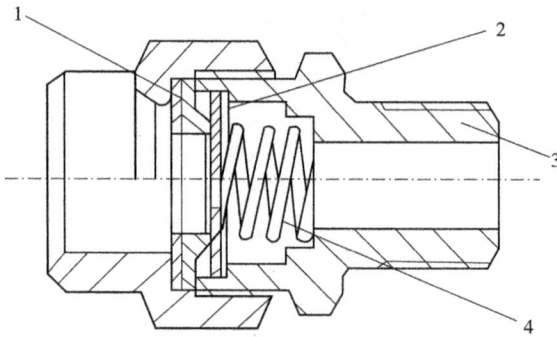

图 16-23 止回节流阀
1-阀座;2-阀门;3-接头;4-弹簧

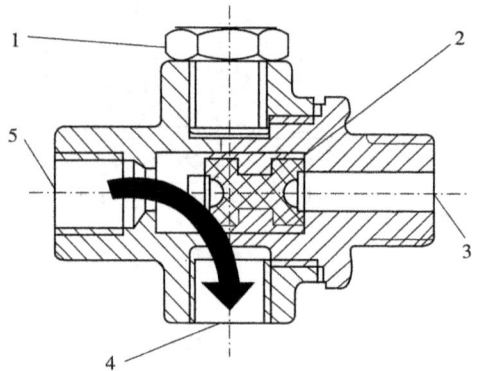

图 16-24 梭阀
1-螺塞;2-阀芯;3、5-左、右入口;4-出口

4. 气推油加力器工作原理

如图 16-25 所示,压缩空气入口 10 与梭阀相接,油液出口 1 与车轮制动器相通,接口 4 与油箱相连。当制动时,由入口 10 进入的压缩空气推动气压活塞 9 左移,活塞杆 8 推动油压活塞 3 也左移,从而产生高压油,使车轮制动。当解除制动时,弹簧 7 使气压活塞 9 油压活塞 3 复位,车轮随即解除制动。当油压系统中因漏损或其他原因使油量过少时,活塞 9 将推指示杆 6,于是限位开关 5 使图 16-19 中油压指示灯 32 发出信号,告诫驾驶员做出相应处理,处理完毕后,必须由人工反向推指示杆 6 复位,以备下次报警。

从上述车轮制动系统可以看出(图 16-19),操纵左、右任一制动阀都能使车轮制动,而前者还兼有截断变速器通向行走装置的动力,用于一般道路行车制动;此外,当卸料时,便于司机操作铲斗与动臂。而右制动阀却不能截断动力,因此,当下长坡时,有利于安全行车。

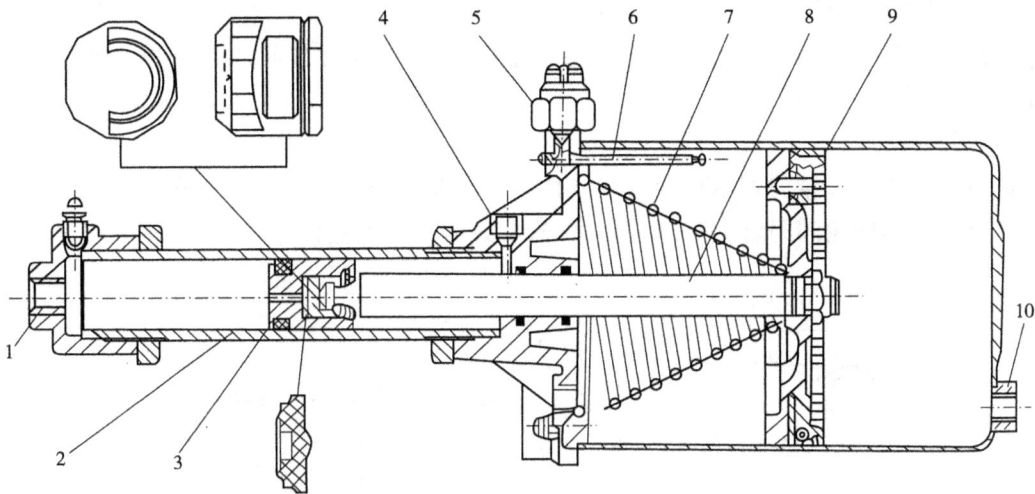

图 16-25 气推油加力器

1-出口;2-液压缸;3-油压活塞;4-油箱接口;5-限位开关;6-指示杆;7-弹簧;8-活塞杆;9-气压活塞;10-入口

第四节 防抱死制动系统(ABS)

一、防抱死制动系统的作用

在概述里已经提到,最佳的制动是使车轮将要"抱死"而未"抱死"的状态。此时车轮相对地面处在滑移状态,滑移率在15% ~20%时,轮胎与地面间有最大的附着系数。这时不仅能保证制动距离最短,还能提高车辆制动时的方向稳定性。因此,在许多高级轿车,大客车和重型货车上都装备了防抱死制动系统(Antilock Braking System,简称 ABS)。

防抱死制动系统的作用,实质就是通过检测车轮转速判断车轮是否抱死,再由电磁阀对制动器的液压力进行调节。当检测到车轮抱死时,就降低压力松开制动器,当检测到车轮纯滚动时,就升高压力制动车轮,这种压力调节的频率每秒可达 15 次。

二、防抱死制动系统的形式

防抱死制动系统按提供的控制水平分有单通道、双通道、三通道或四通道的两轮系统或四轮系统。

1.两轮系统

防抱死系统仅对后轮提供防抱死制动性能,它们对导向轮不提供防抱死制动性能。这些系统可能是单通道或双通道的。在单通道系统中,系统对两后轮同时进行调节控制打滑;在双通道系统中,系统是对两后轮分别进行调节以控制打滑。制动时后轮并未抱死,可以提高制动时的方向稳定性,但前轮制动压力未进行控制,制动时前轮仍会出现抱死,转向操纵能力不能得到改善。

2.对角分路系统

分别用左前轮和右前轮提供的车轮转速来调节控制左前、右后轮和右前、左后轮的制动,以防打滑。这种系统可提供转向控制。

3.前、后轮分路式系统

该系统对每个前轮有单独的液压回路,对两后轮有一条液压回路。因此这是一个三通道系统。

4.四轮系统

该系统对4个车轮分别单独地进行监控调节以防打滑。这是最有效的 ABS 系统,因为它能充分地利用四轮的附着力来制动,并保持良好的方向控制性。如图 16-26 所示。

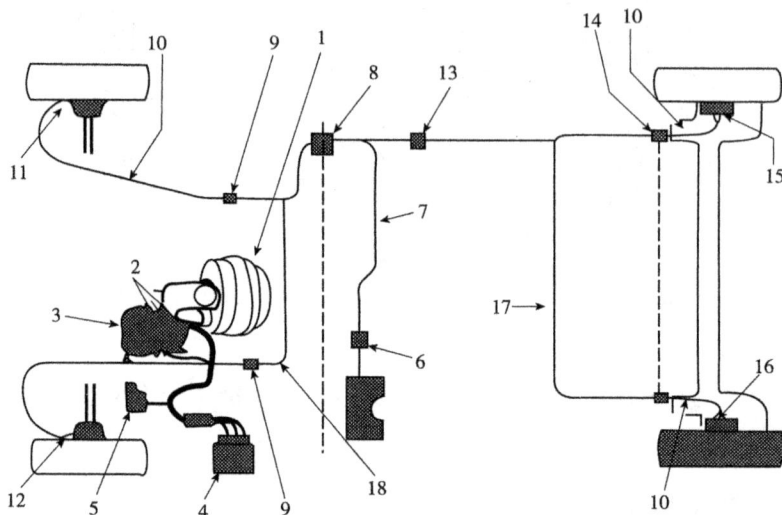

图 16-26　通用汽车公司的 4WAL 防抱死制动系统

1-主缸;2-隔断电磁阀;3-ABS 液压调节器总成;4-电子制动控制模块;5-左侧 ABS 继电器;6-灯驱动模块;7-仪表板接头;8-前照灯至仪表接头;9-前照灯至轮速度传感器;10-ABS 跳线线束;11-右前轮速度传感器;12-左前轮速度传感器;13-至仪表板接头的插座;14-后插座穿通接头;15-右后轮速度传感器;16-左后轮速度传感器;17-配线壳体;18-前照灯导线

按照产生制动压力的动力源来分,可分为液压制动 ABS、气压制动 ABS 和气液混合制动 ABS。按照制动压力调节器调压方式来分,可分为流通式(循环式) ABS 和变容式 ABS。按照制动压力调节器与制动主缸结构关系来分,可分为整体式 ABS 和分离式 ABS。

三、防抱死系统的主要组成部分及其功用

1. ABS 控制单元

ABS 控制单元(EUC)具有运算功能,接收车轮速度传感器的交流信号,计算出车轮速度、滑移率和车轮的加、减速度。把这些信号加以分析,对制动压力发出控制指令。电子控制装置能控制压力调节器,对其他部件还具有监控功能。当这些部件发生异常时,由指示灯或蜂鸣器给驾驶员报警,使整个系统停止工作,恢复到常规制动方式。

2. 车轮速度传感器

车轮速度传感器也称速度传感器或脉动传感器。它的主要作用就是检测车轮转速,并将此速度信号提供给 ABS 的电控单元。

在许多系统中速度传感器是永磁式的,它的安装位置见图 16-27,其工作原理如图 16-28所示。当安装在轮上的齿环 3 随轮转动,从永久磁铁前经过时,它的磁通量发生变化,变化

的磁通经过传感器线圈感应出交流电压,该交流电压的频率与齿圈转速成比例,再将该电压信号输给电子控制器用来计算车轮转速。

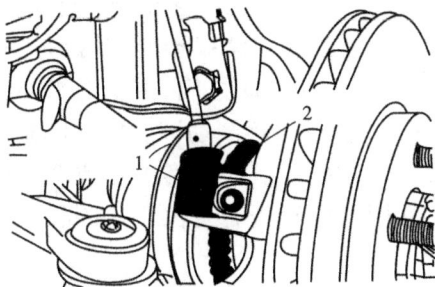

图 16-27　车轮速度传感器安装/构造
1-右前轮速度传感器;2-齿环

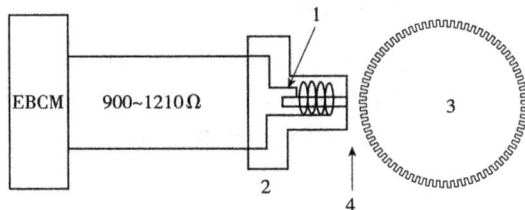

图 16-28　磁阻轮速度传感器原理图
1-永久磁铁;2-速度传感器;3-齿环;4-气隙;EBCM-电子控制模块

3. 液压控制阀总成

液压控制阀总成包含调节每个液压制动回路中液压力所需的机电元件,如包括阀门/电磁线圈、活塞等,它控制车轮制动器总成对车轮施加制动和解除制动。

4. 蓄能器

蓄能器储存来自油泵的高压制动液,它在防抱死系统工作和制动助力时起作用。

四、ABS 系统的基本工作原理

如图 16-29 所示,ECU 由以下几个基本电路构成:

①轮速传感器的输入放大电路;

②运算电路;

③电磁阀控制电路;

④稳压电源、电源监控电路、故障存储电路和继电器驱动电路。

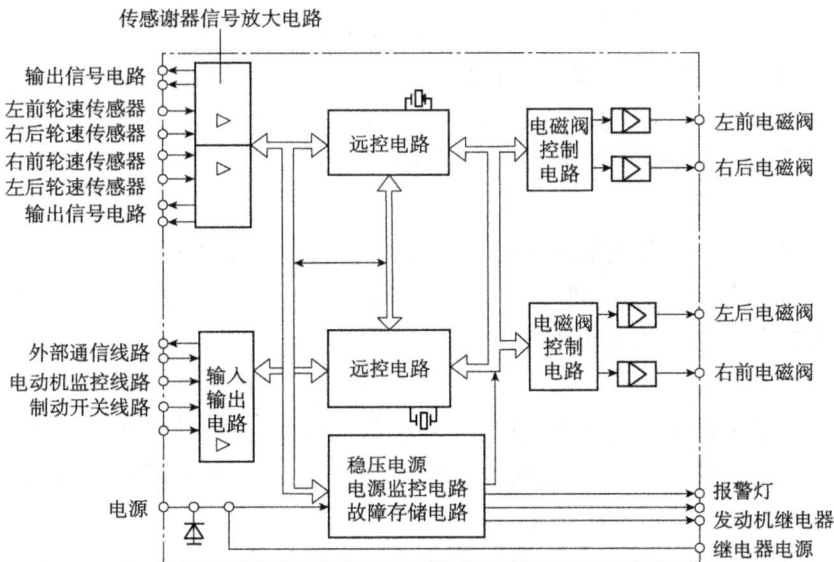

图 16-29　ABS 系统示意图

制动压力调节装置主要由供能装置(液压泵、储能器)、电磁阀等组成。液压泵是一个高压泵,它可在短时间内将制动液加压(在储能器中)到 15～18MPa,并给整个液压系统提供高压制动液。液压泵能在车辆启动1min内完成上述工作。液压泵的工作独立于 ABS 电控单元,如果电控单元出现故障或接线有问题,液压泵仍能正常工作。储能器的结构形式有多种;用得较多的为活塞弹簧式储能器,该储能器位于电磁阀与回油阀之间,由轮缸来的液压油进入储能器,进而压缩弹簧使储能器液压腔容积变大,以暂时储存制动液。电磁阀是制动压力液压调节装置的重要部件,由它完成对 ABS 的控制。ABS 系统中都有一个或两个电磁阀体,其中有若干电磁阀,分别控制前、后轮的制动。常用的电磁阀有三位三通阀和二位二通阀等形式。

ABS 系统根据其制动压力调节方式的不同,分为循环调压式和变容积式两种。以循环调压式 ABS 系统为例,说明其工作原理。

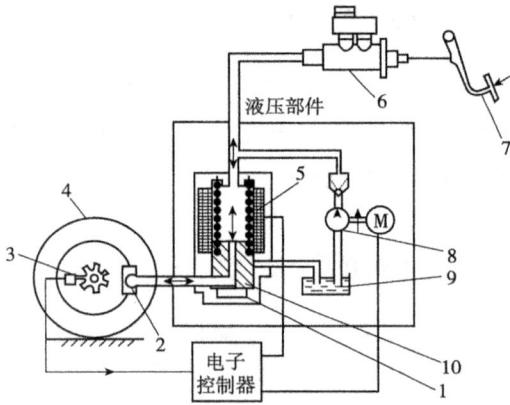

图 16-30　循环调压式 ABS 常规制动过程
1-电磁阀;2-制动轮缸;3-轮速传感器;4-车轮;5-电磁阀线圈;6-制动主缸;7-制动踏板;8-液压泵;9-储能器;10-柱塞

循环调压式 ABS 系统的制动压力调节装置串联在制动主缸与轮缸之间,通过电磁阀直接调节轮缸的制动压力,其工作过程分为常规制动、减压过程、保压过程和增压过程。

1. 常规制动

常规制动过程中,ABS 系统不工作。电磁阀线圈 5 中无电流通过,柱塞 10 处于如图16-30所示的位置。此时制动主缸 6 与制动轮缸 2 直通,由制动主缸来的制动液直接进入轮缸,轮缸压力随主缸压力而增减。此时液压泵 8 不需要工作。

2. 减压过程

轮速传感器 3 检测到车轮 4 有抱死信号时,ECU 即向电磁阀线圈 5 通入一个较大的电流,柱塞 10 移到上端,如图 16-31 所示。此时制动主缸与轮缸的通路被切断,电磁阀将轮缸与回油通道和储液器 9 接通,轮缸中制动液经电磁阀流入储液器,轮缸压力下降。与此同时,电动机启动,带动液压泵 8 工作,把流回储液器的制动液加压后输送到制动主缸,为下一个制动周期做准备。

3. 保压过程

当轮速传感器发出的抱死信号较弱时,ECU 向电磁阀线圈通入一个较小的保持电流(约为最大电流的1/2),柱塞移到如图 16-32 所示的位置。此时制动主缸 6、制动轮缸 2 和回油孔相互隔离密封,制动轮缸中的制动压力保持一定。

4. 增压过程

当压力下降后车轮加速太快时,柱塞又回到初始位置,如图 16-30 所示。此时,ECU 便切断通往电磁阀的电流,主缸和轮缸再次相通,主缸中的高压制动液再次进入轮缸,使制动压力增加。车轮又趋于接近抱死状态。

在上述的 ABS 起作用的几个过程中,压力调节都是脉冲式的,其频率为 4～10Hz。

在车辆制动过程中,ABS 系统只在车速超过一定值时才起作用,而且只有当被控制车轮

322

趋于抱死时,ABS系统才会对趋于抱死车轮的制动压力进行防抱死调节;在被控制车轮还没有趋于抱死时,其制动过程与常规制动系统的制动过程完全相同。ABS系统具有自诊断功能,并能确保当ABS系统出现故障时,常规制动系统仍能正常工作。

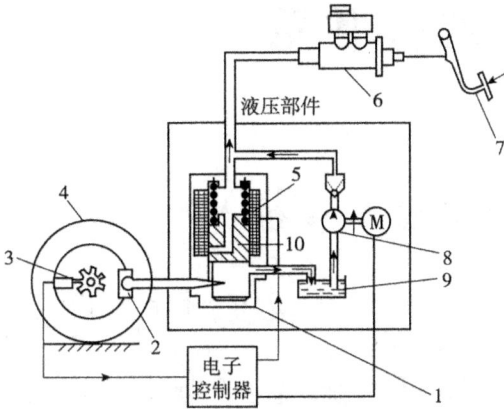

图 16-31　循环调压式 ABS 减压制动过程
1-电磁阀;2-制动轮缸;3-轮速传感器;4-车轮;5-电磁阀线圈;6-制动主缸;7-制动踏板;8-液压泵;9-储液器;10-柱塞

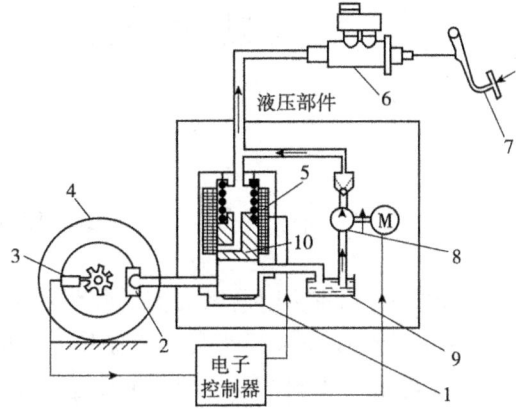

图 16-32　循环调压式 ABS 保压制动过程
1-电磁阀;2-制动轮缸;3-轮速传感器;4-车轮;5-电磁阀线圈;6-制动主缸;7-制动踏板;8-液压泵;9-储液器;10-柱塞

第十七章 轮式行驶系

第一节 轮式行驶系的功用和组成

轮式行驶系的功用是用来支持整机的质量和荷载,保证机械行驶和进行各种作业。此外,它还可减少作业机械的振动并缓和作业机械受到的冲击。

轮式行驶系如图 17-1 所示,通常是由车架 1、车桥 3 和 6、悬架 2 和 7、车轮 4 和 5 等组成。车架通过悬架连接着车桥,是全车的装配和支承的基础,它将工程机械的各相关总成连接为一个整体。车轮(前轮 5 和后轮 4)分别安装在从动桥 6 和驱动桥 3 上。为减少车辆在不平路面上行驶时车身所受到的冲击和振动,在车桥与车架之间安装了弹性系统——前悬架 7 和后悬架 2。在没有整体车桥的行驶系中,两侧车辆的轴也可分别通过各自的弹性悬架与车架连接,受力作用时互不干扰,即独立悬架。

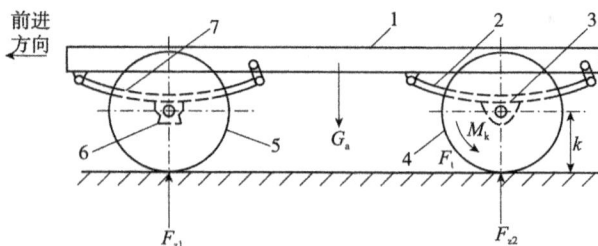

图 17-1 轮式行驶系的组成示意图
1-车架;2-后悬架;3-驱动桥;4-后轮;5-前轮;6-从动桥;7-前悬架

对于行驶速度较低的轮式工程机械,为了保证其作业时的稳定性,一般不装悬架,而将车桥直接与车架连接,仅依靠低压的橡胶轮胎缓冲减振,因此缓冲性能较装有弹性悬架者为差。对于行驶速度高于 $40 \sim 50 km/h$ 的工程机械,则必须装有弹性悬架装置。悬架装置有用弹簧钢板制作的(如起重机),也有用气-油为弹性介质制作的。后者的缓冲性能较好,但制造技术要求高。

第二节 车架、车桥、车轮与轮胎

一、车架

(一)车架的功用和要求

车架是连接在各车桥之间形似桥梁的一种结构,是整个工程机械的骨架。全机的零、部件和总成都直接或间接地安装在它的上面。

车架受力复杂,如图 17-1 所示的各种力以及行驶与作业中的冲击,最后都传到车架上。

因此,车架必须具有足够的强度和适当的刚度,以保证其上各总成和部件之间的相对位置;车架的结构形状必须满足整机布置和整机性能的要求;其质量要尽可能小,结构简单。

(二)车架的类型和结构

不同的机种,有不同的作业对象和作业方式,因此车架的结构形式也不相同。不过,一般分为铰接式(折腰式)和整体式两大类。

1.铰接式车架

铰接式车架由于其转向半径小,前、后桥通用,工作装置容易对准工作面等优点,在压实机械和铲土运输机械中得到了广泛的应用。

图17-2所示为轮式装载机铰接式车架。后车架1和前车架6用上下两个铰销2连成一体,前、后车架以铰销为铰点形成"折腰"。前车架通过相应的销座装有动臂、动臂油缸、转斗油缸等。后车架的各相应支点则固定有发动机、变矩器、变速器、驾驶室等零部件。该机取消了摆动架,其摆动机构安装在驱动桥壳的中点,以实现行驶在崎岖路面时四轮同时着地,机架上部尽可能地处于垂直位置,使机械具有好的稳定性和平顺性。

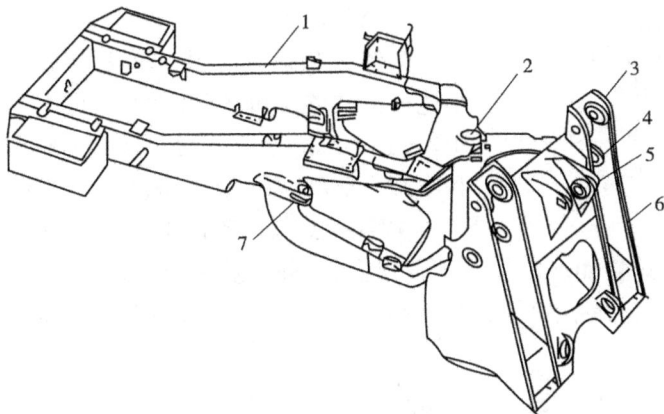

图17-2 装载机铰接式车架
1-后车架;2-铰销;3-动臂销座;4-动臂油缸销座;5-转斗油缸销座;6-前车架;7-转向油缸销座

前、后车架由钢板、槽钢焊接而成,受力大的部位则用加强筋板、加厚尺寸等措施来进行加固。

前、后车架铰接点的形式有3种,即销套式、关节轴承式、圆锥滚子轴承式,见图17-3。其中,球铰式可改善铰销的受力情况,增加上下铰销之间的距离,一般用于大型工程机械上;滚锥轴承式能使车架偏转更为灵活,但结构较为复杂,成本较高。

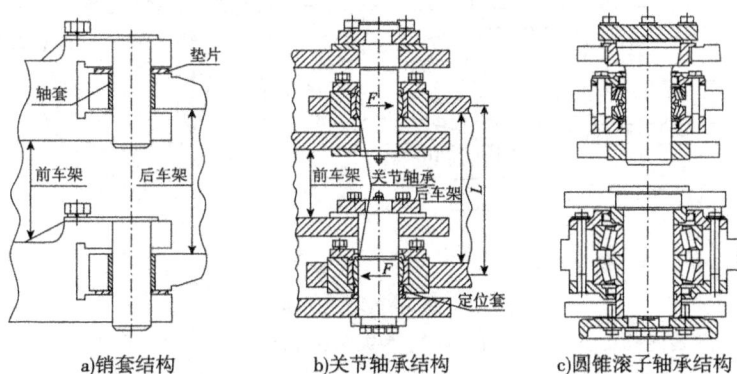

a)销套结构   b)关节轴承结构   c)圆锥滚子轴承结构

图17-3 车架铰接结构

现以销套式为典型进行介绍。

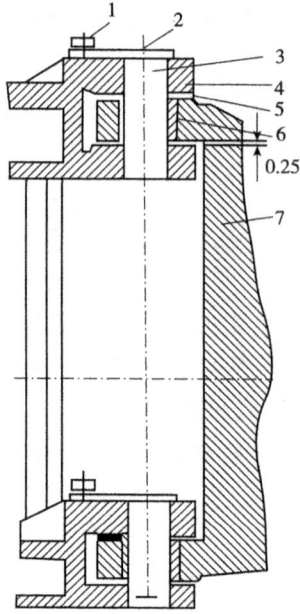

图 17-4　ZL50 型装载机销套式铰点结构
1-固定螺钉;2-固定板;3-上铰销;4-前车架;
5-垫圈;6-销套;7-后车架

如图 17-4 所示,前、后车架由上下两个相同的铰点组成。两铰点距离布置得越远,则车辆行驶在不平路面上时每个铰点的受力越小。就每个铰点而言,销套 6 压入后车架 7,然后将固定螺钉 1 插入孔内以形成铰点;为防止上铰销 3 相对前车架 4 转动,将固定板 2 焊于铰销 3 的端头,再用固定螺钉 1 固定,这样,回转面将总在上铰销 3 和销套 6 之间,便于磨损后更换。为防止前、后车架铰销孔端面磨损,装有铜垫圈 5。以上两对摩擦面都注有滑油。ZL20 型、ZL30 型、ZL50 型装载机都是采用这种结构,其特点是结构简单、工作可靠;但上下两铰点轴孔的同轴度要求较高,所以两铰点的距离不能太大,一般用于中小型工程机械上。

2. 整体式车架

整体式车架通常用于车速较高的施工机械与车辆;在车速很低的施工机械(压路机)上,整体车架也得到广泛应用。图 17-5 和图 17-6 分别示出 QY-16 型汽车起重机车架和洛阳产 3Y12/15 型压路机机身车架的简图。

QY-16 型汽车起重机的车架是一个完整的框架,由 2 根纵梁和 7 根横梁焊接而成。纵梁 5 根据受力不同,从左至右逐步加高,其断面形状左端为槽形,右端为箱形;整个纵梁有采用全部钢板焊接的,有采用部分冲压成型后焊接的。这些

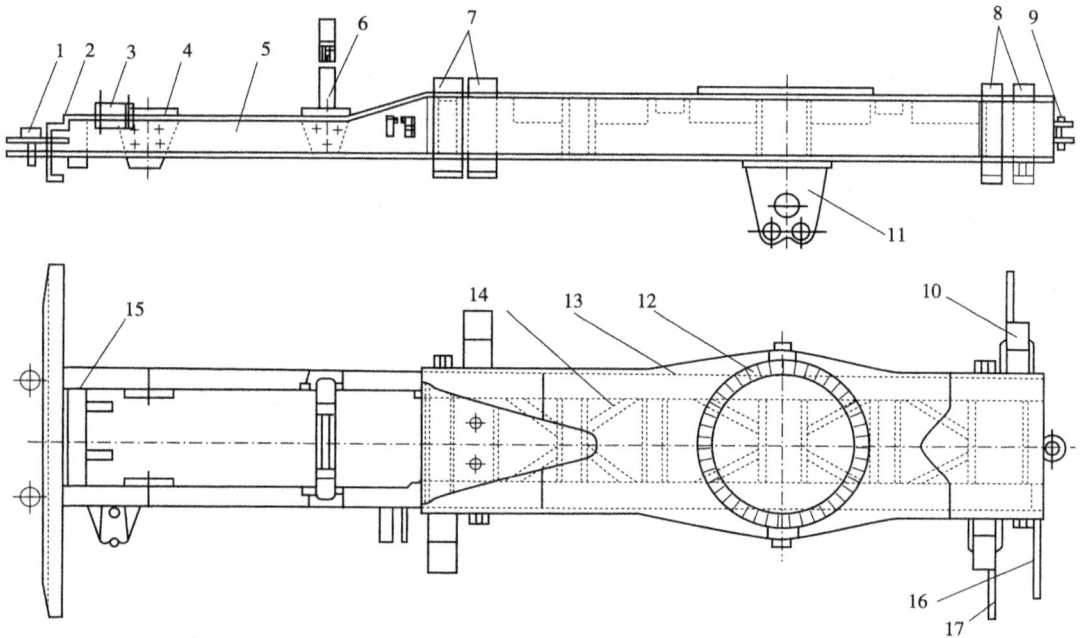

图 17-5　QY-16 型汽车起重机车架

1-前拖钩;2-保险杠;3-转向机支座;4-发动机支座板;5-纵梁;6-吊臂支架;7、8-支腿架;9-牵引钩;10-右尾灯架;
11-平衡轴支架;12-圆垫板;13-上盖板;14-斜梁;15-第一横梁;16-左尾灯架;17-牌照灯架

差异都是由于右端承载较大所造成的。横梁的形状与位置是根据受力大小及安装的相应零部件所决定。形如"X"的斜梁主要是为了加强机构的强度和刚度而设。

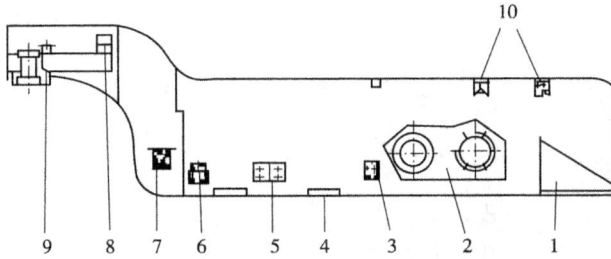

图 17-6 洛阳产 3Y12/15 型压路机机身机架简图

1-蓄电池箱;2-座孔侧板;3-变速器支架;4-撑板;5-柴油机后支架;6-柴油机前支架;7-冷却水箱支架;
8-转向油缸支座;9-限位座;10-横梁

压路机的机身和车架是由槽钢、角钢和钢板焊接而成的箱型钢结构件,用以作为安装压路机全部机件的骨架。

二、车桥

车桥是一根刚性的实心或空心梁,车轮安装在它的两端。车桥与车架相连以支承机器的质量,并将车轮上所受的各种外力传给车架。车桥与车架的连接形式即谓悬架,稍后加以介绍。

车桥可分为驱动桥、转向驱动桥、转向桥、支承桥 4 种。驱动桥和转向驱动桥已在第十四章作过介绍;支承桥仅起支承机械质量和安装车轮的作用,结构较简单;这里着重介绍转向桥,它兼有支承作用,一般用于整体式车架。

图 17-7 所示为非独立悬架汽车转向桥,主要由前梁、转向节、转向主销等几部分组成,整体车架的轮胎式工程机械的转向桥与汽车转向桥的结构基本相同。其功用是利用转向节使车轮可以偏转一定角度,以实现汽车的转向;转向桥除承受垂直反力外,还承受制动力和侧向力以及这些力造成的力矩;应具有正确的车轮定位角度与合适的转向角。下面就以汽车的转向桥加以说明。前轴 12 是用钢材锻成的,其断面为工字形,前梁的两端各有一个加粗部分,呈拳状,其上有通孔,通过主销与转向节 10 连接。转向节前端用内、外两个推力滚子轴承(即图中轮毂轴承 6、前轮毂内轴承 7)与轮毂 5 和制动鼓 8 连接,并通过锁止螺母、前轮毂轴承调整螺母与转向节安装成一体。轮毂与车轮用螺栓连接,其内端是制动鼓 8,轮毂轴承采用润滑脂润滑。为防止润滑脂浸入制动鼓而影响制动效能,在内端轴承内侧装有油封和油封垫圈,轴承外端用轮毂盖加以防尘。内、外轮毂轴承的预紧度是需要调整的。前轴工作时主要承受垂直弯矩,因而前轴采用工字形断面以提高前轴的抗弯强度,同时减轻自重。另外,在车辆制动时,前轴还要承受转矩及弯矩,因此从弹簧处逐渐由工字形断面过渡到方形(卵形或圆形)断面,以提高其扭转刚度,同时保持断面的等强度。通过 U 形螺栓将钢板弹簧固定,左、右两端安装转向节,转向节两耳部有通孔,通过主销与前轴相接,车轮可绕转向主销偏转,从而实现汽车转向。转向节内端两耳部通孔内压入减摩青铜衬套,销孔端都用盖板加以封住,并通过转向节上的油嘴注入润滑脂。下耳与前轴拳部之间装有推力轴承,减少转向阻力,使转向轻便;上耳与前梁拳部之间装有调整垫片,用来调整转向节叉的轴向间隙。

靠转向节根部有一方形凸缘,用以固定制动底板。左转向节两耳上端的锥形孔用来安装转向节上臂,下端的锥形孔分别用来安装左、右转向梯形臂。

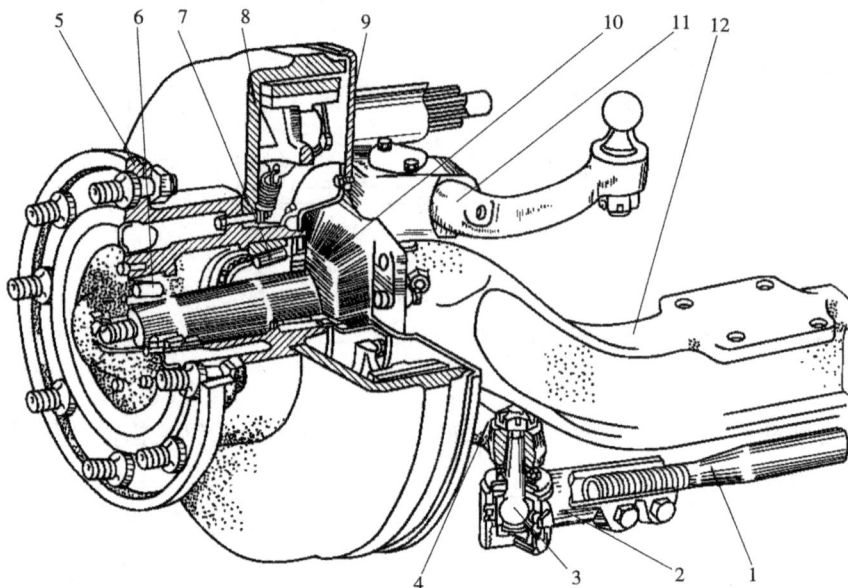

图 17-7 非独立悬架汽车转向桥

1-转向横拉杆;2-横拉杆接头;3-横拉杆球头销;4-梯形臂;5-轮毂;6-轮毂轴承;7-前轮毂内轴承;8-制动鼓;
9-制动底板;10-转向节;11-转向节臂;12-前轴

转向轮通常不与地面垂直,而是略向外倾,其前端略向内收拢;转向节主销也不是垂直安装在前轴上,而是其上端略向内和向后倾斜,从而使得转向轮具有自动回正的作用,并保证了汽车稳定的直线行驶。转向轮定位参数有主销后倾角、主销内倾角、前轮外倾角和前轮前束。

1. 主销后倾角

转向主销后倾角 γ,即在纵向平面内转向主销轴与铅垂线的夹角。如图 17-8 所示,当主销有后倾角 γ 时,主销轴线的延长线与路面交点 a 将位于车轮与地面接触点 b 的前面,当汽车直线行驶时转向轮偶然受到外力作用而稍有偏转时(如图中箭头方向所示),将使汽车行驶方向向右偏离,这时由于汽车要保持直线行驶的惯性作用使汽车有侧向滑移趋势,于是在车轮与路面接触点 b 处便受到路面对车轮的侧向反作用力 Y,反力 Y 对车轮形成绕主销轴线作用的力矩 YL,其转向正好与车轮偏转方向相反,在此力矩作用下将使车轮回复到原来的中间位置(即车轮"自动回正"),从而保持汽车稳定地直线行驶,故此力矩称为稳定力矩。此力矩值不能过大,太大了则驾驶员操纵转向费力;此力矩的大小取决于力臂 L 的数值,故主销后倾角 γ 也不宜过大,一般

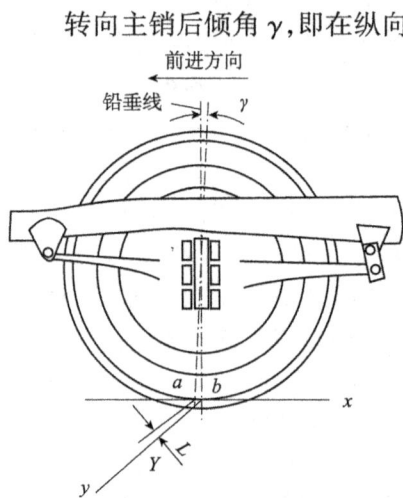

图 17-8 主销后倾角作用示意图

γ 不宜超过 2°~3°;在某些情况下,例如采用低压胎,由于轮胎接触面后移,γ 可以减小到接近于零,甚至为负值。

328

2. 主销内倾角

转向主销内倾角 β，是指从车辆正面看在转向轮上转向主销轴线与铅垂直线的夹角，如图 17-9 所示。主销内倾角 β 具有使车辆自动回正的作用，也能够保持汽车直线行驶的稳定性。当转向轮在外力作用下由中间位置偏转一角度[图 17-9a)]时，此时车轮最低点将陷入路面以下 h 处，但实际上车轮下边缘不可能陷入路面以下，而是将转向轮连同整车前部向上抬起一定高度，这样，汽车的质量将迫使转向轮回到原来的中间位置。此外，主销内倾还使主销轴线延长线与路面交点到车轮中心平面的距离 C 减小[图 17-8b)]，使操作车轮偏传所需克服的转向阻力矩减少，从而可以减小驾驶员加在转向盘上的力，使转向操纵轻便，同时还可以减小转向轮传到转向盘上的冲击力。通常，内倾角 β 不大于 8°，C 为 40~60mm。

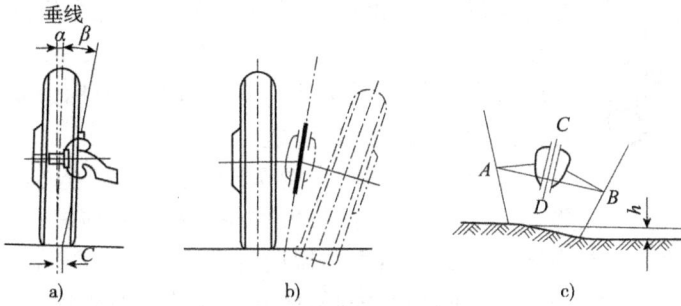

图 17-9 主销内倾角示意图

主销后倾的回正作用与车速有关，而主销内倾的回正作用与车速无关。非独立与独立悬架的内倾角如图 17-10 所示。可知主销内倾角的实现方式有所不同。在 17-10b)中，主销内倾是由上摆臂球头销与下摆臂球头销连线所形成的虚拟主销轴线向内倾斜而获得的。

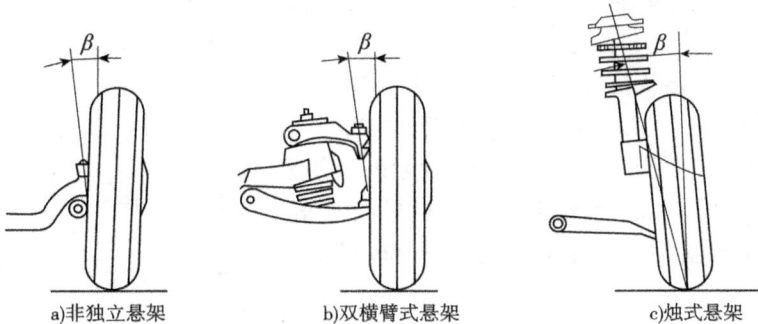

a)非独立悬架   b)双横臂式悬架   c)烛式悬架

图 17-10 不同悬架的主销内倾角

3. 前轮外倾角

理想状态是 4 个车轮的运动外倾角均为零，这样轮胎和路面接触良好，从而得到最佳的牵引性能和操纵性能。前轮安装在车桥上时，其旋转平面上方略向外倾斜，这种现象称为车轮外倾。在通过车轮轴线的垂直面内，车轮轴线与水平线之间所夹的锐角 α 叫前轮外倾角，如图 17-9a)所示。轮胎呈八字形张开时称为负外倾，而呈现 V 字形张开时称为正外倾。前轮外倾的作用是避免汽车重载时车轮产生负外倾，提高汽车行驶安全性。这是因为主销与衬套之间、轮毂轴承等处都必然存在着间隙，如果空车时轮胎与地面垂直，则满载负荷后必然消除间隙,造成轮胎内倾,加速轮胎内缘的磨损;同时,地面对车轮的垂直反力便产生一个沿转向节轴向向外的分力,必然又增加轮毂轴承以及紧固轴承螺帽的负荷,加速它们的磨损,严重时会造成车轮飞脱的危险。因此,在设计时,就使空载的车轮保持 α 角,当满载后车轮则接近于垂直地面的纯滚动状态。一般 α 角取 1°左右。车轮外倾还具有使转向操纵轻便的作用。这是由于车轮外倾与主倾内相配合,使车轮的着地点及主销延长线与地面的交点的距离 C 减少,从而减少了转向操纵时的阻力矩。车轮外倾角是由转向节的结构决定的。当转向节安装到车桥上后,其转向节轴相对于水平面向下倾斜,从而使前轮安装后出现外倾。

4. 前轮前束

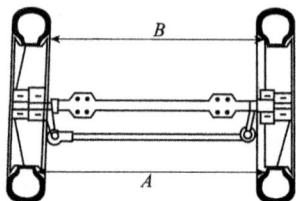

图 17-11　转向轮前束

前轮安装时,同一轴两端车轮的旋转平面不平行,前端略向内束,这种现象称为前轮前束。实际上多用前束值(即左、右车轮轮辋边缘后部间距大于前部的余量,一般指在空载时车轮停在直线行驶位置的状态下)在车轮中心高度上测量。如图 17-11 所示,转向轮前边缘距离 B 小于后边缘距离 A,其中 A 与 B 两者的差值称为前束值。当 A − B > 0 时,前束值为正,反之为负。

由于车轮外倾,当两车轮前进时,两侧车轮有向外滚开的趋势。由于车桥和转向横拉杆的约束,两前轮在向外滚动的同时向内侧滑动,其结果使车轮磨损增加。前轮前束的作用就是使锥体重心前移,消除车轮外倾带来的这种不良后果。因此,前束与外倾相互关联,属性相同的成对出现。

三、车轮

车轮是由轮毂、轮辋以及这两元件间的连接部分所组成;按连接部分的构造不同,车轮可分为盘式与辐式两种,而盘式车轮采用最广。盘式车轮中用以连接轮毂和轮辋的钢质圆盘称为轮盘,轮盘大多数是冲压制成的。对于负荷较重的重型机械的车轮,其轮盘与轮辋通常是做成一体的,以便加强车轮的强度与刚度。

图 17-12 所示为装载机通用车轮的构造。轮胎由右向左装于轮辋 2 之上,以挡圈 7 抵住轮胎右壁,插入斜底垫圈 6,最后以锁圈 8 嵌入槽口,用以限位。轮盘 5 与轮辋 2 焊为一体,由螺栓 3 将轮毂 1、行星架 4、轮盘 5 紧固为一体,动力是由行星架传给车轮和轮胎的。

四、轮胎

机械在行驶或进行作业时,由于路面不平将引起很大的冲击和振动。轮式机械装有充气的橡胶轮胎是因为橡胶和空气的弹性(主要是空气的弹性)能起一定的缓冲作用,从而减轻冲击和振动带来的有害影响。

充气橡胶轮胎由内胎 2、外胎 1 和衬带 3 所组成(图 17-13)。内胎 2 是一环形橡胶管,内充一定压力的空气。外胎是一个坚固而富有弹性的外壳,用以保护内胎不受外来损害。衬带 3 用来隔开内胎,使它不和

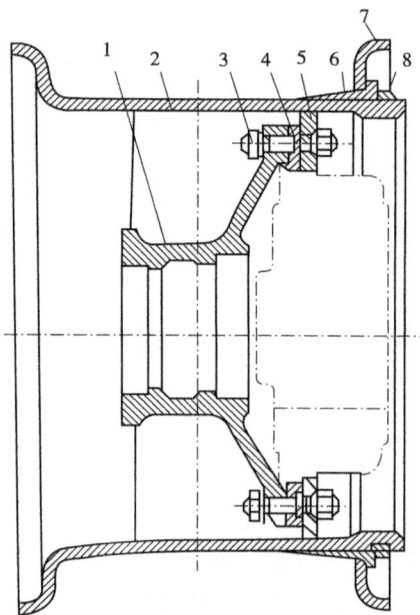

图 17-12　装载机的盘式车轮

1-轮毂;2-轮辋;3-轮毂螺栓;4-轮边减速器行星架;5-轮盘;6-斜底垫圈;7-挡圈;8-锁圈

轮辋及外胎上坚硬的胎圈直接接触,免遭擦伤。

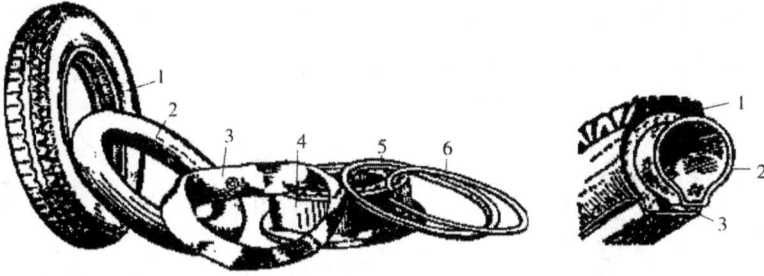

图 17-13　充气轮胎的组成
1-外胎;2-内胎;3-衬带;4-轮辋;5-挡圈;6-锁圈

1. 工程机械轮胎使用类型

工程机械轮胎简称 OR 或 OTR 轮胎,主要是指工程汽车和工程机械用轮胎,并不完全局限于工程车辆和机械使用。广义的非公路轮胎还包括林业轮胎、盐田轮胎、油田轮胎、沙漠轮胎和沼泽轮胎等。《工程机械轮胎规格、尺寸、气压与负荷》(GB/T 2980—2001)中将工程机械轮胎的使用类型分为 4 类:

(1)第一类,重型自卸车和铲运机轮胎。用于运输作业,通常在不平整的路面上以中等速度行驶,最高速度为 65km/h,单程不超过 4km。

(2)第二类,平地机轮胎。用于修筑或养护道路,作业时轮胎负荷较稳定,工作周期内速度较慢,最高速度为 40km/h。

(3)第三类,装载机和推土机等轮胎。主要运用短距离装运,作业速度慢,运输距离短,最高速度为 10km/h,单程不超过 75m。

(4)第四类,压路机轮胎。用于压平或压实路面、场地和跑道,行程短,速度低,最高速度为 10km/h。

2. 工程机械轮胎其他分类

根据工程机械轮胎的断面尺寸可将轮胎分为窄基轮胎、宽基轮胎、低断面轮胎 3 种,其断面高度 H 与宽度 B 之比如图 17-14 所示。窄基轮胎是指轮胎断面高宽比为 0.95 左右的工程机械轮胎;宽基轮胎是指轮胎断面宽度比为 0.80 左右的工程机械轮胎;低断面轮胎是指轮胎断面高宽比为 0.65 左右(65 系列)或 0.70(70 系列)左右的工程机械轮胎。

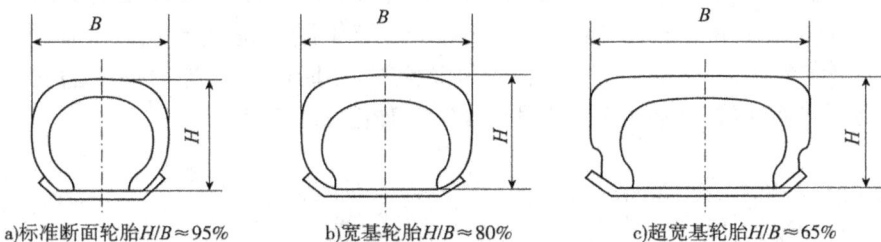

a)标准断面轮胎 $H/B \approx 95\%$　　b)宽基轮胎 $H/B \approx 80\%$　　c)超宽基轮胎 $H/B \approx 65\%$

图 17-14　轮胎断面形状分类

根据轮胎的充气压力可将轮胎分为高压胎、低压胎、超低压胎 3 种:气压 0.5 ~ 0.7MPa 的为高压胎;气压 0.15 ~ 0.45MPa 的为低压胎;气压小于 0.15MPa 的为超低压胎。

轮胎根据充气压力不同其标记也不同(图 17-15)。低压胎标记为 B-d,"－"表示低压,例如,17.5-25 表示轮胎断面宽 $B = 17.5$in(1in = 2.54cm),轮胎内径 $d = 25$in。高压胎标记为

$D \times B$，"$\times$"表示高压，例如，34×7 表示轮胎外径 $D = 34$in，轮胎断面宽 $B = 7$in。

根据轮胎帘线的排列形式，轮胎可分为斜交胎（普通胎）、子午胎、带束斜交胎。

3. 工程机械轮胎规格表示与最大负荷标记

（1）轮胎规格表示示例如图 17-16 所示。

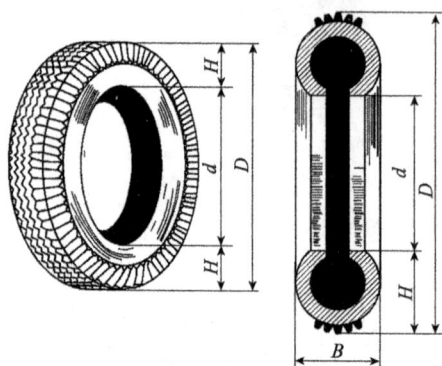

图 17-15　轮胎的尺寸标记

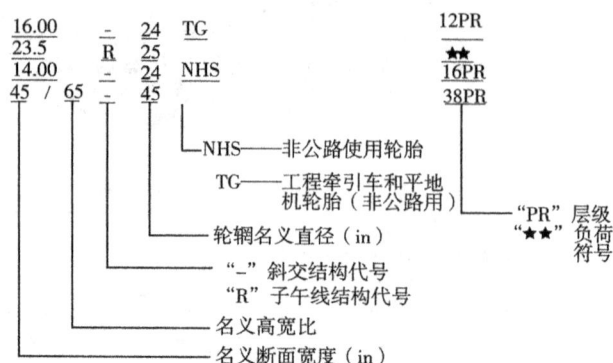

图 17-16　轮胎规格表示示例

（2）最大负荷标记。用轮胎强度来表示轮胎在规定使用条件下所能承受的最大推荐负荷。斜交轮胎的强度用层级（或 PR）表示，例如 16 层级（或 16PR）；子午线轮胎的强度用 1、2 或 3 颗星（★）表示。

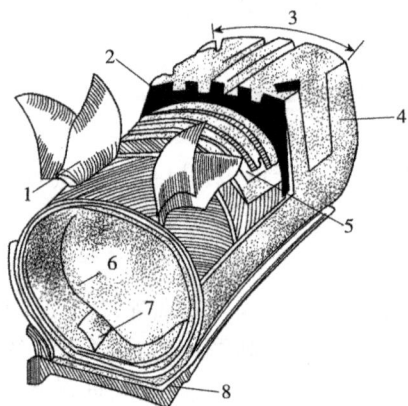

图 17-17　外胎

1-帘布层；2-胎肩；3-胎冠；4-胎侧；5-缓冲层；
6-内胎；7-垫带；8-胎圈

4. 几种典型橡胶轮胎结构

（1）斜交胎。斜交胎结构如图 17-17 所示。帘布层 1 是外胎的骨架，用尼龙丝或人造丝、钢丝、棉线等材料涂胶黏结，并与轮胎轴线的夹角呈 $48° \sim 54°$，各层交互排列黏结而成，轮胎的承载能力主要是由帘布层来提供。缓冲层 5 位于胎面与帘布层之间，由胶片和两层或数层挂胶稀帘布制成，用来缓和冲击振动并使胎面和帘布层牢固黏合。胎侧 4 的外表包着一层高质量、耐切割的保护橡胶，用来保护帘布层。胎面是具有一定花纹的耐磨橡胶层，可分为胎冠、胎侧和胎肩 3 部分，具有耐磨、减振、牵引附着以及保护帘布层免受潮蚀和机械损伤的作用。为使轮胎与地面有良好的附着性能，防止纵、横向滑移等，在胎面上有各种形状的凹凸花纹。轮胎花纹主要有普通花纹、混合花纹和越野花纹等，如图 17-18 所示。

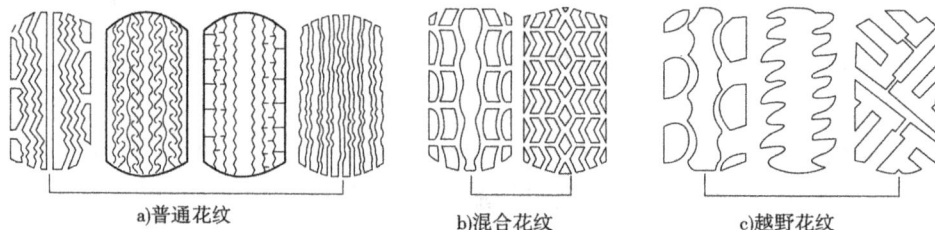

a)普通花纹　　　　b)混合花纹　　　　c)越野花纹

图 17-18　轮胎胎面的花纹

（2）子午线胎。子午线胎如图 17-19 所示。帘布层 1 的各层帘线方向与轮胎圆周成 90°排列。这样，帘线受力与变形方向一致，因此，承载能力大而层数少。带束层 2 采用钢丝帘线，其方向与圆周成 10°～20°，它的作用是使胎面具有足够的刚性，像刚性环带一样紧紧地箍在胎体上。子午胎的优点是附着性能好，滚动阻力小，承载能力大，耐磨性能与耐刺扎性能好；但侧向稳定性差，对制造工艺、精度、设备的要求高，所以造价高。

带束斜交胎的帘布层排列与斜交胎相同，带束层与子午胎相同，在结构上它介于二者之间。

（3）无内胎的充气轮胎。无内胎充气轮胎的构造如图 17-20 所示，气密层 1 密贴于外胎，省去了内胎与衬带，利用轮辋作为部分气室侧壁；因此，其散热性能好，适宜高速行驶工况。这种轮胎可以充水或充物，增加整机的稳定性和附着性能，充水的水溶液一般用氯化钙（$CaCl_2$），充物的物料一般用硫酸钡、石灰石、黏土等粉状物。其缺点是对密封和轮辋的制造精度要求高，需要专门的拆卸工具和补胎技术。

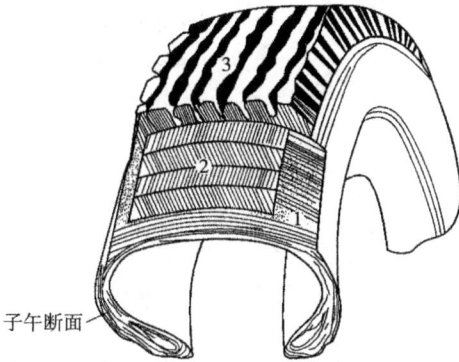

图 17-19　子午线胎
1-帘布层；2-带束层；3-胎冠

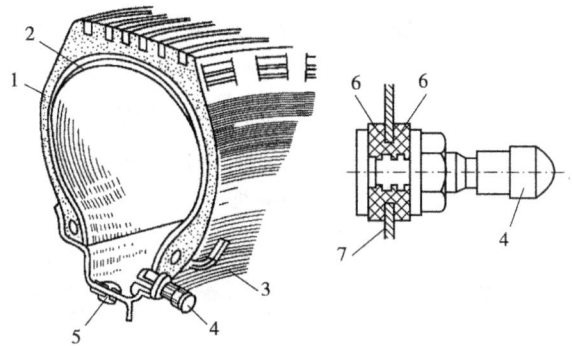

图 17-20　无内胎充气轮胎结构
1-橡胶密封层；2-自粘层；3-槽纹；4-气嘴；5-铆钉；6-橡胶密封衬垫；7-轮辋

为了适应矿山岩石工地，又出现了履带轮胎（图 17-21）和轮胎外面包有保护链的链网轮胎。它们都是为抗磨和提高附着性能而设的。

轮胎胎面的花纹形状对轮胎的防侧滑性、操纵稳定性、牵引附着性等使用性能和作业性能都有明显的影响。不同类型的工程机械所配用的轮胎的胎面花纹形状也各不相同。工程机械轮胎设计有标准花纹、加深花纹和超加深花纹 3 种；牵引型工程机械所配用的轮胎的胎面花纹有标准花纹和加深花纹 2 种；耐磨型工程机械所配用的轮胎的胎面有标准花纹、加深花纹和超加深花纹 3 种。加深花纹深度为标准花纹深度的 150%，而超加深花纹深度为标准花纹深度的 250%。加深和超加深花纹轮胎适用于行驶速度不高且要求耐切割、耐磨耗的矿山和工地上。加深花纹轮胎的胎体帘布层参数与标准花纹相同。表 17-1 示出了机械种类与花纹形式的对应关系，表 17-2 示出了各类工程轮胎花纹特点。

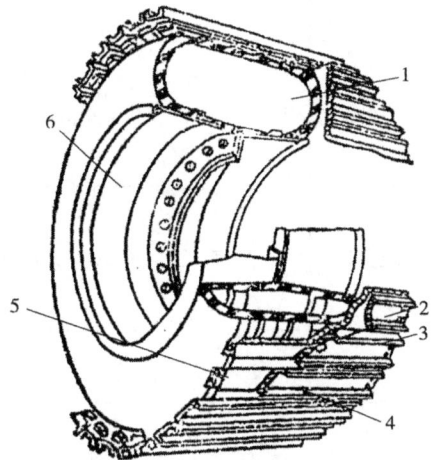

图 17-21　履带轮胎
1-轮胎；2-中心螺栓；3-连接螺栓；4-履带板；5-安装带；6-轮辋

用　途	所配机械种类	轮胎分类编号	花纹形式	作 业 类 型
铲运机和重型 自卸车轮胎	铲运机、自卸载货汽车	E-1	普通条形	短途运输,即一个作业循环不超过 4km,最高速度 $v=65km/h$
		E-2	普通牵引型	
		E-3	普通块状	
		E-4	加深块状	
		E-7	浮力型	
平地机轮胎	平地机	G-1	普通条形	最高速度 $v=40km/h$
		G-2	普通牵引型	
		G-3	普通块型	
		G-4	加深块状	
装载机和推土机轮胎	推土机、装载机	L-2	普通牵引型	最大单程距离不超过 75m,最高速度 $v=10km/h$
		L-3	普通块状	
		L-4	加深块状	
		L-5	超加深块状	
		L-3S	普通光面	
		L-4S	加厚光面	
		L-5S	超厚光面	
路面压实	压路机	C-1	光面	最高速度 $v=10km/h$
		C-2	槽沟	
工业车辆轮胎	工业运输车辆	IND-3	普通花纹	最高速度 $v=30km/h$
		IND-4	加深花纹	
		IND-5	超加深花纹	

注:此表采用标准《工程机械轮胎规格、尺寸、气压与负荷》(GB/T 2980—2009)。

花纹类型	TRA 代号	特点及性能
条形型	E-1、G-1	沿轮胎周向的条形、锯齿形、波浪形花纹,这种花纹块占接地面积的 18% ~ 20%。特点是抗侧滑能力强,易于导向,主要用于铲运机和平地机的导向轮,但其牵引力低,耐切割、耐磨性较差
牵引型	E-2、G-2、L-2	系八字形或人字形花纹,花纹沟面积大,占接地面积的 50% 以上,在松软路面上具有良好的附着力且具有良好的自洁性能,牵引力大,主要用于土方施工机械的驱动轮,安装时要注意花纹方向
块状型	E-3、E-4、G-3、L-3、L-4、L-5	主要为横向花纹,胎面接地面积大,具有良好的耐磨、耐切割、耐刺扎性能,特别是在坚实的路面上有很大的牵引力,适用于铲运机、重型自卸汽车、装载机和推土机等各种工程机械
光面型	C-1、C-2、L-3S、L-4S、L-5S	胎面光滑平整、宽度大。不但增大了接地面积,而且接地压力分布均匀,具有良好的耐切割、耐磨性能,适用于轮胎式压路机、矿用推土机及装载机,不足之处是上下坡运行时有打滑现象
浮力型	E-7	由多种小块花纹构成,胎面宽度和接地面积大,因此浮力大,在软路上运行,适用于铲运机

第三节 典型悬架的结构和工作原理

悬架是用于车架与车桥(或车轮)连接并传递作用力的结构。弹性悬架还可以缓和并衰减振动和冲击,使车辆获得良好的行驶平顺性。悬架通常由弹性元件、导向装置和减振装置组成。弹性悬架的结构类型很多,按导向装置的不同形式可分为独立悬架和非独立悬架两大类,前者与断开式车轴联用,后者与整体式车轴联用。按弹性元件的不同,又可分为钢板弹簧悬架、扭杆弹簧悬架、空气弹簧悬架和油气弹簧悬架等。

一、钢板弹簧悬架

钢板弹簧悬架是目前应用最广泛的一种弹性悬架结构形式,如图17-22所示。它的弹簧叶片既可作弹性元件缓和冲击,又可作导向装置传递作用力。因此具有结构简单、维修方便、寿命长等优点。

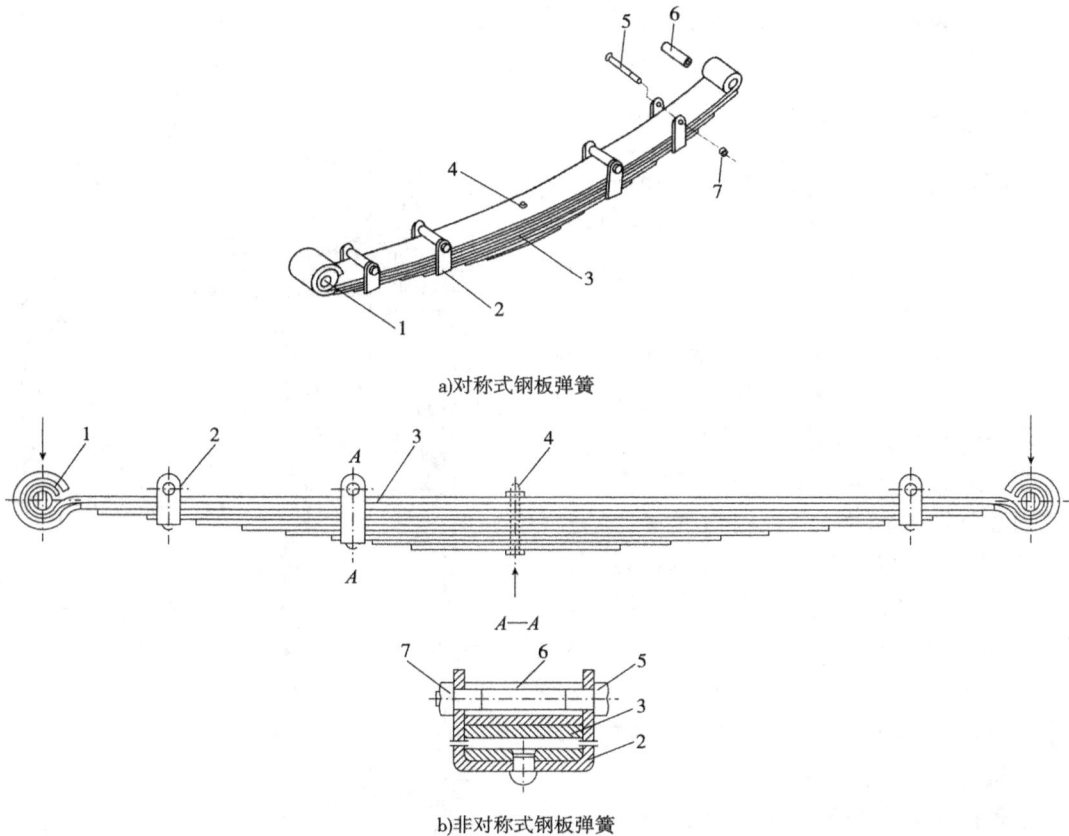

a)对称式钢板弹簧

b)非对称式钢板弹簧

图17-22 钢板弹簧悬架

1-卷耳;2-弹簧夹;3-钢板弹簧;4-中心螺栓;5-螺栓;6-套管;7-螺母

钢板弹簧一般是由很多曲率半径不同、长度不等、宽度一样、厚度相等或不等的弹簧钢片所叠成,在整体上近似于等强度的弹性梁,中部通过U形螺栓(骑马螺栓)和压板与车桥刚性固定,其两端用销子铰接在车架的支架上,如图17-22a)所示。钢板弹簧的断面形状除采用对称断面外,还有采用上下非对称的特殊断面,如图17-22b)所示。这样可改变弹簧的受力情况,不仅提供其疲劳强度,还节约了金属材料。

二、扭杆弹簧悬架

图17-23是一种扭杆弹簧悬架的结构,它用扭杆作弹性元件。扭杆弹簧是一段具有扭转弹性的金属杆,其断面一般为圆形,少数为矩形或管形。它的两端可以做成花键、方形、六角形或带平面的圆柱形等,以便将一端固定在车架上,另一端通过摆臂固定在车轮上。扭杆用铬钒合金弹簧钢制成,表面经过加工后很光滑。为了保护其表面,通常涂以沥青和防锈油漆,或者包裹一层玻璃纤维布,以防碰撞、刮伤和腐蚀。扭杆具有预扭应力,安装时左右扭杆不能互换。为此,在左右扭杆上刻有不同的标记。

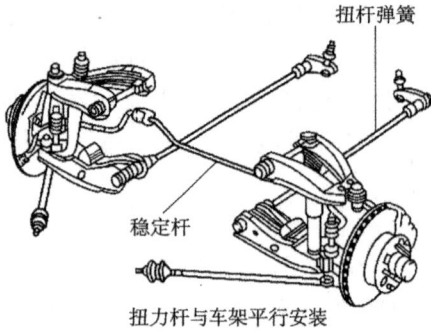

图 17-23 扭杆弹簧悬架

当车轮跳动时,摆臂 2 绕着扭杆轴线摆动,使扭杆产生扭转弹性变形,借以保证车轮与车架的弹性联系。扭杆弹簧悬架具有结构紧凑,弹簧自重较轻,维修方便,寿命长的特点。但是制造精度要求高,需要有一套较复杂的扭杆套等连接件。因此目前尚未获得普遍采用。

三、油气弹簧悬架

在密封的容器中充入压缩气体和油液,利用气体的可压缩性实现弹簧作用的装置称油气弹簧。油气弹簧以惰性气体(氮气)作为弹性介质;油液起传力介质和衰减振动的作用。图17-24所示为安装在 SH380 型矿用自卸汽车上的油气弹簧悬架的油气弹簧。它由球形气室 10 和液力缸筒 2 两部分组成。球形气室固定在液力缸的上端,其内的油气隔膜 11 将气室内腔分隔成两部分:一侧为气室,经充气阀 14 向内充入高压氮气,构成气体弹簧;另一侧为油室与液力缸连通,其内充满减振油液,相当于液力减振器。液力缸由缸筒 2、活塞 3 和阻尼阀座 6 等组成。活塞装在套筒上,套筒下端通过下接盘 1 与车桥连接。液力缸上端通过上接盘 7 与车架相连。

缸盖内装有阻尼阀座 6,其上有 6 个均布的轴向小孔,对称相隔地装有 2 个压缩阀 12、2 个伸张阀 13 和 2 个加油阀 8。在阀座中心和边缘各有一个通孔。

静止时,加油阀是开启的,从加油孔注入的油液可流入液力缸。

当荷载增加时,车架与车桥靠近,活塞上移,使其上方容积减少,迫使油液经压缩阀、加

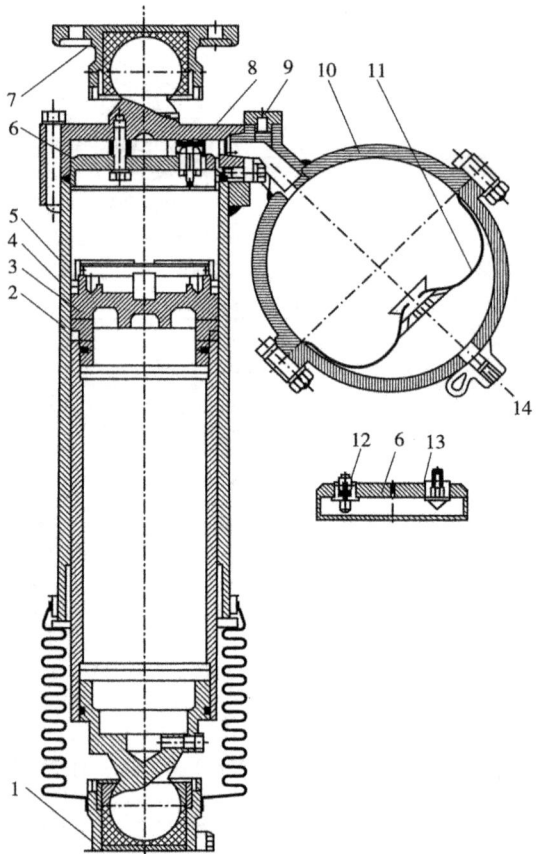

图 17-24 油气弹簧

1-下接盘;2-液力缸筒;3-活塞;4-密封圈;5-密封圈调整螺母;6-阻尼阀座;7-上接盘;8-加油阀;9-加油塞;10-球形气室;11-油气隔膜;12-压缩阀;13-伸张阀;14-充气阀

油阀和阻尼阀座中心孔及其边缘上的小孔进入球形气室,推动隔膜向氮气一方移动,从而使氮气压力升高,弹簧刚性增大,车架下降减缓。当外界荷载等于氮气压力时,活塞便停止上移,这时车架与车桥的相对位置不再变化,车身高度也不再下降。

当荷载减小时,油气隔膜在氮气压力作用下向油室一方移动,使油液压开伸张阀 13,经阀座上的中心孔及其边缘小孔流回液力缸,推动活塞下移,从而使弹簧刚性减小,车架上升减缓,当外部荷载与氮气压力相平衡时,活塞停止下移,车身高度也不再上升。

由于氮气储存在定容积的密封气室之内,氮气压力是随外荷载的大小而变化,故油气弹簧具有可变刚性的特性。

当油液通过各个小孔和止回阀时,产生阻尼力,故液力缸相当于液力减振器。在止回阀上装用不同弹力的弹簧可以产生不同的阻尼力,从而可改变油气弹簧的缓冲和减振作用。

第十八章　履带式行驶系

第一节　履带式行驶系的功用和组成

履带式机械行驶系的功用是支持机体并将柴油机经由传动系传到驱动链轮上的转矩转变成机械行驶和进行作业所需的牵引力。为了保证履带式机械的正常工作,它还起缓和地面对机体冲击振动的作用。

具体主要功用如下:

(1)将发动机传来的转矩转化为使机械行驶的牵引力。

(2)传递并承受地面作用于履带及车轮各种力和力矩,保证机械正确行驶或作业。

(3)将机械的各组成部分构成一个整体,支撑全机质量。

(4)缓和机械在行驶时地面经负重轮传到机体的冲击,减小振动,并具有在松软、泥泞地面行驶及克服天然和人工障碍的能力,还要与转向系配合,实现机械的正确转向。

履带式行驶系通常由悬架机构和行走装置(履带推进装置)两部分组成。悬架机构是用来将机体和行走装置连接起来的部件,它应保证机械以一定速度在不平路面上行驶时具有良好的行驶平顺性和零部件工作的可靠性。行走装置用来支承机体,并将发动机经传动系输出的转矩,利用履带与地面的作用,产生机械行驶和作业的牵引力。

如图18-1所示,履带式行驶系通常是由台车架4、悬架8、履带2、驱动链轮1、支重轮3、托带轮9、张紧轮6(或称导向轮)和张紧装置5等零部件组成。

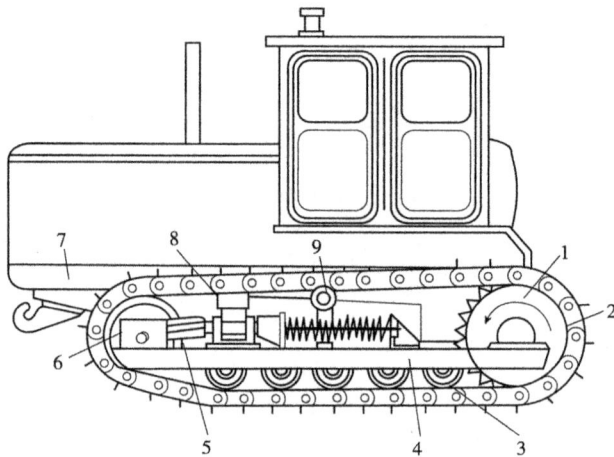

图18-1　履带式行驶系

1-驱动链轮;2-履带;3-支重轮;4-台车架;5-张紧装置;6-张紧轮;7-机架;8-悬架;9-托带轮

履带式行驶系与轮式行驶系相比有如下特点：

（1）支承面积大，接地比压小。例如，履带式推土机的接地压强为 $2\sim8\mathrm{N/cm^2}$，而轮式推土机的接地压强一般为 $20\mathrm{N/cm^2}$。履带式推土机适合在松软或泥泞场地进行作业，下陷度小，滚动阻力也小，通过性能较好。

（2）履带支承面上有履齿，不易打滑，牵引附着性能好，有利于发挥较大的牵引力。

（3）结构复杂，质量大，运动惯性大，减振动能差，使零件易损坏。因此，行驶速度不能太高，机动性较差。

第二节　机架和悬架

一、机架

机架是用来支承和固定发动机、传动件及驾驶室等零部件的，是整机的骨架，将机体质量全部或部分通过悬挂架传到支重轮上。在行驶与作业中，履带和支重轮所受的冲击也传到机架上，机架具有一定抗压性能，可缓和冲击力。机架可分为全梁式、半梁式两种。其中，履带式推土机多用半梁式，如图18-2所示，两根纵梁1与后桥箱3焊为一体。后桥箱有铸钢件与焊接件之分，随着焊接工艺的改进，近年来焊接件用得较多。机架中部横梁2通过铰销支承在悬架上。

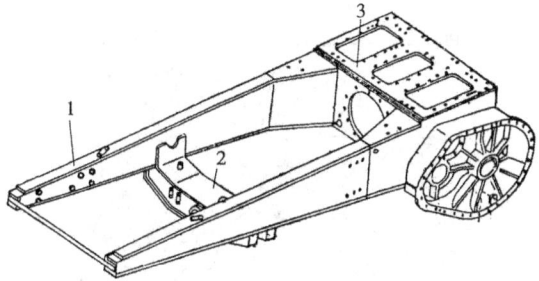

图18-2　TY220型推土机机架
1-纵梁；2-横梁；3-后桥箱

二、悬架

悬架是机架和台车架之间的连接元件。悬架可分为弹性悬架、半刚性悬架和刚性悬架。机体的质量完全经弹性元件传递给支重轮的叫做弹性悬架；部分质量经弹性元件，而另一部分质量经刚性元件传递给支重轮的叫做半刚性悬架；机体质量完全经刚性元件传递给支重轮的叫做刚性悬架。通常，对于行驶速度较高的机械（例如东方红－75型拖拉机），为了缓和高速行驶带来的各种冲击，采用弹性悬架；对于行驶速度较低的机械，为了保证作业时的稳定性，通常采用半刚性悬架或刚性悬架。

图18-3示出了东方红-75型拖拉机的行驶系。它没有统一的台车架，各部件都安装在机架5上；拖拉机的质量通过前、后支重梁4、6传到4套平衡架10上，然后再经过8对支重轮12传到履带13上。由于平衡架是一个弹性系统，故称为弹性悬架。

弹性悬架平衡架的结构如图18-4所示：平衡架由一对互相铰接的内、外空心平衡臂2、7组成，内、外平衡臂2、7由销轴3铰接；在外平衡臂7的孔内装有滑动轴承，通过支重梁横轴4将整个平衡架安装到前、后支重梁上，并允许其绕支重梁摆动。悬架弹簧1是由两层螺旋方向相反的弹簧组成的，螺旋方向相反是为了避免两弹簧在运动中重叠而被卡住。悬架弹簧压缩在内、外平衡臂2、7之间，用来承受推土机的质量与缓和地面对机体的各种冲击。螺旋弹簧的柔性较好，在吸收相同的能量时，其质量和体积都比钢板弹簧小，但它只能承受轴向力，而不能承受横向力。

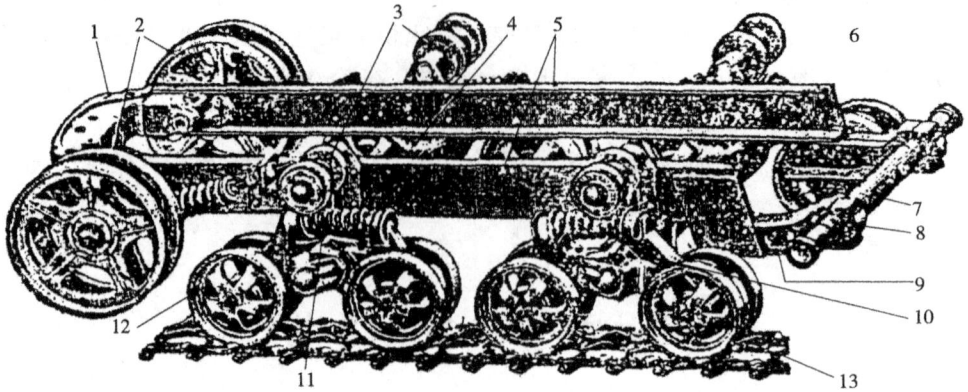

图 18-3　东方红-75 型拖拉机的行驶系

1-前横梁;2-张紧轮;3-托轮;4-前支重梁;5-机架;6-后支重梁;7、8、9-撑架;10-平衡架;11-悬架弹簧;

12-支重轮;13-履带

半刚性悬架主要是由台车架 4 和悬架 8 等组成。如图 18-1 所示,在台车架 4 上安装着支重轮 3、张紧装置 5 和张紧轮 6 等。台车架的后部内侧安装有斜撑架,用来承受台车架上的侧向力。台车架后端与机体是铰接的。

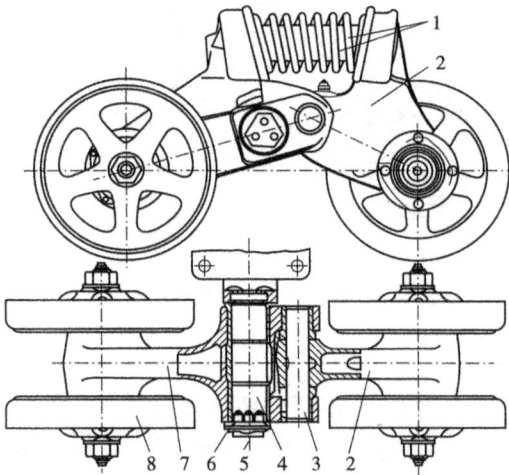

图 18-4　东方红-75 型拖拉机的平衡架

1-悬架弹簧;2-内平衡臂;3-销轴;4-支重梁横轴;

5-垫圈;6-调整垫圈;7-外平衡臂;8-支重轮

悬架弹簧的两端放置在两边的台车架上,中央则固定在机体上,因此,台车架前端与机体是弹性连接,这样,两个台车架可各自绕销轴 6(如图 18-6 所示)做上下摆动。由于这种悬架一端为刚性连接,另一端为弹性连接,故机体的部分质量通过弹性元件传给支重轮,地面的各种冲击力仅得到部分缓冲,故称为半刚性悬架。

半刚性悬架中的台车架是行驶系中一个很重要的骨架,支重轮、张紧装置等都要安装在这个骨架上,它本身的刚度以及它与机体间的连接刚度,对履带行驶系的使用可靠性和寿命有很大影响。若刚度不足,往往会使台车架外撇,引起支重轮在履带上走偏和支重轮轮缘啃蚀履带轨,严重时要引起履带脱落。为此,应采取适当措施来增强台车架的刚度。

半刚性悬架的弹性元件有悬架弹簧和橡胶弹性块两种形式。图 18-5 所示为推土机的悬架弹簧。它由一副大板簧 1 和两副小板簧 4 组成。大、小板簧均由不同长度的钢板叠成阶梯形,从而构成一根近似的等强度梁。此外,每一层钢板横断面的厚度做成中间薄、两边厚,使钢板之间形成一定间隙,以减小弹簧在变形过程中,相邻两钢板之间的摩擦阻力。

大板簧 1 通过小板簧 4 与机体连接,小板簧 4 在安装后呈预压状态,从而使大板簧压紧在上盖 2 内,大、小板簧均起缓冲作用。

340

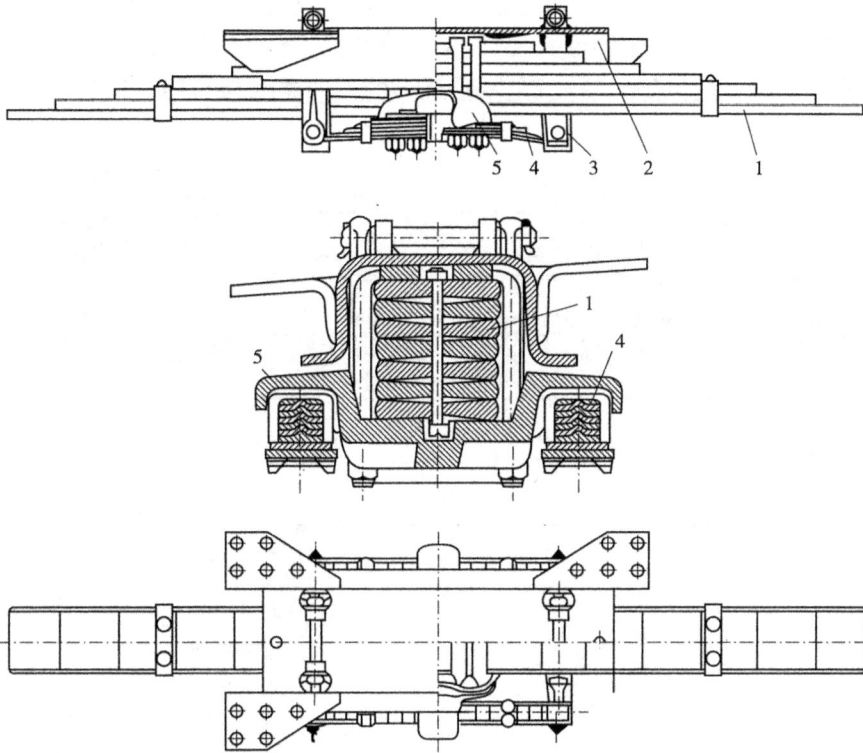

图 18-5　推土机的悬架弹簧
1-大板簧;2-上盖;3-拉杆;4-小板簧;5-支座

图 18-6 示出了用橡胶块作为弹性元件的半刚性悬架的结构。它是由一根横置的平衡梁 1、活动支座 2、橡胶块 4、固定支座 3 以及台车架等零件组成的。在左右台车架的前部用螺钉安装固定支座 3,在固定支座 3 的 V 形槽左右两边各放置一块钢皮包面的橡胶块 4,在橡胶块的上面放置呈三角形断面的活动支座 2。横平衡梁 1 的两端自由地放在活动支座 2 的弧形面上,其中央用销与机架相铰接。这种悬架的特点是结构简单、拆装方便、坚固耐用,但减振性能稍差。

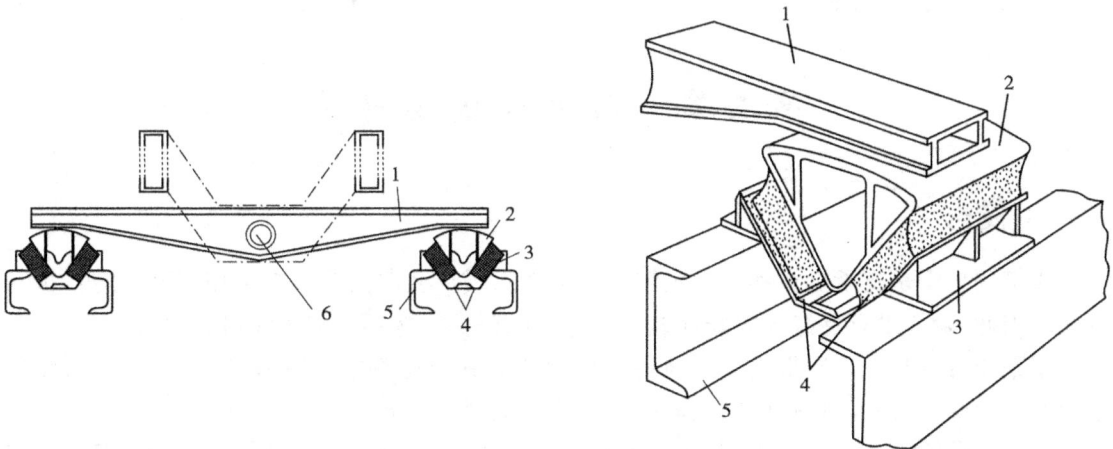

图 18-6　半刚性悬架的橡胶块弹性元件
1-横平衡梁;2-活动支座;3-固定支座;4-橡胶块;5-台车架;6-销轴

对于行驶速度很低的重型机械,例如履带式挖掘机,为了保证作业时有较好的稳定性,以便提高挖掘效率,通常都不装弹性悬架;机架通过两根横轴 11 穿入台车架 4 的孔内固定,与台车架成刚性连接,这种悬架结构就是刚性悬架的一种类型,如图 18-7 所示。

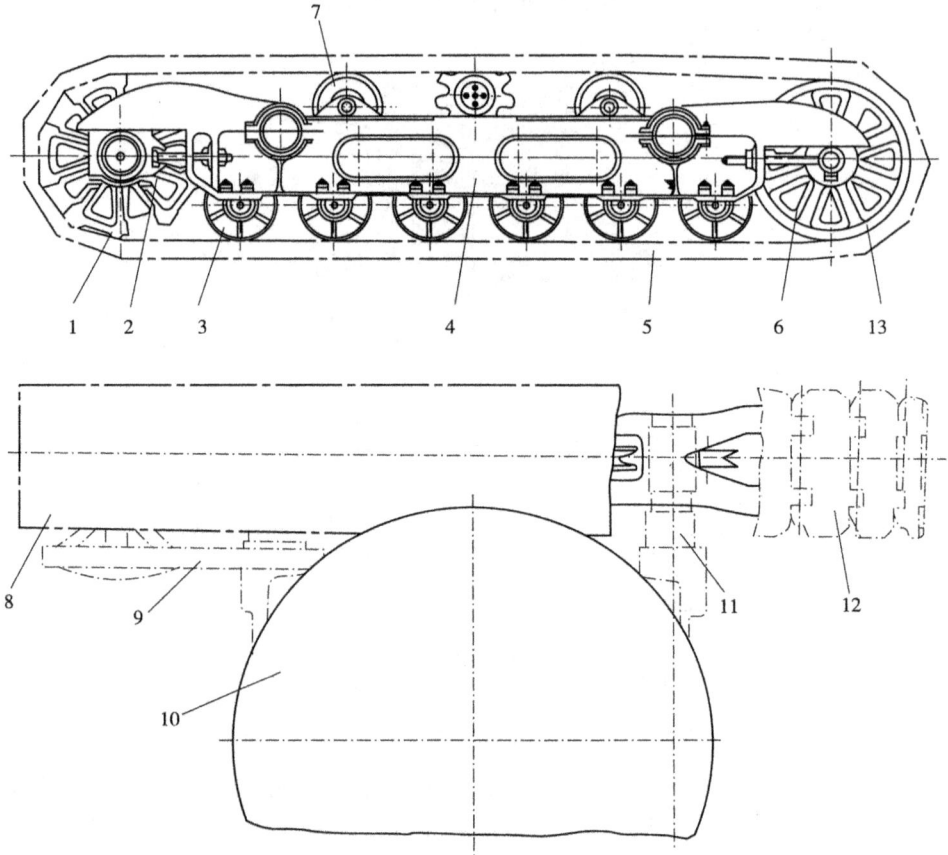

图 18-7　履带式挖掘机的行驶系

1-驱动链轮;2、6-调整螺杆;3-支重轮;4-台车架;5、8-履带;7-托轮;9-链轨;10-回转台;11-横轴;12-履带板;13-张紧轮

第三节　履带和驱动链轮

一、履带

履带的功用是支承机械和产生足够的驱动力。履带经常在泥水中工作,条件恶劣,极易磨损。因此,除要求有良好的附着性能外,还要求有足够的强度、刚度和耐磨性。

每条履带由几十块履带板和链轨等零件组成。其结构基本上可分为 4 部分,即履带的下面为支承面,上面为链轨,中间为与驱动链轮相啮合的部分,两端为连接铰链。

根据履带板的结构不同,履带板可分为整体式和组合式,如图 18-8 所示。整体式履带板结构简单,制造方便,拆装容易,质量较轻;但由于履带销与销孔之间的间隙较大,泥沙容易浸入,使得销和销孔磨损较快,一旦损坏,履带板只能整块更换。因此,在运行速度较低的重型机械

(例如挖掘机)上采用这种履带较多。组合式履带板密封性能好,能适应恶劣的泥、水、沙、石地带作业;可单独更换易损件,造价低。因此,广泛用于推土机、装载机等多种机械上。

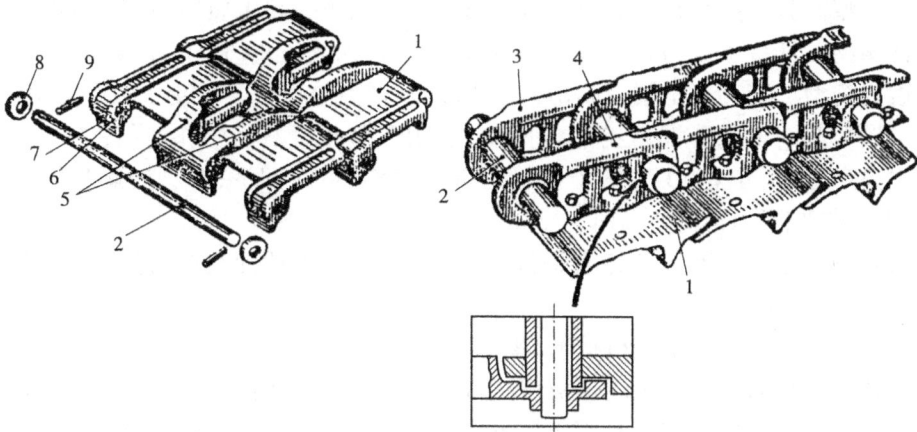

图 18-8 整体式与组合式履带板
1-履带板;2-履带销;3-左链轨;4-右链轨;5-导轨;6-销孔;7-节销;8-垫圈;9-锁销

图 18-9 所示为 TY220 型推土机履带,它由履带板 1、履带销 4、销套 5、左右链轨 11、10 等零件组合而成。链轨节是模锻成型,前节的尾端较窄,压入销套 5;后节的前端较宽,压入履带销 4;由于它们的过盈量大,所以履带销、销套与链轨节之间都没有相对运动,只有履带销与销套之间可以相对转动。两端头装有弹性锁紧套 6,以防止泥沙浸入。在每条履带中都有两个易拆卸的销子,这个销子称为"主销"8,它的外部根据不同的机型都有不同的标记,拆卸时根据说明书细心查找。履带板 1 与链轨节之间用螺钉 2 紧固。

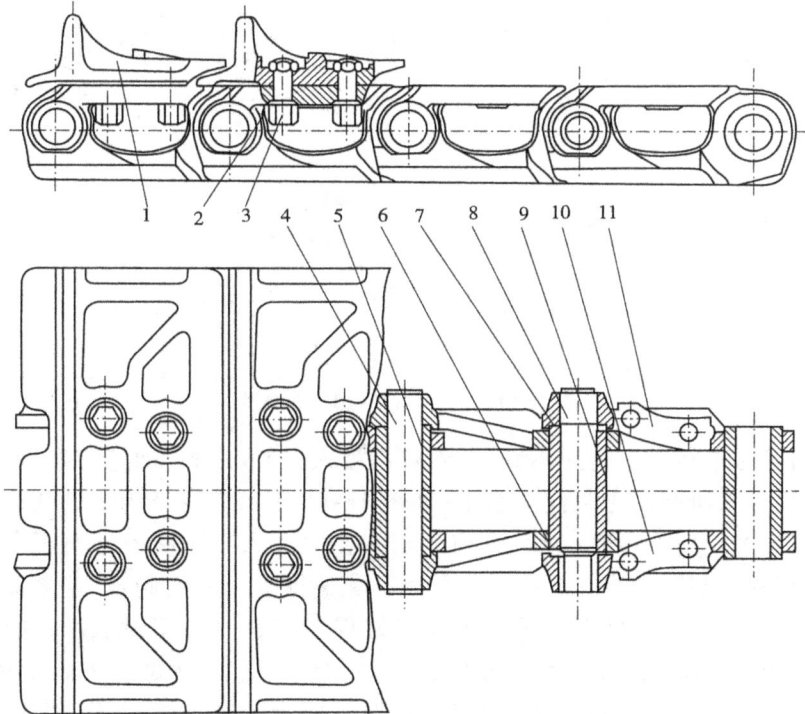

图 18-9 TY220 型履带推土机的履带
1-履带板;2-螺钉;3-螺母;4-履带销;5-销套;6-弹性锁紧套;7-锁紧销垫;8-履带活销;9-短销套;10-右链轨;11-左链轨

根据各种不同的使用工况,履带板的结构形状与尺寸也不相同。现将几种常见的履带板分述如下(图18-10):

(1)标准型。其特点是有矩形履刺,宽度相当,适用于一般土质地面[图18-10a)]。

(2)钝角型。其特点是切去履刺尖角,可以较深地切入土中[图18-10b)]。

(3)矮履刺型。其特点是矮履刺切入土中较浅,适宜在松散岩石地面[图18-10c)]。

(4)平履板型。其特点是没有明显履刺,适用于坚硬岩石面上作业[图18-10d)、e)]。

(5)中央穿孔Ⅰ、Ⅱ型。Ⅰ型履刺在履带板的端部,中间凹下;Ⅱ型履刺是中部凸起,适宜雪地或冰上作业[图18-10f)、g)]。

(6)双履刺或三履刺型。其特点是接地面积大些,切入地面浅些,适宜于矿山作业[图18-10h)]。

(7)岩基履板型。用于重型机械上[图18-10i)]。

(8)圆弧三角与曲峰式三角履带板型。特别适合于湿地或沼泽地作业,接地压力可低到 $2\sim3N/cm^2$。由于三角形履带板有压实表土作用,且由于张角较大,脱土容易,所以即使在泥泞不堪的地面上,也有良好的浮动性,不致打滑,使机械具有较好的通过性和牵引性[图18-10j)、k)]。

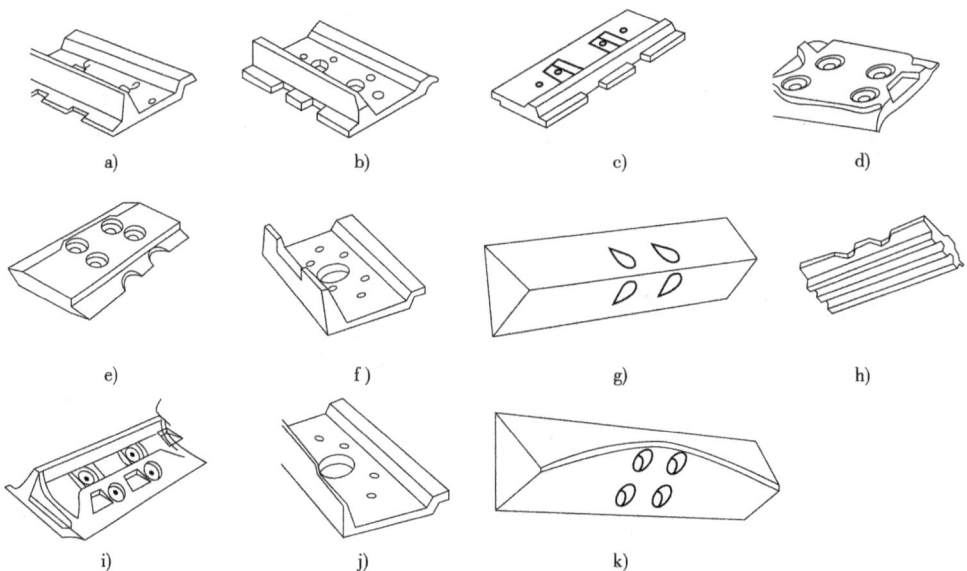

图18-10　组合式履带的履带板类型

普通销和销套之间由于密封不好,泥沙容易浸入,形成磨料,加速磨损;而且摩擦系数也大。因此,近年来研制出密封润滑履带,如图18-11所示。履带销2的孔内以及销2与销套1的摩擦面之间始终存有稀油,由销2端头孔中注入。U形密封圈4由聚氨酯材料制成,密贴于销套1与链轨节6的沉孔端面上。集索圈5由橡胶制成,起着类似于弹簧的紧固作用,由于它的压紧力使U形密封圈4始终保持着良好的密封状态,这样,无论销与销套怎样反复相对转动,润滑油不会渗出,泥沙不会浸入,这就是这种履带密封的关键。止推环8承受着销套2与链轨节6的侧向力,保护着密封件不受损坏。该装置改善了润滑,减少了磨损,降低了功率消耗,保证链轨节不因磨损后而伸长以致影响正确的啮合,是一种可取的结构。其缺点是制造工艺复杂、成本高、密封件容易老化,但它的优点是主要的。

为了在维修保养时装卸履带方便,某些推土机的履带链轨中有一节采用剖分式主链轨(图18-12)。主链轨是由带有锯齿的左半链轨 1 与右半链轨 2 利用履带板螺钉 3 加以固定。在需要拆装履带时,只需装卸主链轨上的两个螺钉 3 即可,这就使拆装履带的工作十分方便,并且,由于采用带有锯齿的斜接合面而使链轨具有足够的强度。

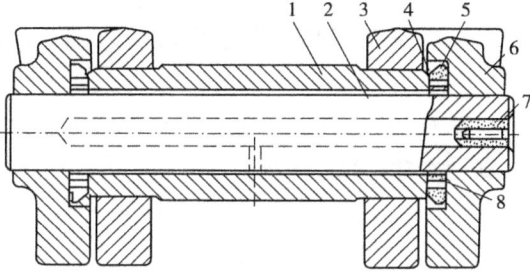

图 18-11 密封润滑履带

1-销套;2-履带销;3、6-链轨节;4-U 形密封圈;5-集索圈;
7-封油塞;8-止推环

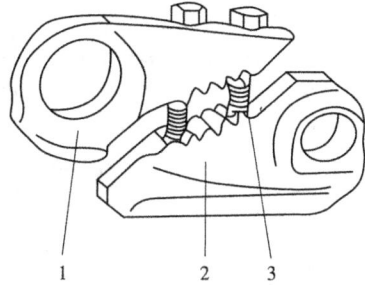

图 18-12 剖分式主链轨

1-左半链轨;2-右半链轨;3-履带板螺钉

二、驱动链轮

驱动链轮用来卷绕履带,以保证机械行驶或作业。它安装在最终传动的从动轴或从动轮毂上。驱动轮通常用碳素钢或低碳合金钢制成,其轮齿表面须进行热处理以提高硬度,从而延长轮齿的寿命。

驱动链轮与履带的啮合方式一般有节销式与节齿式两种。如图 18-13 所示,TY100 型推土机的驱动轮 4 与履带的履带销 5 进行啮合,因此,称为节销式啮合。这种啮合方式履带销所在的圆周近似等于驱动轮节圆,驱动轮轮齿作用在履带销上的压力通过履带销中心。TY180 型履带推土机的驱动轮与履带的啮合方式也采用节销式。

在节销式啮合中,可将履带板的节距设计成驱动轮齿节距的两倍;这时,若驱动轮齿数为双数,则仅有一半齿参加啮合;其余一半齿为后备。若驱动轮齿为单数,则其轮齿轮流参加啮合。这就可以延长驱动轮的使用寿命。

也可以采用具有双排齿的驱动轮,相应的在履带板上也有两个履带销与驱动轮齿相啮合。由于两个齿同时参与啮合,使每个齿上受力减小一半,自然就减轻了轮齿的磨损,延长了

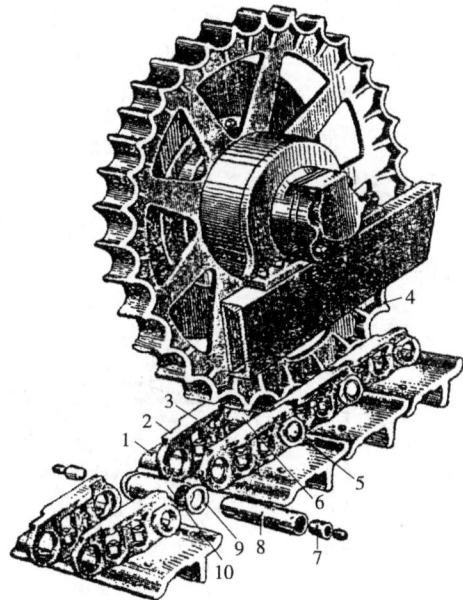

图 18-13 TY100 型推土机的驱动轮

1-履带板;2-左链轨;3-右链轨;4-驱动轮;5-履带销;6、10-销套;7-锥形塞;8-活销;9-锁紧销垫

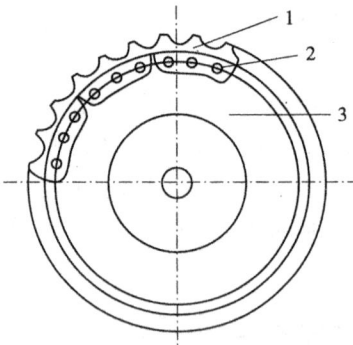

图 18-14 组合式驱动链轮示意图

1-齿圈节;2-固定螺钉;3-驱动轮毂

驱动轮的使用寿命。但由于结构较复杂,应用不广泛。

节齿式啮合,即驱动轮的轮齿与履带的节齿相啮合,这种啮合方式多用在采用整体式履带板的重型机械上(例如挖掘机)。

为保养维修的方便,在某些推土机上采用组合式驱动轮(图 18-14)。这种驱动轮由齿圈隔壁轮毂组成,而齿圈则由几段齿圈节分别用螺钉紧固在驱动轮轮毂上组合而成。当某段齿圈节磨损后,即可就地更换,而无需拆卸其他零件,这不仅给保养维修带来很大方便,而且延长了驱动轮的使用寿命。

第四节 支重轮和托带轮

一、支重轮

支重轮是用来支承机体质量,并携带上部质量在履带的链轨上滚动,使机械沿链轨行驶。它还用来夹持履带,使其不沿横向滑脱,并在转向时迫使履带在地上滑移。

支重轮常在泥水中工作,且承受强烈的冲击,工作条件很差。因此,要求它的密封可靠,轮缘耐磨。支重轮用锰钢制成,并经热处理提高硬度。

图 18-15a)所示为 T220 型推土机单边支重轮,左右对称布置,为单边凸缘。T180 型推土机的支重轮结构也与此相似。单边与双边支重轮孔内结构相同,仅支重轮体 3 不同,双边支重轮如图 18-15b)所示,轮体上的中间凸缘用来承受侧向力,保证推土机运行时履带不致滑脱。轴承座 5 与支重轮体 3 用螺钉坚固。轴瓦 6 为双金属瓦,用销子与轴承座 5 固定。这样,上述三者固为一体,可相对于轴 4 旋转。浮动油封是通过轴向压紧力使 O 形密封圈 8 变形,进一步使两浮封环 13 坚硬而光滑的端面密封;这样,润滑油不会漏出,泥水不会浸入,是一种比较好的密封装置。梯形的平键 11 固定着轴 4 与内盖 9;轴 4 两端又削成平面,固定在台车架上,既防止其轴向窜动,又防止其周向转动。轴内装有稀油,由油塞 1 密封,保证了良好的润滑。

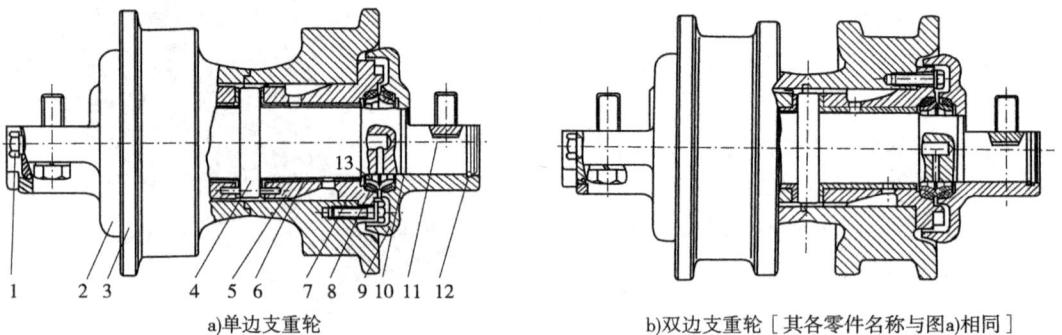

a)单边支重轮

b)双边支重轮［其各零件名称与图a)相同］

图 18-15 T220 型推土机的支重轮

1-油塞;2-支重轮外盖;3-支重轮体;4-轴;5-轴承座;6-轴瓦;7、10-O 形密封圈;8-浮动油封 O 形圈;9-支重轮内盖;
11-平键;12-挡圈;13-浮封环

二、托带轮

托带轮也称托链轮。托带轮装在履带的上方区段,用来托住履带,防止履带下垂过大,以减小机械在运动中履带的振动现象,并防止履带侧向滑落,从而减小零件磨损和功率耗损。

托带轮与支重轮相比,受力较小,泥水侵蚀的可能性也较少,因此托带轮的结构较简单,尺寸较小。它常用灰铸铁或 ZG50Mn 铸钢铸造,铸钢件经表面淬火,淬硬层不小于 4mm,硬度 HRC≥53。有些行驶速度很低,在机械使用寿命期内行驶路程并不很长的履带式机械(例如沥青混凝土摊铺机)的托带轮也用工程塑料制作。

图 18-16 示出了 T220 型推土机的托带轮总成。托带轮通过锥柱轴承 11 支承在轴 3 上,螺母 12 可以调整轴承的松紧度。其他润滑密封与支重轮原理相同。轴 3 由托带轮架 2 夹持,托带轮架由螺钉固定在台车架上。

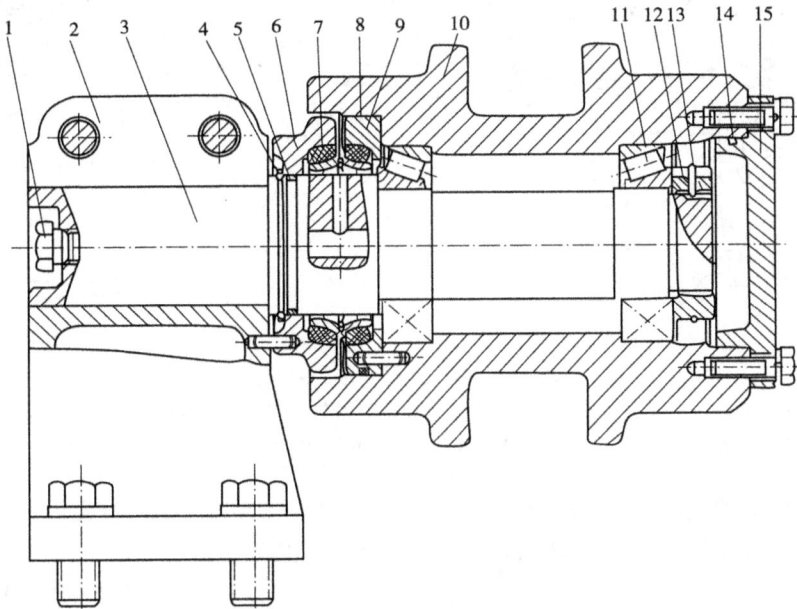

图 18-16　T220 型推土机托带轮总成

1-油塞;2-托带轮架;3-托轮轴;4-挡圈;5、8、14-O 形密封圈;6-油封盖;7-浮动油封;9-油封座;10-托带轮;11-轴承;12-锁紧螺母;13-锁圈;15-托带轮盖

第五节　张紧轮和张紧装置

张紧轮也称导向轮。张紧轮的功用是支撑履带和引导它正确运动。张紧轮与张紧装置一起使履带保持一定的张紧度并缓和从地面传来的冲击力,从而减轻履带在运动中的振跳现象,以免引起剧烈的冲击和额外消耗功率,加速履带销和销套间的磨损。履带张紧后,还可防止它在运动过程中脱落。履带过于松弛,除造成剧烈跳动、增加磨损之外,又容易造成脱轨现象;履带过于张紧,又会加剧履带销与销套的磨损。因此,适度为好。一般预张紧力为 0.6~0.8 的作业机械的使用质量。

导向轮轮体的材料选用 ZG50Mn 钢铸造,经表面淬火,淬硬层深度为 4～6mm,表面硬度 50～55HRC。如图 18-17 所示,履带式推土机的导向轮的径向断面呈箱形。导向轮通过孔内的两个滑动轴承 9 装在导向轮轴 5 上,轴 5 的两端固定在右滑架 11 与左滑架 4 上。左、右滑架则通过用支座弹簧合件 14 压紧的座板 16 安装在台车架上的导向板 18 上,同时使滑架的下钩平面紧贴导向板 17,从而消除了间隙。故滑架可以在台车架上沿导板 17 与 18 前后平稳地滑动。

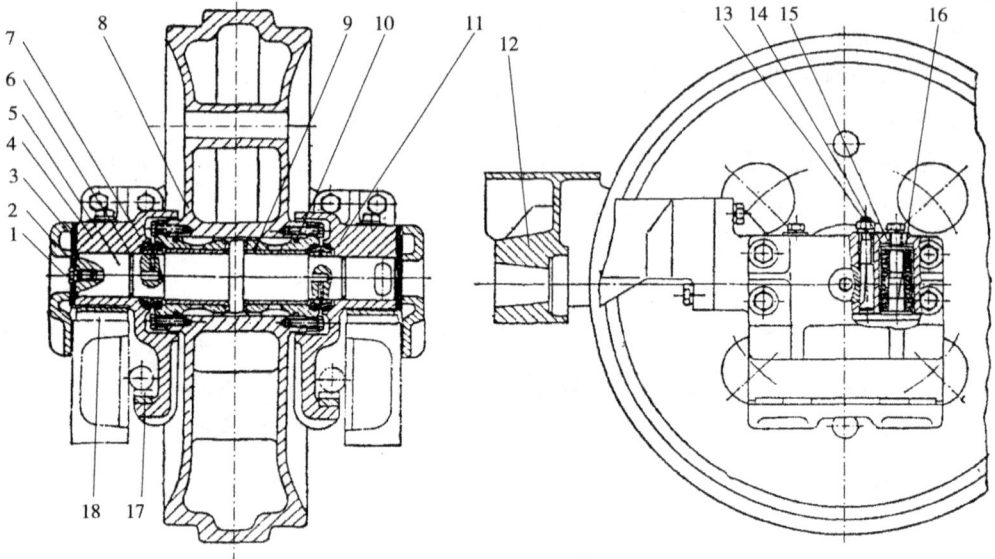

图 18-17　履带式推土机的导向轮
1-油塞;2-支承盖;3-调整垫片;4-左滑架;5-导向轮轴;6、10-O 形密封圈;7-浮动油封;8-导向轮;9-轴承;11-右滑架;
12-导向轮支架;13-止动销;14-支座弹簧合件;15-弹簧压板;16-座板;17、18-导向板

支承盖 2 与滑架之间设有调整垫片 3,以保证支承盖 2 和台车架侧面之间的间隙不大于 1mm。安装支承盖 2 是为了防止导向轮发生侧向倾斜,以免履带脱落。

导向轮与轴 5 之间充满润滑油进行润滑,并用两个浮动油封 7 或 O 形密封圈来保持密封。导向轮轴 5 通过止动销 13 进行轴向定位。

张紧度调整机构有螺杆调整式和液压调整式两种。液压式张紧装置由伸缩油缸和弹簧箱两大部分组成,如图 18-18 所示,T220 型推土机就是这种结构。张紧杆 2 的左端与导向轮叉臂 1 相连,右端与油缸的凸缘相接;活塞杆 13 的左端连有活塞 7,中部的凸缘装在弹簧前、后座 12 与 18 之间,其预紧力是通过螺母 19 来调整。当需要张紧履带时,只有通过注油嘴 24 向缸内注油,使油压增加,使调整油缸 6 外移,并通过张紧杆 2、张紧轮使履带张紧;如果履带过紧,可通过放油塞 5 放油,即可使履带松弛,调整这种装置省力省时,所以在履带式机械中得到了广泛的应用。当机械行驶中遇到障碍物而使张紧轮受到冲击时,由于液体的不可压缩性,冲击力可通过活塞杆 13、弹簧前座 12 传到弹簧 14、15 上,于是弹簧压缩,张紧轮后移,从而使机件得到保护。

由于履带式推土机行驶系的工作条件很差,调整螺杆与弹簧支座的螺纹连接部分易受泥水浸入而锈死,使调整时拧动调整螺杆非常费力。这种依靠调整螺杆来调整履带张紧度的方式逐渐为液压调整式张紧装置所代替,仅在早期的推土机上采用。图 18-19 示出的

T100 型推土机的张紧装置为这种螺杆调整的张紧度结构形式,即通过调整螺杆 7 调整履带的张紧度。当拧出调整螺杆 7 时,则缓冲弹簧 3(由大、小弹簧组成)被压缩,同时通过支架推动左、右滑架 9 与导向轮 10 前移将履带张紧。

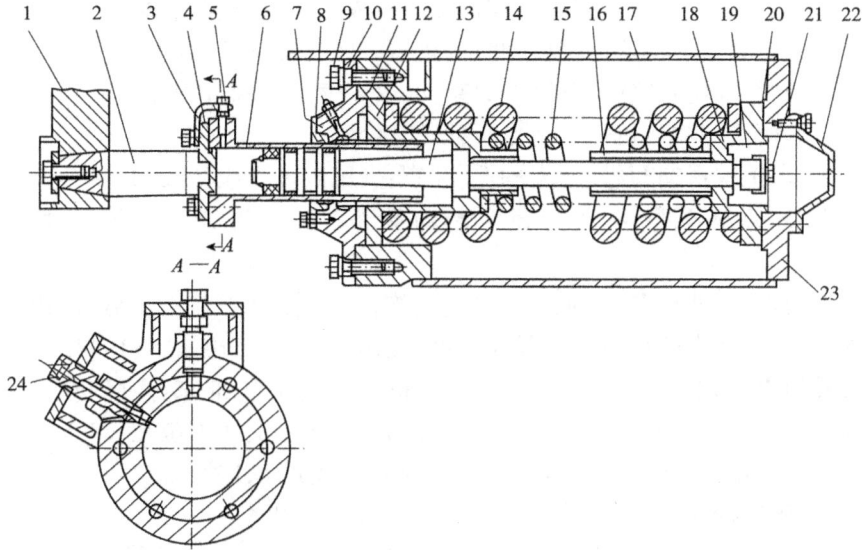

图 18-18   T220 型推土机液压式履带张紧装置

1-导向轮叉臂;2-张紧杆;3-端盖;4、9-O 形密封圈;5-放油塞;6-调整油缸;7-活塞;8-压盖;10-前盖;11-铜套;12-弹簧前座;13-活塞杆;14-缓冲大弹簧;15-缓冲小弹簧;16-限位管;17-弹簧箱;18-弹簧后座;19-螺母;20-锁垫;21-螺钉;22-后盖;23-后支座;24-注油嘴

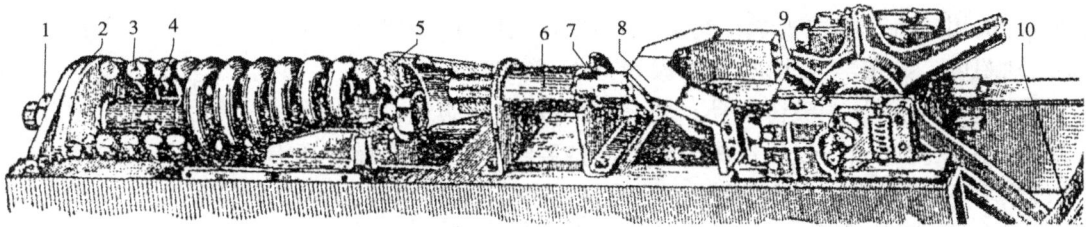

图 18-19   T100 型推土机机械式张紧装置

1-螺母;2-弹簧支承;3-弹簧;4-螺杆;5-弹簧支座;6-调整螺杆支撑架;7-调整螺杆;8-支架;9-导向轮滑架;10-导向轮

当履带式推土机行驶中遇到障碍而受冲击时,缓冲弹簧起缓冲作用。这对行驶速度越高的机械就显得越重要。但对行驶速度很低的机械(例如挖掘机),由于在行驶中所受到的冲击较小,以及作业时要求有较好的稳定性,故其行驶系的张紧装置就比较简单,没有缓冲弹簧,而是用螺杆 2(图 18-7)调整驱动链轮 1 的位置,并用螺杆 6 调整张紧轮 13 的位置来调整履带张紧力。

参 考 文 献

[1]张琳,李乃坤,王树明,等.工程机械构造.北京:人民交通出版社,2013.

[2]刘潮红.工程机械底盘构造与维修.北京:机械工业出版社,2011.

[3]何挺继,展朝勇.现代公路施工机械.北京:人民交通出版社,1999.

[4]关文达.汽车构造.北京:机械工业出版社,2011.

[5]清华大学汽车工程系编写组.汽车构造.北京:人民邮电出版社,2000.

[6]埃克霍恩,D.克林恩乔克.等.汽车制动系统.叶淑贞,等,译.北京:机械工业出版社,1998.

[7]甄凯玉,罗明权.柴油机 PT 燃油系统结构与维修.北京:机械工业出版社,1998.

[8]高热,等.汽车柴油机燃料喷射装置与维修.福建:福建人民出版社,1998.

[9]陈新轩,展朝勇,郑忠敏.现代工程机械发动机与底盘构造.北京:人民交通出版社,2002.

[10]何挺继,朱文天,邓世新,等.筑路机械手册.北京:人民交通出版社,1998.

[11]边焕鹤.汽车电气设备维修手册.北京:机械工业出版社,1997.

[12]郁录平.工程机械底盘设计.北京:人民交通出版社,2004.

[13]小松 WA380-3 轮式装载机装修手册.小松常林工程机械有限公司,1996.

[14]李红渊,李萍锋.载重汽车驱动桥主减速器设计.农业装备与车辆工程,2009.

[15]姚建平.装载机驱动桥改进设计研究.工程机械.2006.

[16]许铁林.工程机械轮边减速器结构设计研究.工程机械.1997(06).

[17]靳同红,王胜春.工程机械构造与设计.北京:化学工业出版社,2011.

[18]王健.工程机械构造.北京:中国铁道出版社,1995.

[19]李文耀.工程机械底盘构造与维修.北京:电子工业出版社,2011.

[20]许琦川.汽车拖拉机学.北京:中国农业出版社,2010.

[21]刘昭度.汽车学.北京:高等教育出版社,2010.

[22]宋建安,赵铁栓.液压传动.西安:世界图书出版社,2004.

[23]杨杰民,郑霞君.现代汽车柴油机电控系统.上海:上海交通大学出版社,2002.

[24]徐家龙.柴油机电控喷油技术.北京:人民交通出版社,2004.

[25]邓东密,邓萍.柴油机喷油系统.北京:机械工业出版社,2009.